런던에서
더블린까지
(5개 회사 디자인
이야기)

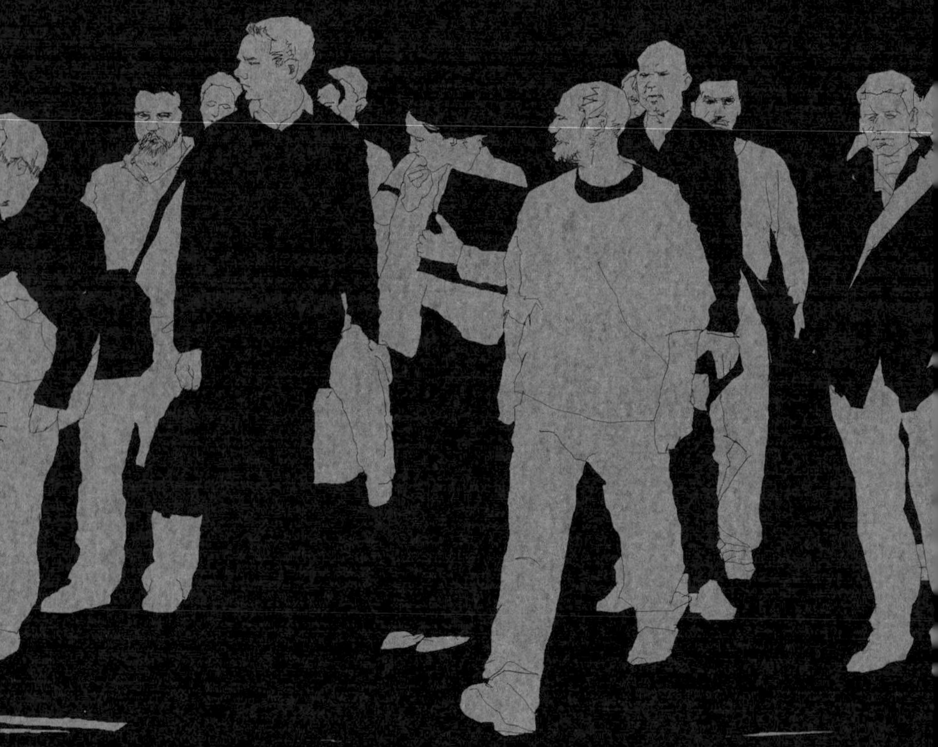

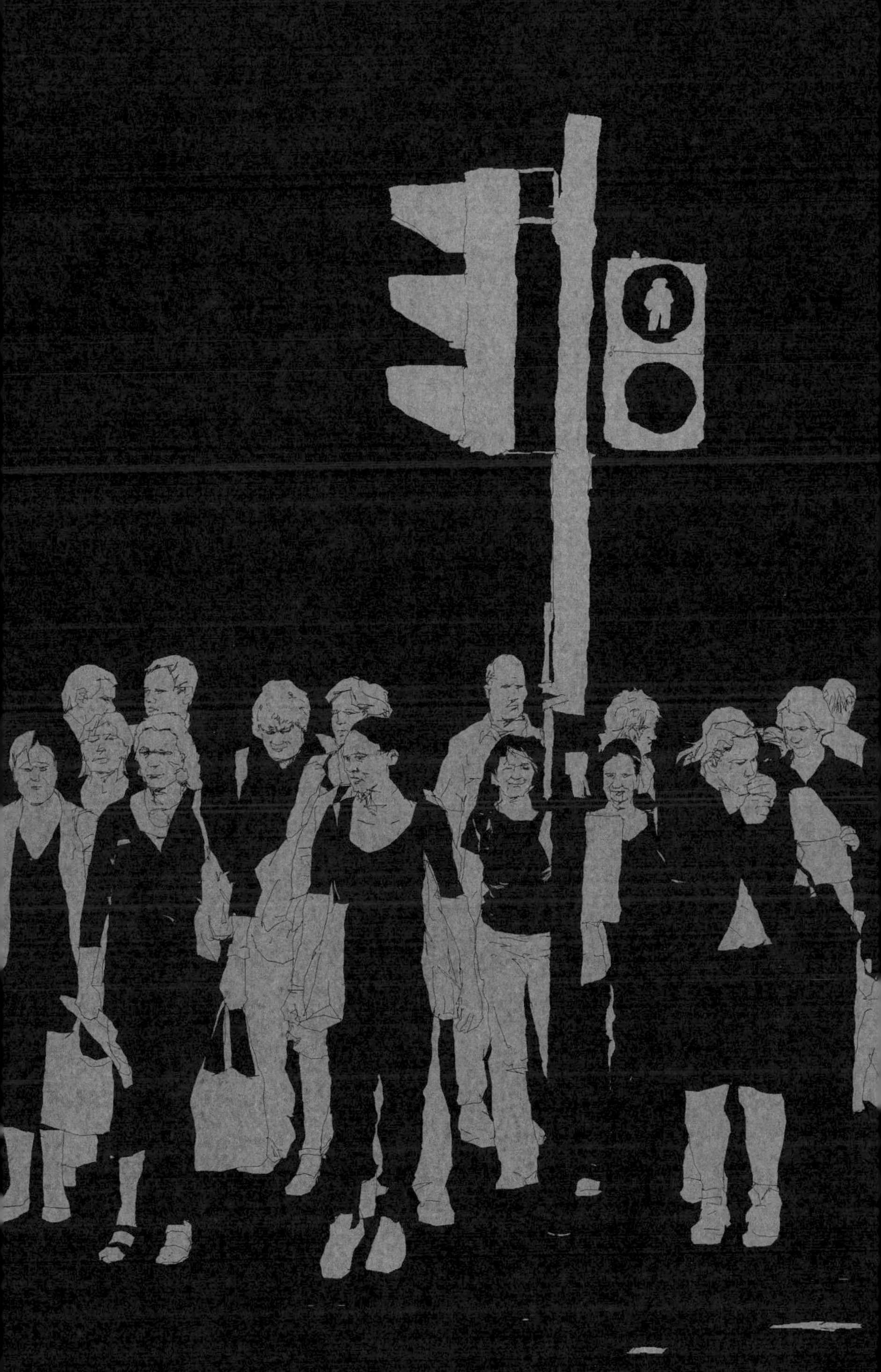

너늙흐르
민서가옳르
엄망보기

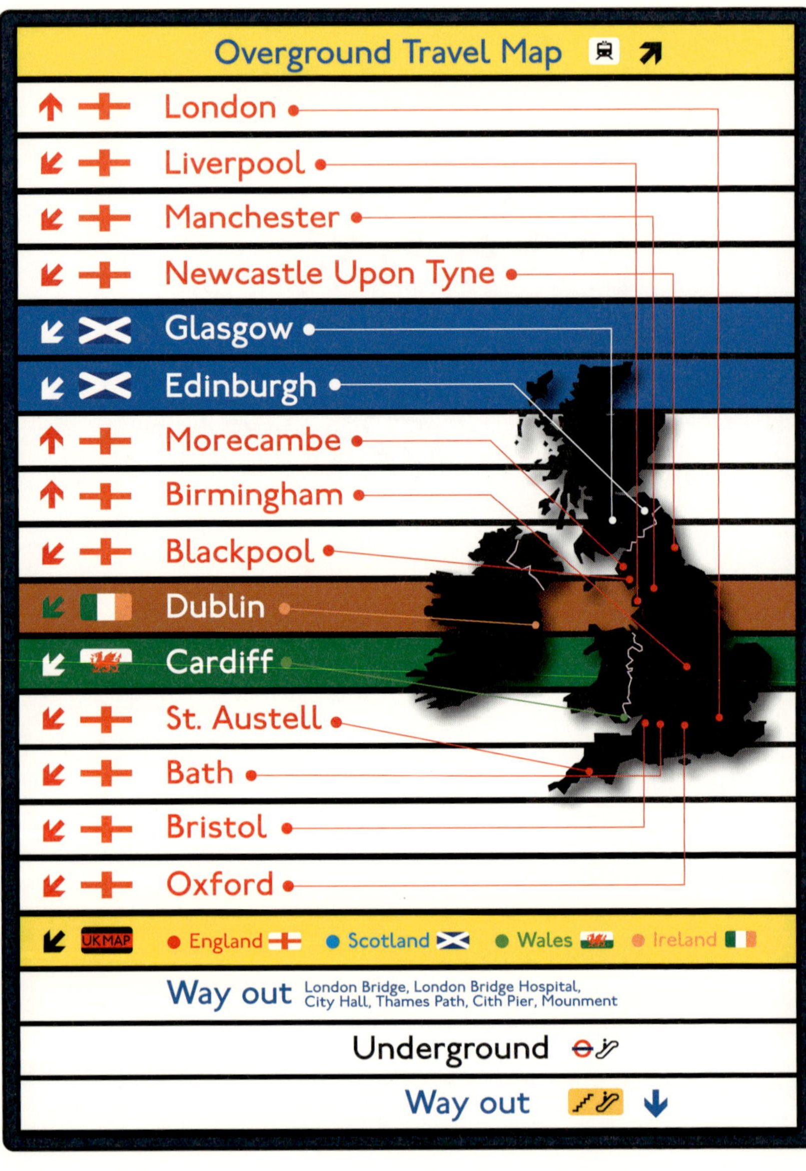

Overground Travel Map
London
Liverpool
Manchester
Newcastle Upon Tyne
Glasgow
Edinburgh
Morecambe
Birmingham
Blackpool
Dublin
Cardiff
St. Austell
Bath
Bristol
Oxford
UK MAP
England
Scotland
Wales
Ireland
Way out   London Bridge, London Bridge Hospital,
City Hall, Thames Path, Cith Pier, Mounment
Underground
Way out

한길아트

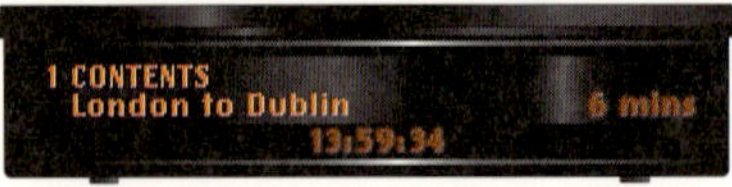

LONDON 6

LIVERPOOL 184

MANCHESTER 206

NEWCASTLE UPON TYNE 246

EDINBURGH 276

GLASGOW 296

MIND GAP

British Gas
capital radio
MAYOR OF LONDON

LONDON

Victoria
Kings Rd.

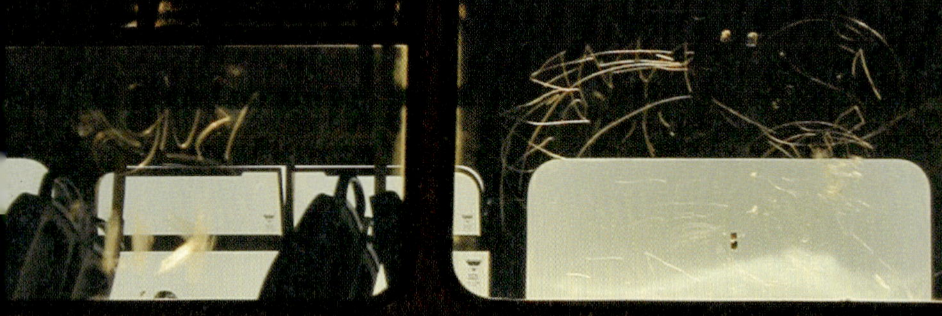

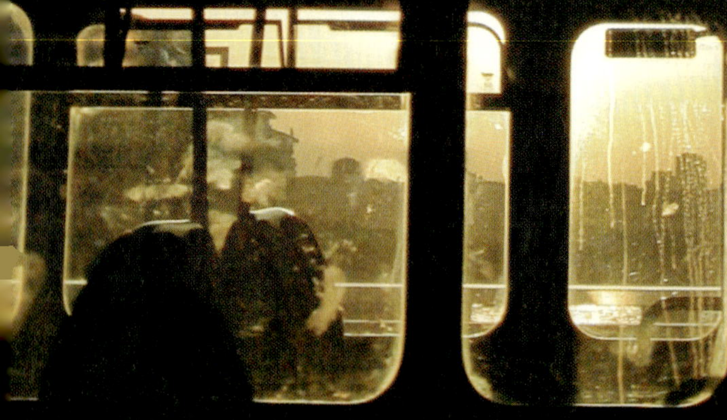

내가 사진을 찍는건
스쳐가는 일상과 인연을 맺는것이다.
내가 글을 쓰는건
그 인연들과 만남을 기억하게하는것이고,
내가 그림을 그리는건
잠자는 나의 감성을 끄집어내어
현재의 모습을 확인하는 것이고,
내가 디자인하는건
사진찍고, 글쓰고 그림그린것들을
그 바닝에 담는것이고
내가 여행을 떠나는건
그 가방을 들고
어디론가 떠나는것이다.

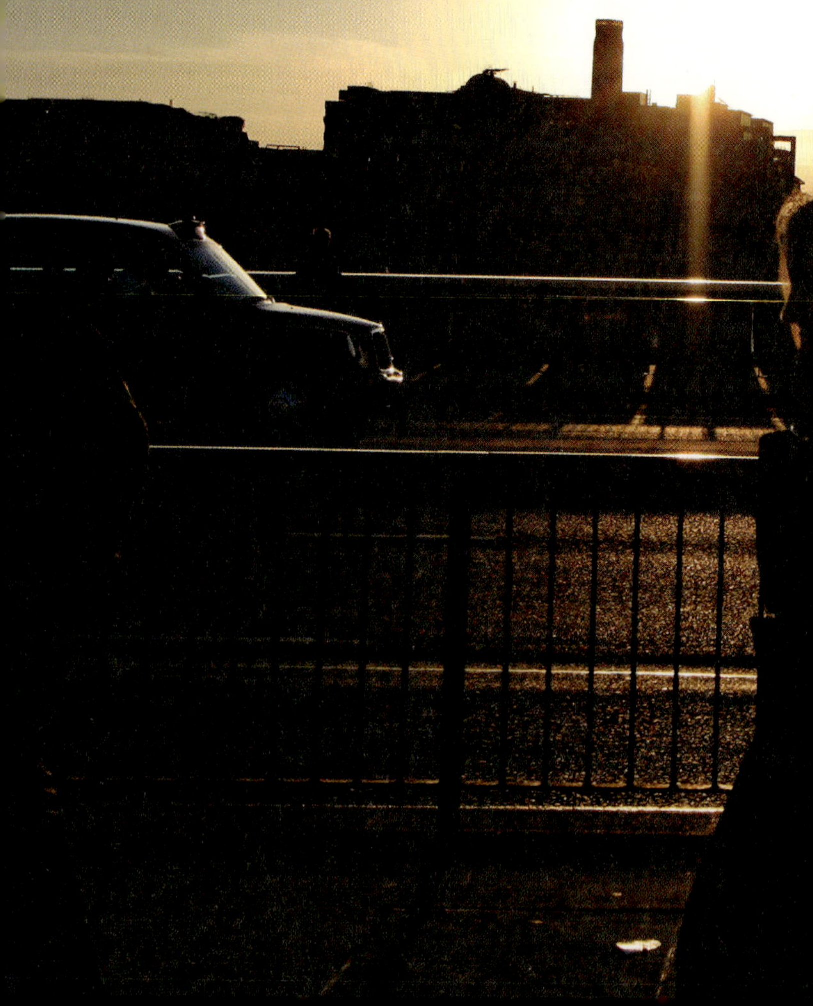
London Bridge
그때 난 이곳에 M 있었어.
언젠가는 다시 올날 있겠지.
그때 내 손은 검은 때로 가득했고
모두 다 기억할 순 없지만
난 웃는 방법을 배우고 있었어.

London Bridge_ OST Track.15
박훈규 글, 안치환 곡

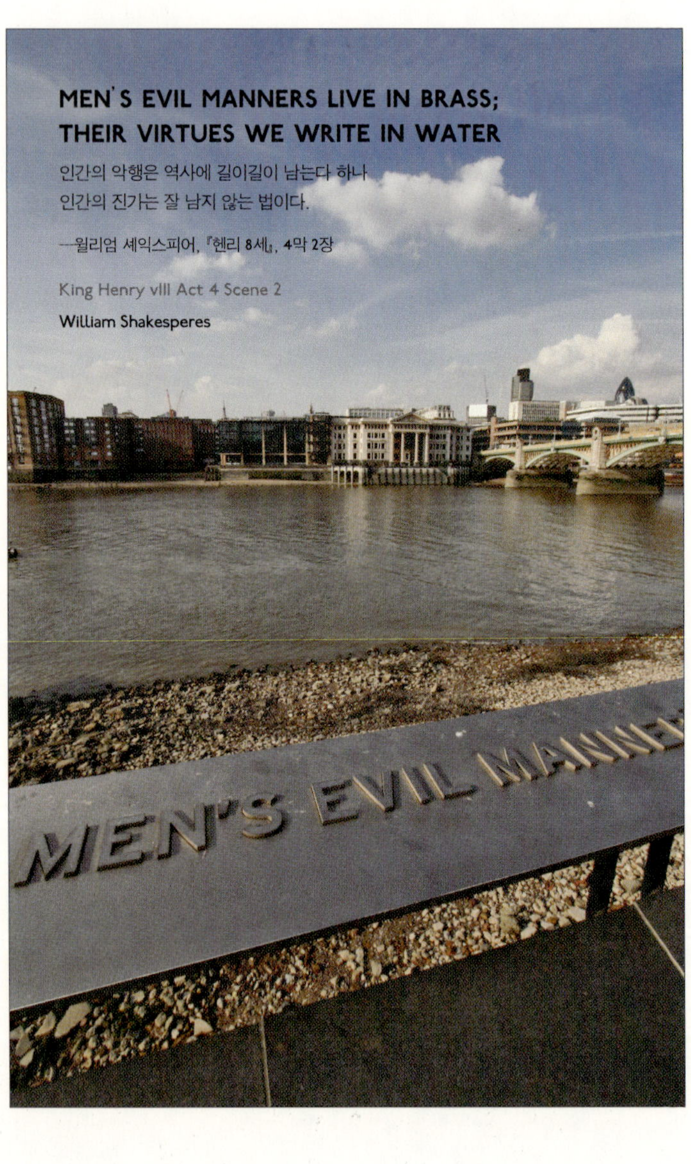

MEN'S EVIL MANNERS LIVE IN BRASS;
THEIR VIRTUES WE WRITE IN WATER
인간의 악행은 역사에 길이길이 남는다 하나
인간의 진가는 잘 남지 않는 법이다.
―윌리엄 셰익스피어, 『헨리 8세』, 4막 2장
King Henry VIII Act 4 Scene 2
William Shakesperes
MEN'S EVIL MANNE

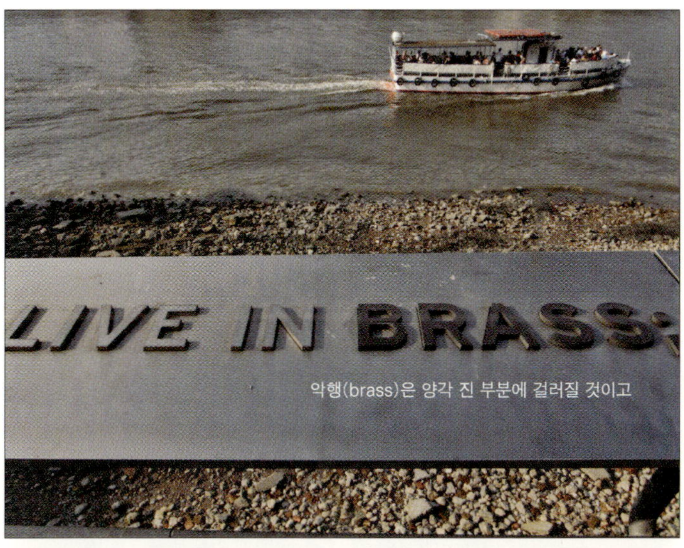

악행(brass)은 양각 진 부분에 걸러질 것이고

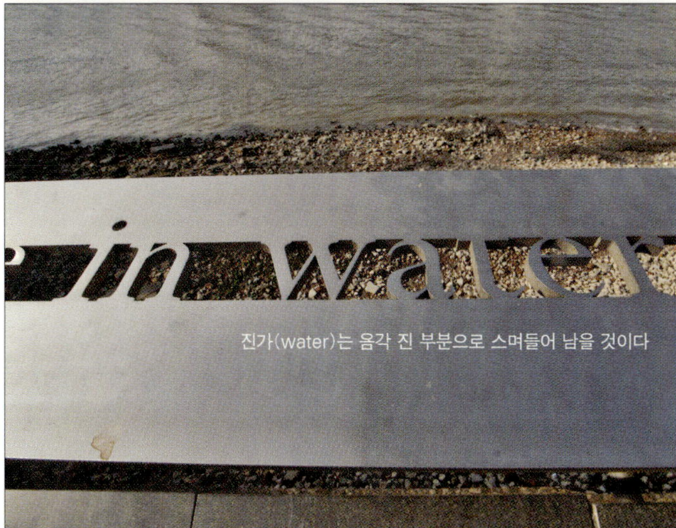

진가(water)는 옴각 진 부분으로 스며들어 남을 것이다

와이 낫 어소시에이트^{Why Not Associates}의 〈템스 강 사우스뱅크 부근 작업〉, 2002, 런던

새미와 유진

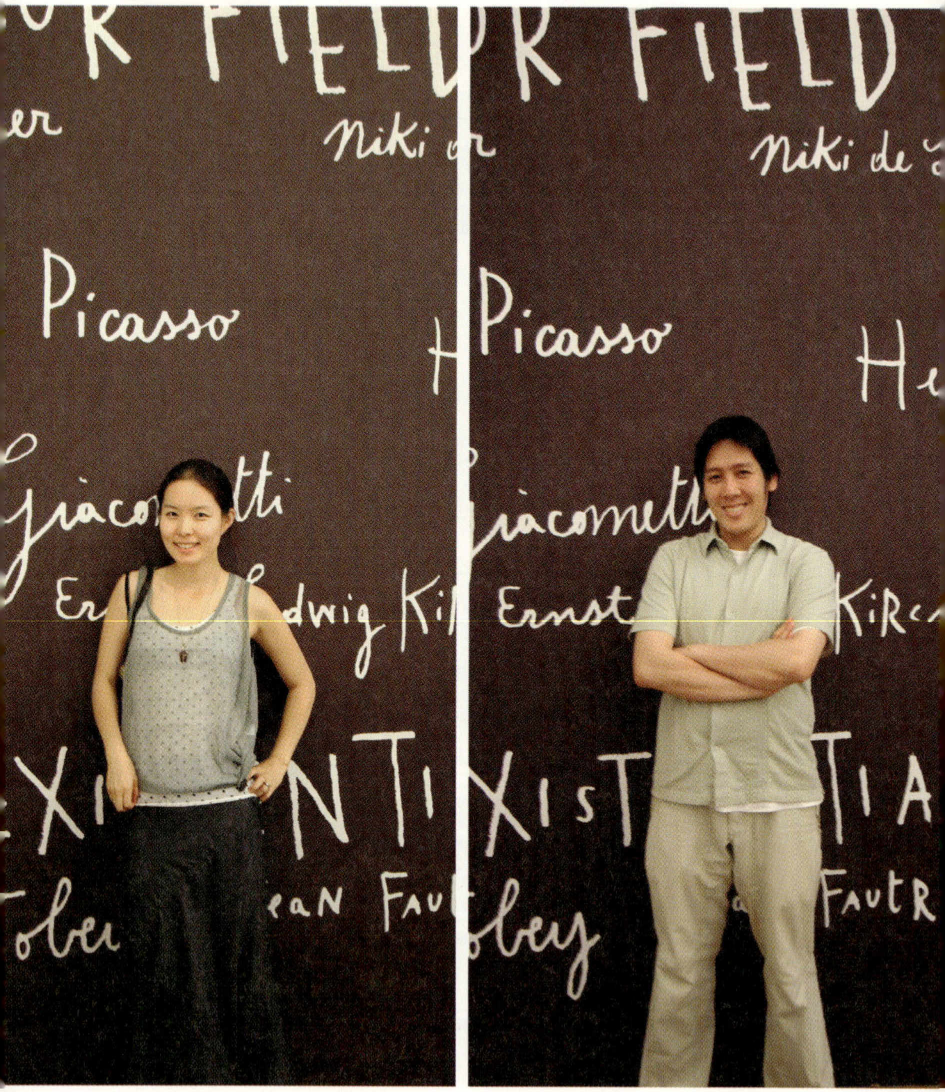

새미와 유진은 2005년 결혼해서 런던에 살고 있다.

유진이라는 이름에서 한국 사람으로 착각할 수도 있지만, 그는 싱가포르 태생으로 영국에서 건축회사를 다니는 디자이너다. 새미는 학교 후배다. 나보다 한참 어린 친구인데, 언젠가 영국으로 유학을 간다고 하더니, 현재는 인테리어 디자이너로 활동하면서 이곳에서 만난 유진과 결혼하여 런던에서 살고 있다. 그녀와는 인연이 끝날 만하면 연결이 되곤 했는데, 이번 여행에서도 신기하게 연락이 돼서 신세를 지게 되었다.

영국 여행을 계획할 때만 해도, 내가 그녀의 집에 머물게 될 줄은 정말 몰랐다. 식탁에 같이 앉아 아침을 먹자니, 마치 한 가족이 된 것 같다.

유진을 찬찬히 관찰해본다.

그는 늘 포근한 미소를 짓고 있다. 언제나 여유가 있고, 무엇이든지 슬로 슬로다. 커피를 좋아하고, 열심히 직장에 다닌다. 이 친구의 소지품들을 살펴보니 세월이 느껴지는 가죽신발 한 켤레와 청바지, 그리고 몇 벌의 셔츠와 정장이 전부다. 새미가 새옷을 사주려 해도 그다지 좋아하지 않는다고 한다. 무엇이든 오래되고 몸에 맞아야 익숙해지는 스타일이다.

그런 그가 아낌없이 돈을 쓰는 것은 오로지 책이다. 유진은 그야말로 책 부자다. 커다란 눈동자를 반짝이며 날 반기는 이 친구가 7년 만의 새로운 여행길에서 인연을 맺게 된 첫 번째 친구다.

나의 새로운 영국 여행은 런던 브로클리에 위치한 새미와 유진의 다락방에서 시작되었다.

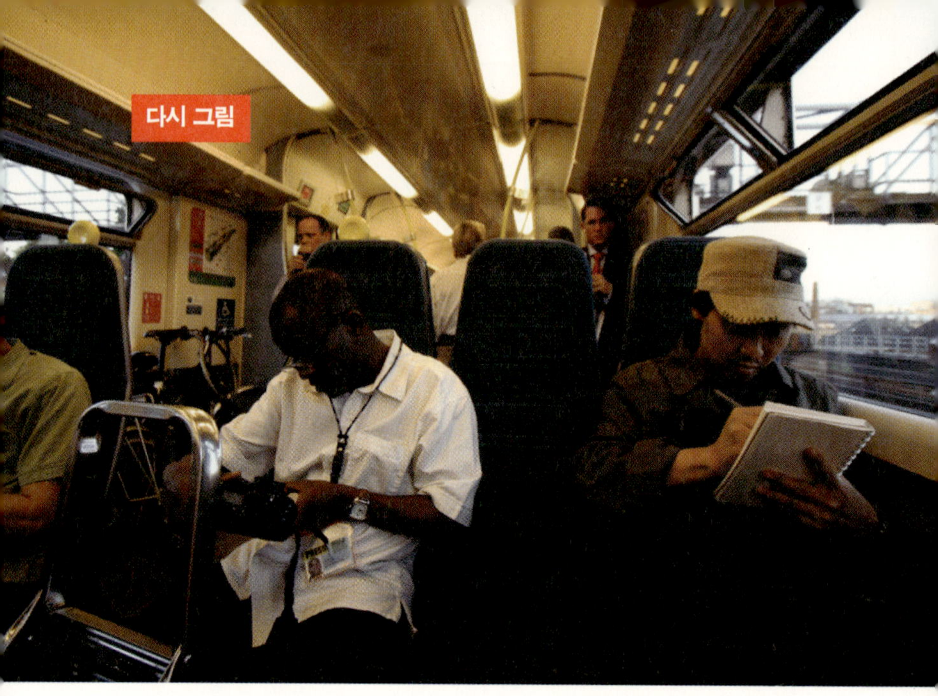

여행을 시작하면서 평소의 일상과 가장 달라지는 것은 그림을 그리게 되는 것이다. 한국에서 생활하는 동안에는 현실에 너무 시달려서인지 그림 그릴 생각을 거의 못했다. 이따금 일 때문에 펜을 드는 경우는 있었지만, 그저 그리고 싶어서 아무 부담 없이 펜을 휘두르기에는 마음의 여유가 없었다.

하지만 그 역시도 나의 나태함을 변명하는 말일 수 있다. 그러나 그림은 나에게 너무나 소중한 것이기에 괜한 시도로 상처받지 않으려는 마음이 더 강했을 것이다.

이제 다시 그림을 그릴 시간이 찾아왔다. 완벽한 환경이 주어졌으니 나의 그럴싸한 핑계대로라면 좋은 그림이 매일매일 쏟아져 나와야 한다. 그래야 내 말에 책임질 수 있고, 체면도 차릴 수 있을 테니까.

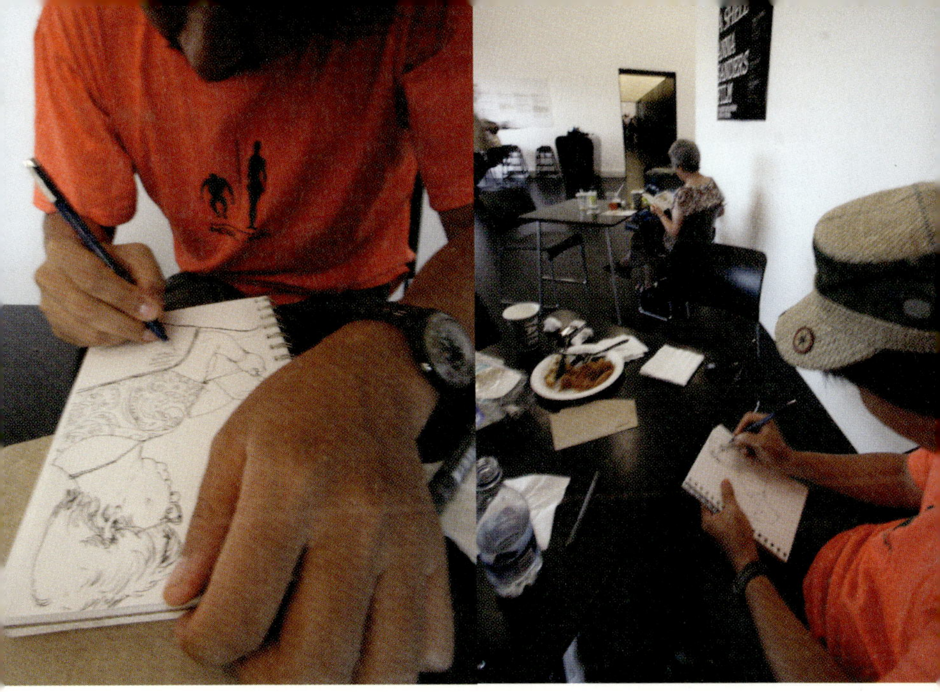

그림을 그려본다. 역시 예상대로 서먹하다. 하지만 왠지 오랜만에 만나는 친한 친구처럼 정겨움이 느껴진다. 한동안 잊었던 손가락의 느낌과 스케치북을 받쳐 든 왼손마저도 즐겁다.

이 얼마나 행복한 일인가?

나를 위해 그렇게 애타게 찾아 헤매던 시간을 다시 찾았으니 말이다.

그림을 그리는 이 순간 나는 세상에서 가장 행복한 사람이다.

영국의 미술계는 뱅크시를 두고 앤디 워홀 이후 팝아트계의 최고 슈퍼스타라고 말한다. 근래 들어서 미술계가 참 재미없다는 생각을 많이 했는데, 이제 보니 영국 미술에 대해 너무 모르고 있었던 것 같다.

슈퍼스타 뱅크시의 홈페이지(www.banksy.co.uk)와 책에는 그가 한 모든 작업이 세세하게 기록되어 있다. 그러나 게릴라처럼 작업하는 그의 작품이 어디에 현존하고 있는지 아니면 지워졌는지는 확실하게 나타나 있지 않다. 내가 영국에서 찾아본 그의 작업들은 상당 부분 이미 굵은 페인트 자국으로 지워진 지 오래였고, 남아 있는 그의 작업을 찾아내는 일도 조금씩 어려워지고 있었다.

처음 본 그의 작업은 '경찰 시리즈' 였다. 상대방에게 위압감을 주기 위해서인지, 일부러 크게 디자인된 캡을 쓰고 있는 경찰들은 누가 보더라도 영국 경찰임을 한눈에 알 수 있다. 흔히 보수적이고, 할 일이 없을 때는 관광객들과 웃으며 사진이나 찍는 런던 경찰들이 그의 작품 속에서 서로의 입을 덮고 한 몸이 되어 있다. 전통적인 스텐실 기법의 그라피티graffiti는 통상 골목 벽 한 귀퉁이에 작게 찍혀 있곤 했는데, 뱅크시의 그라피티는 거리 한복판에 매우 크고 선명하게 찍혀 있다. 이제 런던 시내에서는 높은 캡을 쓴 런던 경찰들과 한가롭게 사진을 찍는 관광객들은 보기 어렵다. 런던 경찰들은 심각한 테러의 위협과 시민의 안전을 위태롭게 하는 위험 요소들 때문인지 엄격하고 긴장한 모습이다. 나는 민중의 지팡이를 자처하는 영국 경찰들을 흥미롭게 풍자하고 있는 뱅크시의 또 다른 작업을 찾아보기로 마음먹고 런던의 뒷골목과 거리를 헤매기 시작했다.

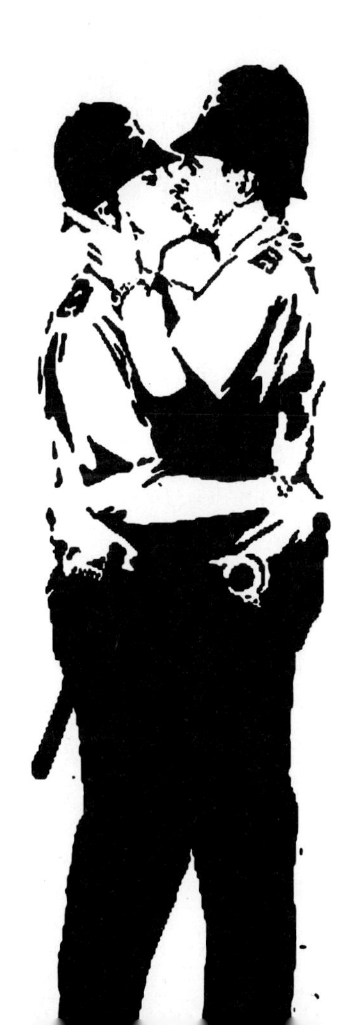

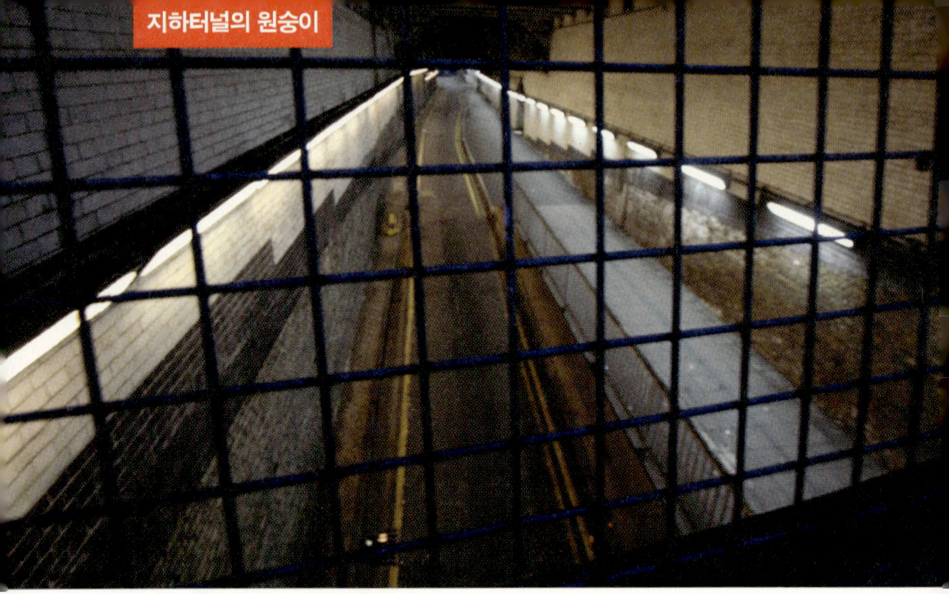

일단 워털루 역에 내렸다.

'워털루 스트리트 근처' 라는 것이 내가 보려고 하는 그의 작품에 대한 정보의 전부였기 때문이다. 그의 홈페이지에서 보았던 '코카인을 흡입하는 경찰' 을 묘사한 스텐실 작업을 보려는 것이다.

그런데 막상 워털루 역에 내리니 맨 처음 런던에 도착했던 밤이 떠올랐다. 정말 구질구질하고 더러운 동네라는 인상이 확 풍겼다.

친절하게 길을 안내해주는 경찰 아저씨 주변에 길을 찾는 사람들이 줄을 서 있다. 나도 덩달아 줄을 섰다. 내 차례가 되어 워털루 역 근처에 지하터널이 있냐고 묻자 그는 동료 경찰까지 불러왔다. 그들에겐 너무 어려운 질문이었던 모양이다. 결국 그들은 지하터널을 알려주지 못했다. 하지만 나는 곧 스스로 문제를 해결했다.

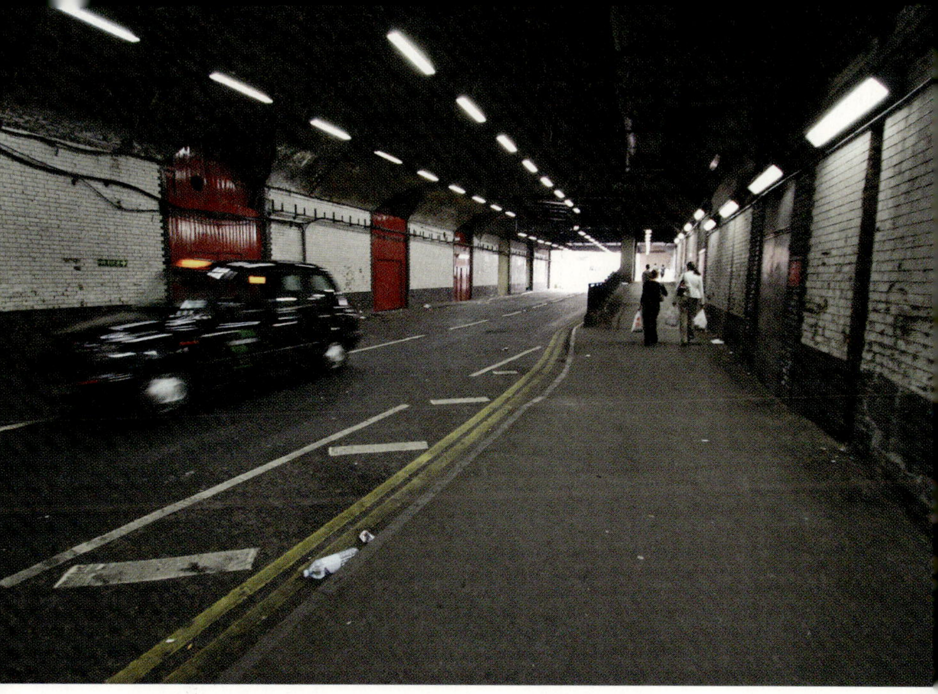

1998년 여름 워털루 역에 도착하여 처음으로 노상에서 잠을 잤던 기억을 더듬었다. 그때 무거운 짐을 지고 지나던 어두운 터널이 떠올랐다. 분명 그곳이 맞을 것이다.

워털루 역을 빠져나와 기억을 더듬어 터널을 찾아 나섰는데, '내가 또 왜 이곳에 오게 된 것일까' 하는 의문이 불쑥 들었다. 하지만 이번에는 목적이 분명했다. 혼자 이런저런 생각을 하면서 길을 걷다 보니 어느새 지하터널이 나왔다. 주변에 사람도 없고 외진 곳이어서 주위를 살펴보게 되었다. 이곳을 지나도 괜찮은 걸까?

'나도 많이 약해졌네. 이런 터널 하나 지나면서 마음 졸이며 긴장하다니…'

정말 나 자신이 한심하게 느껴졌지만 이내 나는 그곳을 통과하고 있

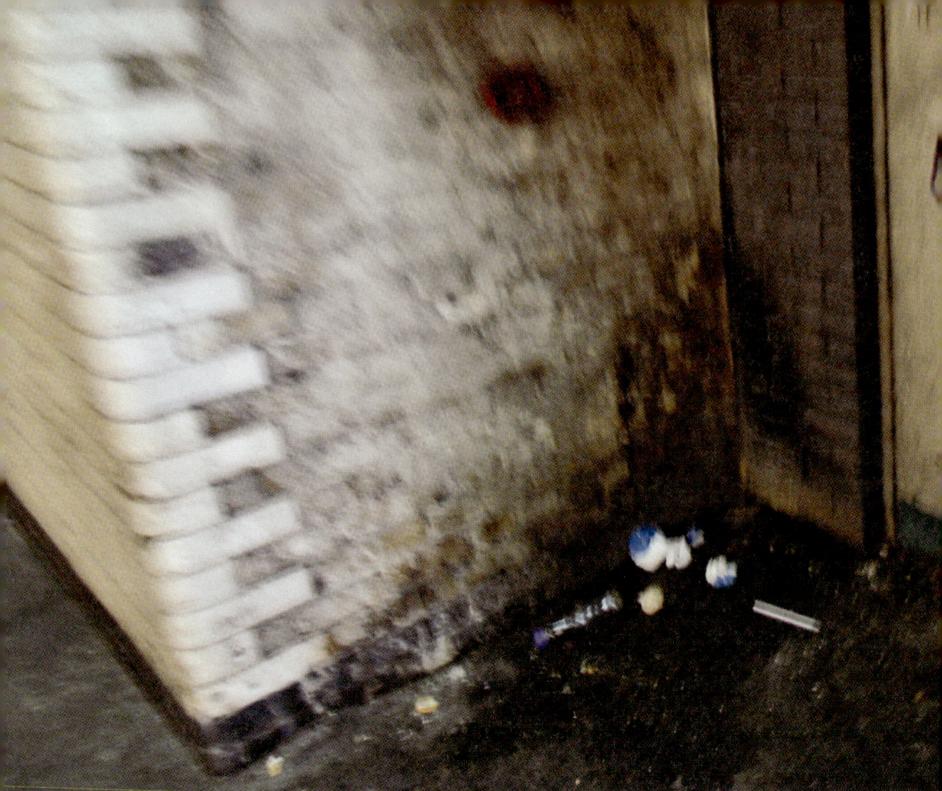

었다. 악취가 심하고, 눅눅한 습기가 엄습하는 터널이다. 이런 느낌
이 어쩌면 가장 런던다운 모습은 아닐까.

터널을 중간쯤 걸어가니 움푹 들어간 곳이 나타났다. 아마도 지하에
전기를 공급하는 배선시설이 있는 곳인 듯했다. 하지만 이곳은 주로
술 취한 사람이나 거리의 부랑자들이 실례를 하는 곳으로 사용되는
것 같았다.

"으…"

지린내가 코를 찌른다. 쓰레기와 노상방뇨의 현장이었다.

그런데 놀랍게도 그곳에 뱅크시의 원숭이가 있었다. 온몸에 전율이

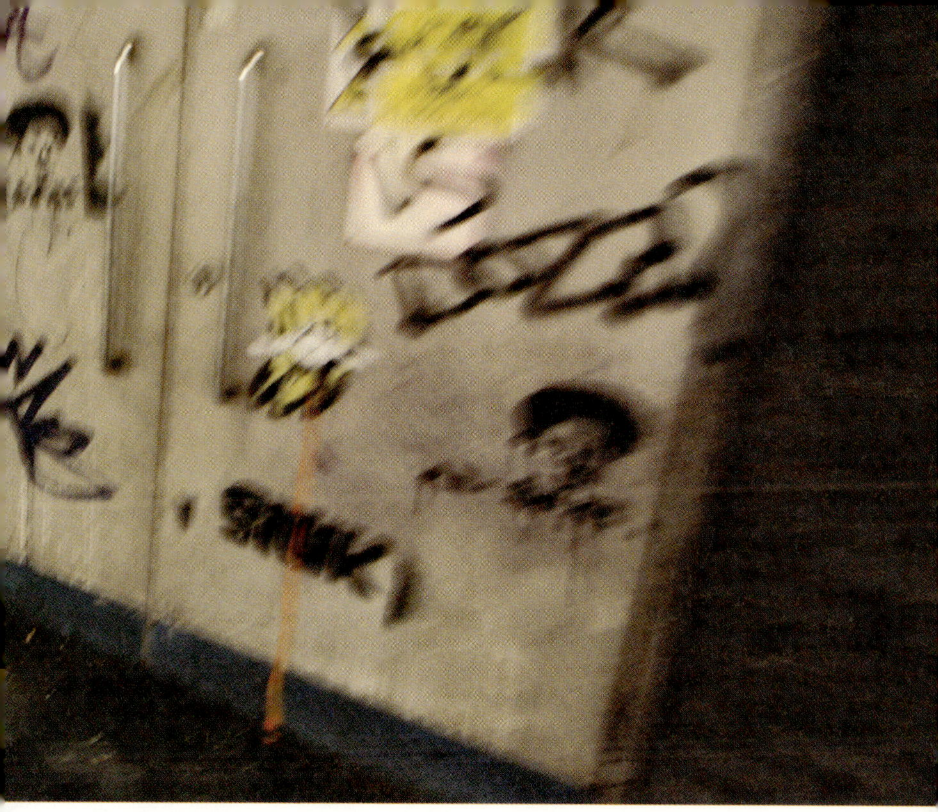

흘렀다. 폭파 스위치를 힘차게 누르고 있는 원숭이 한 마리. 마치 폭파 스위치를 누르면 너의 심장이 터질 것이라고 말하는 듯한 뱅크시의 작품과 첫 만남이 이루어졌다.

'아~ 이런 기분이구나···'

스위치의 끝에는 흰색 페인트선이 바닥에 이어져 어디론가 나를 안내하는 듯했다. 나는 이 답답한 터널을 급히 빠져나왔다.

터널은 끝났다. 그리고 흰 페인트선도 건널목 앞에서 끊어졌다. 어디로 향해야 할지 잠시 어리둥절하며 건널목을 건너다가 나는 또 한 번 놀라고 말았다. 바로 십여 미터 앞 건물에 뱅크시의 작품이 하나 더

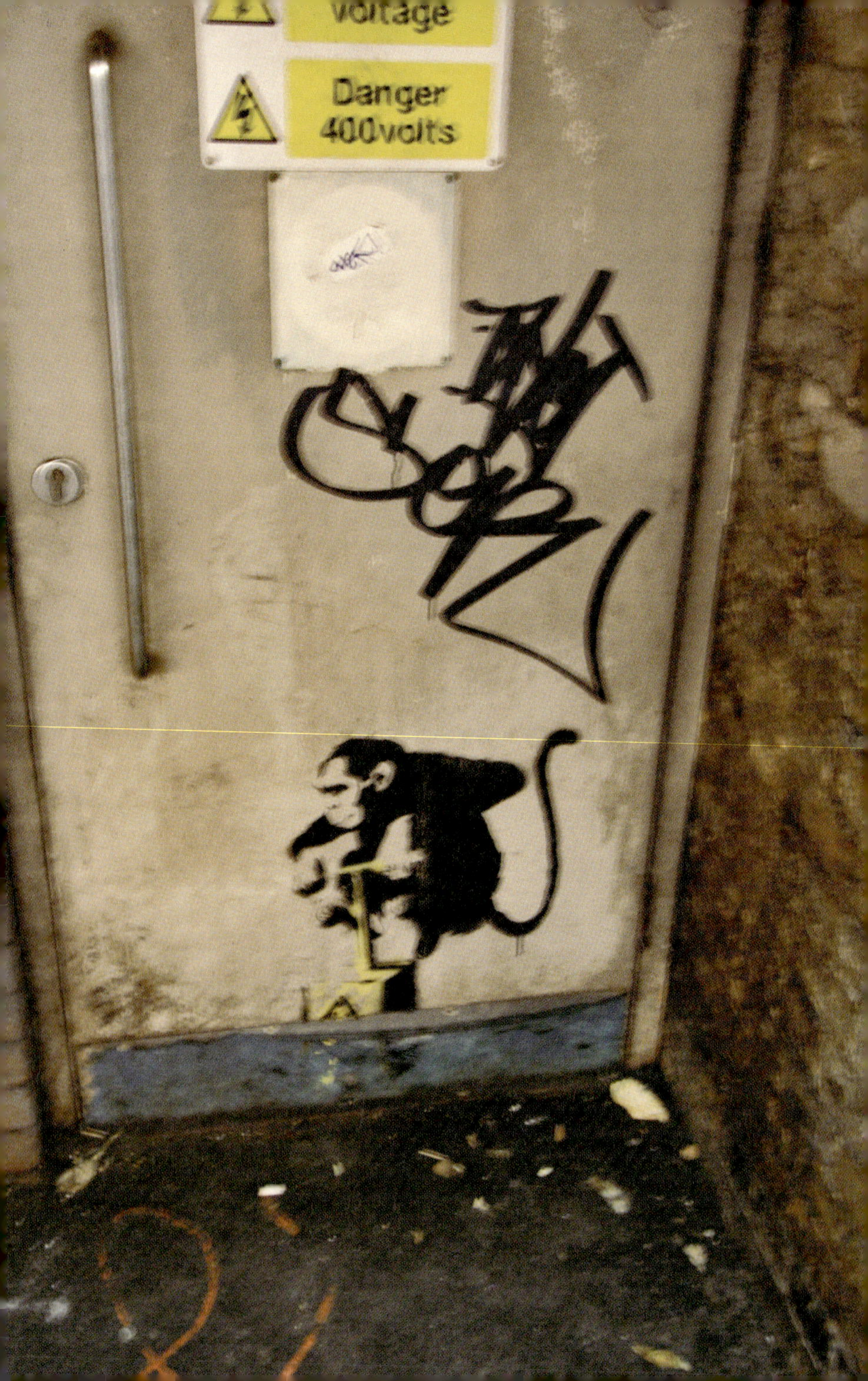
voltage
Danger
400volts

나를 반기고 있었다.

"오~ 허~."

코카인을 흡입하기 위해 빨대를 코에 대고 몸을 숙인 채 나를 응시하고 있는 경찰!

순간적으로 내 입에서는 제어할 수 없는 감탄사가 흘러나왔다. 너무도 대담하고 강렬한 메시지에 머릿속이 텅 빈 느낌이었다. 좀 전에 스위치에서 흘러나온 흰 선은 다름 아닌 코카인의 흰 가루였던 것이다. 그리고 그것이 백 미터 거리를 두고 여기까지 이어져 지금 막 코카인을 흡입하려고 하는 경찰관의 콧속까지 연결되는 것이었다.

뱅크시의 스텐실 그라피티는 내가 지금까지 보았던 그라피티가 더 이상 아니었다. 흔히 뉴욕이나 브룩클린 지하철역에 그려졌던 그라피티는 자기의 고유한 영역을 표시하거나 기존의 질서에 항의하는 듯 공공건물에 흠집을 낼 목적으로 그린 것이 많았다. 물론 표현 형식도 전혀 절제되어 있지 않을뿐더러, 자유롭다는 느낌 외에는 그다지 큰 예술적 감흥을 얻기가 어려웠다.

그러나 뱅크시의 작품은 그렇지 않았다. 그의 작품에는 사회를 바라보는 '아티스트' 뱅크시의 시각이 분명히 드러나 있고, 표현 형식 또한 도시의 모든 환경을 거대한 캔버스로 삼은, 가장 현대적인 팝아트의 한 장르를 보는 것 같아 느낌이 새롭고 신선했다. 특히 도시 곳곳에 그려놓은 작품들을 서로 유기적으로 연결하는 단순한 장치들(이를테면 흰 페인트선)을 사용하는 아이디어는 그가 얼마나 이 도시의 문화와 지정학적 요소들을 잘 파악하고 있는지 뚜렷이 보여준다.

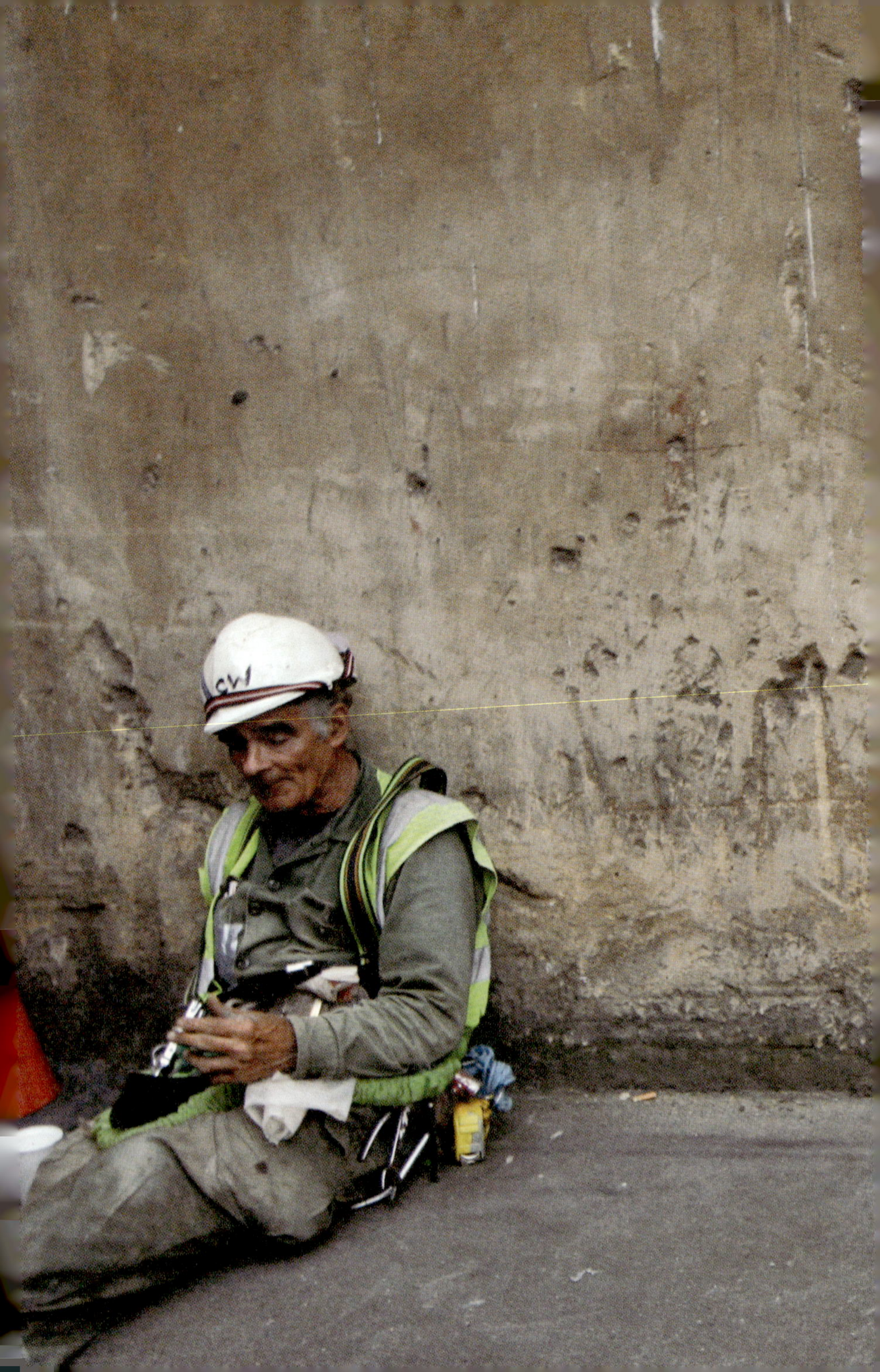

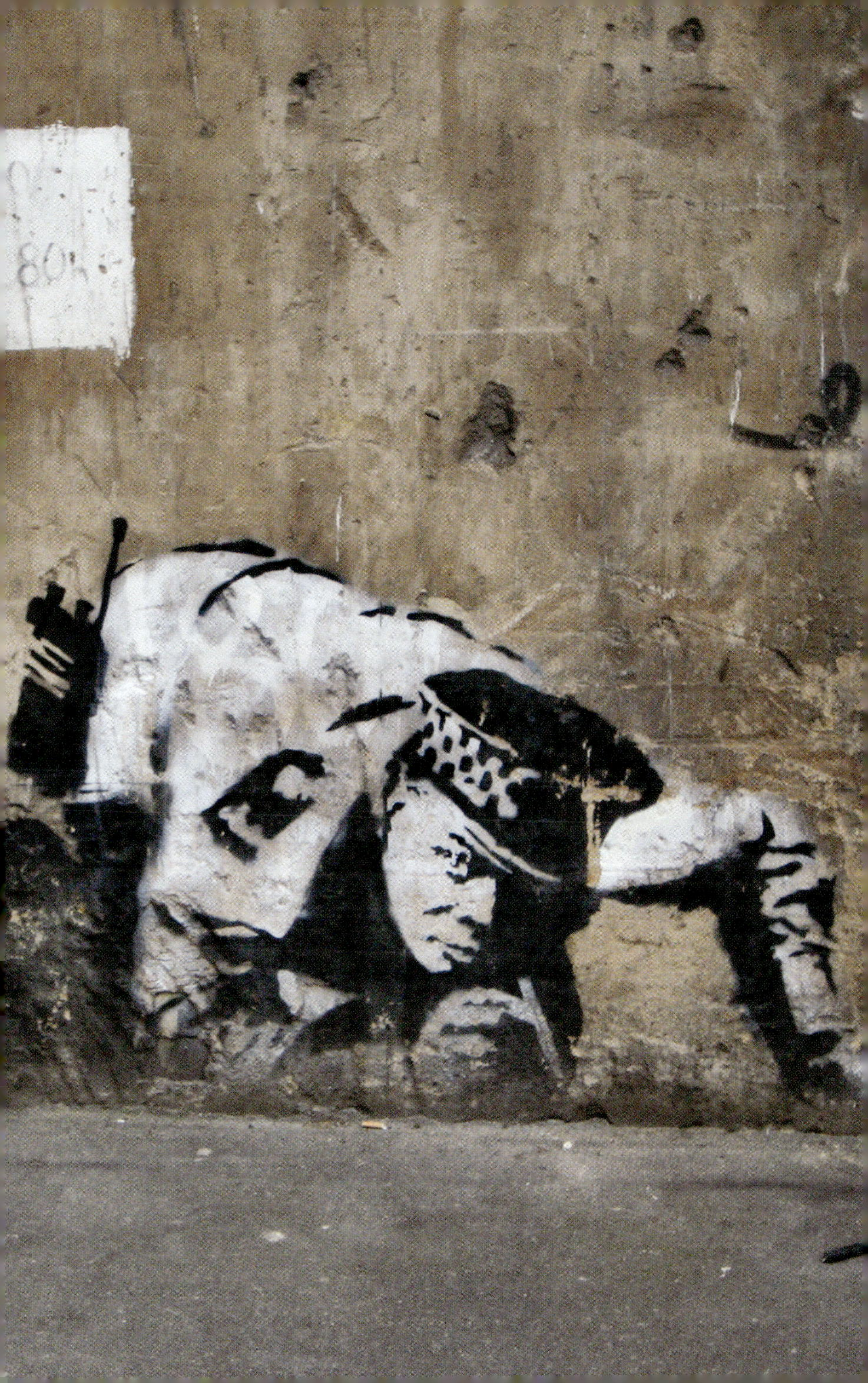

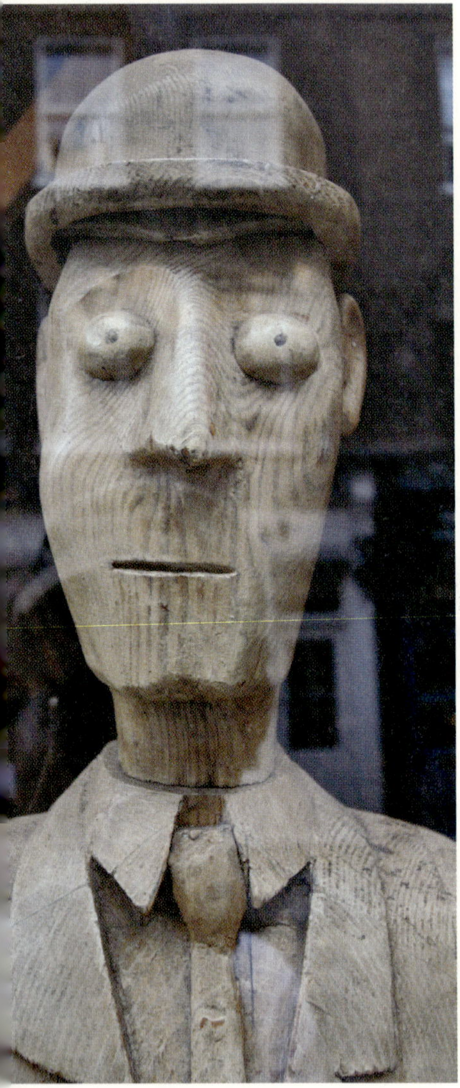

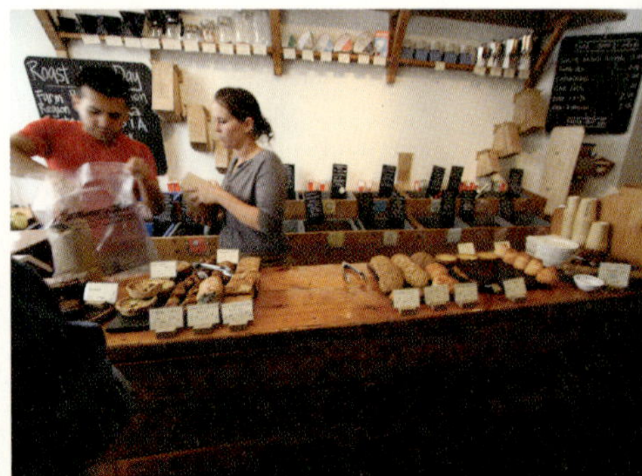

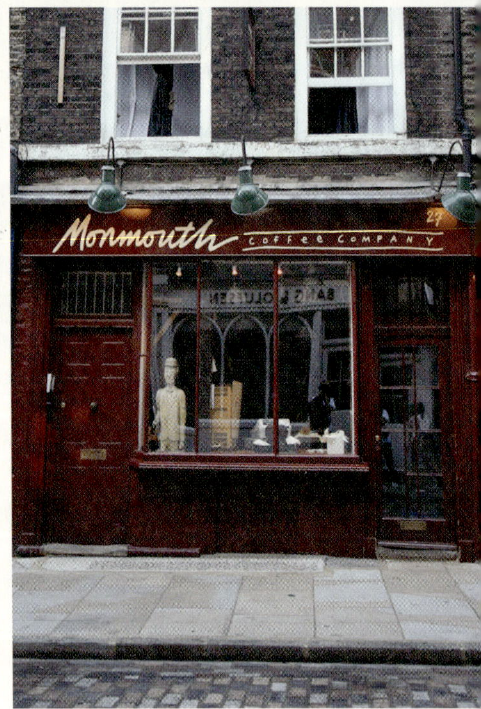

커피를 마시고 싶었다. 새미, 유진과 함께 코번트 가든의 몬머스 거리로 향했다. 유진은 코번트 가든에 있는 건축사무실에서 설계사로 일하고 있다. 점심시간에 잠시 짬을 내 그들 부부와 차를 마시기로 했다.

코번트 가든은 런던의 유명한 쇼핑 거리다. 하지만 나는 코번트 가든 언더그라운드 역과 쇼핑몰이 있는 언더그라운드 뮤지엄 주변은 사람들이 너무 많아서 그냥 지나칠 뿐 그다지 관심이 없었다. 오히려 토튼햄 코트 로드 역으로 가는 뒷길에 위치한 아기자기한 상점들과 갤러리, 서점에 더 관심이 갔다.

새미 부부와 함께 길을 걷다가 길모퉁이를 돌아서니 대형 유니언잭 깃발이 보였고, 그 반대편에는 프랑스 깃발이 펄럭이고 있었다. 우리가 간 카페는 바로 그 중간에 있었다.

카페의 공간은 꽤 협소했다. 네 명 정도가 차를 마실 수 있는 좁은 테이블 두 개, 마치 고백성사라도 해야 할 듯한 좁은 공간에 한 명이 앉을 수 있는 자리, 이렇게 세 자리가 전부였다. 그렇지만 문 밖에는 이곳을 찾는 사람들로 줄이 끊이지 않았다.

카페의 좁은 공간에는 구석구석 전 세계에서 실어온 듯한 커피 자루들이 쌓여 있었다. 메뉴판에는 전혀 감을 잡을 수 없을 정도로 수많은 종류의 커피가 적혀 있다. 카페의 규모에 어울리지 않는 엄청난 커피의 향연에 잠시 머릿속이 혼란스러웠지만, 이미 향기로운 커피 향에 나도 모르게 입가에 행복한 미소가 떠올랐다.

녹음기를 꺼내 이곳의 분위기를 녹음했다. 이런 걸 처음 보는지 차를

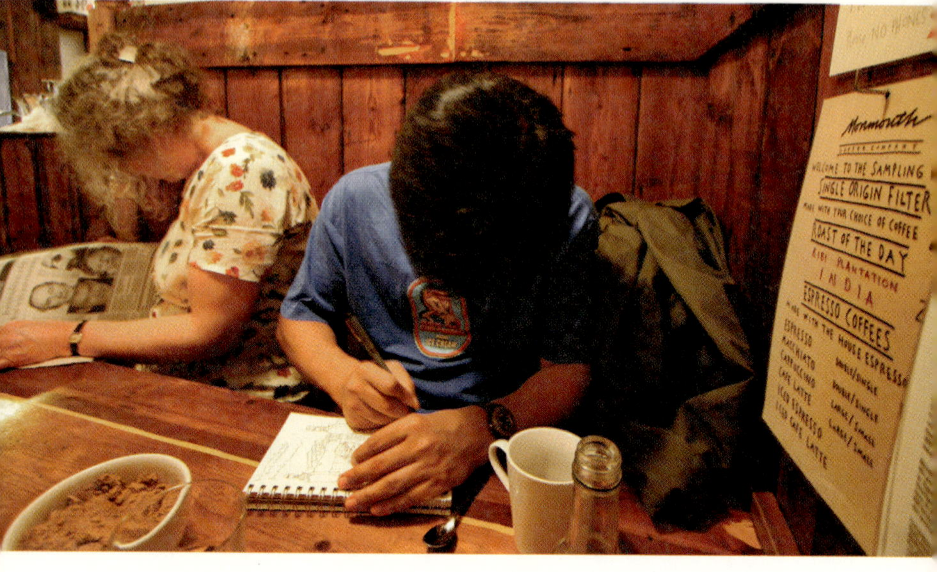

나르던 아가씨가 신기한 장난감을 본 듯 관심을 보였다. 매우 친근한 분위기를 풍기는 외모를 보건대 대만이나 일본에서 온 것 같았다.

"한국에서 오셨어요?"

뜻밖에도 그녀는 서툰 한국말을 내게 건넸다. 그녀는 독일 교포인데 3년 동안 영국에서 살고 있다며 웃는다. 오랜만에 한국말을 해서 잘 기억이 나지 않는다고 했지만, 서로 의사소통을 하는 데는 문제가 없었다.

"여행 오셨어요?"

하하하! 당연하지, 여행 왔지.

그녀에게 나도 묻는다.

"영국 여행 중에 가장 인상 깊었던 곳은 어디였어요?"

그녀는 잠시 머뭇거리다가 '콘월' Cornwall 이라고 했다. 너무나 아름다운

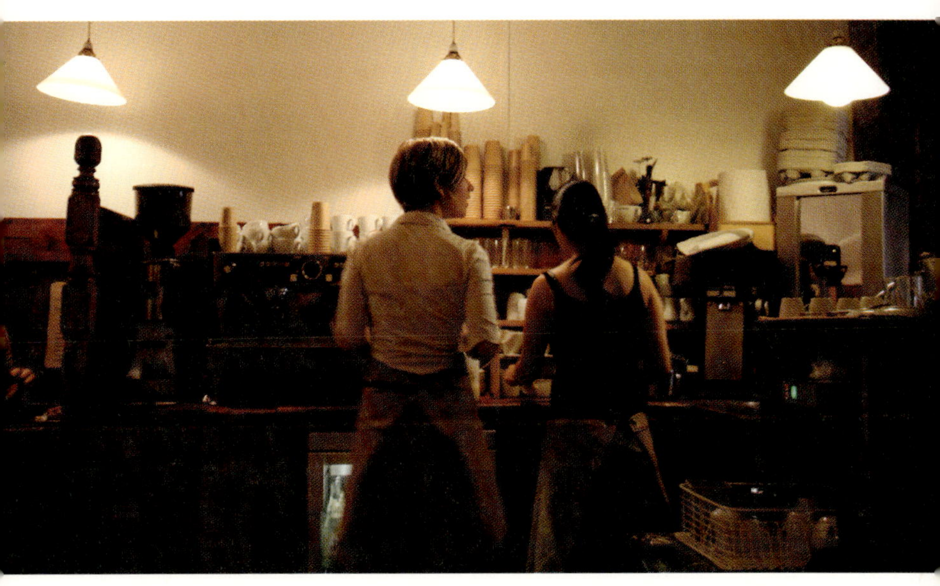

곳이니 꼭 가보라는 말도 덧붙였다. 나는 노트에 콘월을 메모했고, 숙소로 돌아가면 지도에서 꼭 찾아보리라 생각했다.

카페에서 새미 부부와 함께 여행 계획을 세웠다. 한가로이 차를 마시며, 나는 내가 가게 될 도시들을 이야기했다. 1999년 영국에서 돌아올 즈음에 우연히 한 조각상의 완성을 알리는 TV 뉴스를 본 적이 있다. 그 작품은 앤터니 곰리Anthony Gormley라는 영국 작가의 〈북쪽의 천사〉Angel of the North였다. 나는 그때 이 작품을 보러 꼭 다시 영국에 오리라 다짐했었다. 날개를 단 거대한 조각상을 보러 가는 것, 그것이 내가 영국에 다시 온 이유이고, 뉴캐슬Newcastle upon Tyne을 가장 중요한 여행지로 꼽은 이유였다.

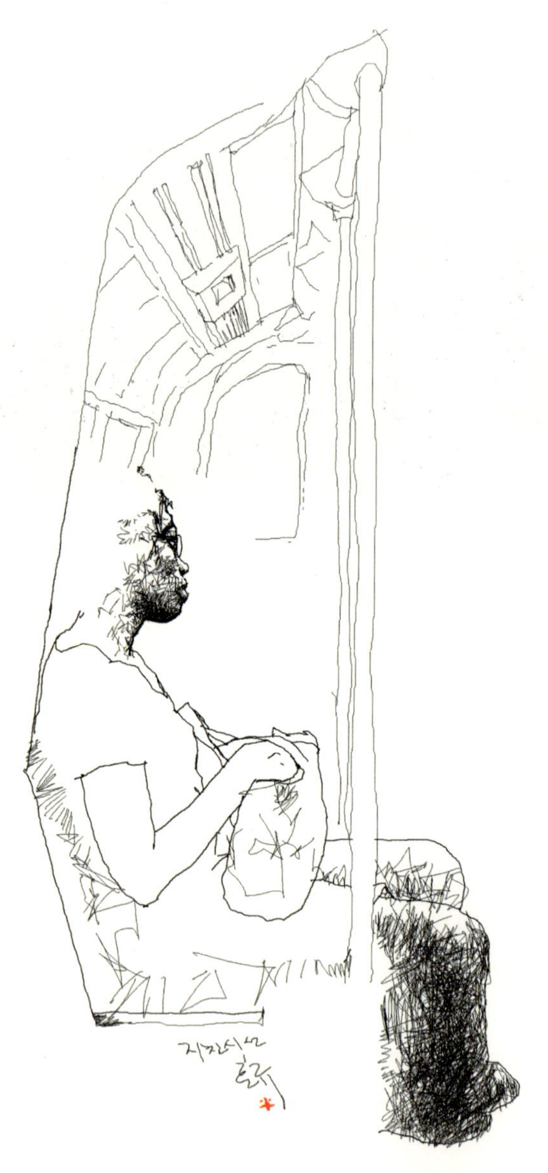

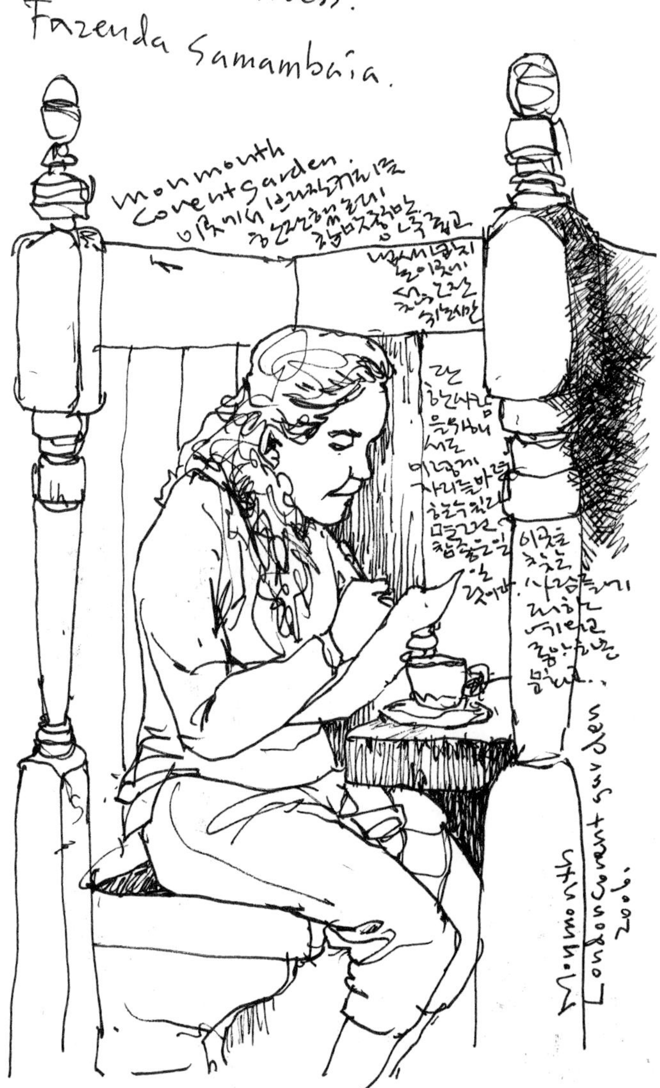

Brillan with fullbody
and sweetness.
Fazenda Samambaia.
Monmouth
Covent garden.
Monmouth
London Covent garden
2006.

유진은 나를 코번트 가든의 작은 갤러리로 안내했다.

갤러리의 이름은 '톰톰 갤러리'였다. 갤러리의 주인장은 문 닫을 시간이 가까워서인지 두 다리를 죽 뻗고 심슨 만화를 보며 새끼손가락을 물어뜯고 있었다.

잠시 전시를 봐도 되겠냐고 물으니, 벌떡 일어나며 영국인 특유의 알 수 없는 발음으로 한참 설명을 했다. 워낙 작은 갤러리라서 그가 일어서지 않으면 우리는 갤러리 안으로 들어갈 수 없었다. 일어선 후에도 그는 여전히 손톱을 뜯어먹고 있었다.

톰톰 갤러리의 브로슈어에는 'Post War Art and Design'(전후의 아트와 디자인)이라는 문구가 적혀 있었다. 여기서 말하는 전쟁이 제2차 세계대전인지, 흔히 말하는 미술계의 포스트모더니즘 전쟁인지 알

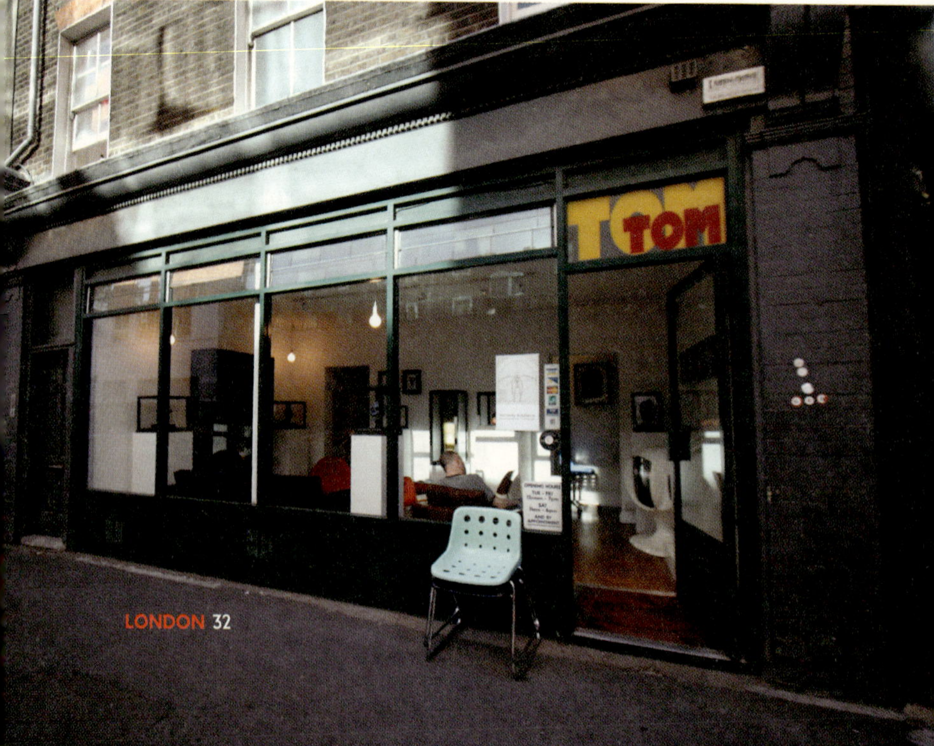

수는 없지만, 갤러리를 돌아보면 그 성격을 알아낼 수 있을 것이다.
1층에 전시되어 있는 수수께끼 같은 암호문을 지나 지하에 있는 창고 같은 갤러리로 내려갔다. 얼마나 작은지 사람들이 열 명 정도만 와도 이 갤러리는 완전히 포화 상태가 될 것 같았다.
하지만 이렇게 작은 갤러리에서 뱅크시와, 영화 〈탱크 걸〉Tank Girl의 원작 만화작가로 유명한 제이미 휴렛Jamie Hewlett의 원화를 구경할 수 있다면? 이곳은 작지만 상상을 초월하는 곳이다.
유진의 말대로 지하에는 그들의 판화 작업이 기다리고 있었다. 아직 한 번도 본 적 없는 그들의 오리지널 판화작품들 말이다. 런던의 코번트 가든과 카나비 스트리트에 자리 잡은 수많은 갤러리들과 아기자기한 숍들은 직접 들어가서 보기 전에는 내부가 무엇으로 채워져

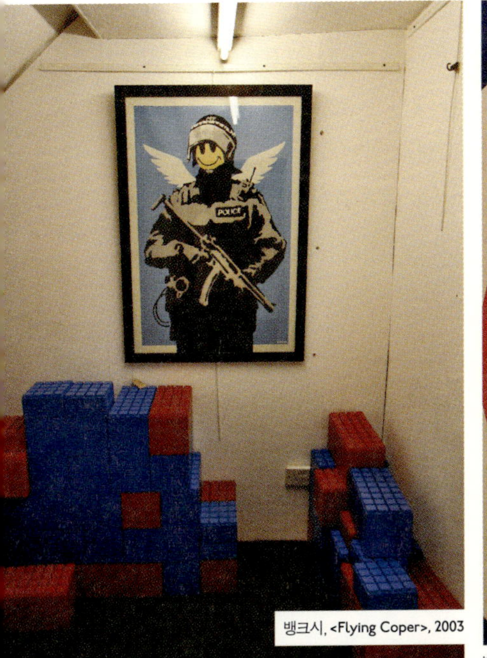

뱅크시, <Flying Coper>, 2003

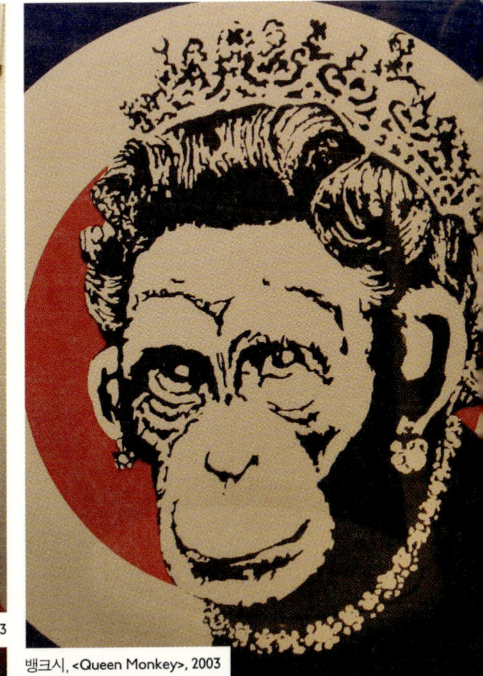

뱅크시, <Queen Monkey>, 2003

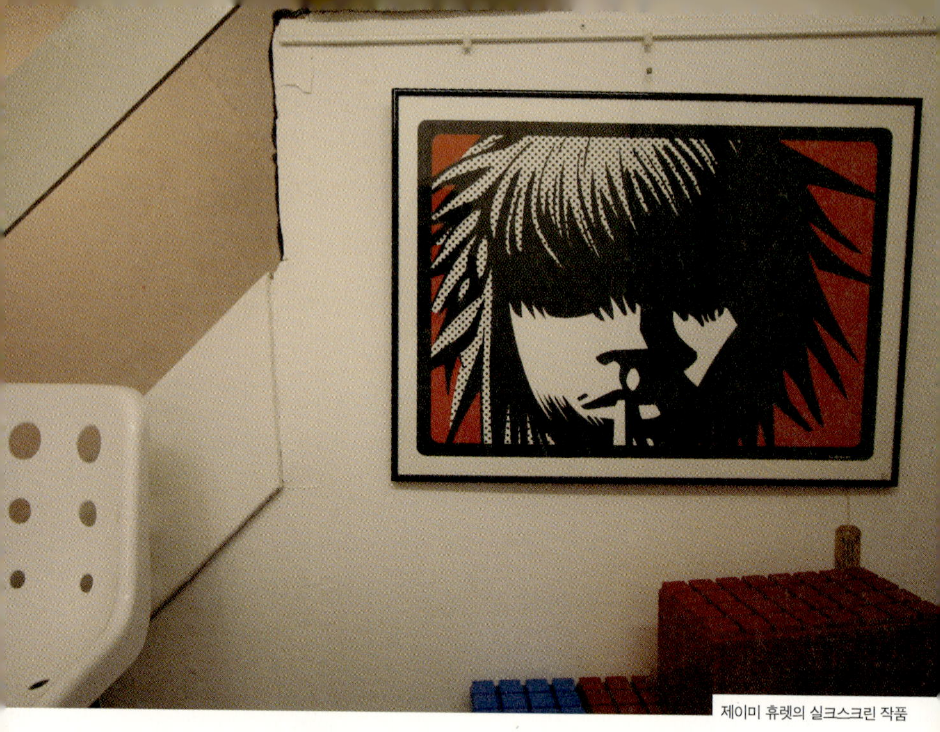

있는지 도무지 예상하기 어렵다.

뱅크시의 〈Pulp Fiction〉(2003) 〈Flying Coper〉(2003) 〈Bomb Lover〉(2003) 등 실크스크린 작업들과 내가 지금껏 보지 못했던 제이미 휴렛의 실크스크린 작업들이 판매되고 있었다. 그리고 스위스의 콜로센Kolossen에서 만든 블록과 소파, 조명 등 독특한 디자인 제품들도 전시, 판매되고 있었다.

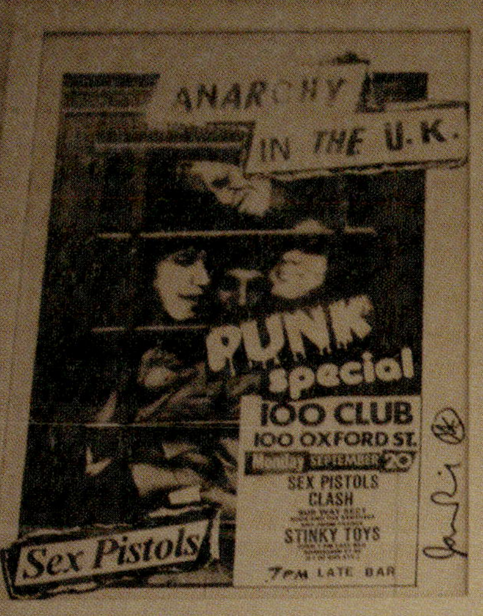

ANARCHY IN THE U.K.
PUNK special
100 CLUB
100 OXFORD ST.
MONDAY SEPTEMBER 20
SEX PISTOLS
CLASH
SUB WAY SECT
STINKY TOYS
7PM LATE BAR
Sex Pistols

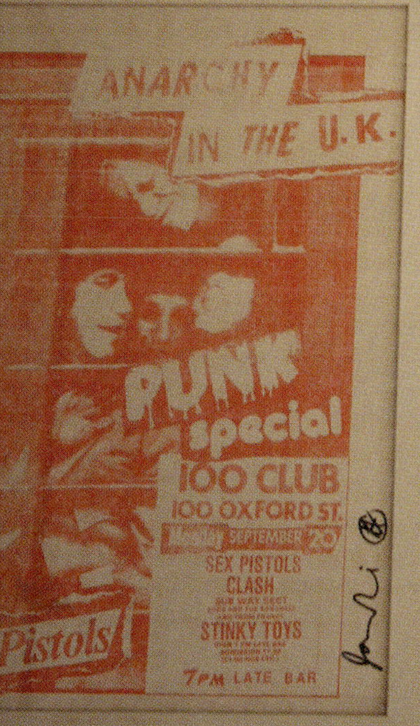

ANARCHY IN THE U.K.
PUNK special
100 CLUB
100 OXFORD ST.
MONDAY SEPTEMBER 20
SEX PISTOLS
CLASH
SUB WAY SECT
STINKY TOYS
7PM LATE BAR
Pistols

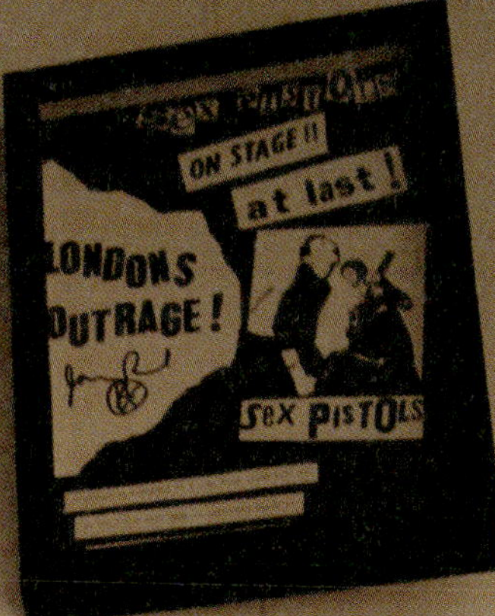

SEX PISTOLS
ON STAGE !!
at last !
LONDONS OUTRAGE !
SEX PISTOLS

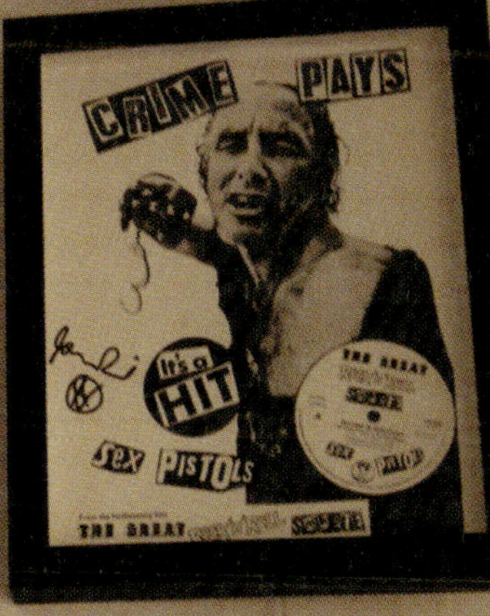

CRIME PAYS
IT'S a HIT
SEX PISTOLS
THE GREAT

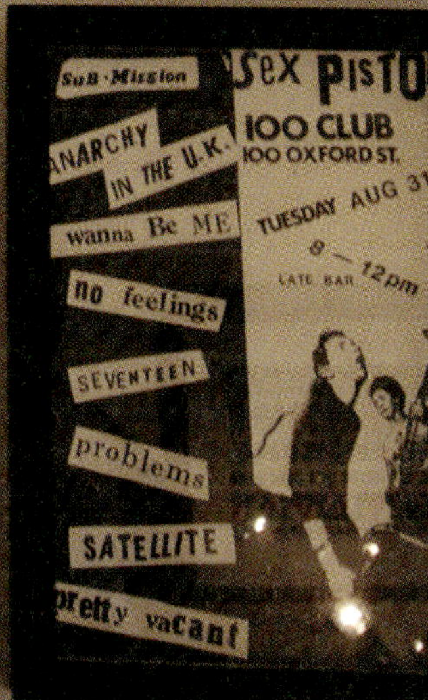

SuB·Mission
SEX PISTOL
100 CLUB
100 OXFORD ST.
ANARCHY IN THE U.K.
wanna Be ME
TUESDAY AUG 31
8 — 12pm
LATE BAR
no feelings
SEVENTEEN
problems
SATELLITE
pretty vaCant

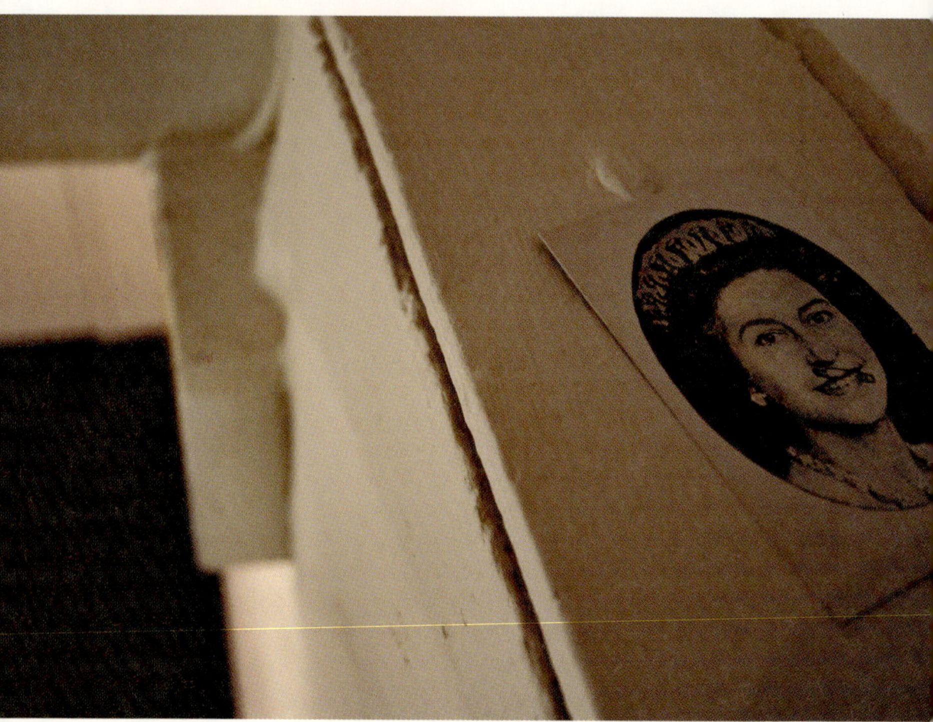

다시 1층으로 올라오는 층계에서 나는 드디어 보물을 발견했다. 그
것은 1970년대 펑크의 성지인 '100 Club'에서 열린 섹스 피스톨스의
공연 포스터였다. 모두 오리지널이었다. 엘리자베스 여왕의 입술을
옷핀으로 꿰뚫고 있는 이미지로 상징되는 섹스 피스톨스의 〈신이여
여왕을 구하소서〉God Save The Queen의 오리지널 프린트가 눈에 띄었다. 내가
가장 좋아하는 작가 중 한 명인 제이미 레이드Jamie Reid의 작품이었다.
그러고 보면 내가 좋아하는 작품들은 모두 어떤 연관성을 가지고 있는 것 같다. 뱅크시의 작품이나 제이미 레이드의 작품들은 하나같이 기존의 가치와 권력에 반기를 드는 강력한 작업들이다. 제이미 레이드는 섹스 피스톨스의 〈불알 따위는 걱정 마, 여기 섹스 피스톨스가 간다〉Never Mind the Bollocks, Here' s the Sex Pistols 와 〈대영제국의 무정부상태〉Anarchy in the UK 등의 앨범 재킷을 디자인하기도 했다. 이 앨범들은 그것에 담긴 음악은 물론이고, 앨범 재킷에서부터 영국의 펑크문화를 선도하는 상징적인 아이콘이다.

1990년대 중반 이후 시작된 홍대의 펑크문화는 그들에게서 많은 영향을 받았는데 그 대표주자가 크라잉넛과 노브레인이다. 그리고 그들의 중심에는 언제나 영국의 펑크밴드인 섹스 피스톨스와 더 클래시The Clash가 있었다. 홍대 펑크클럽의 성지였던 드럭의 간판에는 더 클래시의 앨범인 〈런던 콜링〉London Calling 의 기타를 부수는 모습이 새겨져 있었다. 그리고 '스컹크헬'로 바뀐 요즘도 그곳에서는 여전히 펑크 스타일을 고수하는 밴드들을 볼 수 있다.

1970년대 중반의 오랜 가뭄과 경제공황의 혼란 속에서 터져 나온 영국 젊은이들의 반란인 펑크문화가 너무도 먼 나라인 대한민국의 홍대 클럽에서 20년 후에 터져 나온 것이 신기하다. 아마도 그런 정신적, 경제적 혼란기에서 오는 공통점이 시간을 넘어선 공감대를 형성한 것인지도 모르겠다. 그러나 한국의 밴드들에겐 그들의 음악을 한국적 펑크문화로 각인시켜줄 만한 새로운 패션과 디자인이 뒤따르지 못했다…

섹스 피스톨스를 더욱 유명하게 만든 건 두 디자이너의 힘이었다. 그중

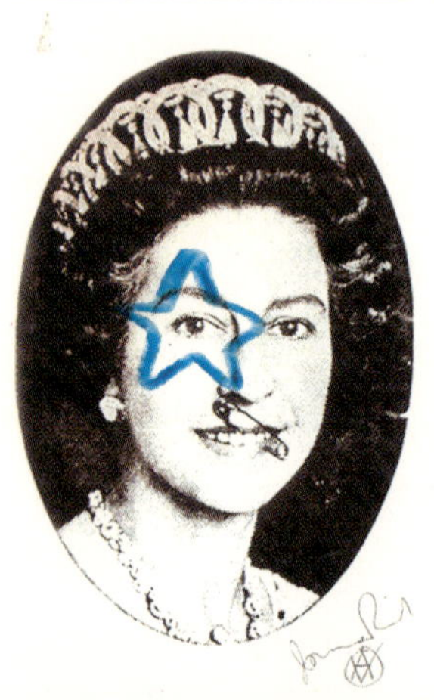

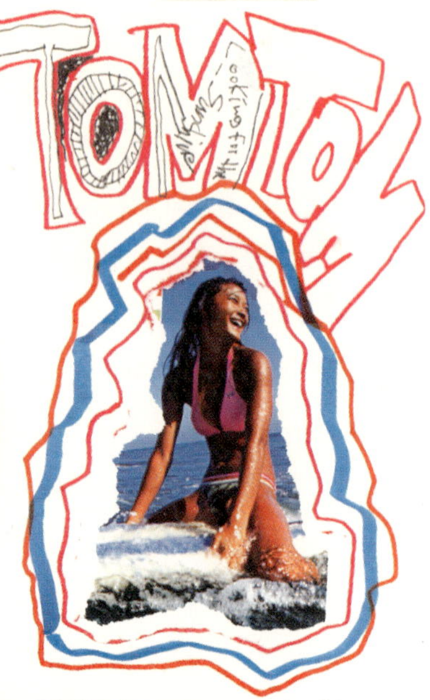

tomtom
postwar art and design

42 New Compton Street
London WC2H 8DA

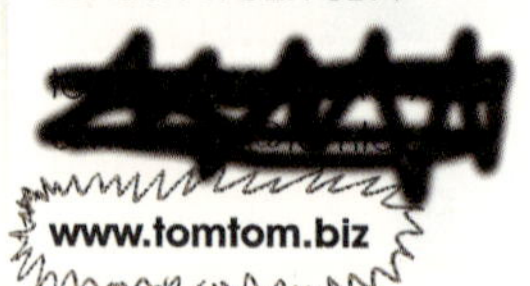

www.tomtom.biz

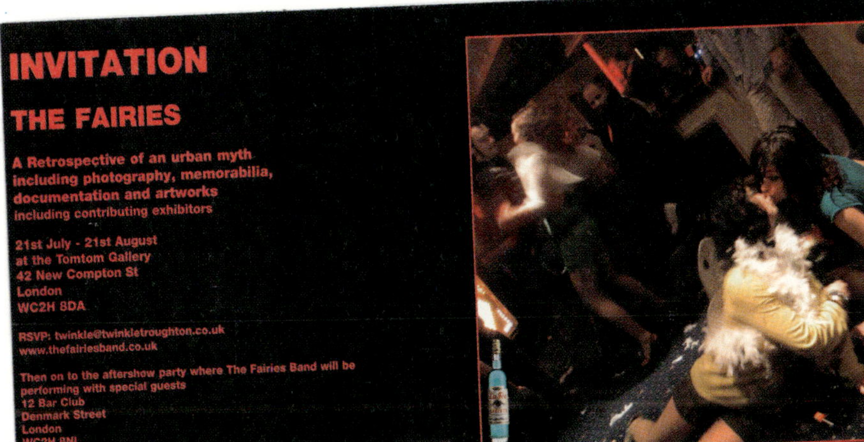

에서 그래픽이 강한 심벌을 만든 사람이 제이미 레이드고, 그들의 찢어진 옷과 금속체인, 지퍼로 가득한 가죽패션은 세계적인 디자이너 비비안 웨스트우드 Vivienne Westwood 의 작품이다. 섹스 피스톨스는 음악뿐 아니라 이처럼 비주얼한 면에서도 철저히 펑크적이었다. 그리고 그것은 한 시대를 풍미하는 새로운 문화적 장르를 형성했다.

주인장은 계속 심슨을 보며 손톱을 뜯고 있었다. 아, 정말 알아듣기 힘든 영국 발음으로 멋지게 이런저런 설명을 하던 주인아저씨는 우리에게 다음 주에 파티가 있으니 놀러 오라며 초대장을 건넸다. 초대장에는 광란의 파티 현장에서 날개를 단 두 명의 여자가 키스하는 사진이 실려 있었다. 섹스 피스톨스 후예들의 파티일 것 같다.

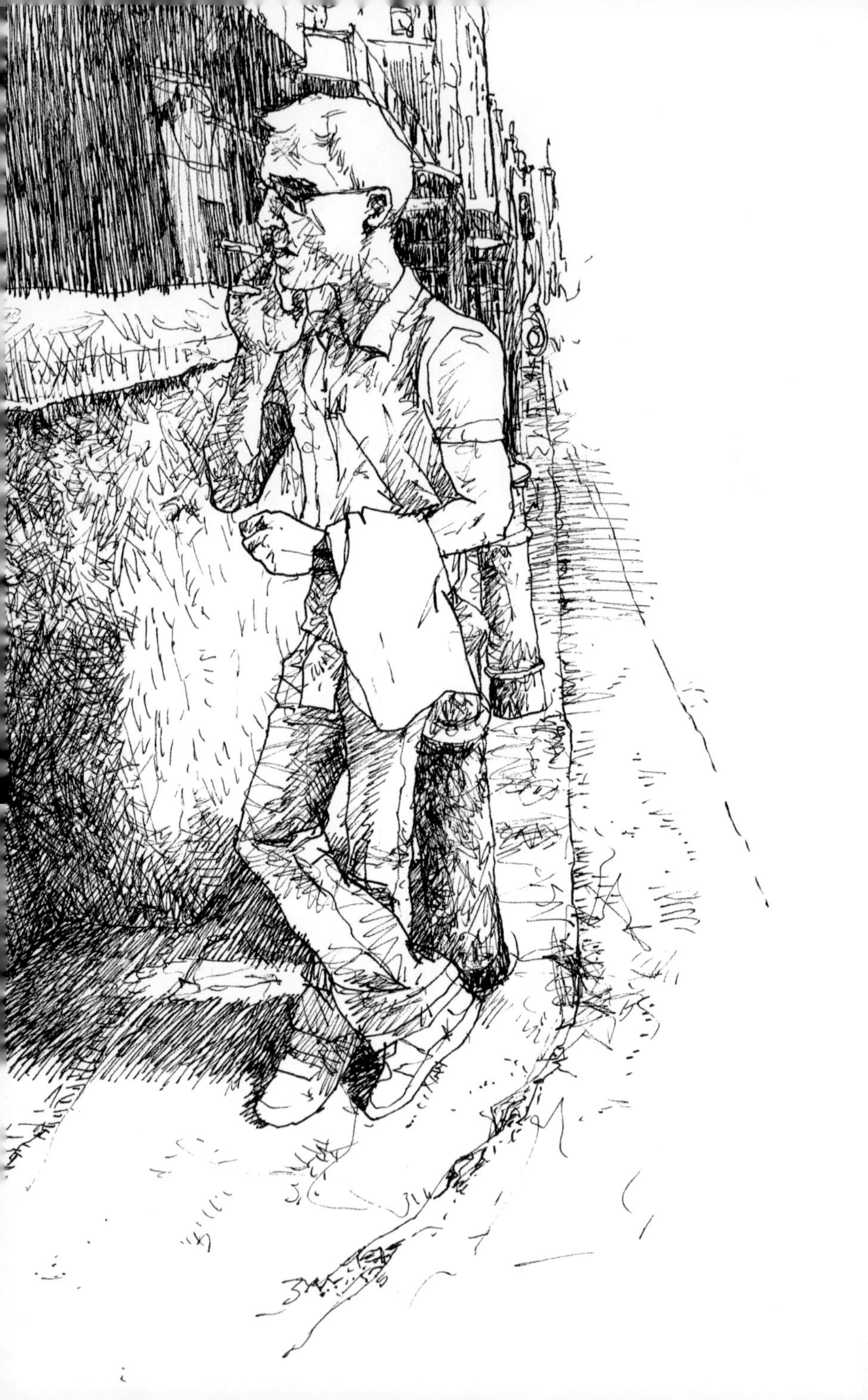

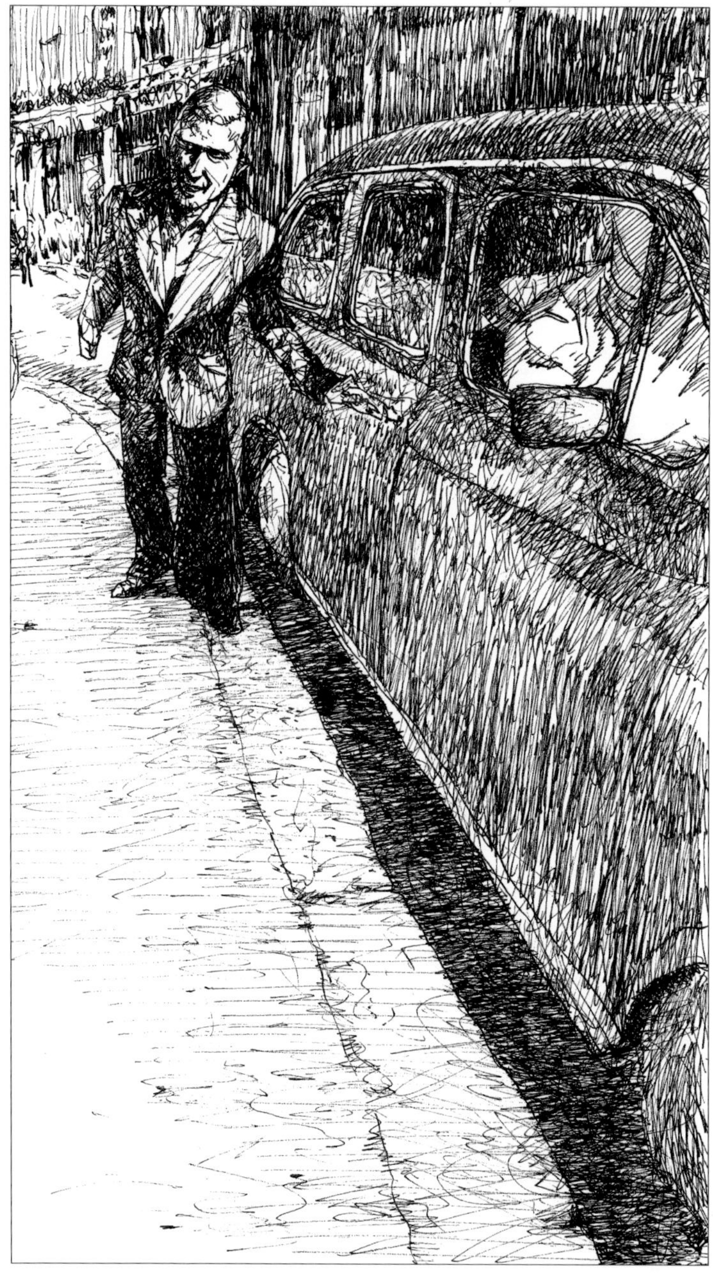

제이미 레이드와 비비언 웨스트우드

제이미 레이드는 섹스 피스톨스의 앨범에서 여왕의 입술에 옷핀을 꽂음으로써 펑크를 정의했다. 그리고 이 아이콘은 섹스 피스톨스와 영국의 상징으로 모두에게 기억되게 된다.

제이미 레이드가 행동주의 아티스트가 된 것은 1968년 학생운동이 활발했던 크로이던 아트 칼리지Croydon College of Art and Design에서 말콤 맥라렌Malcolm McLaren을 만나면서부터이다. 맥라렌은 제이미 레이드에게 깊은 철학적 영향을 끼쳤을 뿐 아니라, 이후 섹스 피스톨스의 매니저로 그들의 파격적인 음악을 선도한 장본인이기도 하다.

학교를 졸업한 맥라렌은 제이미 레이드와 함께 1970년에 『서버번 프레스』Suburban Press라는 소식지를 창간하며, 서로의 관계를 이어간다. 제이미 레이드는 이 한 장짜리 지방신문을 통해서 지방의 부패한 지도자들과 기회주의자들을 선동적인 그래픽과 슬로건으로 고발하기 시작한다.

싸구려 복사용지들과 석판화 기법들 그리고 복사된 종이와 광고전단의 찢어진 타이포그래피는 제이미 레이드의 전매특허가 되었고, 그는 이후 순수회화로까지 그 스타일을 발전시킨다.

영국 국가(國歌)와 제목이 같은, 섹스 피스톨스의 〈신이여 여왕을 구하소서〉는 여왕의 생일날에 처음으로 영국 차트 1위에 오르며 기염을 토했다. '신이여 여왕을 구하소서'는 호주 사람들이 자기 나라에서 영국 여왕을 축출하자는 캠페인에 사용했던 슬로건이며, 그 노래의 코러스 부분에 나오는 'No Future'(미래는 없다)는 프랑스 노동자들이 파업할 때 바리케이드에 스프레이로 갈겨썼던 문구이다. 그것이 섹스 피스톨스의 노래가사가 되어 암담한 당시 영국 젊은이들과 펑크를 상징하는 문구가 되었다.

홍대처럼 젊은 아티스트들이 사는 동네에 'SEX'(말콤 맥라렌과 비비안 웨스트우드가 함께 만든 옷가게 이름으로, 현재는 없어졌다)라는 옷가게가 생겼다고 가정해보자. 상인연합회와 근처 초등학교 학부모회가 몹시 불편해할 것이다.

당시 영국의 기성세대들도 이러한 펑크문화의 흐름을 걱정했을지 모른다. 그러나 비비안 웨스트우드는 기성세대들의 이런 염려와 불편한 심기에는 아랑곳하지 않고, 다이아몬드나 번쩍이는 보석들을 강아지 목에나 걸 것 같은 쇠사슬과 체인으로 대체한 파격적인 패션을 선보인다. 그리고 이러한 그녀의 패션 제안은 곧바로 펑크패션을 대표하게 되었다.

한때 부모들의 걱정거리로 치부되던 펑크키드들이 현재 영국을 대표하는 아티스트가 되리라고 그들은 예상이나 했을까? 이들의 펑크문화는 '너 스스로 세상을 차버리고 멋진 규칙을 가진 혁명을 일으켜!' (DIY: Do-It-Yourself)라는 슬로건으로 간결하게 정돈되면서 역사에 기록되었다. 그리고 그들의 선동적인 예술적 크리에이티브들은 오늘날 뱅크시를 비롯한 젊은 영국 아티스트들에게 면면히 이어지고 있다.

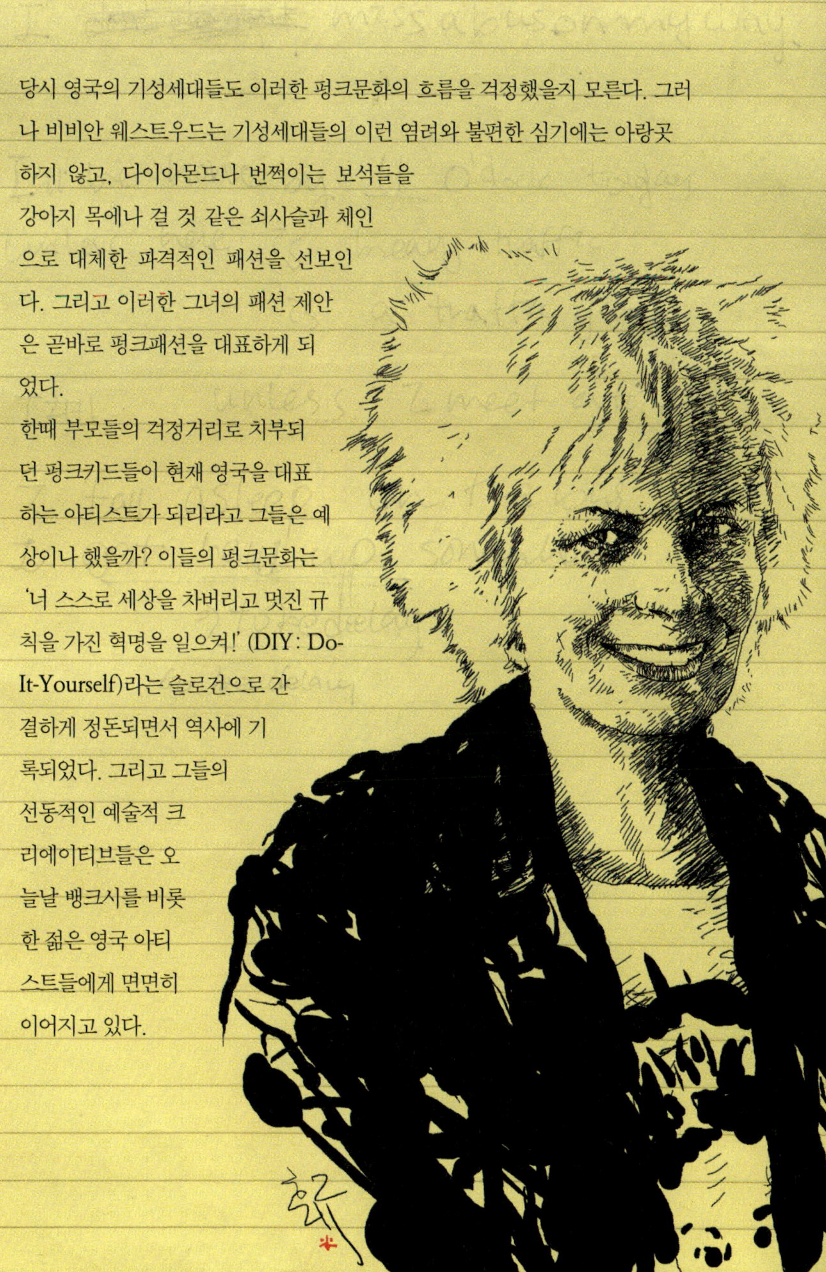

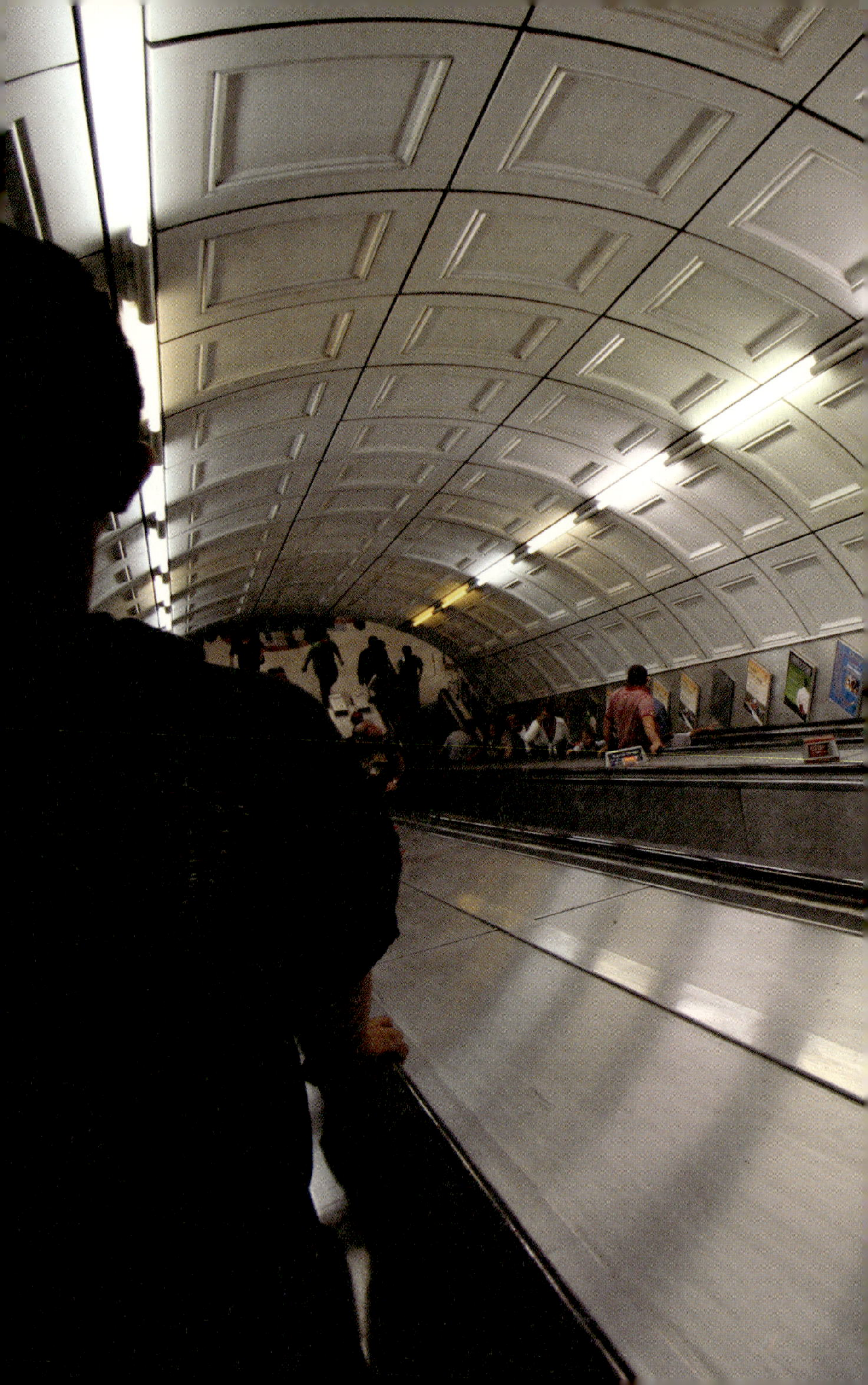

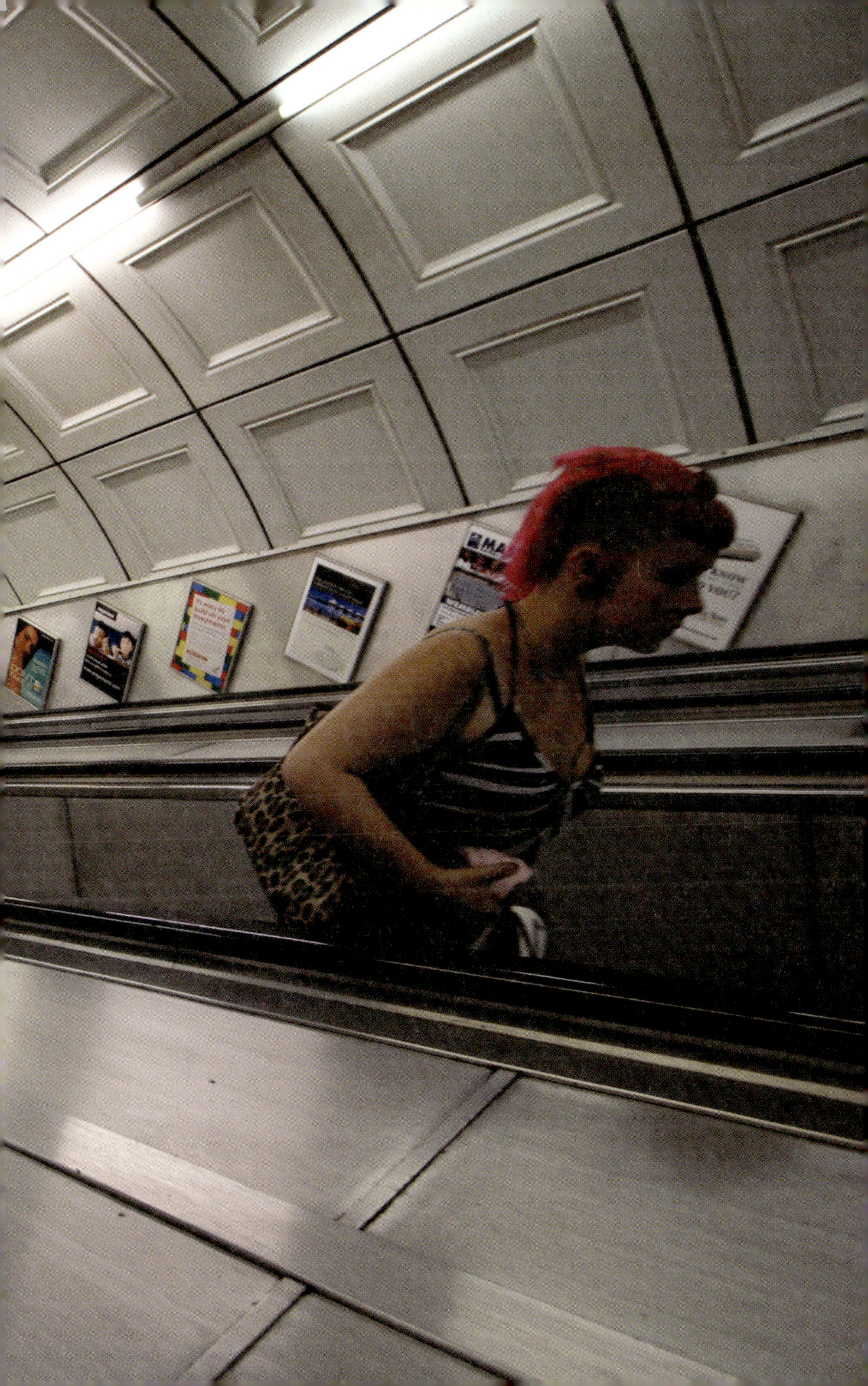

이미 21세기는 시작되었다. 21세기가 시작될 때 우리는 지난 세기에 대한 아쉬움과 새로운 세기에 대한 기대감이 교차했었다. 한 세기가 바뀌는 것은 한 해가 바뀌는 것과는 차원이 다르다. 혹자는 20세기가 제조의 시대였다면, 21세기는 환경과 디자인의 세기가 될 것이라고 했다.

우리나라의 국가 행정에도 공공을 위한 복지와 디자인 개념이 조금씩 나타나기 시작했다. 청계천이 복원되어 시내 중심에 시민들의 휴식처가 생겨났다. 서울의 시청 앞 광장은 잔디밭으로 바뀌었다. 공공디자인은 정치인들의 새로운 정치공약으로, 또는 국가의 새로운 경쟁력으로 대두되면서 21세기의 현안이 되었다.

그런데 자본주의의 종주국이며 산업혁명의 발원지로 '제조'의 시대를 열었던 영국에서 21세기를 위해 숨죽여 준비한 놀라운 프로젝트가 있으니 그것이 바로 '밀레니엄 프로젝트'다.

한 세기를 경과하는 이 시점에서만 가능한 프로젝트!

새로운 밀레니엄을 맞이하면서 국가 전체의 이미지를 계획적으로 바꾸기 위해 치밀하게 준비한 나라는 영국밖에 없다. 그것도 소리 소문 없이 느긋하게 바꾸더니 현재까지 프로젝트의 90퍼센트 이상이 완료되었다.

밀레니엄 프로젝트를 실질적으로 이끌고 있는 곳은 밀레니엄 커미션The Millennium Commission, 이른바 새천년위원회다. 이 위원회는 엄청난 규모의 복권 수익을 좋은 일에 쓰자는 취지로 1993년에 설립되어 이에 걸맞는 사업을 지원해왔다. 밀레니엄 프로젝트는 이 위원회의 지원으로 새로운 과학센터, 시청 재건축, 시민 공동시설, 공원, 삼림지대, 교량, 극장, 환경, 교육, 예술 등의 사업을 수행하는 국가 프로젝트를 말한다. 그러나 이 위원회의 지원을 받으려면 일회성 전시든 영구적인 교량사업이든 기존의 것과는 다른 특출한 면이 있어야 하고, 공공성과 예술성, 그리고 친환경적인 요소들을 두루 만족시켜야 한다.

2000년을 전후로 이 프로젝트는 결실을 맺기 시작했는데, 대영연합의 모든 지역에서 222개의 작업이 마무리되었다. 작게는 동네의 공공건물부터, 크게는 에덴 프로젝트^{Eden Project}처럼 새로운 환경교육을 위한 센터까지 규모도 다양하다. 런던 올림픽이 열리게 될 윔블던 경기장과 베터시 화력발전소가 그중 가장 큰 프로젝트로, 윔블던 경기장은 이미 완공되었고, 베터시 화력발전소는 올림픽이 열리는 2012년에 완공되어, 거대한 복합문화시설이 함께 공존하는 템스 강변의 새로운 명소가 될 것이다. 기존에 누구도 돌아보지 않던 후미진 지역이나 낡고 버려진 제조공장들이 미래지향적인 새로운 도시로 리노베이션되는 것이다.

새로운 밀레니엄의 서두를 장식한 이 국가 프로젝트는 21세기의 유행과 트렌드 전쟁에서 이미 다른 나라들이 따라갈 수 없을 정도로 앞서나간 국가사업이다. 영국인들의 철두철미한 준비 자세와 장인정신을 배울 수 있는 대목이다.

신세기를 준비한 그들의 밀레니엄 프로젝트를 우선 런던에서부터 찾아보기로 했다.

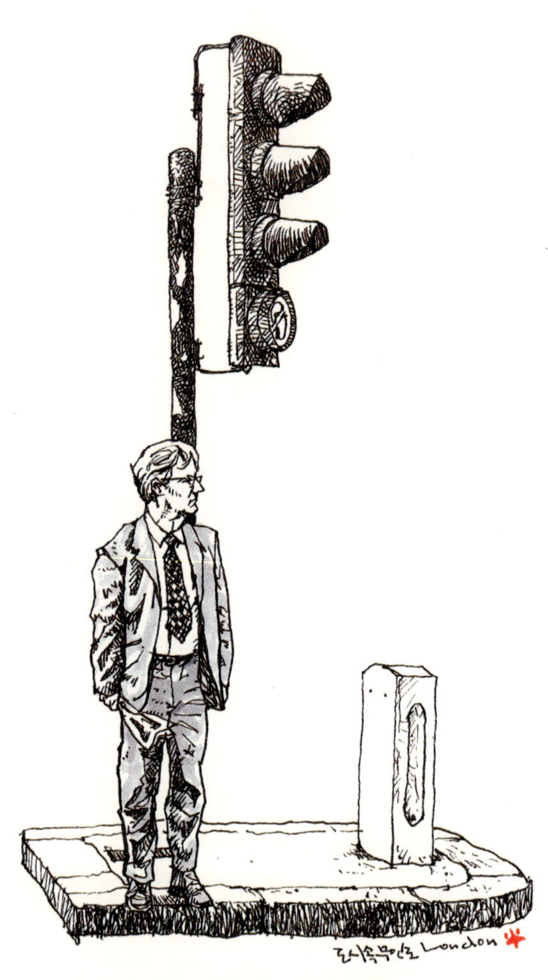

도시풍경 London

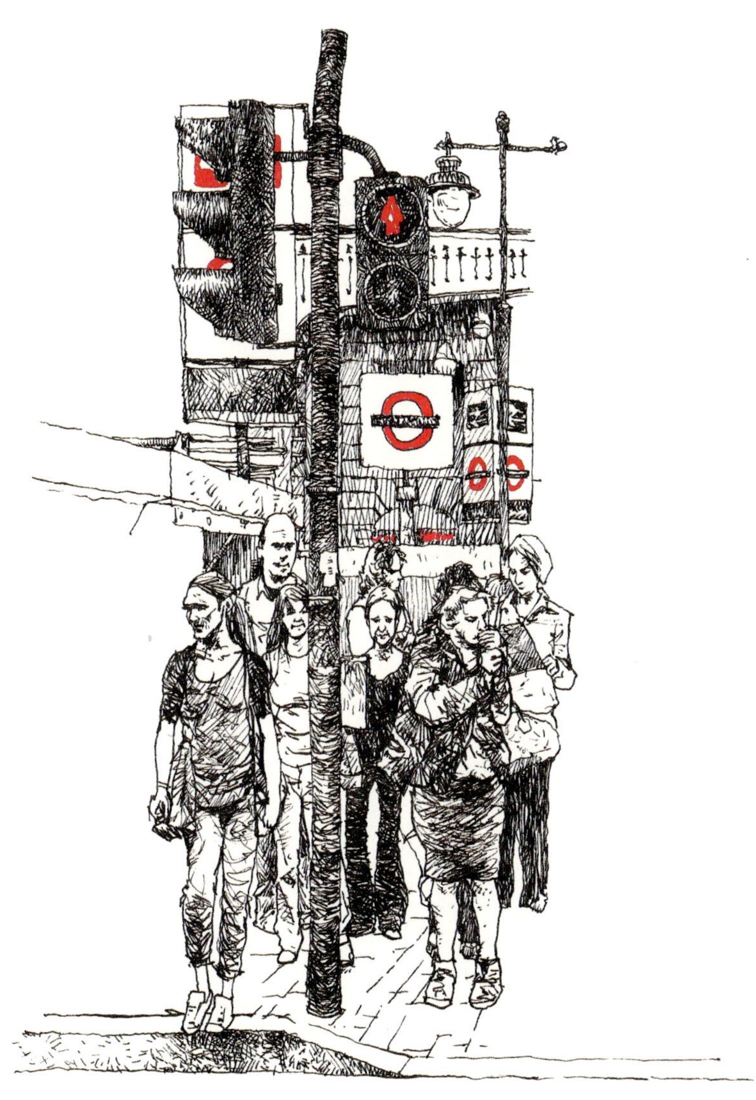
UNDERGROUND

그는 더 넓은 공간과 쾌적한 공기,

더 밝은 조명, 더 많은 볼거리, 더 높은 생산성,

더 많은 다양성과 관계망, 더 많은 카페와

아트와 시간을 원한다.

He needs more space, more air,

more light, more views, more productivity,

more diversity, more connections, more cafes,

more art, more time.

작은 유리 상자 속에 턱을 괴고 앉아 있는 조각품이 있다. 로댕의
〈생각하는 사람〉처럼 그는 골똘히 뭔가를 떠올리고 있다.
런던이라는 도시 전체의 캐치프레이즈가 된 'More London'의 카피
에 등장하는 그, 생각하는 사람은 바로 '런던'을 의미한다. 이 생각
하는 샐러리맨이 꿈꾸는 이상들이 현실화된 작업이 바로 '모어 런던
프로젝트'다.

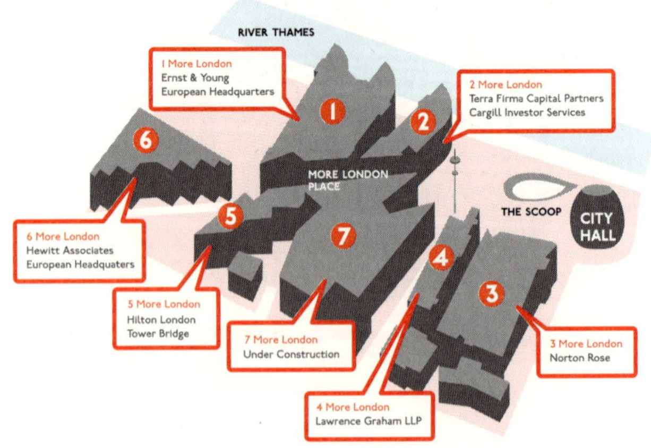

he needs more space, more air,
more light, more views, more
productivity, more diversity,
more connections, more cafes,
more art, more time
morelondon

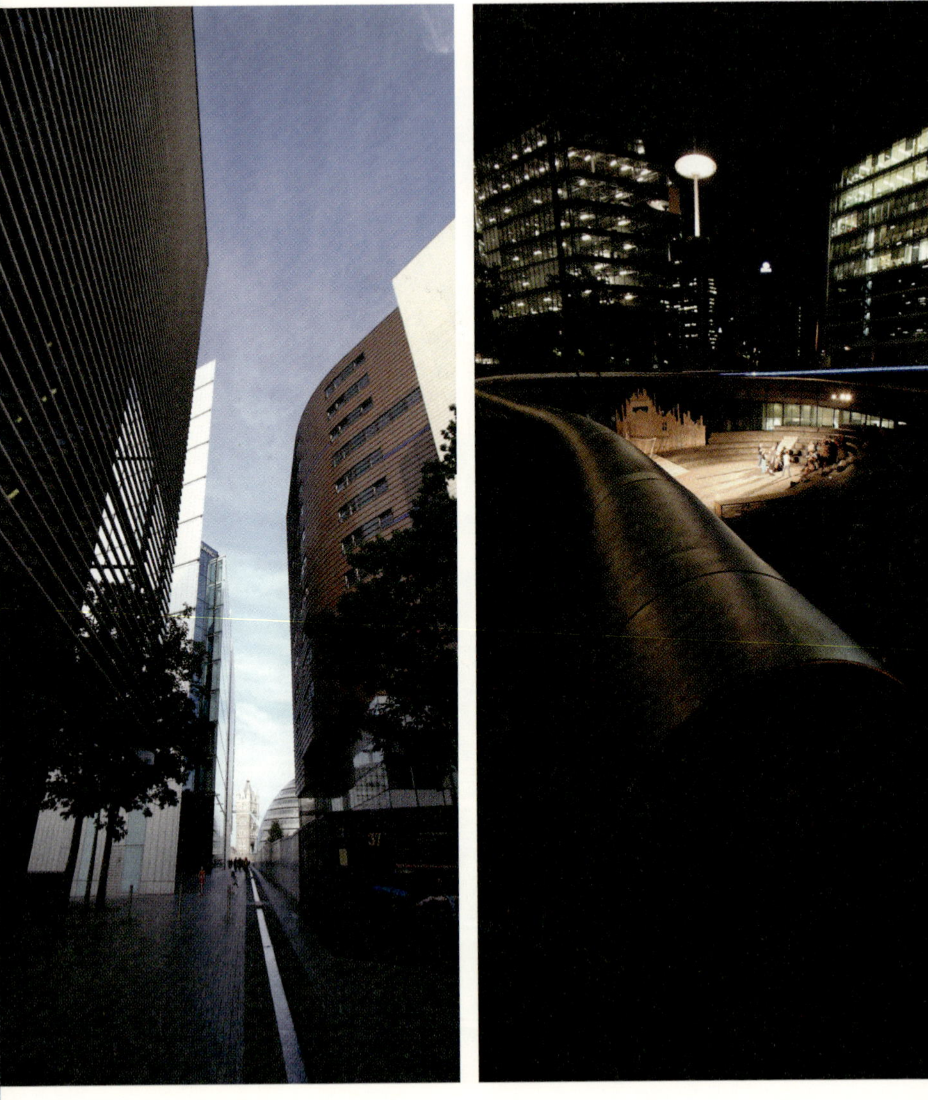

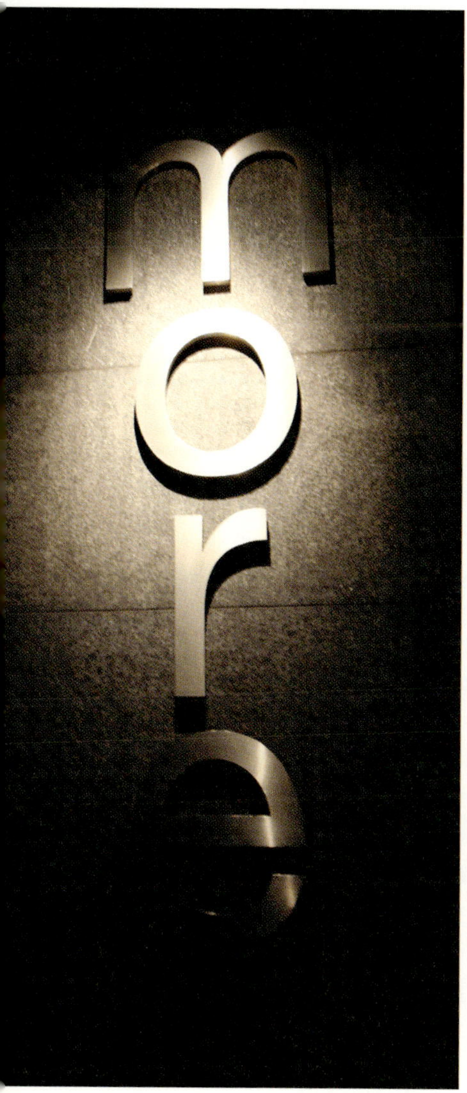

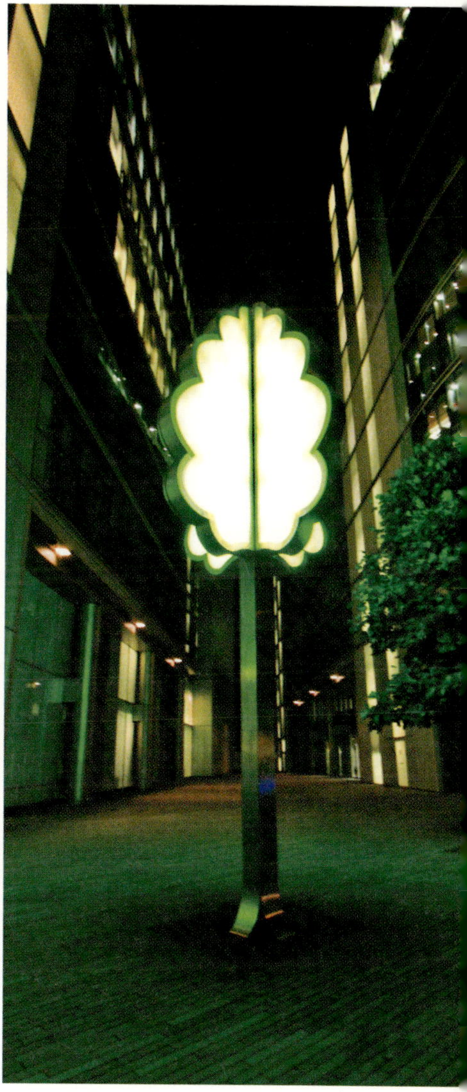

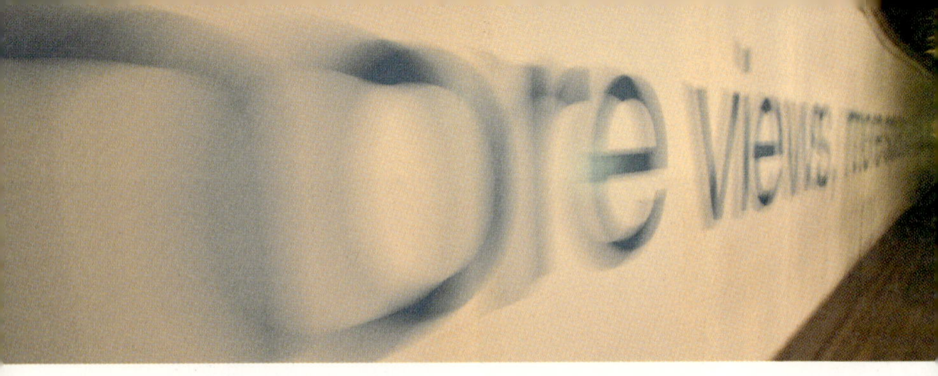

모어 런던 프로젝트는 템스 강변인 사우스뱅크 지역에서 타워 브리지까지의 지역을 새롭게 변화시키는 거대한 도시계획이다. 새로운 시청을 건설하고, '스쿠프'The Scoop라 불리는 야외극장을 세우고, 사무실 건물과 상점, 카페, 레스토랑을 포함한 모든 지역을 바꾸는 대형 공사이다.

모어 런던은 7개의 모어 런던 건물과 시청으로 크게 나뉜다. 저명한 금융컨설팅 회사인 에른스트 앤 영Ernst & Young, 법률회사인 로렌스 그래

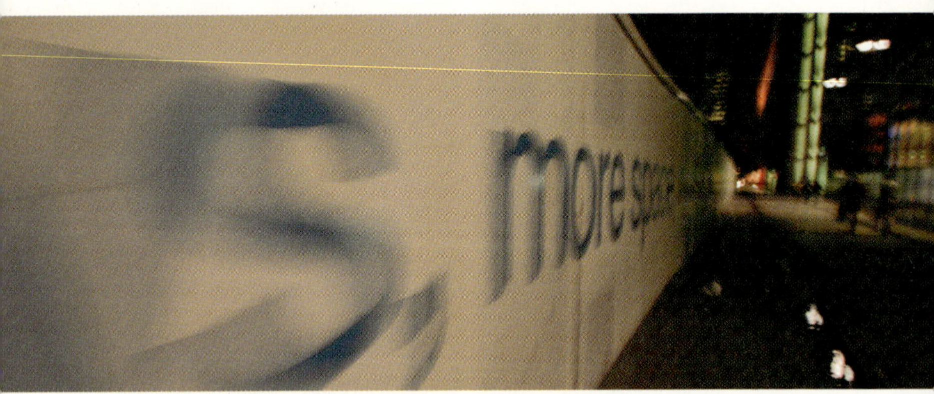

엄Lawrence Graham과 노턴 로즈Norton Rose, 금융시장 정보업체인 마키트그룹Markit Group, 사모펀드(고수익기업투자펀드) 투자회사로 알려진 테라 퍼마Terra Firma, 국제적인 인재 컨설팅그룹 휴이트 어소시에이트Hewitt Associates, 마케팅리서치 회사인 리서치 인터내셔널Research International 등 금융 컨설팅과 법

률 서비스 같은 전문적인 업무를 보는 사무실이 임대된 이 건물들은 다목적 공연장, 카페, 레스토랑, 갤러리와 극장, 쾌적한 주거환경 등이 집약되어 있는 지정학적 요충지에 조성되었다.

모어 런던 플레이스의 주변에는 타워 브리지, 테이트 모던(갤러리),

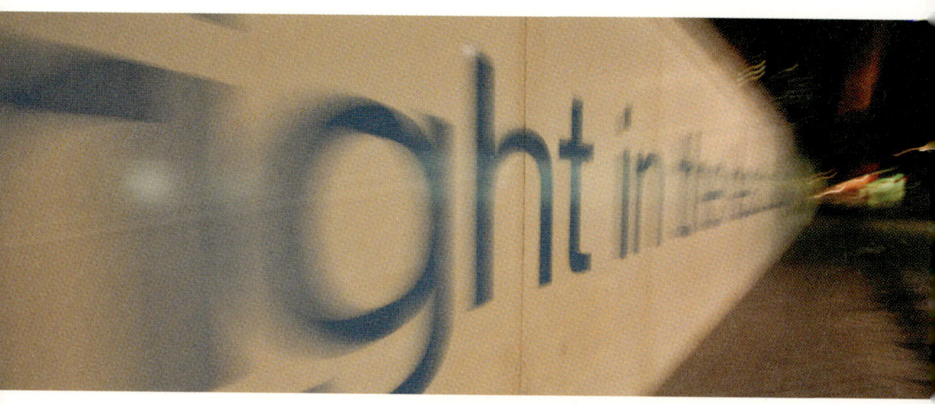

런던 아이(위락시설), 국립극장, 보로마켓(주말 마켓), 디자인박물관(갤러리) 등 문화시설들이 즐비하다.

이 대형공사를 진행한 건축가는 영국 건축을 대표하는 노먼 포스터 경[Sir Norman Foster]이고, 총지휘자는 켄 리빙스턴[Ken Livingston] 런던 시장이었다. 이 건물의 야외에서는 모어 런던의 다양한 문화행사와 전시가 상시적으로 열린다.

영국 공공디자인의 현주소를 볼 수 있는 이 프로젝트는 단순히 일하고 소비하는 기능성 위주의 공간들과는 달리 다양한 장르의 문화가 결합된 새로운 사무공간을 만들어냈다. 그들이 디자인하려는 도시의 미래가 어떤 것인지, 인간과 환경을 생각하는 미래가 어떻게 그려질 것인지 피부로 느낄 수 있다.

시청은 시장과 5백 명의 직원과 런던 의회에서 선출된 25명의 시의
원을 위한 사무실을 제공하는 10층 건물이다. 마치 양파를 슬근슬근
썰어서 옆으로 비스듬히 뉘어놓은 듯한 이 독특한 건물은, 어떻게 이
런 건물을 설계할 수 있었을까 하는 궁금증을 자아낸다.
이 건물은 생김새 때문에 '다스베이더의 헬멧', '삐뚤어진 유리달
걀' 등으로도 불리는데, 이 건물이 이런 모양이 된 건 템스 강의 조
망을 최대한 확보하면서도 에너지 효율을 극대화하려는 노력의 우

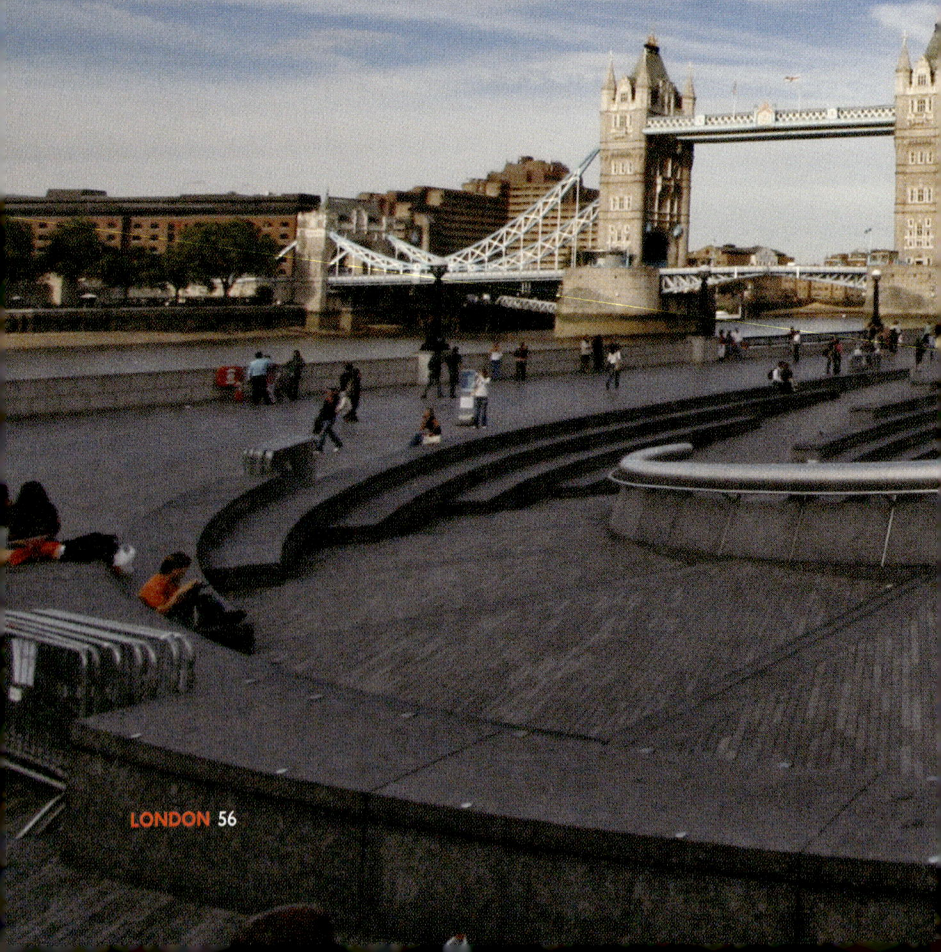

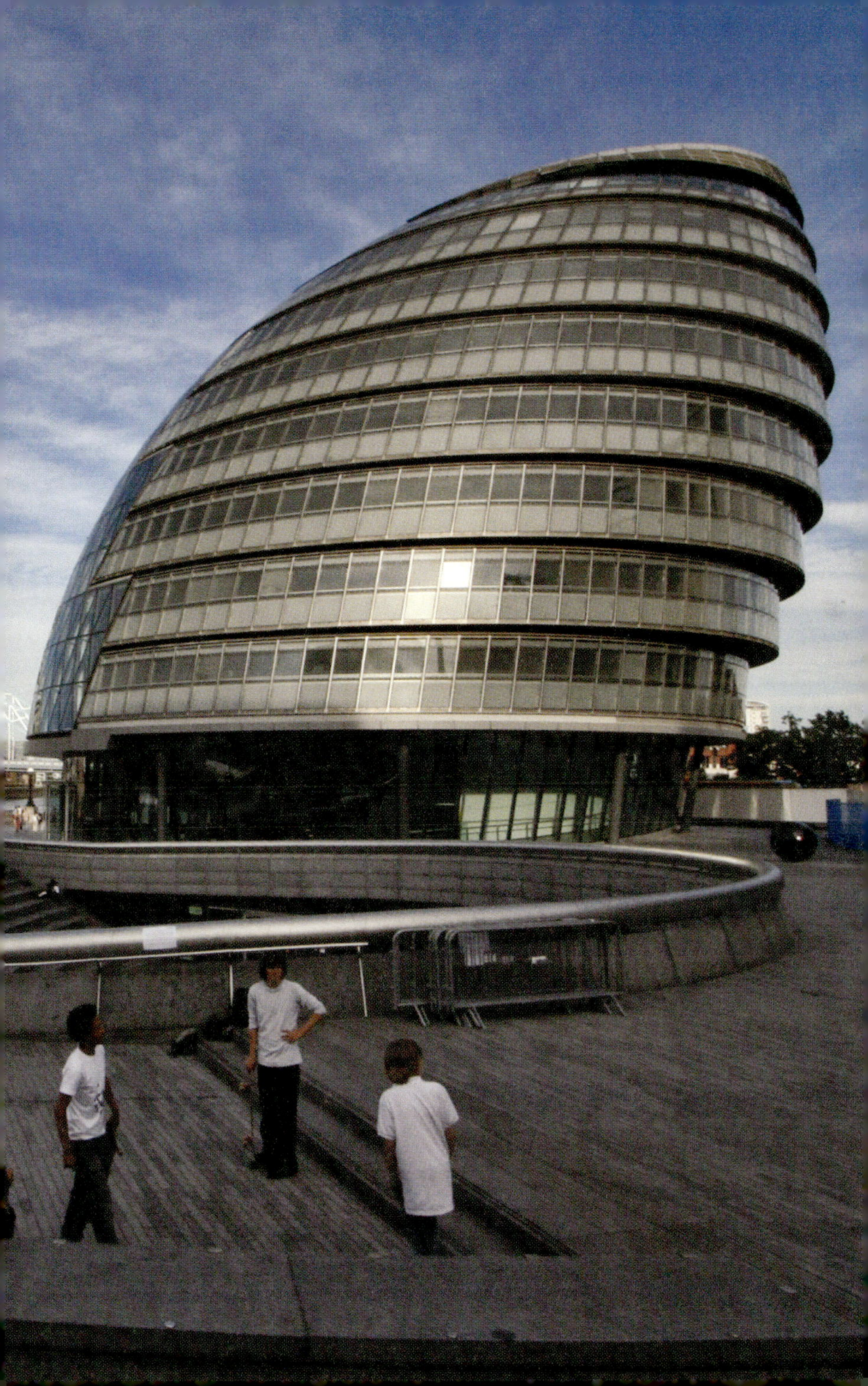

연한 산물이라고 한다. 건물을 디자인할 때, 초기에 누군가 강가의 자갈을 얘기했고, 그것은 곧 디자인에 반영되었다. 그러다가 태양광선의 유입을 최대한 억제하려다 보니, 건물이 남쪽으로 기울어지게 된 것이다. 이 건물의 디자인을 살펴보면 앞과 뒤, 옆이 전혀 구분되지 않는다. 건물의 측면에는 '스쿠프'라 부르는 노천극장이 마련되어 있어서, 자선공연과 다양한 퍼포먼스 공연이 끊이지 않는다.

시청건물은 사진으로 봤을 때보다 훨씬 아담했다. 규모가 클 거라고 예상하면 실망할 수도 있다. 하지만 건물의 가치는 눈에 보이는 규모만으로는 판단하기 어렵다. 이 10층짜리 건물을 짓는 데 일반적으로 40~50층은 지을 수 있는 예산이 들었다고 한다.

유리를 주로 사용하여 둥그렇게 이어붙이는 작업은 상당한 기술과 돈이 필요하다. 이 건물은 작지만 자본과 기술력이 집약된 매우 상징적인 런던의 아이콘이다. 그들에게는 얼마나 많은 돈이 드는지, 얼마나 규모가 큰지 하는 것보다는 무엇을 어떻게 보여줄 것인지가 더 중요한 문제였다는 생각이 든다. 이런 건물을 짓기 위해서는 우선 이 건물의 아이디어를 처음 낸 건축디자이너에 대한 인격적인 존중과 그의 작업에 대한 이해가 전제되어야 한다. 그리고 세계에서 가장 발전된 도시 형태를 디자인한다는 확신과 자부심이 뒷받침되어야 한다. 그렇지 않으면 이런 혁신적인 건축 제안은 실현되기 어렵다. 생각해보라. 시청 건물 하나 짓는 데 몇 채의 건물을 지을 수 있는 예산을 쏟아부어야 한다면, 웬만한 배짱과 자신감이 없고서는 빗발치는 시민들의 비판을 감당하기 어려울 것이다. 물론 나는 이 건물이 세워졌을 당시에 영국 시민들이 어떤 평가를 했는지 모른다. 그러나 분명, 이 건물이 지금 런던의 명소가 되었음은 자명하고, 그건 평범한 건물 몇 채의 힘보다 강하다.

이제 건물 안으로 들어가 보아야 할 순서다. 이 건물은 들어가는 동선이 참 재미있다. 1층으로도 출입이 가능하지만, 건물 옆에 있는 노천극장인 '스쿠프'의 원형극장 지하를 통해 들어가면 새로운 동선을 더 잘 느낄 수 있다. 원형극장을 통해 연결되는 시청 건물의 통로는 방문자들을 카페와 나선형으로 도는 전시공간으로 안내하는데, 이곳을 지나면 시의회 건물의 지상 층으로 연결된다. 건물 안에서 템스 강변을 바라보는 기분이 사뭇 환상적이다.

이 건물은 디자인만 독특한 게 아니다. 건물 표면의 디자인을 통해 자연적으로 공기가 정화되는 시스템을 만들고, 에너지를 효율적으로 통제하는 놀라운 시스템을 갖춘 최첨단 인텔리전트 빌딩이다. 건물은 열 손실을 최소로 하고 에너지를 절약하기 위한 방법을 사용하는데, 차가운 지하수를 끌어올려 천장의 물탱크를 통과시켜 냉방 시스템을 가동한다. 그 결과 이 건물은 연간 에너지 소비의 4분의 1을 줄이는 데 성공했다.

최근에는 이곳이 런던 패션 위크London Fashion Week의 패션쇼장으로 사용되어 해외토픽을 장식하기도 했다. '시청'이라는 건물의 내용과 용도를 예술적으로 변화시킨 예라 할 수 있겠다.

'More London Place 1' 을 들여다본다.

1층 로비에는 한가로이 업무를 보는 보안요원들이 눈에 띈다. 이곳에서 일하는 사람들은 매우 높은 연봉을 받는 보험회사나 은행 관계자들이다. 업무의 성격상 이 건물들은 건물 콘셉트에서부터 보안이 강화되어 있다. 테러의 위험이 상존하는 영국에서는 시내 곳곳에서 수없이 많은 폐쇄회로를 볼 수 있다. 심지어 일반인들도 런던 거리를 한 번 지나갈 때 수십 번씩 카메라에 노출된다고 하니, 감시와 보안은 종이 한 장 차이다. 하지만 그들이 언제나 보호받고 싶어 한다는 건 틀림없는 사실이다. 마치 여왕처럼…

그들의 일터로 만들어진 이 공간에서 동그란 눈동자를 반짝이는 줄리언 오피의 캐릭터들을 만났다. 처음 줄리언 오피의 그림에 매료된 것은 '블러' Blur의 CD 커버를 보았을 때였다.

남자든 여자든, 할아버지든 어린이든 눈만큼은 모두 동그랗다. 어떤 경우에는 사람의 머리 자체가 둥그런 원이 될 때도 있다. 줄리언 오피는 주로 평범한 영국인들의 초상을 단순화하여 그려내고, 대중들과 쉽게 만날 수 있는 잡지와 앨범 재킷, 백화점의 빌보드에 작품을 발표한다.

벽에 그려져 있는 그의 작품을 보니, 이 건물에 딱 들어맞는 영국인의 현대적인 감성이 느껴진다.

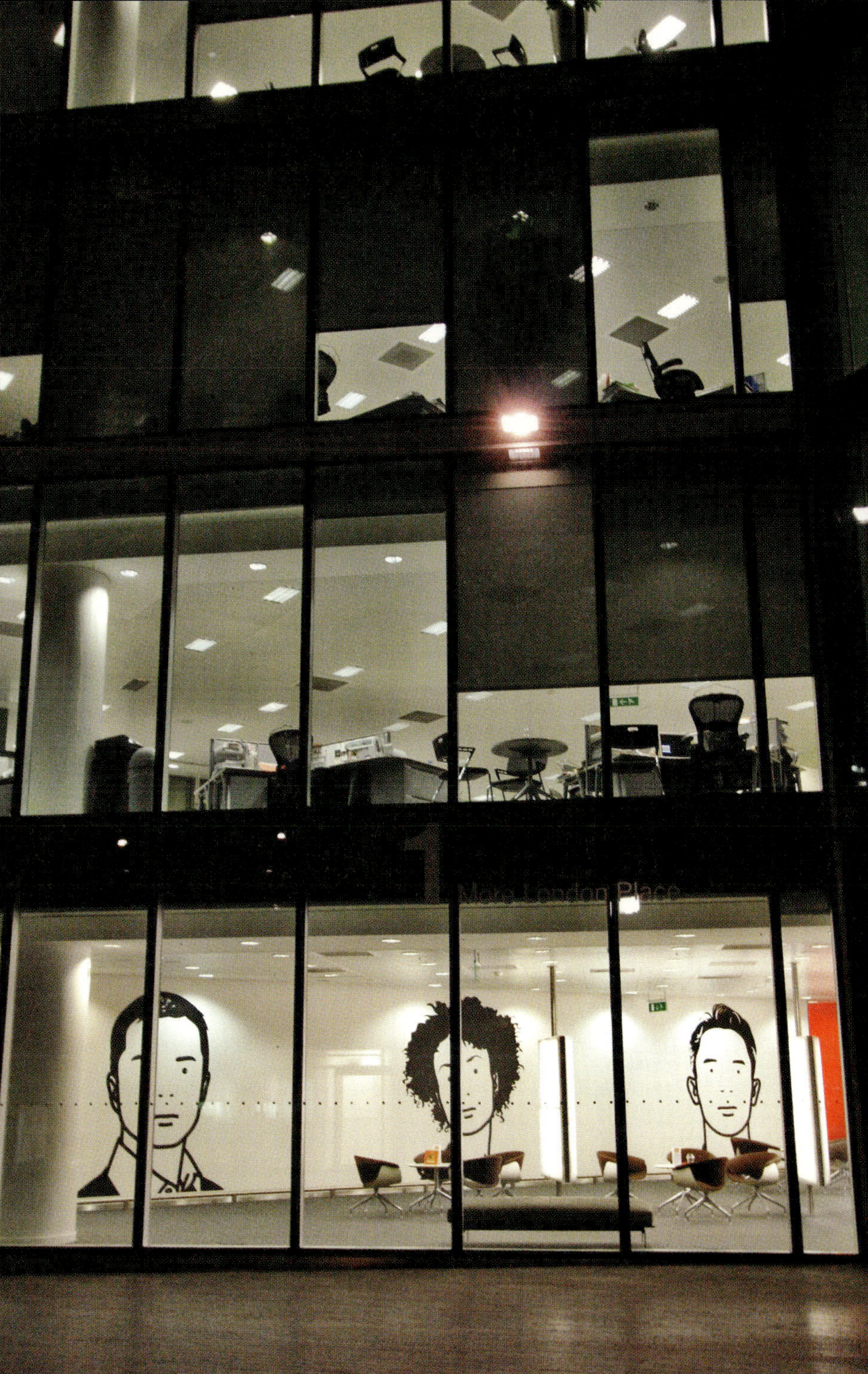

블러(Blur), 세 장의 앨범

More London Place 1의 1층에서 만난 줄리언 오피의 작업은 미술을 건축과 결합한 보기 좋은 결과물이다. 나처럼 블러와 줄리언 오피의 작업을 좋아하는 사람이라면 그의 그림 하나만으로도 이 건물에 친밀감을 느낄 것이다.

오아시스Oasis 그룹과 함께 영국을 대표하는 최고의 밴드 블러. 그들의 정규 앨범은 현재 나오고 있지 않지만, 그들과 제이미 휴렛이 함께 만든 '고릴라즈'Gorillaz라는 프로젝트팀은 숱한 화제를 뿌렸다.

영국 GNP의 20퍼센트를 상위하는 부분이 음악 비즈니스라는 얘기가 있다. 그만큼 영국인들의 음악에 대한 열정과 사랑은 음악 그 이상이다. 처음 음악이 가공되는 순간부터 그 음악과 링크되는 수많은 일들 속에는 수많은 아티스트들이 함께한다. 그리고 그것은 산업으로까지 확장되게 마련이다.

블러와 함께 앨범 디자인에 참여한 작가는 줄리언 오피, 뱅크시, 제이미 휴렛 등 세 명이다. 이 세 명의 작가는 현재 영국을 대표하는 아티스트로 전 세계를 무대로 활동하고 있다. 단순히 갤러리에서 머무는 것이 아니라, 수많은 장르의 매체와 혼합되어 커뮤니케이션을 하고 있는 것이다.

1960년대 비틀스와 롤링 스톤스를 떠올려 봐도 영국의 앨범 디자인은 새로운 아티스트의 등용문이었고, 그 자체를 예술로 승화시킨 수작들이 많았다. 이제 노래는 단순히 따라 부르기 위해 존재하는 것이 아니라, 온갖 미디어를 선도하는 종합 엔터테인먼트 사업으로 자리 잡고 있다. 앨범 디자인과 뮤직비디오를 통해서 아티스트는 세계적인 명성을 얻고, 공공디자인을 위한 설치작업을 뮤지션들과 함께 벌여 전 세계인에게 메시지를 전달하기도 한다. 대중음악은 문화의 한복판에 뛰어들어야 대중의 호응을 이끌어낼 수 있기에 젊은 세대를 대표하는 음악은 그들 문화의 가장 좋은 구심점이 될 수밖에 없다.

우리나라 앨범 재킷이 유난히 가수들의 얼굴 사진으로 일관하는 것을 보면, 이

작업에 비주얼 아티스트들의 전격적인 참여가 아쉽게 느껴질 때가 많다. 시각
적인 형상화와 소리의 결합은 따로따로일 때보다 함께 어우러질 때 더 새로운
환상과 이상을 만들어낸다. 앨범 디자인은 단지 가수를 알리는 것이 아니라, 그
의 이미지를 새롭게 창조하는 것이다.

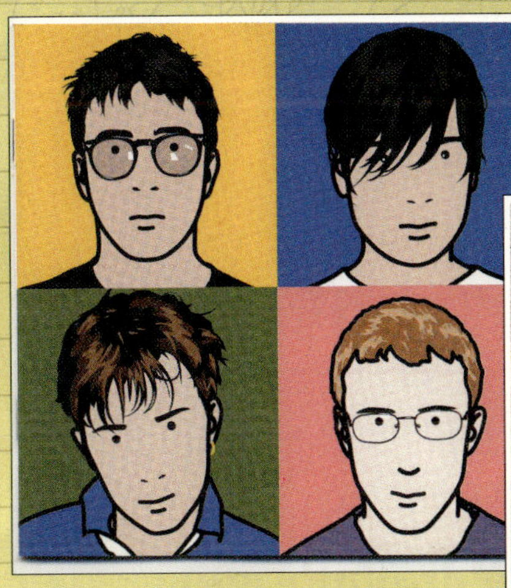

<The Best of> (2000)
줄리언 오피의 이 초상화는
National Portrait Gallery에서
볼 수 있다.

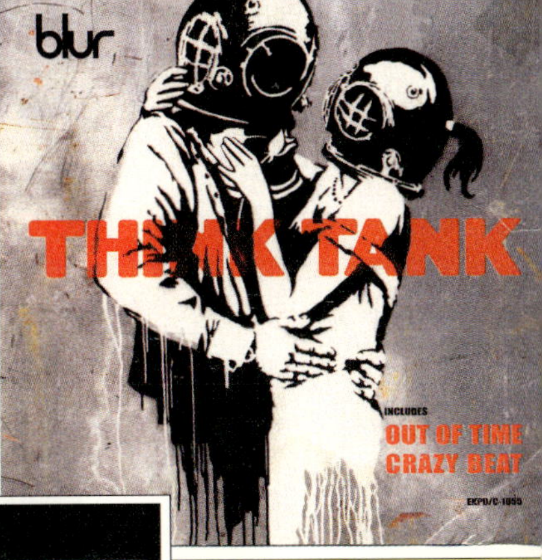

<Think Tank> (2003)
뱅크시의 작품이 커버에 쓰였다

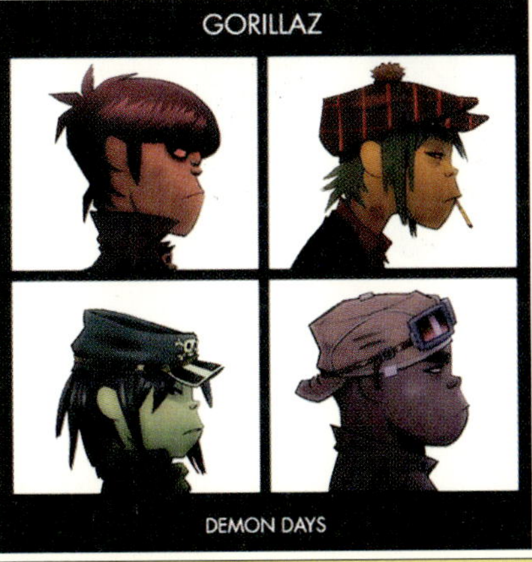

<Demon Days> (2005)
제이미 휴렛이 만들어낸 네 명의 밴
드 멤버 캐릭터들. 그들은 2006년
그래미어워드에서 마돈나와 함께
공연을 하기도 했다.

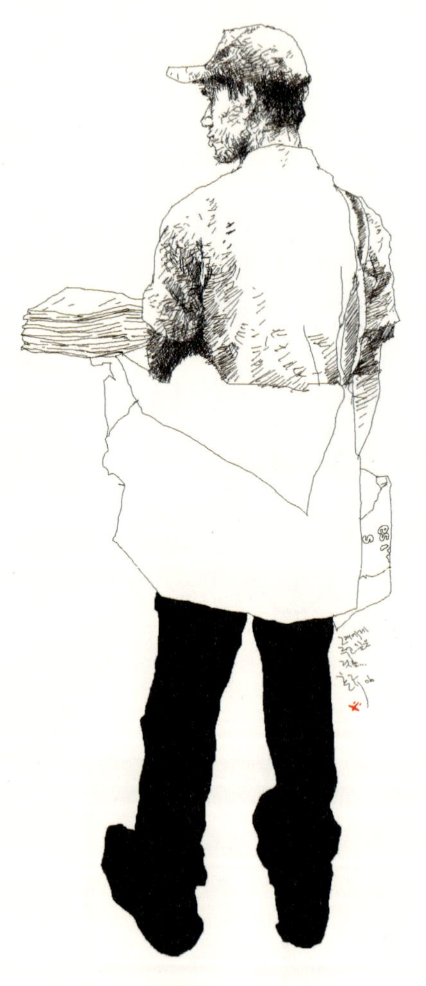

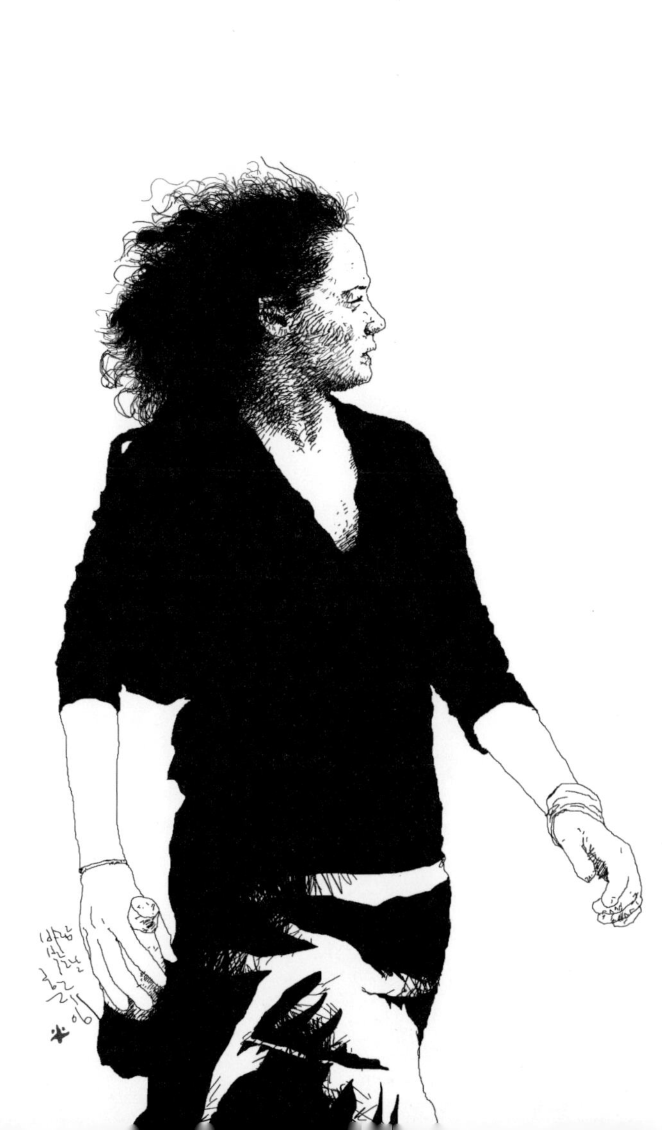

새미와 나는 인적이 드문 템스 강의 동쪽 지역을 헤매고 있었다. 멀리 밀레니엄 돔이 보이는 곳이다.

우리는 앤터니 곰리의 〈양자 구름〉Quantum Cloud을 찾아가는 중이었다. 그러나 일반인이나 주민들은 전혀 찾아볼 수 없는 곳에 작품이 있었다. 지나다니는 사람들에게 물어봐도 그 작품을 아는 사람은 없었다. 우리는 지도에 의지해서 그의 작품이 있는 곳까지 찾아갔다.

마침내 도착한 그곳에는 인적이 드물었다. 이상했다. 나름대로 영국을 대표하는 작가의 작품이 있는 곳인데 이리도 사람이 없다니… 의구심을 갖고서 템스 강가로 다가가니 〈양자 구름〉이 그 모습을 드러냈다. 처음엔 마치 고철더미가 쌓여 있는 형상이어서 과연 이것이 그의 작품인지 확신할 수 없었다.

그러나 다가갈수록 구조물 속에 그림자처럼 움직이는 인간의 형상이 점점 선명해지면서 앤터니 곰리의 놀라운 작품이 내 발걸음을 빠르게 했다.

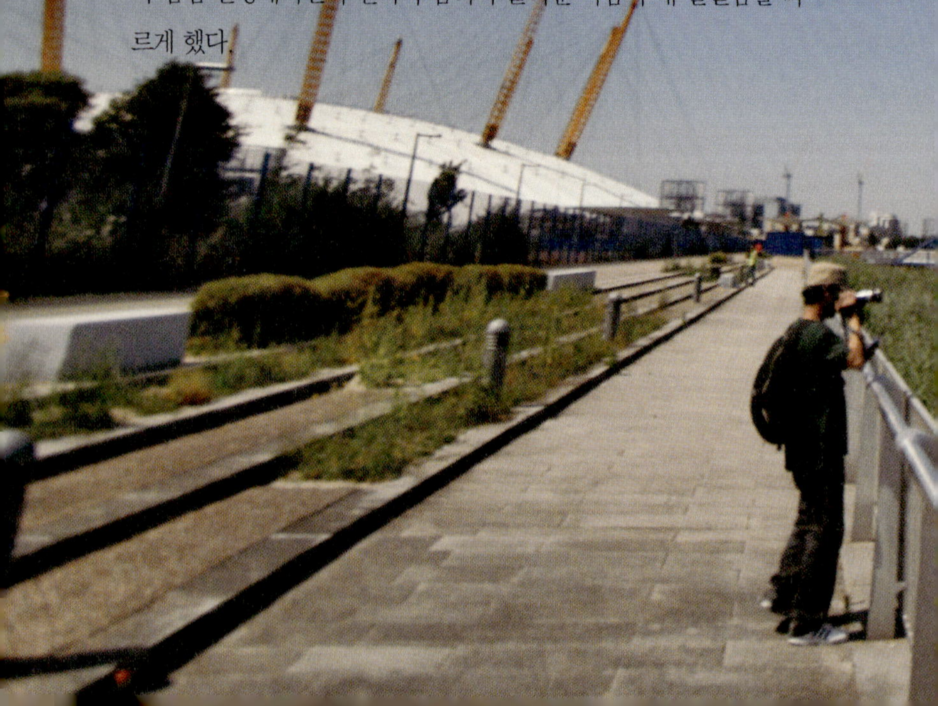

더 가까이서 작품을 보고 싶다!

템스 강에 보트를 타고라도 가까이서 보고 싶다!

새미도 덩달아 신이 나서 함께 달려갔다.

그런데 기쁨도 잠시, 〈양자 구름〉으로 들어가는 입구의 철문은 굳게 닫혀 있었다.

마침 웃통을 벗고 지나가는 아저씨한테 말을 걸었다. 아마도 근처에서 공사 일을 하는 듯했다.

"왜 여기 들어갈 수 없게 문을 닫았죠?"

"나도 모르지. 내년까지는 공사 기간이라 문을 닫았어!"

"이런 걸(〈양자 구름〉을 가리키며) 보러 온 거니? 베컴 축구교실에 가서 축구나 하다 가! 나라면 베컴을 택하겠어."

그들은 곰리의 작업에는 별로 관심이 없고 베컴과 축구에 더 관심이 있었다. 그렇다. 그의 작품이 있는 곳 옆에는 거대한 창고 같은 건물이 있고 그 앞에는 넓은 공터가 있었다. 그곳에는 '베컴 축구교실' 이라는 글자가 선명하게 찍혀 있었다.

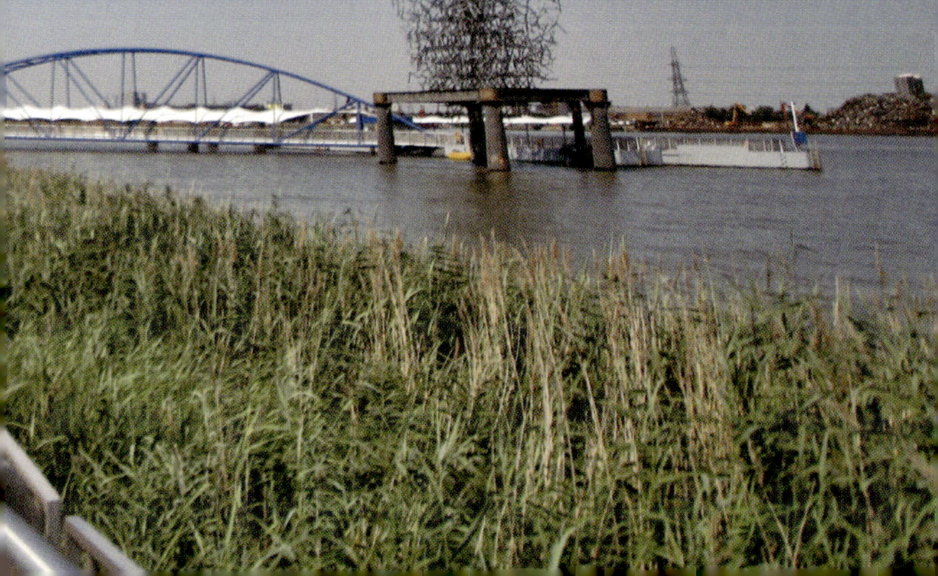

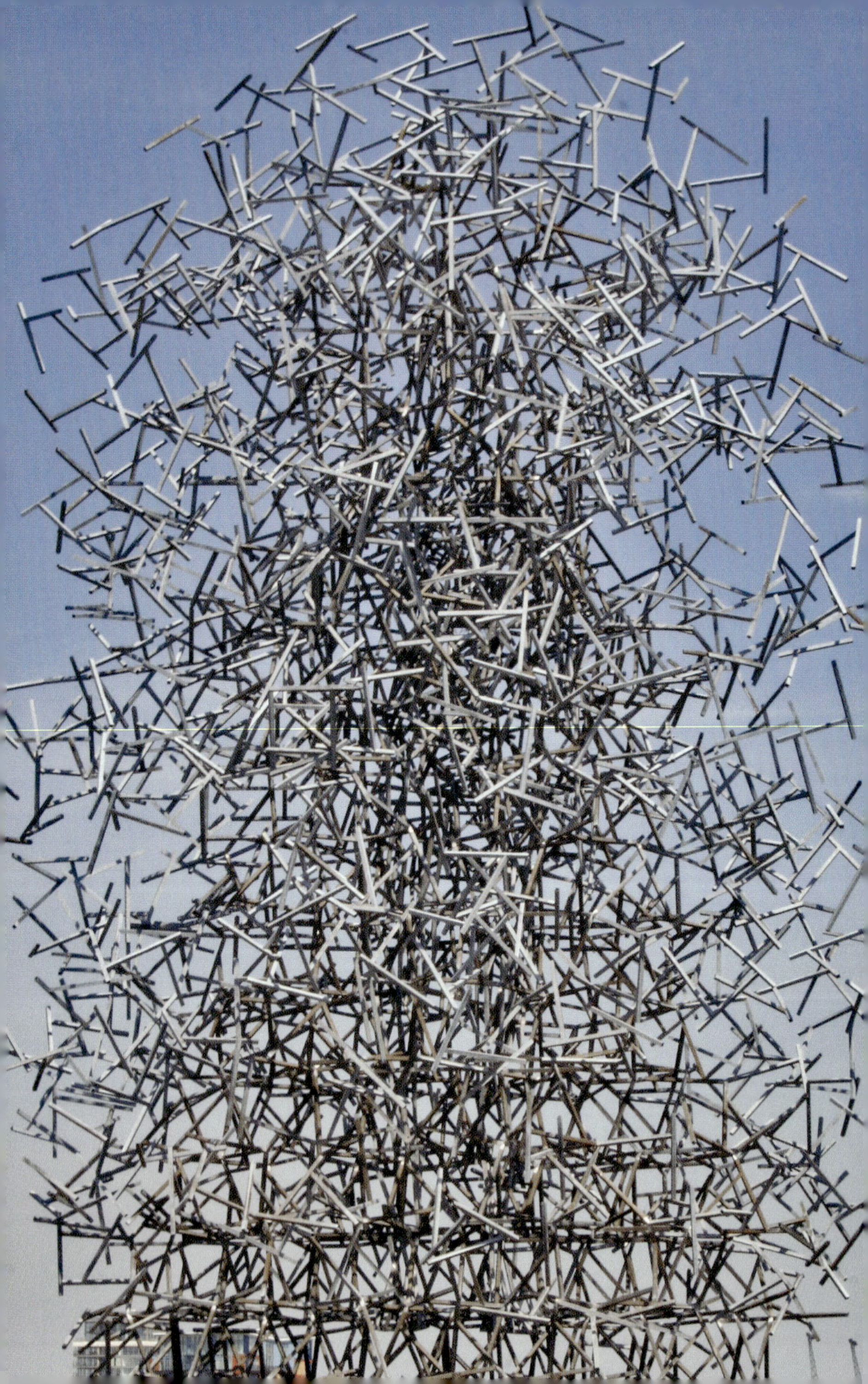

물과 하늘, 구름 그리고 인간…

내가 처음 만난 앤터니 곰리의 작품 〈양자 구름〉이 드디어 내 앞에 모습을 드러냈다. 템스 강의 수중에서 솟아오른 네 개의 고정된 철기둥 위에 높이 30미터, 가로 16미터의 구름 조각이 나타났다.

이 조각품을 보는 순간, 어떻게 해서 조각조각의 철제 빔들이 하나의 인간 형상을 이루게 되었는지가 몹시 궁금했다. 로댕의 조각이나 길거리에서 흔히 보는 환경조각을 만드는 방식으로는 지금 눈앞에 있는 작업을 만들기 어려울 듯했다.

나는 순전히 호기심으로 이 작품의 탄생 과정을 살펴보고 나서야 이 작업이 엄청난 과학기술의 힘으로 가능했다는 사실을 알게 되었다. 그건 감히 상상하기 어려운 놀라운 기술과 예술의 진보였다.

밀레니엄 돔이 위치한 동쪽 템스 강변의 도시개발을 책임진 '뉴 밀레니엄 익스피리언스' New Millennium Experience 는 앤터니 곰리에게 템스 강에 세울 첫 설치작품을 의뢰한다. 앤터니 곰리가 처음 스케치한 〈양자 구름〉은 지구의 중심에서부터 흘러온 물이 수증기가 되고, 수증기가 모여 구름이 되며, 구름은 다시 비가 되어 수면과 지면으로 흘러내리는 이치를 담았다. 곰리가 불교에 심취해 있다는 애기를 들은 적이 있는데, 아마 이 작품도 불교적인 연기설에 영향을 받은 듯했다.

이러한 기본적인 개념을 스케치하는 것은 그리 어려운 일이 아니었을 것이다. 하지만 물리적인 공간 자체가 강의 수면 위이고, 자주 비가 내려 습하고, 안개가 자주 끼는 도시 환경을 견뎌낼 수 있는 내구성을 갖춘 작품을 만드는 것이 문제였다.

이것을 현실화하는 기술적인 파트너로 명함을 내민 이는 엘리엇 우드 파트너십Elliott Wood Partnership과 FEA Ltd의 기술디자인팀이다. 그들은 우선 앤터니 곰리의 비전과 아이디어 스케치를 가상으로 만들어보는 작업을 수행한다. 이 작업에는 건축구조학에서 사용되는 구조 프로그램이 응용되었는데, 루사스LUSAS 사가 독점 개발한 'LUSAS'라는 구조분석 프로그램이 사용되었다. 처음 그의 작품을 보면, 이 무질서한 구조물에 그다지 정교한 작업이 필요할 것 같지 않은데, 왜 이처럼 건축공법에나 사용되는 프로그램이 사용되었는지 궁금해 할 수도 있다. 그 대답은 FEA의 엔지니어링 서비스 부사장의 말에서 찾을 수 있다.

"우리의 소프트웨어는 작업된 디자인을 직접적으로 제작 스케줄과 조립도면으로 만들어주기 때문에 전통적인 문서기록적 접근을 최소화하고 제도적인 요구사항을 가상적으로 미리 보여줄 수 있다. 이것은 프로젝트를 위하여 몇 달간 소요될지도 모르는 CAD 작업시간을 줄이고 조립과정에 관련된 디자인에 더 신경 쓸 수 있도록 해준다."

〈양자 구름〉의 핵심인 음영 부분에는 인간의 형체가 있다. 멀리서 뭉게뭉게 피어난 구름 형상을 보러 다가서면 그 속에서 인간 형상을 발견하게 되는 것이다. 각도가 조금만 어긋나도 인간의 모습이 사라지는 이 신기한 현상은 동양적인 신비감마저 느끼게 한다.
그러나 구조물 자체가 이렇게 보이게 하기란 쉽지 않다. 앞과 옆, 뒤에서 볼 때 다르게 보이는 길이 1.5미터의 사각형 철재 빔을 바람의 저항력까지 계산하여 과학적으로 쌓아올려야 한다. 그리고 그 중앙 부분에는 작가의 몸을 레이저로 스캔한 3차원 데이터를 바탕으로 철재 빔들을 채워 넣어서 멀리서 보면 사람의 형상이 보일 수 있도록 했다.

앤터니 곰리의 작업을 직접 눈으로 본 것은 처음이지만, 놀라움을 금할 수 없었다. 작가가 아이디어를 스케치하면 그것을 첨단 과학으로 정확하게 구체화할 수 있는 기술적인 파트너가 있다는 건 영국 현대 미술이 앞으로 어떻게 진화할지, 그리고 얼마나 새로운 모습으로 나타날지를 예고한다.

"〈양자 구름〉은 디지털 디자인 시스템에서만 실현될 수 있는 프로젝트였다. 나는 활력적이고 분야를 넘나드는 엔지니어들과 협업을 하게 된 것을 행운이라고 생각한다. 예술과 기술의 협력으로 이 작품은 20세기 말 인간의 잠재력을 표현하는 미래에 대한 기념물이 될 것이다."

앤터니 곰리의 말이다.

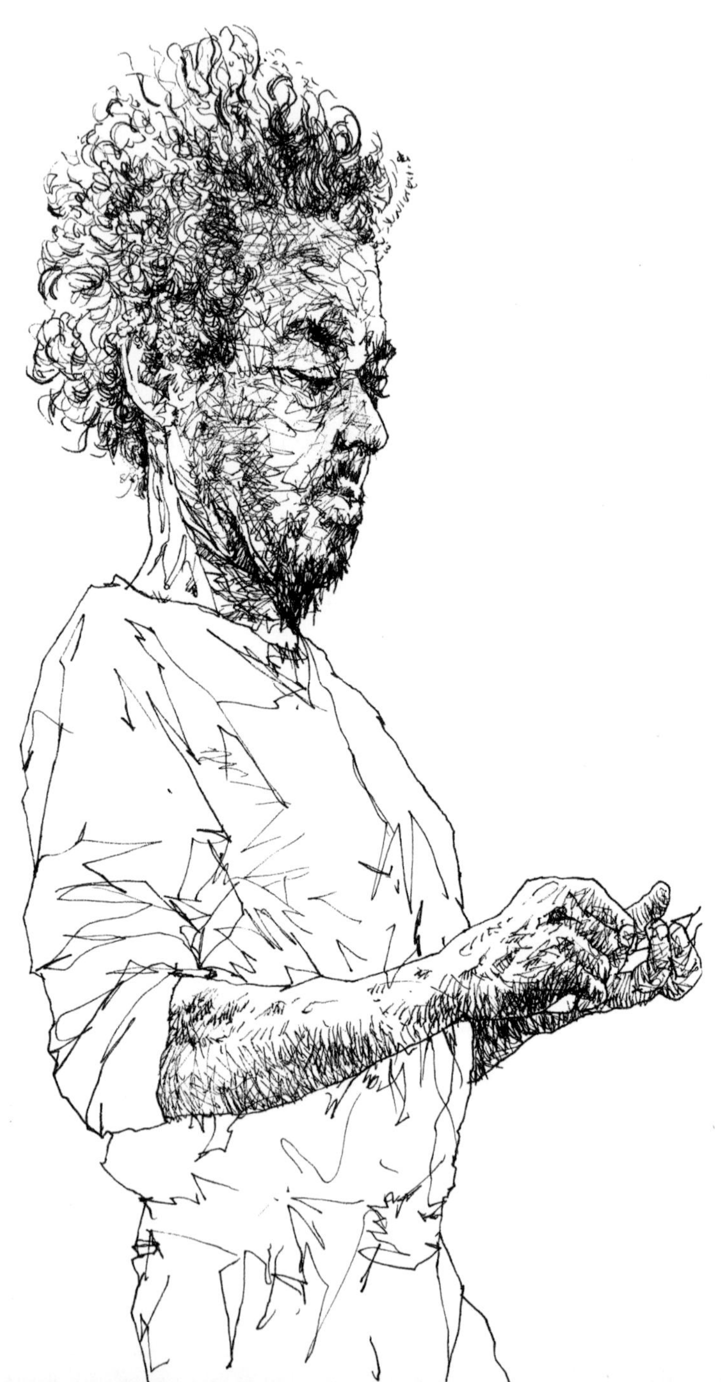

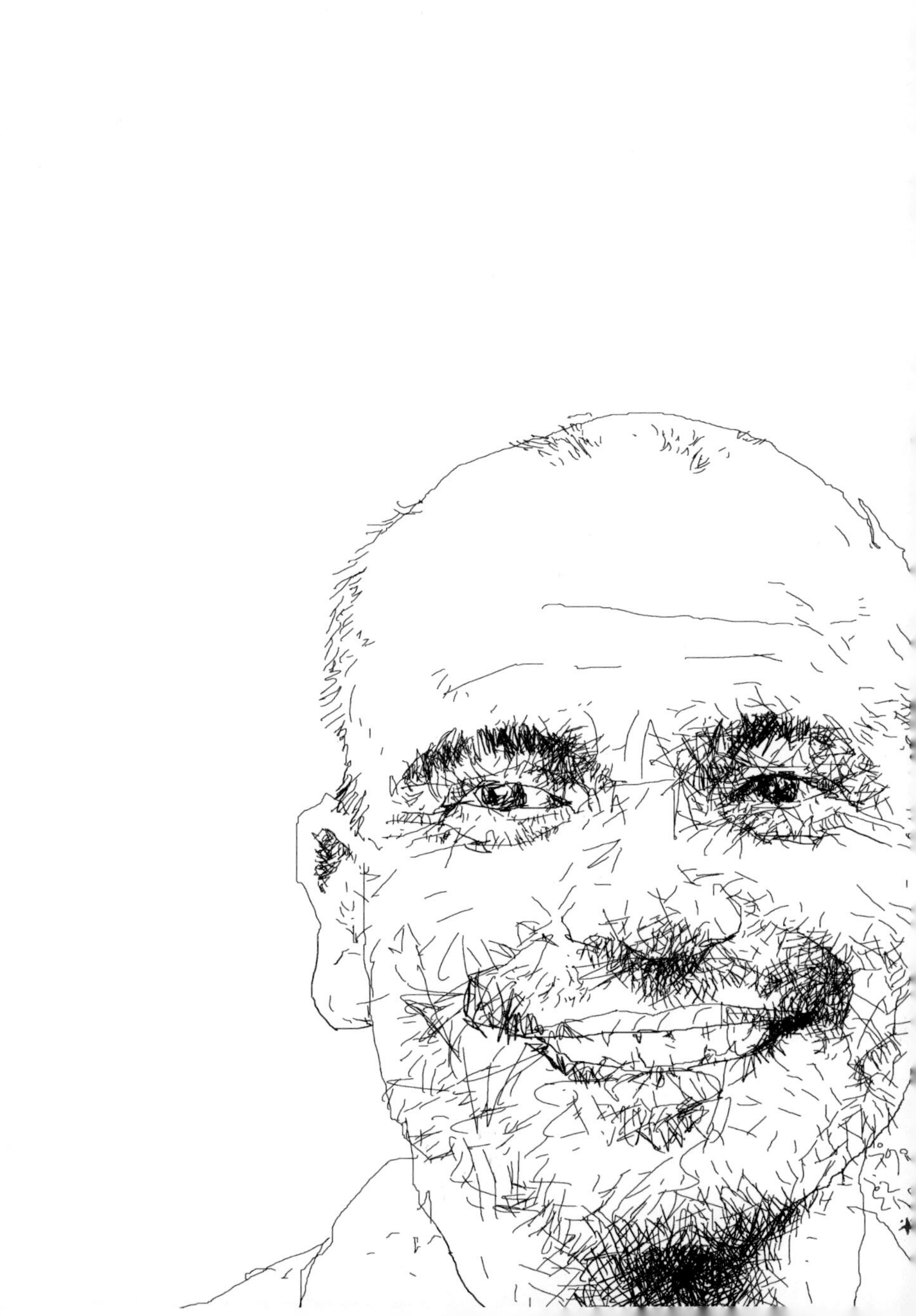

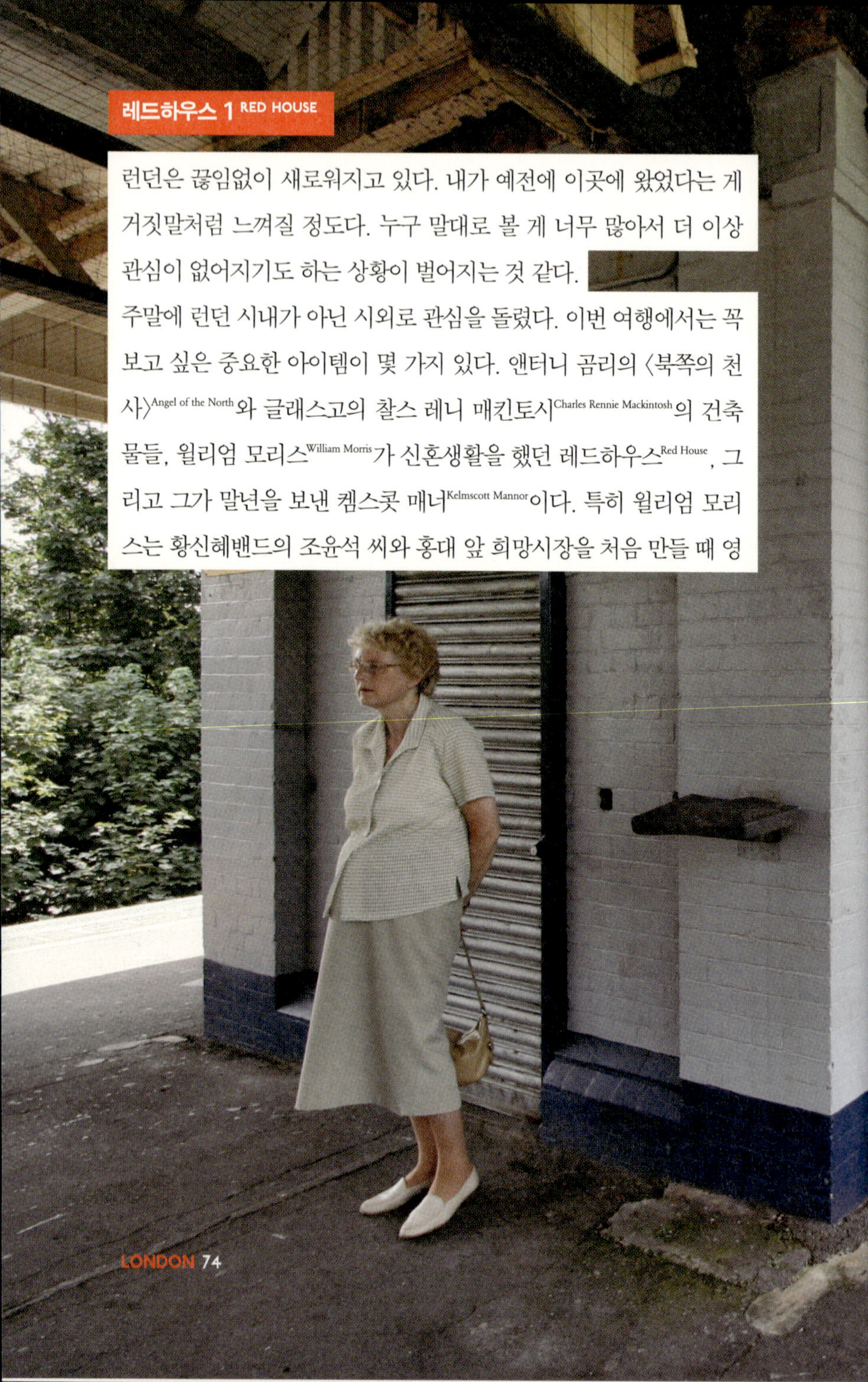

런던은 끊임없이 새로워지고 있다. 내가 예전에 이곳에 왔었다는 게 거짓말처럼 느껴질 정도다. 누구 말대로 볼 게 너무 많아서 더 이상 관심이 없어지기도 하는 상황이 벌어지는 것 같다.

주말에 런던 시내가 아닌 시외로 관심을 돌렸다. 이번 여행에서는 꼭 보고 싶은 중요한 아이템이 몇 가지 있다. 앤터니 곰리의 〈북쪽의 천사〉Angel of the North와 글래스고의 찰스 레니 매킨토시Charles Rennie Mackintosh의 건축물들, 윌리엄 모리스William Morris가 신혼생활을 했던 레드하우스Red House, 그리고 그가 말년을 보낸 켐스콧 매너Kelmscott Mannor이다. 특히 윌리엄 모리스는 황신혜밴드의 조윤석 씨와 홍대 앞 희망시장을 처음 만들 때 영

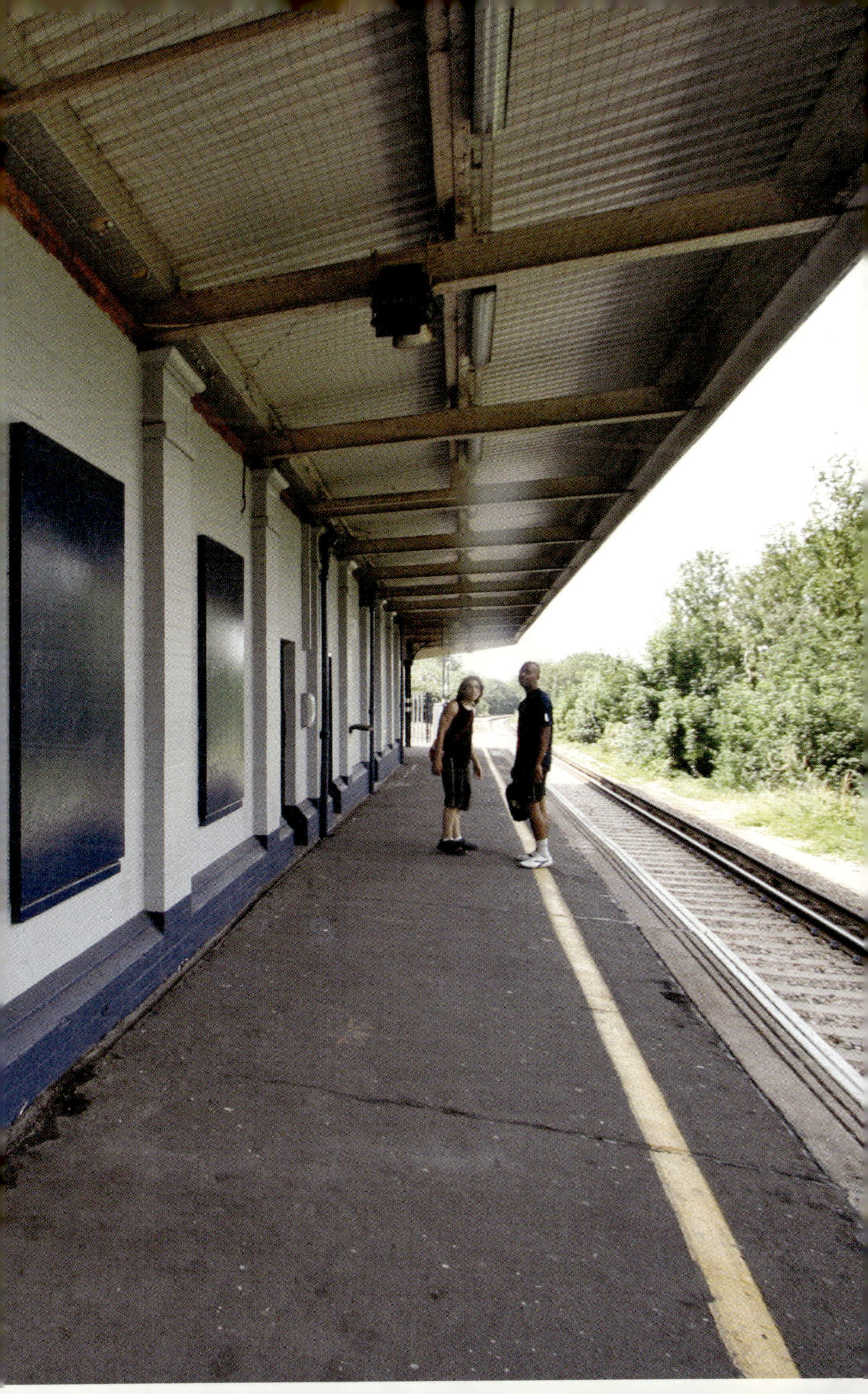

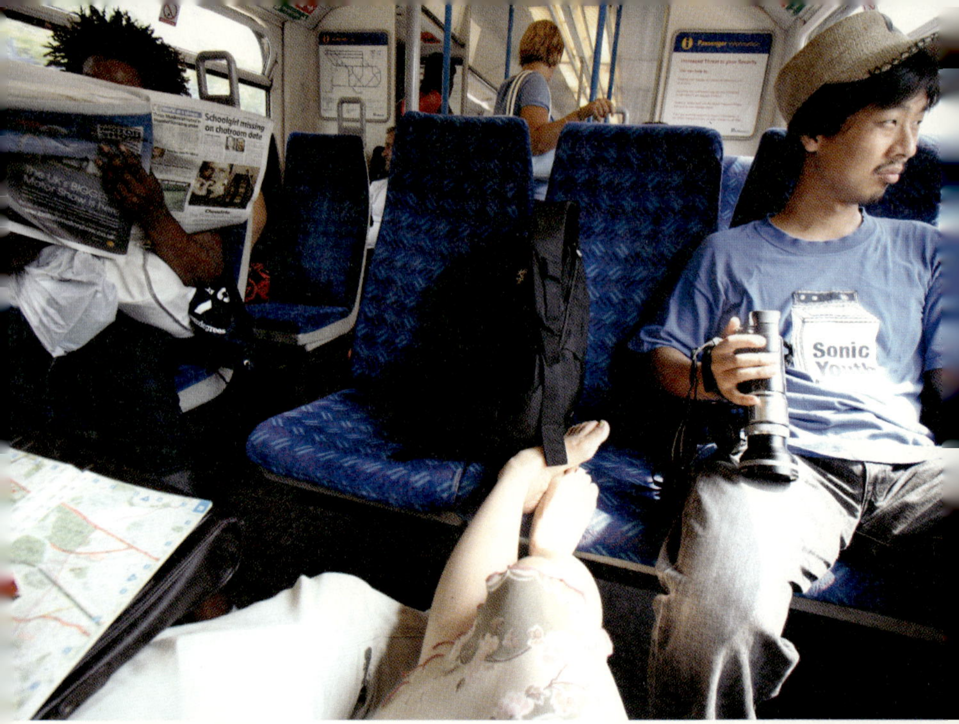

Schoolgirl missing
on chatroom date

Sonic Youth

Passenger

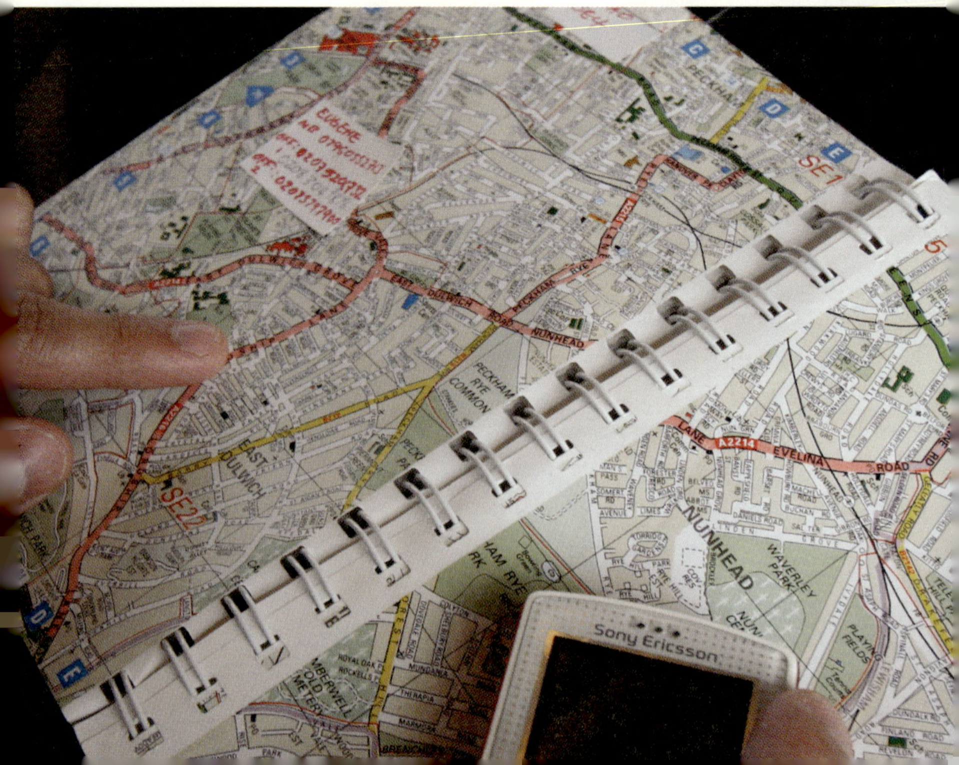

PECKHAM
SE1
SE22
EAST DULWICH
NUNHEAD
PECKHAM RYE COMMON
A2214 EVELINA ROAD
WAVERLEY PARK
PLAYING FIELDS
Sony Ericsson

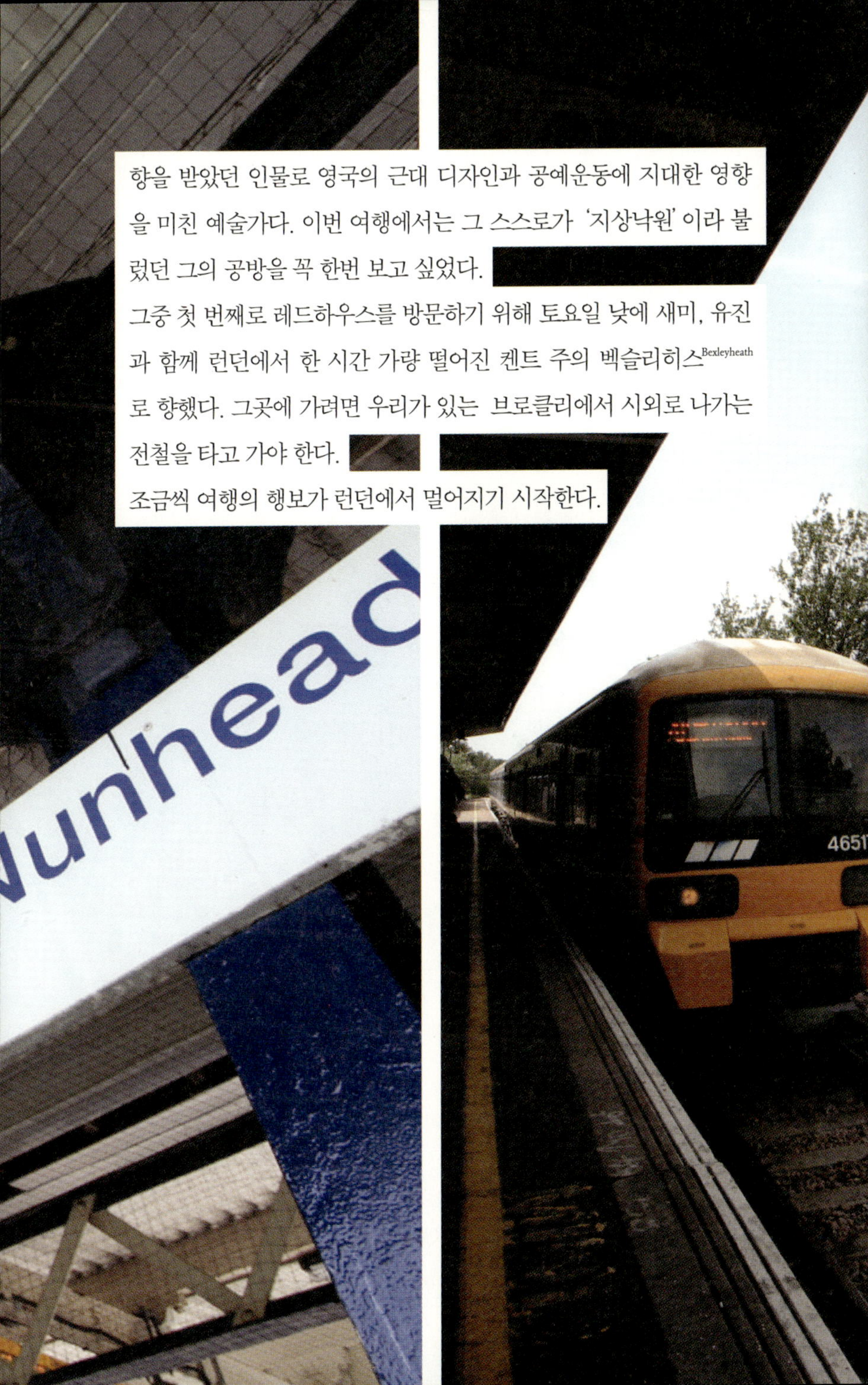

향을 받았던 인물로 영국의 근대 디자인과 공예운동에 지대한 영향을 미친 예술가다. 이번 여행에서는 그 스스로가 '지상낙원'이라 불렀던 그의 공방을 꼭 한번 보고 싶었다.

그중 첫 번째로 레드하우스를 방문하기 위해 토요일 낮에 새미, 유진과 함께 런던에서 한 시간 가량 떨어진 켄트 주의 벡슬리히스^{Bexleyheath}로 향했다. 그곳에 가려면 우리가 있는 브로클리에서 시외로 나가는 전철을 타고 가야 한다.

조금씩 여행의 행보가 런던에서 멀어지기 시작한다.

백슬리히스 역에서 레드하우스로 가는 동안 작은 이정표들이 나타났다. 이정표에는 'Red House'라고 적혀 있다. 왠지 정겹다. 레드하우스가 실제로 존재한다는 실감이 났다.

열차가 연착되어 예상했던 시간보다 늦게 레드하우스에 도착했다. 그 바람에 우리들이 예약했던 레드하우스 가이드의 2시 투어를 놓쳤다. 워낙 시간개념이 철저한 영국인들이라 조금이라도 늦으면 들어가지 못하는 경우가 다반사다. 우리도 들어가지 못할까봐 많이 걱정했는데, 윌리엄 모리스의 집을 보기 위해 동양의 먼 나라에서 이곳까지 왔다고 도우미 할머니를 설득하자, 할머니가 직접 안내를 해주겠다고 했다.

이곳은 내부가 너무 좁고 구경 오는 사람들이 많아서 손에 아무것도 들고 입장할 수 없다. 혹시라도 오가는 사람들끼리 실례를 하지 않도록 미리 예방하는 것이다. 이곳뿐만 아니라 영국의 내셔널 트러스트National Trust가 관할하는 국가문화재들을 구경할 때는 절대로 짐과 카메라를 가지고 입장할 수 없다.

윌리엄 모리스와 제인 모리스Jane Morris의 신혼집이었던 레드하우스는 건물의 테마가 '로맨틱'이다. 아직 신혼의 단꿈에 젖어 있는 새미와 유진의 눈빛이 빛났다. 나 또한 신혼집을 어떻게 꾸미면 좋을지 계속 생각하던 터라 레드하우스는 나의 상상력에도 불을 지폈다.

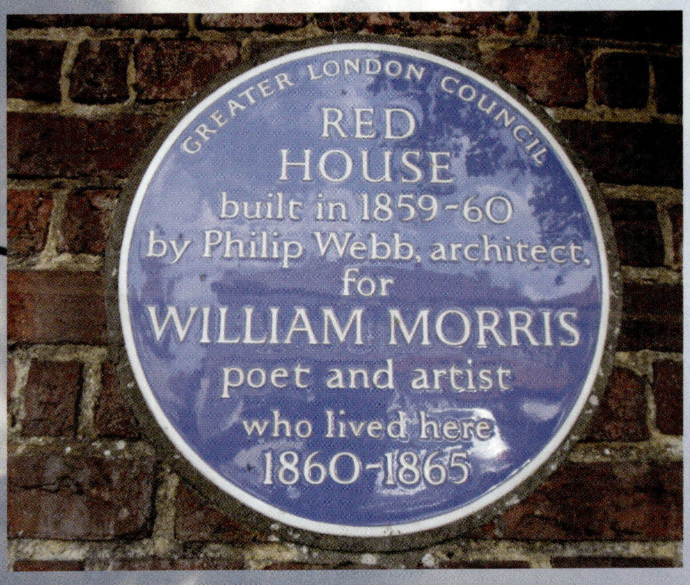

GREATER LONDON COUNCIL
RED
HOUSE
built in 1859-60
by Philip Webb, architect,
for
WILLIAM MORRIS
poet and artist
who lived here
1860-1865

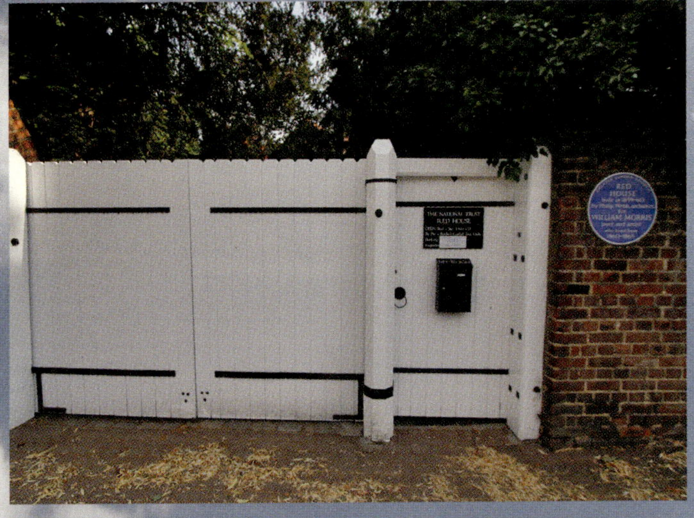

영국의 전통적인 일반 가정을 방문해본 적이 없는 내게 윌리엄 모리스의 레드하우스 방문은 매우 소중한 기회였다. 가정집과 아티스트의 작업 공간이 섞여 있는 레드하우스의 공간 활용은 나의 미래 공간 설계에도 많은 영향을 끼치게 될 거라는 생각이 들었다.

이 집은 윌리엄 모리스의 친구인 필립 웨브$^{Philip\ Webb}$가 설계했다. 그는 자신의 반고전주의적인 지향을 건축 설계에도 투영했다. 또한 자신의 이름을 밝히길 꺼려하며 건축의 익명성을 주장하기도 했다. 그는

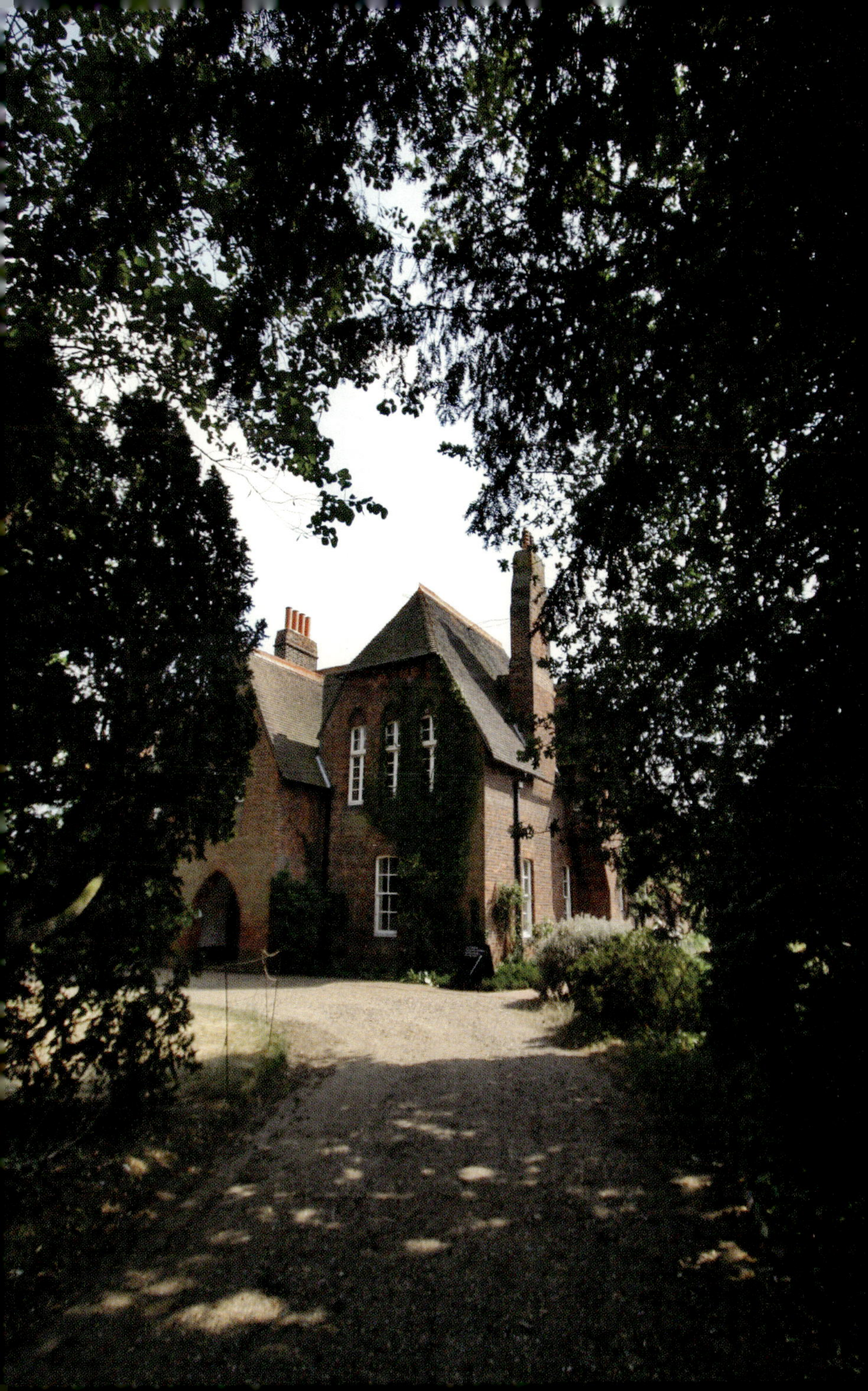

모리스를 위해 주택과 가구뿐만 아니라 마차도 디자인했다.

산업혁명의 여파로 도시가 과밀해지고 슬럼화되자 그 당시 중산층들은 대거 교외로 이주한다. 이에 발맞춰 교외형 단독주택이 새로운 주거 유형으로 자리 잡기 시작했고, 근대적인 주택 설계가 각광을 받았다. 서울 주변에 거대한 신도시가 속속 생기면서 중산층들이 몰려가는 것과 비슷한 현상이 이미 140여 년 전 영국에서 일어났던 것이다.

1859년에 건축된 이 붉은 집은 황갈색 벽돌에 천연 슬레이트를 얹은

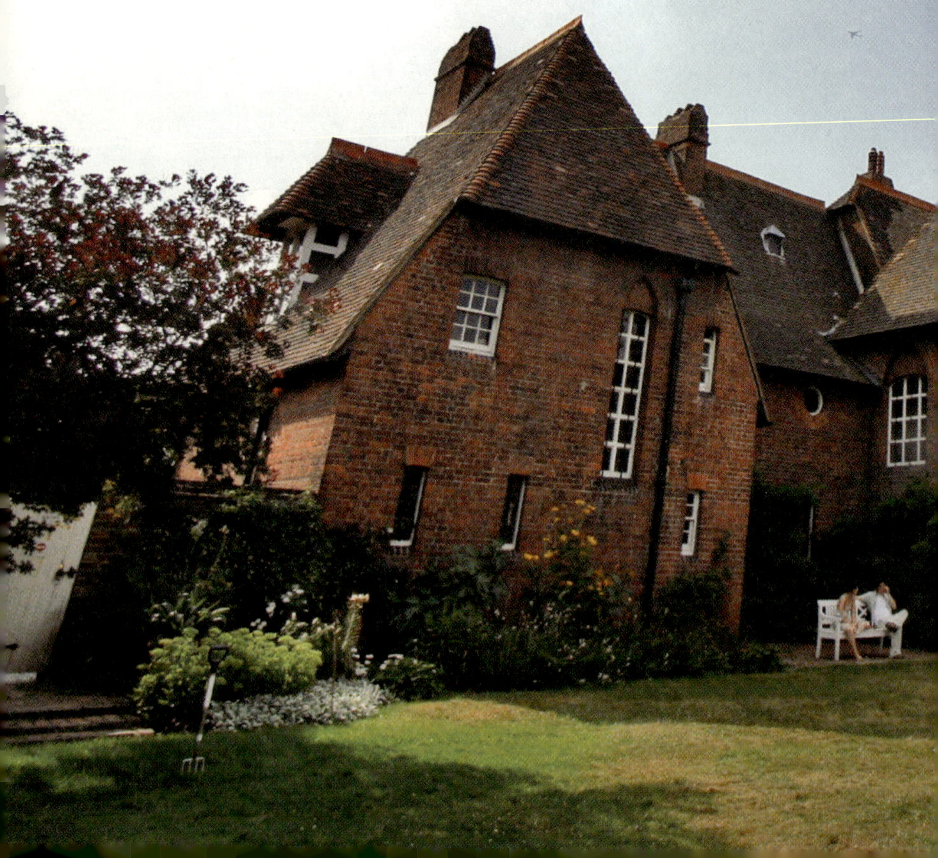

집들이 대부분인 당시에 붉은 벽, 붉은 벽돌기와와 지붕을 얹어 매우 획기적인 주택을 선보인다. 또한 이 집의 설계에는 사생활을 보장하는 공간적 여유, 그리고 안락함과 편리함이라는 부르주아의 새로운 요구를 만족시키는 매우 실용적인 기능이 중시되었다. 이러한 연유로 이 집은 '새로운 예술문화가 낳은 최초의 개인주택'이라는 평가를 받는다.

그러나 무엇보다 내가 그의 집에서 놀랐던 것은 가구며, 벽지 그리고 그 밖의 모든 것들을 그와 그의 친구들이 직접 만들었다는 것이다.

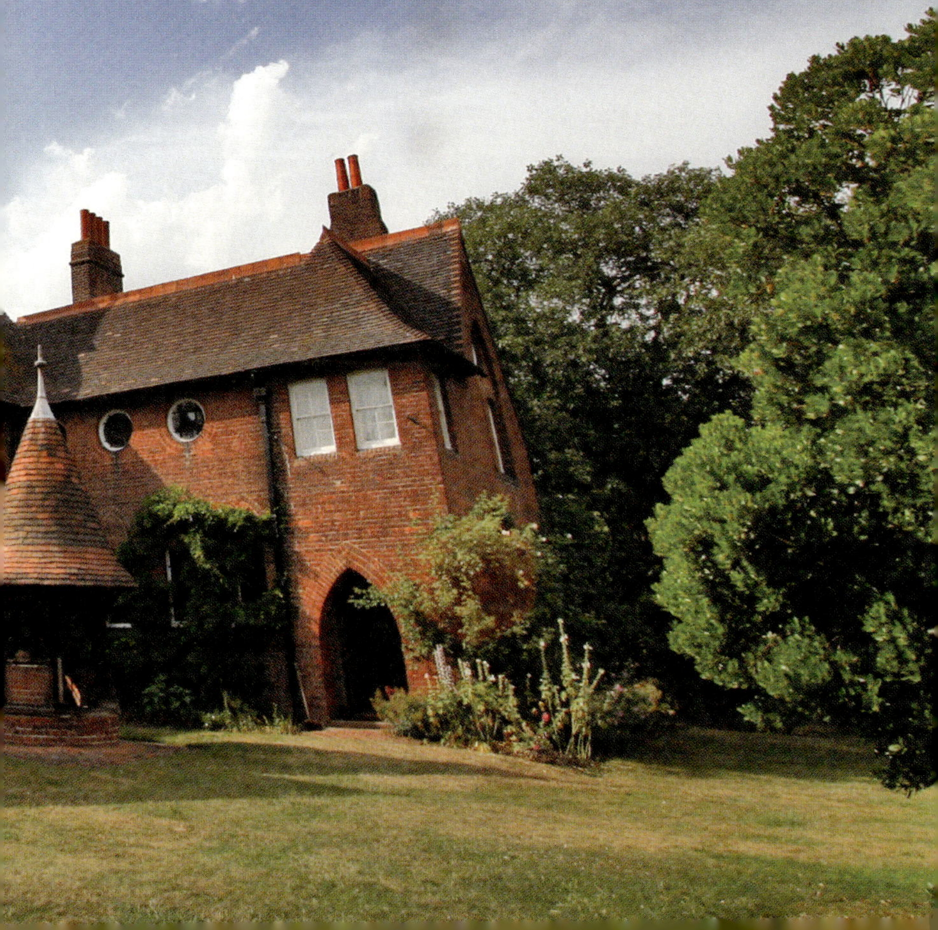

마음에 드는 고가의 제품을 돈으로 사는 것은 어쩌면 쉬운 일일 수도 있다는 생각이 들었다. 아티스트들의 작업을 돈으로 환산하기 바쁜 현대사회에서, 내 소지품과 실내 소품들을 직접 제작한다는 것은 어쩌면 이해하기 어려운 일일 수도 있다. 모리스가 일상의 소품들이나 인테리어에 쏟은 애정은 우리의 상상을 초월한다. 모리스는 이 곳에 둥지를 틀고부터 약 2년간 거의 모든 시간을 이 집을 장식하는 데 바쳤다.

레드하우스에 있던 윌리엄 모리스의 많은 유물들과 작품들은 안전상의 이유로 켐스콧 매너로 모두 이동시켜놓았다. 그래서 여기서는 그의 작품들을 많이 볼 수는 없다. 아쉽긴 하지만 그렇기 때문에 더욱 켐스콧 매너에 가야 하는 이유가 분명해졌다.

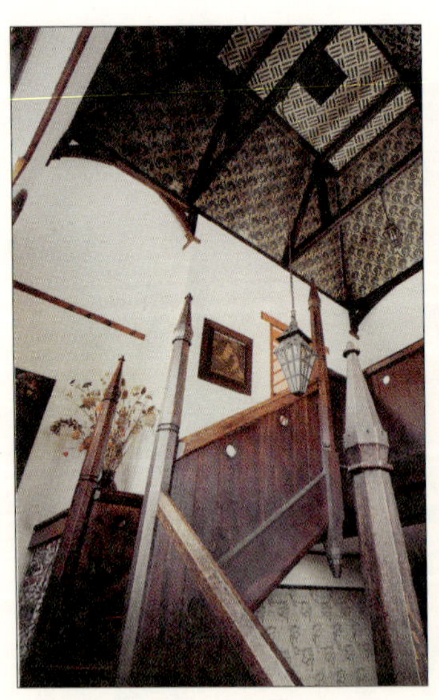 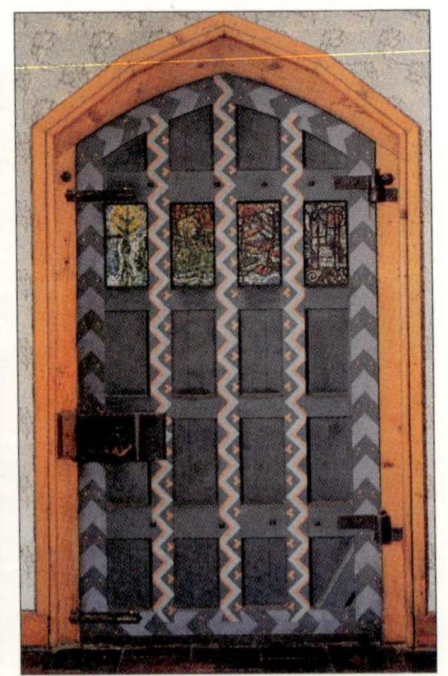

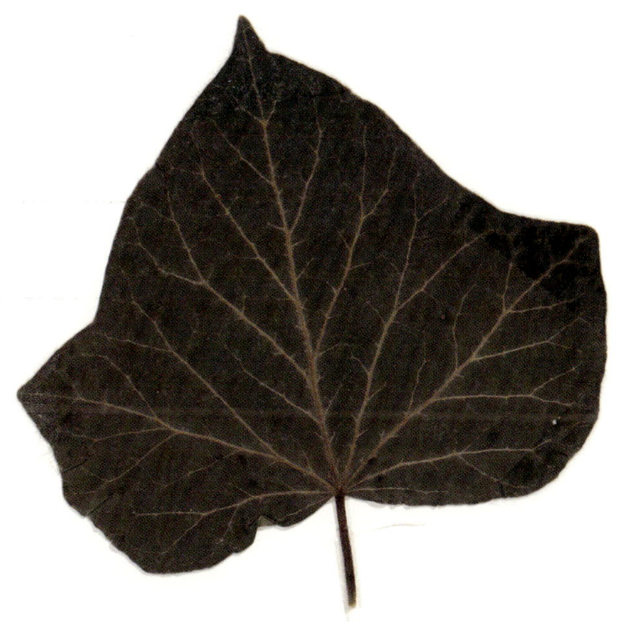

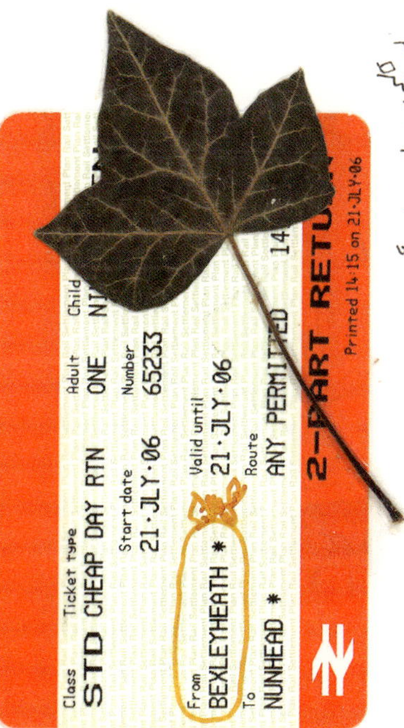

그림이끄는대로
물어물어 찾아가던 Red house.
한가롭게 노닐며.
내가 즐고나 늘상상하노라.
자연과 삶게 즐실하였던
한영국인의 집이며 불며.
그시대에 사건과 함께기쳤노라.
이 하우스를느려가 수 좋은사람들.
자연의끝과 희망을
그리며 모리스며죽어가며.
─자산을돌아보라.
06·1·21

BEXLEYHEATH
LONDON
RedHouse
WilliamMorris✗

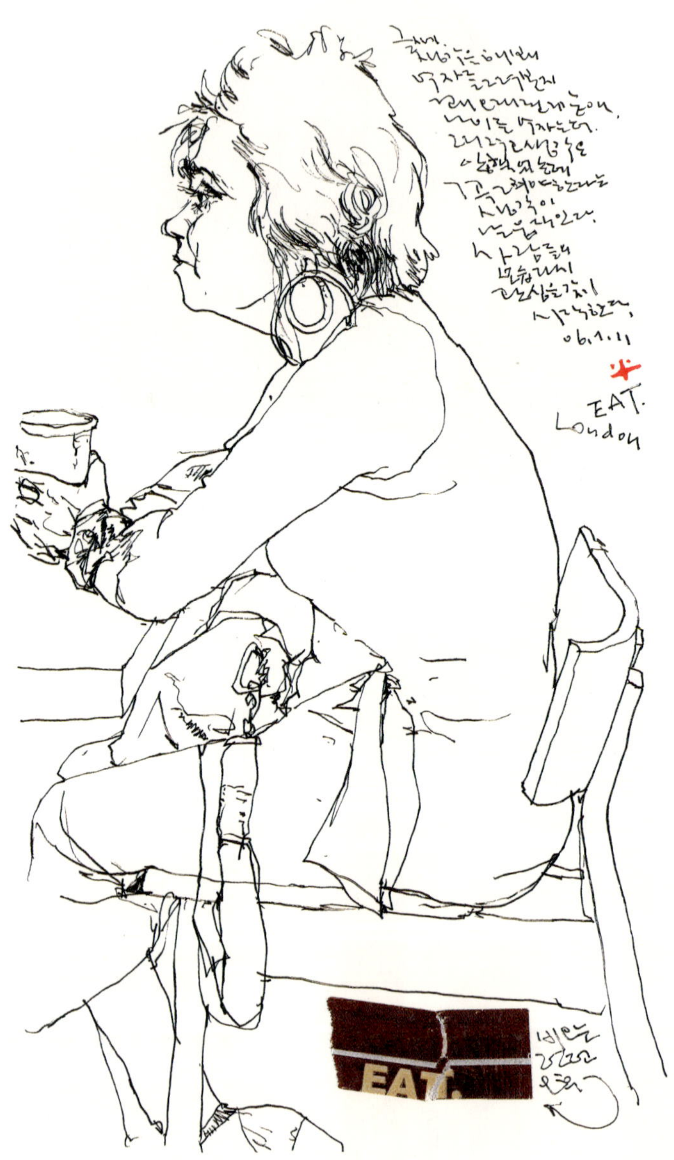
06.1.11
EAT.
London

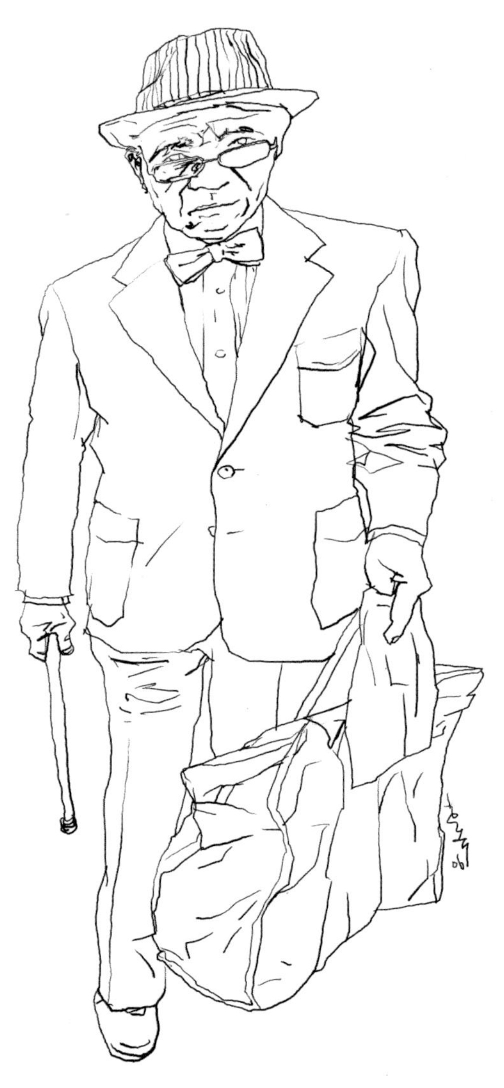

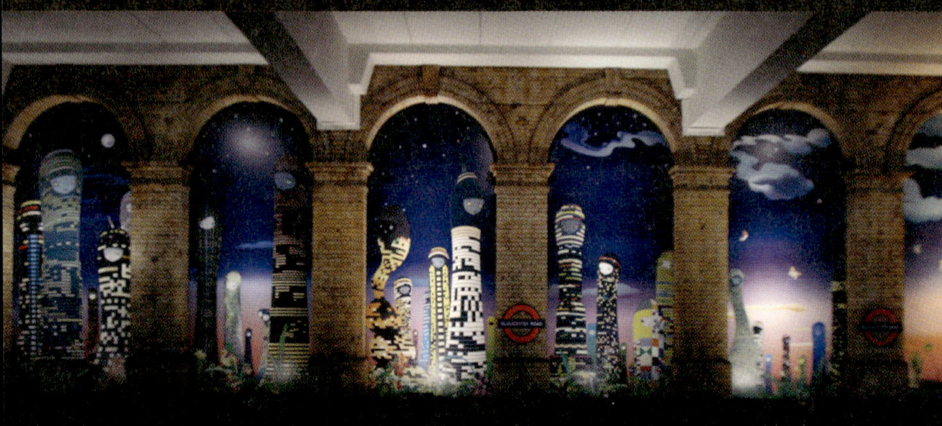

런던의 언더그라운드에서는 지금도 여전히 튜브아트가 진행되고 있었다. 튜브아트는 지하철역마다 지정되어 있는 벽면에 아티스트들의 작품을 포스터 형식으로 제작하여 붙이거나, 지하철 역사 전체를 작품 전시장으로 활용하는 것을 말한다. 런던브리지 역에서 주빌리라인^{Jubilee Line}을 타기 위해 내려가는 에스컬레이터에서 튜브아트를 알리는 광고를 보았다.

일본의 팝아티스트 치호 아오시마^{Chiho Aosima}의 '시티 글로'^{City Glow} 시리즈가 글로스터 역에 설치되었다는 내용이었다. 영국에서 일본 아티스트를 소개하는 것이나, 일본에서 영국 아티스트를 소개하는 것은 예전부터 있어왔다. 영국에서 일본 작가들의 전시를 흔히 볼 수 있을 정도니, 그들의 교류가 얼마나 활발한지 알 수 있다.

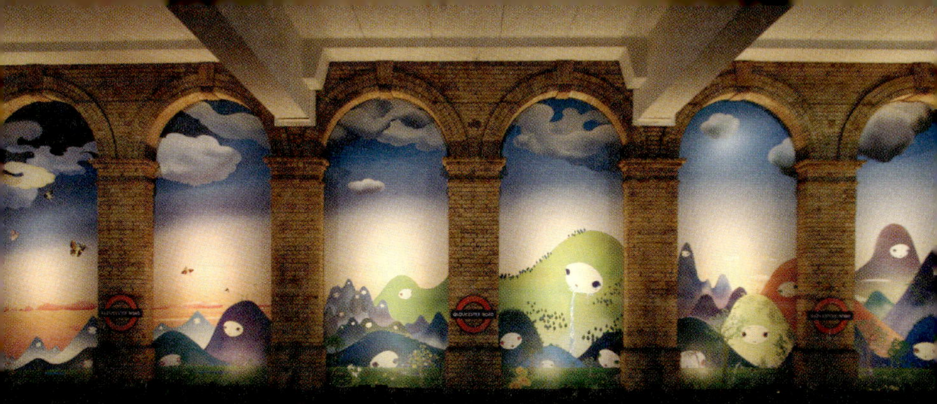

치호 아오시마의 튜브아트를 보기 위해 부자 동네로 알려진 글로스
터 로드 역으로 발길을 돌렸다.

치호 아오시마는 우리나라에도 잘 알려져 있는 무라카미 다카시^{村上隆}
가 결성한 '카이카이 키키'^{Kaikai Kiki} (일본어로 '해체 위기' 라는 뜻이다)
그룹의 일원으로 정식 미술훈련을 받지 않고 다카시의 팩토리에서
아티스트로 성장했다.

그의 작업과 우리나라에도 인기 있는 요시토모 나라^{Yoshitomo Nara} 의 작업
을 보면 공통적으로 얄미운 꼬마소녀나 공포스런 꼬마가 등장한다.
그리고 일본 캐릭터 예술을 대표하는 아티스트 중 하나인 아야 타카
노^{Aya Takano}의 작업에도 기괴한 꼬마소녀가 등장한다. 겉으로는 얌전하
고 친절하게 웃는 일본인들이 사실상 내면에는 이런 모습을 하고 있

는 걸까? 순진하고 때 묻지 않은 어린아이들이 음흉한 미소를 짓는 걸 보면 인간의 사악한 실체를 보는 듯해 무섭기까지 하다.

인터넷에서 본 2005년에 제작된 '시티 글로'에는 인간의 얼굴을 한 고층 건물들이 뭔가에 홀린 듯 흐느적거리고 있었다. 주변에 울긋불긋한 식물들조차 인간의 성적인 욕망이 투사된 듯 끈적끈적하게 느껴졌다. 그가 바라보는 대도시의 밤풍경은 이런 모습이었을까.

치호 아오시마는 지금은 사용하지 않는 글로스터 로드 역의 한 플랫폼을 전시장으로 사용하고 있었다. 이 전시는 2005년 뉴욕 전시를 그

대로 가져온 것으로, 그때도 지하철역을 전시장으로 사용했었다. 이번 전시는 그때보다 훨씬 더 규모가 크고, 그만큼 다양한 작품들을 선보이고 있다.

오래된 이 역사의 건축물이 유령이나 괴물, 초현실적인 자연을 소재로 삼는 만화 같은 그녀의 작품과 절묘하게 결합해 있다. 작품들은 특별히 제작된 조명을 받고 있어, 마치 갤러리의 한 벽면에 설치된

것처럼 느껴졌다. 한가로이 열차를 기다리는 시민들은 귀엽기도 하고 무섭기도 한 그녀의 작품을 보면서 지친 일상을 잠시 잊는다.

이 작품을 보면서 우리나라의 지하철 광고를 생각했다. 광고를 의뢰하는 클라이언트들이 단지 상품 판매만을 위한 광고가 아니라 주변 공간과 조화를 이루는 광고를 염두에 둔다면, 광고의 형식도 많이 달라질 수 있을 것이다. 물론 이를 위해서는 클라이언트들의 생각도 많이 바뀌어야 하지만, 광고를 디자인하는 디자이너들의 의식도 많이 바뀌어야 할 것이다.

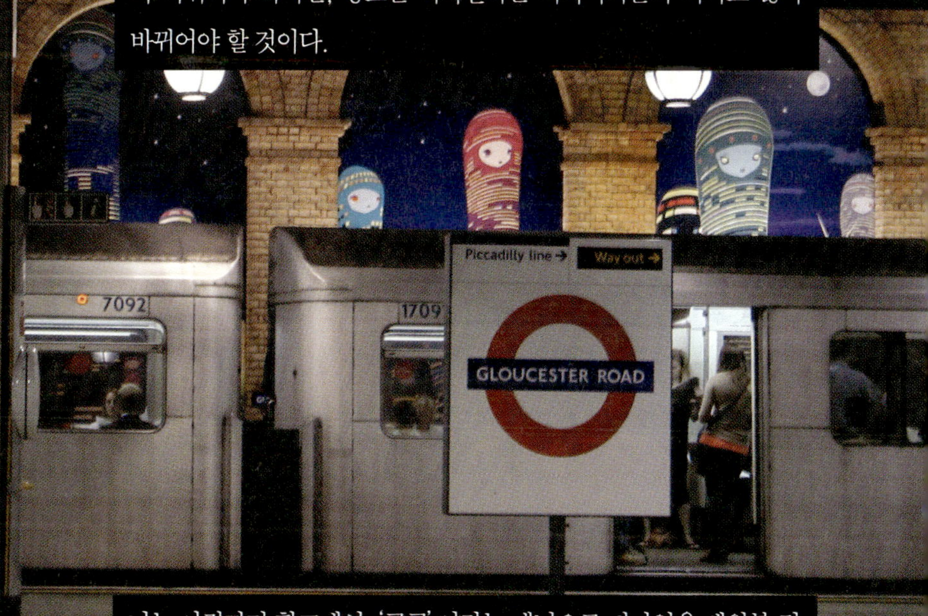

나는 아직까지 학교에서 '공공'이라는 개념으로 디자인을 배워본 적이 없다. 클라이언트의 의사를 최대한 반영하는 것이 급선무인 디자인만을 배웠던 것이다. 상품을 보다 효율적으로 팔기 위한 디자인이 아니라, 인간과 환경을 염두에 둔 디자인을 배운다면, 우리의 도시문화도 조금은 달라지지 않을까.

유진이 퇴근 후 회사 사람들과 소프트볼을 하러 간다고 했다. 나도 함께 가자고 제안해왔다. 나는 야구라면 환장하는 사람이라 흔쾌히 동의했다. 우리는 우선 유진의 회사에 모여 그의 동료들과 택시 두 대에 나눠 타고 리젠트 파크Regent Park로 향했다.

리젠트 파크는 동물원과 영국식 정원으로 유명한 메리 여왕의 정원이 있는 곳이다. 축구, 소프트볼, 조깅을 하는 시민들과 강아지와 함께 산책하는 사람들을 쉽게 만날 수 있는 런던의 대표적인 공원이다. 맥주, 과일, 와인과 음식들을 잔뜩 싣고 리젠트 파크에 내리니, 어른이나 애나 할 것 없이 모두가 하나로 어울려 한가한 주말 저녁을 즐기고 있었다. 유진의 회사가 건축디자인 회사여서 파트너 관계에 있는 여러 팀들의 직원도 이날 함께 모였다.

이들이 즐기는 소프트볼은 내가 한국에서 친구들과 하던 야구 시합과는 많이 달랐다. 보통 남자들만 모여 시합을 하는 한국과는 달리, 여기서는 여직원들도 많이 참여하고 더 적극적이다. 한 회가 끝나면 그들은 잔디밭에 누워 맥주를 마시고 대화를 나누면서 시간을 보낸다. 경기가 끝나지 않았는데 말이다. 그리고 시합이 언제 다시 시작될지 아무도 모른다. 그들에게 중요한 건 게임이 아니라 긴장을 풀며 웃고 떠드는 것이다.

소프트볼 덕분에 나는 뜻하지 않게 많은 외국인 친구들을 만났다. 홈런을 친다는 건 아무 의미도 없는 경기였다. 경기가 끝나면 여기 모인 친구들은 공원 옆에 있는 단골 펍에 몰려가 맥주를 마실 것이다. 내 생각에 영국에서 가장 심각한 스포츠는 축구밖에 없을 듯하다.

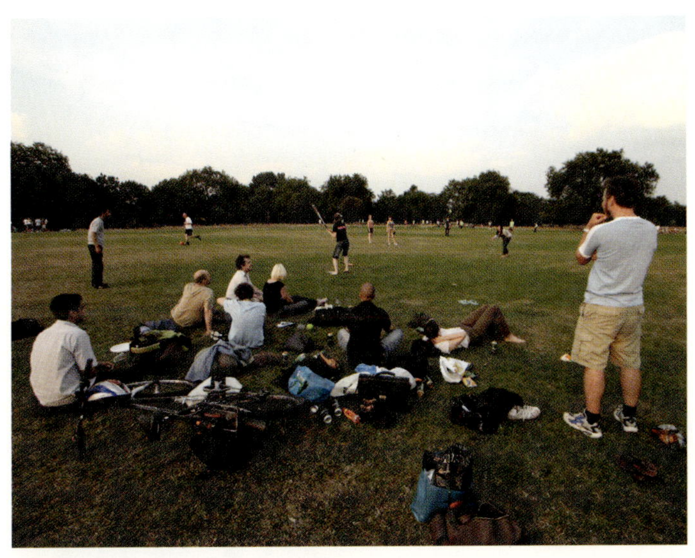

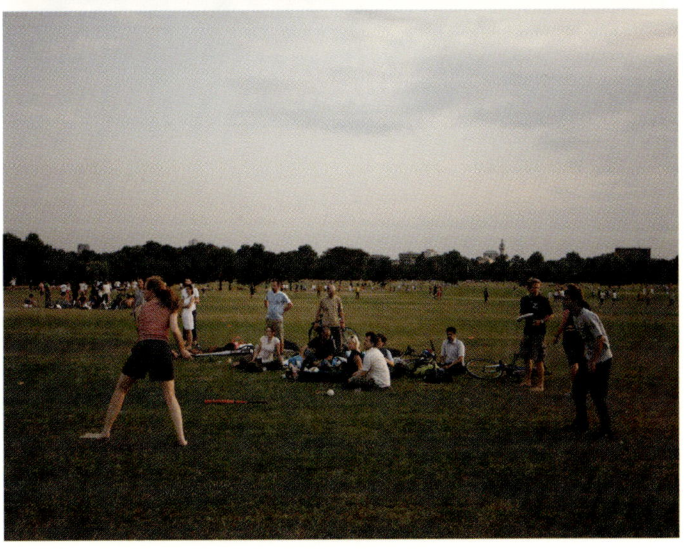

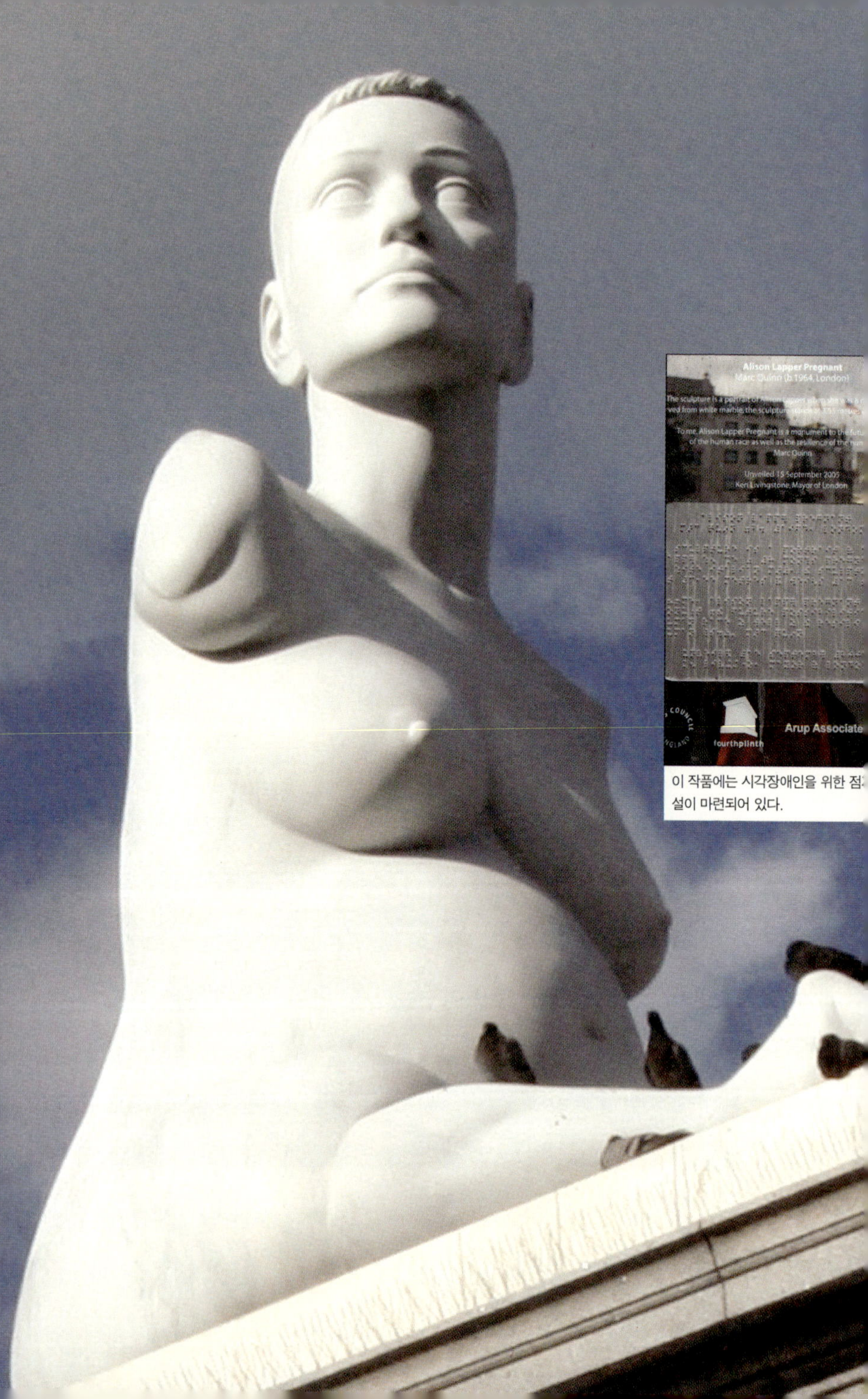

이 작품에는 시각장애인을 위한 점
설이 마련되어 있다.

트라팔가르 광장을 다시 찾으니 마치 고향에 돌아온 기분이 들었다. 7년 전 이곳에서 초상화를 그리며 만났던 수많은 손님들이 떠올랐다. 그러나 이른 아침에 체어링 크로스 역의 깊숙한 언더그라운드에서 지상으로 올라오니 공원은 텅 빈 듯했다. 트라팔가르 광장은 예전의 그 광장이 아니었다. 삼대를 이어 비둘기의 먹이를 팔던 작은 집도 철거되어 보이지 않았고, 그 많던 비둘기들도 모두 사라졌다. 넬슨 제독의 동상도 수리를 하는지, 청소를 하는지 뭔가로 둘러싸여 보이지 않았다. 그 주위에는 비둘기에게 먹이를 주면 10파운드의 벌금을 물게 될 것이라고 적혀 있었다. 씁쓸했다. 물끄러미 내셔널 갤러리를 바라보았다.

붐 박스를 들고 신나게 분수대를 돌며 롤러스케이트를 타던 친구들, 초상화를 그려주던 사람들, 전 세계에서 몰려온 거리의 아티스트들도 이젠 찾아볼 수 없었다.

아쉬움을 뒤로한 채 공원을 걷는데, 예전에는 없던 새하얀 조각이 눈에 띄었다. 팔다리가 없고, 짧은 머리를 한 여성을 조각한 것이었다. 조금 틀어진 옆모습으로 먼 곳을 응시하는 시선, 앨리슨 래퍼였다. 가까이서 보니 마크 퀸^{Marc Quinn}이라는 영국 출신의 현대 작가가 제작한 〈임신한 앨리슨 래퍼〉라는 작품이었다. 마크 퀸은 자신의 피를 정기적으로 뽑아 응고된 혈액으로 자신의 얼굴을 만든 '셀프'^{Self} 시리즈로 유명한 작가이다.

아이를 잉태한 팔다리가 없는 여성 장애인이 고고하게 앉아 있는 모습이 너무 감동적이었다. 앨리슨 래퍼는 선천적으로 두 팔과 다리가

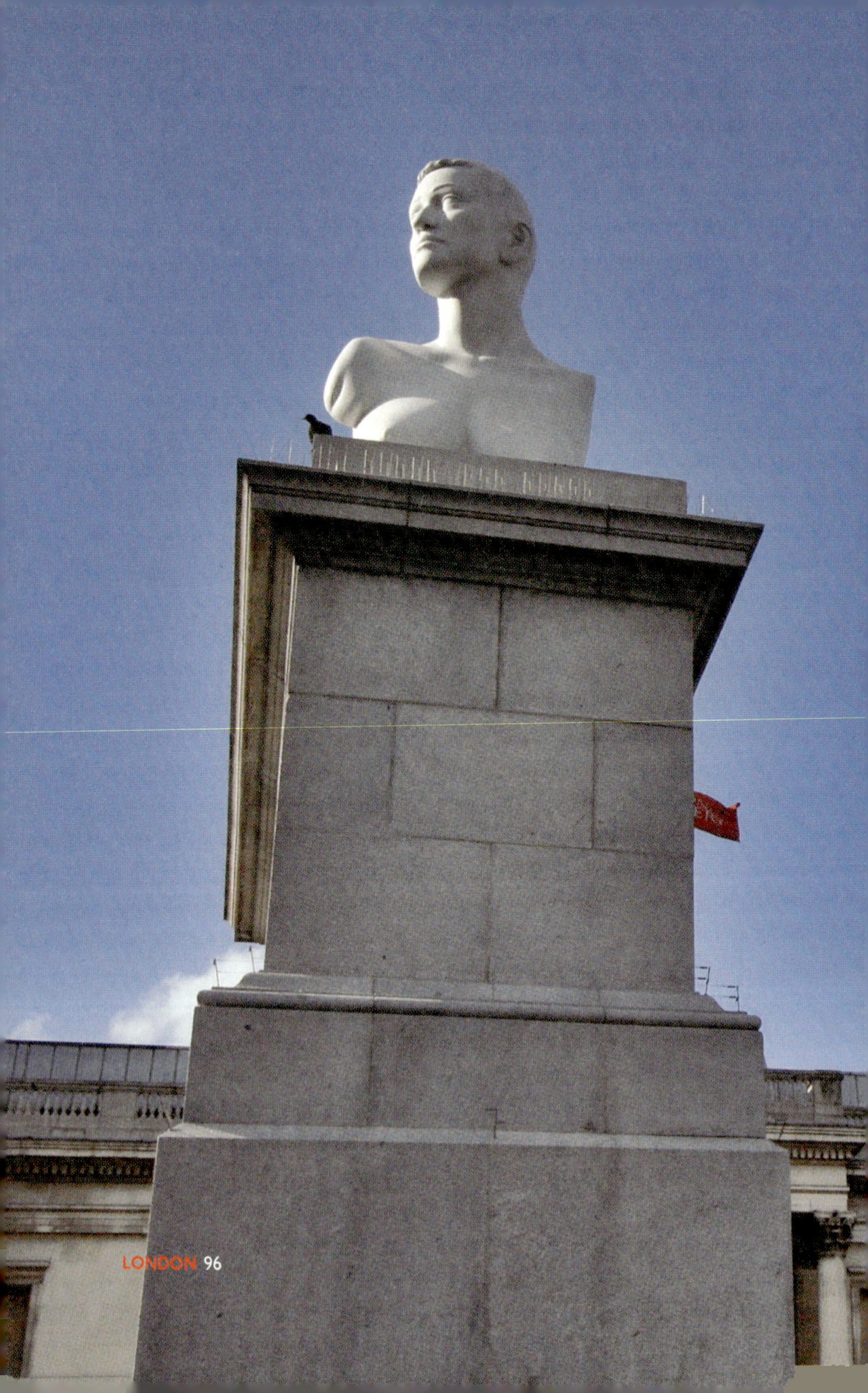
LONDON 96

없이 태어난 장애인이었다. 그녀는 입으로 그림을 그리는 구족화가다. 그러나 그녀를 더욱 유명하게 만든 것은 자신의 몸을 비너스 상처럼 분장하여 사진을 찍은 작품들이다. 마치 살아 있는 비너스를 형상화한 듯 선천적으로 팔다리가 없는 그의 콤플렉스를 예술적으로 승화시킨 작품들이다. 장애인의 존재를 신의 존재로까지 격상시킨 발상 자체가 놀랍다.

앨리슨 래퍼는 우리나라를 방문한 적도 있기 때문에 그녀에 대해서는 조금 알고 있었지만, 살아 있는 장애인 여성의 동상이 시내 중심부에 설치될 수 있다는 게 신선하게 느껴졌다.

"예술이라는 게 이런 거구나…"

공공예술이 사회와 밀접하게 결합하기 위해서는 사회적인 편견을 버리는 것이 우선이라는 생각이 들었다. 작업을 하는 작가들이라면 더욱더 그래야 한다. 그래서 아티스트는 위대할 수 있는 것이다.

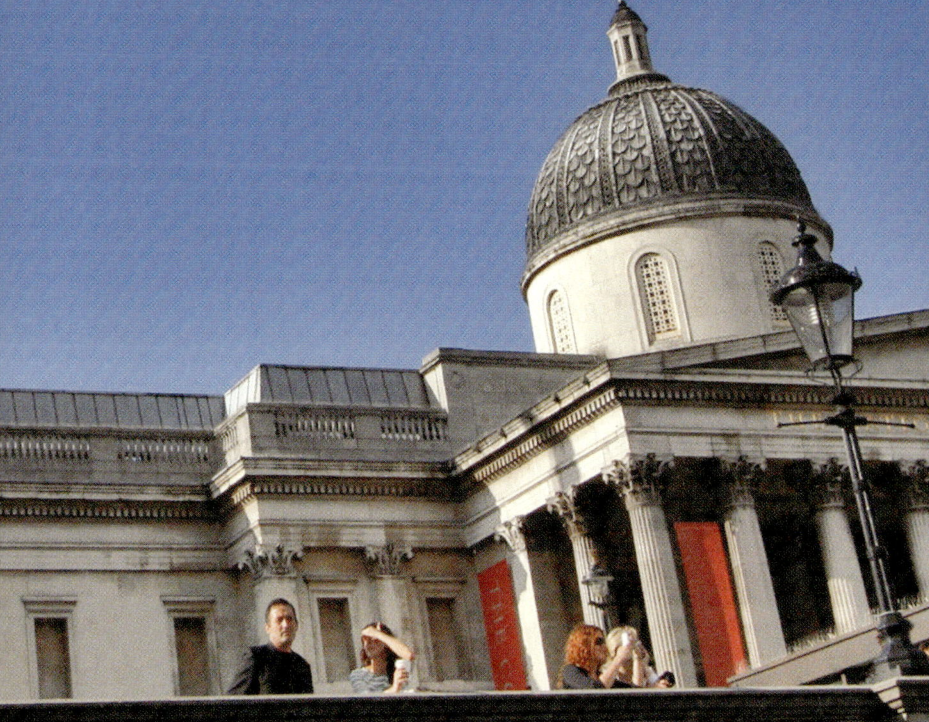

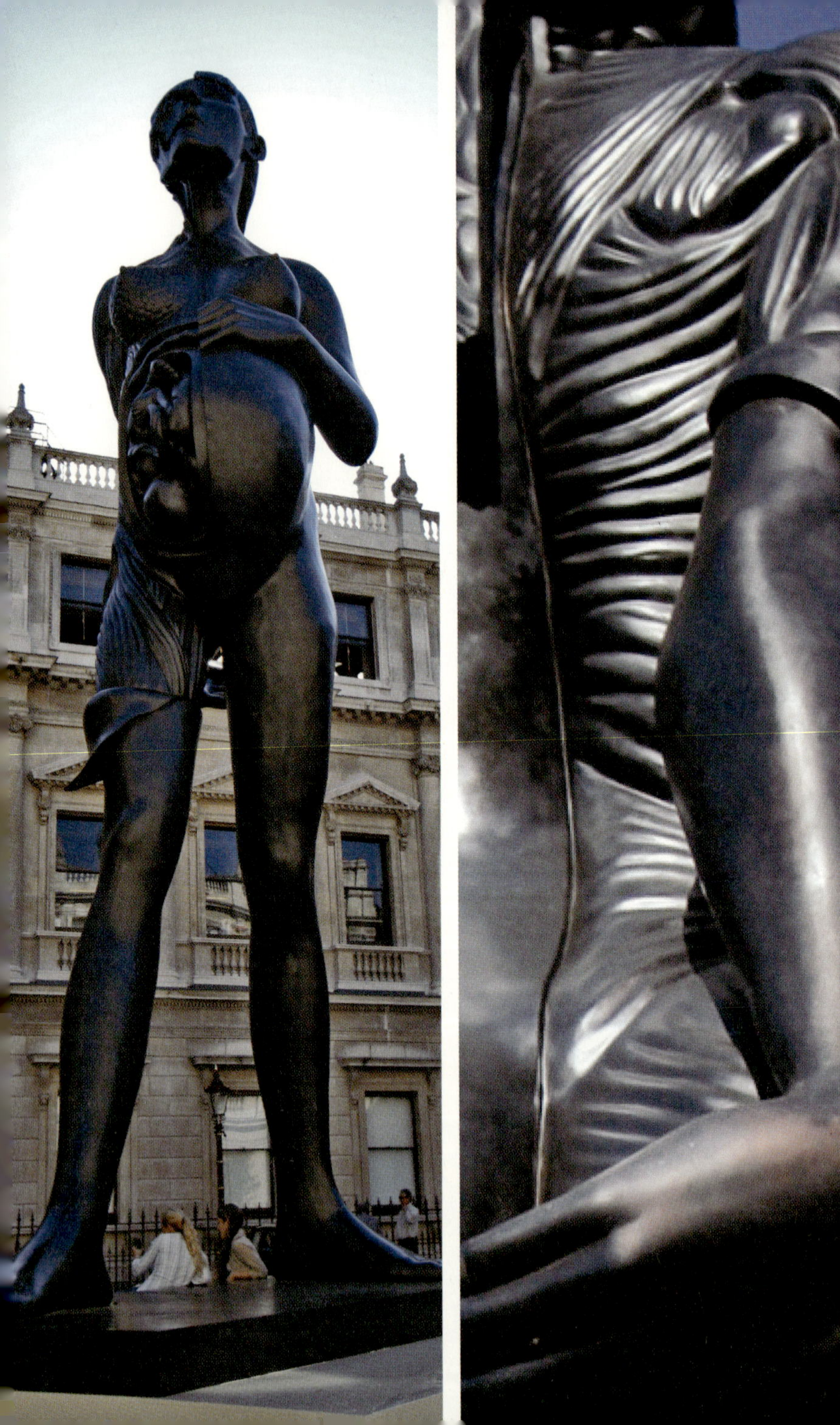

데미언 허스트의 작품이라면, 우리나라 천안역의 아라리오 광장에서 본 〈체러티〉(곰 인형을 안고 있는 대형 여자아이)가 전부였다. 그는 영국의 젊은 아티스트들 중에서도 가장 주목받는 아티스트로, '센세이션' Sensation 전의 간판스타였다.

그의 작품을 보기 위해 나는 사치 갤러리로 향했다. 하지만 아쉽게도 사치 갤러리는 문을 닫은 뒤였다. 대신 그곳에서는 일본의 만화캐릭터 전시회가 열리고 있었다.

데미언 허스트는 영국 현대미술을 대표하는 문화적 아이콘이 된 지 이미 오래다. 우리나라에서도 웬만큼 미술에 관심이 있는 사람이라면 수족관 같은 큐브 속에 거대한 상어를 박제한 그의 작품을 본 적이 있을 것이다. 사치 갤러리는 1991년에 이 작품을 5만 파운드(약 1억 원)에 주문했다. 그런데 13년이 지난 2004년에 사치 갤러리는 이 작품을 미국의 헤지펀드 매니저인 스티브 코헌에게 무려 1,200만 달러(약 110억)에 되팔았다. 사치는 이 작품을 13년이나 소장한 뒤 무려 110배가 넘은 투자수익을 남긴 것이다.

그런데 데미언 허스트뿐만 아니라, 1980년대 말 이후 등장한 영국의 젊은 미술가들인 YBA Young British Artist 들의 작품을 대거 소장하여 짭짤한 재미를 본 사치 갤러리가 건물 주인인 일본인과 트러블이 생기면서 작품들을 모두 첼시로 옮기게 되었다고 한다. 그래서 그 자리에 일본 만화캐릭터 전시가 열리고 있었던 것이다.

하지만 천만다행으로 데미언 허스트의 새로운 대형 조각 작품이 2006년에 선보였고, 그 작품이 왕립미술학교 Royal Academy of Arts 에 전시되어

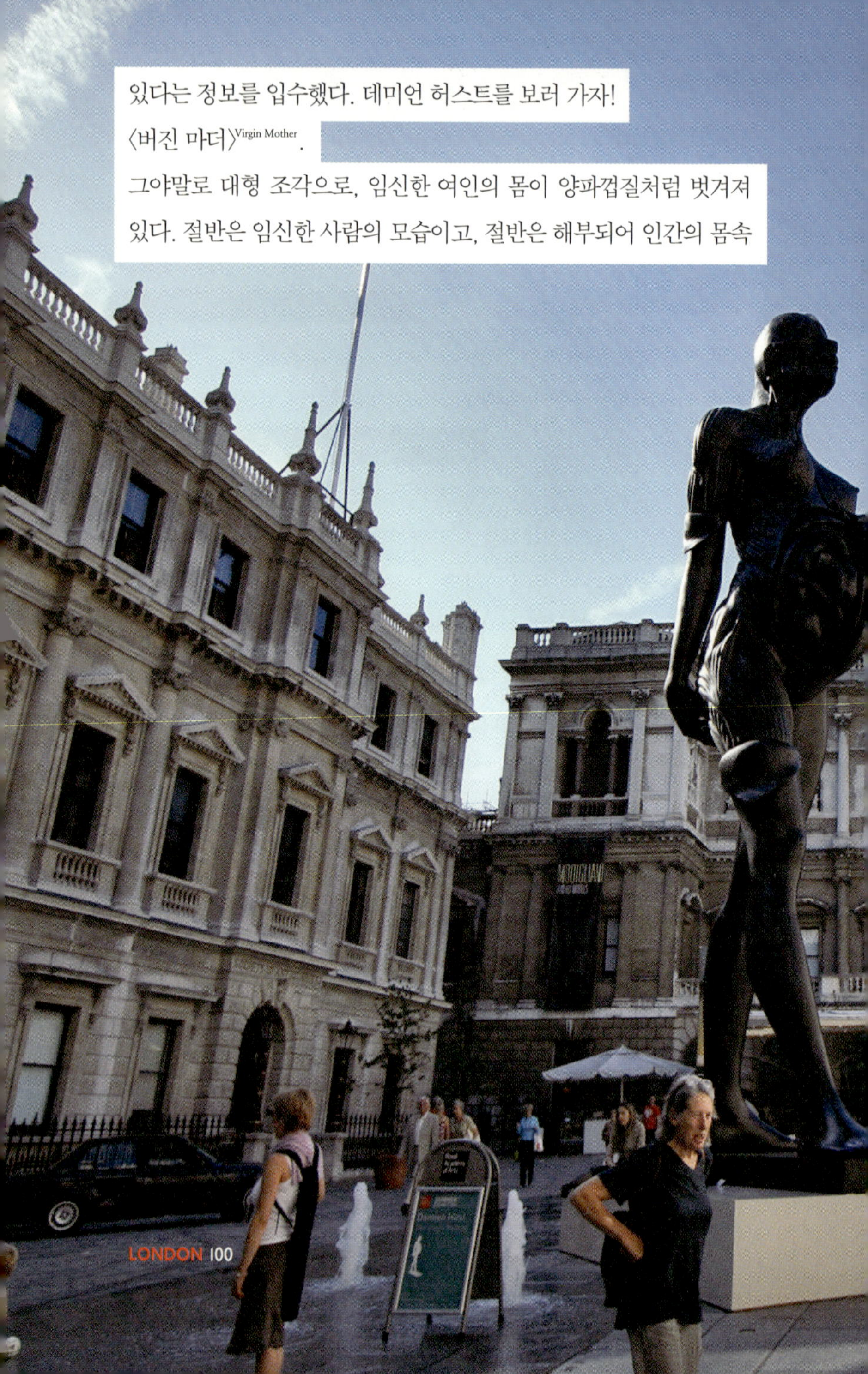

있다는 정보를 입수했다. 데미언 허스트를 보러 가자!

〈버진 마더〉Virgin Mother.

그야말로 대형 조각으로, 임신한 여인의 몸이 양파껍질처럼 벗겨져
있다. 절반은 임신한 사람의 모습이고, 절반은 해부되어 인간의 몸속

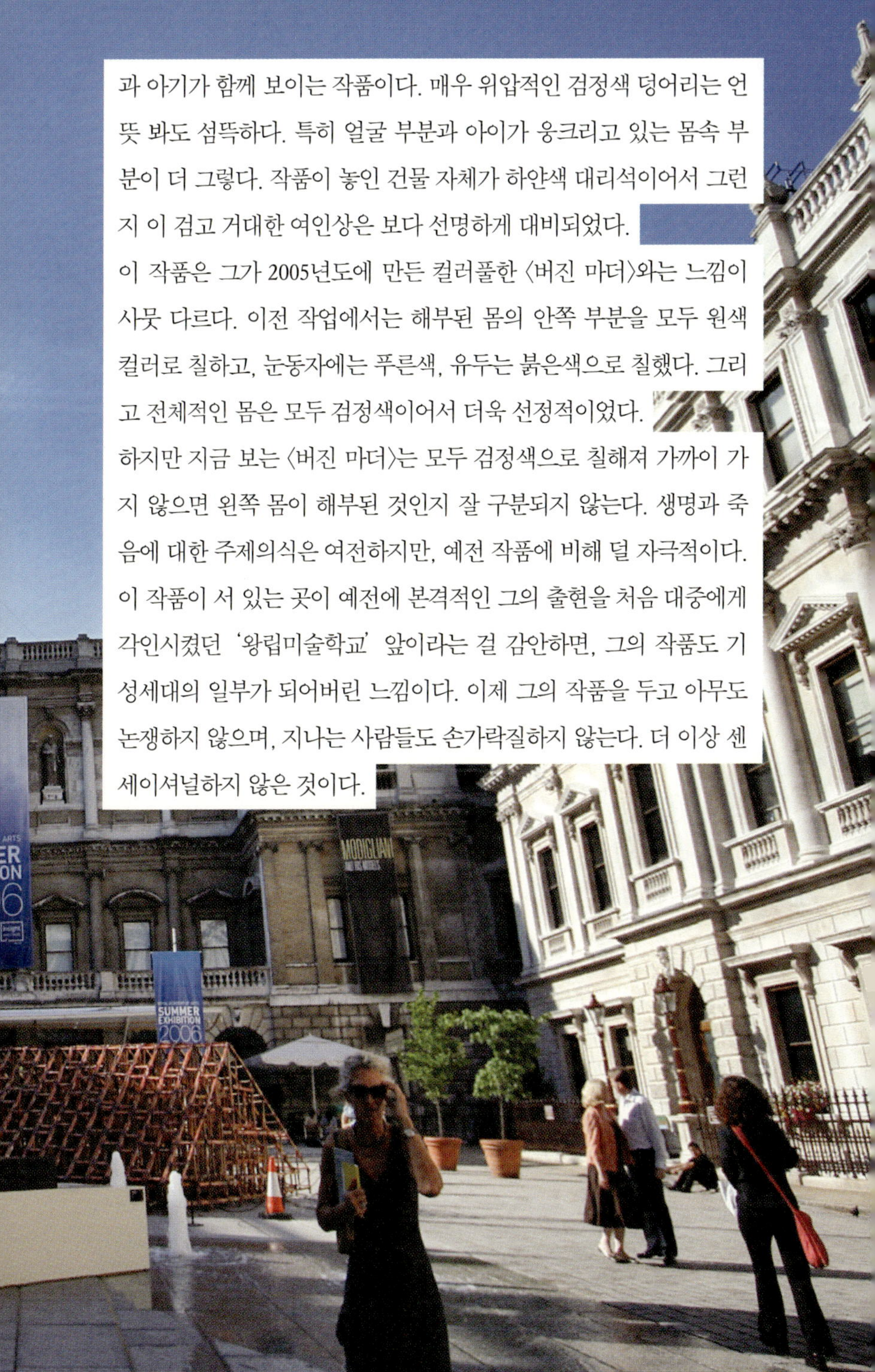

과 아기가 함께 보이는 작품이다. 매우 위압적인 검정색 덩어리는 언뜻 봐도 섬뜩하다. 특히 얼굴 부분과 아이가 웅크리고 있는 몸속 부분이 더 그렇다. 작품이 놓인 건물 자체가 하얀색 대리석이어서 그런지 이 검고 거대한 여인상은 보다 선명하게 대비되었다.

이 작품은 그가 2005년도에 만든 컬러풀한 〈버진 마더〉와는 느낌이 사뭇 다르다. 이전 작업에서는 해부된 몸의 안쪽 부분을 모두 원색 컬러로 칠하고, 눈동자에는 푸른색, 유두는 붉은색으로 칠했다. 그리고 전체적인 몸은 모두 검정색이어서 더욱 선정적이었다.

하지만 지금 보는 〈버진 마더〉는 모두 검정색으로 칠해져 가까이 가지 않으면 왼쪽 몸이 해부된 것인지 잘 구분되지 않는다. 생명과 죽음에 대한 주제의식은 여전하지만, 예전 작품에 비해 덜 자극적이다. 이 작품이 서 있는 곳이 예전에 본격적인 그의 출현을 처음 대중에게 각인시켰던 '왕립미술학교' 앞이라는 걸 감안하면, 그의 작품도 기성세대의 일부가 되어버린 느낌이다. 이제 그의 작품을 두고 아무도 논쟁하지 않으며, 지나는 사람들도 손가락질하지 않는다. 더 이상 센세이셔널하지 않은 것이다.

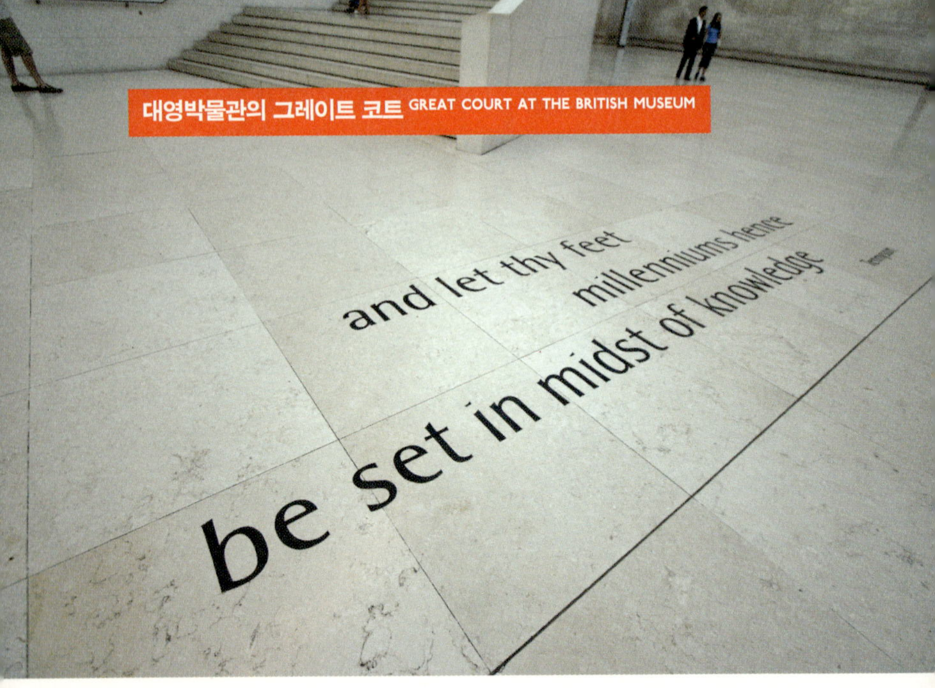

대영박물관은 설명이 필요 없는 런던의 필수 관광지다. 너무 유명해서 관심이 덜했던 이 박물관에 가게 된 건 노먼 포스터 경이 새롭게 설계한 3,312개의 유리지붕을 보기 위해서였다.

대영제국도서관이 1998년에 세인트 판크라스에 있는 새로운 건물로 이사하고 나서, 그레이트 코트의 열람실과 주변 공간은 대영박물관이 사용하게 되었다. 대영박물관의 어두운 정문 입구를 관통하면, 밝은 빛이 쏟아지는 그레이트 코트와 만나게 된다. 그레이트 코트의 중간에는 원형 도서관이 자리 잡고 있다. 이곳은 외국인이나 관광객들도 쉽게 이용할 수 있는 도서관으로, 대중들이 많이 찾는 책들이 갖추어져 있다.

원형 도서관과 대영박물관 건물을 3,312개의 유리판으로 이어놓은 이 지붕은 각각이 모두 다른 크기로 설계되어 있다. 크기가 각각 다르기 때문에 지붕은 평면적이지 않고 굴곡이 있는 입체감을 준다. 노먼 포스터와 그의 신들린 기술은 늘 나를 감동시킨다. 어떻게 이런 디자인이 가능했을까?

나는 공허하게 천장만 바라보았고, 유리지붕 너머에는 파란 하늘 위로 비행기와 구름이 흘러갔다. 이 건물은 건축물에서 빛의 효과가 얼마나 중요한지를 새삼 느끼게 해주었다.

주변을 들여다보다가 재미있는 부분을 발견했다. 그것은 건물 벽을 이루고 있는 대리석들이었는데, 돌의 색깔이 각각 달랐다. 그레이트 코트로 재건축하면서 기존에 남아 있던 박물관 건물의 벽과 새로 지은 부분이 서로 만나는 지점인데, 이곳에 3백 년 전 대영박물관을 지

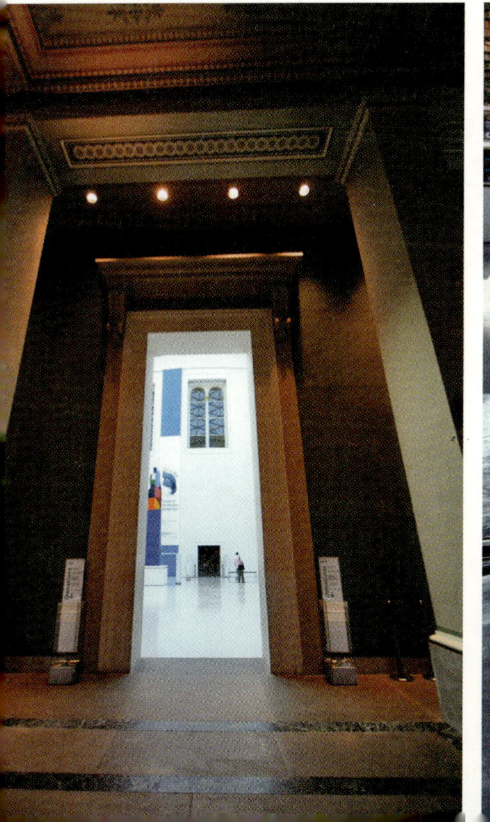
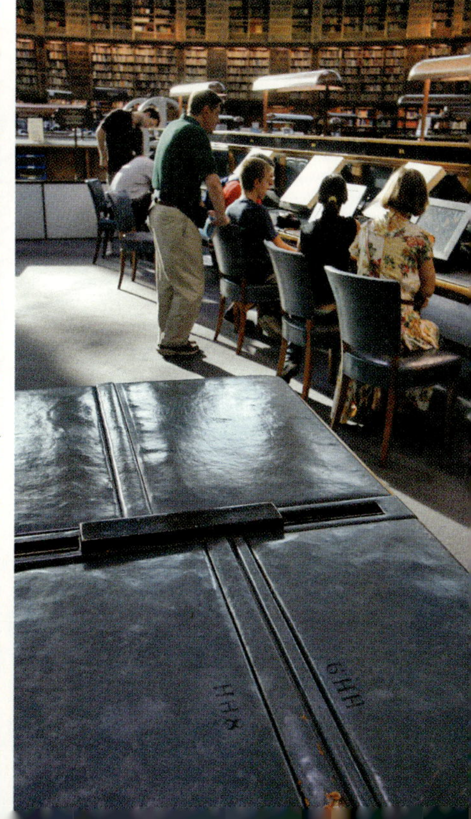

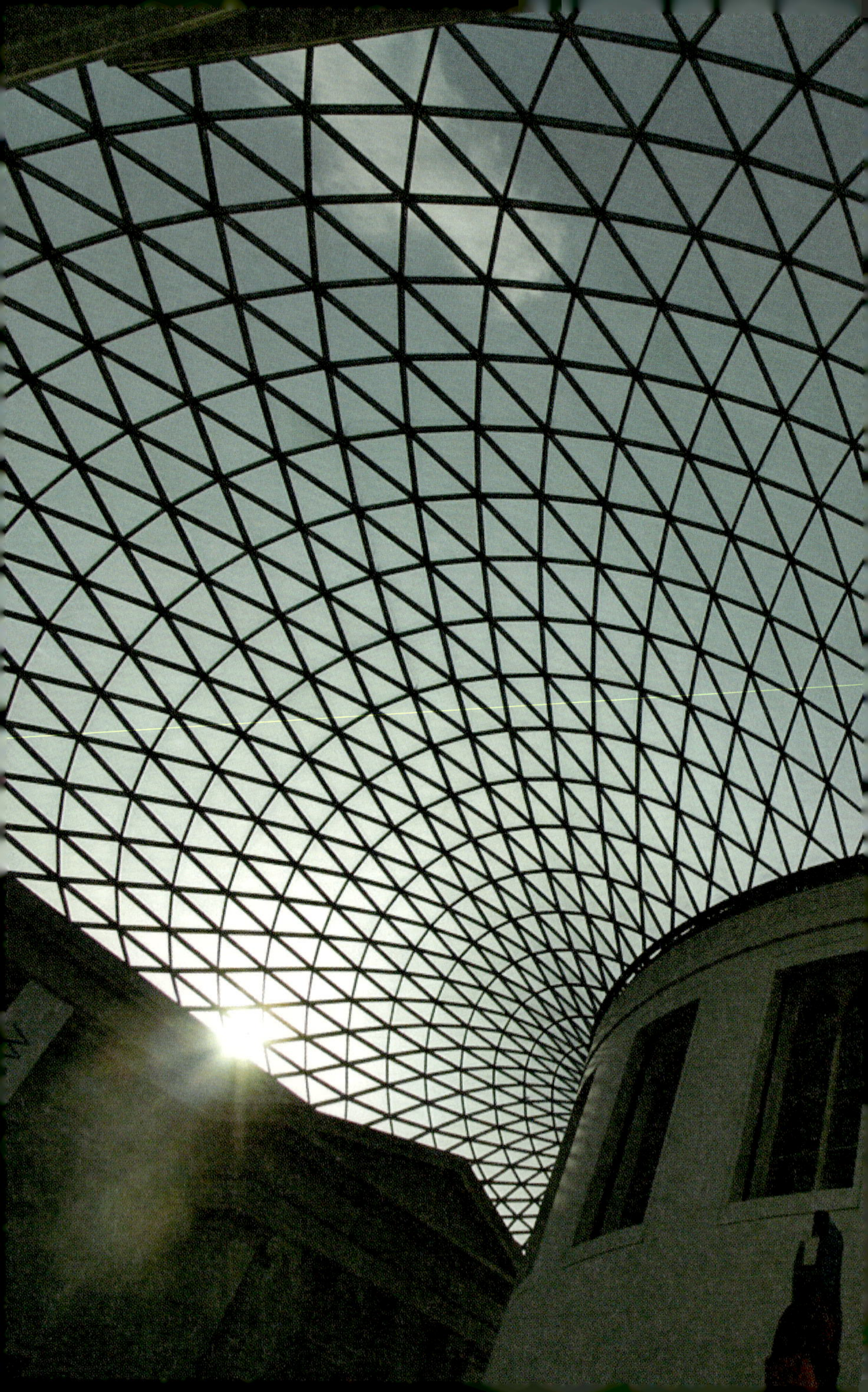

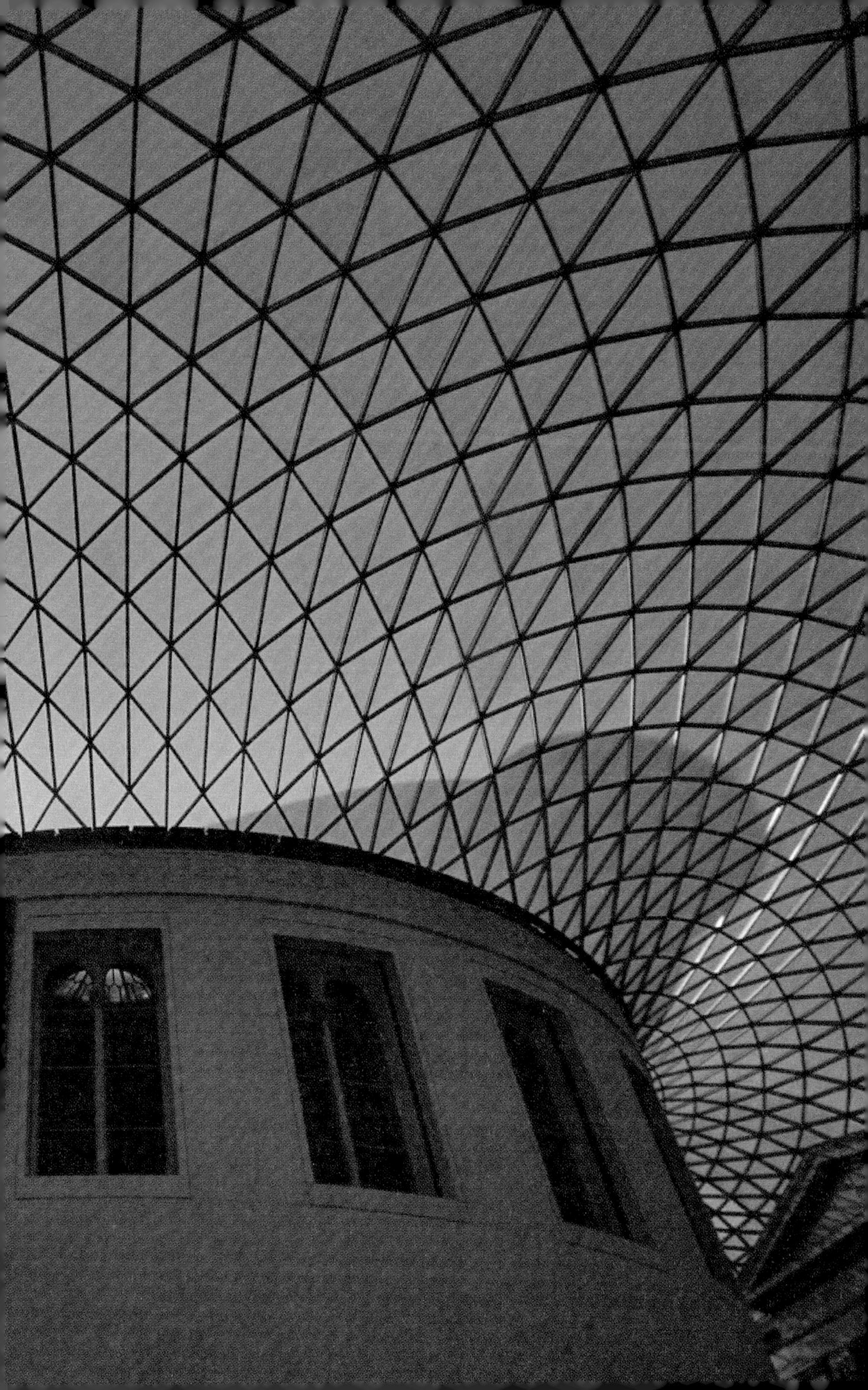

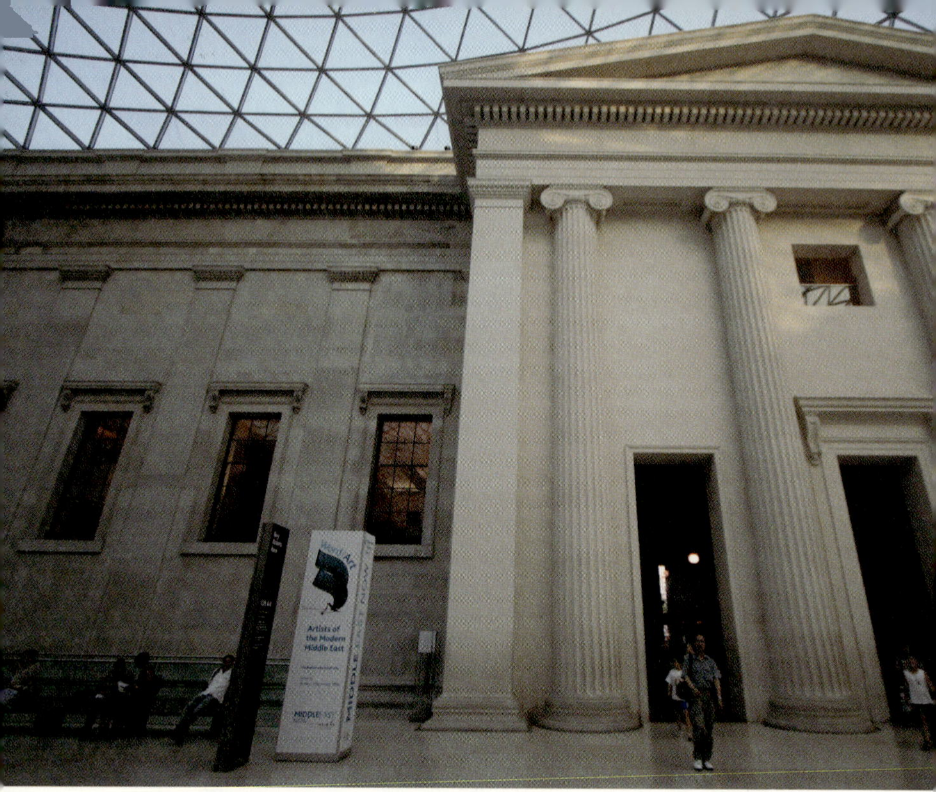

을 때 사용했던 것과 똑같은 원석이 사용되었다.

오래된 건물 벽과 같은 색조와 분위기를 유지하기 위해 당시 사용했던 원석을 같은 장소에서 다시 채굴하여 사용했다고 한다. 정말 믿기 힘든 일이다. 이런 돌덩어리 하나쯤은 아무 관심 없이 지나칠 수도 있는데, 굳이 원석을 찾아 다시 채굴해 왔다는 사실이 신선한 충격을 주었다.

영국의 건축가들이 역사적인 건물을 대하는 철학과 태도는 이 돌덩어리만으로도 충분히 설명될 수 있었다. 그건 돈이 얼마나 들었느냐, 또 얼마나 이목을 끌 수 있느냐의 문제가 아니었다.

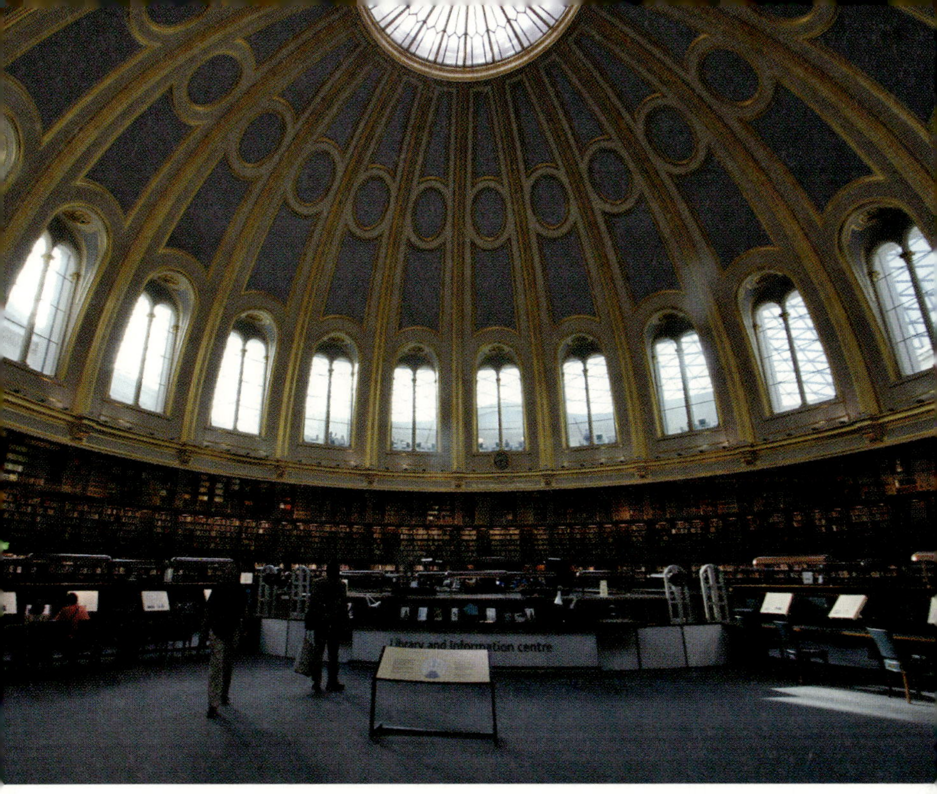

노먼 포스터뿐만 아니라 내로라하는 세계적인 건축가나 아티스트들이 대중에게 보이는 작업들은 단순히 자기 이름을 거는 문제가 아니라, 역사적인 자존심과 자부심을 보여주는 것이리라.

그레이트 코트를 돌아 나오다 보니, 눈에 들어오는 전시회 포스터가 있다. 현대의 인상파라고 평가되는 아비그도르 아리카Avigdor Arikha의 전시였다. 오랜만에 손맛 나는 회화를 감상하러 갤러리를 찾았다.

뭐라고 표현해야 하나?

그와 처음 맞닥뜨렸을 때 굉장히 오랫동안 그의 작품을 봐왔다는 기분이 들었다. 어느 정도냐 하면 내가 혹시 그의 영향을 받은 건 아닐까 하는 착각이 들 정도였다. 하지만 나는 그의 작품을 이날 처음 만났다.

요즘 여행을 하면서 다시 그림을 그리고 있다. 그림을 그리면서 나도 가끔 모작을 한다. 남의 작업을 그대로 흉내 내보는 것이다. 모작을 하게 된 주된 계기는 갤러리나 뮤지엄에서 사진 찍는 걸 금지했기 때문이다. 그래서 마음에 드는 작업들을 스케치하곤 하는데 그걸 모작이라고 해야 할지는 잘 모르겠지만, 매우 색다른 작업인 것만은 분명하다.

갤러리를 방문했을 당시의 내 기분도 그대로 남길 수 있고, 그 사람의 작업을 내가 이해한 만큼 그림으로 표현할 수 있다. 어찌 보면, 이런 게 그림을 그리는 사람들만의 특권일 수도 있으리라.

나는 그의 자화상을 따라 그렸다. 자화상은 매우 특별한 경우에만 그리는 그림이다. 내 경험으로 보면 그렇다는 이야기다. 이를 테면 매일 보는 나 자신이 특별해 보이는 때가 있는데 그 순간의 나를 기억하고 싶을 때 말이다.

하지만 나는 죽기 전에 나 자신을 몇 번이나 특별하게 생각할까?

Avigdor
Arikha born 1929
Self-portrait in foreshortening. 1973
Sugar aquatint on Mino paper

아리카는 이스라엘사람으로..
르브린에게 그림이
라기보단 소묘...
06. 1. 20   London
British Museum

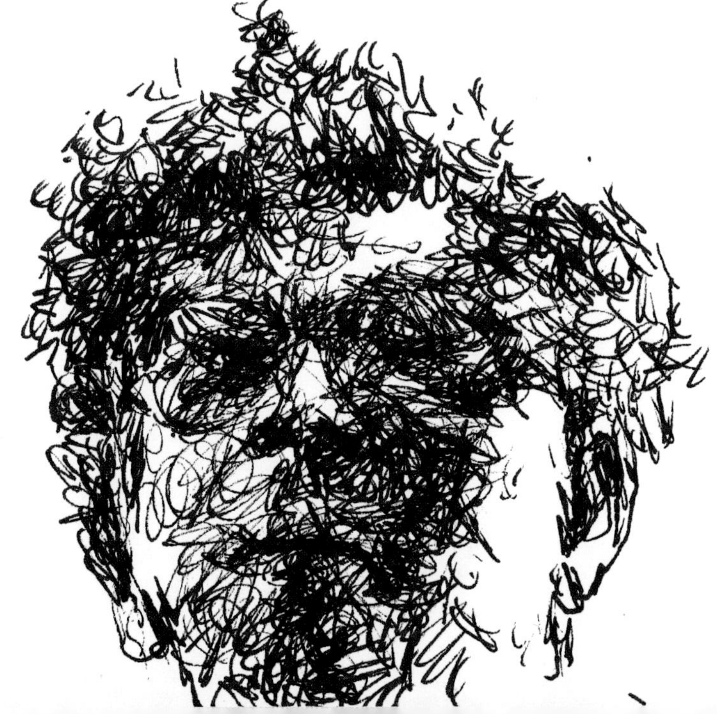

'RESURGAM' 이라고 새겨진 세인트폴 성당의 초석은 라틴어로 '나는 다시 일어설 것이다' 라는 뜻이다. 이 아름다운 성당은 1666년 런던 대화재로 건물이 소실되었다.

시의 재건계획 담당자인 크리스토퍼 렌^{Christopher Wren}은 초석의 문구처럼 1710년까지 성당을 재건축했는데, 그 당시 한 명의 건축가가 대성당을 처음부터 끝까지 디자인한 일은 세계에서 유례가 없는 일이었다. 세인트폴 성당의 디자인은 영국 북부 지역의 아담하고 단순한 청교도식 성당과는 달리 르네상스와 바로크 시대의 대형 건축에 뿌리를 두고 있다.

성당 건축의 핵심인 천장 부분의 대형 돔을 얹기 위해 렌은 돔이 위치하는 곳에 충분한 지지구조를 만들어주기 위하여 성당의 모든 복도 벽의 윗부분에 가벽을 올려 건물의 높이를 더욱 높게 만들었다. 이것은 건물 전체에 클래식한 느낌을 주기 위한 배려이기도 했다. 세인트폴 대성당의 외관은 런던의 어느 곳에서도 보일 만큼 거대하다. 하지만 그건 단지 거대하기 때문에 어디서나 볼 수 있는 건 아니다. 런던의 모든 건물은 세인트폴 성당을 가리지 않게끔 배려하여 설계된다고 한다. 이 때문에, 복잡한 런던 거리에서 이 성당은 쉽게 눈에 띌뿐더러 길을 찾는 데도 중요한 이정표가 된다.

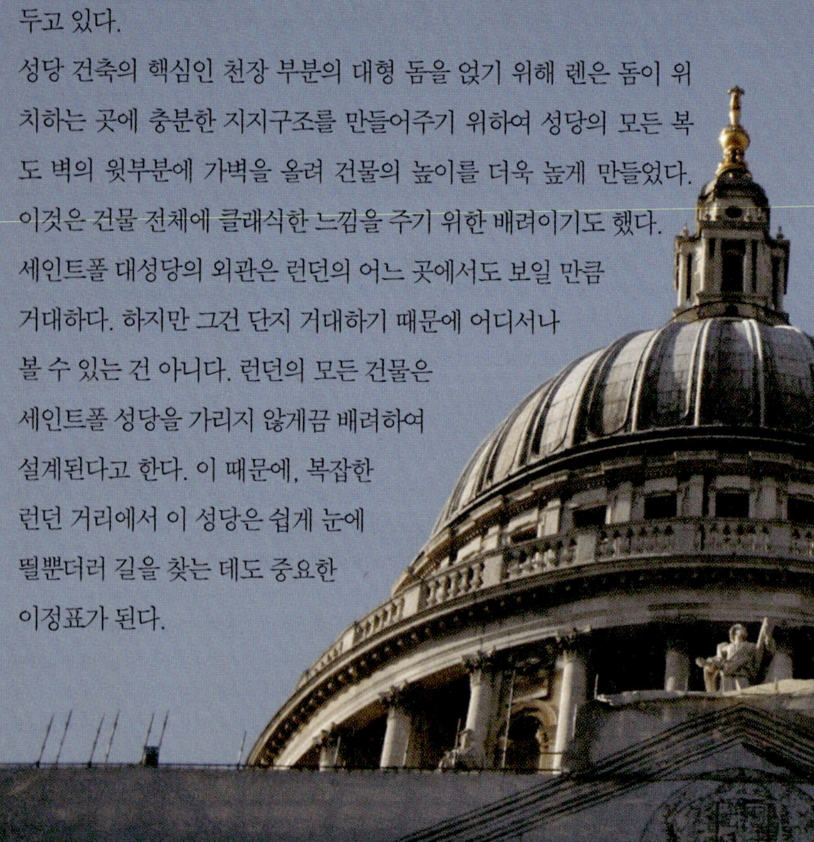

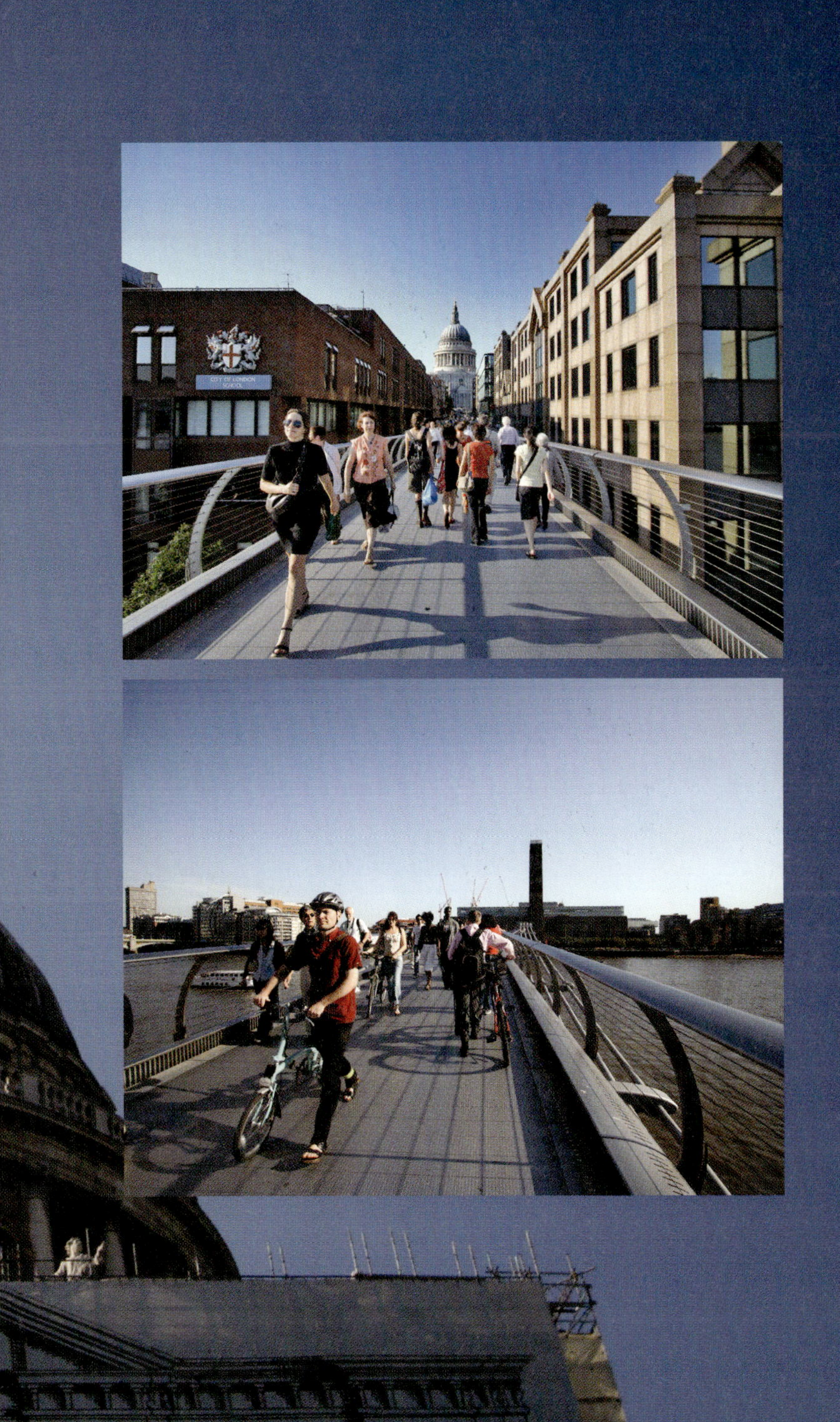

성당의 지하에는 렌의 무덤이 있다. 그가 아흔한 살로 백수를 누리다 갔을 때, 그는 이 성당에 묻힌 최초의 사람이 되었다. 넬슨 제독과 웰링턴 공도 여기에 묻혔다. 또 이곳은 지금은 고인이 된 다이애나와 찰스 왕자가 결혼식을 올린 곳이기도 하다.

성당 안에 위치한 위스퍼링 갤러리로 가다보면 259개의 계단을 걷게 된다. '위스퍼링'(whispering, 속삭이는)이라는 독특한 이름은 성당 공사를 하던 인부들이 벽에 대고 속삭이면 반대편에서도 들을 수 있

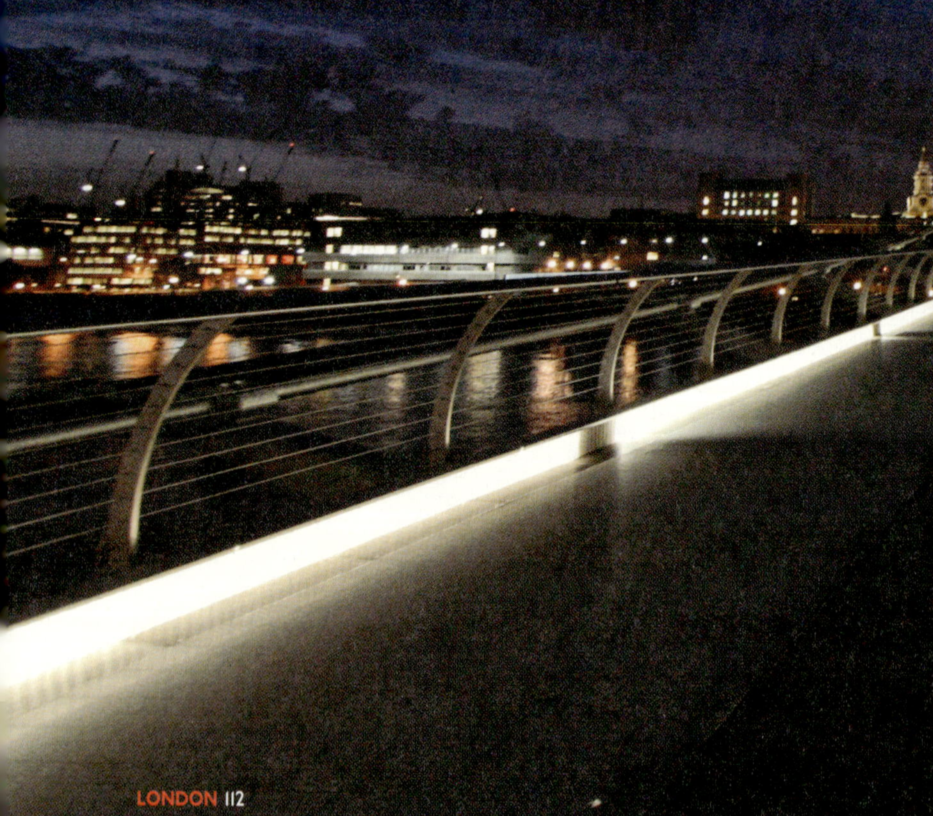

었기 때문에 지어진 이름이다.

런던의 템스 강을 사이에 두고 세인트폴 성당과 테이트 모던 갤러리는 일직선상으로 만난다. 17세기 영국 건축을 대표하는 성당과 가장 현대적인 미술관이 서로 마주보고 서 있다는 사실이 흥미롭다. 테이트 모던을 짓기 시작했을 때, 그런 연관성도 염두에 둔 것일까.

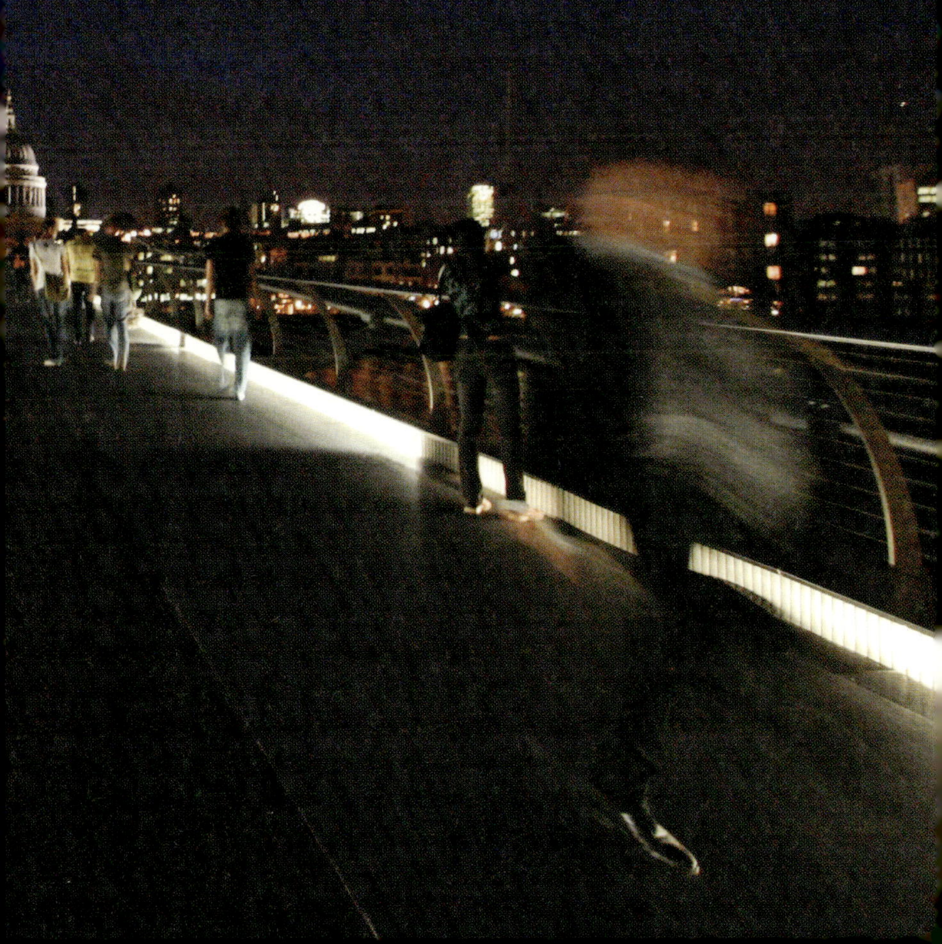

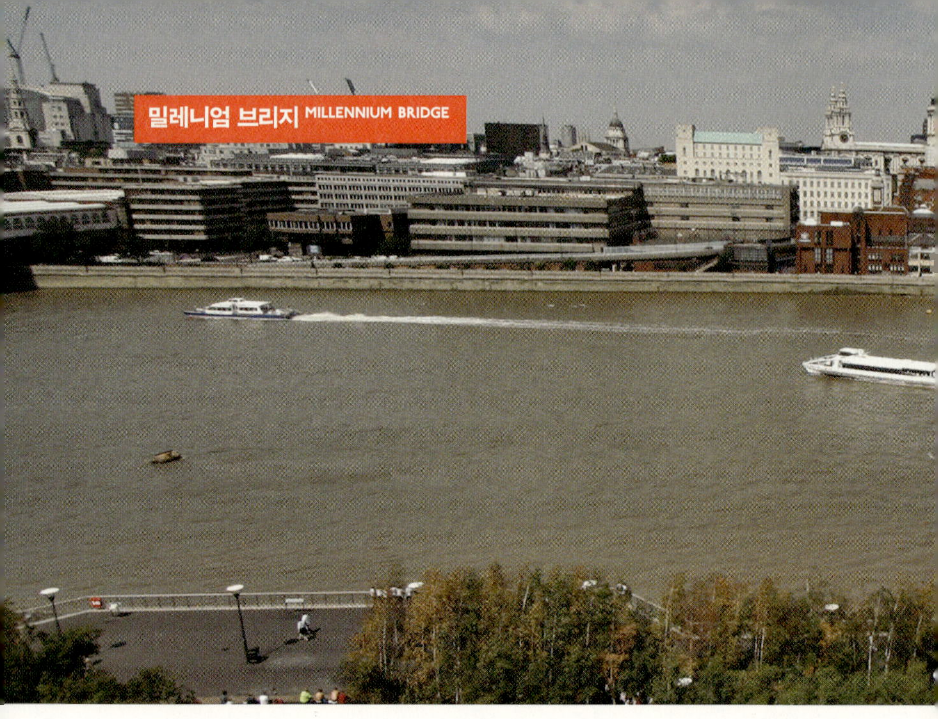

이 다리는 처음 대중에게 오픈하던 날, 심한 폭풍이 몰아치는 바람에 '흔들리는 다리'라고 대서특필되기도 했다. 또 궁금증을 못 이겨 몰려든 런던 시민들로 임시 폐쇄되기도 하는 등 처음부터 많은 화제를 낳았다.

이 교량사업을 총지휘한 이는 노먼 포스터로, 그는 교량의 예술적 완성도를 높이기 위해 조각가로 기사작위를 받은 앤터니 카로^{Anthony Caro}와 공동 작업을 했다. 카로의 디자인도 훌륭하고 아름답지만, 무엇보다 이 다리가 놓인 위치의 절묘함이 탄성을 자아내게 한다. 이 다리가 바로 세인트폴 성당과 테이트 모던을 잇는다. 마치 전통과 현대를 연결하듯이 말이다.

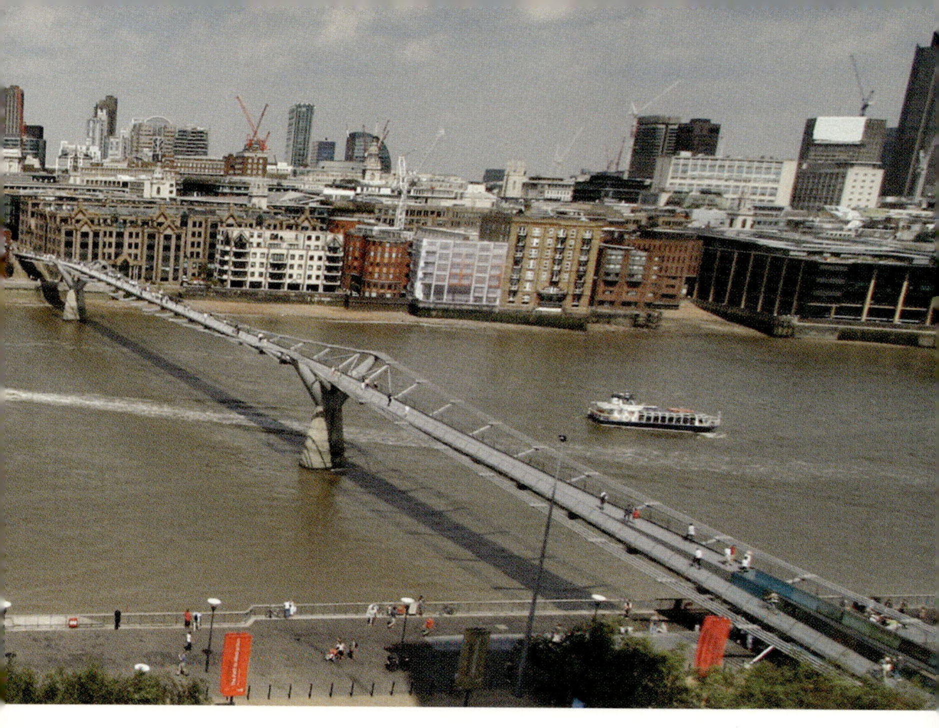

게다가 이 다리는 차가 다니지 못하는 다리다. 한강을 건너는 차 없는 다리를 상상해보았다. 아마 차로 다리를 건너는 것보다 훨씬 도시의 풍경을 천천히 그리고 느긋하게 감상할 수 있을 것이다. 그리고 그 풍경은 차창 밖으로 보이는 풍경보다 훨씬 아름다울 것이다. 그러나 지금은 두세 명 걸을 수 있을 정도의 좁은 인도밖에 없기 때문에, 사람들은 한강을 가로지르는 다리를 걸어서 건너려 하지 않는다. 잘못하다가는 자살하려는 사람으로 오해받을 수도 있을 테니까.

'우리에게도 사람들만 건널 수 있는 다리가 있으면 좋겠다.'

다리를 건너는 동안 내 머릿속에는 부러움과 즐거운 상상으로 가득 찼다.

이 다리 위에서 바라본 런던의 풍경은 영원히 잊지 못할 것이다.

런던 밀레니엄 프로젝트의 하나인 테이트 모던은 2000년 5월 개장한 후 1천6백만 명이 이곳을 다녀갔을 만큼 많은 영국인들의 사랑을 받는 갤러리가 되었다.

이 갤러리가 인기 있는 이유는 매우 단순하다. 이곳은 영국의 그 어느 곳보다도 많은 현대 작품들을 가장 빨리 볼 수 있는 곳이고, 갤러리 외에도 다양한 편의시설을 제공하기 때문이다. 템스 강가 어디서도 보일 정도로 규모가 거대한데, 처음 이곳은 뱅크사이드^{Bankside}의 거대한 전력발전소였다. 발전소의 낡고 둔탁한 벽돌건물을 생기 있는 현대예술의 보고로 바꾸는 데는 1억 3천4백만 파운드가 소요되었다. 이 건물은 스위스의 건축가 자크 헤르조그^{Jacques Herzog}와 피에르 드 므롱^{Pierre de Meuron}이 설계한 것으로, 이들은 밀레니엄 프로젝트의 정신에 걸맞게 낡은 공간을 최대한 활용하여 새로운 미래 공간으로 변모시켰다. 산업의 역군이 문화의 새로운 전사로 변신한 것이다.

밀레니엄 브리지를 건너 테이트 모던으로 바로 입장하면, 그것은 정문이 아닌 옆문(동쪽 출입구)으로 입장하는 것과 같다. 왜냐하면 발전소의 터빈홀로 내려가는 거대한 경사로가 있는 서쪽 출입구가 건물의 중심부가 있는 정문이기

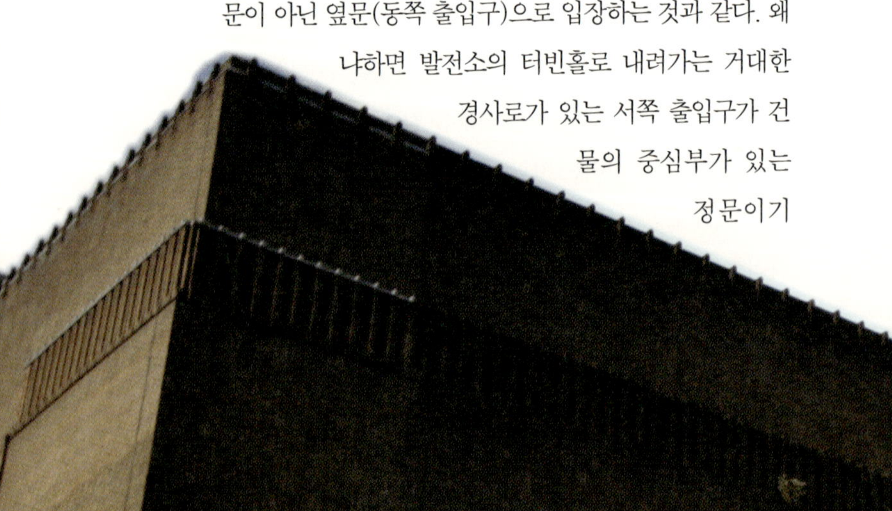

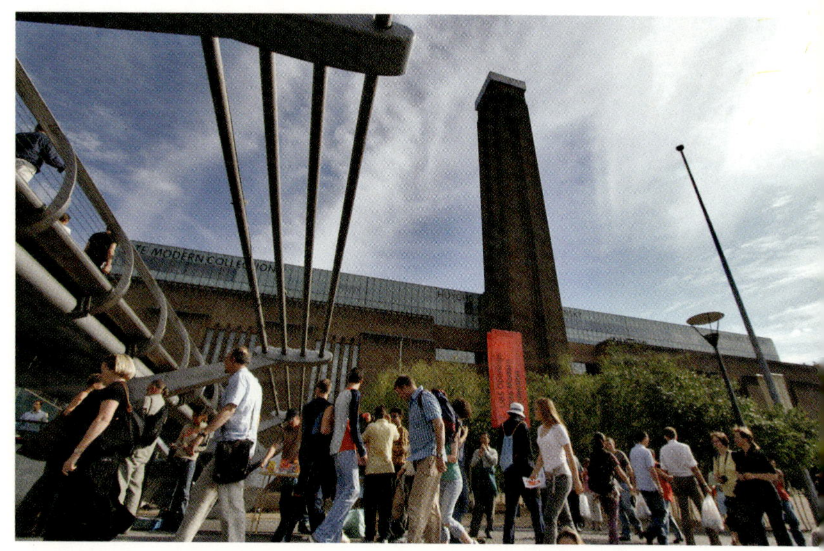

때문이다.

약 153미터 길이에 35미터 높이의 건물 중심부인 터빈홀에는 이 공간에 어울릴 만한 유명한 작가들의 특별한 작품들이 유니레버^{Unilever}의 후원으로 매년 10월부터 다음 해 3월까지 전시된다. 테이트 모던이 재개관했던 2000년에는 루이스 부르주아^{Louise Bourgeois}의 거대한 거미 〈마망〉^{Maman}이, 2002년에는 아니시 카푸어^{Anish Kapoor}의 〈트럼펫 듣기〉^{Marsyas}, 그리고 2003년에는 런던의 음울한 음지를 날려버릴 올라푸르 엘리아손^{Olafur Eliasson}의 〈기괴한 최면술, 날씨 프로젝트〉^{Weather Project}가 바로 그것이다. 내가 방문했던 2006년에는 카스텐 휠러^{Carsten Höller}의 5개 나선 미끄럼틀로 이루어진 〈테스트 공간〉^{Test Site}이라는 작품이 설치될 예정이었다.

너무 일찍 방문한 탓에 그 작품을 보지 못한 것이 못내 아쉬웠다. 2007년 10월에는 도리스 살세도Doris Salcedo의 작품이 설치될 예정이라 한다.

갤러리 1층에는 큰 규모의 카페와 아트북 숍이 있고, 거기에는 많은 사람들이 줄지어 서 있었다. 나는 그곳에서 뱅크시의 작품집을 볼 수 있었고, 내가 앞으로 더 찾아갈 영국 작가들의 작품들도 확인할 수 있었다. 그리고 이곳에는 잘 알려지지 않은 유럽 아티스트들의 수많은 작품집들도 만날 수 있다. 아마 런던에서 내가 본 아트북 숍으로는 최대 규모일 것이다.

7층에 있는 전면이 유리로 된 레스토랑에서는 템스 강변의 풍경을 한눈에 볼 수 있다. 여기는 음식보다 풍경을 감상하거나, 전시 오프닝 파티를 하기 좋은 곳으로 유명하다. 그러나 테이블이 너무 적어서 늘 붐비므로 줄을 설 각오를 해야 한다.

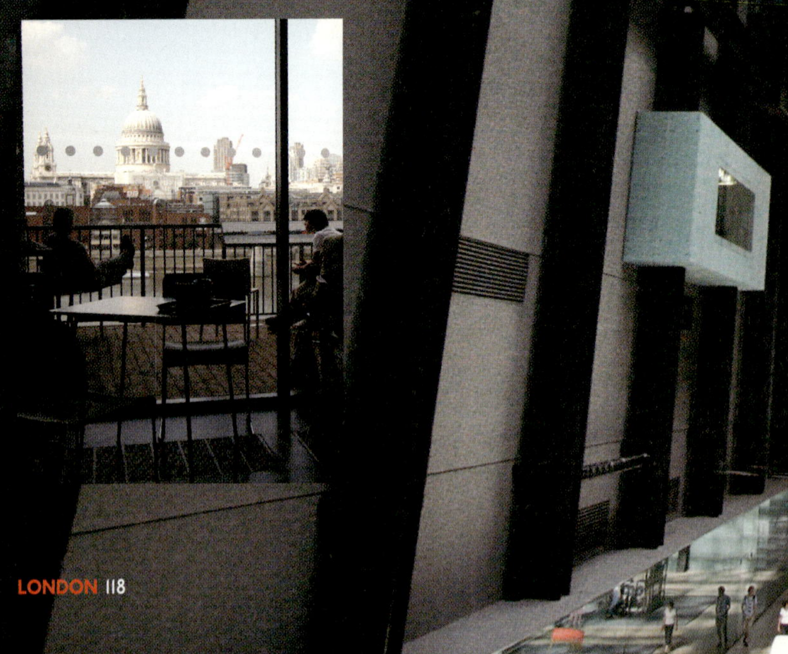

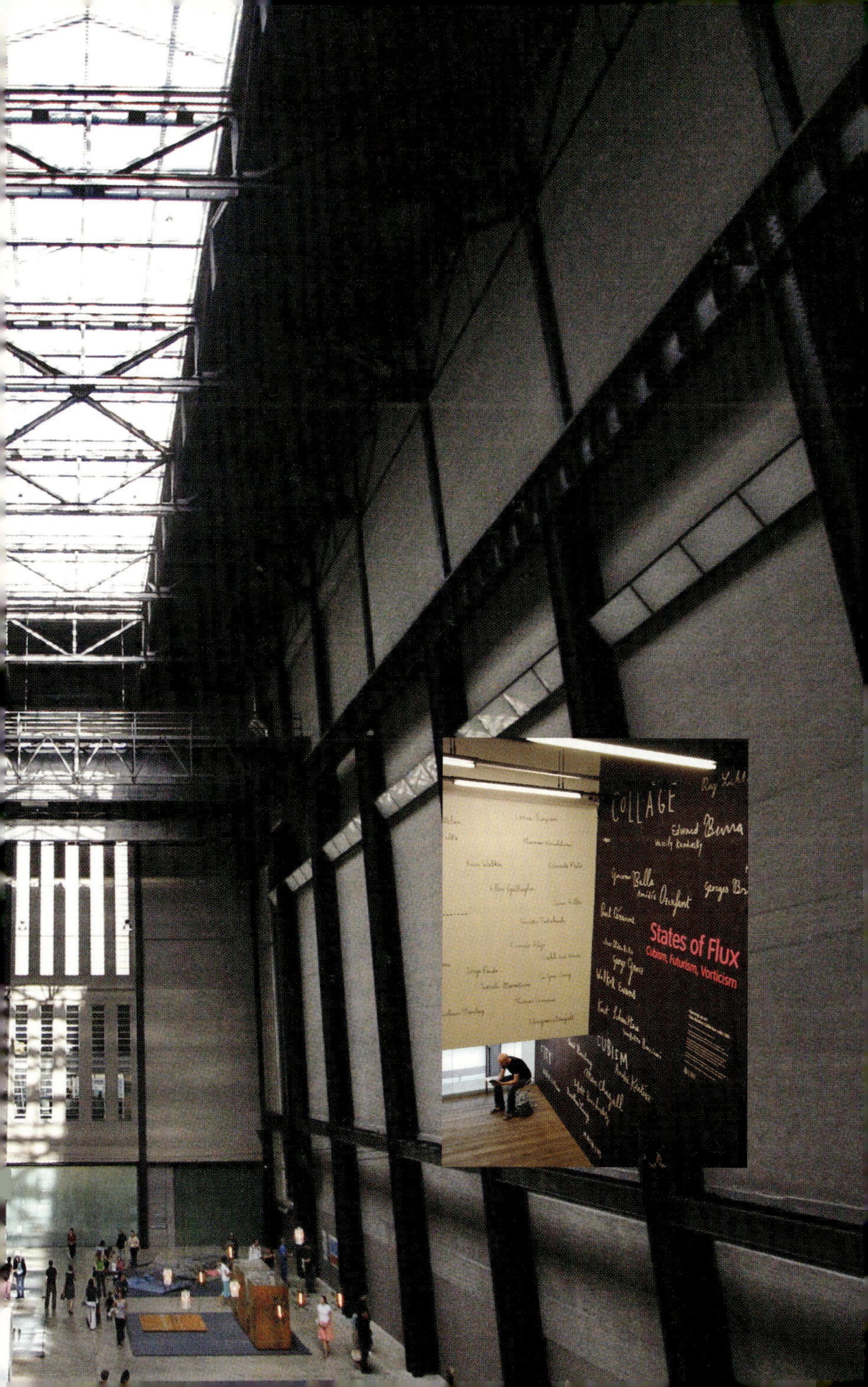
COLLAGE
States of Flux
Cubism, Futurism, Vorticism
CUBISM

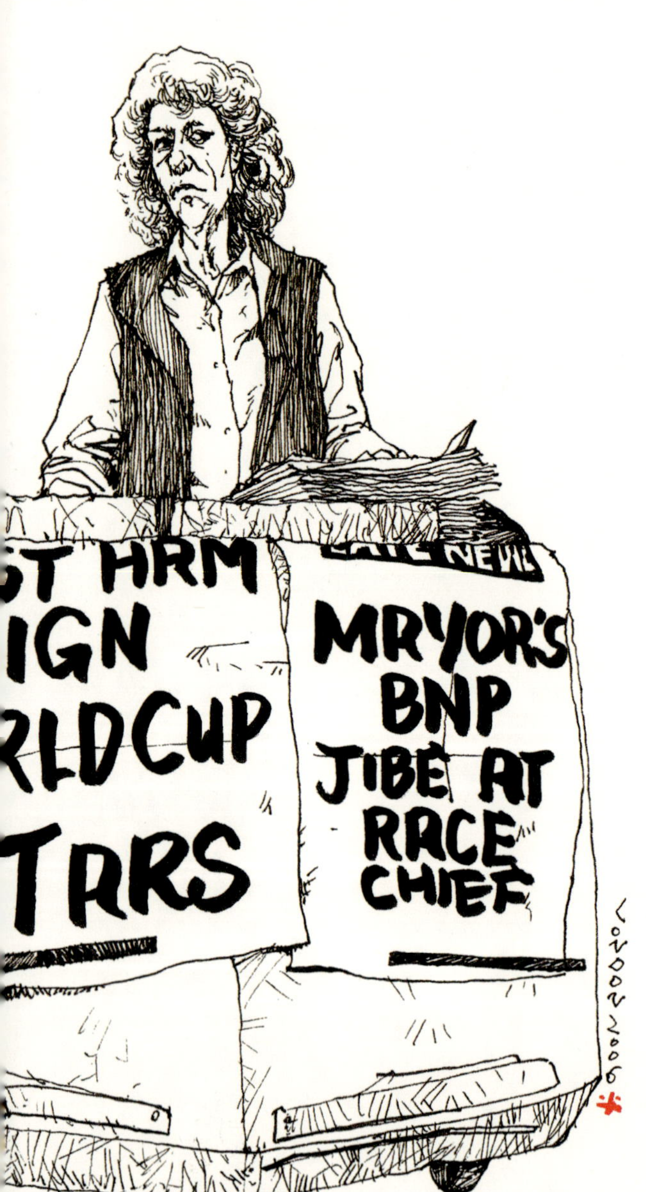
ST HRM
IGN
RLD CUP
TRRS
LATE NEWS
MRYOR'S
BNP
JIBE AT
RACE
CHIEF
LONDON 2006

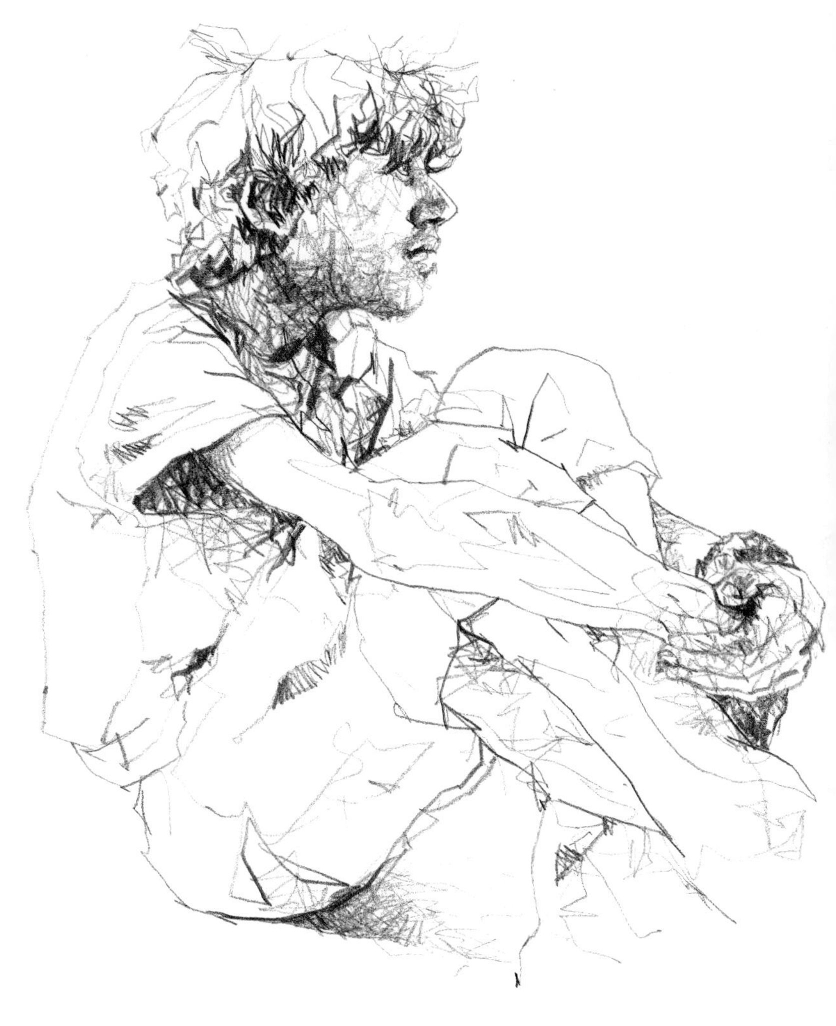

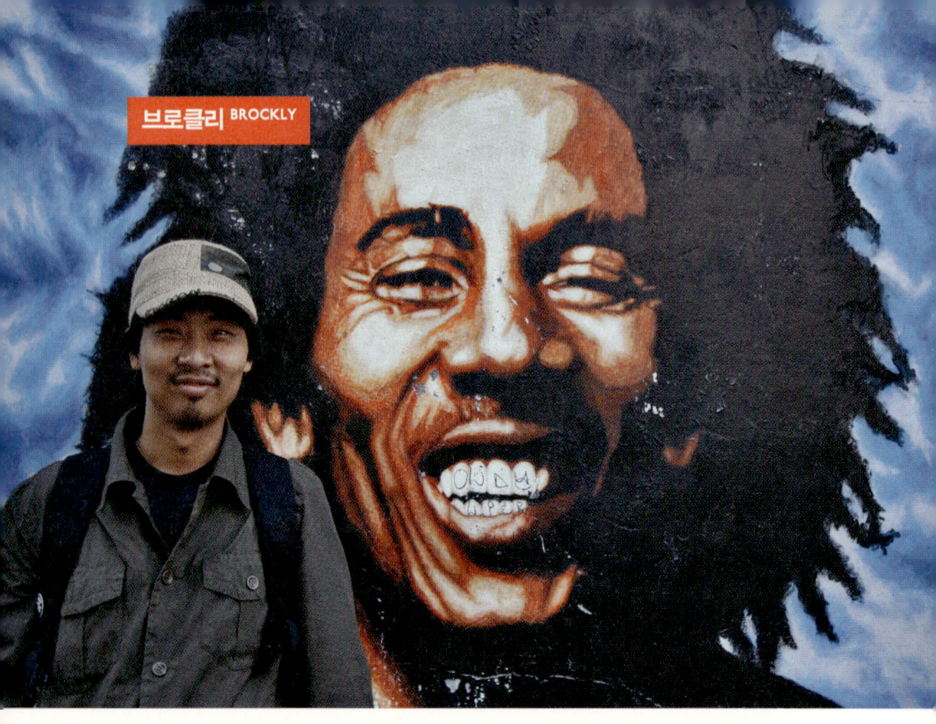

새미의 집은 런던브리지 역에서 교외선을 갈아타고 두 정거장만 더
가면 되는 브로클리라는 지역에 있다. 그곳으로 가는 열차 안은 거의
흑인들로 가득 차 있다. 런던의 시내를 제외한다면 런던의 어느 지역
을 가도 피부색으로 사람을 구별하는 것은 의미가 없다. 흑인도 영국
인이고 황색인도 영국인이다.

브로클리 거리는 곳곳이 그라피티로 요란하게 장식되어 있고, 지나
가는 차들이 들썩거리며 울리는 우퍼 소리로 신명이 넘친다. 흑인들
은 어느 곳에서나 그들 특유의 인사를 스스럼없이 건네는데, 신기한
것은 흑인들은 동네의 모든 흑인들과 인사를 한다는 것이다. 클랙슨
을 울리면서 인사하는 것도 예사다. 모두가 친구인 모양이다.

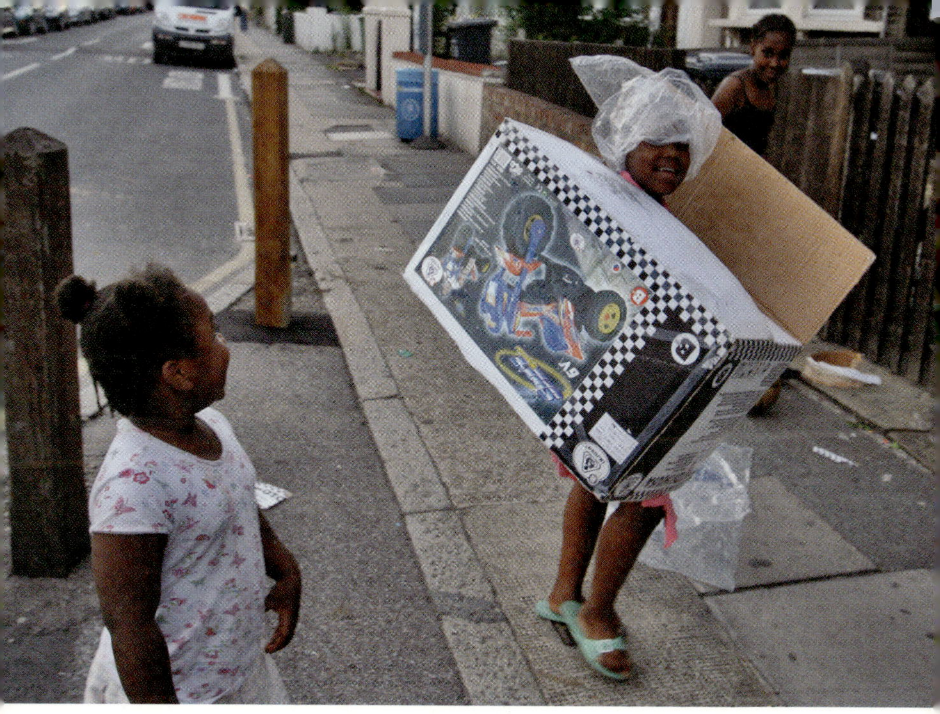

브로클리 역 바로 앞에 있는 카센터는 역과 가까워 매일 스쳐 지나는 곳인데 세차장의 뒷담 벽에 그려진 그라피티가 브로클리에 대한 첫인상으로 남았다.

그리고 역에서 새미의 집으로 들어서는 터널을 지나면 개구쟁이 미녀 삼총사를 만날 수 있다. 내가 이곳을 지날 때마다 만나곤 했던 꼬마들이다.

브로클리가 특별할 건 없지만, 영국 YBA들의 본거지라 할 골드스미스 칼리지가 근처에 있다. 멀리서 보이는 골드스미스 칼리지는 최근에 건물을 리노베이션했다. 학생들이 만든 것인지 현란한 금속조각이 옥상 위에 우뚝 솟아, 그곳이 골드스미스 칼리지임을 확인시켜준다.

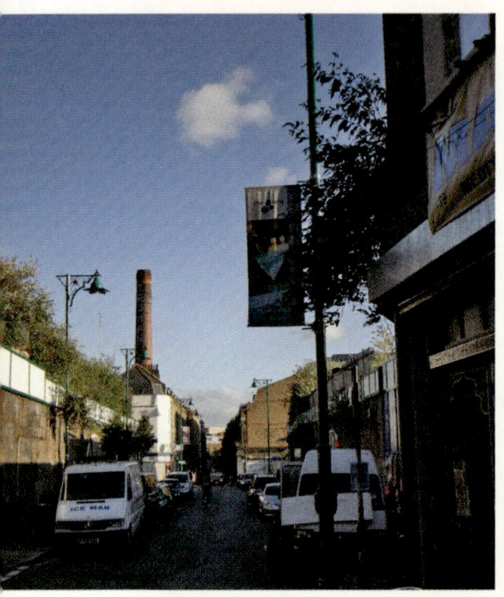

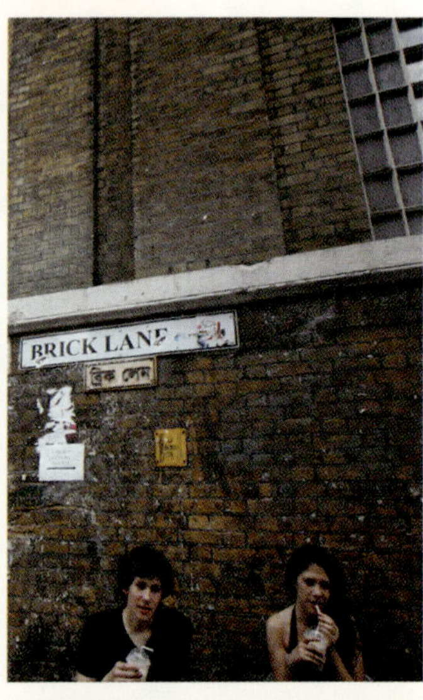
BRICK LANE

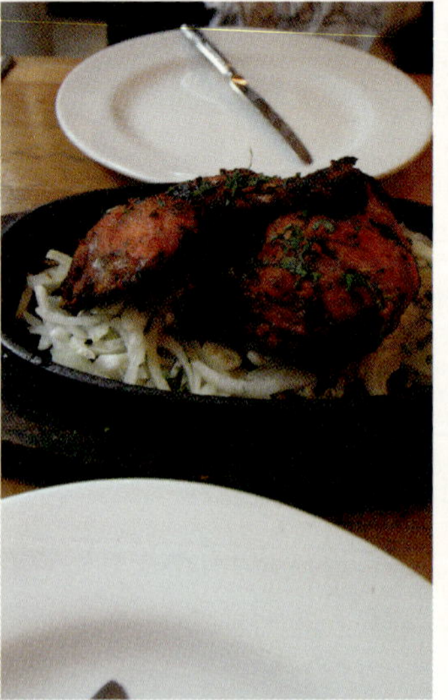

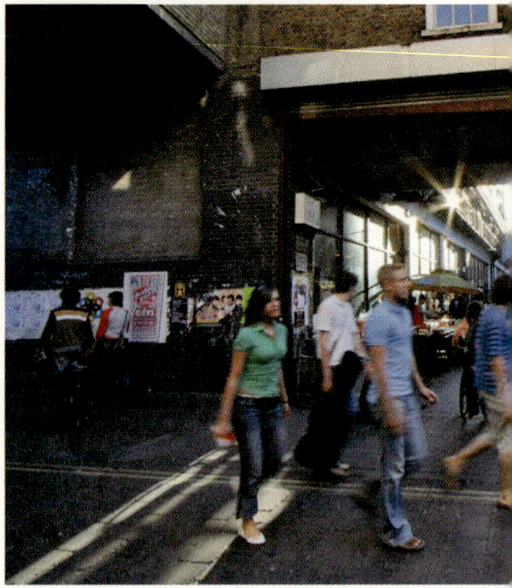

멀리서부터 카레 냄새가 풍기는 런던의 이스트앤드 지역인 이곳 방글라데시타운은 올드 트루먼 맥주공장Old Truman Brewery의 굴뚝을 중심으로 형성되어 있다.

이곳의 랜드 마크라 할 수 있는 이 맥주공장은 천 명 이상의 직원들이 일하던 런던의 가장 큰 맥주공장이었다. 그러나 지금은 본래의 모습을 전혀 찾아볼 수 없다. 이곳은 이미 아트갤러리와 대안 공간 그리고 주민들을 위한 공공 공간으로 변신했다.

브릭레인은 런던으로 이민 온 방글라데시 같은 식민지 이주민들의 음식점으로 유명한 지역이다. 카레 가게들은 가격이 저렴하고 맛있어서 인기가 많지만, 동네 입구에서부터 호객꾼들이 몰려들기 때문에 때 아닌 스트레스를 받을 수도 있다. 나 역시도 어찌나 스트레스를 받았던지, 여차하면 한 대 때려주고 싶은 심정이었다.

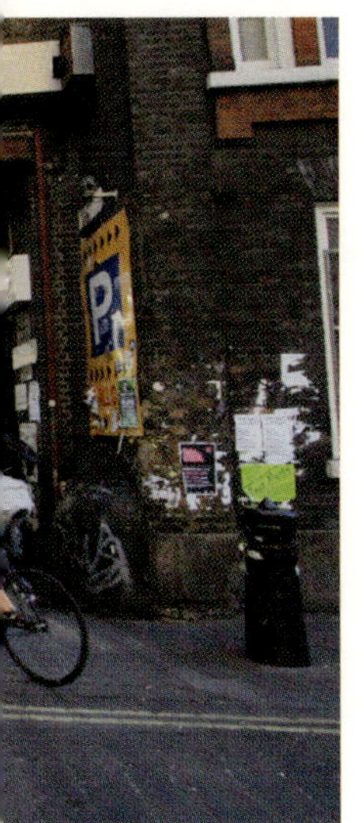

그러나 브릭레인은 1990년대 후반 브릭레인 103번지에 둥지를 튼 레이든 쇼룸The Laden Showroom을 선두로 빈티지 패션계의 대표 지역으로 변신하기 시작했다. 특히 런던 패션위크London Fashion Week에 이곳 디자이너들이 초대된 이후에는 패션과 아트의 거리로 명성을 쌓았다.

소수인종들이 주로 거주하는 소외된 공장지대가 예술과 패션의 거리로 변모하는 과정을 그대로 보여주고 있는 이곳은 아직도 복합적인 문화를 다양하게 맛볼 수 있어 많은 관광객들의 관심을 끈다.

어찌 생각해보면 이곳은 신생 거리이며, 그 역사는 겨우 십여 년밖에 안 된 곳이라고 할 수 있다. 그런 곳이 세계적인 주목을 받는 곳으로 성장했다는 건 시사하는 바가 크다. 문화산업은 상품을 만들어서 수출하거나 농사를 짓는 일과는 전혀 다른 차원의 이야기다. 소외된 제3세계 인종들이 모여 사는 쇠락한 공단지역을 부흥시킨 이들은 바로 신세대 아티스트들이다. 계획에도 없던 새로운 도시가 이들 아티스트들의 영혼에서부터 탄생한 것이다.

우리나라처럼 신도시라고 하면 대형 아파트를 줄줄이 짓고 대규모 상가만 들어서면 된다고 생각하는 것과는 전혀 다른 발상이다. 이제 우리나라에서도 허물어져 재개발 대상이 되고 있는 지역을 아티스트들을 위한 공간으로 제공해주면 어떨까?

아티스트들의 창의력으로 새롭게 탄생할 그곳은 아마 유례가 없는 특별한 공간으로 각광받을지도 모른다. 관광객들이 모여들고 누구나 한번 와보고 싶어 한다면, 그곳의 가치는 백 배 더 상승하지 않을

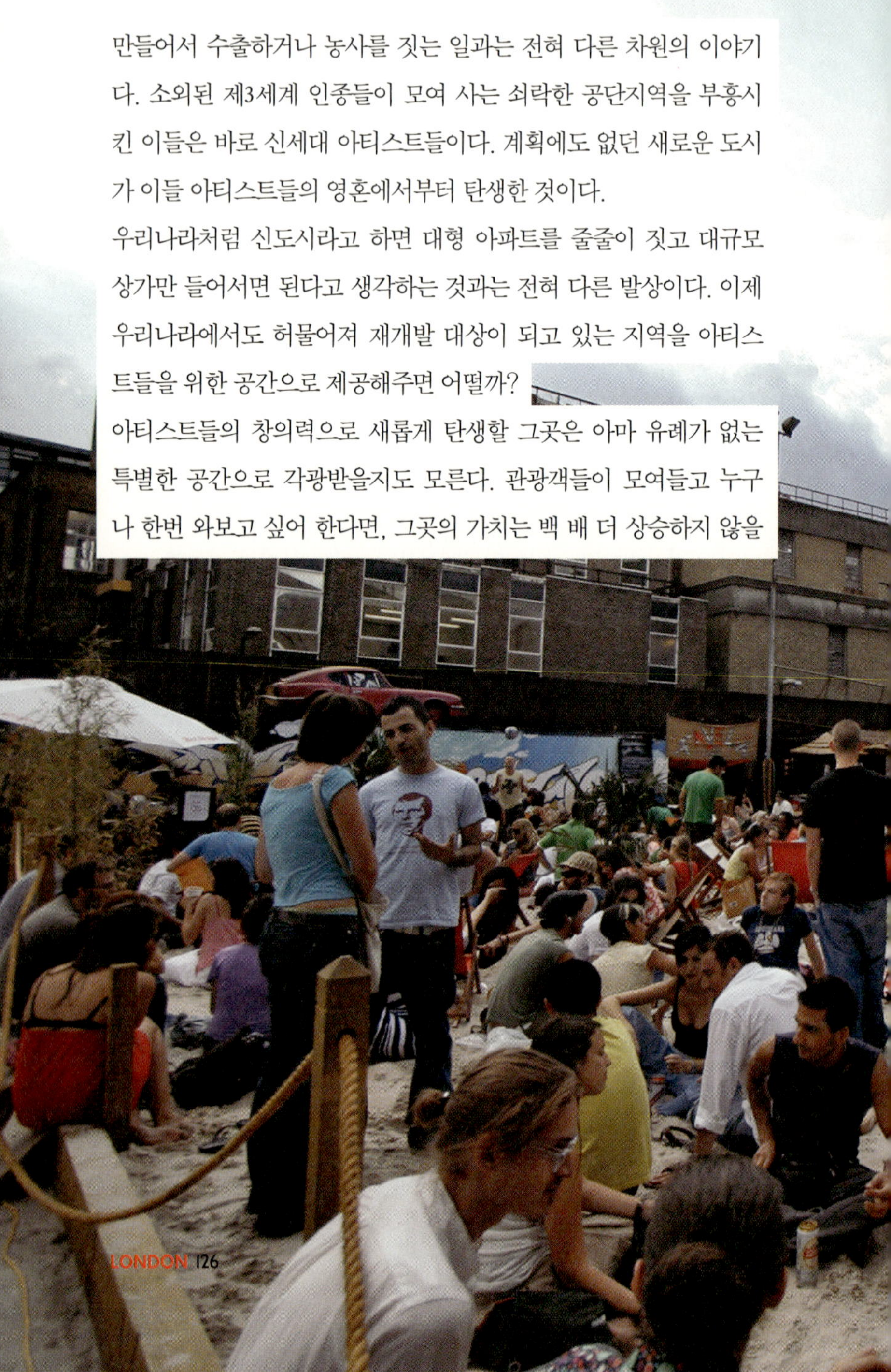

까? 아마 대형 아파트만 줄지어 있는 것보다는 훨씬 신선한 충격을 던져줄 것이다.

단순하게 시작할 수 있는 일은 아니지만, 이것도 뉴타운을 위한 하나의 제안이 될 수 있을 것이다. 도시환경을 위해서라도 우리에겐 새로운 문화적 대안이 필요하다.

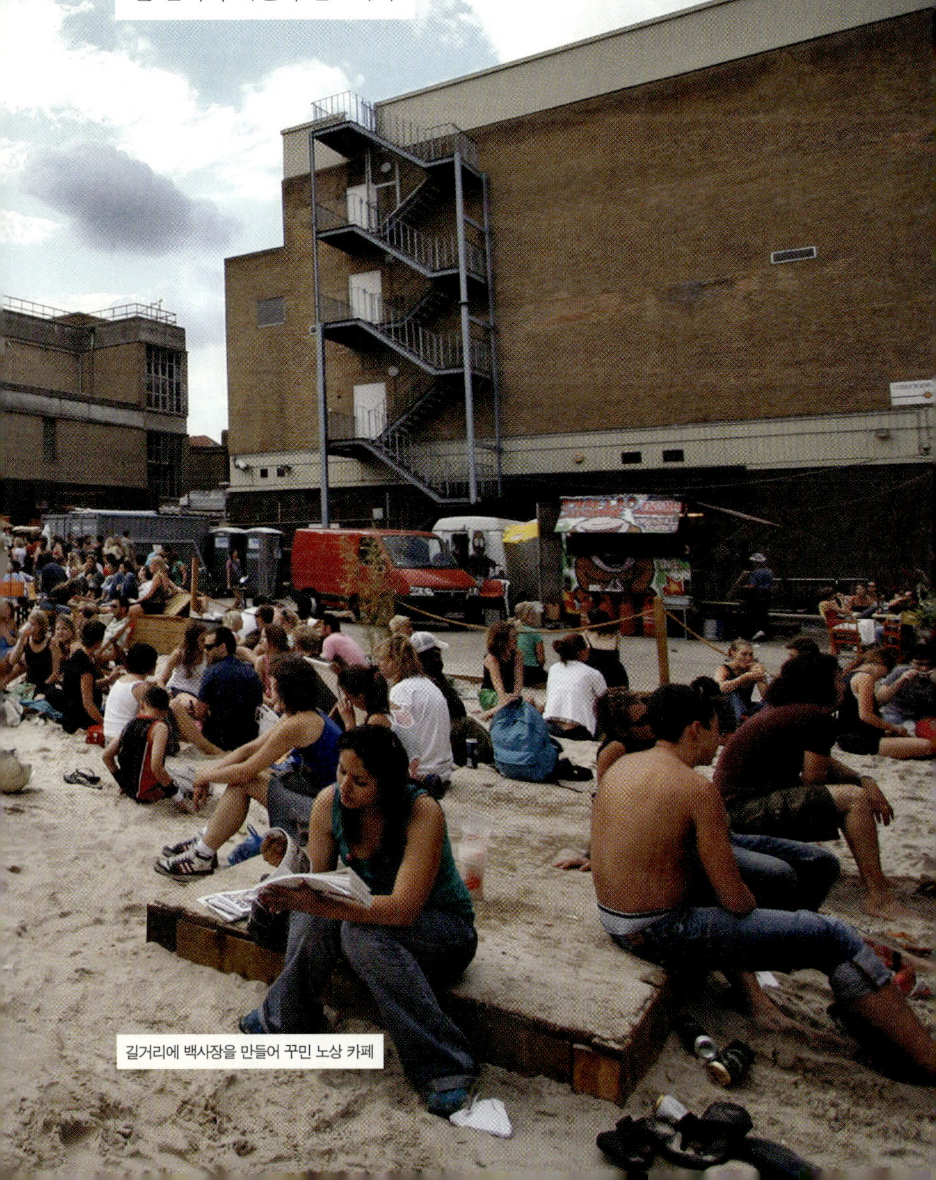

길거리에 백사장을 만들어 꾸민 노상 카페

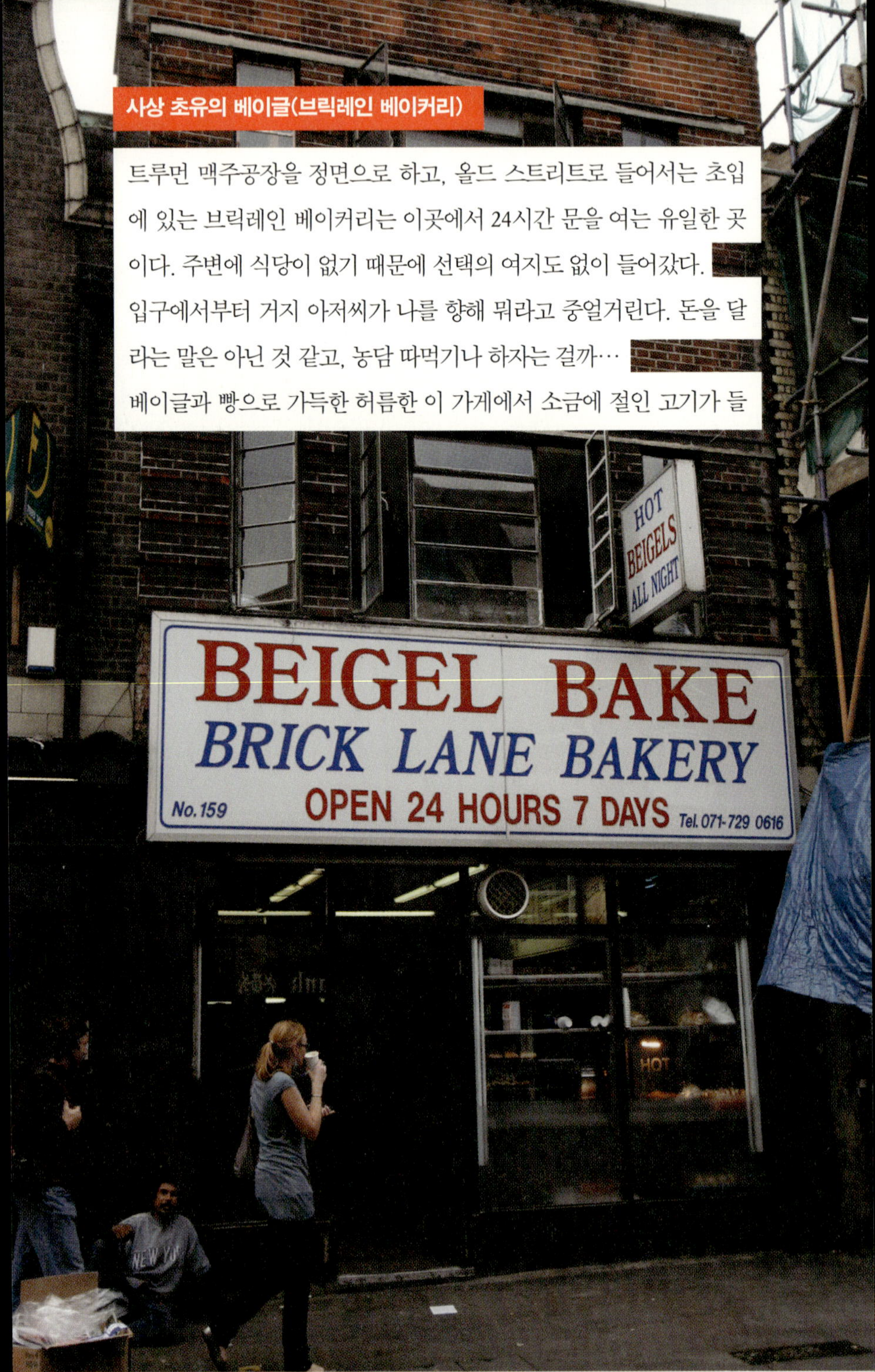

사상 초유의 베이글(브릭레인 베이커리)

트루먼 맥주공장을 정면으로 하고, 올드 스트리트로 들어서는 초입에 있는 브릭레인 베이커리는 이곳에서 24시간 문을 여는 유일한 곳이다. 주변에 식당이 없기 때문에 선택의 여지도 없이 들어갔다.

입구에서부터 거지 아저씨가 나를 향해 뭐라고 중얼거린다. 돈을 달라는 말은 아닌 것 같고, 농담 따먹기나 하자는 걸까…

베이글과 빵으로 가득한 허름한 이 가게에서 소금에 절인 고기가 들

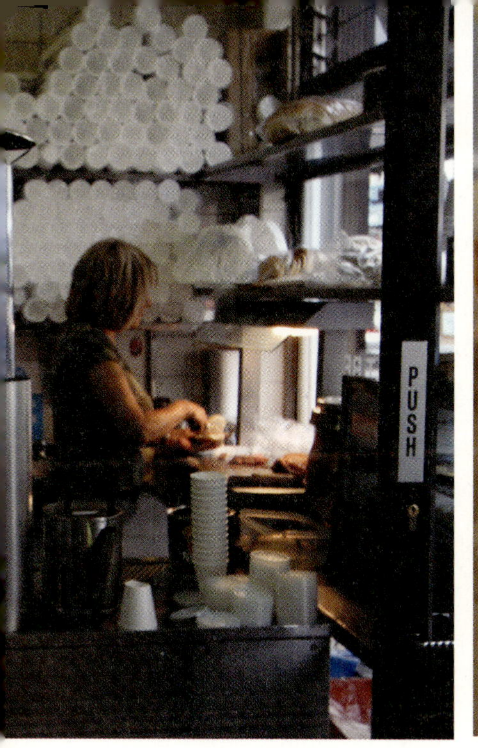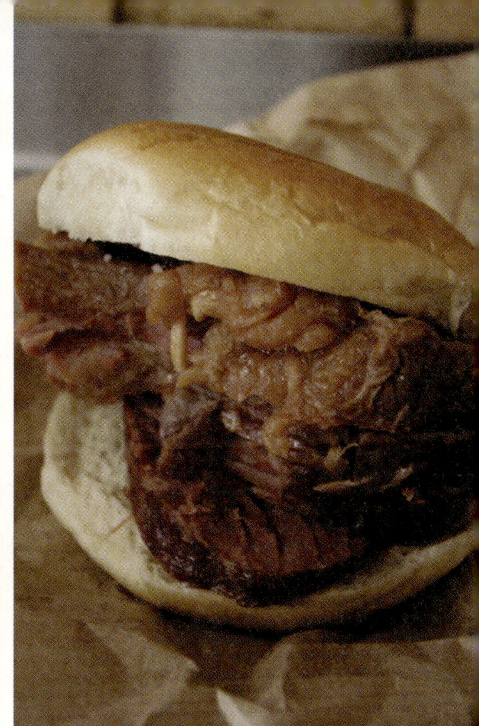

어간 베이글을 주문했다. 손님이 너무 많아 귀찮다는 듯 종업원은 고기를 슬근슬근 잘라 베이글에 집어넣더니 "머스터드?" 하고 외친다. 머스터드를 넣을 거냐 말 거냐를 묻는 거다. 귀찮긴 꽤 귀찮은 모양이다. 하지만 불친절한 식당이 맛있다고 하지 않던가.

대충 커피와 함께 2파운드 50페니짜리 베이글을 받아들고 한 입 베어 먹었다. 그런데 이 환상적인 맛은 도대체 뭐란 말인가?

나는 이곳을 떠나기 전까지 매일 여길 오리라 다짐했다. 태어나서 이렇게 맛있는 베이글과 고기는 먹어본 적이 없다.

가게를 나서는데 내 앞의 손님이 웃으면서 커피를 한 잔 거지에게 건네준다. 유쾌해 보였다.

템스 강가에 가로등이 솟아 있는 난간 부분에는 'This is not a photo opportunity'(사진 찍을 때가 아니다)라는 문구가 씌어 있다. 이것 역시 뱅크시의 스텐실 작업이다. 그가 한동안 템스 강변을 자신의 작업으로 도배했다는 사실이 실감이 났다. 하지만 그가 작업을 한 뒤로 시간이 많이 흐른 탓에, 그의 작업을 많이 볼 수 없어서 아쉬웠다.

웨스트민스터 쪽으로 향하던 나는 발바닥 밑에 길게 늘어선 하얀 페인트 자국을 발견했다. 이것은 워털루 역의 지하터널에서 발견했던 원숭이의 폭파 스위치에서부터 시작하는 뱅크시의 거리 전시회 안내선이다. 이 하얀 거리 안내선은 지워지지만 않았다면 폭파 스위치에서 경찰 아저씨가 흡입하는 코카인이 되어 그의 코와 온몸을 꿰뚫고 이곳 템스 강가의 내 발밑까지 도달했을 것이다.

고개를 들어 앞을 보니 이미 웨스트민스터 다리 너머로 이 페인트는 끝없이 이어져 어디론가 향하고 있었다.

놀라운 힘이 나를 이끌었다. 나는 정신없이 땅만 쳐다보며 하얀 페인트, 아니 코카인 같은 그 하얀 분말을 따라가기 시작했다. 또 다시 터널을 지나고 나서도 한참을 걸었다. 끝나지 않는 페인트 자국!

어떤 작업이 나를 놀라게 할 것인가? 기대감으로 가슴이 벅찼다.

마음 한편으로는 페인트 자국이 너무 빨리 끝나지 않기를 빌기도 했다. 몇 분을 더 걷다 도달한 곳에는 두 마리의 쥐가 나를 맞이했다. 내가 만난 그의 세 번째 작품이다.

내가 그의 세 번째 스텐실 작품 앞에 섰을 때는 해가 뉘엿뉘엿 웨스트민스터 사원 뒤로 지고 있고, 웨스트민스터 사원이 뱅크시의 쥐 그

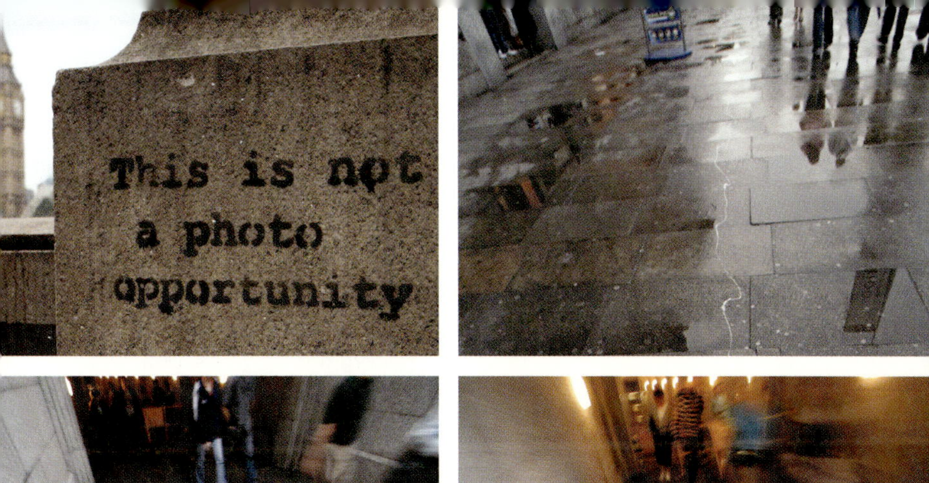
This is not
a photo
opportunity

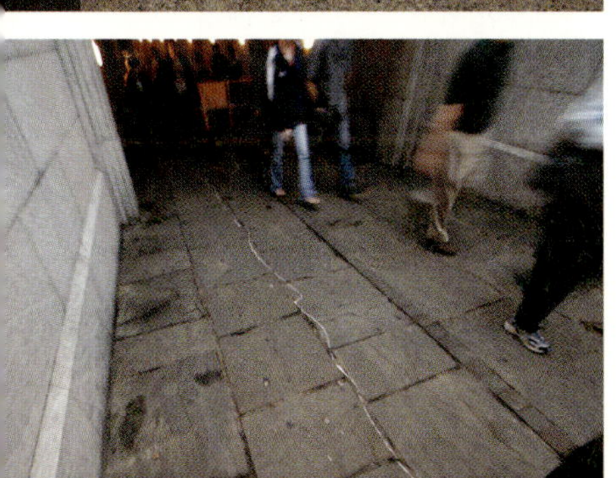
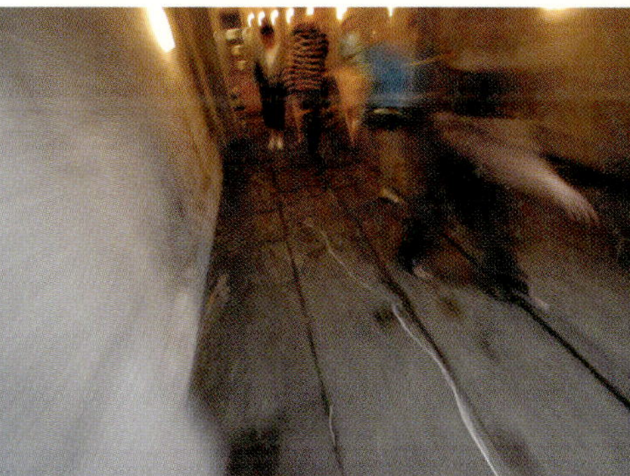
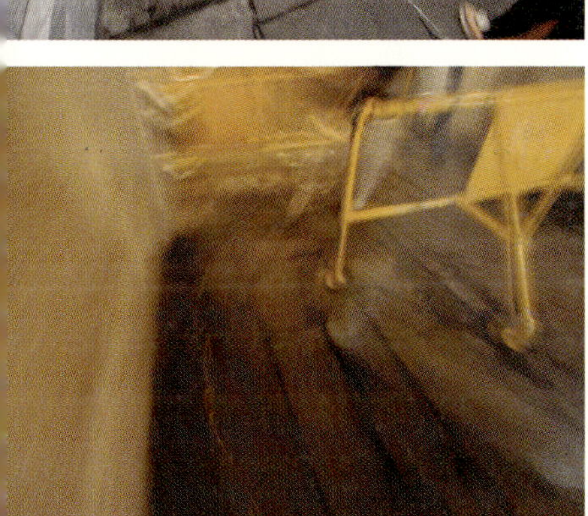
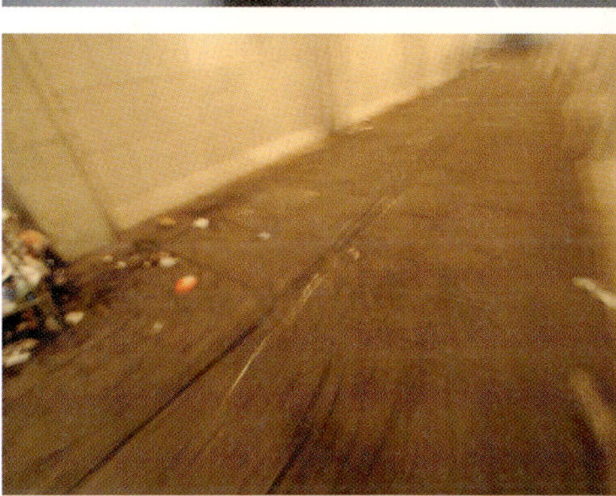
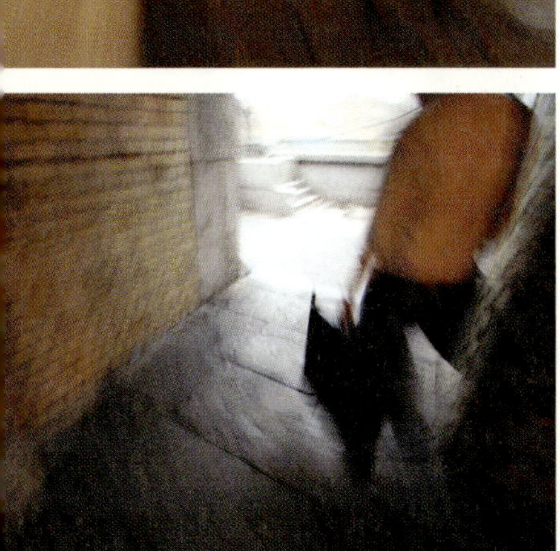
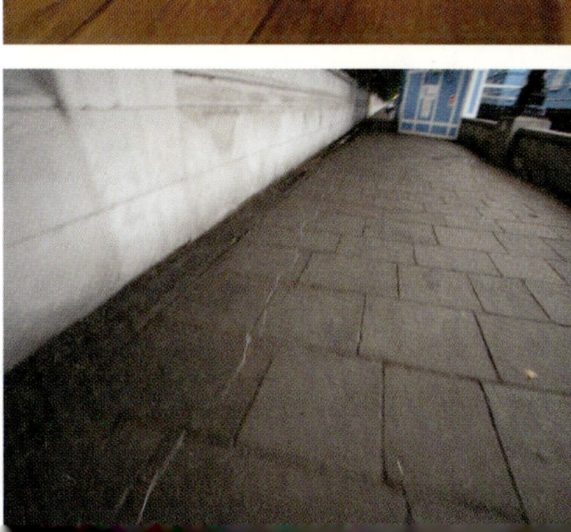

림 너머로 바라보였다.

크게 한숨을 한 번 쉬고 크지 않은 그의 흑백 스텐실 쥐를 바라보았다.

'이럴 수가…'

이 좁은 구석에 뭔가 작당을 하고 있는 두 마리 쥐새끼. 한 마리의 등에는 박격포가 들려 있고, 또 다른 한 마리의 손에는 포탄이 들려 있다. 그들 뒤에는 국회의사당이 있으며, 국회의사당의 맞은편에는 웨스트민스터 사원이 있다.

감탄사가 절로 나왔다. 입이 딱 벌어졌다. 뱅크시의 쥐새끼 두 마리가 이 웨스트민스터 사원을 날려버리려 하고 있는 것이다. 유머러스하고 냉소적인 그의 스텐실 작품은 단지 예술 행위에 머무는 것이 아니라 사회적 상상력의 힘을 보여주는 듯했다. 웨스트민스터 사원을 날려 보내는 폭탄처럼 그는 내가 지금까지 생각해오고 봐왔던 아트에 대한 관념들을 무참히 날려버렸다.

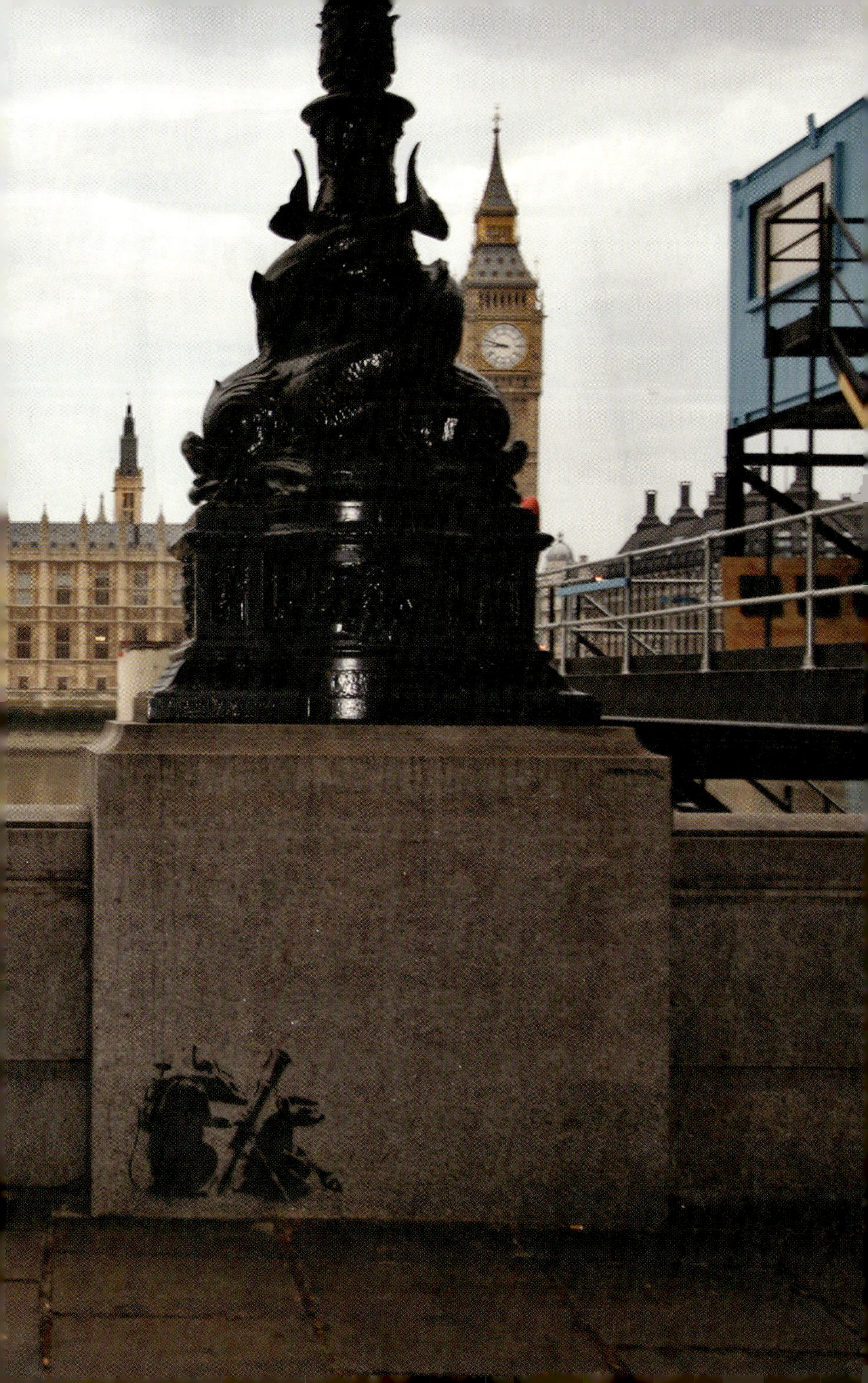

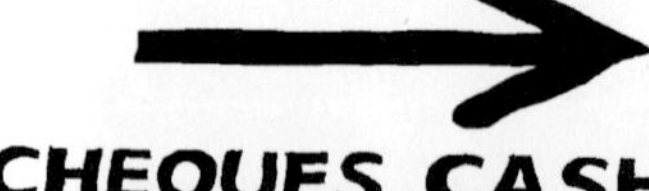
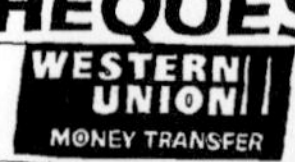
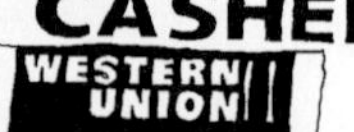
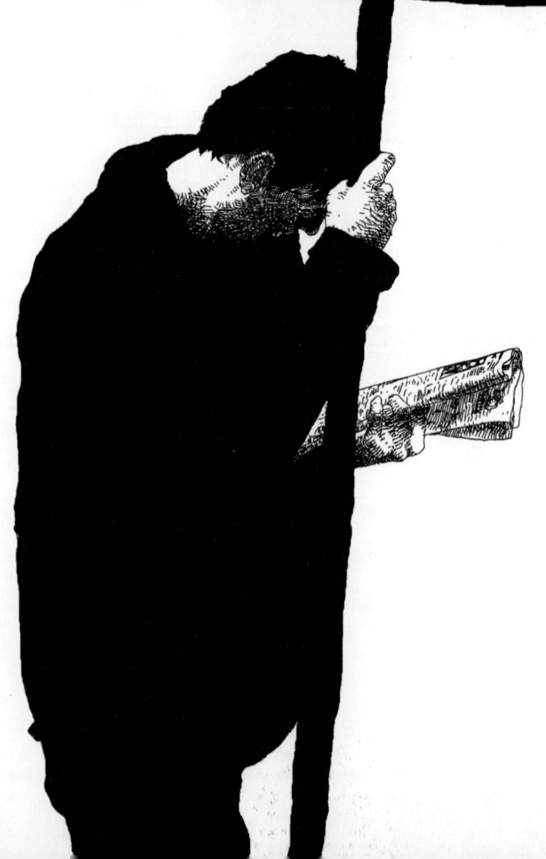

BUREAU
DE
CHANGE
→
CHEQUES CASHED
WESTERN UNION
MONEY TRANSFER
WESTERN UNION

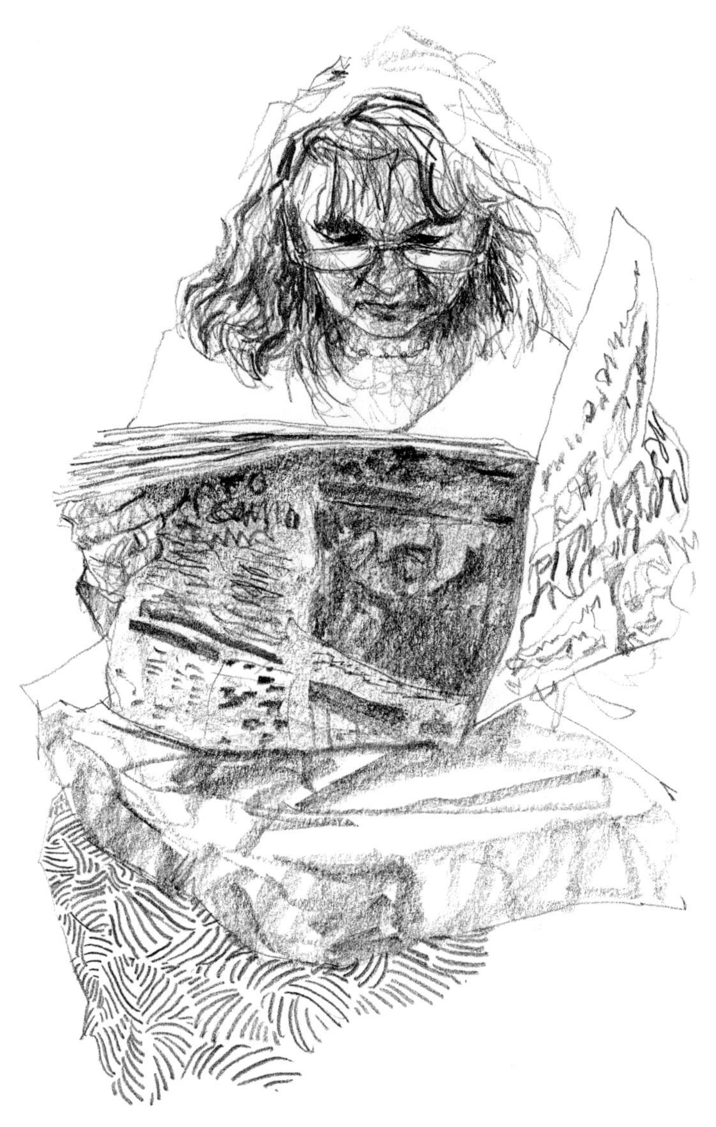

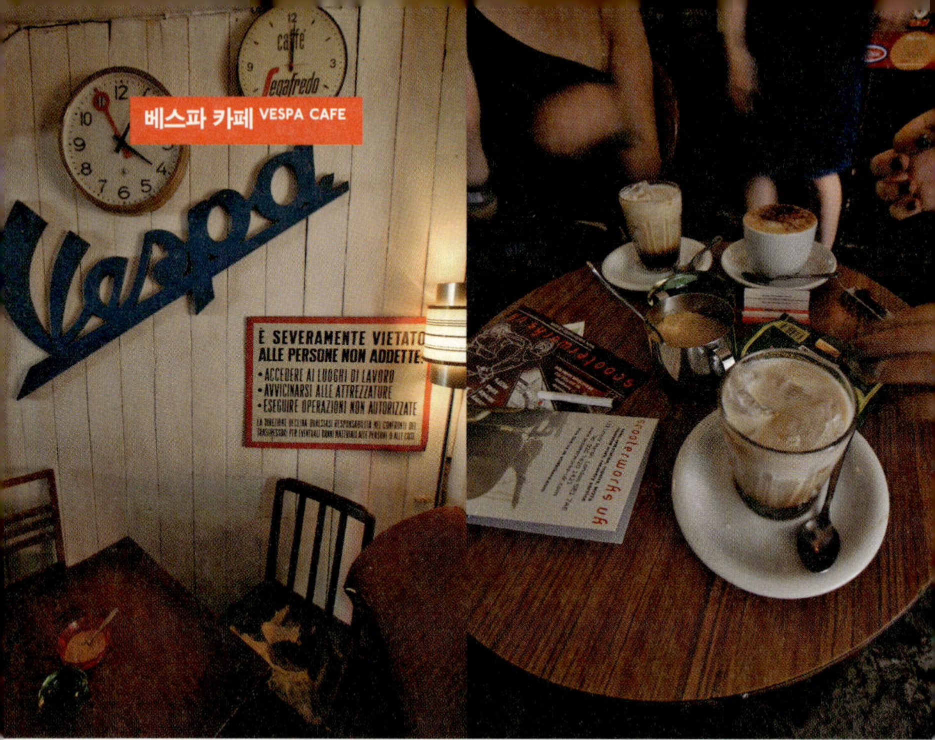

뱅크시의 작품을 구경하고 나서 다시 워털루 역으로 돌아오다가 옆 골목에 있는 시장으로 들어섰다. 유명하진 않지만 대단히 서민적인 이 골목에는 베스파라는 카페가 있다.

카페 앞 도로에는 구식 스쿠터들이 즐비했다. 허름한 카페에 들어서니 마치 오래된 오토바이 창고에 들어서는 기분이었다. 모든 것이 베스파와 관련된 액세서리와 디자인들이었다.

한구석에서는 베스파 스쿠터의 부속품들을 팔고 있고, 베스파 동호회의 모임을 알리는 광고가 덕지덕지 붙어 있었다. 의자도 오래되어 낡았고, 무엇 하나 세련된 것이 없는 이곳은 그래서 편했다.

나는 워털루 역 시장통과 인연이 많은 것 같다. 1998년 런던에 처음 도착했을 때 갈 곳이 없어서 이 골목길을 배회하다가 워털루 역 벤치에서 첫날을 보냈던 기억이 떠올랐다.

커피머신이 상당히 오래된 것 같은데도 커피 맛 하나는 일품이다. 런던에서 커피 맛에 놀란 건 몬머스 카페밖에 없었는데, 이곳도 상당히 맛있다.

카페라는 공간은 정말 다양한 행위가 이루어질 수 있는 곳이다. 이 작은 공간에서도 매주 실험적인 공연과 퍼포먼스가 이어지고 있다. 과연 카페에서 불가능한 일은 무엇일까?

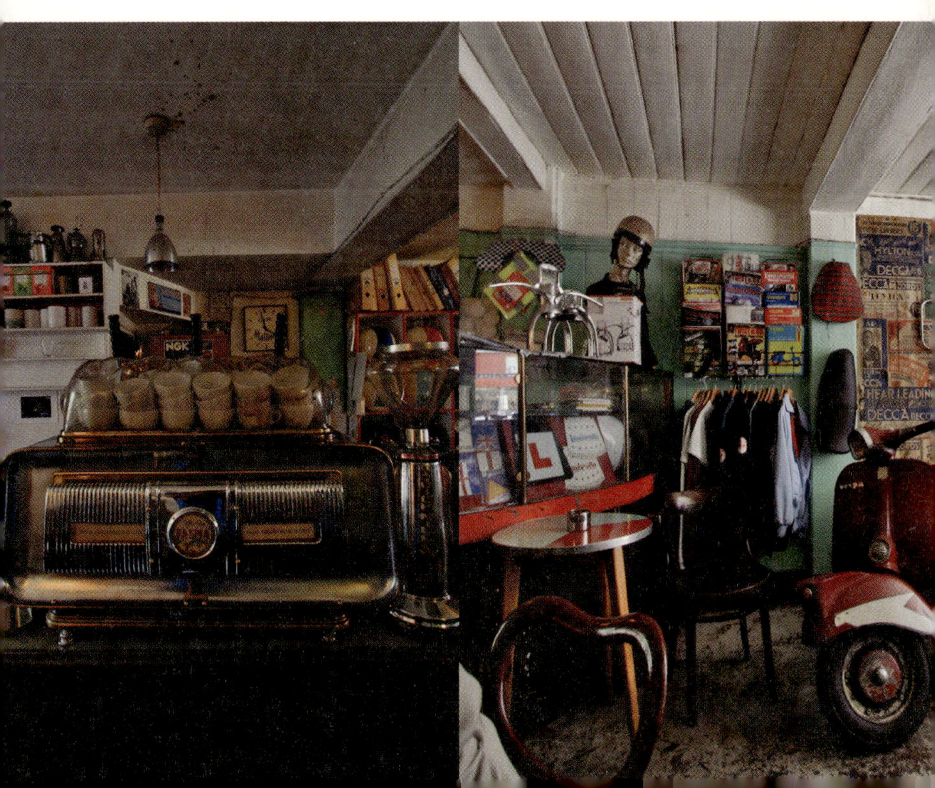

Live bands since 1960
The Clash, Blondy…

이곳에는 영국 록음악의 역사가 살아 숨 쉬고, 그들을 추종했던 젊은 세대들의 영혼도 뿌리 내리고 있다. 여기서는 주말마다 큰 장이 선다. 마치 축제와도 같이 왁자지껄한 진풍경이 벌어지는 것이다. 1960년대와 1970년대 밴드문화의 성지인 이곳이 다시 술렁이고 있다. 그들의 음악문화와 함께해온 과거가 되살아나는 느낌이다.

그러나 불안하고 미래가 없는 청춘들의 펑크문화는 이제 소프트한 팝과 쇼핑의 문화로 정착해버린 듯하다. 라이브 클럽에서는 매일매일 공연이 이어지고, 펑크의 아이콘을 패션화한 숍과 식당들이 줄지어 있다. 그리고 여기에 수많은 인파들이 모여든다. 이곳은 이제 영국의 60~70년대 청춘들의 문화를 엿볼 수 있는 향수의 거리가 되었다.

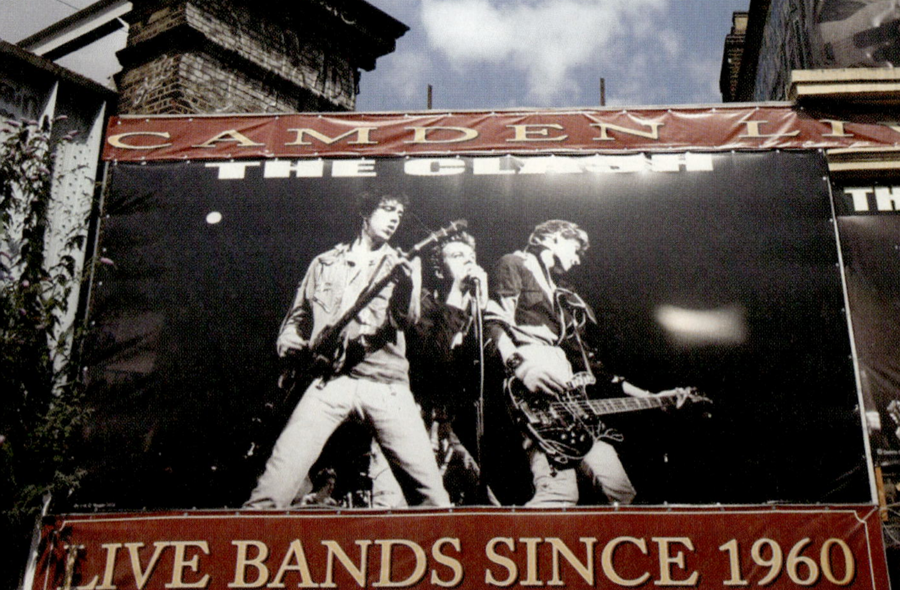

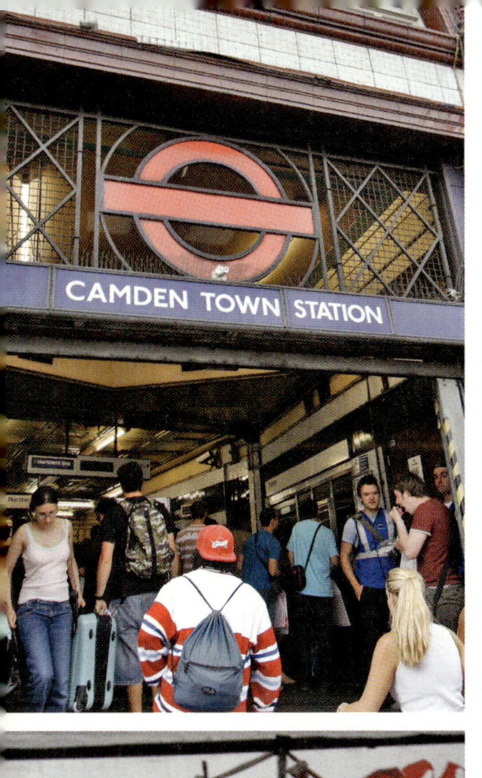
CAMDEN TOWN STATION

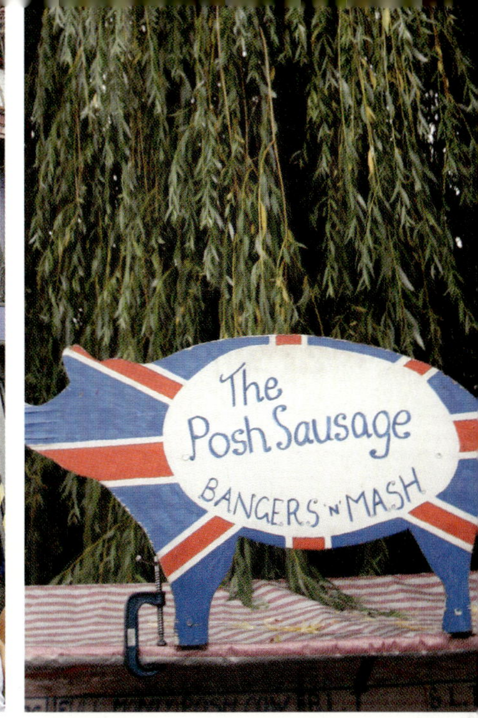
The Posh Sausage
BANGERS 'N' MASH

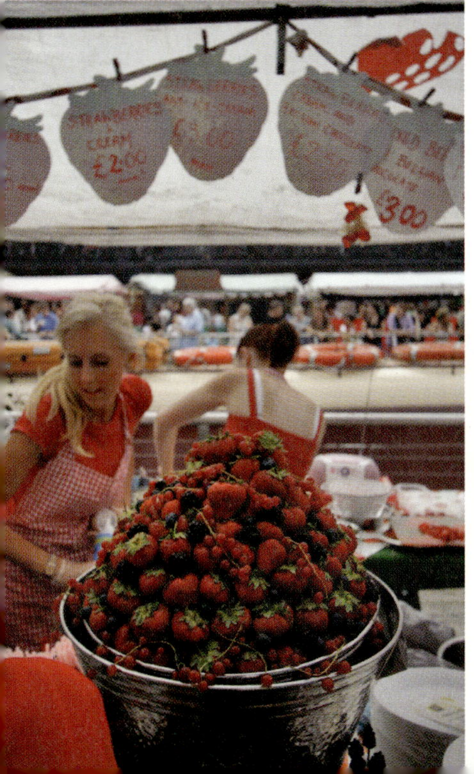
STRAWBERRIES AND CREAM
£2.00
£3.00

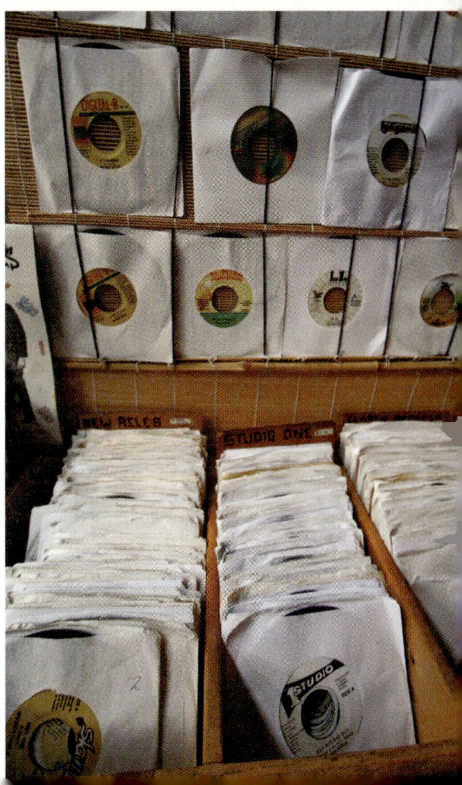
DIGITAL-B
L.I.
STUDIO ONE
STUDIO

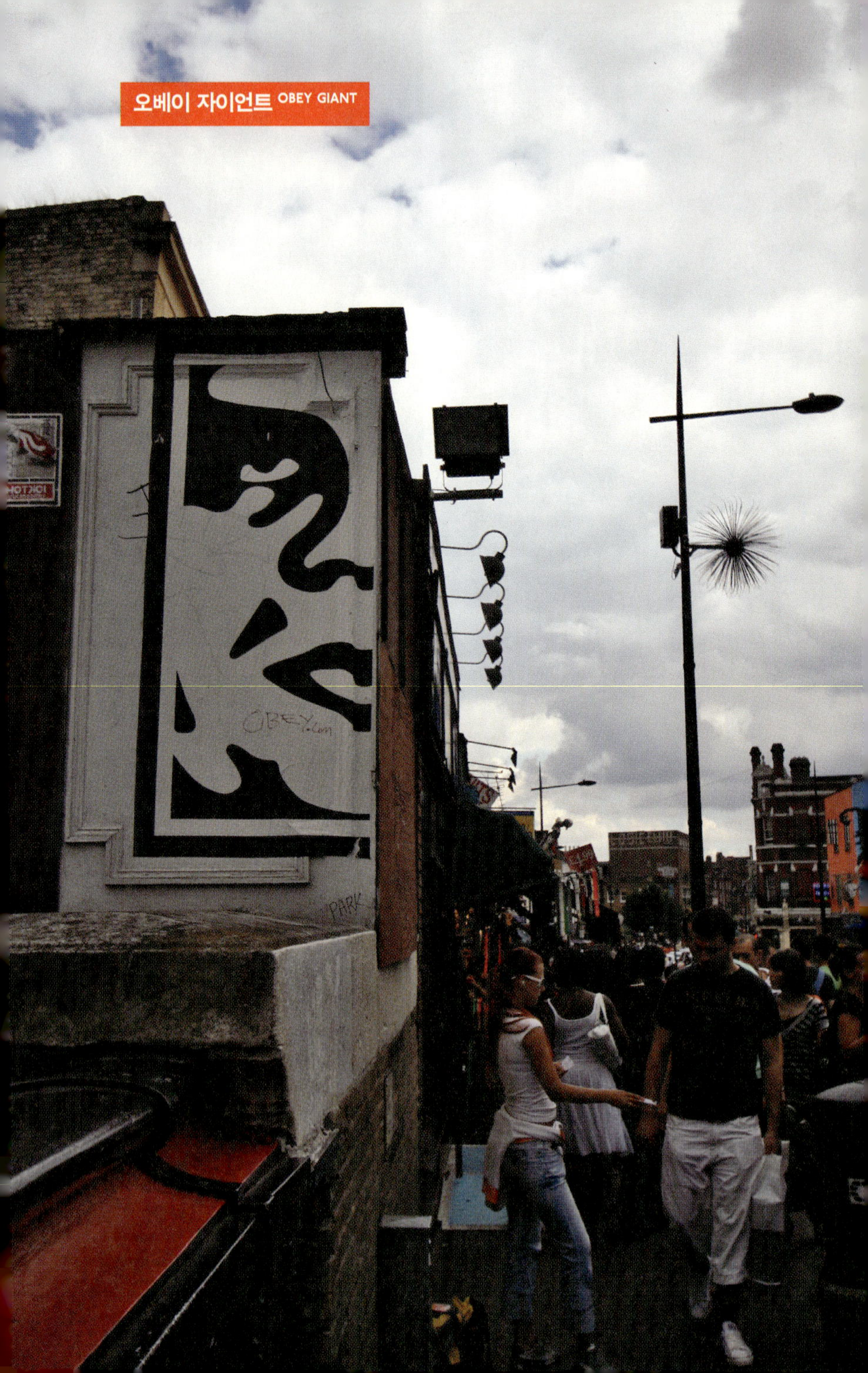
오베이 자이언트 OBEY GIANT
OBEY.com
PARK

리젠트 운하[Regent' s Canal]의 수동으로 움직이는 이중 갑문인 캠든 락[Camden Lock]에서 역 쪽으로 돌아오는 길에 눈에 띄는 뭔가가 있었다. 거리예술의 전사, 오베이 자이언트였다.

사라져버린 전설적인 레슬러의 얼굴을 아이콘화한 작품이다. 프로 레슬러 안드레 러시모프[Andre Roussimoff]의 얼굴을 스텐실한 이 거대한 얼굴은 레닌, 마오쩌둥, 호치민 등 한 시대를 풍미한 영웅 시리즈 중 하나로 유명하다.

이런 스텐실 그라피티나 거리예술은 런던보다 미국에서 더 발전한 것이 사실인데, 현재는 영국에서 뒤늦게 인기가 있는 것 같다. 마치 미국에서 선보였던 거리예술의 정수를 이곳 영국에서 제대로 보여주겠다는 듯 그 스케일도 대단하다.

거리예술은 선동적인 심벌과 슬로건 등을 벽에 스프레이로 그리는 전통적인 그라피티 작업이나 스텐실 작업에서부터 '스티커 아트슬랩 태깅'[Sticker ArtSlap Tagging]이라는 작업까지 다양하다. 특히 스티커 아트슬랩 태깅은 작가들이 손에 들고 다니며 공공장소에 붙이고 사라지기에 유용한 작업 형태다. 이 작업을 하는 작가로는 오베이 자이언트가 가장 널리 알려져 있다. 때로 오베이는 이러한 작업으로 매우 정치적이고 공격적인 메시지를 담기도 한다.

또한 거리예술의 장르 중에는 '컬처 재밍'[Culture Jamming]이라는 것이 있는데, 그건 공공장소에 붙어 있는 상업광고를 의도적으로 훼손하거나 대기업들의 이미지를 공공연하게 손상시키는 행위로 모든 매스미디어가 공격 대상에 포함된다. 이런 작업을 하는 아티스트들 중에는 이

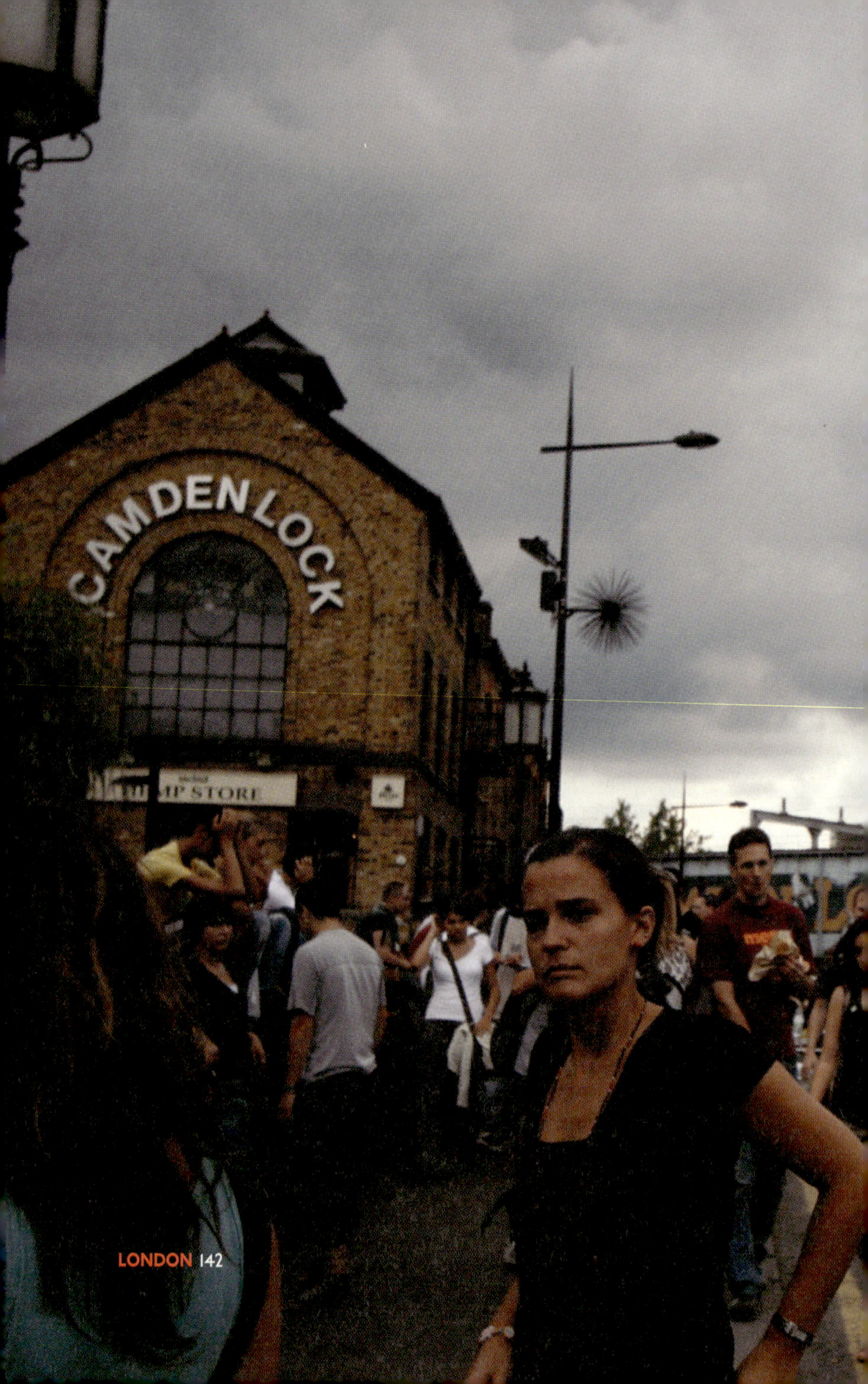
CAMDEN LOCK
IP STORE

름을 날린 유명한 아티스트는 없지만, 주로 게릴라 아티스트들에 의
해 많이 행해진다.
이러한 하위문화에서 생겨난 아트들은 이미 오래전부터 상업갤러리
로 흡수되어 상품화되기도 했고, 대중문화로 변종되기도 한다. 요즘
들어 거리예술의 다양한 형태들은 대중들에게 점점 더
각광을 받고 있는 듯하다. 또한 그들의 작업이
전통적인 런던 미술계를 자극하고 있는 것도
분명해 보인다.

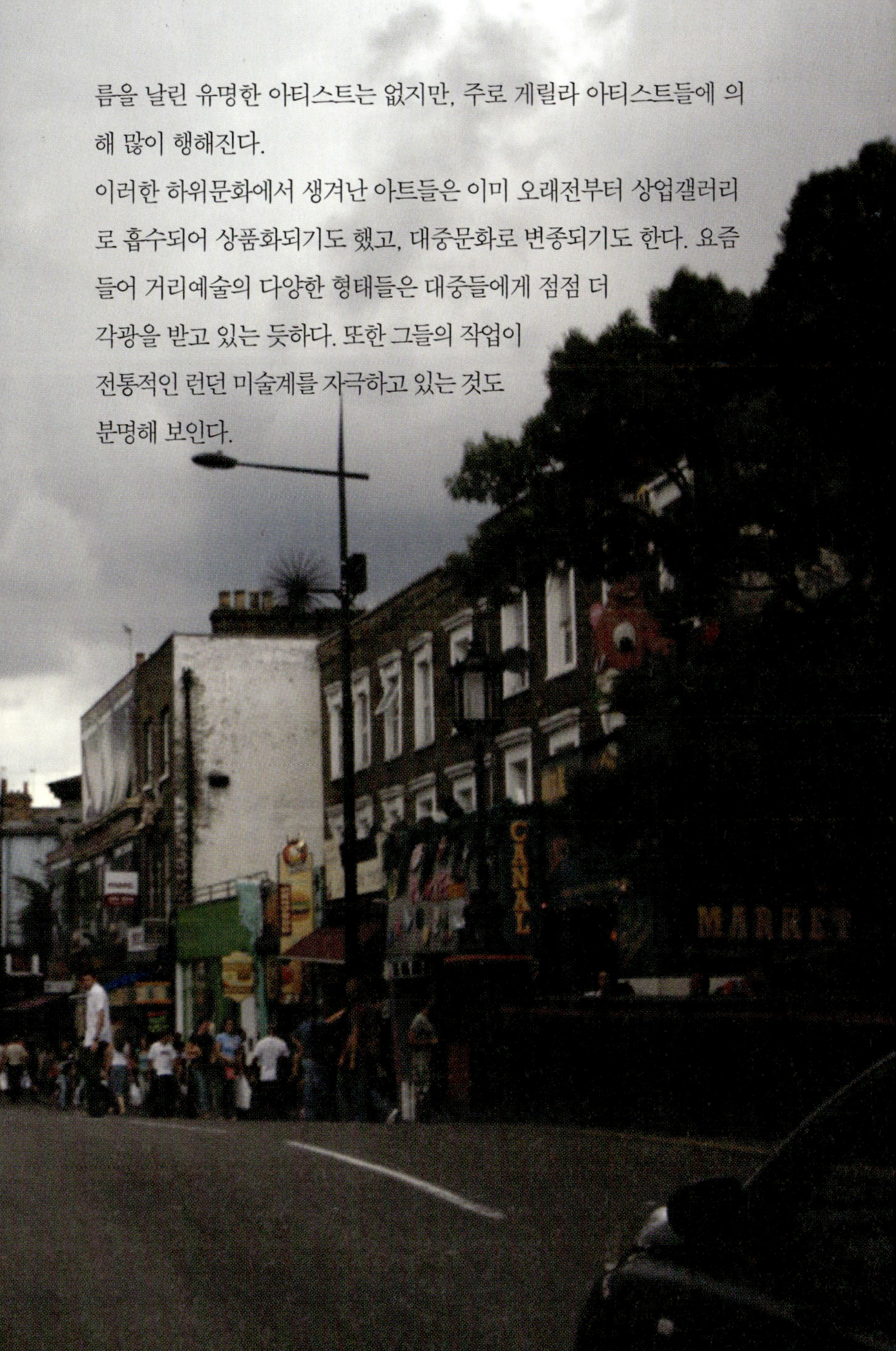

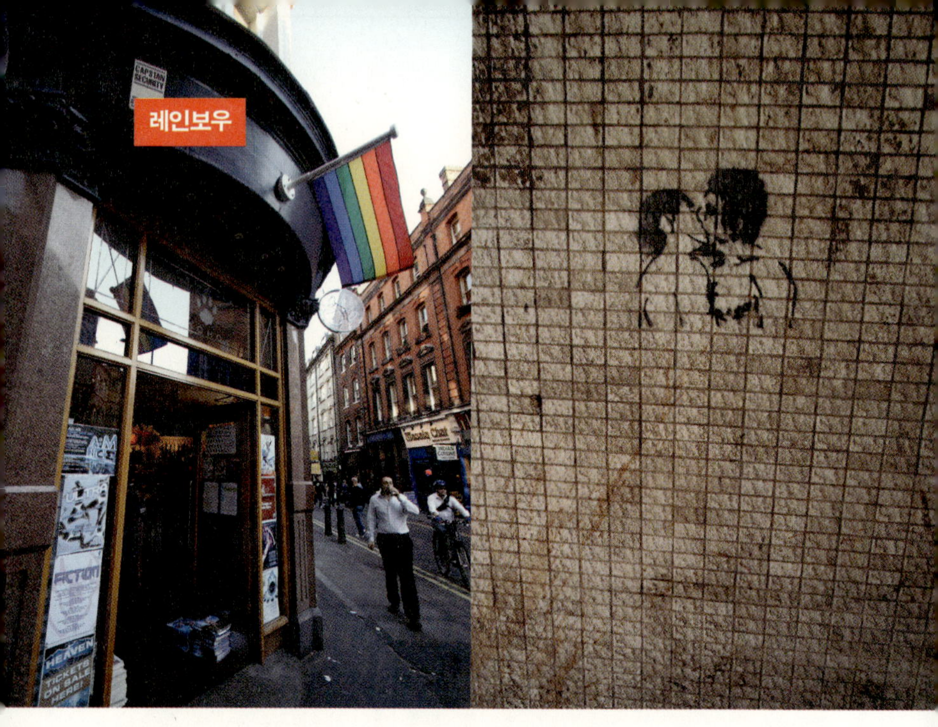

게이를 상징하는 무지개 깃발은 영국 어느 곳이든 볼 수 있다. 소호는 이미 게이들의 거리로 유명해진 지 오래이고, 맨체스터이든, 아일랜드의 더블린이든 게이들의 문화가 있는 곳이면 어디든 여지없이 무지갯빛으로 일렁거렸다.

유럽에 왜 게이들이 이렇게 많은지 그 이유는 정확히 알 수 없다. 유전자가 어떻게 변이된 것인지, 신에 대한 도전인지 난 잘 모르겠다.

평소에는 그들의 문화에 그다지 개의치 않았는데, 여행을 하는 동안 그들의 문화와 역사에 대해 조금은 관심을 가지게 되었다. 그러면서 남자들에게 열렬히 박수를 보내는 문화가 무엇일지 계

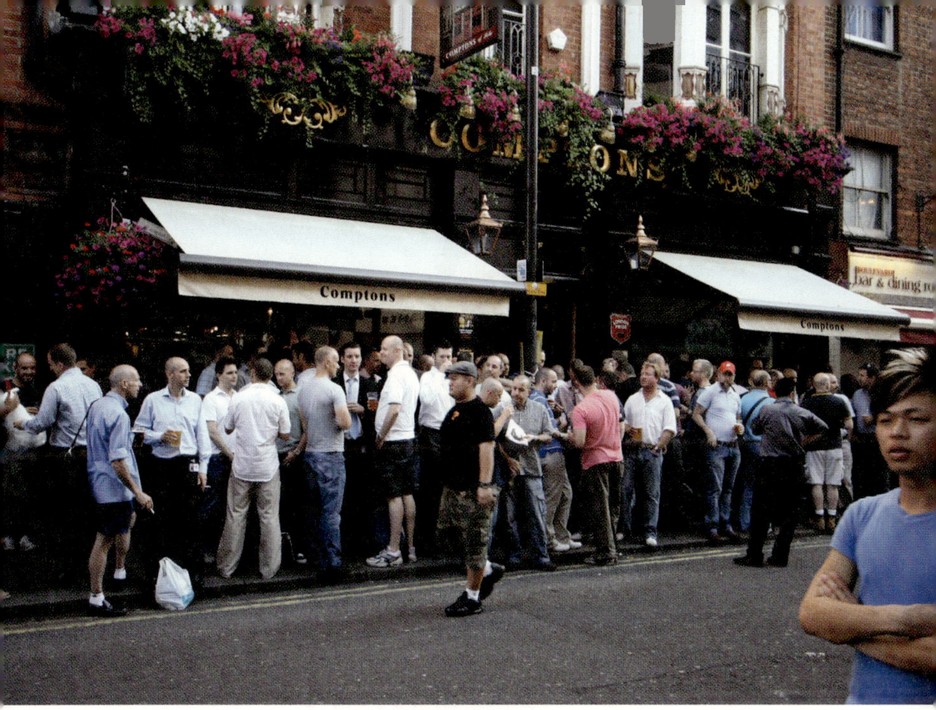

속 머릿속으로 그려보았다.

생각해보면, 축구장에서 보내는 박수도 거의 남자들에게 향해 있고, 영국이란 나라를 떠올리면 함께 생각나는 폴로라는 경기도 주로 남자들이 하고, 전통적인 사립학교의 기숙사도 남자 기숙사가 많다.

그들의 남성적인 문화 속에서 남자를 동경하는 건 어쩌면 자연스럽게 전이된 것인지도 모르겠다. 아주 오래전부터 말이다.

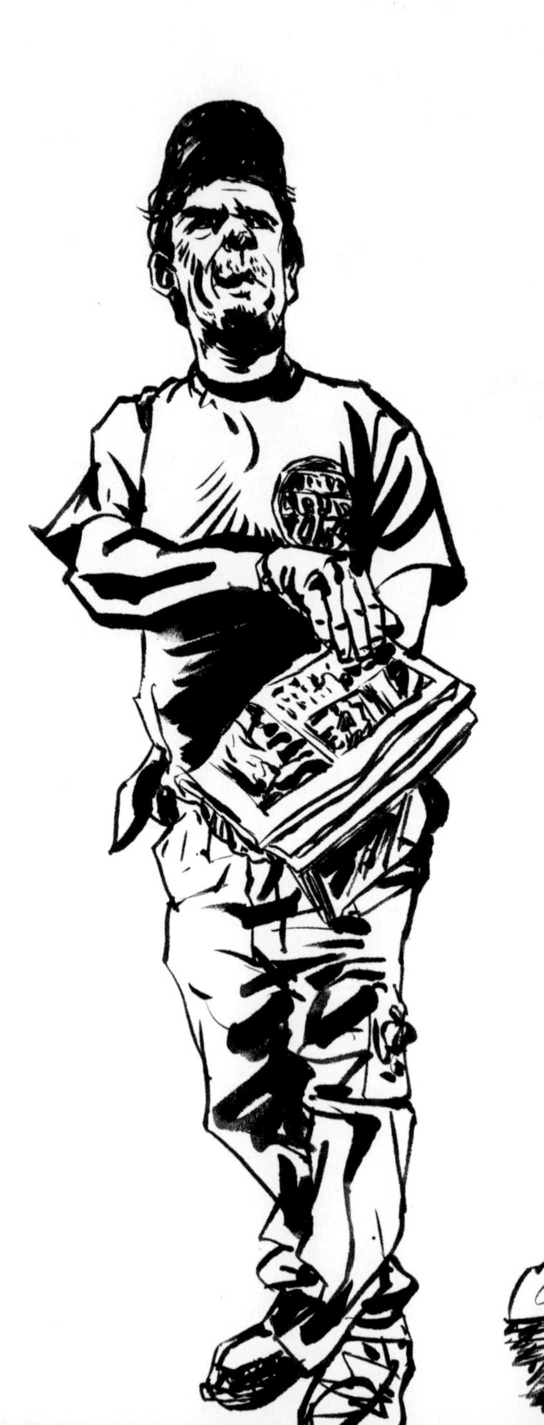

Courage under fi[re]

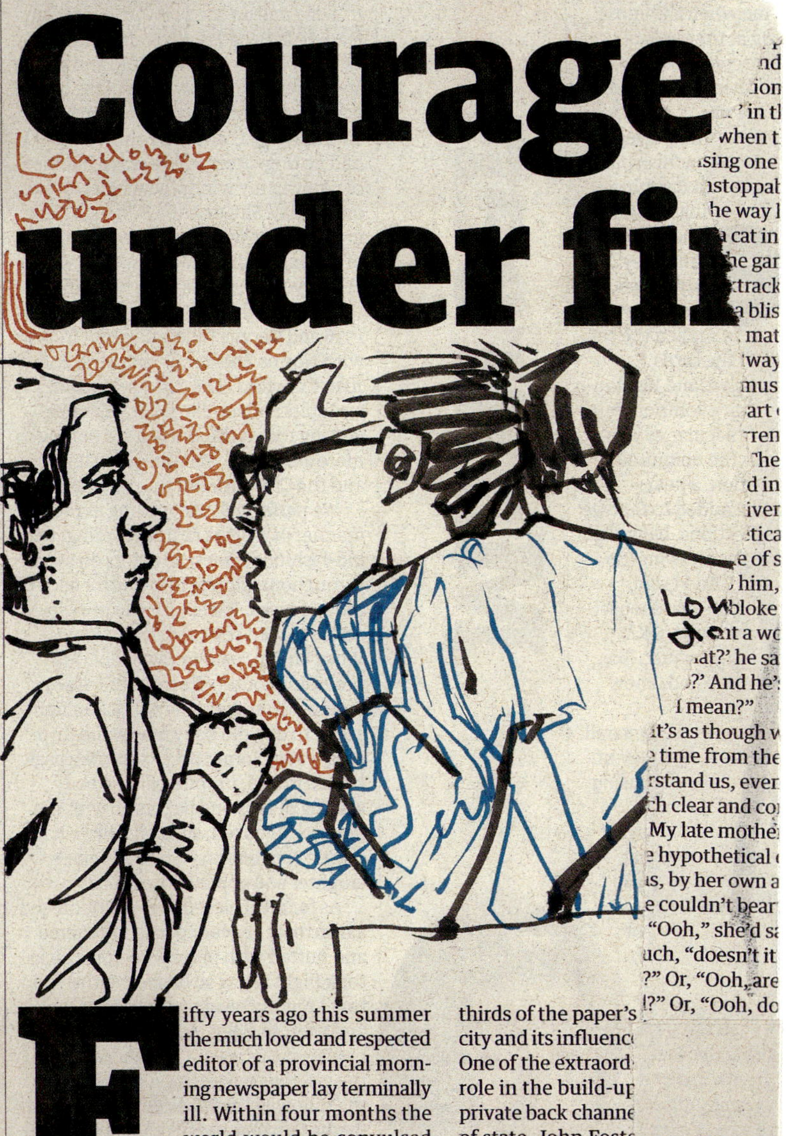

Fifty years ago this summer the much loved and respected editor of a provincial morning newspaper lay terminally ill. Within four months the world would be convulsed by two simultaneous military and political crises. The editor would die at the climax of events, not knowing that his paper had played a crucial part in national and international affairs.

The editor was AP Wadsworth. The two crises were the Russian crushing of the Hungarian

thirds of the paper's
city and its influenc[e]
One of the extraord[inary]
role in the build-up
private back channe[l]
of state, John Foste[r]
this Manchester bro[ker]
trust and with sales
was, in short, no ord[inary]

Wadsworth, who
1944, was to die o[f]
British and French [troops]
for the invasion of Eg[ypt]

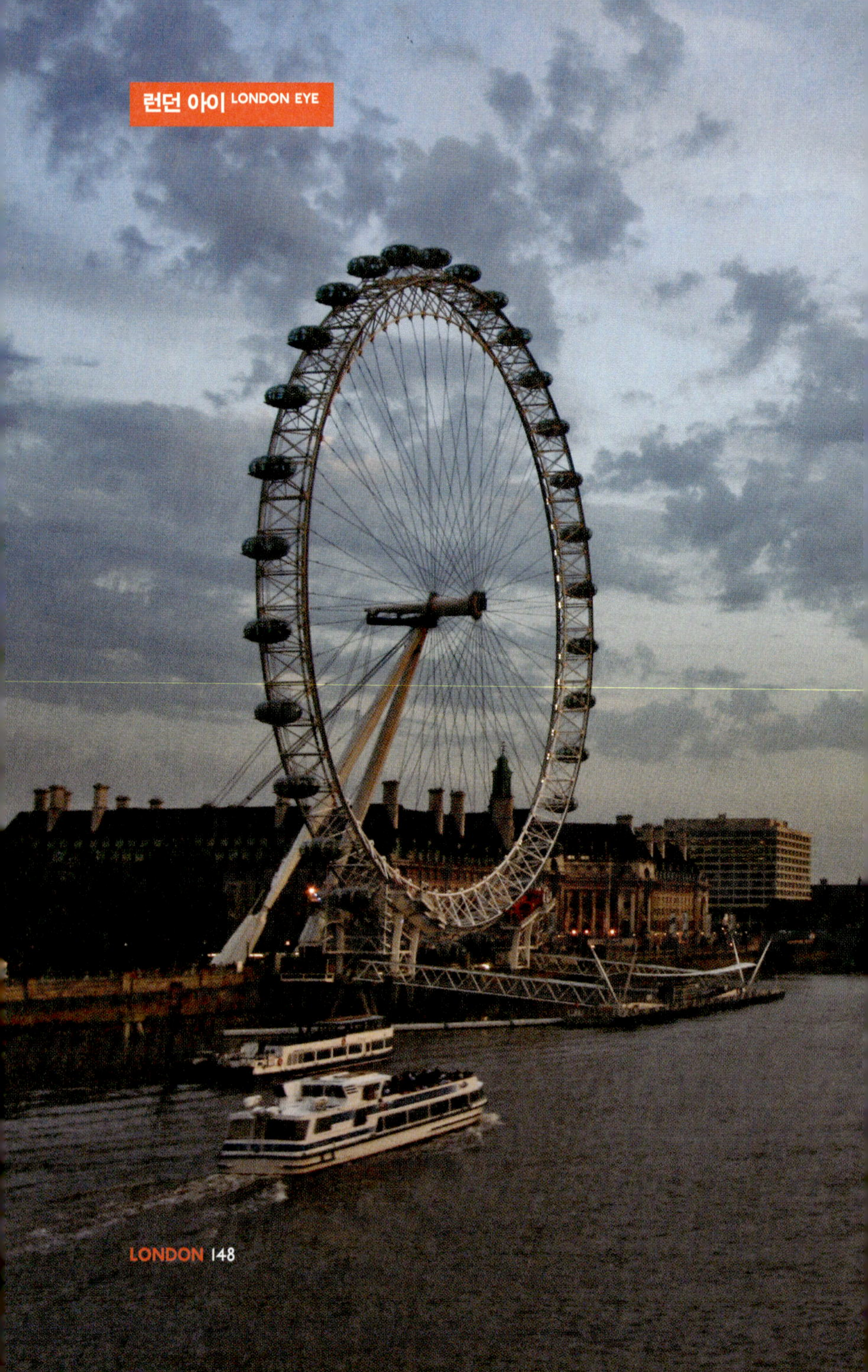
런던 아이 LONDON EYE

워털루에서부터 뱅크시의 작품에 취해 터벅터벅 걷다 보니, 눈앞에 대형 구조물이 다가선다. 런던 아이다.

'London Eye'라니 이름이 참 멋지다는 생각이 든다. 서울을 대표하는 상징물이라면, 남산타워를 들 수 있는데 거기에 '타워'라는 무덤덤한 이름을 붙여놓은 것에 비하면 'London Eye'라는 이름은 뭔가 콘셉트가 분명해 보여서 좋다.

밀레니엄 프로젝트 중 유일하게 2000년 1월 1일 카운트다운과 함께 개장한 런던 아이는 그 당시 런던에서 벌어진 밀레니엄 축하 쇼의 최고 하이라이트가 되었다. 전 세계의 스포트라이트를 받으면서 일반에 공개된 이 대형 기구는 약 137미터 높이로 놀이기구 중 가장 크다. 바닥은 44개의 콘크리트 타일로 되어 있고 약 34미터 깊이에 2천2백 톤의 콘크리트를 쏟아 부었다.

잡아주는 버팀줄은 1천2백 톤의 콘크리트로 지지되었고 약 1천7백 톤의 철재가 쓰였다. 32개의 캡슐은 한 바퀴를 도는 데 30분이 소요되는데, 거의 움직이는 느낌이 없다.

하루 중 런던 아이를 타는 데 가장 좋은 시간은 언제일까? 낮이 좋을까? 밤이 좋을까? 아무래도 황혼이 지는 무렵 런던 전역에서 불이 켜지기 시작할 때가 가장 좋을 것 같다. 도시 전체가 밤을 맞아 기지개를 켜기 시작하는 그때, 런던 아이를 타고 장난감 마을처럼 작게 보이는 런던을 내려다보는 것도 재미있을 것이다. 그리고 곧 화려하게 펼쳐질 런던의 야경도 볼만할 것이다.

런던 아이를 보고 있자니, 도대체 이 엄청난 덩치를 어떻게 이곳에 세울 수 있었는지가 궁금했다. 하지만 곰곰이 런던 아이를 지켜보면 이 수수께끼는 의외로 쉽게 해결된다.

런던 아이를 제작한 팀은 일단 런던 아이의 32개 눈과 구조물들을 다른 곳에서 완성한 후 이것을 배에 실어 런던 아이가 세워질 바로 앞 템스 강가에 실제 모형대로 죽 늘어놓았다. 그리고 구조물의 중앙 부분에 로프를 연결해 워털루 역 쪽으로 끌어당겨 구조물을 일으켜 세웠다. 그렇게 구조물을 세워 고정시키면 간단하게 이 조형물은 제자리를 잡는 데 성공할 수 있다.

놀이공원의 대관람차 같은 이 기구를 런던의 대표적인 랜드 마크로 부상시킨 발상이 재미있다. 근엄한 상징보다는 즐거운 놀이를 런던의 간판으로 삼은 것이다.

내 주변에는 예술가로 살고 싶은 사람들이 많다. 나 역시 그런 삶을 갈망한다. 그래서 가끔 나 자신에게 질문을 던진다. 아티스트에게

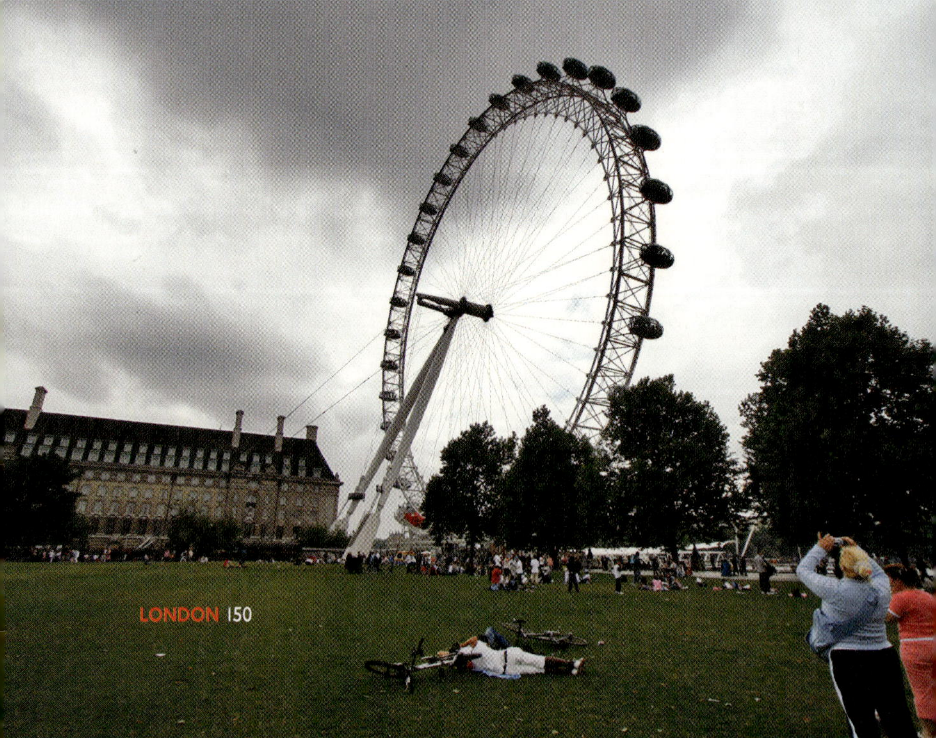

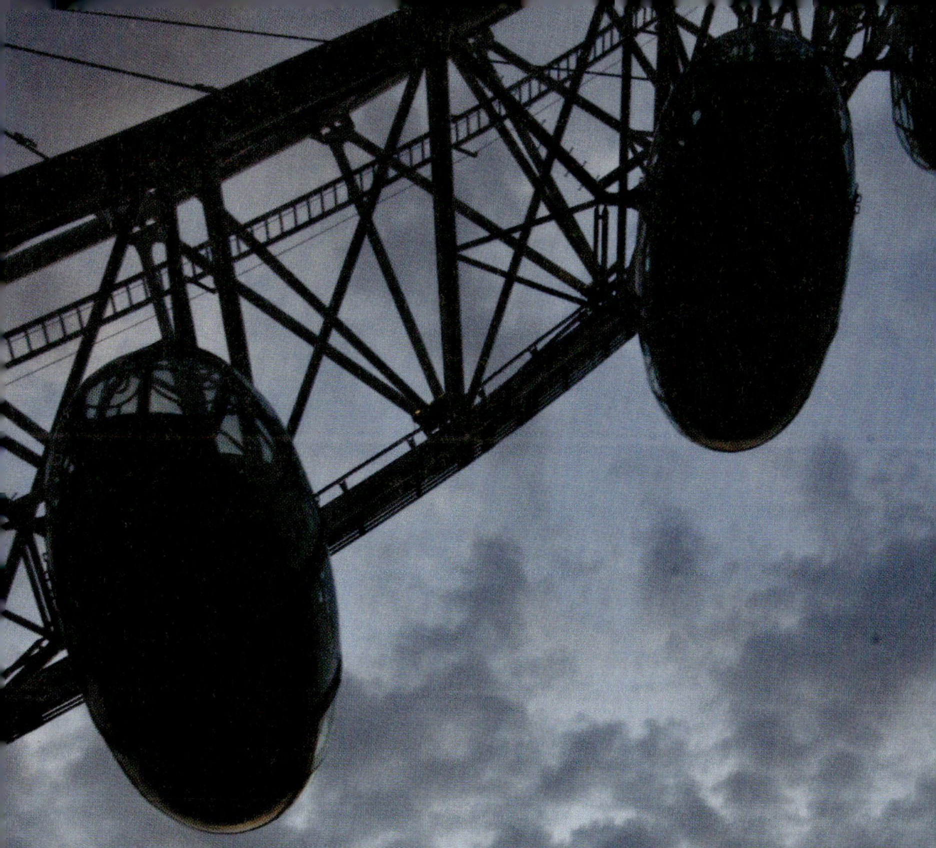

가장 중요한 것은 무엇일까?

그건 바로 즐거움이다.

예술가들은 언제나 즐거울 수 있는 준비가 되어 있어야 하고, 주변에는 항상 그런 요소들이 있어야 한다. 누구나 어릴 때 놀이공원에서 타고 놀던 기구들은 영원히 잊지 못할 즐거움으로 기억한다. 이 즐거움은 2세에게도 물려줄 그런 즐거움이다. 아마도 이 거대한 장난감이 런던 시내의 가장 중요한 관광 요충지에 자리 잡은 건 그것이 길이 물려줄 즐거움의 활력소이기 때문일 것이다.

한동안 나를 가장 힘들게 했던 건 유학이라는 문제였다. 한국에서 디자인을 공부하는 사람들, 아니 꼭 디자인을 공부하지 않더라도 젊은 세대라면 가장 많이 꿈꿔보는 것이 유학일 것이다. 누구나 그렇겠지만 나 역시 늘 경제적인 이유로 그 꿈을 접을 수밖에 없었지만, 그럼에도 나는 아직도 공부하는 내 모습을 꿈꾸고 있다.

AA스쿨이라는 런던의 유서 깊은 건축학교가 있다. 영국을 대표하는 두 건축학교 중 바틀릿 건축학교Bartlett school of Architecture가 전통적인 건축교육을 바탕으로 한다면, AA스쿨은 예술적인 한계를 넘어서는 아방가르드적인 건축교육으로 유명하다. 이번 여행에서 이 학교의 졸업전시회는 내가 가장 관심을 갖고 있는 것 중 하나였다.

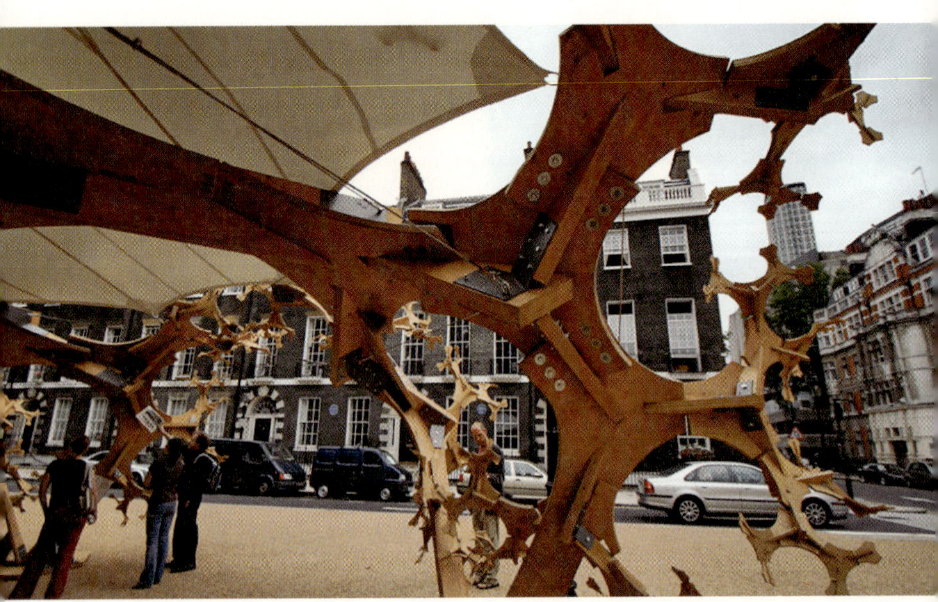

그러나 특별한 것을 기대했던 내 예상과는 달리 AA스쿨은 우리나라의 여느 디자인학교나 미술대학과 별다를 바 없어 보였다. 이게 무슨 유명 학교일까 싶을 만큼 허름한 시설에, 입구에는 2백 년이나 된 이 학교의 역사가 빼곡히 기록되어 있었다. 교실을 지날 때마다 건물 벽, 바닥, 층계 할 것 없이 자유롭게 작품을 설치해놓고 작품 설명을 덧붙여놓아 교실은 복잡하기 이를 데 없었다.

과연 이게 건축학교 전시회가 맞는 건가… 실제 모형도 별로 없고, 건물 드로잉과 콘셉트에 관련된 수많은 자료들이 잔뜩 널려 있을 뿐이었다. 그래도 문학과 예술작품에서 받은 영감을 도시설계에 대한 모티브로 발전시킨 작업들을 보면 이들이 꿈꾸는 미래 건축에 대한

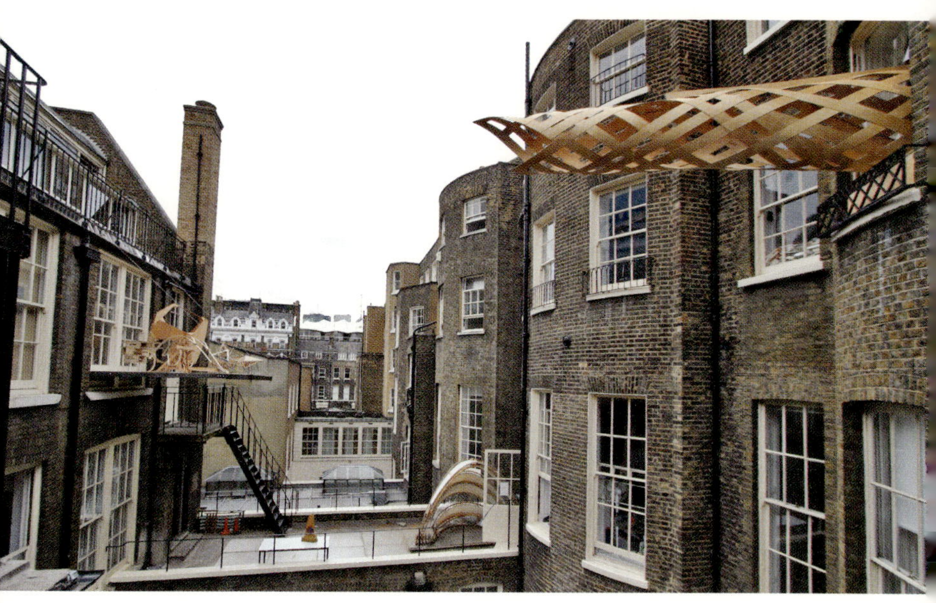

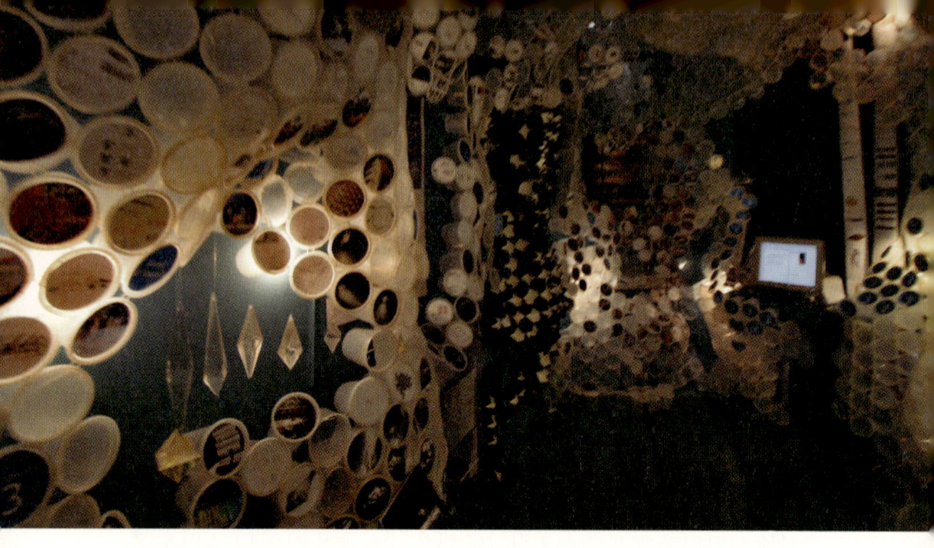

생각들을 읽을 수 있었다. 이들은 하나의 건축 모형을 만드는 것이 아니라, 전체적인 건축적 환경을 구현하는 데 관심이 있었다. 만약 내가 이 학교를 다니면서 작업의 콘셉트보다 컴퓨터그래픽이나 모형을 만드는 데 더 신경을 쓴다면, 이 학교 교수들은 뭐라고 말할까? 아마 이렇게 한마디 뱉을 거다.

"다른 교수에게 가서 배우지?"

유학 온 한국 학생들이나 우리나라에서 공부하는 학생들이 늘 조급해하는 것은 결과물이다. 그렇게 배웠기 때문이다. 우리나라 학교에서는 언제나 결과물로 학생들의 모든 것을 평가한다. 내가 다닌 학교도 마찬가지였다. 하지만 결과보다는 시작과 과정이 더 중요하다는 것을 가르친다면 어떨까?

그 해답은 AA스쿨의 수업방식에서 나온다. 어려서부터 자기 주관을 뚜렷하게 갖고, 대화 위주로 학습한 외국 학생들은 간단한 개념 스케치만으로도 오랜 시간 작품에 대해 떠들 수 있다. 어떻게 보면 밤새

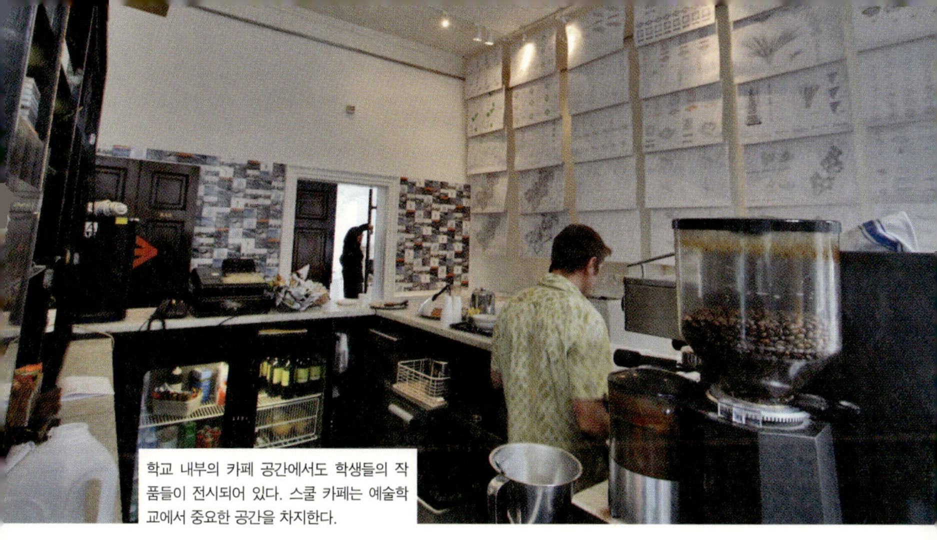

학교 내부의 카페 공간에서도 학생들의 작품들이 전시되어 있다. 스쿨 카페는 예술학교에서 중요한 공간을 차지한다.

아이디어 스케치를 수십 장 해온 한국 학생들에게는 이해하기 어려운 상황일 것이다. 그는 자기가 작업해온 수량과 정성으로만 봐도 이것은 게임이 되지 않는다고 생각할 것이다.

당신이라면 누구에게 점수를 더 주겠는가?

하지만 여기에는 생각해봐야 할 두 가지 측면이 있다. 밤을 새워 수없이 많은 자료를 찾으면서 그것을 아이디어 스케치로 정리하고 교수와 학생들을 설득할 수 있을 정도로 내용도 잘 정리했다면 당연히 그 학생은 많은 박수갈채를 받을 것이다. 하지만 한 벽 가득 의미 없는 복사지와 알 수 없는 그림들로 가득 채웠다면 그는 호응을 받지 못할 것이다. 반대로 종이 한 장으로 간단하게 개념만 정리해서 발표를 하는데, 한 시간을 떠들어도 아무런 설득력이 없다면 이것처럼 어이없는 경우도 없을 것이다.

그러나 분명한 것은 AA스쿨에서는 학생이 자기 의견을 발표하기 위해 일단 강단에 서면, 다른 학생들과 선생들이 그를 조용히 내버려두지 않는다는 것이다. 발표하는 학생이 강단에서 자기 의견을 얼마나 잘 피력했는지와는 상관없이 그 시간부터 그는 자기에게 날아오는 비수 같은 질문들과 의견들을 막아내야 한다. 거기에서 승리할 수 없다면, 어떠한 아이디어 스케치도 개념 설명도 의미가 없게 된다. 결국 상대방을 설득할 수 있는 콘셉트와 논리가 있느냐 없느냐의 문제인 것이다.

이상은 내가 바틀릿 건축학교를 다닌 유진에게서 들은 이 학교의 수업방식이며 내가 직접 보고 느낀 영국의 교육방식이다.

"내가 처음 학교에서 교수님과 프로젝트에 대해 대화를 나눌 때 교수님은 오후부터 새벽 2시까지 내 작업에 대해 이야기를 해주셨어. 난 아직도 교수님의 그 모습을 기억해."

유진은 교수님과의 첫 만남을 이렇게 이야기했다.

한두 번 수업의 결과물로 학생들의 능력을 파악한 교수는 더 이상 결과물에 연연해하지 않는다. 그보다는 콘셉트와 내용을 풍부하게 만드는 것에 중점을 두고 학생들과 토론을 시도한다.

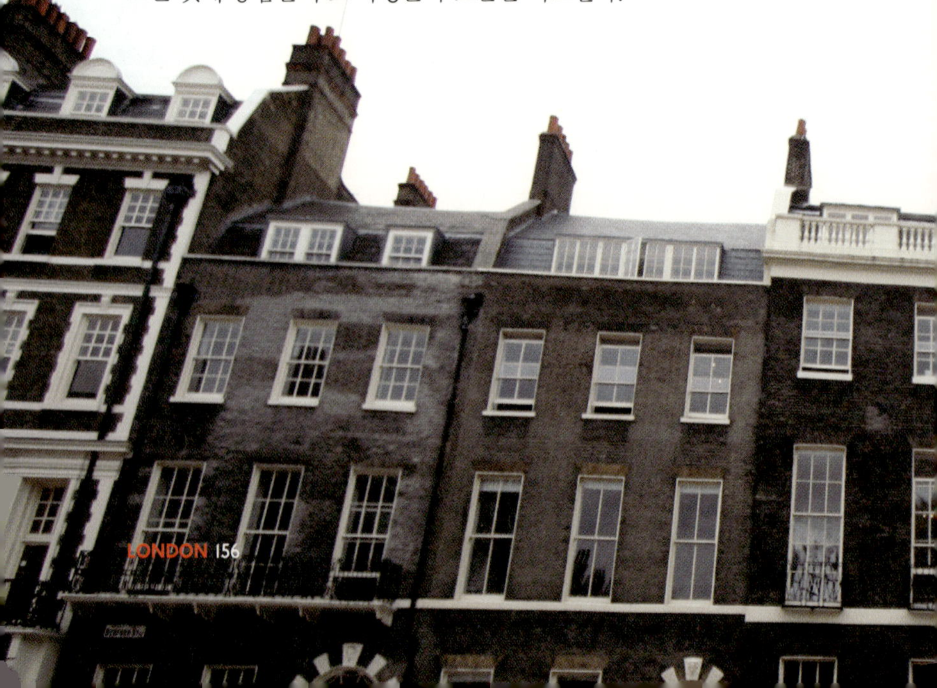

졸업전시회를 위해서 학생이 한 주제를 가지고 콘셉트를 구현하는데 골몰하다 보면, 교수보다 더 전문적인 지식을 쌓게 된다고 한다. 그도 그럴 것이 한 주제에 매달려 1년이고 2년이고 파헤치는데 누가 따라올 수 있단 말인가. 그러다 보면 어느 순간부터는 교수의 힘이 필요 없어진다고 한다. 홀로 서서 자기 자신을 디자인할 수 있게 되는 것이다. 물론 갈 길도 자기가 알아서 찾는다. 그것이 이 학교의 전통이고, 자신을 찾기 위한 수업방식이다. 이러한 교육이 오늘날 영국의 현대건축을 만들어내는 원천일 것이다.

나 자신을 돌아보게 된다. 수업시간 중 몇 시간을 학생 수로 나눠서 몇 분씩 개인 면담을 하고 작업에 대해 이야기했던 나의 수업방식이 떠올랐다. 내가 가르치던 학교는 일반 디자인학교와는 다르게 한 클래스에 15~20명의 학생밖에 없었음에도 불구하고, 한 학생과 30분 이상 작업에 대해서 이야기하기는 힘들었다.

결국 나 자신의 개인적인 시간을 할애해야 하는데, 그것은 생각처럼 쉬운 일이 아니었다. 유진의 설명을 들으면서 나는 정말 감동했다. 선생은 아무나 하는 것이 아니란 생각이 들었다. 어쩌면 진정한 선생의 길은 학생이 선생을 가르칠 수 있는 수준으로 끌어올리는 게 아닐까…

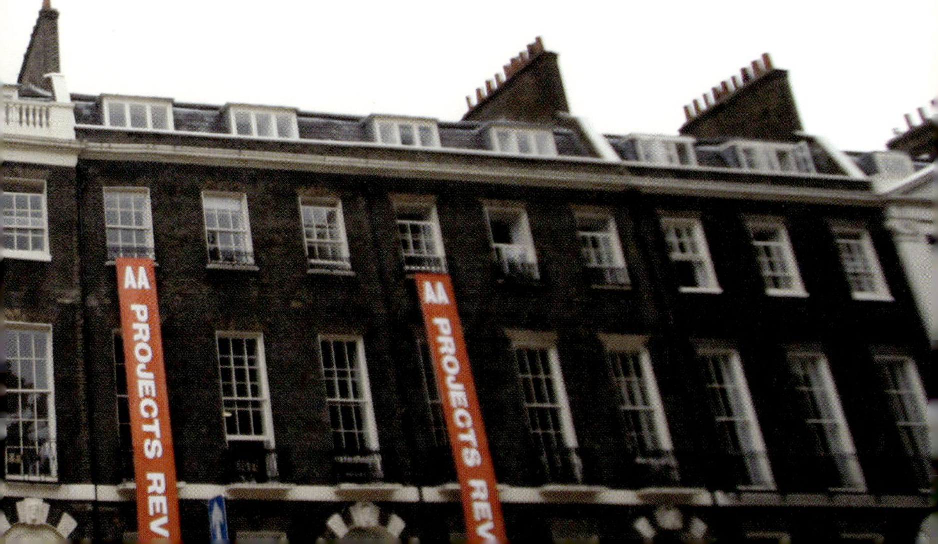

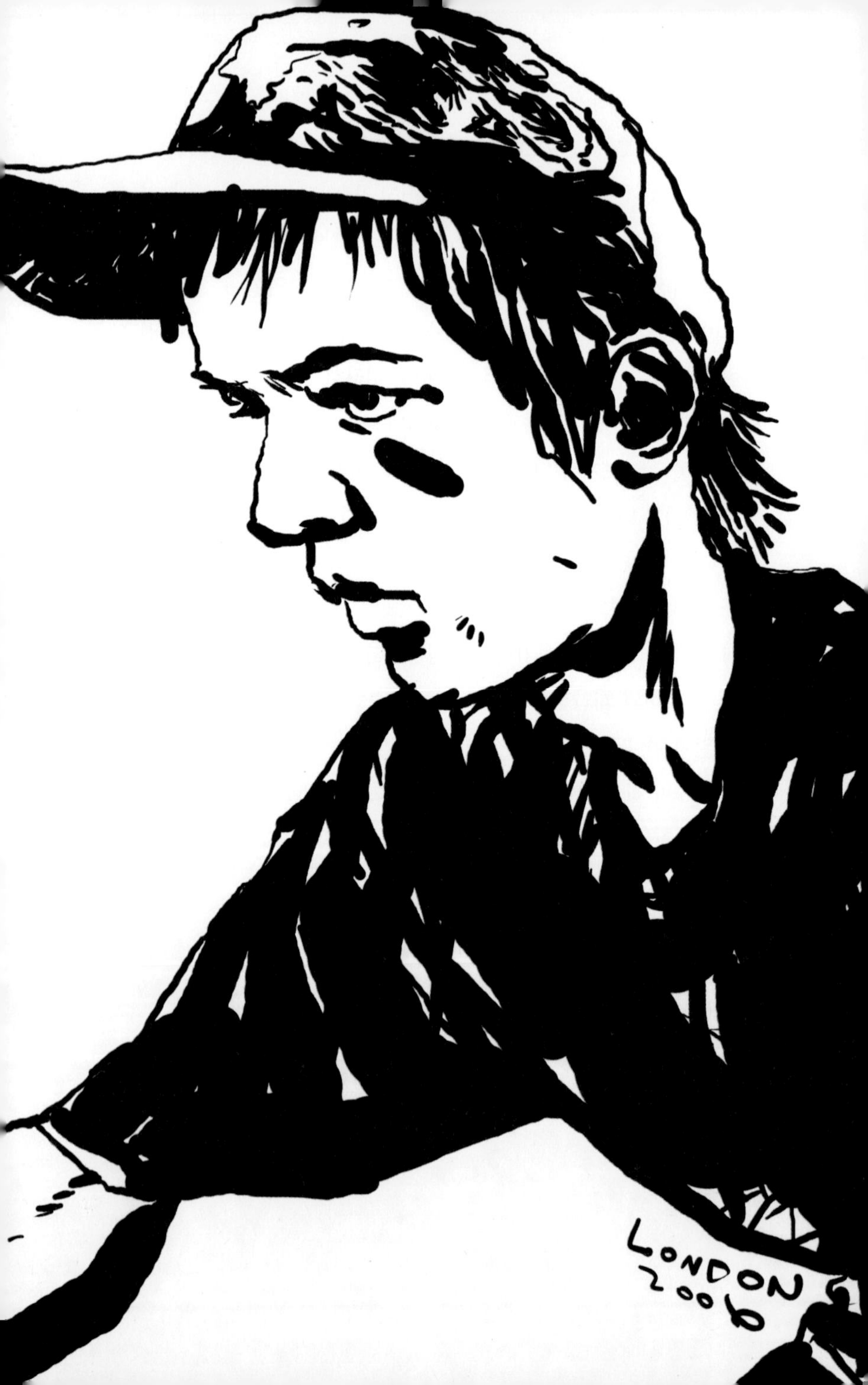

LONDON
2006

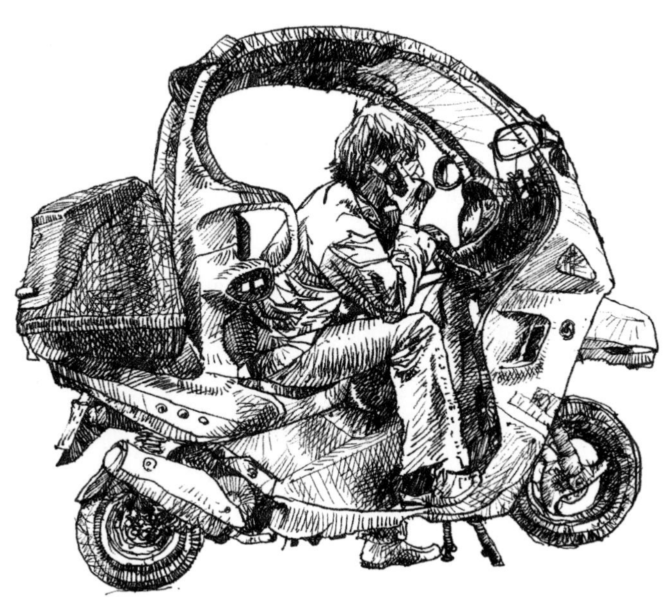

거리에서 날 반기는 독특한 광고가 있었다. 처음에는 대수롭지 않게 스쳐 지나갈 뻔했다. 흔한 거리예술이라 생각했는데 문구를 들여다보니 영국의 유서 깊은 출판사 펭귄의 광고였다. 우선 출판사가 거리광고를 하는 것이 놀라웠다. 우리나라에서는 출판사가 이런 식의 캐치프레이즈를 내걸고 이미지 광고를 하는 경우는 거의 없기 때문이다.

The Best Decadence Ever Written 지금까지 씌어진 책 중에서 가장 데카당스한 책

The Best Highs Ever Written 지금까지 씌어진 책 중에서 가장 수준 높은 책

The Best Sex Ever Written 지금까지 씌어진 책 중에서 가장 섹시한 책

The Best Violence Ever Written 지금까지 씌어진 책 중에서 가장 폭력적인 책

The Best Debauchery Ever Written 지금까지 씌어진 책 중에서 가장 방탕한 책

The Best Book Ever Written 지금까지 씌어진 책 중에서 가장 최고의 책

이런 자만은 어디서 오는 걸까?

하지만 더욱더 놀라운 일은 펭귄의 광고가 게릴라 아티스트들의 표현기법을 차용했다는 사실이다. 마치 책꽂이에 책들이 죽 꽂혀 있는 것처럼 포스터를 만들어 벽에 붙여놓았다. 언뜻 보면 광고라기보다는 마치 거리예술처럼 느껴진다.

아이디어가 참신했다. 자기 책에 대한 자부심을 내세우면서도 전통적인 방식이 아닌, 탈권위적인 방식의 광고를 채택한 펭귄 사의 선택에 아낌없는 박수를 보낸다.

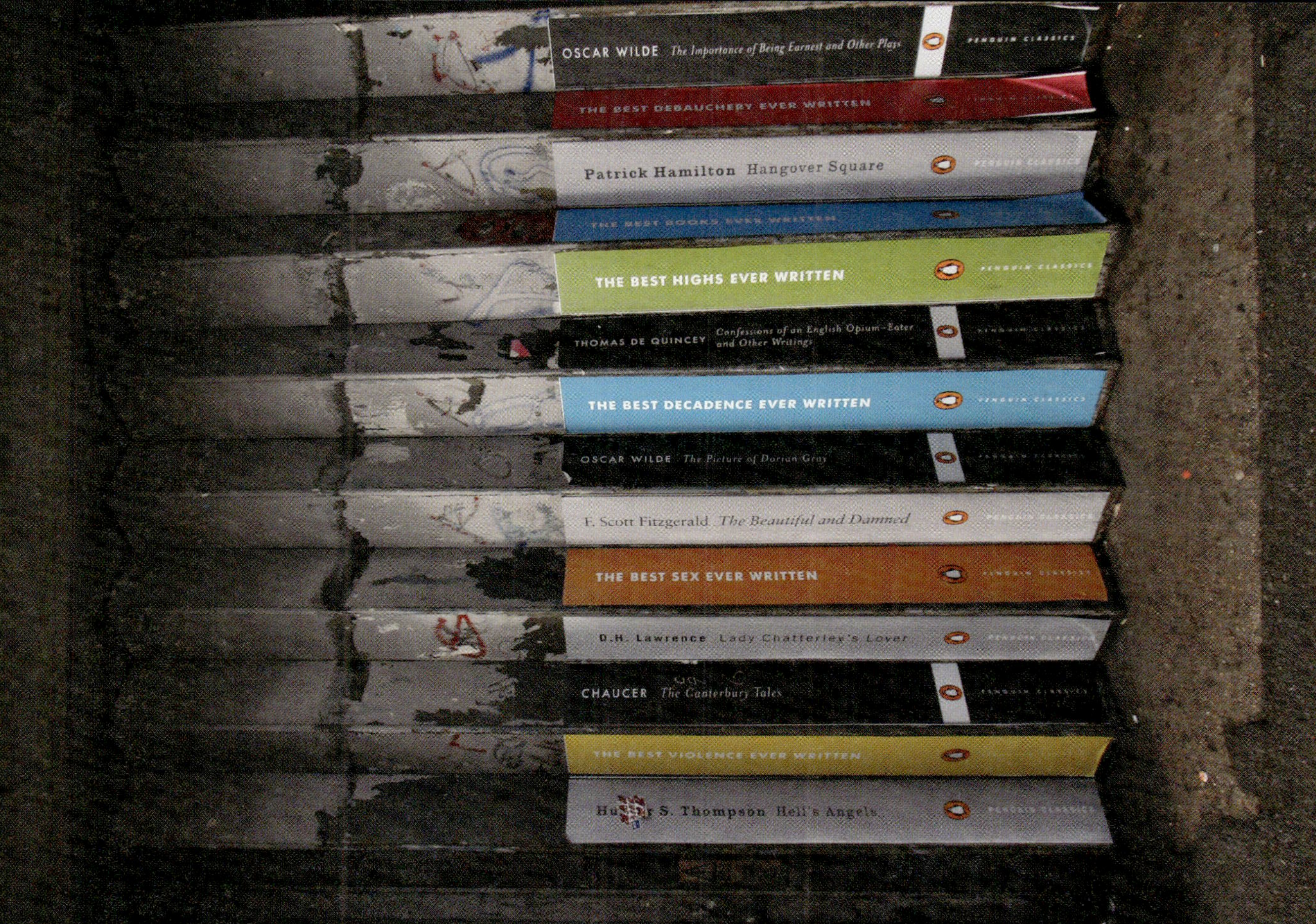
OSCAR WILDE The Importance of Being Earnest and Other Plays PENGUIN CLASSICS
THE BEST DEBAUCHERY EVER WRITTEN
Patrick Hamilton Hangover Square PENGUIN CLASSICS
THE BEST BOOKS EVER WRITTEN
THE BEST HIGHS EVER WRITTEN PENGUIN CLASSICS
THOMAS DE QUINCEY Confessions of an English Opium-Eater and Other Writings PENGUIN CLASSICS
THE BEST DECADENCE EVER WRITTEN PENGUIN CLASSICS
OSCAR WILDE The Picture of Dorian Gray PENGUIN CLASSICS
F. Scott Fitzgerald The Beautiful and Damned PENGUIN CLASSICS
THE BEST SEX EVER WRITTEN PENGUIN CLASSICS
D.H. Lawrence Lady Chatterley's Lover PENGUIN CLASSICS
CHAUCER The Canterbury Tales PENGUIN CLASSICS
THE BEST VIOLENCE EVER WRITTEN
Hunter S. Thompson Hell's Angels PENGUIN CLASSICS

파올로치는 이탈리아인 부모를 둔 스코틀랜드 출신의 조각가이다. 그는 1951년부터 영국과 해외의 공공 미술을 수주 받아 거리와 광장에 많은 작품들을 남겼다. 그의 작품들은 대개 기계적인 메커니즘과 자연적인 유기적 구조를 절충시켜 구상적이기도 하고 추상적이기도 한 것들이 많다. 그건 대중들이 가능하면 조각품임을 인식하지 못하고 무의식적으로 친근하게 느끼게 만들기 위한 그의 예술 전략이기도 하다.

그의 작품이 유스턴 역 광장에서부터 대영국립도서관으로 이어지는 거리에 있기 때문에 나는 우선 유스턴 역에 내렸다.

야외 카페테리아가 있는 한가로운 공원에는 정말 다양한 사람들이 있었다. 나처럼 무엇인가를 찾아 들어오는 사람, 떠나는 사람, 끌어안고 있는 사람, 구걸하는 사람, 자전거를 타고 런던 지도를 보는 사람, 테러리스트를 찾는 경찰…

그 사람들 사이에 에두아르도 파올로치의 작품이 서 있었다.

이 깃발들 역시 척 보면 자연스러운 깃발처럼 보이지만, 자세히 보면 깃발의 펄럭이는 기계적인 메커니즘을 형상화한 조각품임을 알 수 있다. 주위 사람들은 그것이 조각품이라는 것조차 인식하지 못하는 듯했다. 당연히 서 있어야 할 구조물처럼 말이다.

나는 유스턴 역을 지나 곧장 대영국립도서관으로 향했다. 그의 가장 대표적인 작품이 그곳에 있기 때문이다.

도서관의 로고가 선명하게 보이고, 파올로치의 대형 조각상 〈뉴턴〉의 뒷모습이 보였다. 사이즈가 거대해서 상당히 압도적이었다.

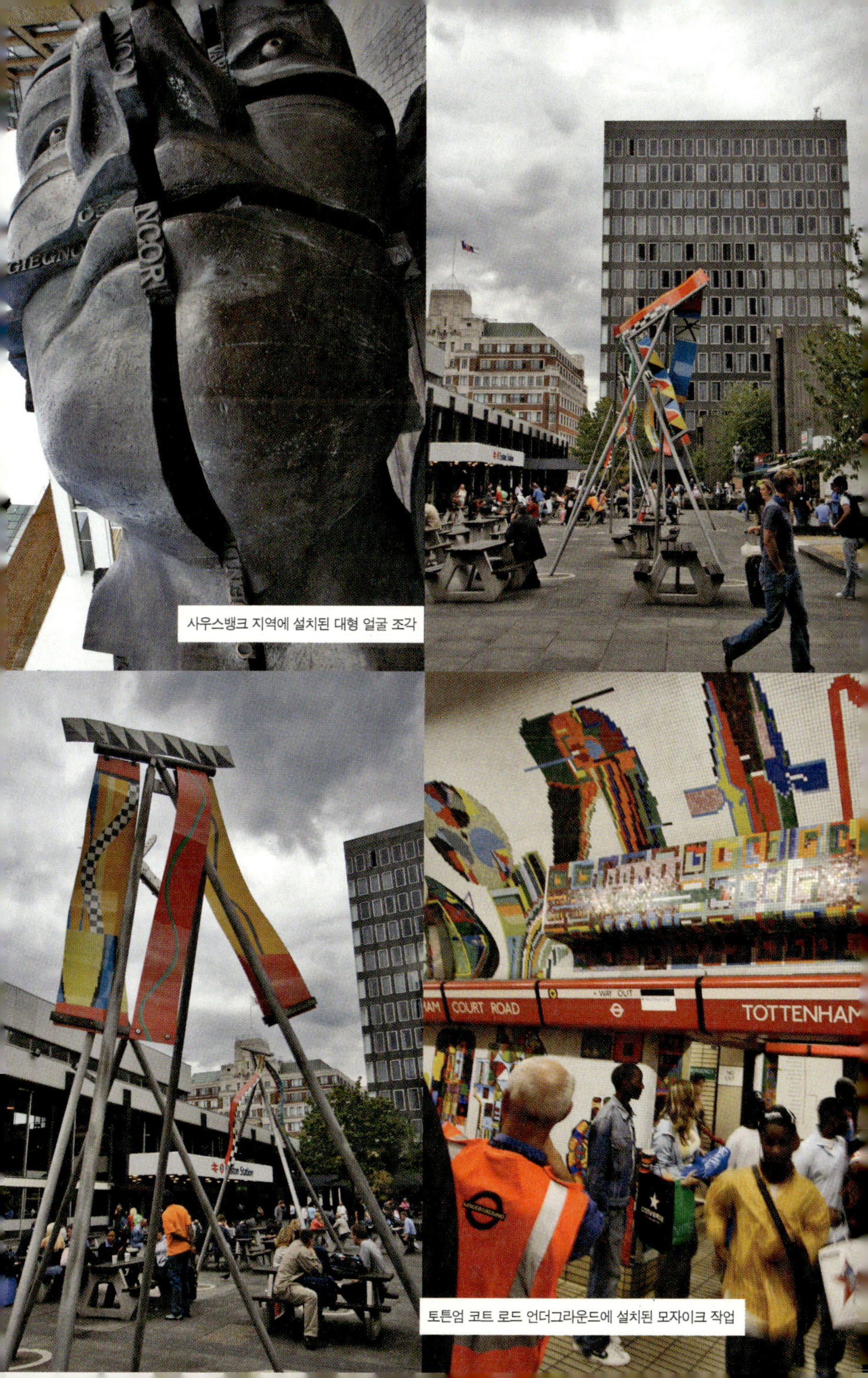

사우스뱅크 지역에 설치된 대형 얼굴 조각

토튼엄 코트 로드 언더그라운드에 설치된 모자이크 작업

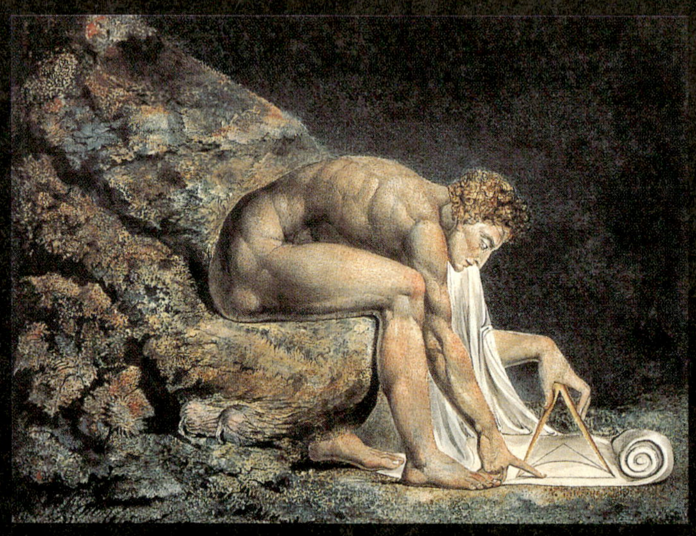

제목은 'Newton after William Blake'였다. 윌리엄 블레이크를 따라 만든 뉴턴이라는 것이다. 이 도상의 원작자는 파올로치가 아니라 윌리엄 블레이크다. 윌리엄 블레이크(1757~1827)는 영국의 시인이자 화가로, 살아생전에는 물론이고 20세기가 되기 전까지 미술계와 문학계 모두에서 제대로 평가받지 못했다. 하지만 그는 오늘날 문학과 시각예술 모두에서 독창적인 존재로 재인식되고 있다.

나는 다시 윌리엄 블레이크의 원작이 궁금해졌다. 나는 그의 그림을 보기 전까지 이런 생각을 했다. 아이작 뉴턴이라는 인물이 워낙 대단한 영국의 과학자이기 때문에 그를 추종하는 파올로치가 조각으로 만들었을 거라고 말이다. 하지만 그가 〈뉴턴〉을 만든 건 전혀 다른 이유에서였다. 그건 블레이크의 그림에서 해답을 찾을 수 있었다. 블

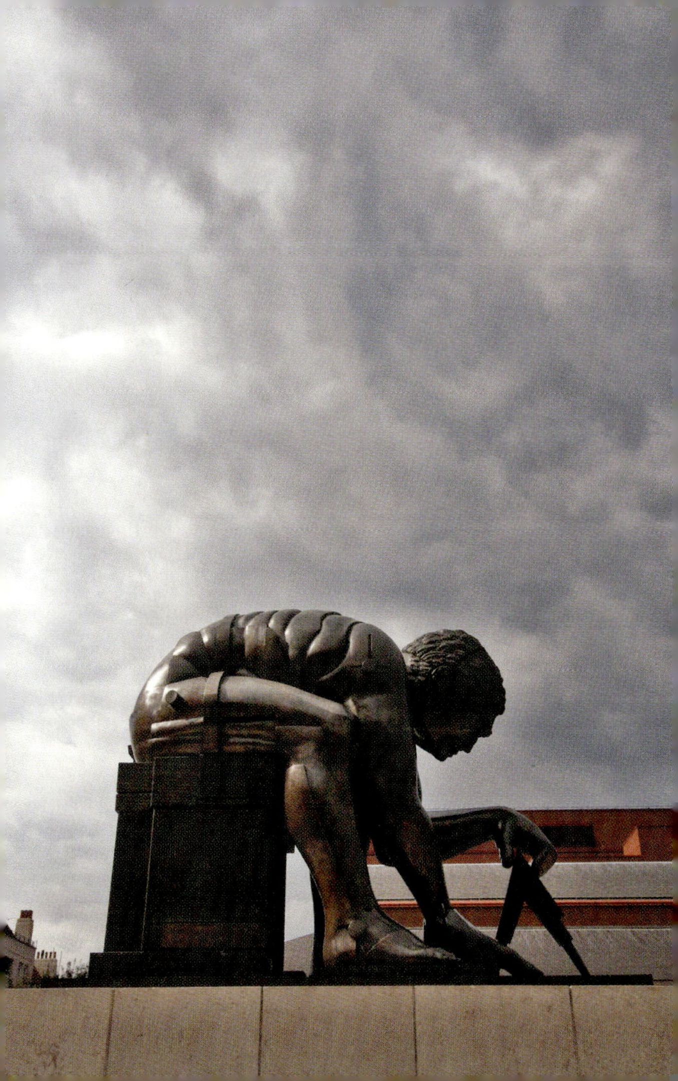

LIBRARY
BRITISH
LIBRARY
BRITISH
LIBRARY
BRITISH
LIBRARY
BRITISH

레이크가 그린 〈뉴턴〉(1795)은 과학적 유물론이 내포하는 이성 중심주의에 반대하는 증표와도 같은 것이었다. 그림 속의 아이작 뉴턴은 바다 속 깊은 곳에 고립되어 있다. 그의 편향된 눈은 두루마리만을 바라보고 있고, 손에 든 컴퍼스는 바닥에 고정되어 있다. 뉴턴은 그가 앉아 있는 바위와 하나가 된 것처럼 굳어 있다. 블레이크는 뉴턴을 통해, 이 작은 컴퍼스로는 세상을 다 재단할 수 없음을 보여주고자 했던 것이다.

파올로치가 만든 뉴턴은 인간 인체를 거의 기계와도 흡사하게 형상화하여, 어떻게 해서 뉴턴이 우리의 세계관을 수학적인 결정론으로 바꿔놓았는지를 보여주고 있다. 지성의 전당 앞에 세운 이 조각상은 우리가 알고 있는 지식이 모든 것을 설명할 수 없음을 경고하는 듯하다.

"상상력은 설명되지 않는다. 인간 존재 그 자체다."

그가 남긴 이 말이 여행을 하는 동안 계속 내 머릿속을 맴돌았다.

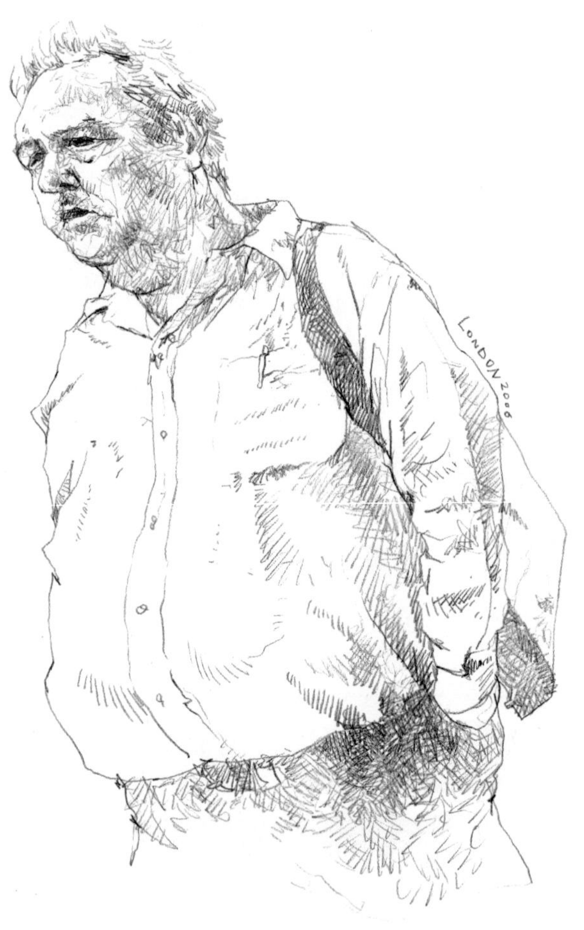

LONDON 2006

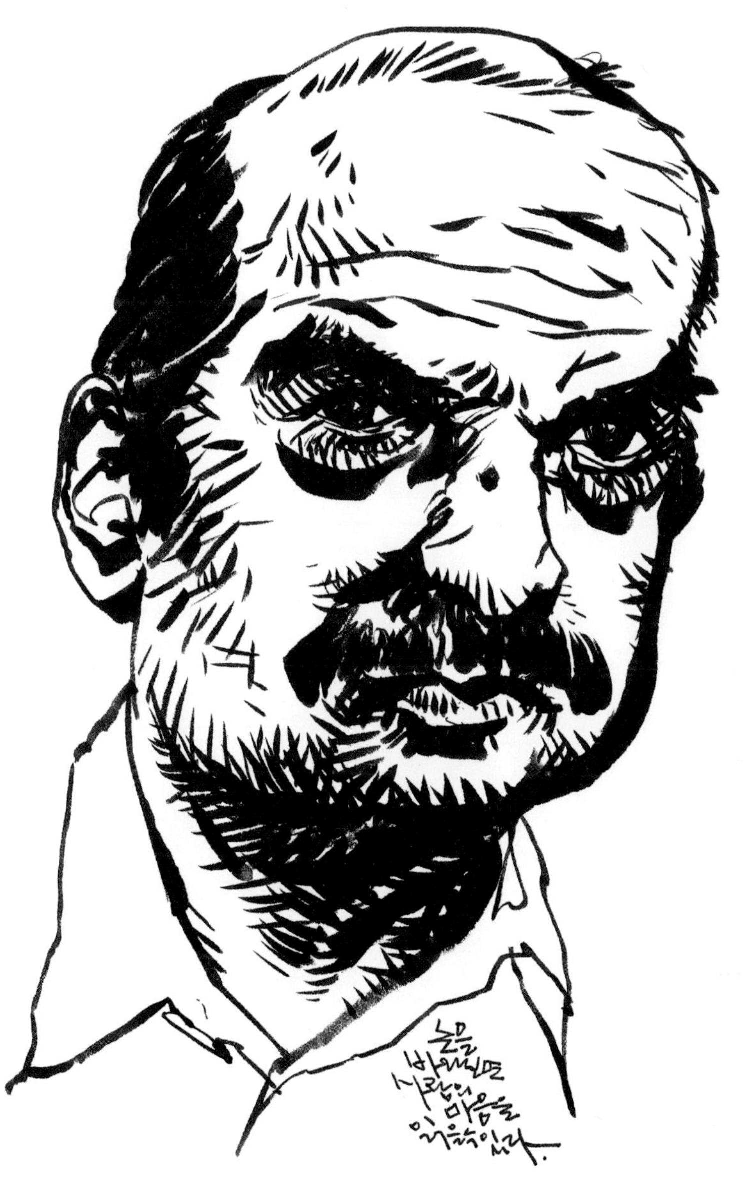

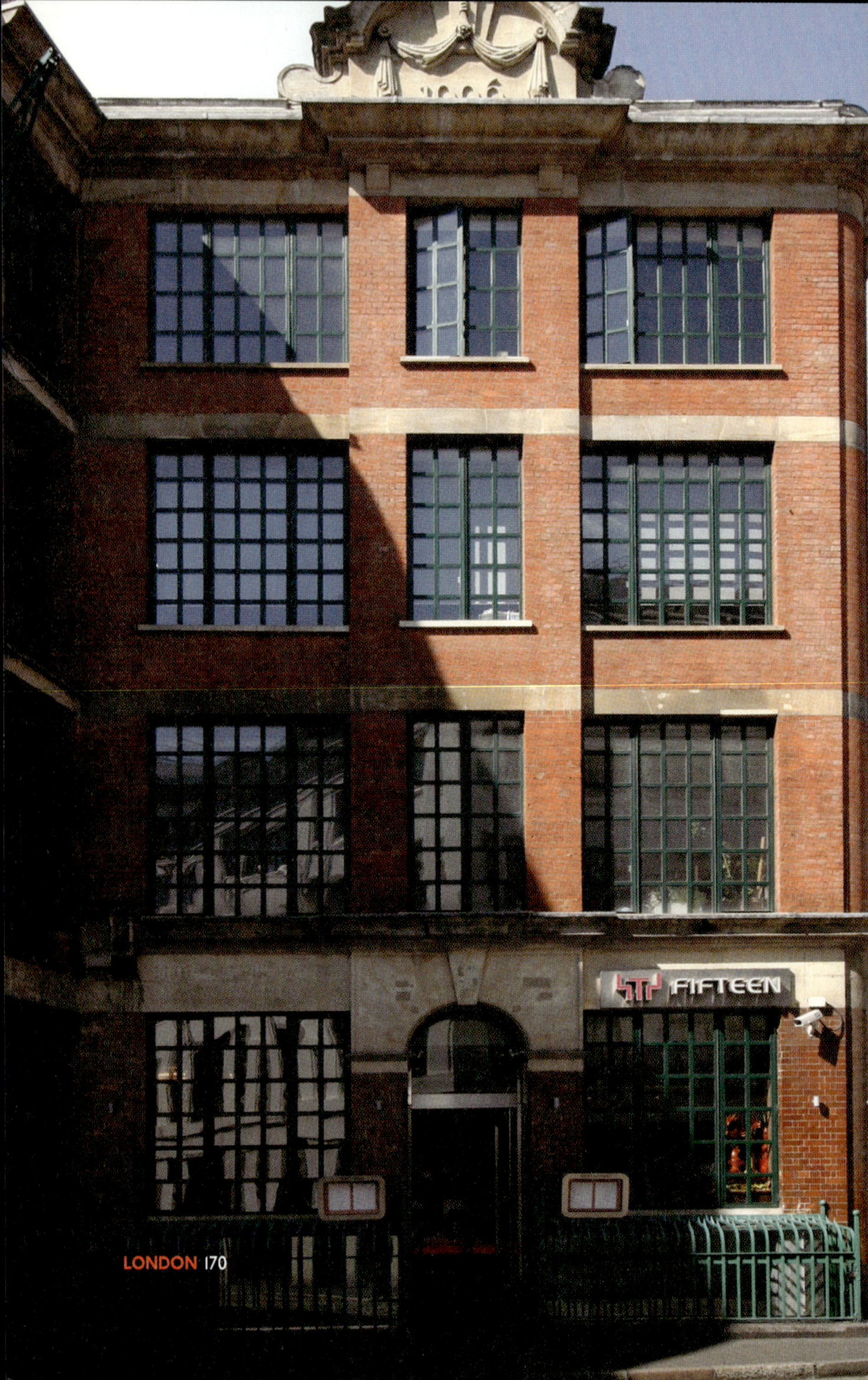
FIFTEEN

제이미 올리버^{Jamie Oliver}라는 친구를 텔레비전에서 처음 본 후부터, 그의 프로그램을 자주 보게 되었다. 그는 요리도 잘하고, 말도 잘하는 젊은 친구다. 특히 사회에 적응하지 못하는 문제아들을 모아 요리를 통해 교육하고 그들과 함께 레스토랑을 경영하는 실험적인 프로그램을 시도하는 게 인상적이었다. 요즘은 초등학교의 급식 메뉴를 바꾸는 운동을 하고 있다.

그리 잘생긴 얼굴도 아니고, 그저 평범하게만 보이는 이 친구가 스타가 되고 자신의 능력을 통해 평범한 친구들을 더욱 대단하게 만드는 과정이 놀라웠다. 무엇보다 이 친구의 자신감이 나를 기분 좋게 했다. 그의 프로그램은 그런 자신감을 대중들에게 전염시키는 힘이 있었다.

그와 함께 레스토랑을 시작했던 15명의 문제아들. 그래서 '15'^{Fifteen}이라는 이름을 붙인 레스토랑이 올드 스트리트에 있다. 이제 '15'은 유명한 스타를 만나볼 수 있는 올드 스트리트의 명소가 되었다. 으슥한 골목길에 불쑥 솟아 있는 피프틴을 찾았다. 런던 외에도 그의 레스토랑은 세 군데가 더 늘었다. 2004년 암스테르담에, 2006년 5월에 영국 남서쪽의 아름다운 바닷가인 콘월에 체인을 열었고, 9월에 그의 호주인 친구 요리사 토비 푸탁^{Tobie Puttock}과 함께 멜버른에 체인을 열었다. 그의 레스토랑에는 두 의자와 테이블을 로고타입으로 디자인한 간판이 붙어 있었다. 안으로 들어가니, 고추를 매달아 말리고 있는 모습이 먼저 눈에 들어온다. 그리고 그의 프로그램에서 보았던 주방에서 일하는 친구들이 하나둘씩 보였다. 주방에서 일하는 친구들은 일

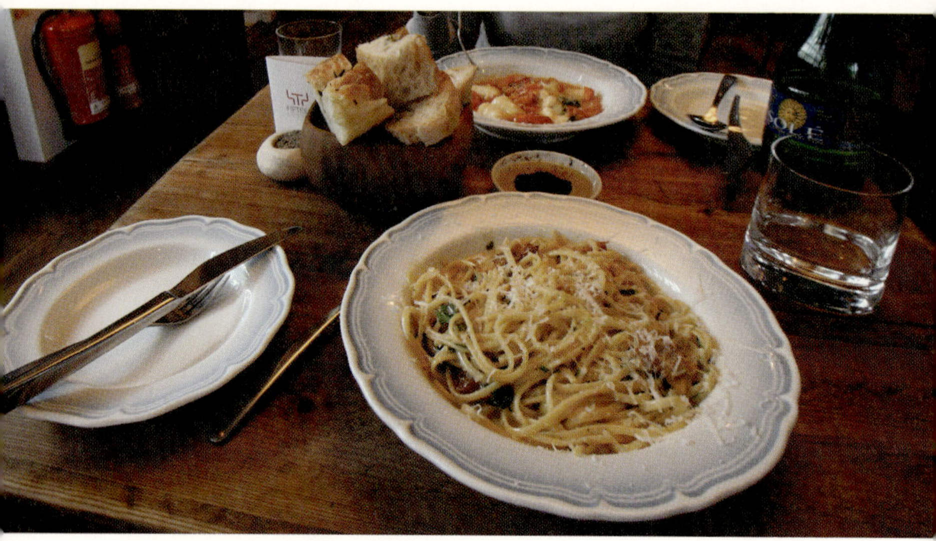

을 하다가도 바에서 물 한 컵을 얻어 홀에서 이리저리 다니며 마신다.
일반 식당에서는 상상할 수 없는 일이다. 자유롭게 일하는 모습이 재
미있다.
저녁 메뉴는 내가 감당할 수 없는 비싼 코스를 제공하기 때문에, 10파
운드 정도 하는 스파게티를 먹을 수 있는 점심시간에 이곳을 찾았다.
아마도 저녁 메뉴를 제대로 먹으려면 일인당 1백 파운드는 준비해야
할 것이다.
친절한 직원에게 음식을 시키고 얼마간 시간이 지났다. 너무 오래 음
식이 나오지 않아 결국 직원을 불렀다.
"음식이 너무 늦네요?"
"체크해보도록 하겠습니다."
잠시 후 중년 여성 매니저가 다시 돌아왔다.

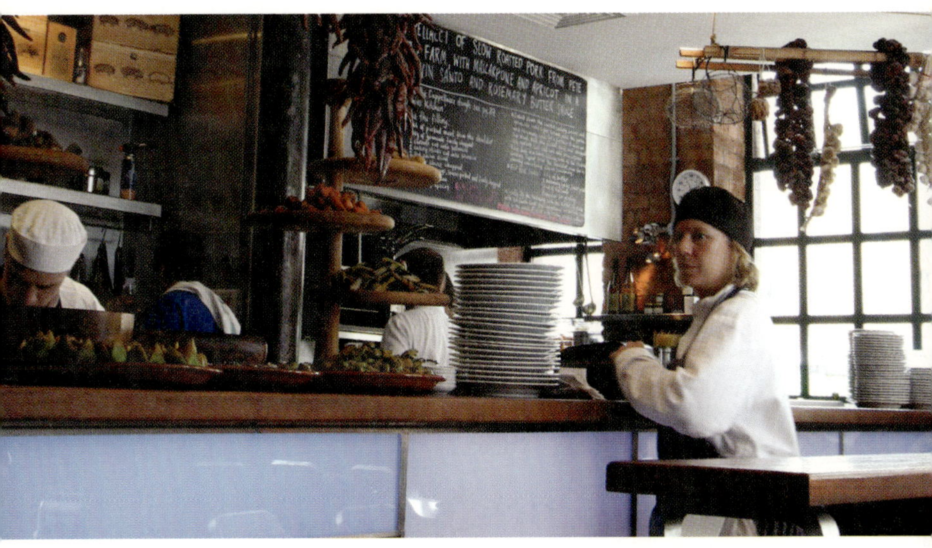

"죄송합니다. 우리 멍청한 주방장이 주문을 잊고 있었군요. 자주 있는 일이니 이해해주세요. 대신 빵도 더 드리고, 식사하고 난 후 커피를 제공하도록 하겠습니다."

식사가 늦게 나오긴 했지만 화가 나지는 않았다. 오히려 그들의 대응 방식이 흥미로웠다. 그들은 서로의 실수를 크게 나무라지 않았다. 누구나 실수는 할 수 있는 법이니까.

음식이 나왔다. 나는 태어나서 가장 맛있다고 감히 말할 수 있는 스파게티를 먹었다. 매니저는 우리가 식사를 하고 난 후에도 미안한 감정이 남았는지 음식 값을 깎아주었다.

스파게티처럼 맛나고, 제이미처럼 유머가 넘치는 레스토랑이다. 다음에 기회가 된다면 꼭 아침식사를 먹어봐야겠다.

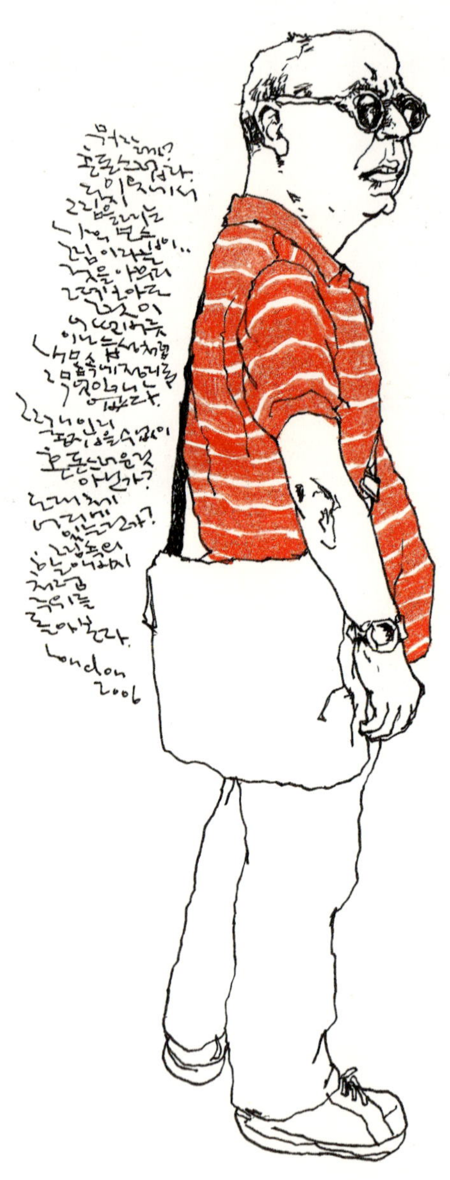
London
2006

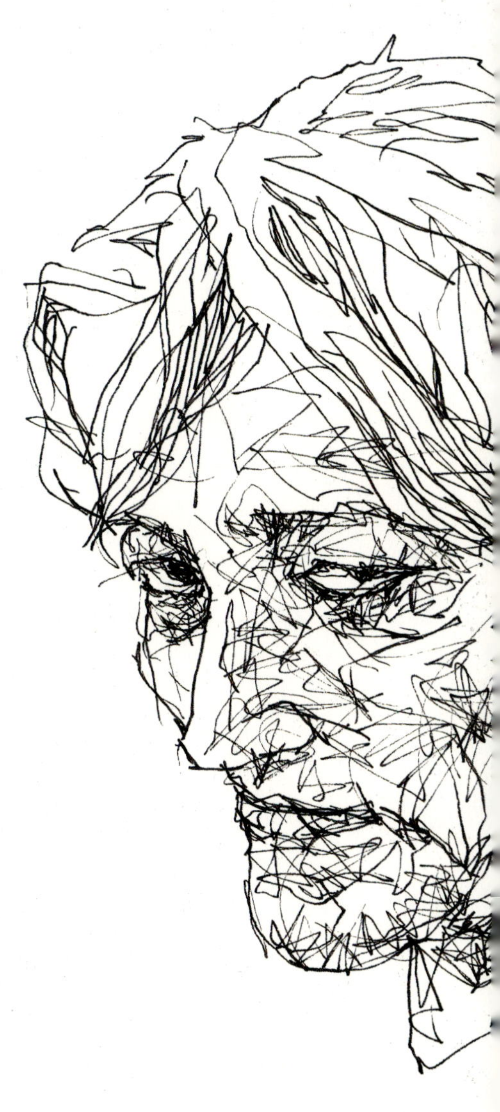
London
2006

런던의 금융 중심지인 시티 오브 런던 City of London 의 한복판에 '30 세인트 메리 액스' 30 Saint Mary Axe 라는 건물이 있다. 지하철이나 버스를 타고 가다가 거대한 오이가 지상에 서 있는 것처럼 보이는 대형 건물이 눈에 띈다면 바로 이 건물이다. 이 건물은 특이한 생김새 때문에 '거킨' Gherkin (초에 담그는 작은 오이) 또는 '에로틱 거킨' Erotic gherkin 이라는 별칭으로 불린다. 건물 소유자가 스위스 보험회사이기 때문에 'The Swiss Re Building' 이라고도 불린다.

노먼 포스터와 그의 전 파트너 켄 셔틀워스와 아루프 Arup 그룹이 설계했고, 스웨덴의 건설회사 스칸스카 Skanska 가 시공을 맡아 2004년에 완공한 건물이다. 크기가 180미터로 런던에서 여섯 번째로 높다. 이 건물은 런던 금융가와 템스 강변, 그리고 더 나아가 런던의 빌딩 중에서 가장 돋보이는 건축물이다.

땅속에 박혀 있는 대형 총알처럼 생긴 이 빌딩은 모양새가 미끈하고, 사선구도의 삼각형 창문이 독특해서 주변의 수평, 수직 구조의 건물과는 확연히 구분된다. 총알 구조를 뱀처럼 휘감은 짙은 삼각형 부분들은 건물의 중앙 냉난방과 공기를 제어하는 부분으로 건물의 상층부까지 자연스럽게 이어져 건물의 모든 부분들을 제어하게 되어 있다.

원래 이 건물은 선박 판매와 선박에 관련된 글로벌 마켓의 본부였던 발틱 거래소였다. 1992년 IRA(아일랜드공화군)의 공격으로 건물이 파손되자, 이 건물을 예전처럼 복원할 것인지를 놓고, 런던 시의회와 건물주 사이에는 많은 논쟁이 오갔다. 이곳은 주변에 세인트폴 성당과 템스 강 등 시내의 핵심부분과 가까운 곳에 위치해 있기 때문에

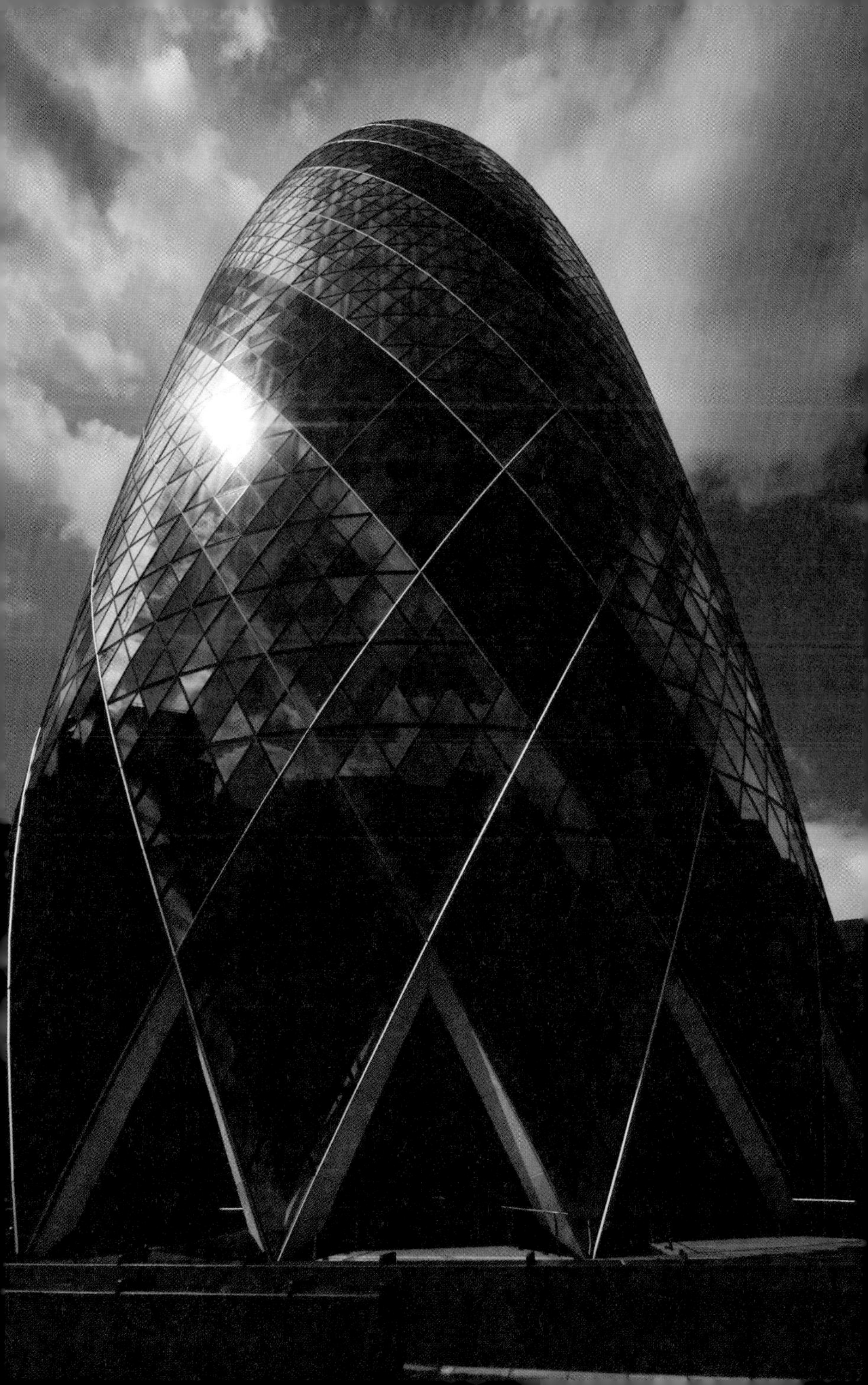

재건축이 쉽지 않은 곳이다. 이 건물을 설계한 노먼 포스터는 원래대로 이 건물을 복원하기보다는 '건축적으로 주목할 만한' 건물을 시 당국에 제시했는데, 다행스럽게도 당시 카나리 와프 지역에 초대형 은행건물이 세워지는 바람에 고층 건물에 대한 반감이 어느 정도 해소되어서 지금의 건물을 세우는 계획안이 통과되었다.

이 건물의 구조공법을 담당한 곳은 아루프그룹이다. 고층건물을 짓는 데는 풍화작용으로 건물이 흔들리는 것을 완충적으로 조정하는 것이 핵심기술이다. 아루프의 구조엔지니어들은 어떤 다른 보강재 없이 '거킨'의 완전한 삼각형 구조를 견고하게 짜 맞추면서 진동제어기술의 신기원을 이루었다.

건물의 외관을 구성하는 한 조각의 둥그런 삼각형 유리들(건물의 꼭대기는 콘택트렌즈가 덮여 있는 것 같다)이 모여 총알 모양의 곡면을 형성하는데, 대영제국박물관에서 본 그레이트 코트의 천장을 만들 때도 이와 같은 공법이 사용되었다고 한다.

이 건물의 하이라이트는 40층 꼭대기에 위치한 레스토랑이다. 이곳에서는 런던을 360도로 볼 수 있는 놀라운 전망을 선사한다고 한다. 그러나 이곳은 안타깝게도 관계자 외에는 들어갈 수 없다. 일 년에 한두 번 있는 오프닝 데이에만, 새벽부터 줄을 서야 입장이 가능하다. 게다가 레스토랑은 차치하고라도, 이 건물 안에 들어가는 것조차 관계자 외에는 허락되지 않는다. 출입에 대한 엄격한 통제는 이 건물만이 아니라, 보안이 강화되고 있는 런던 건물들의 일반적인 관행이 된 듯하다.

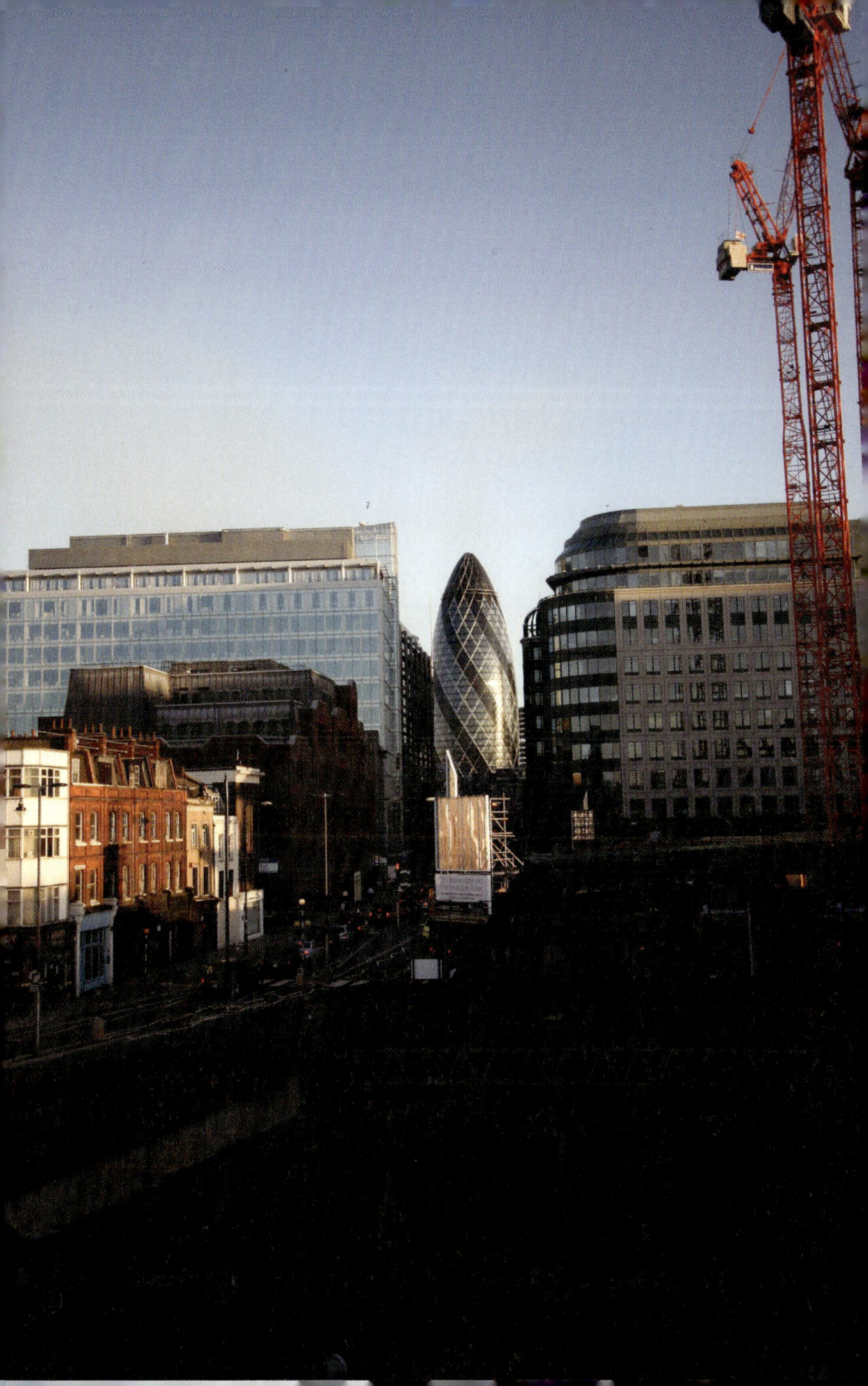

거킨을 보고 돌아오는 길에 독특한 건물과 마주치게 되었다. 용도를 알 수 없는 거대한 알루미늄 빌딩이 대낮에도 반짝거렸다. 일반 제조 공장에서나 볼 수 있는 공업용 수로와 파이프들이 건물 밖에 덕지덕지 붙어 있었다. 어울리지 않게 오래된 건물이 그 앞에 버티고 있어서 더 눈에 들어왔다.

나는 박람회나 미래, 우주와 연관된 기관의 건물일 것이라고 추측했다. 하지만 이 건물은 영국의 보험회사인 로이드 사의 건물이었다.

로이드 사는 사업이 날로 번창하면서 사무실 공간이 더 필요해졌고, 결국 런던에서 가장 인상적인 건물을 새롭게 세우기로 결정한다. 로이드 사는 당시로는 꽤나 실험적이었던 파리의 퐁피두 센터를 설계한 리처드 로저스Richard Rogers를 이 건물의 설계자로 지명한다. 제안을 받아들인 로저스는 퐁피두 센터에 사용한 디자인 요소를 활용하여, 로이드 건물을 디자인하기 시작했다. 이 건물에서 가장 주목할 만한 특징은 퐁피두 센터와 마찬가지로 모든 수직 구조의 설비를 건물 밖으로 들어내서, 내부 공간이 막힘없이 확 트이게 했다는 것이다.

리처드 로저스는 1978년부터 8년에 걸쳐 이 건물을 완성했고, 퐁피두 센터와 더불어 그의 필생의 역작이 되었다.

얼마전 신문에서 그가 서울 여의도 통일주차장 터에 지어질 72층짜리 파크원 빌딩의 설계를 맡았다는 보도를 접했다.

그가 선보일 디자인이 그의 공언대로 서울의 랜드 마크가 될 수 있을지 궁금하다.

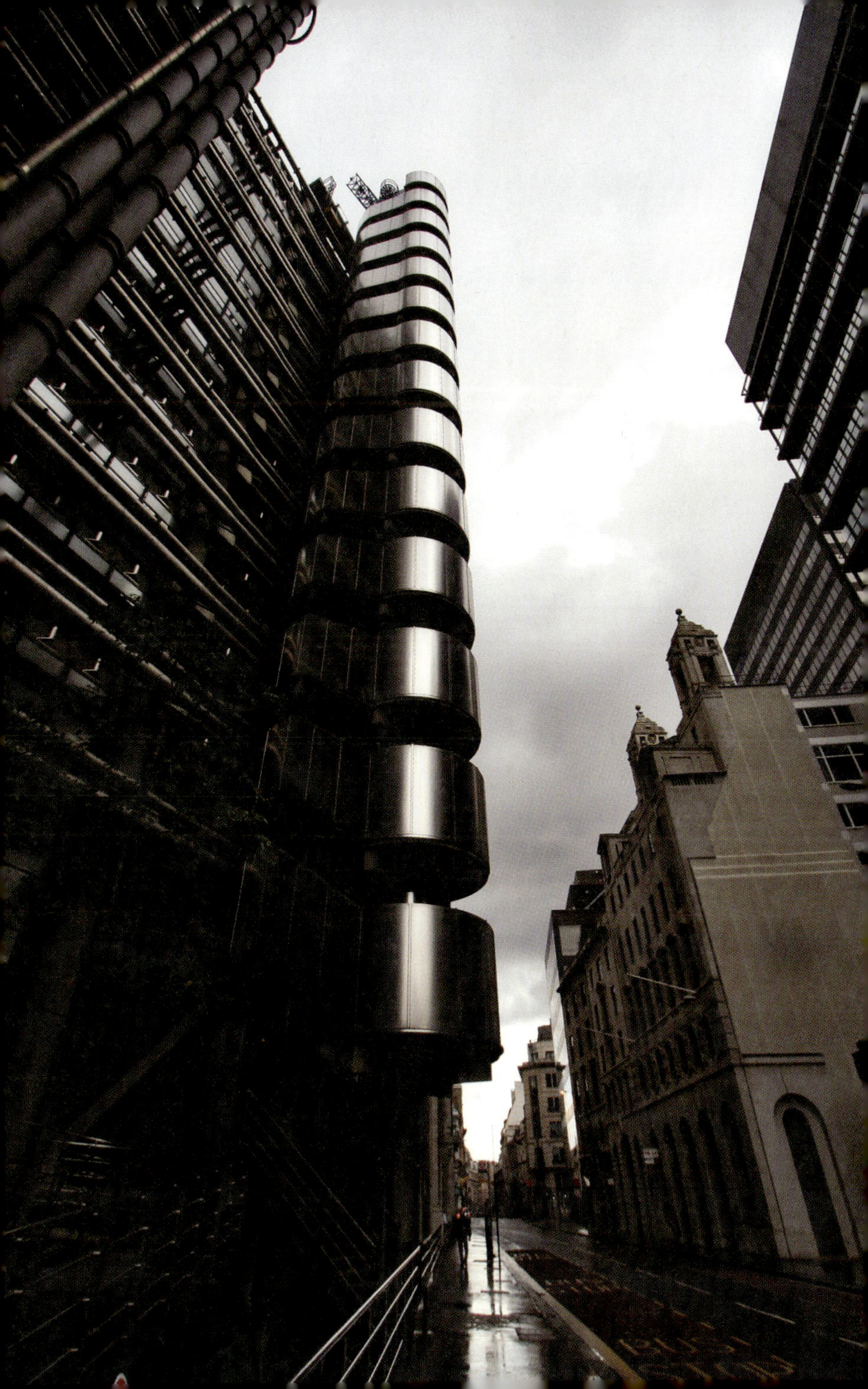

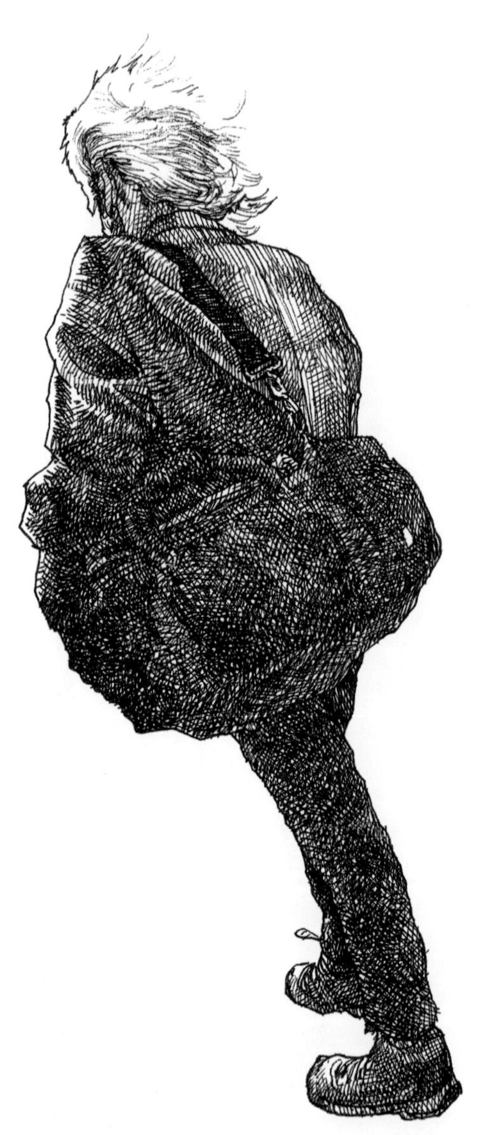

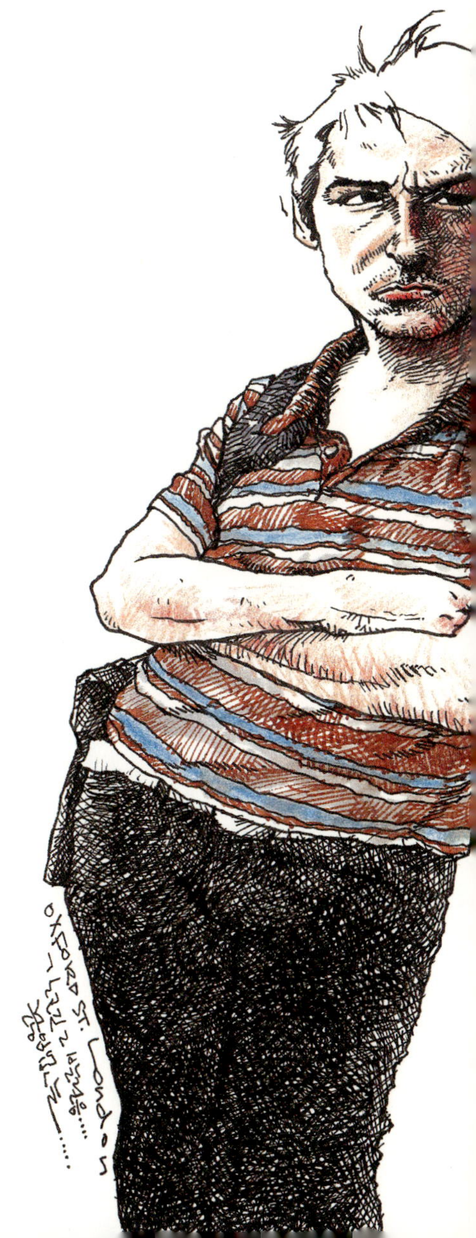

OXFORD ST. London

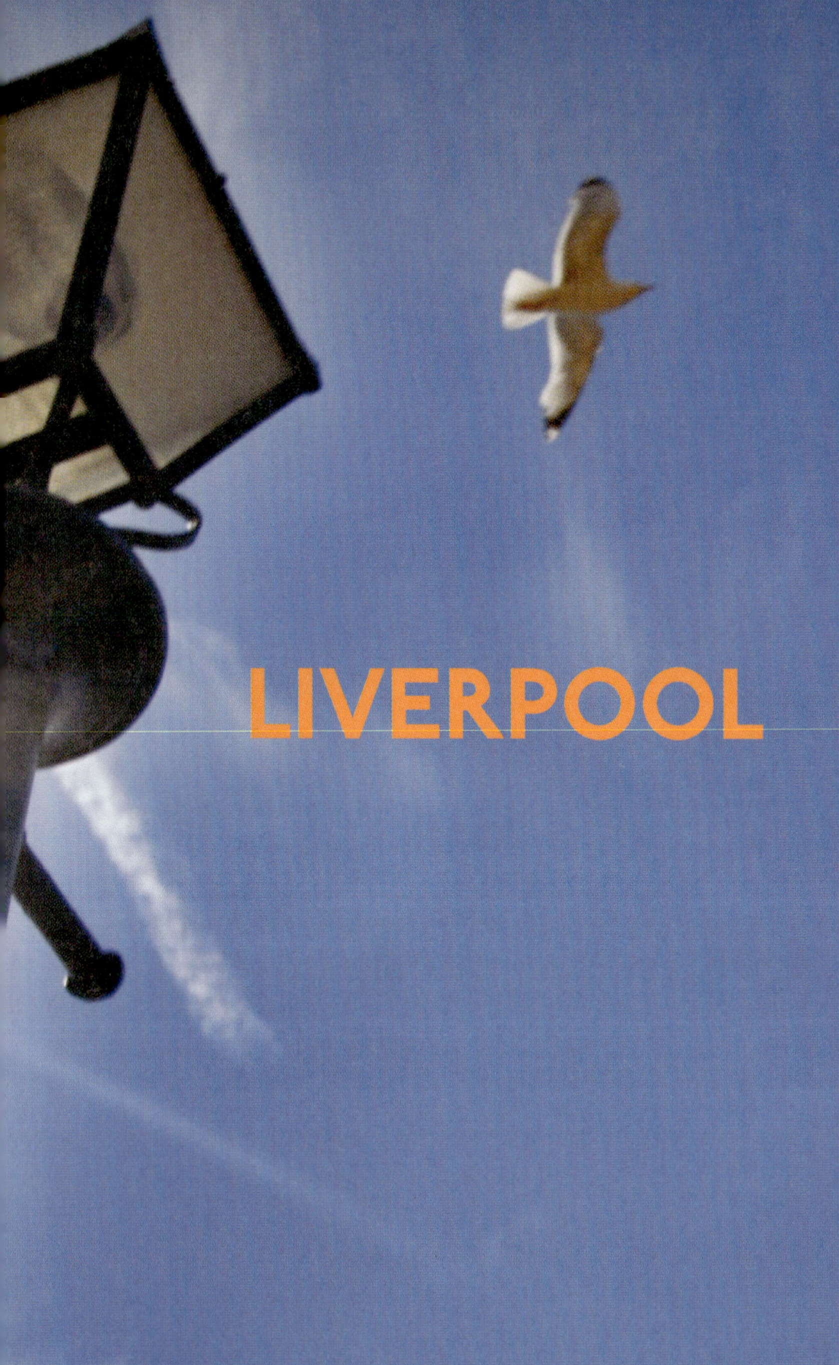
LIVERPOOL

런던의 빅토리아 코치 역^{Victoria Coatch Station}을 떠나 리버풀의 숙소에 도착한 시간은 오후 6시. 구글의 위성지도도 소용없고, 인터넷에서 찾아낸 숙소지도도 아무 소용이 없었다. 첫 여행지부터 숙소를 찾는 데 완전 고생이 시작됐다. 코치 역에서 막 내렸을 때는 걸어서 찾아갈 수 있을 거라고 생각했지만 코치 역에 내리는 순간부터 방위를 상실하고 말았다. 도대체 어디가 북쪽이란 말인가… 허허.

할 수 없이 숙소로 전화를 걸어 찾아가는 방법을 물어보았다.

허탈했다. 그곳은 내가 있는 곳에서 불과 5분 거리에 있는 것이 아닌가. 이렇게 창피할 수가… 나는 이 근처를 벌써 한 시간이나 배회하고 있었다.

하지만 난 전매특허인 '자기 칭찬하기' 모드가 발동하여, 오히려 나 자신을 칭찬했다. 처음 오는 곳이니 헤매는 건 당연한 것이고 어쨌든 찾아낸 건 대단한 것이다.

리버풀에 대한 첫인상은 촌동네 같다는 것이다. 사람이 없었다. 다들 어디를 간 것일까? 숙소로 정한 동네의 거리는 사람을 찾아보기 힘들 정도로 한적했다.

'이거 너무한 거 아닌가?'

불과 6시밖에 안 되었는데 상가도 모두 문을 닫았다. 뭔가 잘못 찾아온 건 아닌지 슬며시 걱정이 되기 시작했다.

'이곳이 정말 리버풀이 맞는 건가?'

잠시 앉아서 고민을 했다. 나는 왜 리버풀에 왔을까?

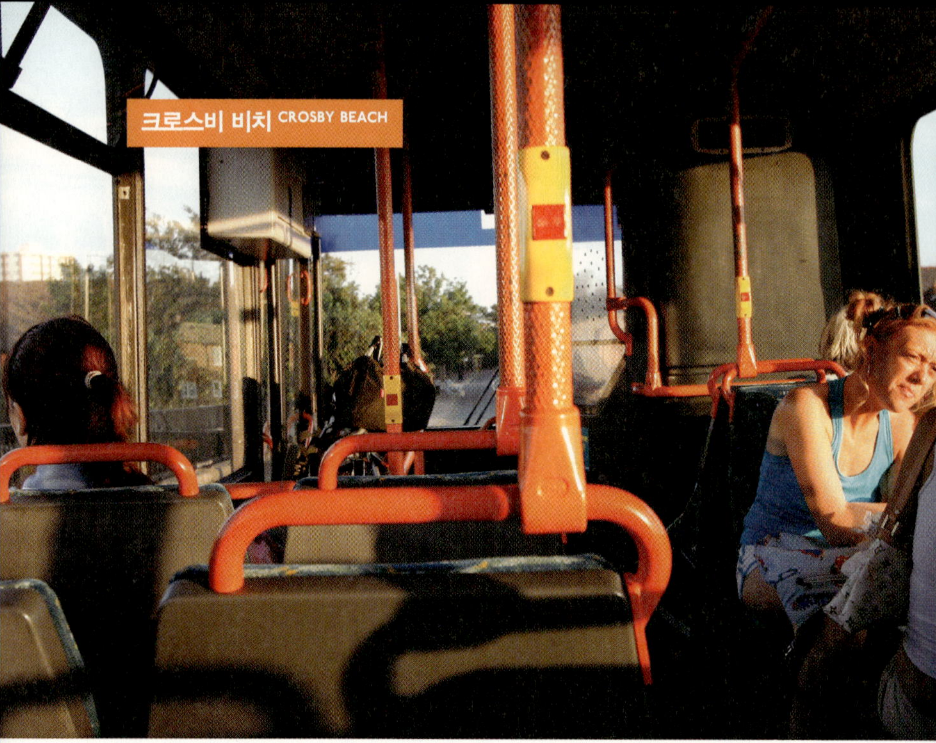

버스 정류장에서 15번 버스를 기다렸다. 정말 이상할 정도로 사람이 없다. 버스를 기다리는 사람도 나 혼자뿐이다. 다행히 버스는 다음 정착역이 표시되는 버스여서 운전사에게 물어보지 않아도 문제없이 목적지에서 내릴 수 있었다.

리버풀 시내에서 십여 킬로미터 떨어진 이 바닷가는 밀물, 썰물이 있는 우리나라 서해안과 거의 흡사하다. 어제 인터넷에서 확인한 바로는 오후 6시 이후는 물이 빠진다고 했다. 지금은 7시 30분. 아마도 내가 도착할 때쯤에는 물이 빠진 상태일 테니 앤터니 곰리의 작품을 충분히 감상할 수 있을 것이다. 그렇다. 내가 리버풀에 온 가장 중요한 목적은 그의 작품을 직접 보기 위해서다.

크로스비 비치에 도착했다. 해변으로 들어서는 입구는 그야말로 평범했다. 바닷가 하면 으레 놀이기구나 술집들이 즐비할 것이라고 생각한 건 오산이었다. 눈에 띄는 건 가라데 도장 하나뿐인 썰렁한 동네였다.

내 생애 두 번째로 만나는 앤터니 곰리의 작품이 곧 눈앞에 나타날 것을 상상하니, 발걸음이 더욱 빨라졌다. 뛰다 보니 길바닥이 콘크리트에서 모래로 바뀐 지 꽤 오래되었다는 것도 느끼지 못했다. 드디어 바다가 보이나 했는데, 바다가 아니라 호수 같은 것이 펼쳐졌다. 내가 상상했던 해송들이 아담하게 늘어선 바닷가 모래사장 대신 넓디넓은 공원이 나왔고, 호수 같은 곳에는 백조들만 한가로이 떠 있었다.

'잘못 온 건 아닐 텐데…'

더 넓은 바다가 펼쳐져 있을 것 같은 곳으로 발걸음을 다시 재촉했다. 지도를 보고 또 보았지만, 분명히 나는 크로스비 비치에 와 있었다. 그런데 어디가 바다고 어디가 'Another Place'란 말인가?

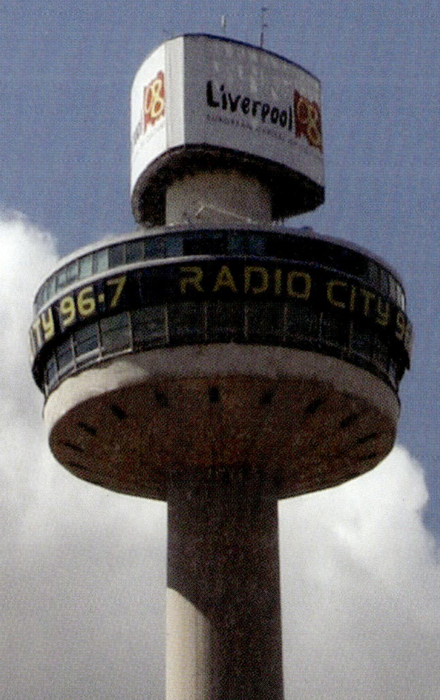

리버풀의 시내에서 라디오 시티 타워의 위치를 기억하고 있으면 길을 찾는 데 유용하다.

막막했던 나는 해가 지고 있는 언덕을 바라보았다. 언덕 위까지 모래사장이 이어져 있었다. 그리고 거기엔 사람이 겨우 지나다닐 수 있는 작은 오솔길이 보였다. 저물어가는 석양에 흙먼지가 풀풀 날리는 저 언덕 너머로 나를 반기는 갈매기 떼와 함께 비릿한 바다 내음이 풍겨왔다.

'아, 저곳인가?'

카메라와 캠코더를 챙기고 나는 기대감에 부풀어 해병대 전사처럼 모래사장을 박차고 언덕으로 뛰어올라갔다. 언덕 위에 올라서니 드디어 크로스비 비치가 펼쳐졌다. 썰물 시간이라 물이 빠져 모래사장에 드문드문 바닷물이 고여 있을 뿐 기대했던 망망대해는 저 멀리 물러나 있었다. 서해바다와 너무나 흡사했다.

어디에 있을까? 나는 앤터니 곰리의 분신과도 같은 그의 인물상들을 찾기 시작했다. 그의 분신들은 이 넓디넓은 모래사장에 드문드문 박혀 있었다. 해변이 온통 전시장이었다. 물이 빠지면 드러나는 이곳, 바다도 아니고 그렇다고 육지도 아닌 이곳, 여기가 바로 곰리의 'Another Place'인 것이다.

1백여 개의 인물 조각들은 곳곳에서 해가 지는 바다 건너 어딘가를 응시하고 있다. 갑자기 무릎을 꿇고 기도라도 할 것 같은 모습이다. 이 인물상은 모두 작가인 앤터니 곰리의 몸을 모형으로 본뜬 것이다. 마치 손오공이 머리카락을 뽑아 수많은 분신을 만들어내듯 앤터니 곰리의 분신들은 모두 해변에서 똑같은 포즈로 먼 곳을 바라보고 있었다. 일종의 종교의식처럼 말이다.

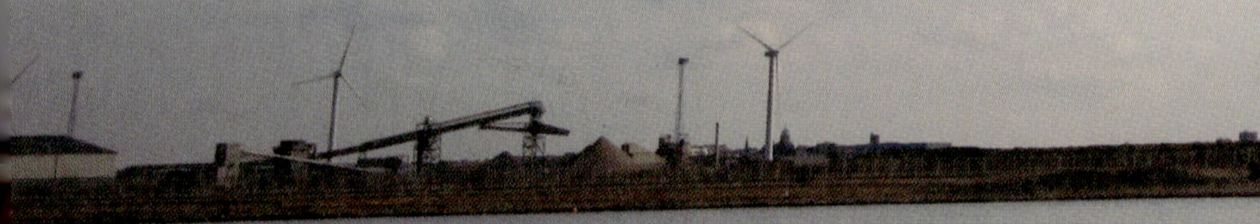

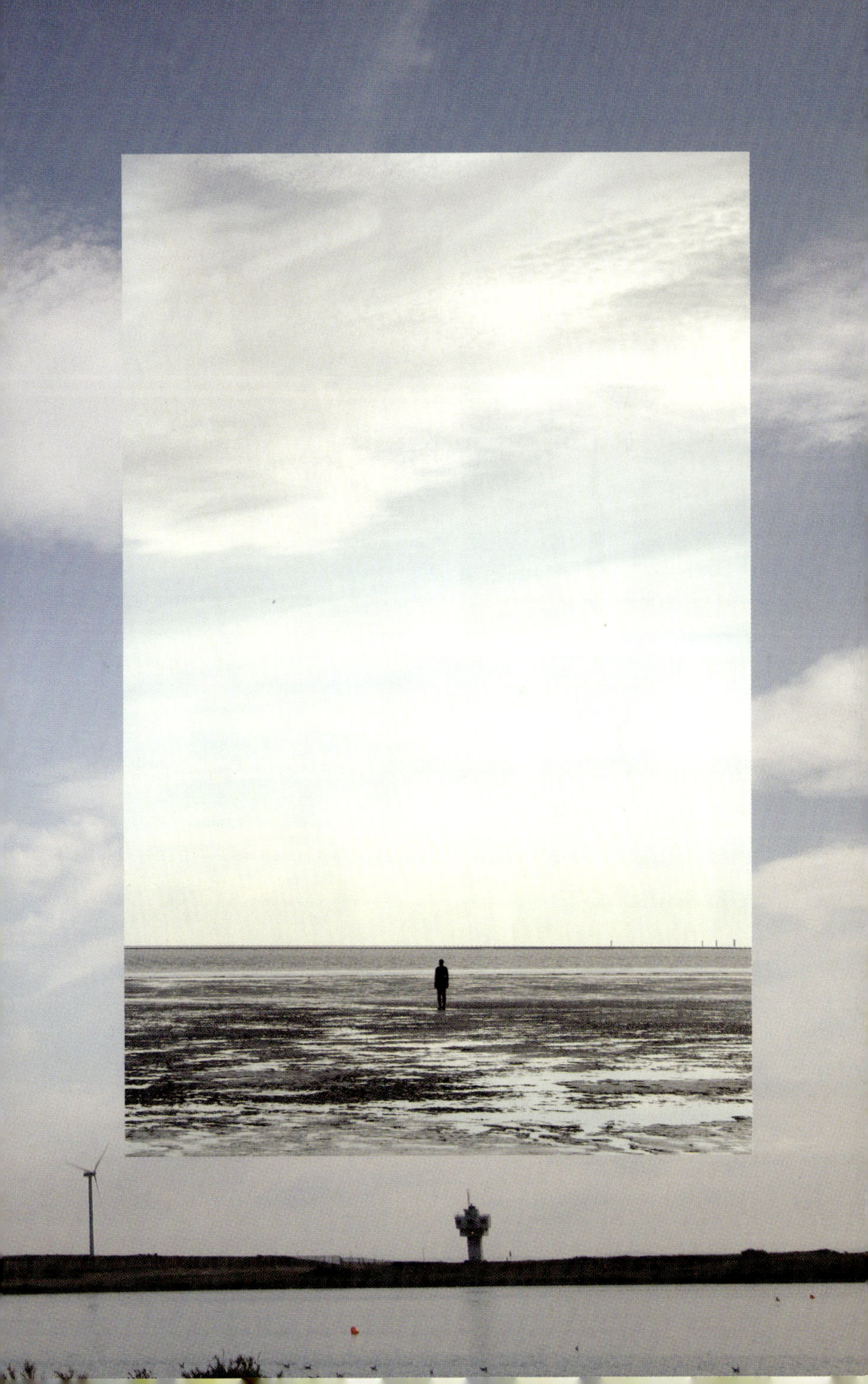

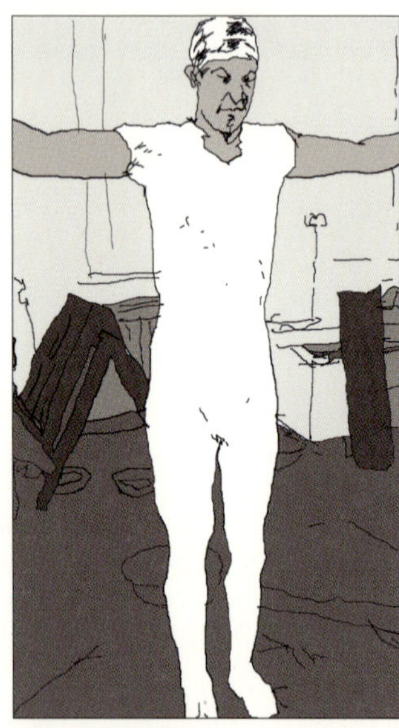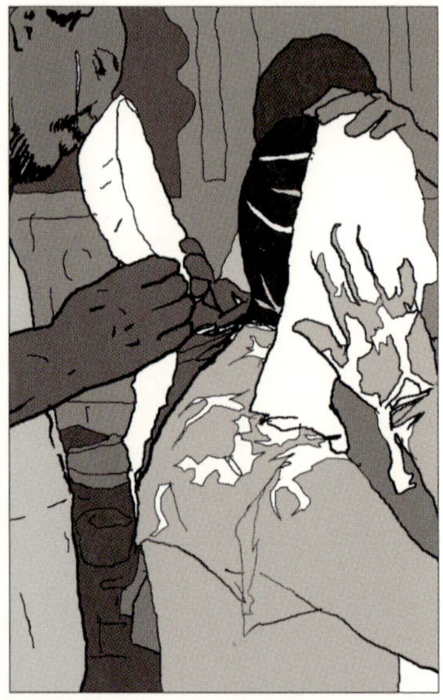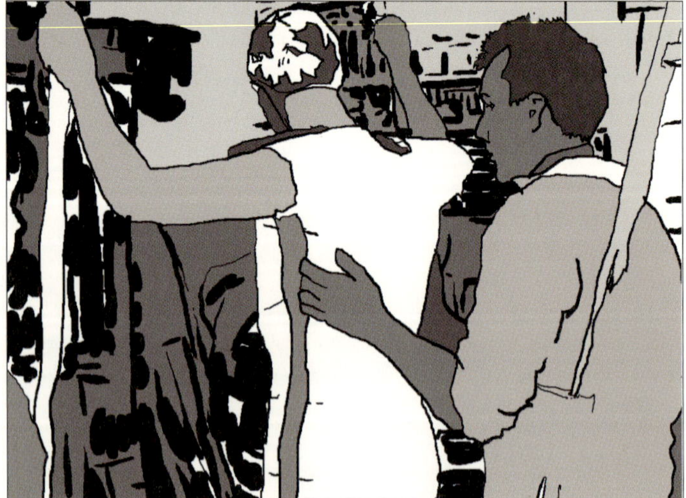

앤터니 곰리는 자신의 몸을 본떠서 석고붕대를 감고 거푸집을 만든다. 그래서 그의 작업에는 그의 표정과 동작이 그대로 전달된다.

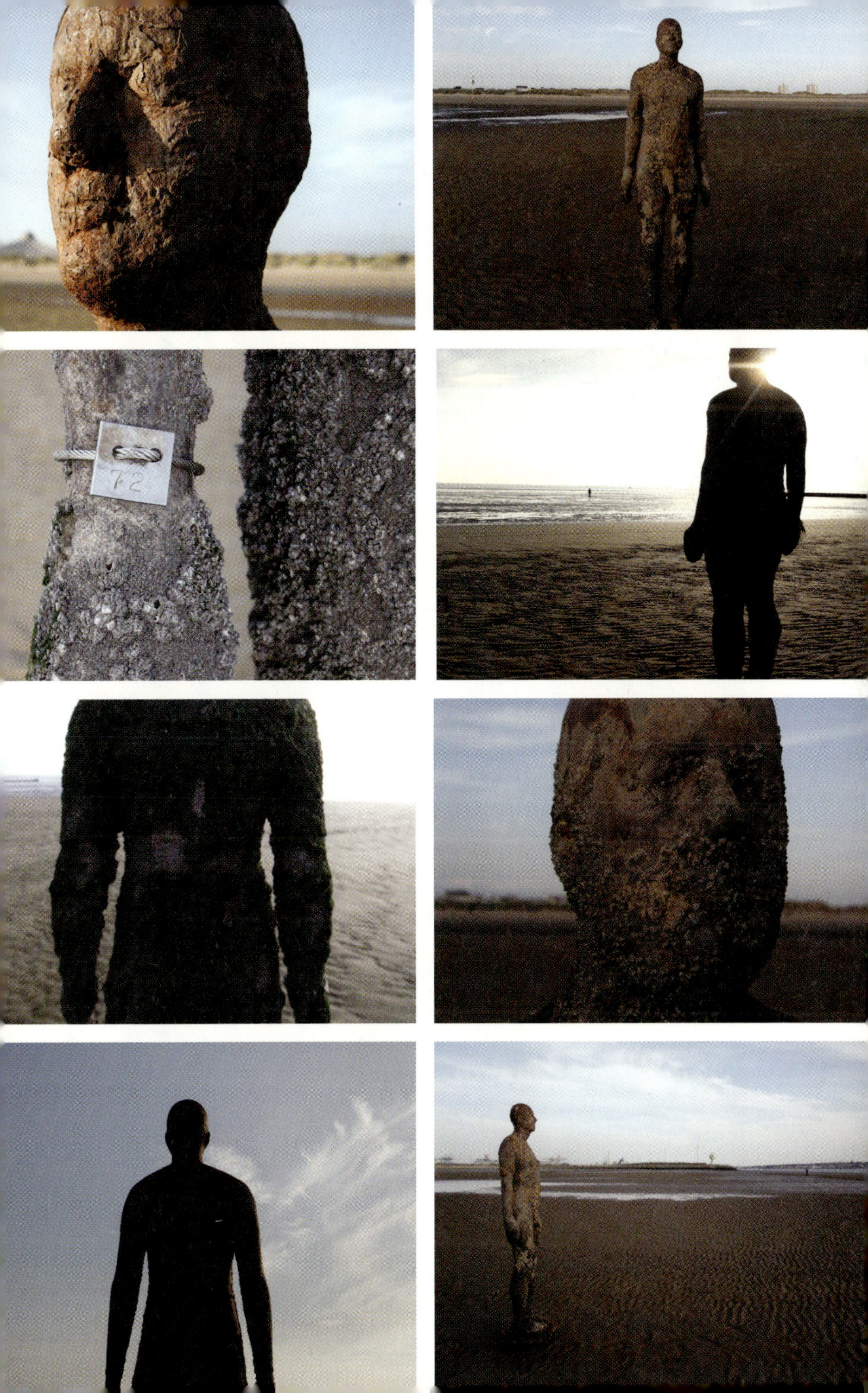

쇳덩어리 인간들은 3.2킬로미터에 이르는 뻘밭에 제멋대로 세워져 있었다. 각각 몸무게가 650킬로그램, 키가 189센티미터였다. 무표정한 모습이 섬뜩했다. 늦은 시간이고 사람도 없어서 더 그렇긴 하지만, 수년간 바닷물에 부식된 채 석양빛을 받고 있는 이 쇳덩어리 인간들의 모습은 공포스럽기까지 했다. 자연과 융화하려고 노력했지만, 그 욕망은 부질없는 잔해로 남은 듯 쓸쓸했다.

또다시 나는 앤터니 곰리 앞에 섰다. 〈양자 구름〉과 마찬가지로 물과 하늘과 육지가 있는 곳에서 그의 두 번째 작품 〈또 다른 곳〉을 보고 있다. 런던과 리버풀이라는 장소만 다를 뿐 그의 작업 콘셉트는 거의 동일하다. 그의 작품은 늘 대자연의 품에 놓여 있고, 그 속에서 혼돈의 결정체인 인간 존재가 허망하게 솟아 있다.

이 작업은 2006년 11월까지만 이곳에 설치될 예정이라고 한다. 이후에는 뉴욕으로 옮겨져 다시 전시를 시작한다. 그 이후의 행로는 알 수 없지만, 어쩌면 전 세계의 해변을 돌지도 모를 일이다. 우리나라 서해에도 한번 왔으면 좋겠다. 전 세계의 바다가 전시장이 된다면 얼마나 멋질까.

물이 들어오고 있다. 갯벌을 지나 다시 숙소로 돌아가야 한다.

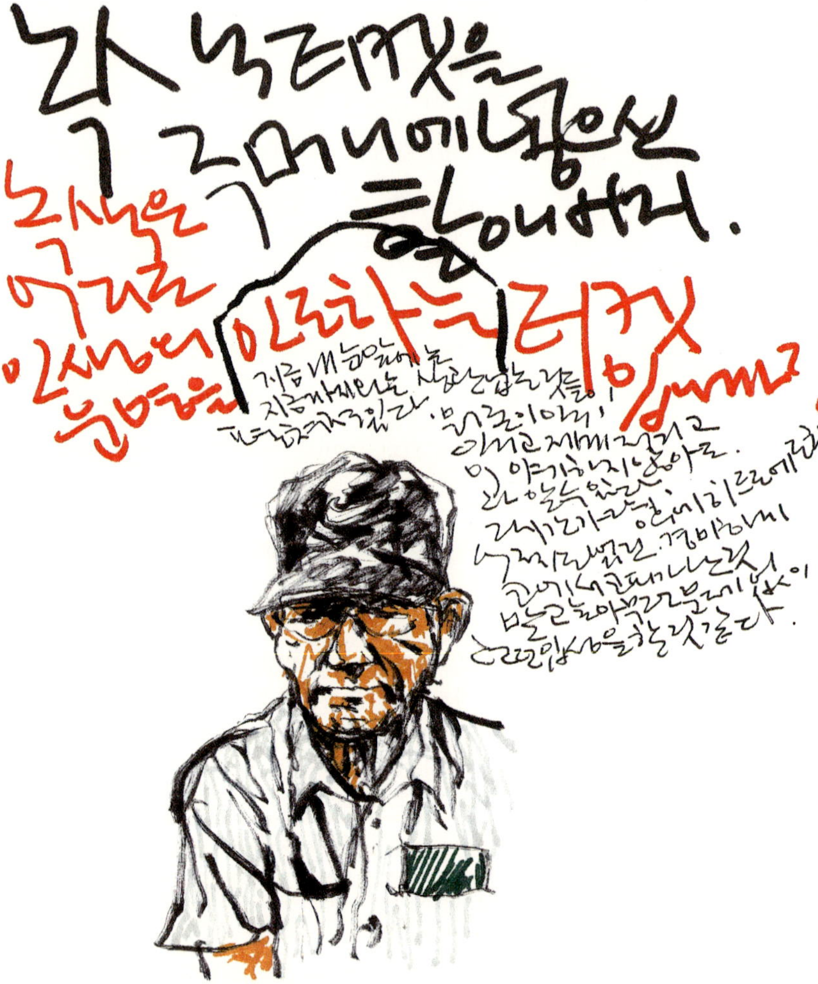

각 느르며것을
그 그 떠나에남은
흙 ㅇ어서며.

아러하는러것ㅇ께게

지금 내 눈으로는
지금까지에는 시간적으로 같은
느느없거라있다. 무궁이이니,
에게 제때그러고
ㅇ 앗거나지ㅇ않고.
그러기가ㅇ럽. 어거리그러에간다
느껴지라였건. 경바흐네
그에서ㅇ파하니것
바르ㅇ아꺼끄부때에ㅇ이
ㅇ편앙ㅅ앙ㅇ하는것을다.

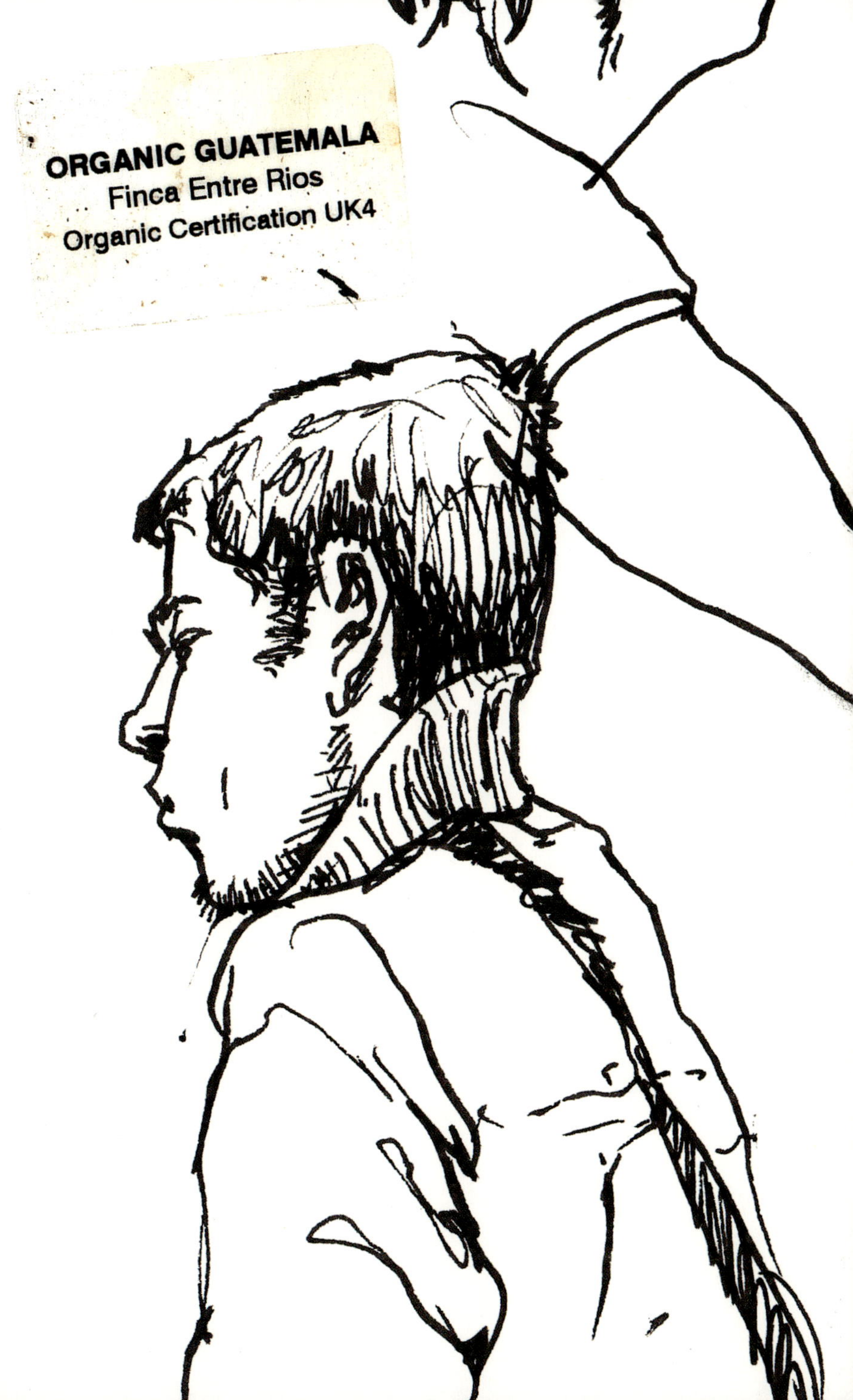
ORGANIC GUATEMALA
Finca Entre Rios
Organic Certification UK4

도시가 점차 성숙해질수록 그 모습은 다양해진다. 내가 살고 있는 홍대 앞 거리도 좋든 싫든 예전과는 다른 모습으로 변해가고 있다.

내가 찾아간 리버풀의 명소 앨버트 독은 1846년 개장한 이후, 새롭게 변신해가는 리버풀의 모습을 단적으로 보여주는 곳이다. 23만 5천 개의 붉은 벽돌로 지은 이 투박한 부두는 동서남북에 위치한 네 개의 건물이 주요 시설물이다.

앨버트 독이 명소가 된 것은 이곳이 그야말로 박물관의 집합소라 할

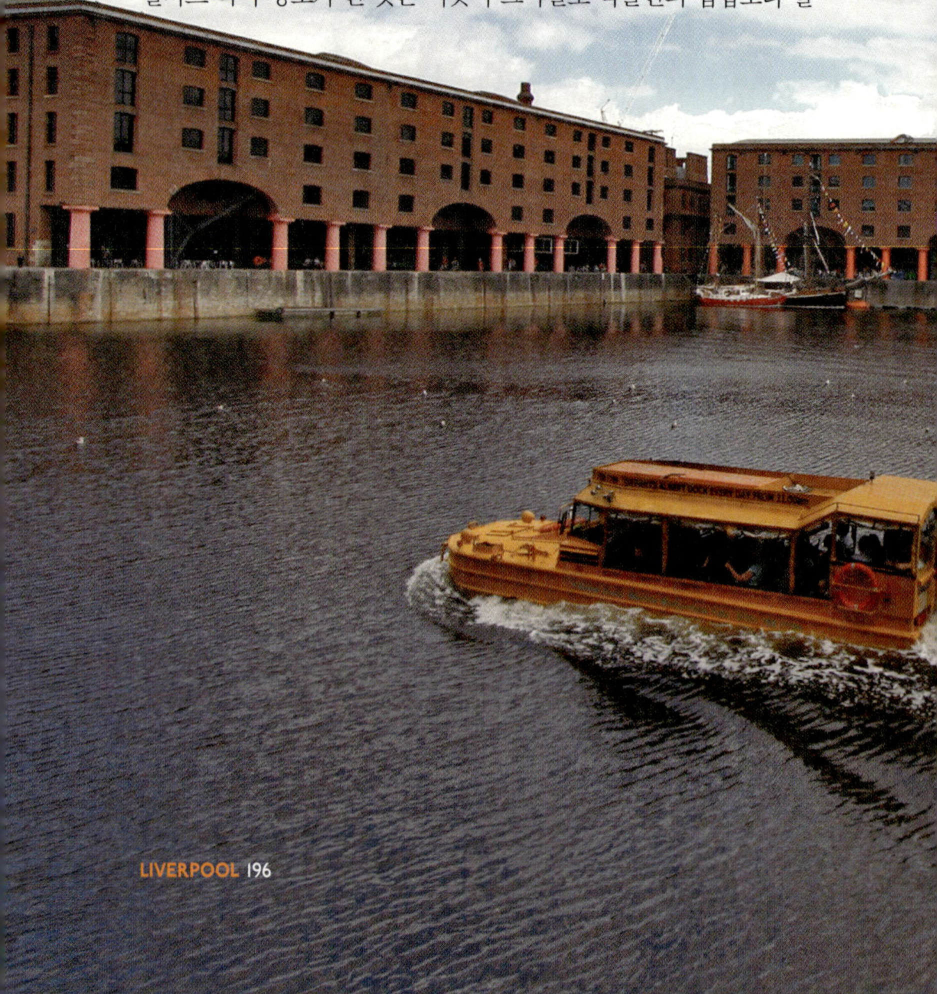

만하기 때문이다. 주로 현대미술을 전시하는 테이트 갤러리의 리버풀 분관인 '테이트 리버풀', 비틀스의 역사를 한눈에 볼 수 있는 '비틀스 스토리', 에드워드 시대의 떠 있는 궁전이라고 불리던 루시타니아 호를 비롯해 선박 및 해양사를 조망해볼 수 있는 '머지사이드 해양박물관', 밀수와 밀매의 세계를 엿볼 수 있는 '관세청국립박물관' HM Customs & Excise National Museum 등 풍부한 볼거리를 한 군데서 볼 수 있다. 또한 박물관 구석구석에는 레스토랑과 카페, 재미있는 물건들을 파는 상점들이 들어서 있어, 가족 단위로 구경을 오거나 연인끼리 데이트를 하거나, 혹은 여행 삼아 온 호기심 많은 모든 이들을 만족시킨다.

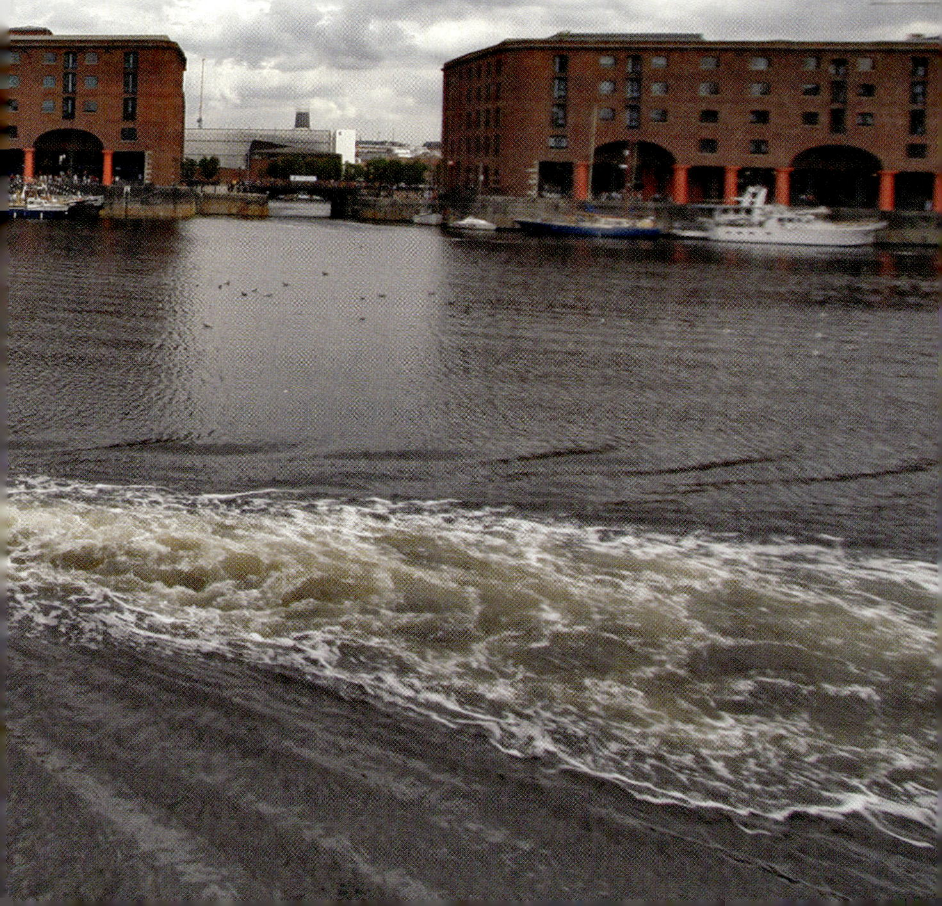

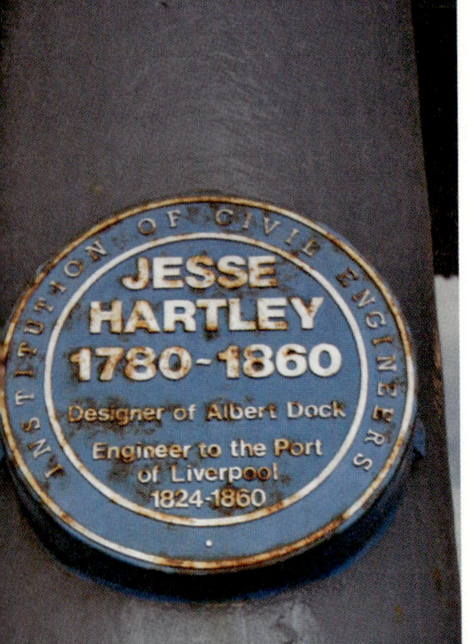
INSTITUTION OF CIVIL ENGINEERS
JESSE
HARTLEY
1780-1860
Designer of Albert Dock
Engineer to the Port
of Liverpool
1824-1860

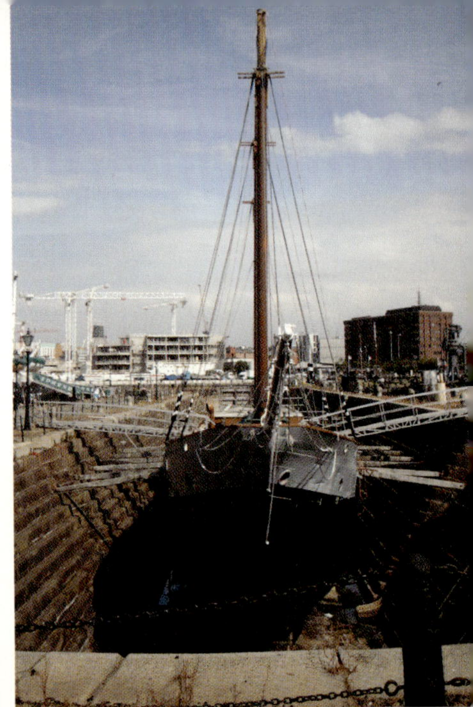

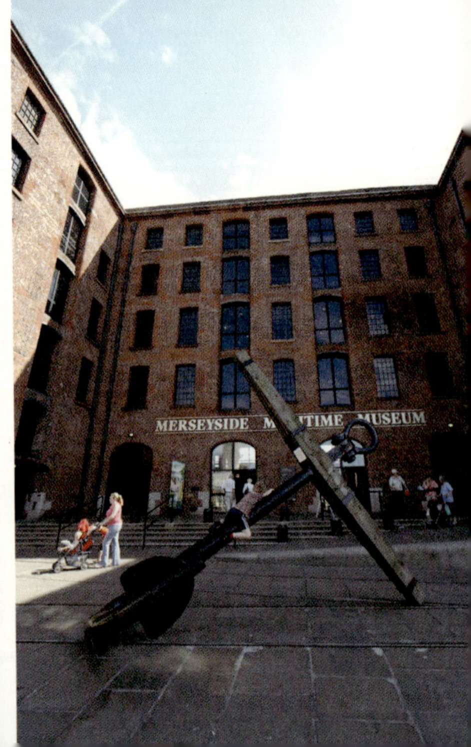
MERSEYSIDE MARITIME MUSEUM

어떻게 해서 이 거친 바다 사나이들의 거점을 이렇게 다양한 사람들이 모일 수 있는 문화의 현장으로 만들 수 있었을까?

런던의 테이트 모던 갤러리가 원래는 전력발전소였듯이, 그 분관이 있는 이곳도 낡고 거대하기만 한 부두였다는 점에서는 공통점이 발견된다. 영국은 산업혁명의 발상지인 만큼 세계 어느 나라보다도 산업구조가 빨리 변해간 나라다. 그렇다보니 초창기 산업개발의 역군이 되었던 공장과 발전소들은 이제 낡고 쓸모없는 공간으로 변했다. 21세기를 맞이하여 20세기의 노후한 산업의 때를 벗고자 영국 전역은 지금 공사 중이다. 그런데 여기서 한 가지 특이한 것은 앨버트 독이나 테이트 모던이나 그 장소가 지닌 고유한 역사성을 없애지 않고 그것을 토대로 재단장한다는 것이다. 장소의 역사성이 빠지면 도시의 문화를 형성해온 근간을 잃어버리는 것이고, 다시 무無의 토대에서 새로운 문화를 형성하기까지는 오랜 세월이 흘러야 한다. 영국의 도시들은 그것을 잊지 않고 있다.

항구건 산업시설이건 간에 그곳은 영국인들에게 중요한 역사를 간직하고 있다. 이곳에서 살던 사람들의 어떤 이야기라도 그들은 그것을 문화적으로 가공하는 데 능숙하다. 이미 실효성을 상실한 공간에는 일단 그곳을 기념할 수 있는 뮤지엄과 갤러리를 만들어 예술적 포장을 완벽하게 끝내고, 레스토랑과 쇼핑몰 등 엔터테인먼트 요소들을 각 곳에 배치한다. 이런 방식으로 리버풀은 2008년 '유럽의 문화도시' 행사를 꼼꼼히 준비하고 있었다.

테이트 리버풀에서는 제이크와 디노스 채프먼 Jake and Dinos Chapman 형제와 그레이슨 페리 Grayson Perry 의 작품이 날 기다리고 있었다. 둘 다 2003년에 영국 미술계의 오스카상이라 할 만한 터너 프라이즈 Turner Prize 를 수상했다. 나는 단 한 번도 그들의 오리지널 작품을 본 적이 없었기 때문에 단숨에 테이트 리버풀로 달려갔다.

그레이슨 페리의 〈Aspects of Myself〉(2001) 〈My Gods〉(1994)와 새롭게 떠오르는 캐나다 출신의 일러스트레이터인 마르셀 드자마 Marcel Dzama 의 〈Untitled〉(2002, 2003) 그리고 이미 슈퍼스타 반열에 오른 채프먼 형제의 〈Disasters of War〉(1993)를 볼 수 있었다.

채프먼 형제의 작품들을 잡지에서 봤을 때는 잔혹하고 공포스런 이미지들이었는데, 실제로 보니 장난감같이 귀여웠다. 인형극을 보는

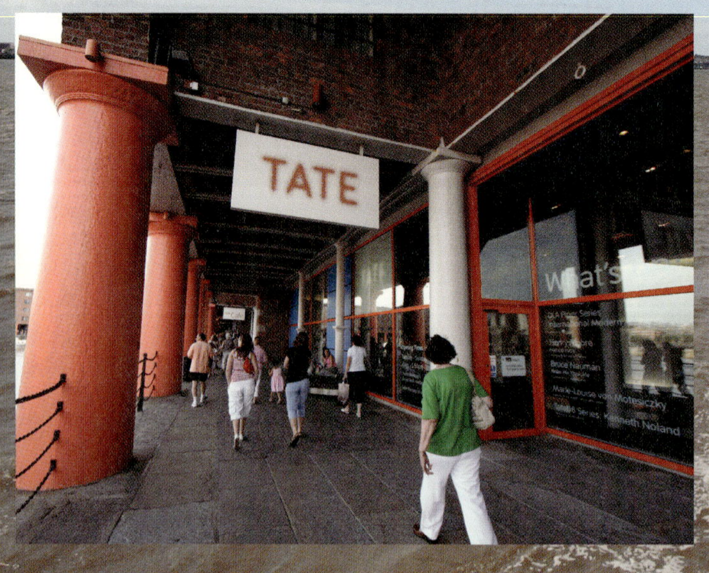

듯, 인간들의 세상을 기성 인형제품들을 가지고 표현한 작품이었다.
보기에 잔혹하진 않았지만, 인간들의 전쟁이 인형놀이에 불과하다
고 생각하니 담고 있는 내용만큼은 섬뜩하게 다가왔다.
테이트 리버풀은 규모 자체는 비록 런던과 비교될 수 없지만, 전시된
작품의 수준만은 결코 뒤떨어지지 않았다. 각 층마다 구석에 의자를
놓아서 창 너머로 리버풀의 넉넉한 바다를 볼 수 있다는 것도 아주
좋았다.

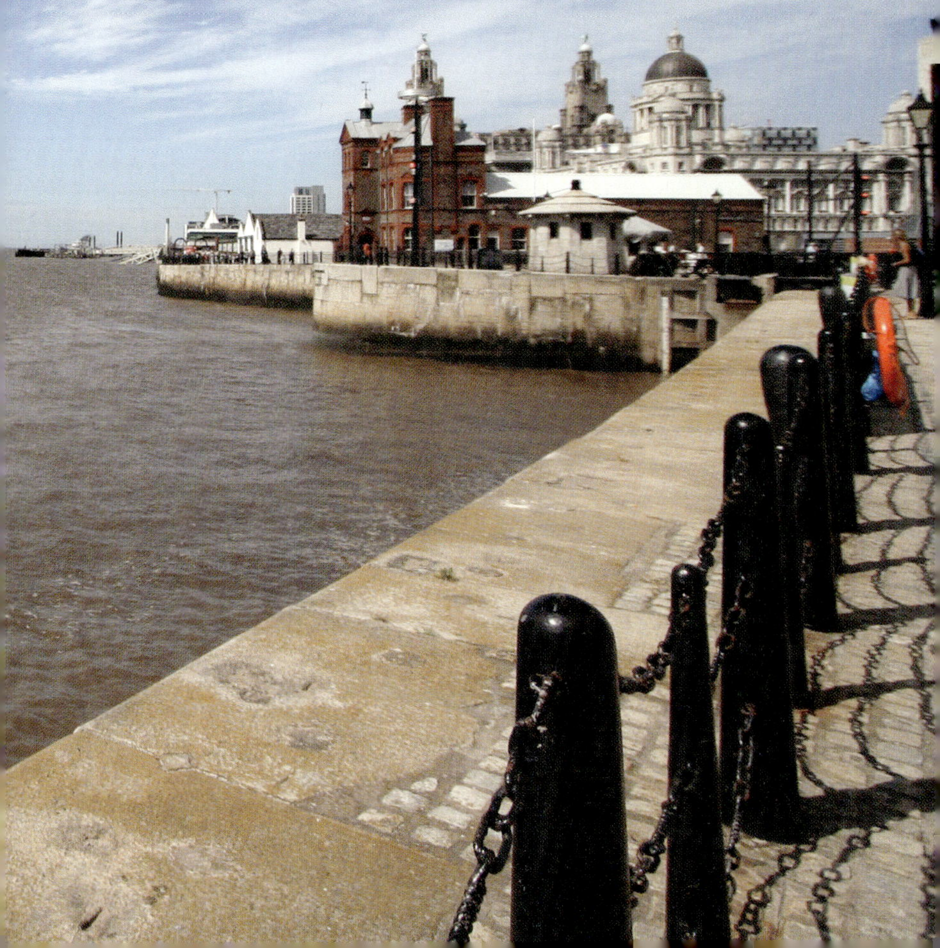

리버풀 거리를 걷다 보면 건물들이 온통 낡아 있고, 그 속에는 사람이 살고 있을 것 같지도 않은 거리가 나타난다. 곧 허물어질 게 뻔한 건물들이다. 그런데 이런 곳은 여지없이 아티스트들의 차지가 되어 있었다.

벽 전체를 캔버스 삼아 그라피티를 한 곳도 있고, 거리 전체를 전시장 삼아 작품들을 선보이는 곳도 있었다. 허물어질 건물들이라 그런지 시 관계자들도 그다지 관심이 없는 듯했다. 그래서 더욱 아티스트들이 이곳에서 작업에 열을 올리고 있는 모양이다.

거리의 아티스트들은 자신들의 열정적인 작업이 곧 허물어질 건물에 그려진다고 해도 그 유효한 몇 시간, 며칠이 중요하다. 소멸되어 사라져버리지만 그것도 그들에게는 중요한 의미가 되기 때문이다.

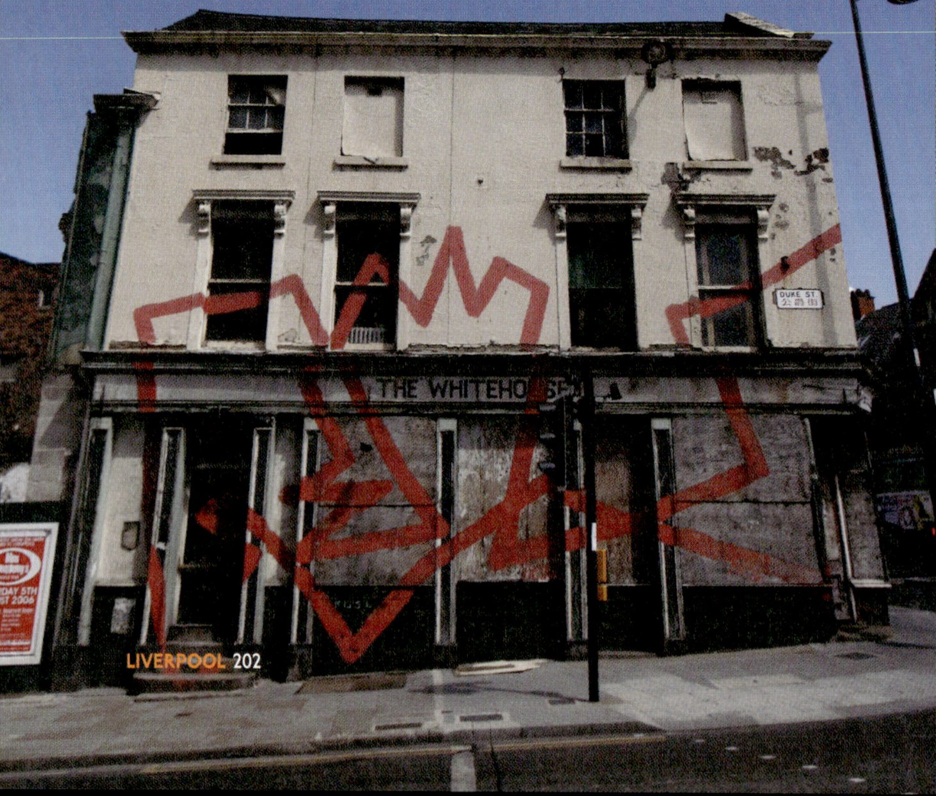

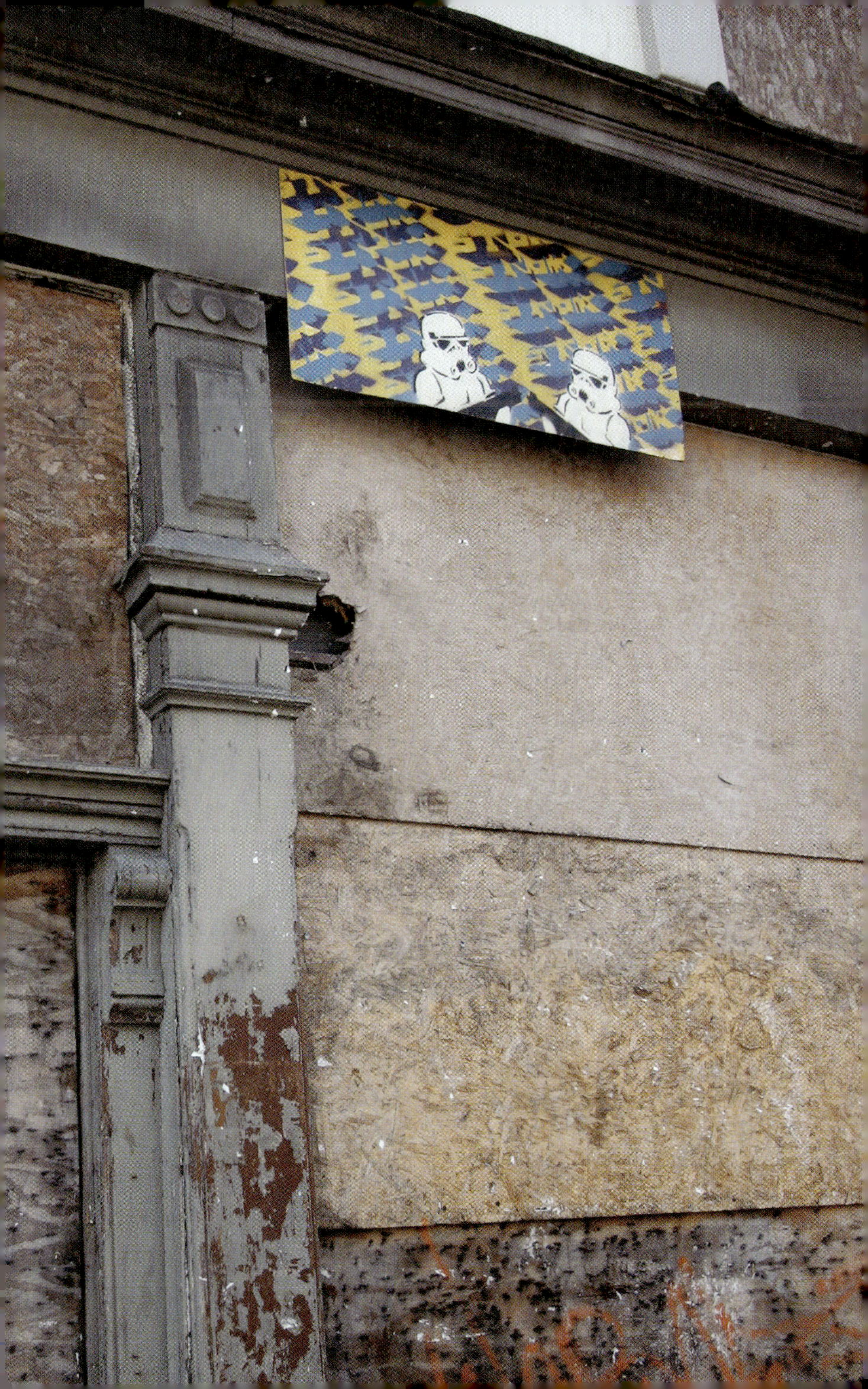

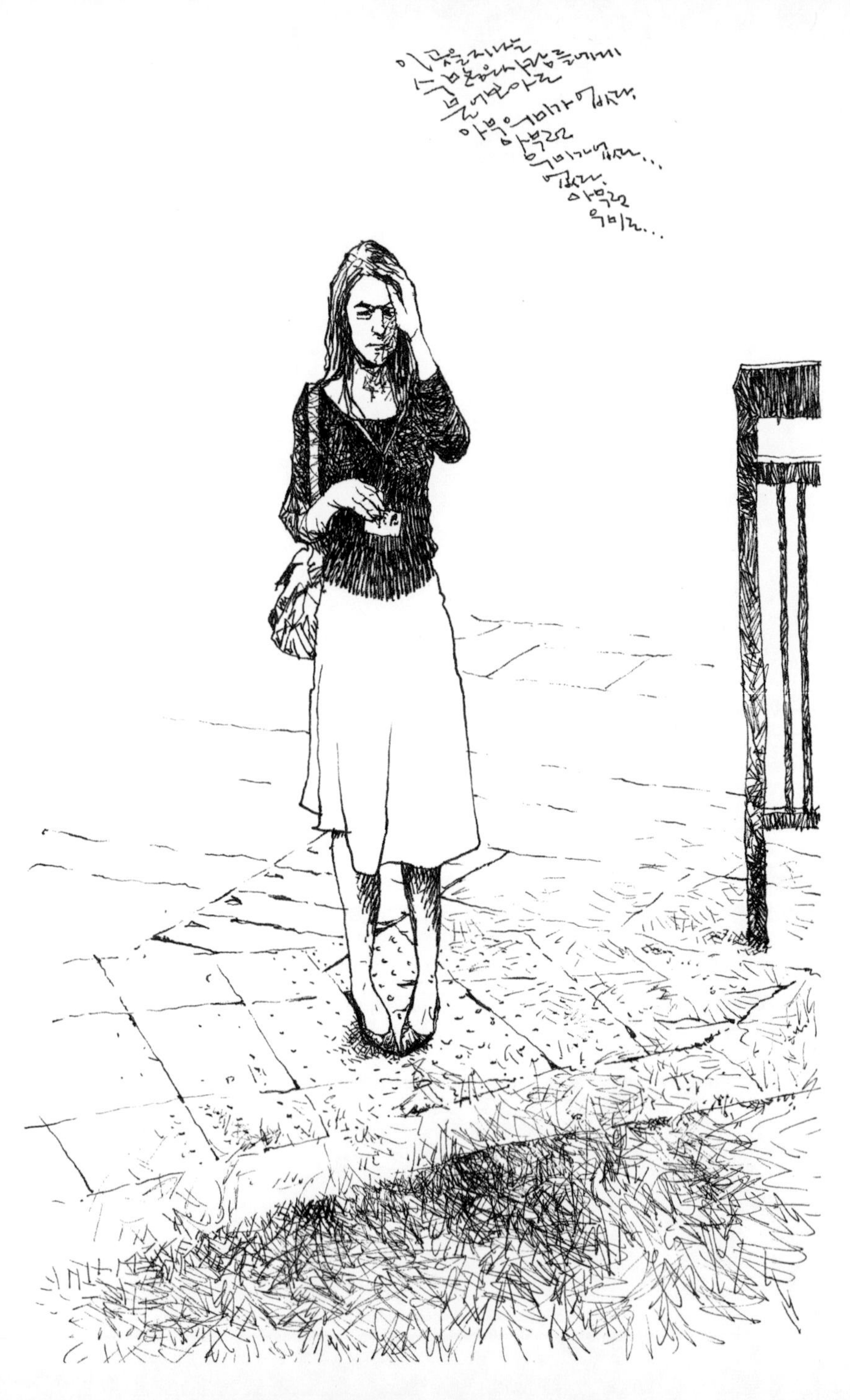

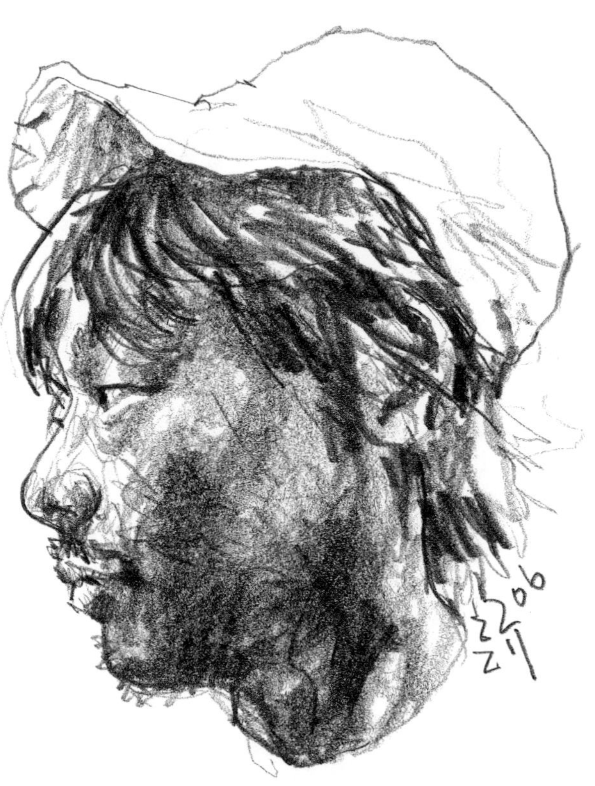

MANCHESTER

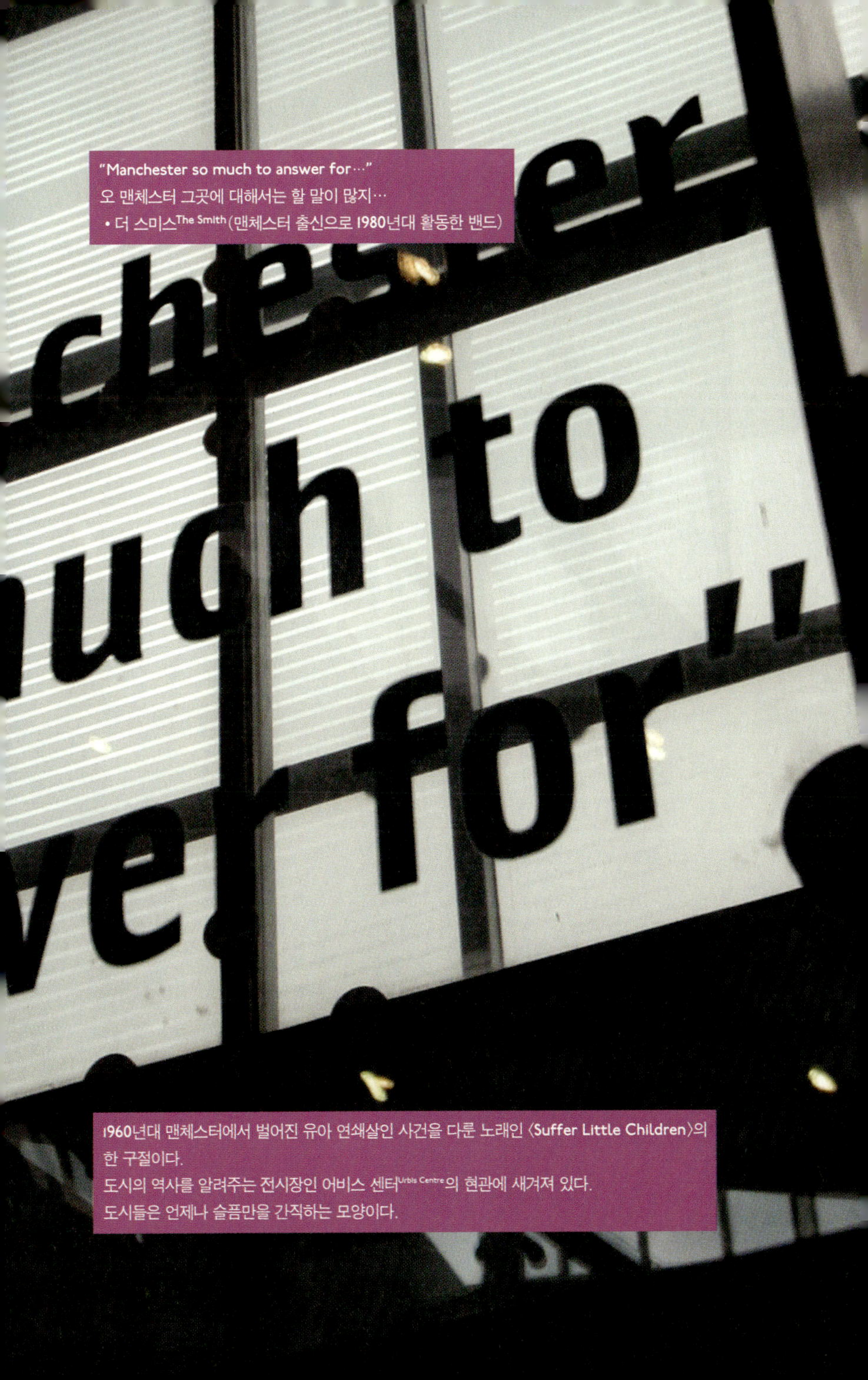

"Manchester so much to answer for…"
오 맨체스터 그곳에 대해서는 할 말이 많지…
• 더 스미스The Smith (맨체스터 출신으로 1980년대 활동한 밴드)

1960년대 맨체스터에서 벌어진 유아 연쇄살인 사건을 다룬 노래인 〈Suffer Little Children〉의 한 구절이다.
도시의 역사를 알려주는 전시장인 어비스 센터Urbis Centre 의 현관에 새겨져 있다.
도시들은 언제나 슬픔만을 간직하는 모양이다.

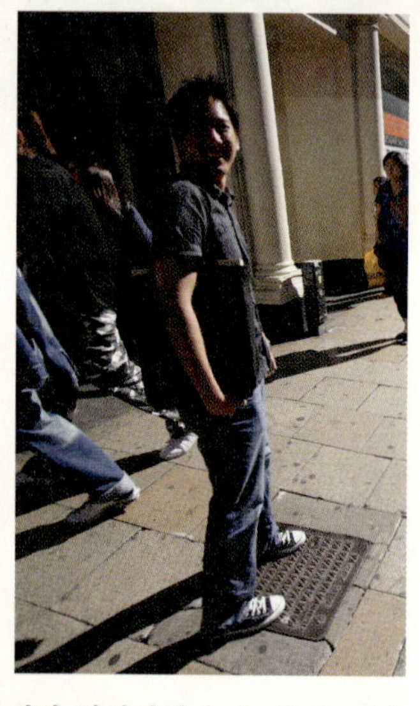

유진의 동생 켈빈을 이곳에서 만났다. 그는 어린 나이인데도 국비 장학생으로 영국에 유학을 와서, 현재는 엔지니어 회사에 인턴과정으로 일하고 있다. 자신의 능력으로 부모 도움 없이 국비유학을 간다는 건 싱가포르에서도 매우 어려운 일이라고 한다.

이곳 맨체스터에서는 그의 집에서 신세를 지기로 했다. 예정된 시간보다 늦게 도착한 켈빈은 매우 잘생긴 청년이었다. 늦게 온 것을 미안해하는 이 친구와 나는 허기진 배를 채우기 위해 중국식당으로 갔다.

어둑어둑해진 맨체스터 시내를 대충 둘러보면서 켈빈과 서로 살아가는 이야기를 나누었다. 유진에게 부탁을 받은 모양인지 자기가 알고 있는 곳은 세세하게 알려주려고 노력하는 모습이 고마웠다.

시내에서 30분 가량 열차로 가야 하는 켈빈의 집에는 같은 국비유학생 동기가 함께 살고 있었다. 두 사람 모두 라이벌 관계의 수재들이

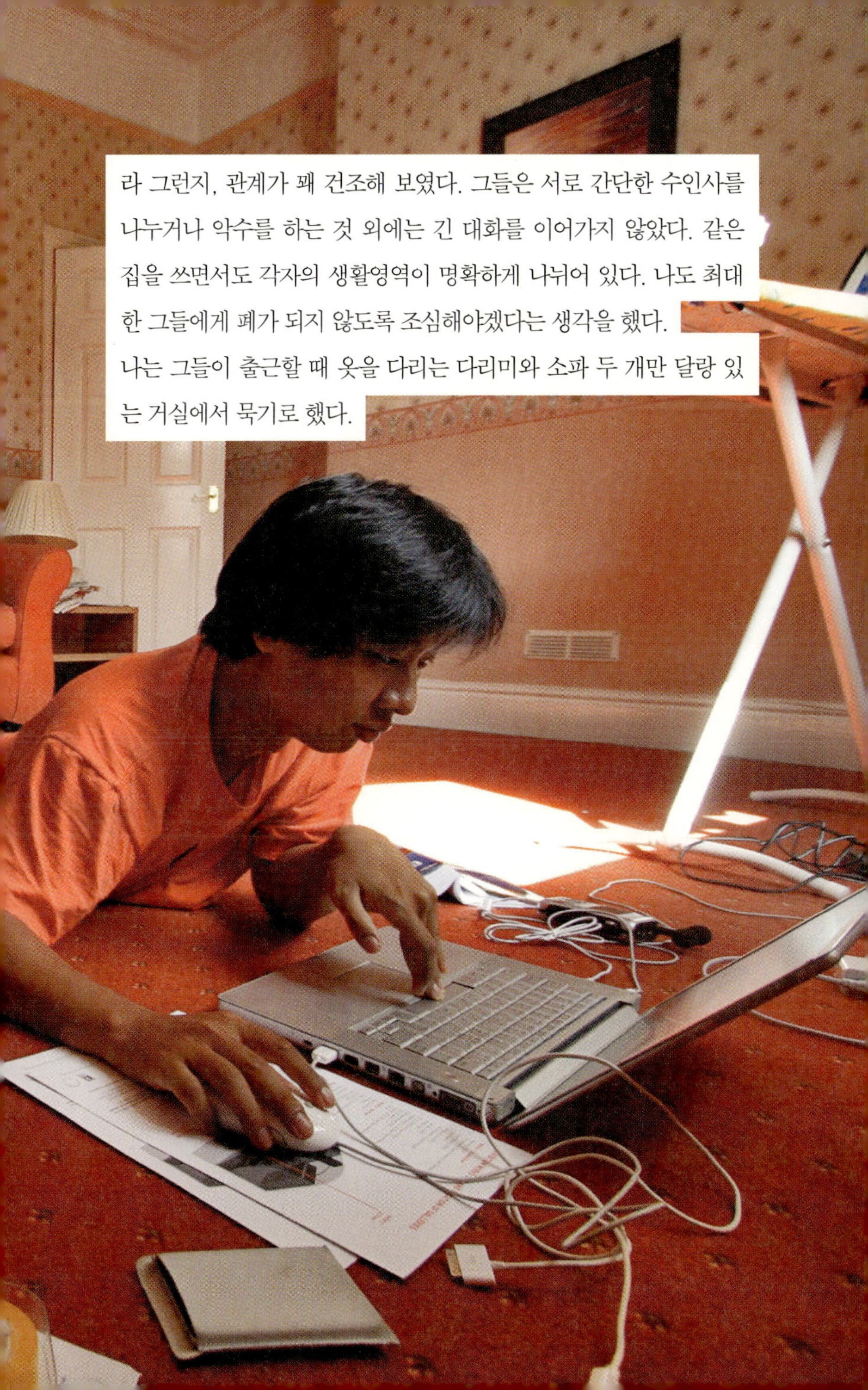

라 그런지, 관계가 꽤 건조해 보였다. 그들은 서로 간단한 수인사를 나누거나 악수를 하는 것 외에는 긴 대화를 이어가지 않았다. 같은 집을 쓰면서도 각자의 생활영역이 명확하게 나뉘어 있다. 나도 최대한 그들에게 폐가 되지 않도록 조심해야겠다는 생각을 했다. 나는 그들이 출근할 때 옷을 다리는 다리미와 소파 두 개만 달랑 있는 거실에서 묵기로 했다.

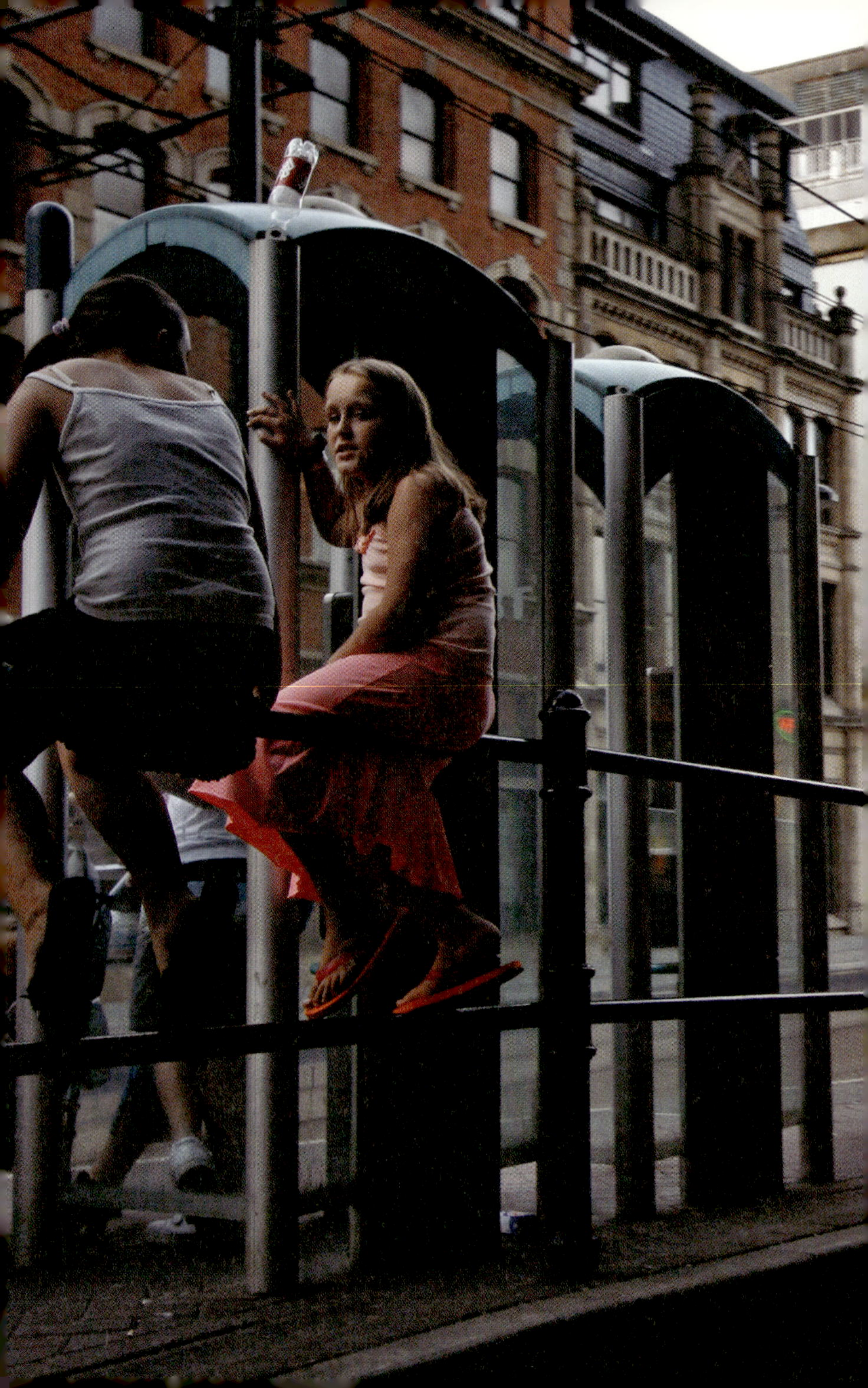

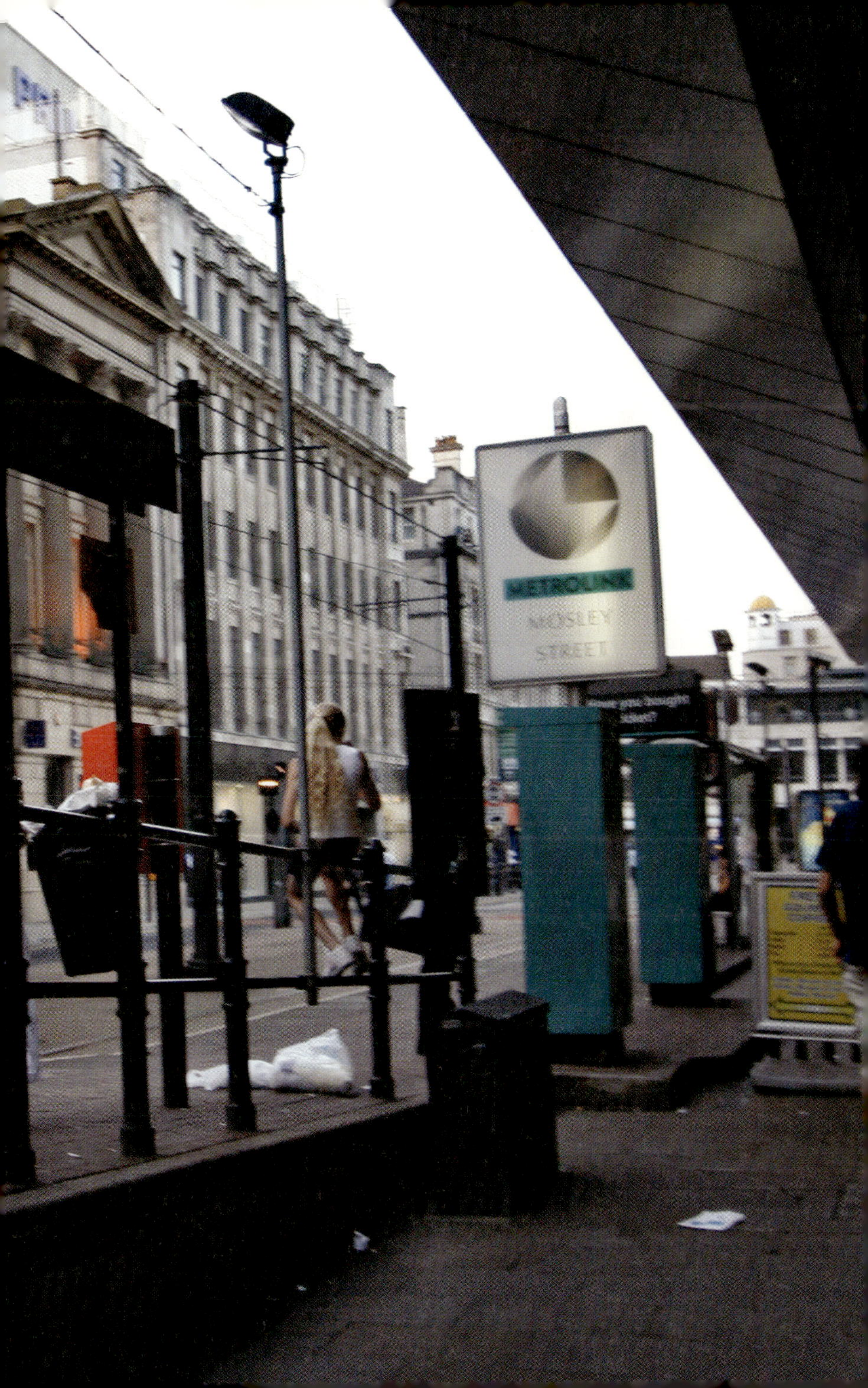

METROLINK
MOSLEY
STREET

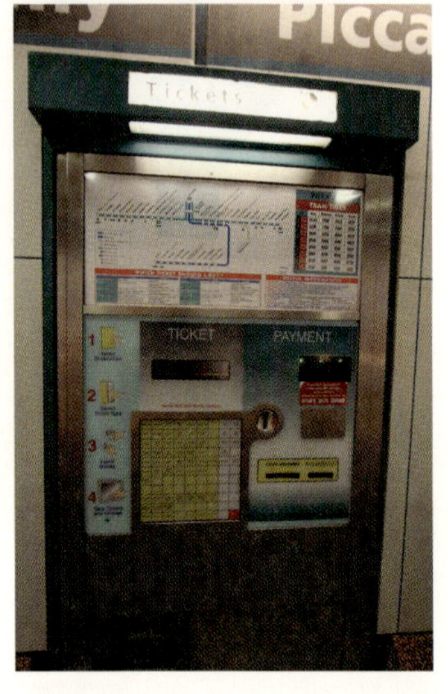

켈빈과 함께 맨체스터 유나이티드(이하 맨유)의 홈구장인 올드 트래포드를 방문하기로 했다. 맨체스터를 대표하는 그 어떤 것도 뒤로 하고 이 축구 경기장과 박지성만으로 머리를 가득 채운 채 그곳으로 향했다.

맨체스터의 대중교통수단은 메트로링크Metrolink라는 트램인데, 이 트램은 시내 중심부터 외곽지역을 돌았고, 티켓을 판매하는 별도의 창구는 없었다. 각 역마다 티켓머신이 한편에 자리 잡고 있을 뿐 그것을 관리하는 직원도 없었다.

시내에서 제법 멀리 떨어진 시외에 위치한 올드 트래포드 역에 도착하니, 맨 처음 나를 반긴 건 올드 트래포드 크리켓 경기장이었다. 이 날은 마침 파키스탄과 잉글랜드의 빅게임이 벌어지고 있어서 올드 트래포드 역에 도착하자마자, 우리는 이 스포츠 시티의 흥분된 분위기에 휩쓸리기 시작했다. 크리켓 경기는 오전부터 오후까지 꽤 오랜 시간 지속된다.

넘쳐나는 인파 속에서 들려오는 함성소리를 들으며 우리는 맨유의 홈구장인 올드 트래포드 경기장으로 발걸음을 재촉했다. 가는 도중에 늘어서 있는 '피시앤칩스'Fish & Chips라는 영국 전통음식 가게들의 행

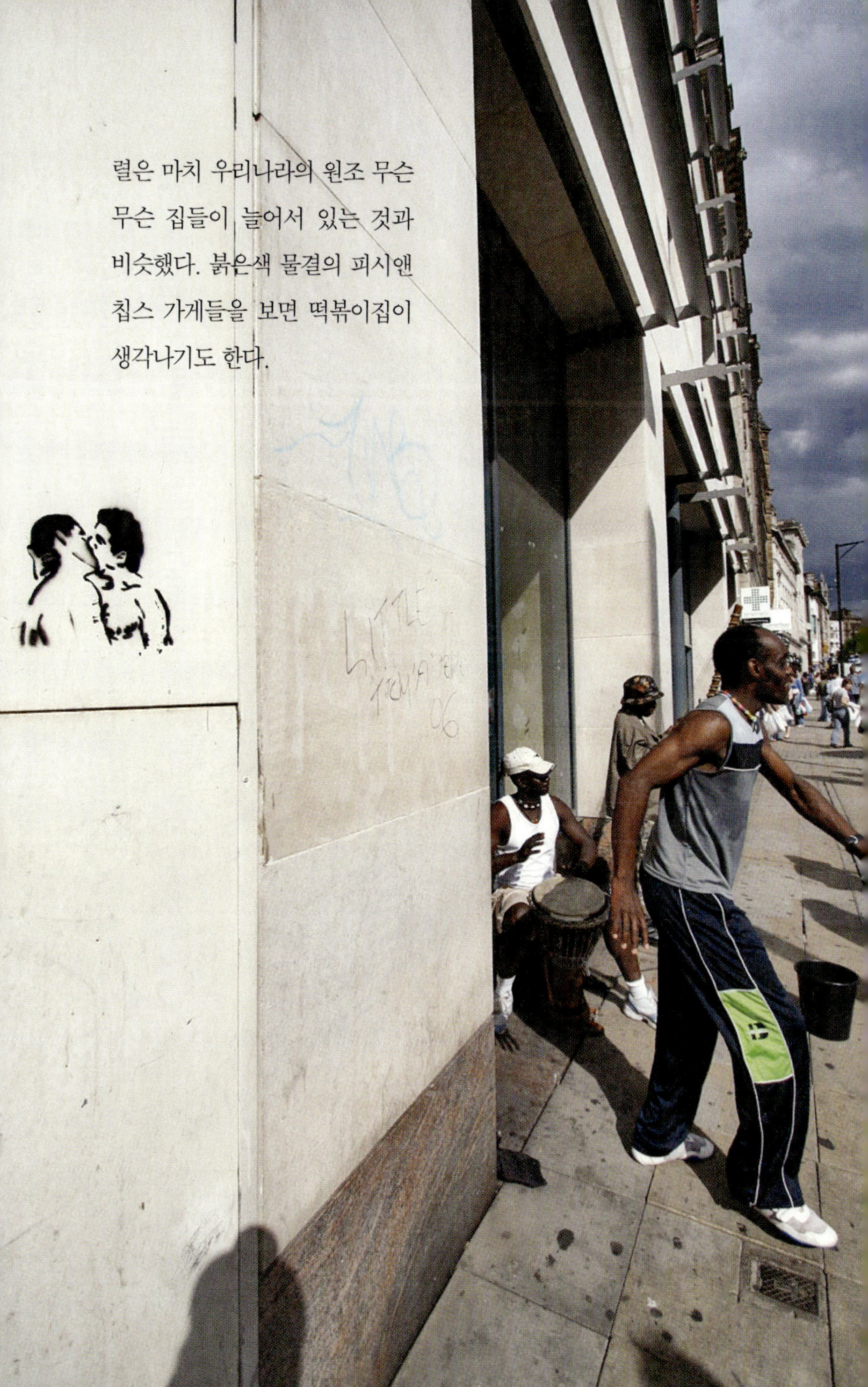

렬은 마치 우리나라의 원조 무슨
무슨 집들이 늘어서 있는 것과
비슷했다. 붉은색 물결의 피시앤
칩스 가게들을 보면 떡볶이집이
생각나기도 한다.

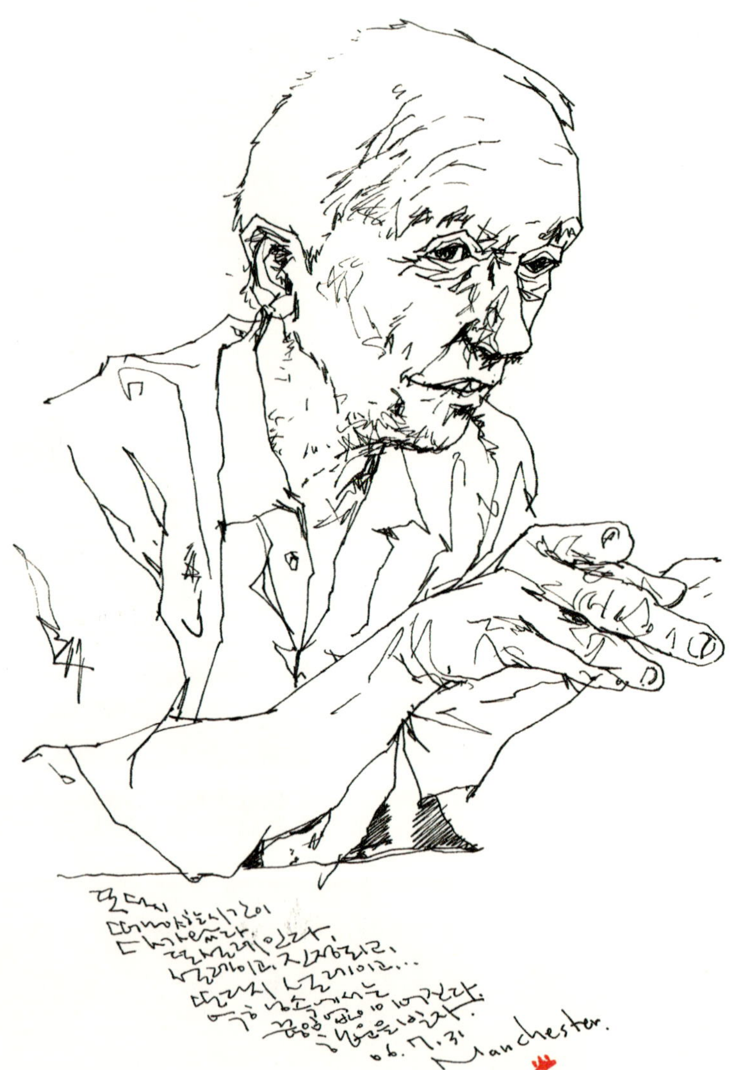

06. 7. 31
Manchester.

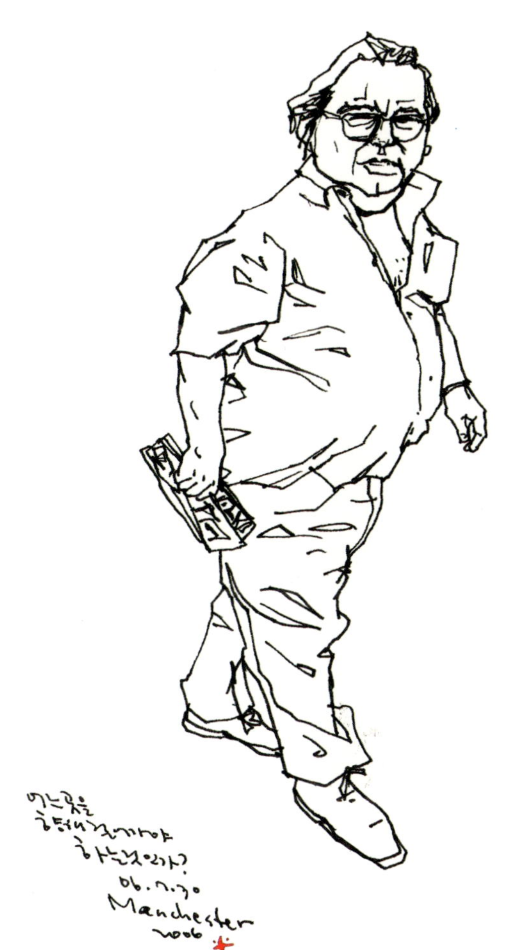

어느 곳을
향해 걸어가까야
하는것일까?
06. 11. 30.
Manchester
2006

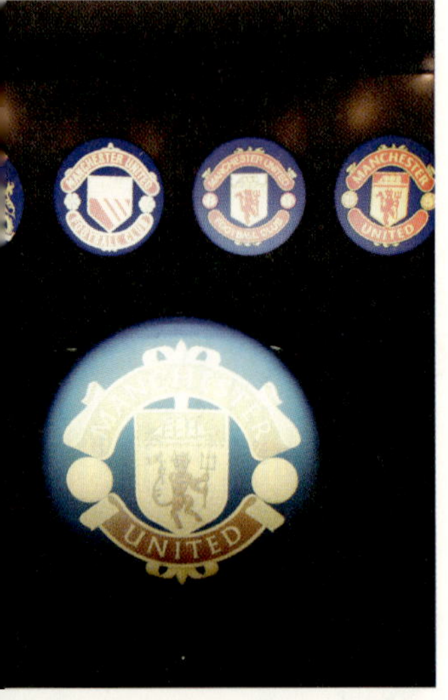

영국에 월드컵 첫 우승의 영광을 안겨준 영국 최고의 축구선수 바비 찰턴 경^{Sir Bobby Charlton}은 이 경기장을 두고, '꿈의 구장'^{The theatre of dream}이라고 불렀다. 올드 트래포드는 1910년에 건설되었는데, 그때부터 지금까지 죽 맨체스터 유나이티드의 홈구장이다.

"가장 멋지고 넓은, 그리고 이처럼 주목받는 경기장을 본 적이 없다. 축구장으로는 세계 어느 곳보다 더 훌륭한, 맨체스터의 자랑인 이곳에서 우리는 놀라움을 감출 수 없다."
—『스포팅 크로니클』^{Sporting Chronicle}, 1910년 2월 19일자

올드 트래포드는 2007년 첼시와 맨유의 FA컵 결승전이 열린 런던의 뉴 웸블리 구장(9만 석)에 이어 영국에서 두번째로 큰 규모의 경기장이다. 2006~2007 시즌을 맞아 확장 공사를 끝낸 현재는 7만 6천 명을 수용할 수 있다. 그러나 올드 트래포드의 전설은 단지 대단한 규모라는 데서 끝나지 않는다. 맨유는 1800년대 후반 맨체스터에서 일하던 노동자들이 축구팀을 만들면서 시작된 만큼 그 역사가 길다. 이곳에서는 영국인들뿐만 아니라 전 세계의

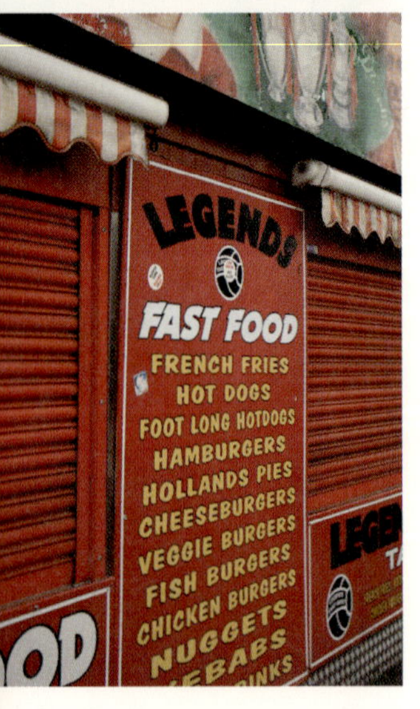

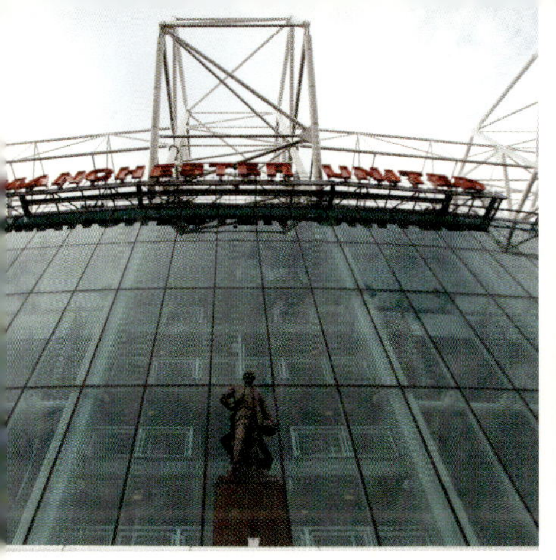
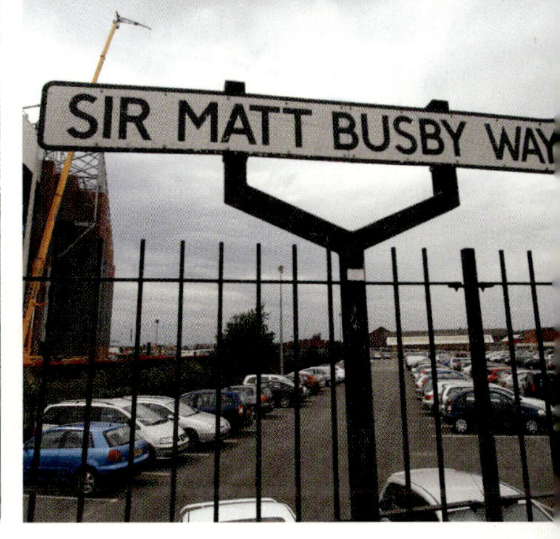

맨유 팬들을 만날 수 있다. 그러나 내가 방문했을 때는 경기 시즌이 아니라서 맨유의 홈구장은 관광객들로만 가득 차 있었다.

동쪽 스탠드 앞에는 맨유의 최고 전성기를 이끌었던 명장 매트 버스비 경^{Sir Matt Busby}의 동상이 보인다. 영국인들의 문화와 접하는 순간은 언제나 'Sir' 가 붙는 역사적인 인물과의 만남으로 시작된다. 축구장인 이곳에도 기사작위를 받은 사람들이 여럿 있다. 1986년에 취임해 벌써 20년 가까이 맨유를 이끌고 있는 명장 알렉스 퍼거슨 감독도 1999년에 프리미어리그, FA컵, 챔피언스리그 등 세 개 리그를 석권하면서 트리플 크라운을 달성하고, 영국 여왕으로부터 기사작위를 받았다.

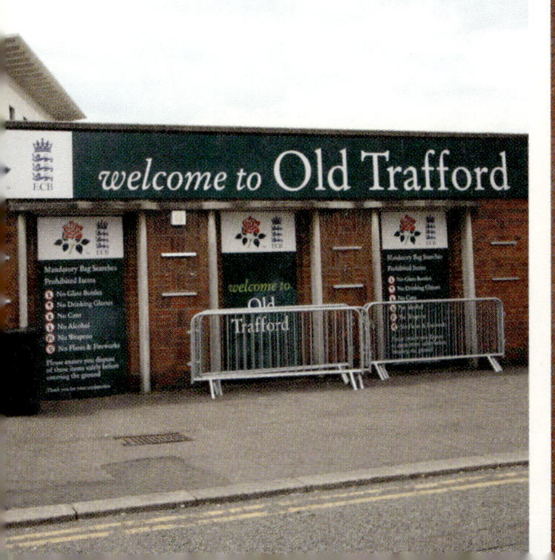

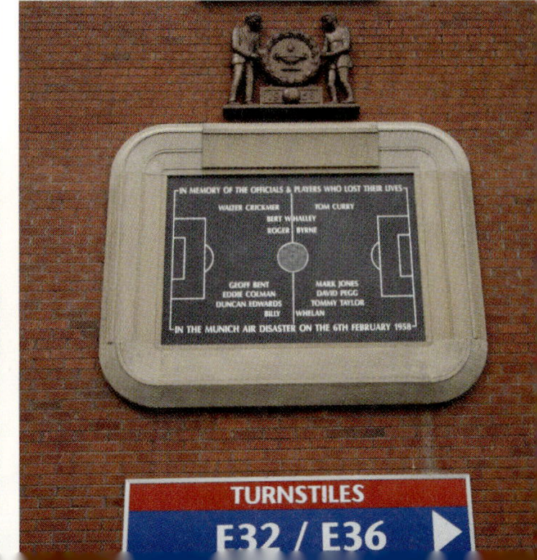

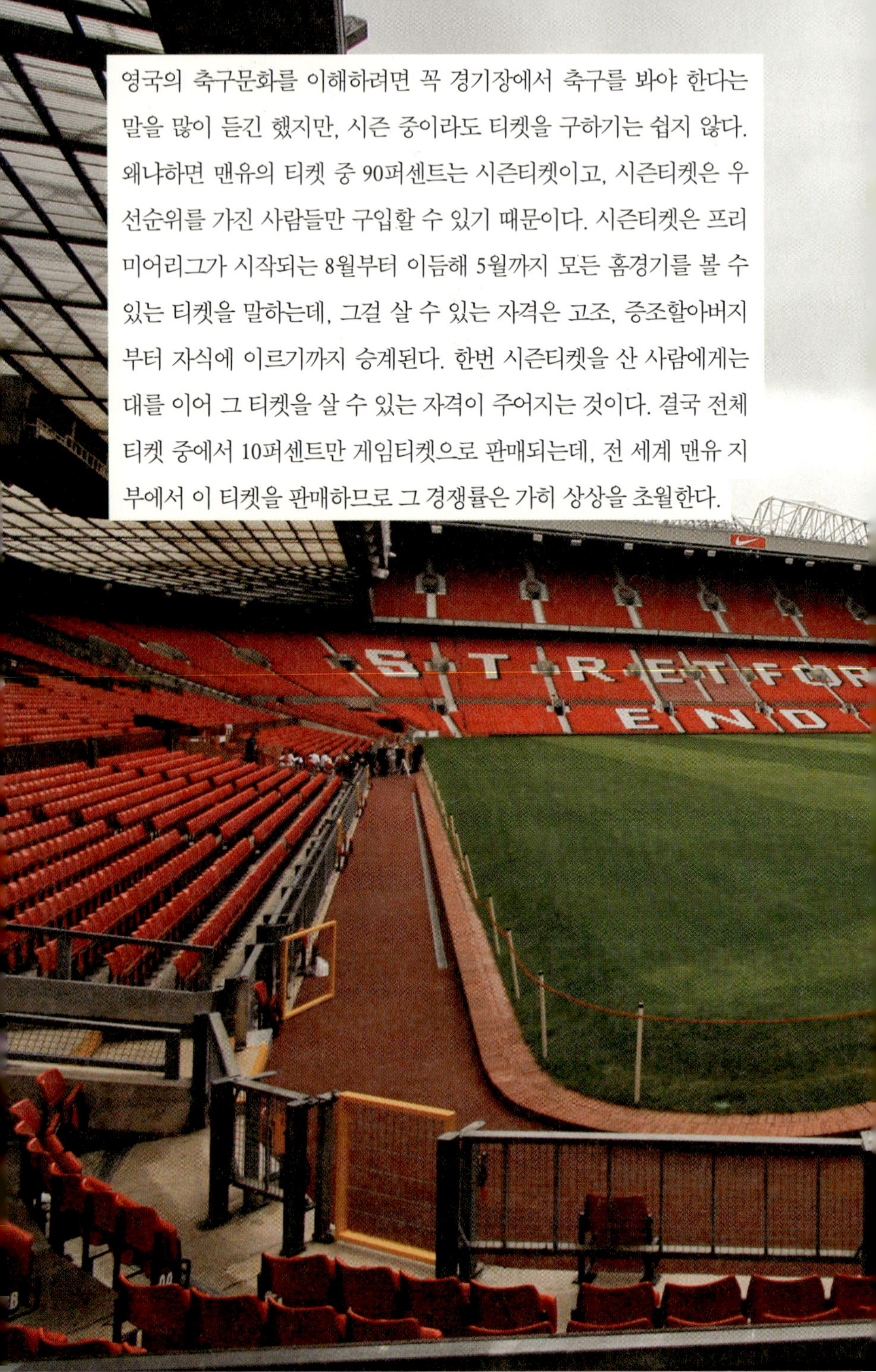

영국의 축구문화를 이해하려면 꼭 경기장에서 축구를 봐야 한다는 말을 많이 듣긴 했지만, 시즌 중이라도 티켓을 구하기는 쉽지 않다. 왜냐하면 맨유의 티켓 중 90퍼센트는 시즌티켓이고, 시즌티켓은 우선순위를 가진 사람들만 구입할 수 있기 때문이다. 시즌티켓은 프리미어리그가 시작되는 8월부터 이듬해 5월까지 모든 홈경기를 볼 수 있는 티켓을 말하는데, 그걸 살 수 있는 자격은 고조, 증조할아버지부터 자식에 이르기까지 승계된다. 한번 시즌티켓을 산 사람에게는 대를 이어 그 티켓을 살 수 있는 자격이 주어지는 것이다. 결국 전체 티켓 중에서 10퍼센트만 게임티켓으로 판매되는데, 전 세계 맨유 지부에서 이 티켓을 판매하므로 그 경쟁률은 가히 상상을 초월한다.

영국의 프리미어리그 경기에서는 어린 꼬마가 아버지와 함께 앉아
서 경기를 관람하는 모습을 종종 볼 수 있다. 아마도 그 아버지는 또
자기 아버지로부터 시즌티켓을 살 수 있는 자격을 승계받았을 것이
다. 영국인에게 축구는 단순한 스포츠에 머물지 않는다. 이는 어쩌면
그 지역의 전통과 가족의 끈끈한 정까지 이어주는 매개체인지도 모
른다.

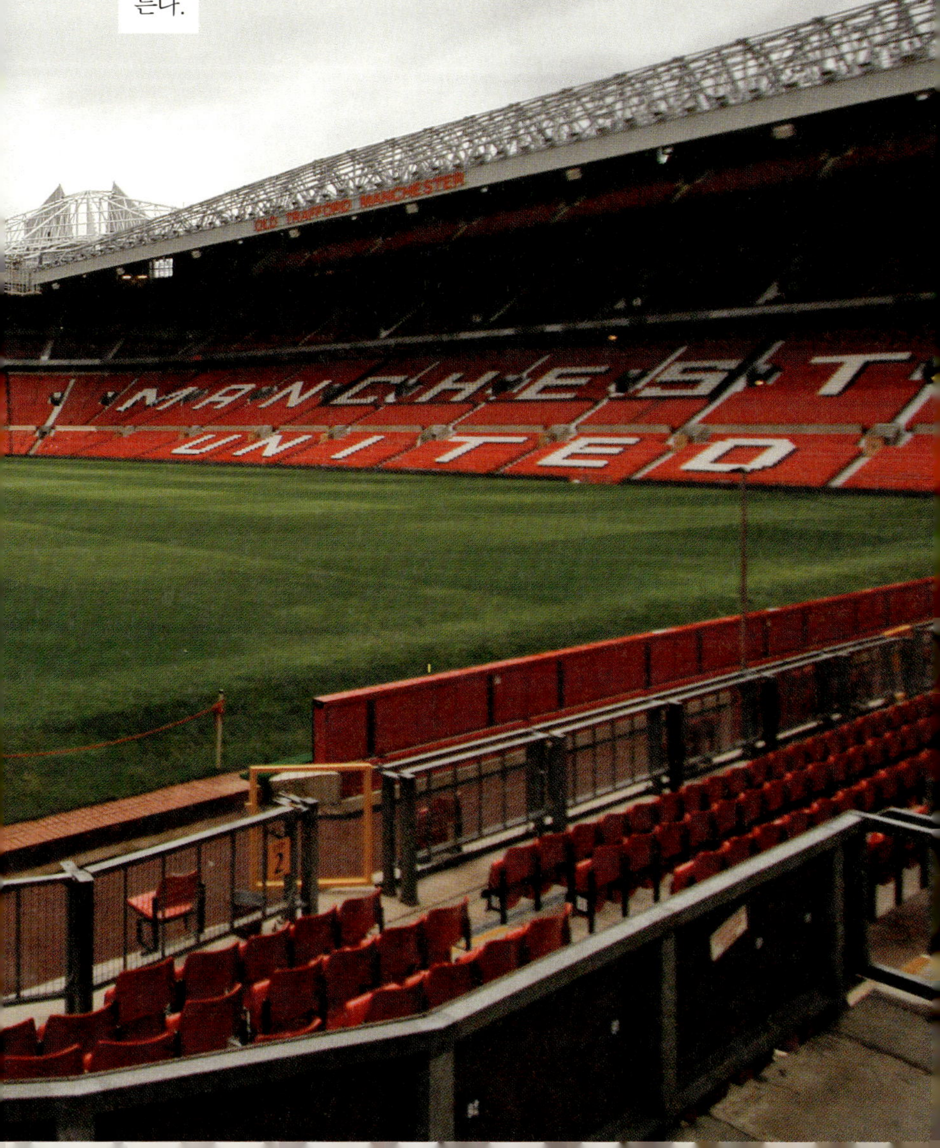

경기장의 정면에 위치한 기념품 가게는 규모가 매우 컸다. 새로 바뀐 2006년 유니폼을 구경하러 그곳에 갔다. 박지성의 13번 넘버가 찍힌 유니폼을 사고 싶었다.

실제로 맨체스터에 와보면 맨유 스타들 중에서 누가 제일 인기가 있는지 알 수 있다. 시민들이 입고 있는 맨체스터 유니폼의 등번호를 확인해보면 단박에 알 수 있기 때문이다.

맨체스터의 슈퍼스타는 과연 누구일까? 아쉽지만 박지성은 아니다. 그들은 웨인 루니와 라이언 긱스다. 그들의 등번호와 이름이 새겨진 유니폼은 맨체스터 어디서든 볼 수 있다. 그 뒤를 잇는 스타는 크리스티아누 호날두였다.

기념품 가게에는 불행히도 박지성의 넘버가 프린트된 티셔츠는 없었다. 루니와 긱스, 그리고 호날두 외의 선수들의 유니폼을 사려면 따로 등번호를 새겨주는 코너에 가서 오랫동안 줄을 서야 한다.

나와 켈빈은 정문 반대쪽의 또 다른 문으로 발길을 옮겼다. 우리는 경기장의 그라운드와 관객석까지 들어갈 수 있는 경기장 투어에 참여하기로 했다. 박지성이 뛰는 푸른 그라운드를 밟아보고 싶었다.

그러나 예정에 없던 경기장 투어를 하면서 올드 트래포드 경기장이 단지 축구경기를 하는 곳이 아니라, 영국의 축구문화를 뿌리부터 볼 수 있는 놀라운 뮤지엄이라는 사실을 알게 되었다.

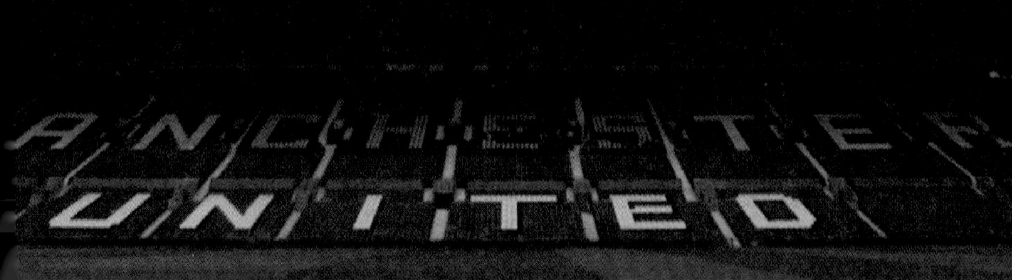

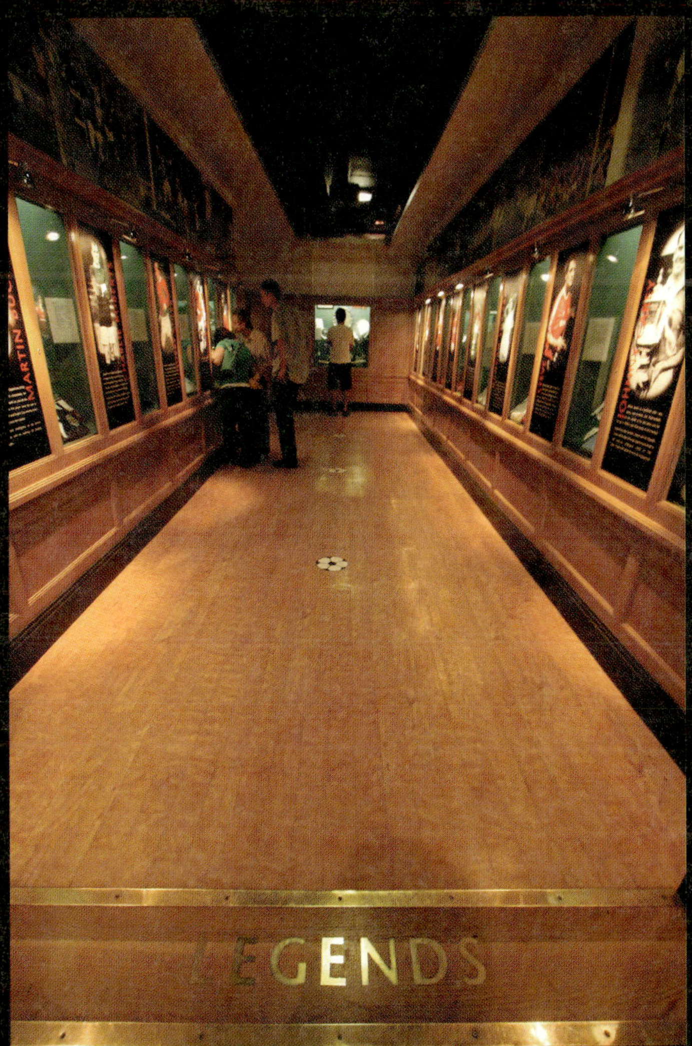
LEGENDS

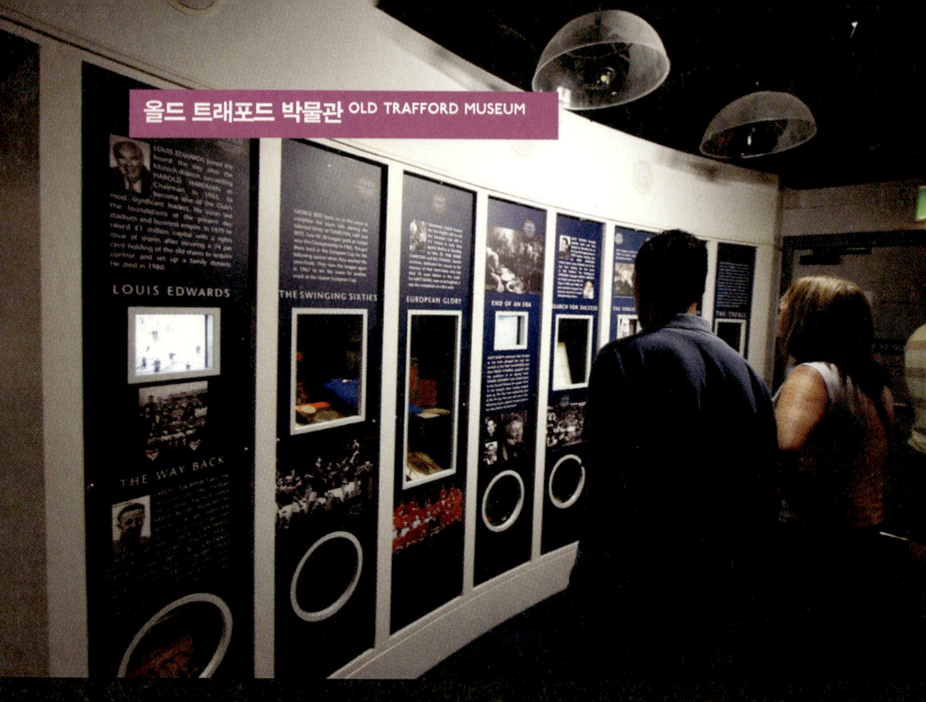

경기장에 들어서니 갑자기 수만 명의 함성소리가 들리는 듯, 박지성이 골을 넣는 장면들이 떠올랐다. 이곳이 입석이었던 시절 골수 서포터들이 2만 명 넘게 입장하여 열렬한 응원을 보냈는데, 그들이 지르는 함성은 마치 '점보제트기가 이륙하는 소리'와 같았다고 한다.

올드 트래포드 박물관에서는 한 세기가 넘는 그들의 장구한 축구 역사와 수많은 전설들을 볼 수 있다. 2005년에 사망한 조지 베스트의 유니폼과 신발도 볼 수 있었고, 1958년 맨유가 유럽컵 준결승전 경기를 치르고 돌아오던 중 뮌헨 공항에서 이륙하던 비행기가 추락하는 바람에 선수 8명과 임원 3명, 기자 8명이 목숨을 잃은 사건에 대해서도 자세히 알 수 있다. 그야말로 맨체스터 유나이티드의 파란만장한 20세기가 고스란히 녹아 있는 것이다.

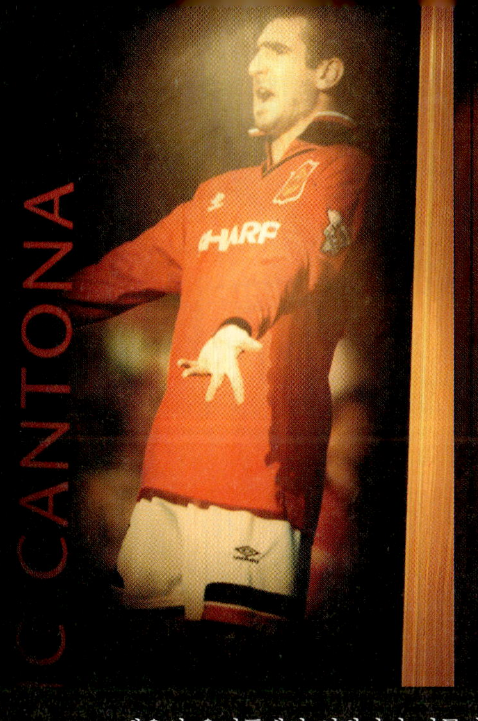

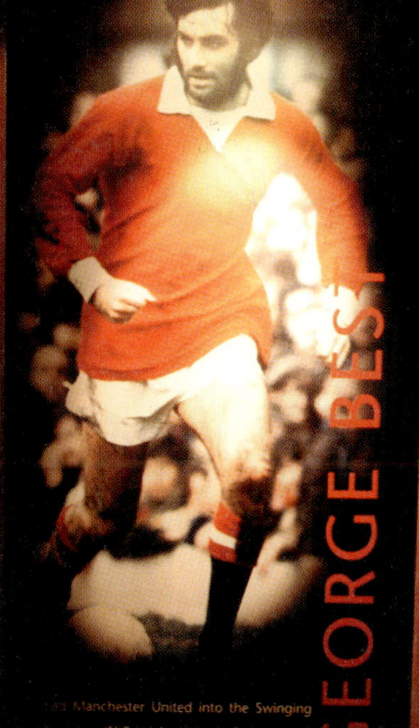

맨유의 유니폼에서 신발까지 아무리 사소한 것이라도 이 뮤지엄에 자리 잡으면, 그들의 문화가 되고 영국의 문화가 되었다. 그리고 그 단단한 문화 속에 이제 전 세계에서 온 다양한 문화권의 선수들도 끼어들고 있다. 우리의 박지성 선수처럼 말이다. 이곳에는 자국의 축구 역사뿐만 아니라 다양한 세계 축구의 역사까지 아우르고 있어, 마치 백과사전처럼 풍부한 축구 이야기가 가득했다. 그래서 축구팬이라고 자처하는 수많은 팬들이 이 투어에 참여한다.

바르셀로나의 유니폼을 입은 축구팬도 이 투어에 참가했는데, 그가 말하길 자기들의 경기장에도 이와 비슷한 투어가 있지만 이렇게 자세하고 교육적이지는 않다며, 영국인들의 놀라운 박물관 문화에 혀를 내둘렀다.

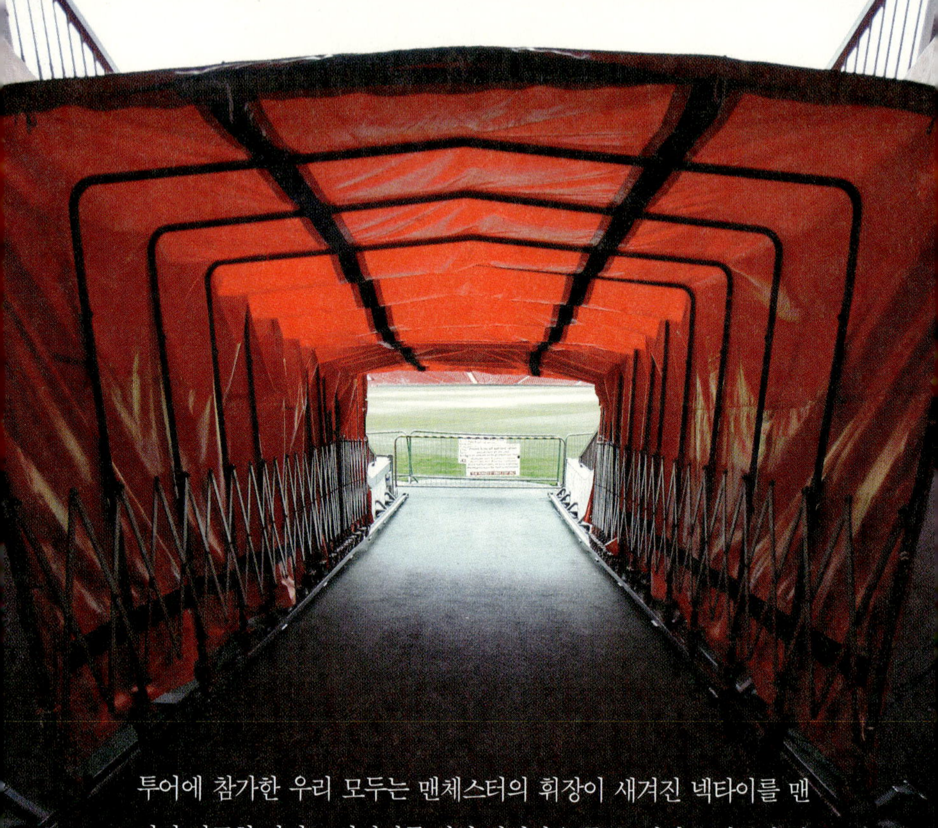

투어에 참가한 우리 모두는 맨체스터의 휘장이 새겨진 넥타이를 맨 나이 지긋한 가이드 아저씨를 따라 경기장은 물론, 퍼거슨 감독과 선수들이 인터뷰하는 프레스센터, 경기장 안에 자리 잡은 펍('레드 바'라고 불린다), 그리고 선수들의 가족과 아이들이 머물 수 있는 휴게실과 어린이 놀이터를 둘러보았다.

선수들의 가족과 친구들을 위한 휴게실이 마련되어 있는 건 충분히 이해가 갔지만, 선수 가족의 어린이들을 위한 놀이터까지 준비되어 있는 건 매우 놀라운 일이었다. 구단이 선수들을 얼마만큼 세심하게 배려하는지 알 수 있었다. 선수들이 편하게 쉬면서 좋은 컨디션을 유

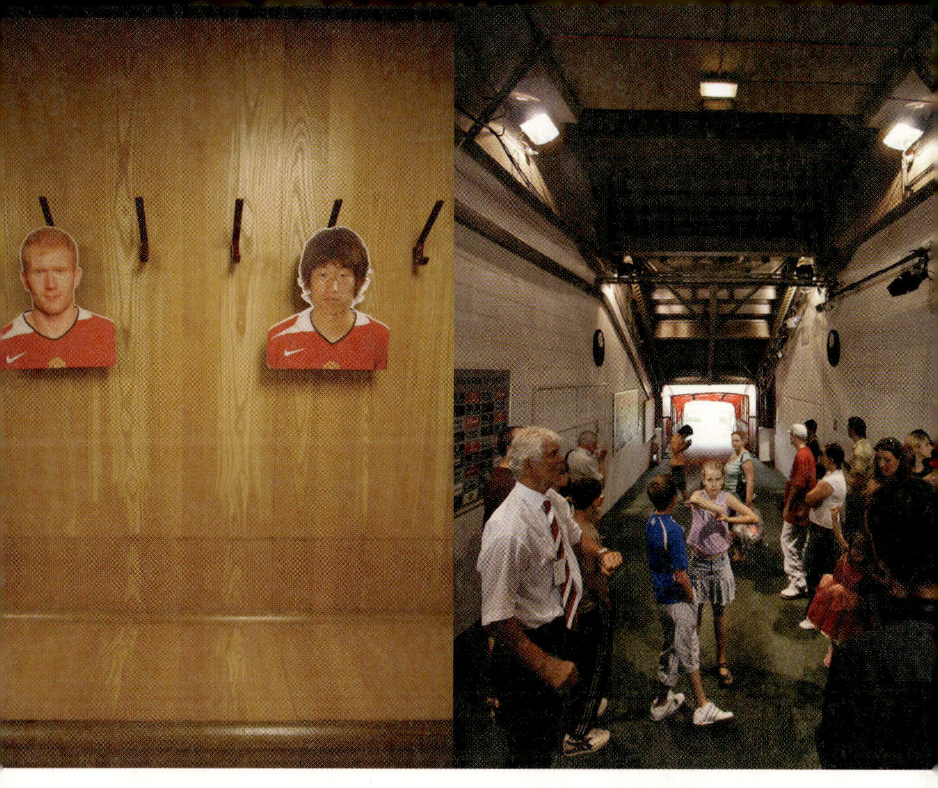

지할 수 있도록 거의 모든 시설들이 완벽하게 갖추어져 있었다.

투어의 마지막 코스는 이 투어의 하이라이트라 할 수 있는데, 그건 바로 맨유의 선수들과 상대 선수들이 각각 어린 소년, 소녀들의 손을 잡고 그라운드로 나서는 레드터널을 통과하는 순서다. 본격적인 플레이가 펼쳐지기 전 약간 상기된 표정의 선수들이 바쁘게 이 터널을 뛰어나오며 환호하는 관중들에게 첫 선을 보인다. 우리 투어 팀도 그 환호와 찬사를 받으며 레드터널을 빠져나와 그라운드로 향했다. 마침 스피커에서 와~ 하는 효과음이 흘러나와 분위기를 띄워주었다. 마치 내가 선수라도 된 듯 가슴이 벅찼다.

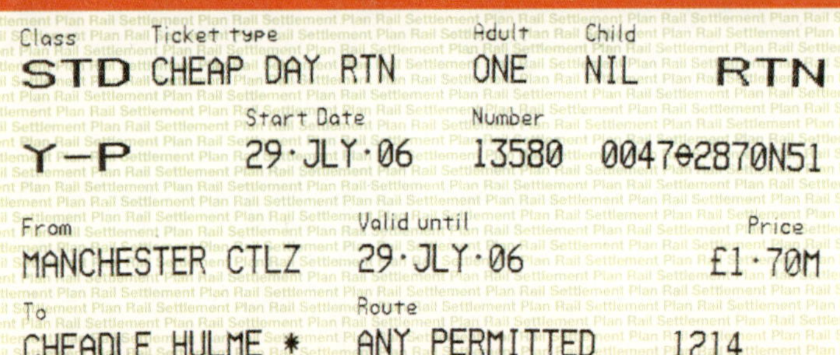

Class	Ticket type	Adult	Child	
STD	CHEAP DAY RTN	ONE	NIL	RTN

	Start Date	Number	
Y-P	29·JLY·06	13580	0047ө2870N51

From	Valid until	Price
MANCHESTER CTLZ	29·JLY·06	£1·70M

To	Route	
CHEADLE HULME *	ANY PERMITTED	1214

2-PART RETURN

Printed 12·14 on 29 JLY 06

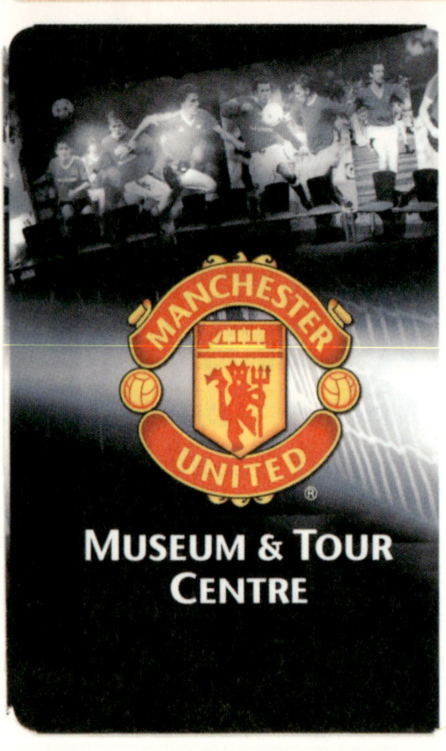

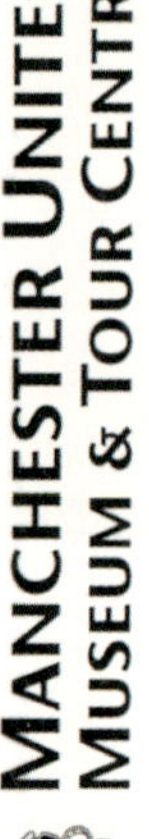

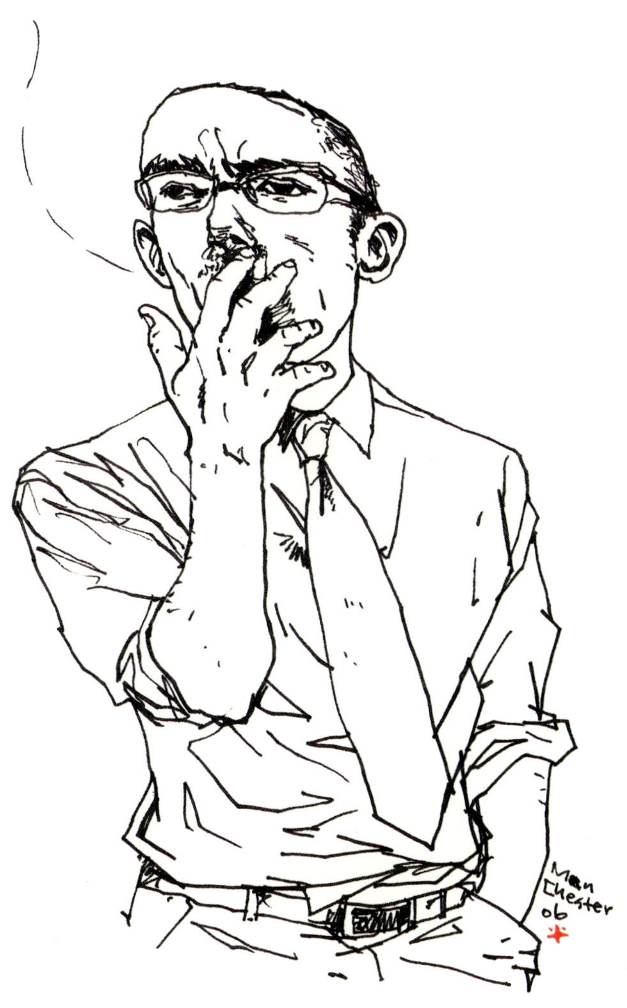

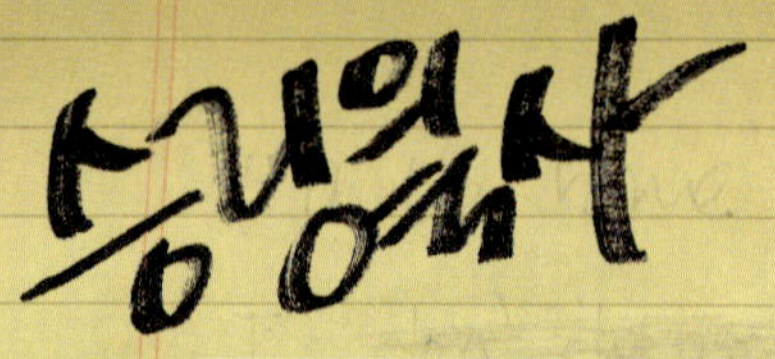

"영국인들이 프랑스인이나 독일인보다 우월한 것은 두뇌가 좋다거나 산업, 과학, 전쟁 무기에서 앞서기 때문이 아니다. 영국인의 우월성은 그들이 즐기는 운동경기가 그들에게 심어준 건강과 성격에 있다. 영국인들이 발휘하는 스포츠정신, 용기, 결단, 그리고 힘은 크리켓 경기장과 축구 경기장에서 획득되었다. (…)
용기, 에너지, 끈기, 좋은 성정, 자기통제, 기율, 협동, 단결정신 등은 바로 크리켓이나 축구에서 승리를 보장하고 평화로울 때나 전쟁을 할 때나 승리를 가져다주는 자질들이다. 대영제국의 역사는 그들의 주권이 스포츠 덕분에 유지되었다고 기록한다." •

―J. A. 맨건

위의 인용문에는 운동경기가 왜 영국인들에게 산 교육이 되고 문화가 되는지 잘 나타나 있다. 영국에서 승리의 문화는 교육의 문화였고, 그건 스포츠를 통해서 전승되었다. 스포츠를 18세기부터 사립학교의 교육과정으로 편입시켜 국가적인 이데올로기로까지 발전시킨 그들에게 축구와 크리켓은 단순한 게임이나 레저가 아니라 엄연한 문화상품이며 국가경쟁력을 상징하는 수단으로서 이미 오래전부터 뿌리내리고 있었다.

그들이 고안해낸 게임들을 한번 일별해보자. 테니스, 럭비, 축구, 크리켓, 하키, 요트, 볼링, 골프…

그런데 이런 스포츠들은 가만히 보면 디자인과 밀접한 관련이 있다. 언뜻 생각하면 무슨 연관이 있겠냐 싶지만, 내 생각은 이렇다. 각 스포츠마다 경기를 하는 공간도 다르고, 유니폼도 장비도 모두 다르다. 또한 이 경기를 보러 오는 사람들의 계층도 다양하며, 경기를 구분하는 컬러도 다양하다. 이 다양성 속에 패션과 디자인, 운동용품, 경기장을 위한 건축, 생활양식들이 다 포함되어 있다. 그리고 그것이 스포츠와 더불어 발전해온 것이다. 골프는 골프 나름의 패션을, 폴로도 폴로 나름의 패션을 만들지 않았던가. 팀을 응원하는 관중들의 독특한 응원문화는 영국의 팝음악이 탄생하고 대중화되는 자양분이었다. 말하자면, 영국 문화와 디자인의 역사는 스포츠의 역사와 함께해왔다고 해도 과언이 아닌 것이다.

• J. A. Mangan, "The Grit of our Forefathers", in *Imperialism and Popular Culture*, ed., John MacKenzie(Mancheser: Manchester Univercity Press, 1986), p. 120.

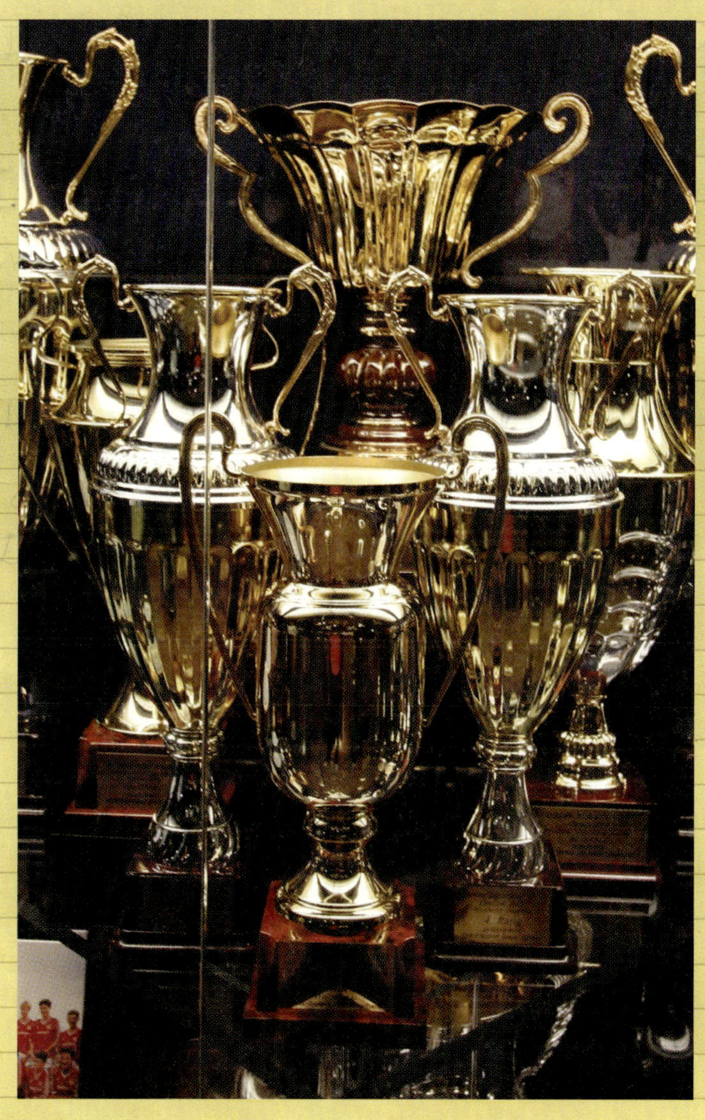

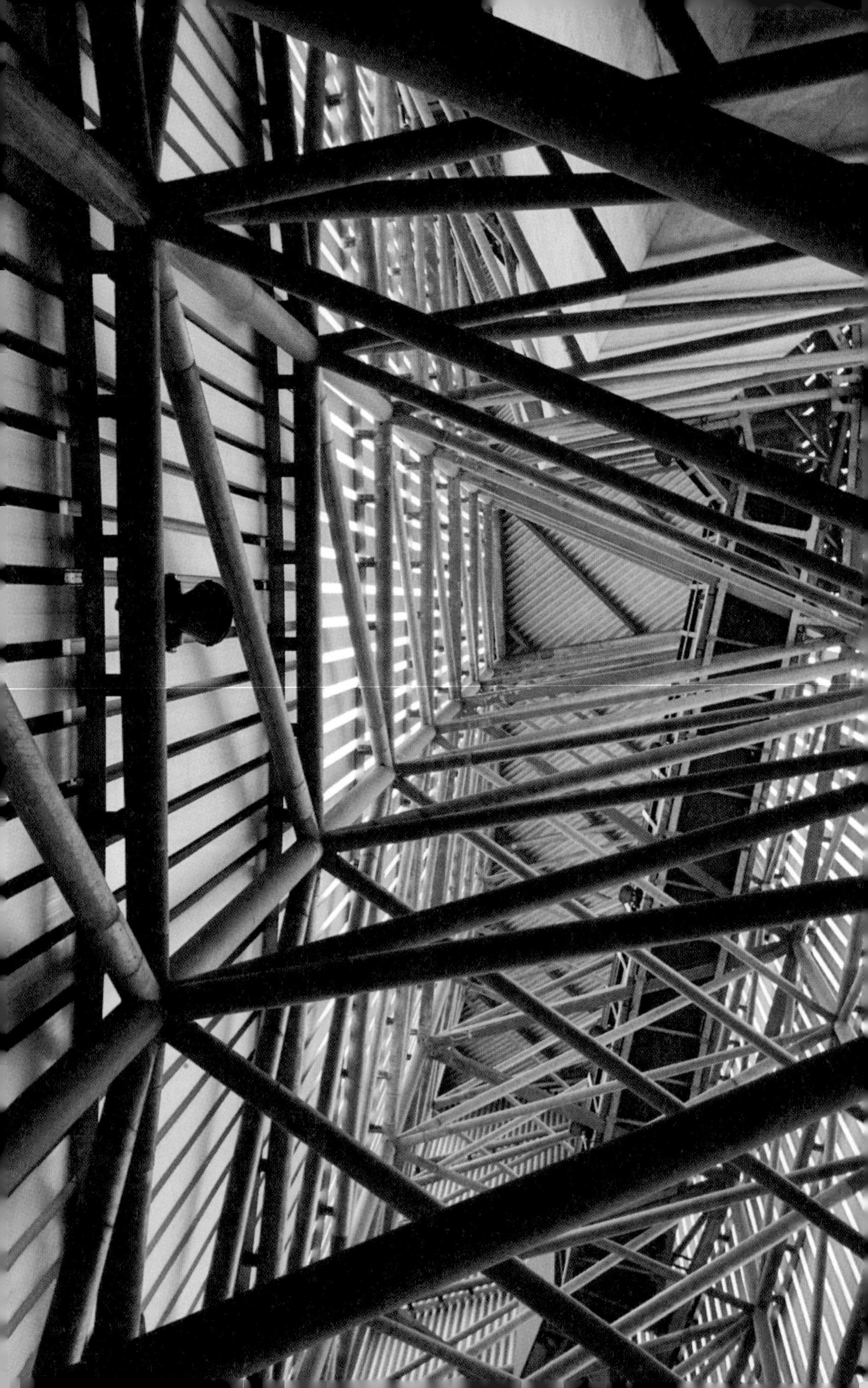

전쟁박물관을 설계한 대니얼 리베스킨드^{Daniel Libeskind}는 여기서 내가 처음 알게 된 건축가이다. 거대한 철 구조물이 범상치 않다. 저물어가는 석양빛을 반사하여 멀리서 볼 때부터 긴장감을 느끼게 한다.

폴란드 태생으로 지난 20세기를 겪어온 이 건축가는 다른 어떤 예술가보다도 더 전쟁에 대해 날카롭고 서사적으로 해석한다. 지구의 세 개 대륙을 단순화한 세 조각의 건물 모양이 이 전쟁박물관의 가장 핵심부분으로 전쟁과 분쟁을 상징한다.

입구에서 가장 높이 솟아오른 뾰족한 부분은 긴 알루미늄판으로 되어 있다. 자세히 보면 그 속으로 건물 안이 들여다보인다. 이 건물을 시공한 팀은 로버트 맥알파인^{Robert McAlpine}사로 거킨 빌딩의 구조공법을 담당했던 영국의 아루프그룹과 협력하여 이 건물을 완공했다. 그들은 이 건물에서 첨단 트러스트 공법인 스페이스 프레임^{space frame} 방식을 시도했다. 이것은 피라미드의 삼각형처럼 완벽한 힘의 축을 만들어가면서 면을 고정시키는 기법인데, 다른 건물에서는 주로 가로 축을 쌓는 데 사용되는 공법을 세로로 차곡차곡 쌓아 올라간 것이 특이하다. 대니얼 리베스킨드의 건물에서 특징적인 부분은 속이 들여다보이긴

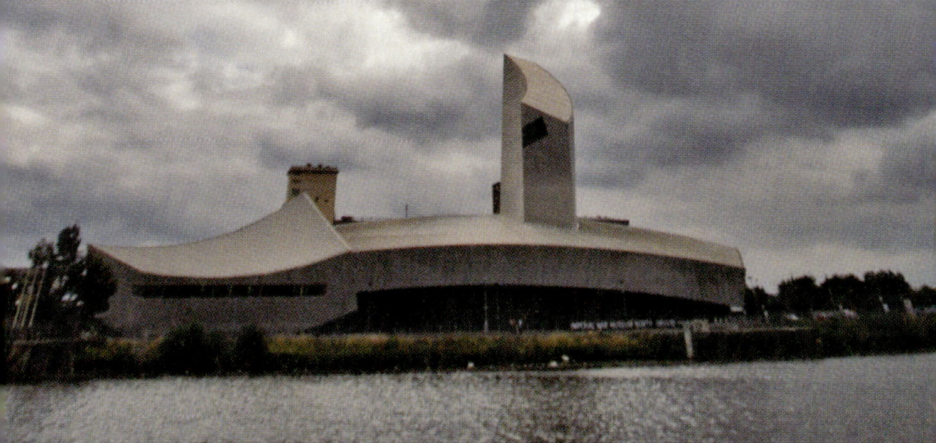

하지만, 겉에서 보이는 것만으로 내부 구조를 알 수 없다는 것이다. 건물은 전쟁으로 인해 방향감각을 상실한 듯, 안에 들어서면 방향감각을 잃게 된다. 이런 효과를 위해 천장과 바닥은 수직면이 거의 없게 기울어져 있어 꽤 복잡한 기하학적 형태를 띠고 있다.

이 박물관의 가장 특징적인 전시는 〈The Big Picture〉인데, 한 시간에 한 번씩 주 전시실의 조명이 어두워지고, 벽에 붙어 있는 전쟁 장면을 찍은 사진과 인용문에 조명이 비춰지면서 관객들의 주목을 끈다. 그리고 전쟁 당시에 녹음된 사운드가 홀에 울려 퍼져 마치 실제 전쟁 같은 상황이 연출된다.

리베스킨드는 사람들에게 전쟁이 얼마나 비극적인 참상인지를 생생하게 전달하는 것을 이 건물 디자인의 주요 콘셉트로 잡았다. 세 조각으로 나뉜 파편처럼 보이는 건물의 외부는 공기, 대지, 물의 테마로 나뉘어 있다. 이 세 요소는 모두 전쟁이 발발한 지구상의 모든 장소를 나타낸다. 그리고 동시에 전쟁에 의해 산산이 부서진 지구를 상징한다.

인류의 아픔과 상처를 치유하는 건축가가 있다는 것이 행복했다. 나치에게 가장 수모를 겪은 폴란드 출신의 작가가 오히려 전쟁의 아픔과 피해를 어루만지듯 건축으로 포용하고 있는 모습이 인상적이었다.

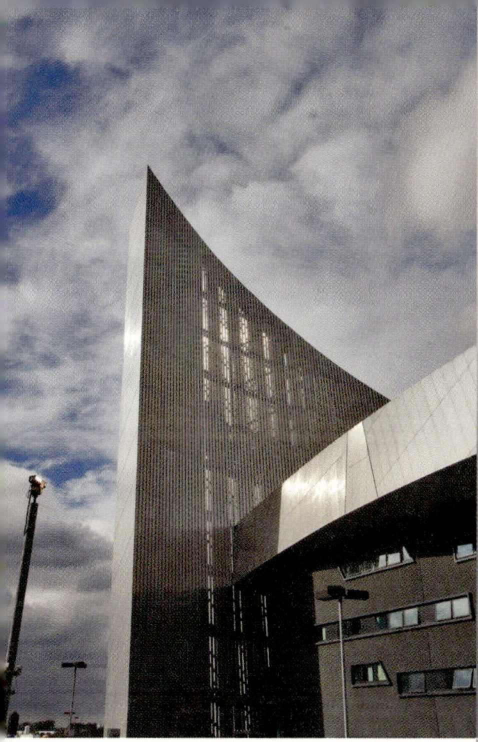

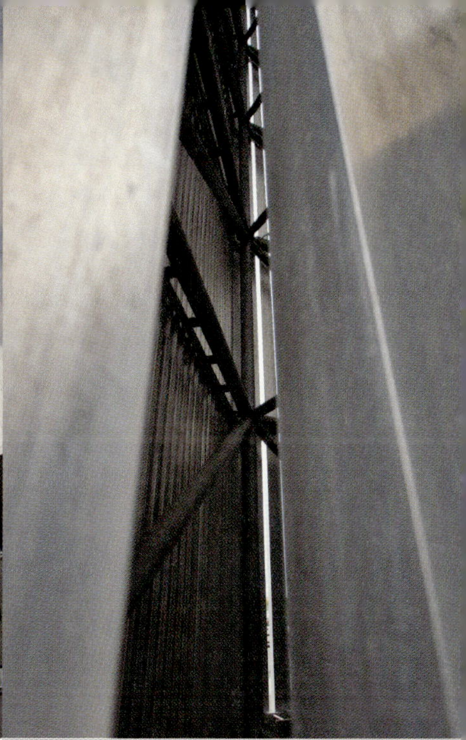

'I wanted to create a building.
that people will find interesting and wish
to visit, yet reflects the serious nature
of a war museum.
I have imagined the globe broken into
fragments and taken the pieces to
form a building; three shards that
together represent

Conflict on land, in the air and on water.'

Daniel Libeskind, Architect, 1997

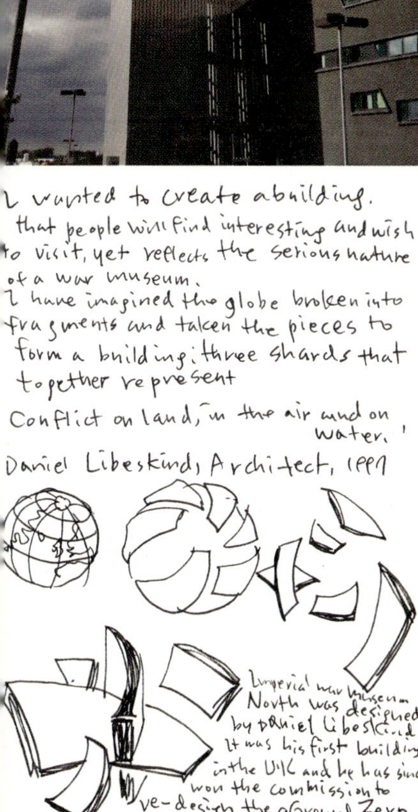

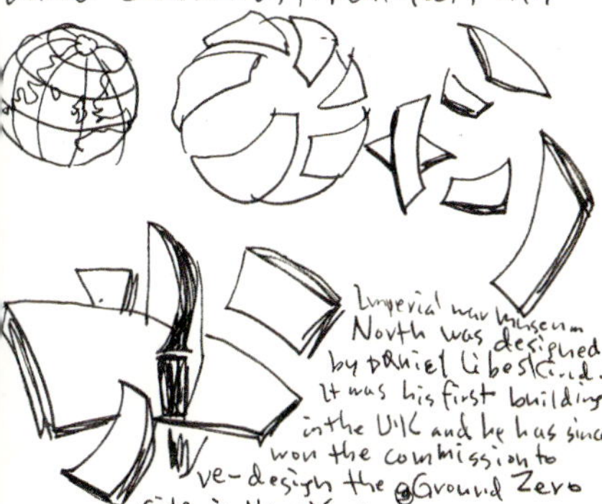

Imperial war museum North was designed by Daniel Libeskind. It was his first building in the UK and he has since won the commission to re-design the @Ground Zero site in New York, along with many other projects around the world.

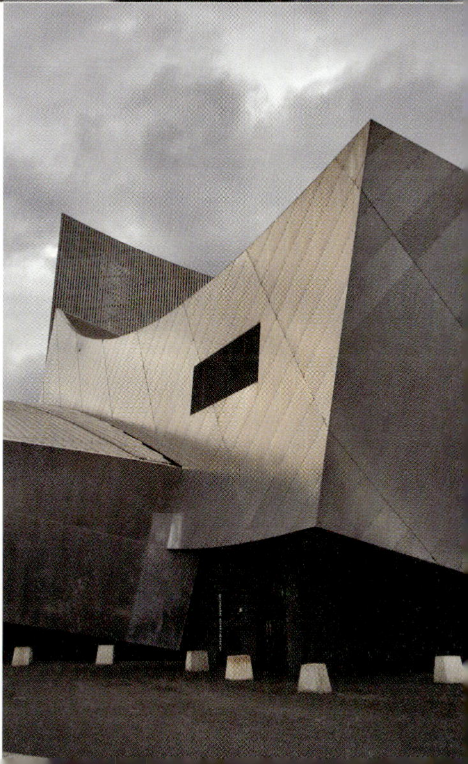

이 스포츠 시티에는 2002년 영연방게임을 기념하기 위해 새운 '비 오브 더 뱅' B of the Bang이 있다. 삐죽삐죽한 녹슨 쇳덩어리는 워낙 외관이 독특해서 어디에서 보아도 눈에 띈다. 맨체스터의 새로운 상징을 디자인한 토머스 헤더윅 Thomas Heatherwick 은 맨체스터를 어떻게 해석했을까? 그의 콘셉트는 올림픽과 영연방게임, 세계선수권대회에서 백 미터 달리기를 모두 석권하고, OBE라는 영국 황실의 가장 큰 훈장을 받은 육상선수 린포드 크리스티Linford Christie에게서 비롯되었다.

'B of the Bang'은 육상선수들의 출발을 알리는 총소리를 뜻한다. 총소리가 채 끝나기도 전, 그러니까 화약 냄새가 나기도 전에, 'Bang'의 'B' 정도의 소리가 날 때 이미 출발하는 린포드 크리스티. B of the Bang은 백 미터 달리기를 하는 린포드 크리스티를 형상화한 것이다. 그는 영국의 한 시대를 상징하는 영웅이었고, 맨체스터의 아이콘이었다.

특수 소재로 만들어진 이 작품은 정확하게 어디가 앞이고 뒤인지를 알 수 없고, 비스듬히 기울어져 있어서 마치 폭발하는 순간처럼 긴장감이 팽팽하다. 특정한 육상선수에게서 영감을 얻었지만, 이 정도로 추상적인 표현을 했다는 게 놀라웠다.

175개의 삐죽한 쇳덩어리들은 높이 20미터의 중앙부에 모두 모이게 되는데 여기서 힘을 지탱할 수 있는 무게를 나눌 수 있게 설계되어 있다. 그리고 오직 다섯 개의 쇳덩어리만이 지면을 통과해 지하에서 천 톤이 넘는 콘크리트와 연결되어 이 거대한 조형물을 고정시킨다. 토머스 헤더윅은 거의 나와 동갑인 젊은 디자이너다. 워낙 공공 구조물 작업을 많이 해서 조각가로 잘못 알려지기도 하는데, 그는 인더스트리얼 디자이너이다. 그는 1994년부터 자신의 팀원들과 함께 헤더윅 스튜디오를 설립하고, 건축과 디자인, 예술 그리고 구조공법을 통합하여 재료와 시공에서 매우 혁신적인 구조물을 선보이며 두각을 나타내고 있다.

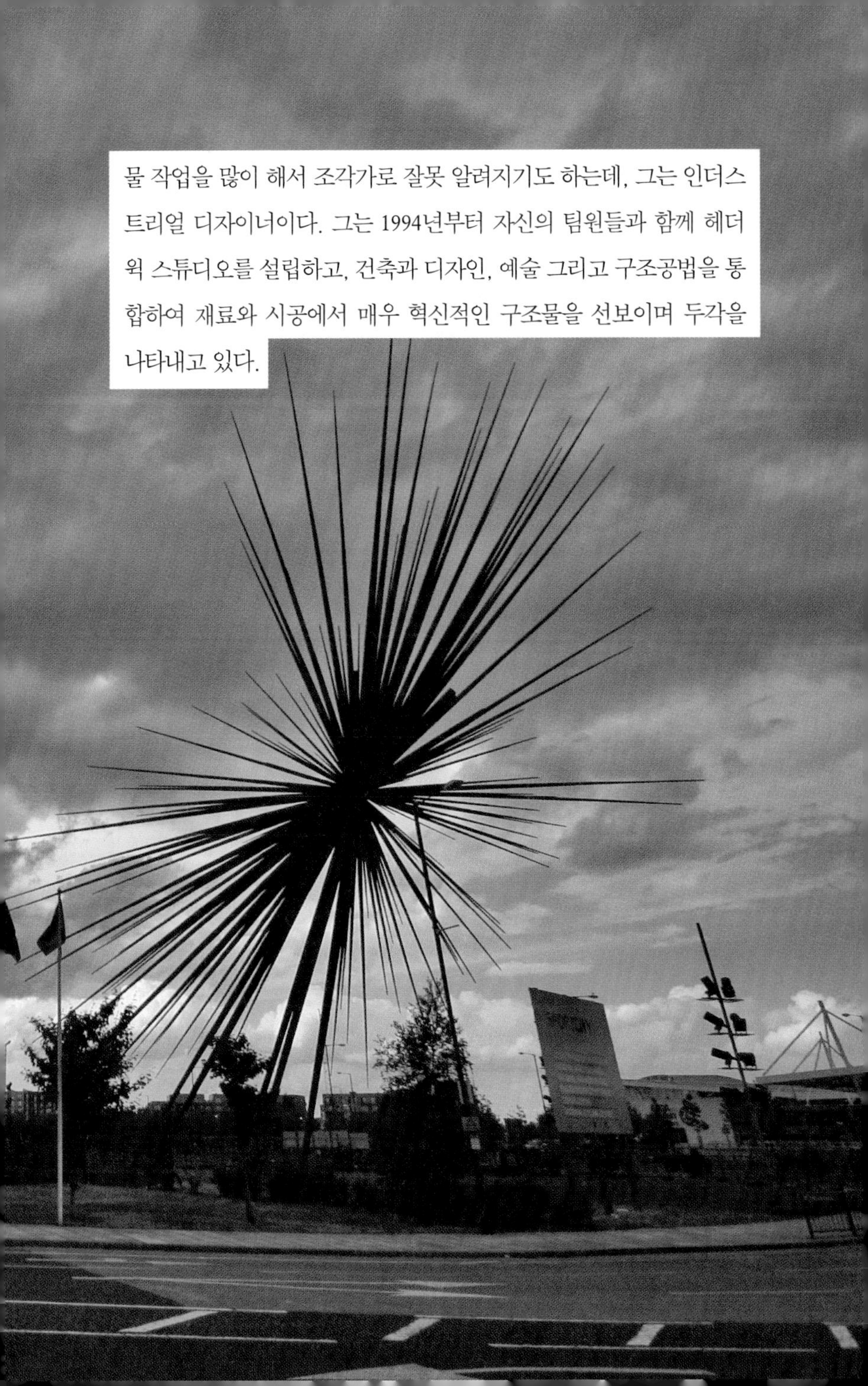

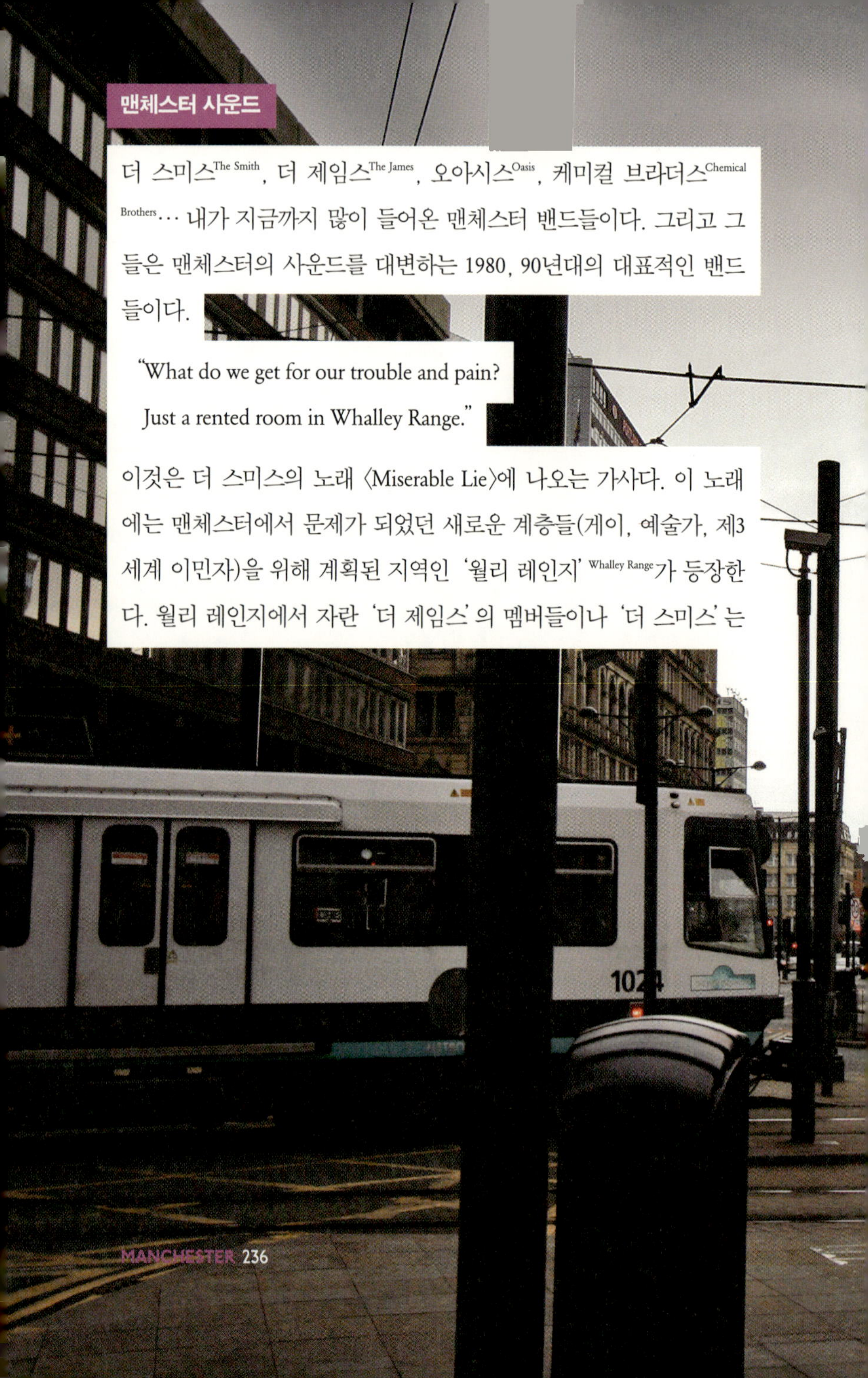

더 스미스[The Smith], 더 제임스[The James], 오아시스[Oasis], 케미컬 브라더스[Chemical Brothers]… 내가 지금까지 많이 들어온 맨체스터 밴드들이다. 그리고 그들은 맨체스터의 사운드를 대변하는 1980, 90년대의 대표적인 밴드들이다.

> "What do we get for our trouble and pain?
> Just a rented room in Whalley Range."

이것은 더 스미스의 노래 〈Miserable Lie〉에 나오는 가사다. 이 노래에는 맨체스터에서 문제가 되었던 새로운 계층들(게이, 예술가, 제3세계 이민자)을 위해 계획된 지역인 '월리 레인지'[Whalley Range]가 등장한다. 월리 레인지에서 자란 '더 제임스'의 멤버들이나 '더 스미스'는

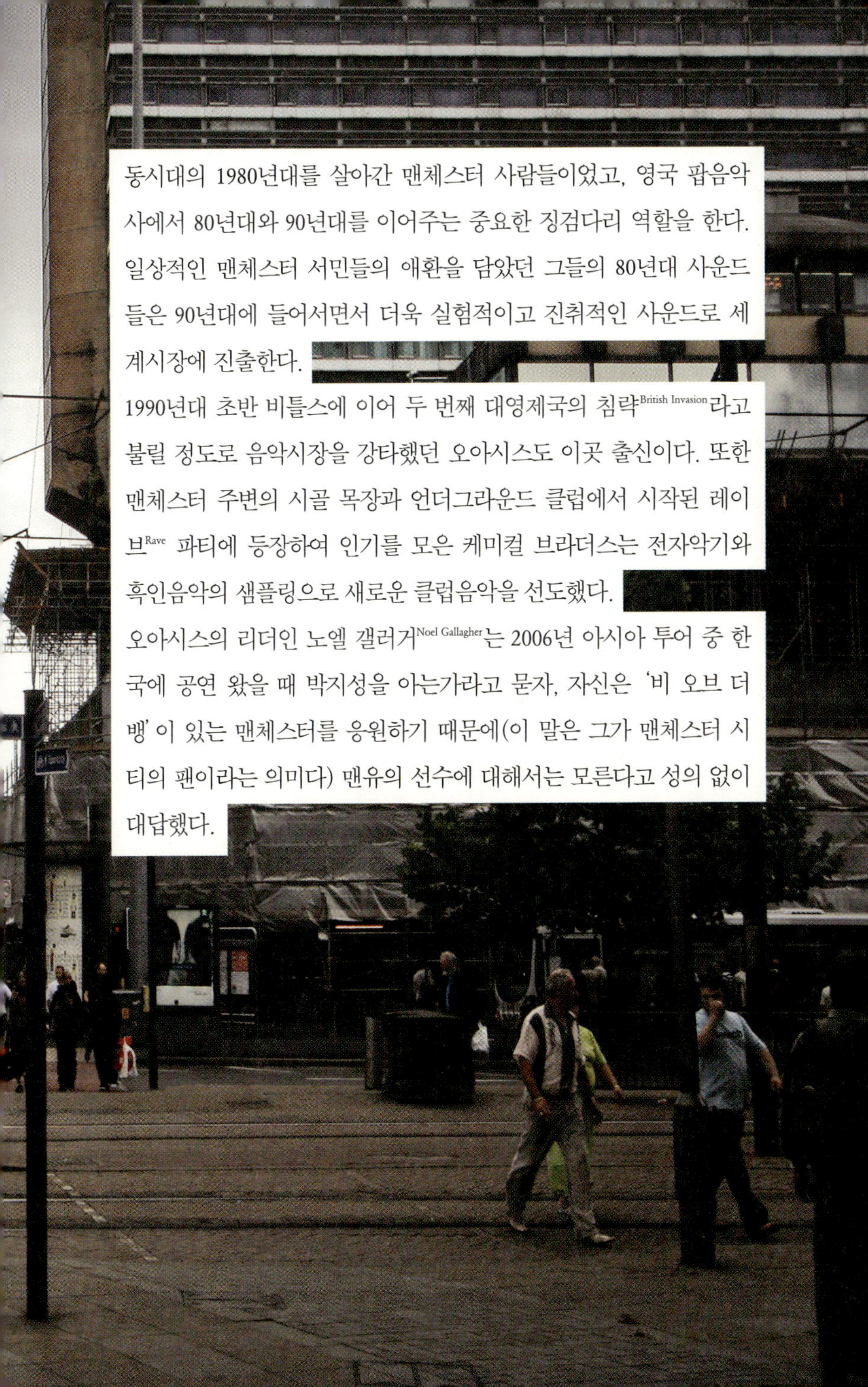

동시대의 1980년대를 살아간 맨체스터 사람들이었고, 영국 팝음악
사에서 80년대와 90년대를 이어주는 중요한 징검다리 역할을 한다.
일상적인 맨체스터 서민들의 애환을 담았던 그들의 80년대 사운드
들은 90년대에 들어서면서 더욱 실험적이고 진취적인 사운드로 세
계시장에 진출한다.

1990년대 초반 비틀스에 이어 두 번째 대영제국의 침략^{British Invasion} 라고
불릴 정도로 음악시장을 강타했던 오아시스도 이곳 출신이다. 또한
맨체스터 주변의 시골 목장과 언더그라운드 클럽에서 시작된 레이
브^{Rave} 파티에 등장하여 인기를 모은 케미컬 브라더스는 전자악기와
흑인음악의 샘플링으로 새로운 클럽음악을 선도했다.

오아시스의 리더인 노엘 갤러거^{Noel Gallagher}는 2006년 아시아 투어 중 한
국에 공연 왔을 때 박지성을 아는가라고 묻자, 자신은 '비 오브 더
뱅'이 있는 맨체스터를 응원하기 때문에(이 말은 그가 맨체스터 시
티의 팬이라는 의미다) 맨유의 선수에 대해서는 모른다고 성의 없이
대답했다.

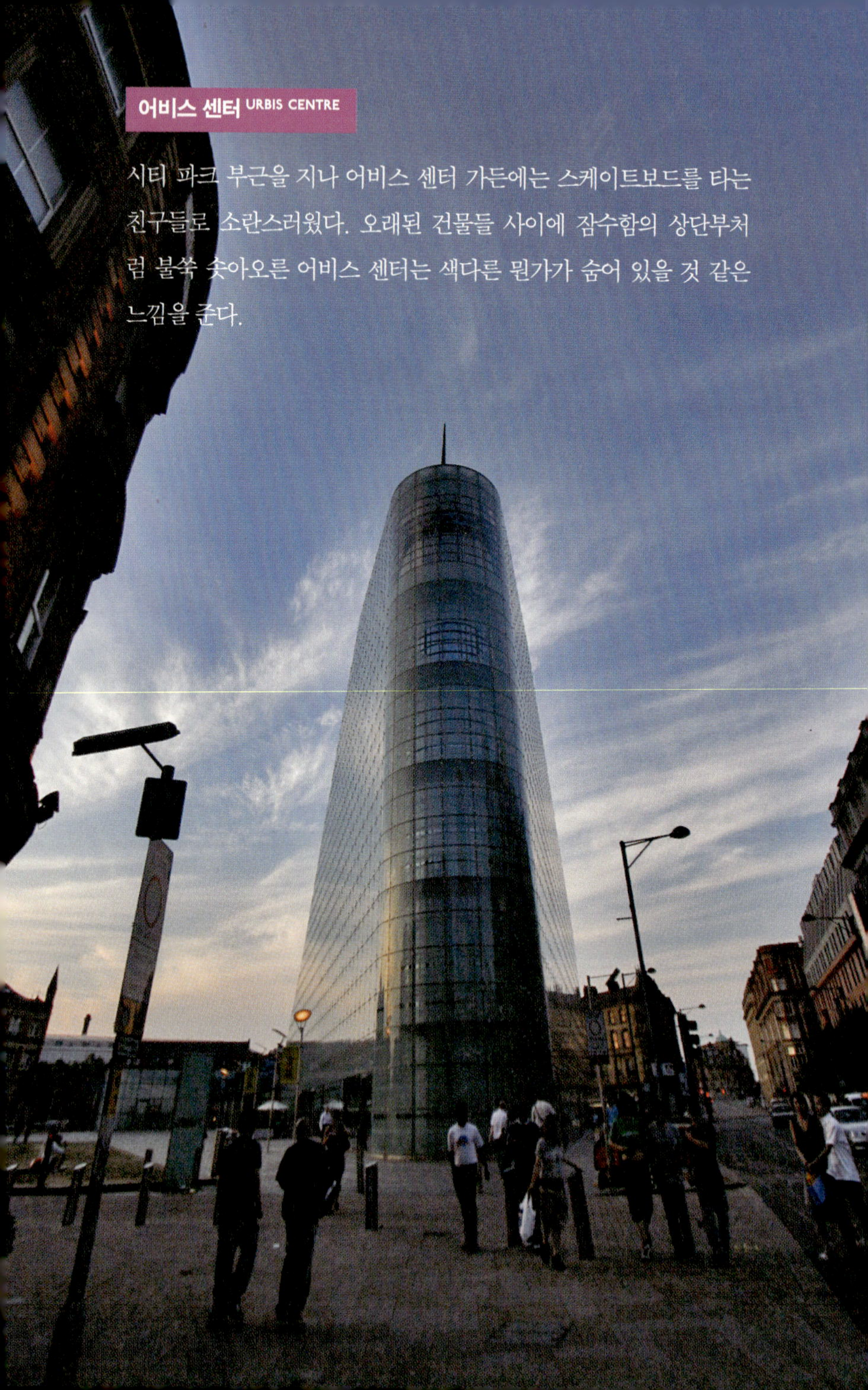

시티 파크 부근을 지나 어비스 센터 가든에는 스케이트보드를 타는 친구들로 소란스러웠다. 오래된 건물들 사이에 잠수함의 상단부처럼 불쑥 솟아오른 어비스 센터는 색다른 뭔가가 숨어 있을 것 같은 느낌을 준다.

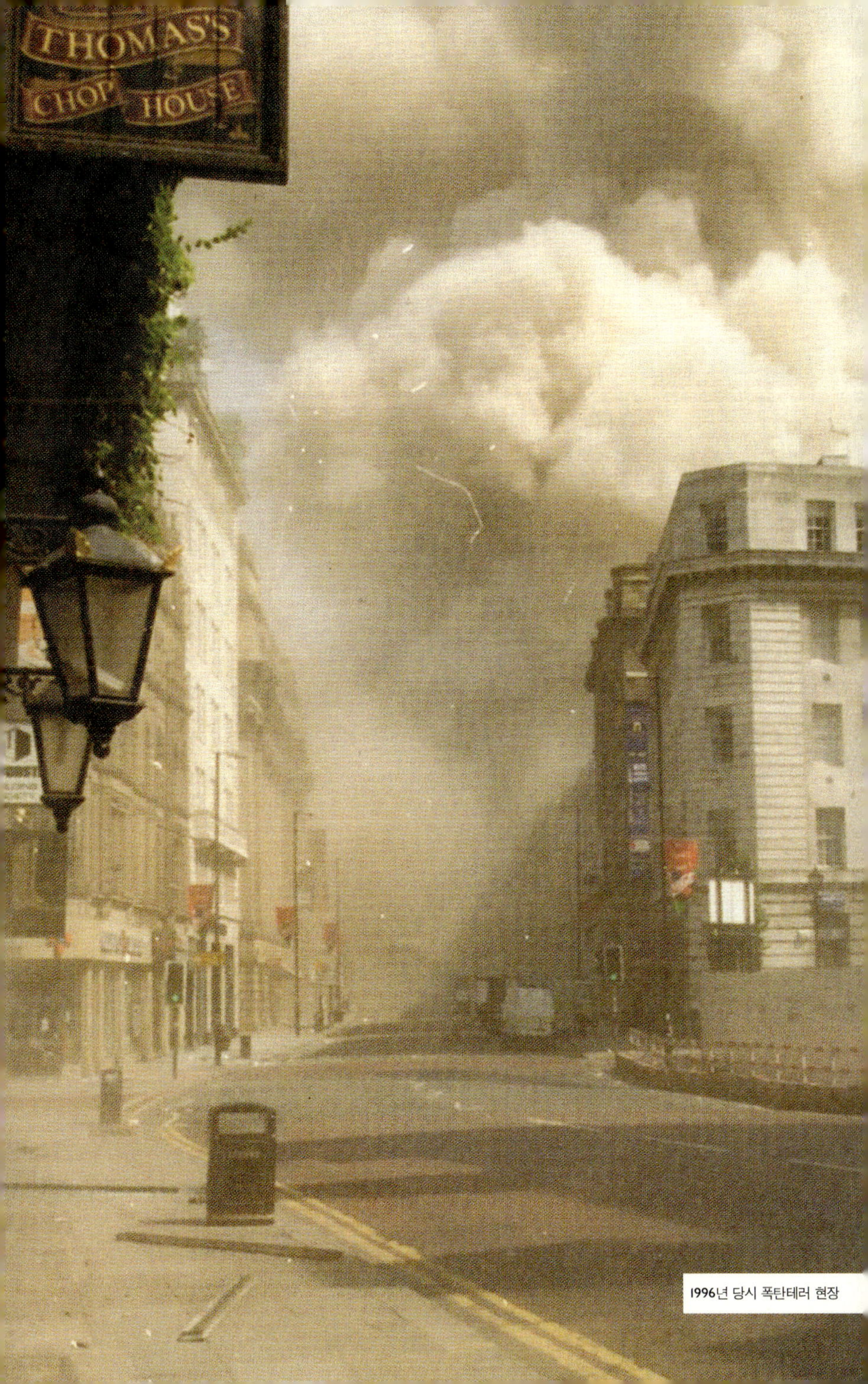

1996년 당시 폭탄테러 현장

어비스 센터는 도시의 미래와 과거, 도시환경의 발달에 많은 관심을 가지고 있다. 센터의 프로그램은 주로 디자인, 건축, 낙서, 사진, 음악 그리고 유행에 관련된 현대 도시의 다양한 문화에 초점을 맞추고 있다.

'Every Cloud; Ten Years After The Manchester Bomb.'

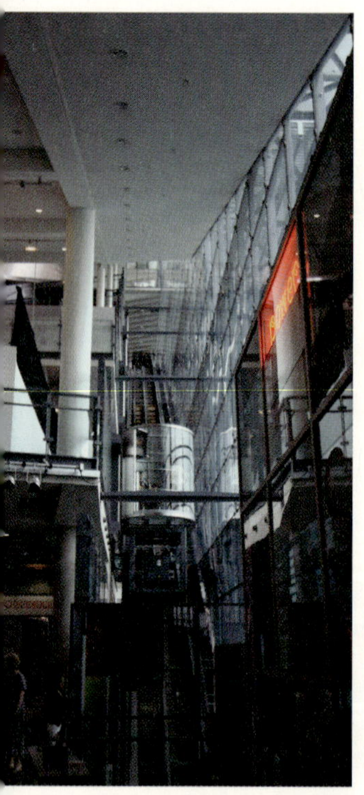

이곳에서 열리고 있는 전시 제목이다. 전시장에 들어서면, 긴박감을 느끼게 하는 사면의 벽에 폭발현장에서 벌어지는 아비규환의 모습이 영상으로 펼쳐지고, 폭발음과 뒤섞인 굉음이 효과음으로 들린다.

과연 여기서 무슨 일이 벌어졌던 것일까? 전시 리플릿에는 1996년 맨체스터에서 일어난 대형 폭탄테러 사건이 소개되어 있었다. 북아일랜드의 민족해방전선인 IRA가 시내 한복판에 폭발물을 설치하여, 시내 중심가가 쑥대밭이 된 사건이다. IRA가 해체되기 전까지 이곳 주민들이 테러 때문에 얼마나 불안해했을지 쉽게 예상이 됐다. 전시는 폭발 사건 당시의 인터뷰와 뉴스 기록들, 피해상황을 담은 사진을 보여주고 있었다. 여기서 가장 인상적인 것은 폭탄테러로 완전히 부서져버린 시티 센터 주변이 완벽하게 복구된 것인데, 바로 그 자리에 세워진 것이 이 어비스 센터다.

현대에는 뉴욕의 9·11테러에서부터 2005년 7월 7일 런던 킹스크로스에서 있었던 폭탄테러에 이르기까지, 거의 매년 큼직한 폭탄테러 사건들이 끊이지 않고 있다. 도시에서 살아가는 방법에 관한 각종 전시를 여는 이곳에서 도시민을 위협하는 '테러'를 주요 전시 테마로 잡고 있다는 것이 아이러니하다. 이제 테러는 도시생활의 일부가 된 것일까?

영국인들은 테러나 대형사고의 후유증을 극복하면서 더욱 강력해지는 느낌이다. 아픈 상처를 치유하는 방법으로 그들은 후손들에게 그 사실을 빠짐없이 전달하고 상기시키는 길을 택했다. 이를 위해 그들은 아픔의 현장에 치유를 상징하는 건물과 조형물을 세웠다.

3층부터 시작하는 인터렉티브 전시에는 'The Evolution of the City, The Challenge of the City'라는 제목으로 맨체스터의 2백 년 역사와 도시의 시스템들을 체험하는 전시가 진행되었다.

경찰관들이 범인을 수사하는 CCTV 시스템을 체험할 수도 있고, 수없이 변해온 공원의 벤치와 공중전화부스, 심지어는 청소년들이 어떤 놀이로 여가를 보내는지에 대한 데이터까지, 그들의 문화를 이해할 수 있도록 한 새로운 문화센터였다.

1층부터 4층까지 45도 각도로 올라가는 케이블카도 기발한 아이디어다. 건물의 경사진 면을 이용한 이 케이블카에는 가이드가 함께 탑승하여, 각층의 전시를 안내한다.

19세기에 증권거래소였던 이곳은 겉보기에는 상당히 허름하고 오래되어 보였다. 하지만 내부가 대단히 독특하다는 켈빈의 얘기를 들었기 때문에, 시내에 갔을 때 잠시 이곳을 들렀다. 내부는 새로 인테리어를 했지만, 여전히 예전 증권거래소에서 사용하던 게시판이 벽면 상단 구석에 그대로 남아 있었다.

그런데 건물 한가운데에 증권거래소와는 전혀 어울리지 않는 거대한 우주선처럼 보이는 극장이 떡 하니 자리 잡고 있었다. 아폴로 11호가 달에 착륙했을 때의 모습과 흡사하다고나 할까.

극장으로 들어가는 입구가 무려 7개나 되고, 주 무대는 마치 씨름판처럼 중앙에 놓여 있다. 그 모양이 360도로 열려 있는 형국이니 우리의 마당극 무대와도 비슷하다고 할 수 있다. 극장 내부도 외부만큼이나 실험적으로 디자인되어 있다.

이 극장을 고안한 이는 리처드 네그리 Richard Negri다. 그는 윔블던 예술대학의 교수로 이 극장에서 공연하는 작품을 직접 감독하기도 했다. 아마도 연극과 공연에 대한 깊은 성찰이 그로 하여금 직접 극장을 디자인하게 만들었을 것이다. 그가 이 극장의 실내디자인을 이렇게 한 이유는 연기자와 관객이 보다 생생하고 직접적으로 소통할 수 있게 하기 위해서다.

항상 무거운 장막이 드리워져 적막하고 근엄한 느낌을 주는 극장무대를 이렇게 혁신적으로 디자인한 것이 신선했다. 그것도 1976년에 말이다.

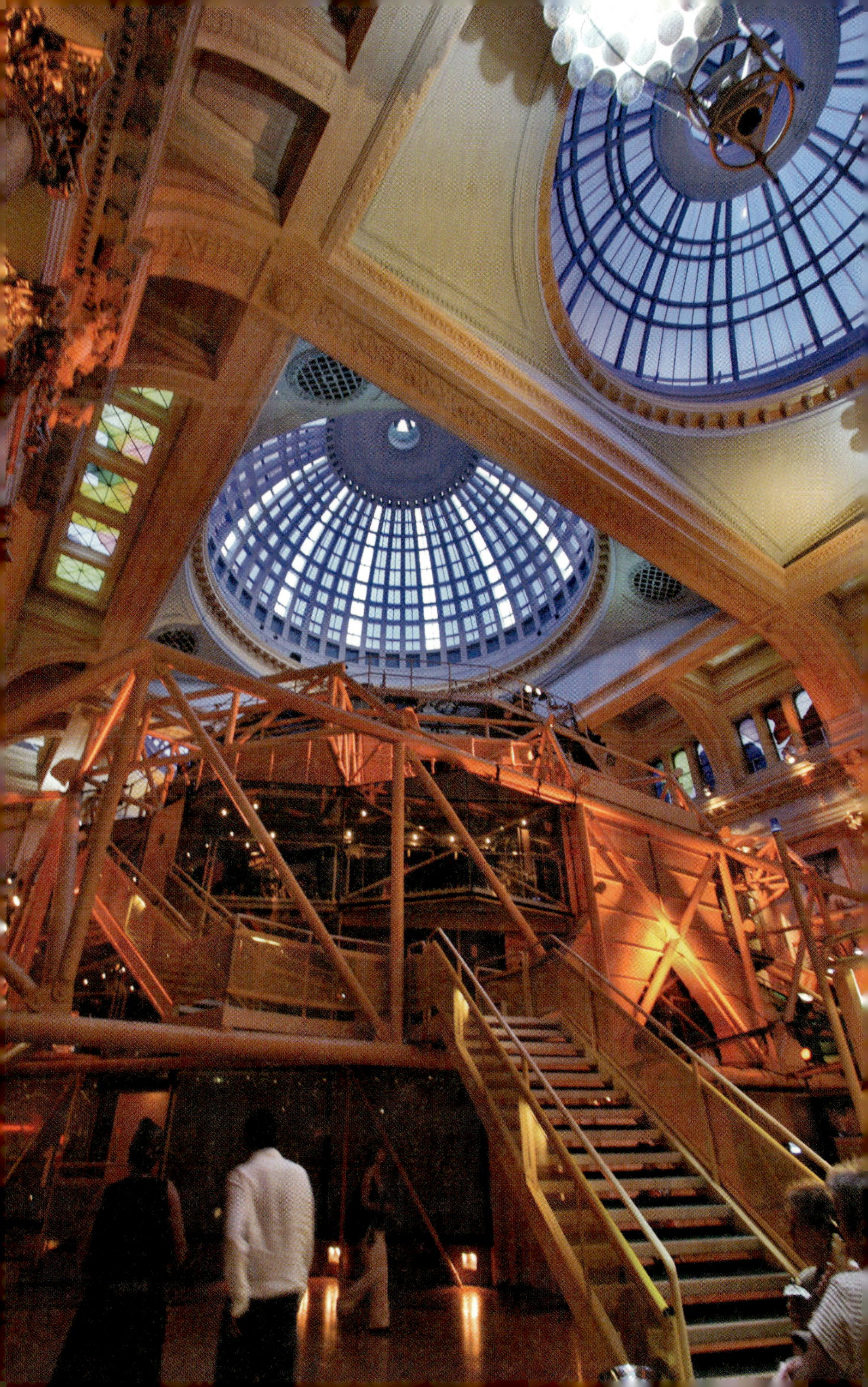

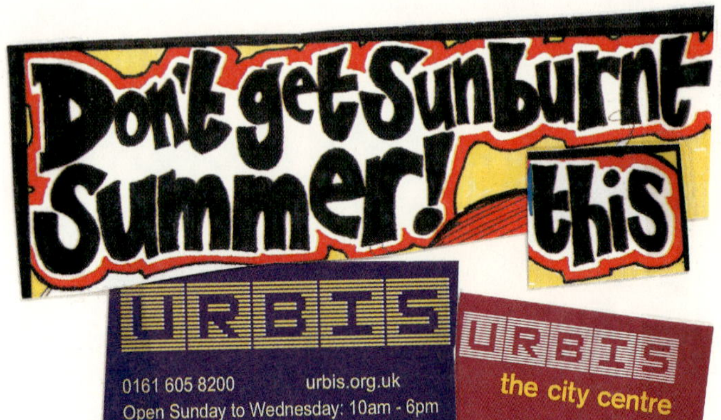

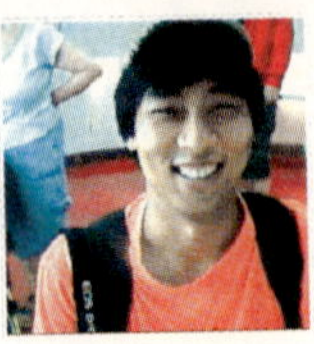

NAME	Park Hun Kyu
AGE	21
CITY	Seoul
LIKES	Nothing
DISLIKES	Nothing

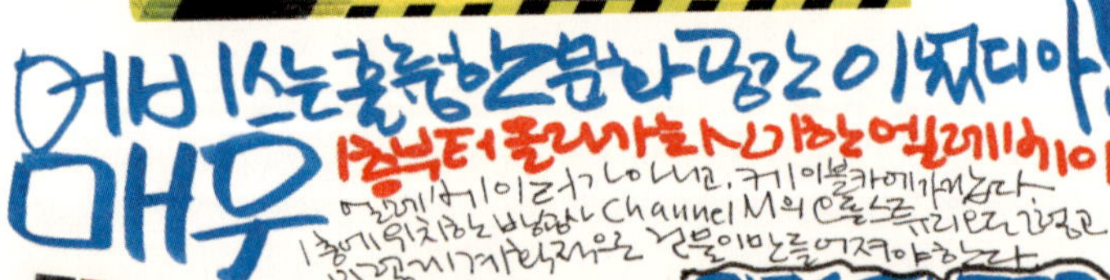

어비스는 훌륭한 분과 평소이 찌디아!
매우
1층부터 울라사토시가하는 엘레게이이
어떻게 내이러기 나니고, 쿠기이몰카게가했다.
1층에 위치한 방송사 Channel M의 안으스튜리오를 지나고
어그껍게기계가했다 보일의 건물이 만들어져야한다

CITY CENTER
우리는 이몰에 주목해야한다.
시티센터라는것이
마련목적이고 어떤
역할들을 해줄수있는지
URBIS는 명확하게 내
모든걸제시해준다.
한컴뮤지움과는 차원이
다른 만체스터맨스
파워!
06. 6. 30
Manchester

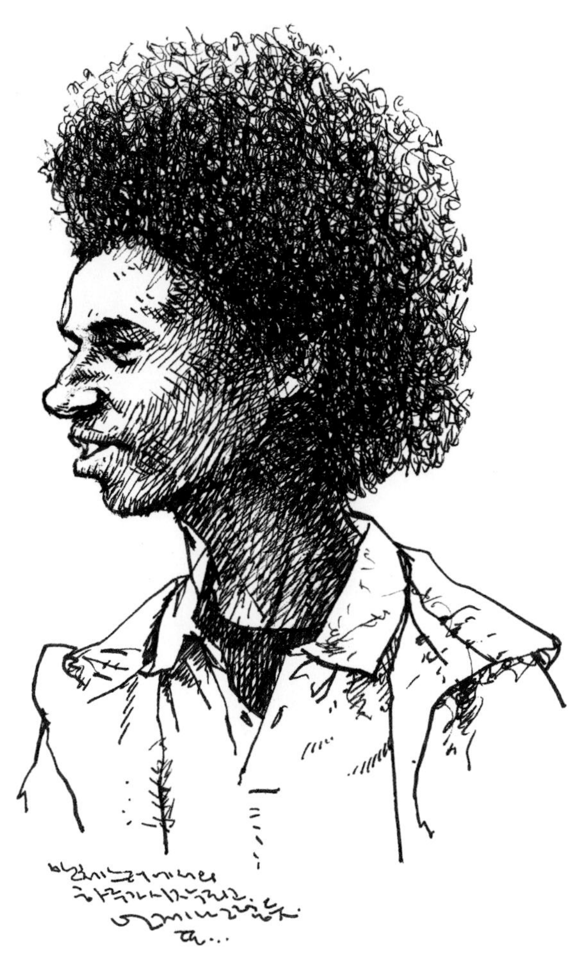

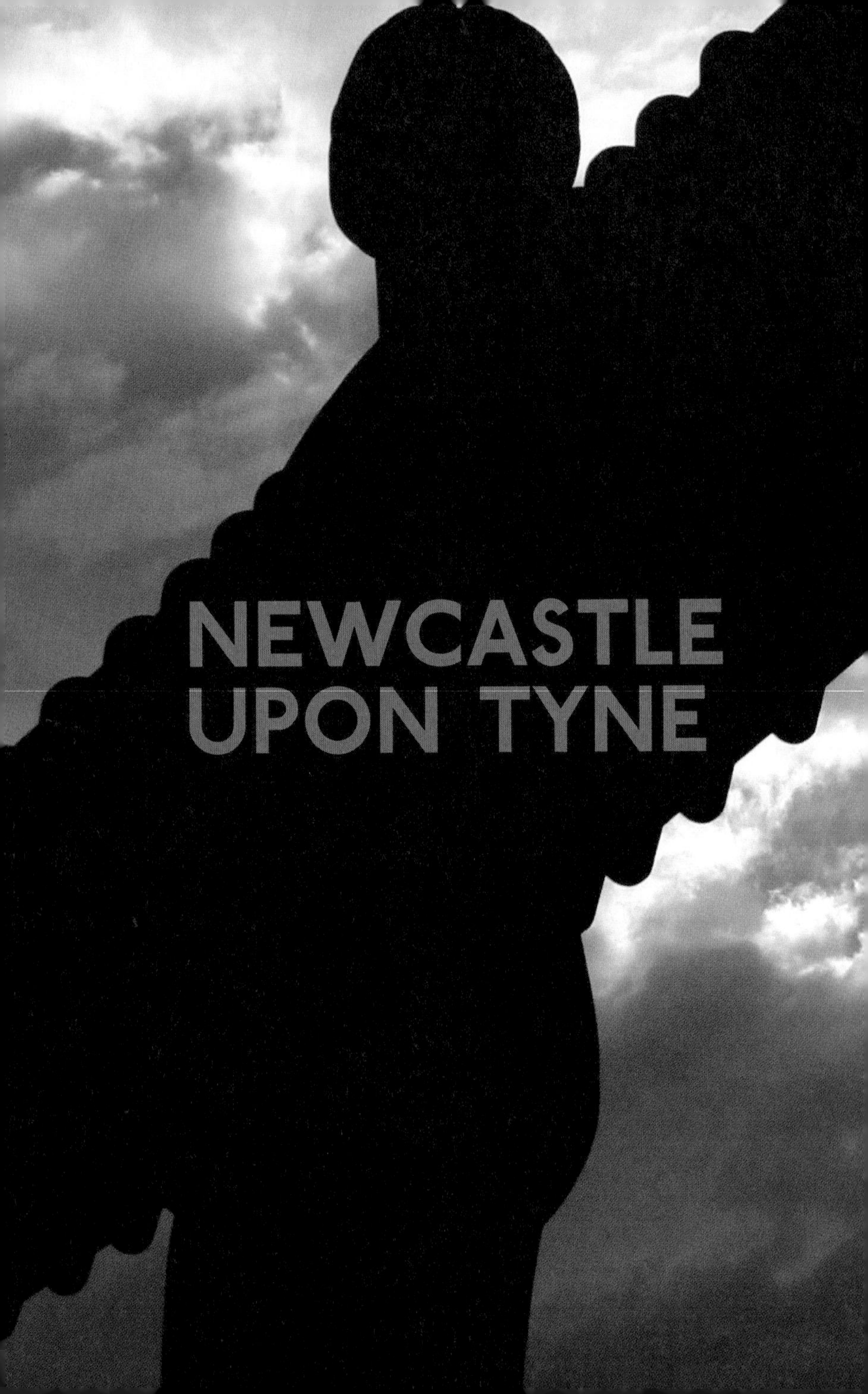

NEWCASTLE UPON TYNE

북쪽의 천사 Angel of the North

꿈속의 회색천사를 찾아
현기증 나도록 하늘을 날아서 북쪽으로…
거대한 날개를 펼치고서
나를 보듬어줄 회색빛 천사는
외로운 7년을 기다렸네.

그대는 그곳에 홀로 서서 무얼 생각하나요.
멀리서 반겨줄 누군가를
우리는 여기 회색 하늘이 펼쳐진 곳에서
말없이 단둘이 서로를 바라보고만 있네.

내 머릿속에 남긴 그대의 여운만으로
나는 그대를 찾아갈게요.
북쪽 하늘을 따라.
금빛 초원들과 검푸른 이 길 위에서
나는 그대를 향해 손을 흔들게요.

북으로 갈수록 하늘은 어두워지고
회색천사는 빛을 말없이 기다리고만 있네.
한순간이라도 태양이 그대를 비추길
변함없는 이 비는 우릴 적셔가네.

당신을 쓰다듬으며 돌아서는 나는
다시 돌아갈 곳이 어딘지 망설여지네요.
당신은 알고 있으면서 여전히 말이 없어요.
이쯤에서 우리는 헤어져야 하는군요.
나는 이제 더 북쪽으로 가야겠어요.
당신을 잊기 위해서요.

Angel of the North_OST Track_10
박훈규 글, 이준오 곡, 캐스커 노래

맨체스터에서 뉴캐슬로 가는 도중 지루하게 이어지던 목가적인 풍경들은 이제 서서히 끝나가고 있었다. 내 옆 좌석에 앉은 젊은 친구들이 갑자기 버스의 좌우를 번갈아보기 시작했다. 여기서 뭔가가 나오는 모양이구나, 직감했다.

'회색천사에게 가까이 온 것일까.'

나는 왼쪽 창가에 앉아 있었다. 정말 뭔가가 이 고속도로 위에서 불쑥 튀어나올 것 같았다. 그리고 옆으로 이정표가 스쳐 지나가고 있었다.

'Angel of the North' (북쪽의 천사).

드디어 도착한 것이다.

마치 꿈속에서 본 듯 무엇인가 거대한 검은 덩어리가 지나갔다.

낮게 깔린 검은 구름은 비를 뿌리고 있었고, 게이츠헤드^{Gateshead}로 접어드는 고속도로는 좌우가 확 트인 넓은 평원이었다. 내 옆에 앉은 친구들도 〈북쪽의 천사〉를 보려고 잔뜩 기대하고 있는 눈치다.

"이런…"

나는 왼쪽을 보고 있었는데, 회색천사는 오른쪽으로 지나쳐버렸다. 너무 아쉬웠지만, 뒤를 돌아보며 확인한 천사의 모습은 온몸이 얼어붙을 만큼 강렬하게 내 눈에 각인되었다. 그야말로 검고 거대한 천사가 우뚝 솟아 있었다. 버스는 회색천사가 솟아 있는 고속도로 위를 순식간에 내달렸고, 나는 의자에서 벌떡 일어나 회색천사가 사라질 때까지 눈이 아프도록 쳐다보았다.

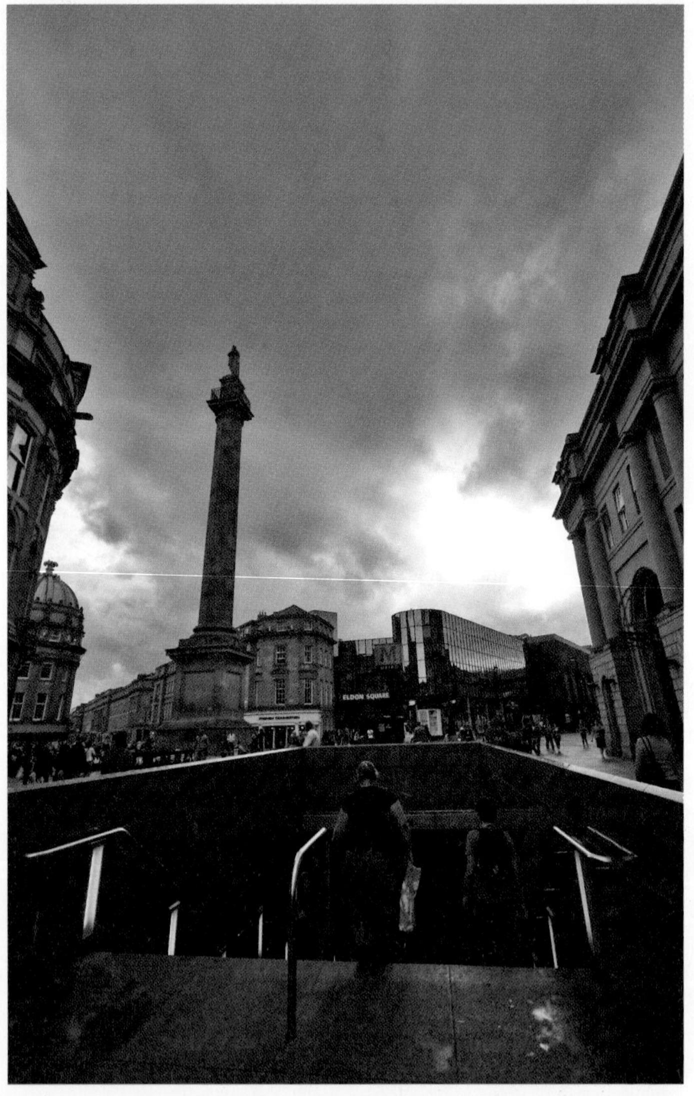
ELDON SQUARE

뉴캐슬의 시내에 도착했다. 시내 풍경은 몹시 어두웠다.

유난히 중고등학생들이 눈에 많이 띄었는데, 신기하게도 그들의 패션은 검은색이 주를 이루고 있었다. 검정색 진, 검정색 스커트, 검정색 가죽 구두… 마치 대중을 사로잡은 1970년대 영국 언더그라운드의 '모드mode, 고스goth, 펑크punk' 문화가 여전히 이들 반항적인 세대들에게 영향을 미치고 있는 듯했다.

그레이스 모뉴먼트Grey's Monument 전철역에서 내려서 엘든 스퀘어 시외버스 터미널로 향했다. 이곳은 십대들의 천국이다. 모두 펑크 패션을 하고, 소리를 지르며 거리를 내달린다. 학교를 마치는 시간이 모두 같은 것인지, 아이들이 무리를 지어 몰려다녔다. 여행을 하는 동안에 이렇게 많은 청소년을 만난 적이 없는 터라, 이런 풍경이 낯설게 느껴졌다. 아이들의 눈은 대체로 검은색 아이새도를 칠했는데, 하얀 담배를 문 모습과 묘하게 조화를 이뤘다.

이곳에서 '넥서스'Nexus라고 부르는 버스를 타기 위해 지하터미널로 내려갔다. 터미널은 눈을 검게 칠한 소년소녀들로 인산인해를 이뤄 마치 펑크 공연이 열리는 지하 공연장 같은 느낌이 들었다. 터미널에는 약 열 개의 정거장이 있는데, 가는 방향에 따라서 7~8개의 버스 노선으로 구분되어 있었다. 〈북쪽의 천사〉로 가는 정거장을 찾기 위해 이리저리 헤매고 다녔다. 가장 깊숙한 곳에 자리 잡은 마지막 정거장에서 700번대로 시작하는 루트를 보니 'Angel of the North'라고 적혀 있다. 게이츠헤드를 지나 고속도로까지 가는 노선이다. 1파운드 60페니의 차비를 내고 더럼 로드 정거장에서 내리면 된다.

고속버스는 그레이스 모뉴먼트와 시내 중심가를 지나 타인 브리지^{Tyne Bridge}를 건넜다. 타인 강은 작고 잔잔한 강이다. 그곳에 자리 잡은 밀레니엄 브리지와 노먼 포스터 경이 설계한 세이지 게이츠헤드^{The Sage Gateshead} 음악센터가 한눈에 들어왔다. 타인 강 남쪽에 세워진 굴곡 유리와 스테인리스 스틸로 지어진 세이지 게이츠헤드는 밀레니엄 브리지, 타인 브리지와 함께 타인 강의 삼각편대를 이루는 랜드 마크다.

마음이 출렁출렁 버스와 함께 오르락내리락했다. 대략 30여 분을 버스를 타고 인적이 없는 시외 지역으로 달렸다. 버스의 승객들도 하나둘씩 내리고, 좌회전도 우회전도 없이 오로지 직진만 하는 일직선 도로로 접어들었다.

저 멀리 지평선 쪽에 날개를 활짝 편 검은 천사가 아직은 작지만 눈에 들어왔다. 드디어 도착이구나. 나를 이토록 못 견디게 만들었던 천사를 만날 시간이 다가온 것이다.

천사의 모습이 점점

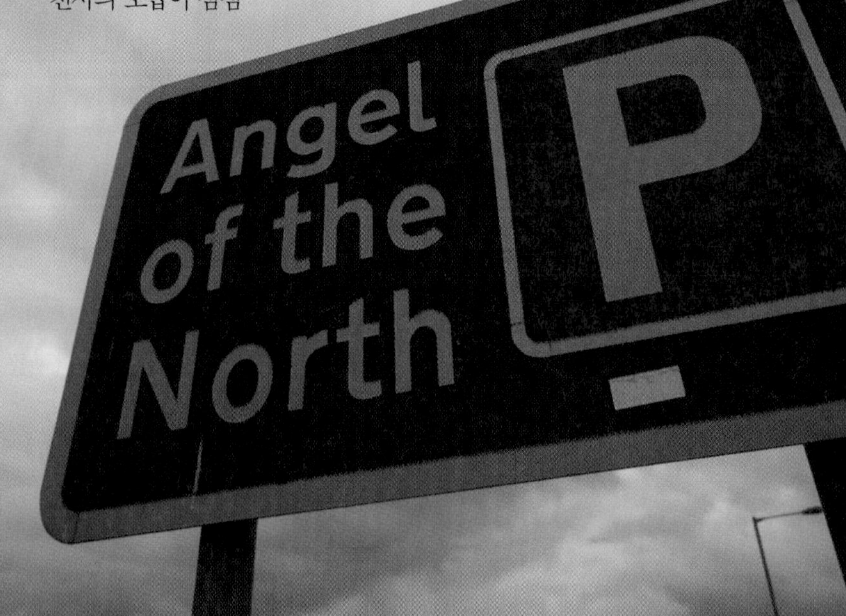

가까워질 때마다 심장박동이 빨라졌다. 드디어 넓디넓은 평원에 회색천사와 마주보고 섰다. 가까이 다가서면, 거대한 그의 모습은 더 이상 내 눈에 들어오지 않았다. 거대하게 펼친 날개는 마치 비행기의 날개처럼, 하늘로 비상하려 하고 있었다. 몸뚱이는 인간의 형상이되, 두 다리는 모아져 하나의 말발굽 형상으로 서 있었다. 어찌 보면 날개를 단 페가수스 같기도 하고, 곧 녹아버릴 밀랍 날개를 붙인 이카루스의 환상 같기도 했다. 왠지 무섭기도 했고, 환상적이기도 했다.

그러나 영국인들은 이 회색천사를 나처럼 관대하게 보지 않는 듯했다. 언론에서는 이게 무슨 천사냐며, 이 거대한 쇳덩이에 천문학적 예산을 쏟아 부은 것을 맹렬히 비난하기도 했다.

물론 회색천사는 자비롭고 온화한 모습은 아니다. 회색이라기보다는 붉은색의 녹 쓴 고철덩어리에 가깝고, 크기만으로도 무지막지해 보인다. 앤터니 곰리는 왜 천사라는 이름을 붙이고도 이렇게 차갑고 위압적인 조형물을 만든 것일까?

내 생각에, 그가 상상한 '천사' 란 갤러리나 뮤지엄에 가두어둘 수 있는 자비로운 형상이 아니라 초월적인 숭고함으로 온 대지를 감싸 안는 형상이었을 듯하다. 특별한 랜드 마크 하나 없이 평탄한 평지가 끝없이 펼쳐져 있는 이 시골마을에서 그것은 정말 단 하나의 신적인 존재라도 되는 듯 우뚝 서 있었다.

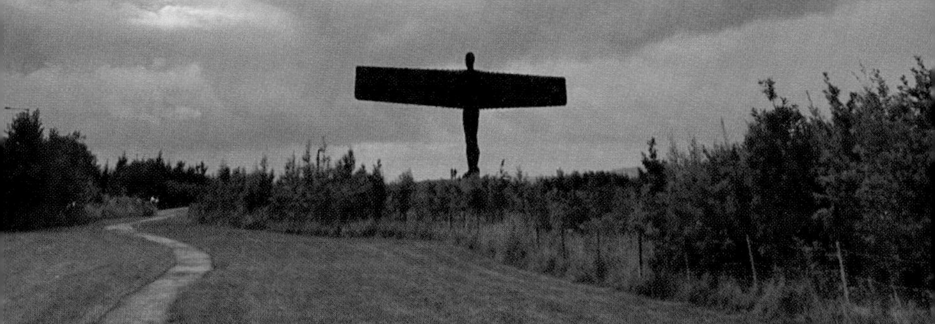

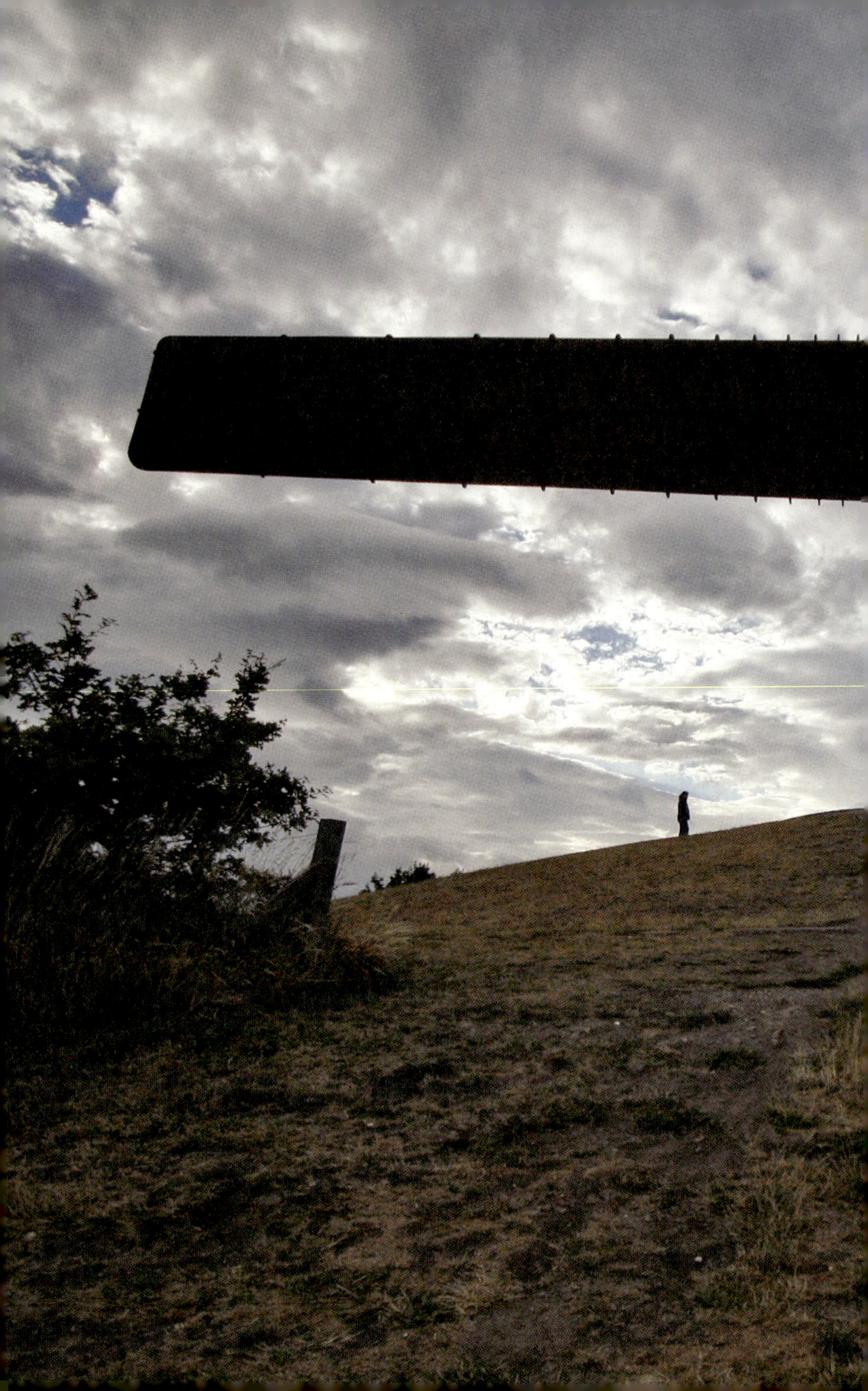

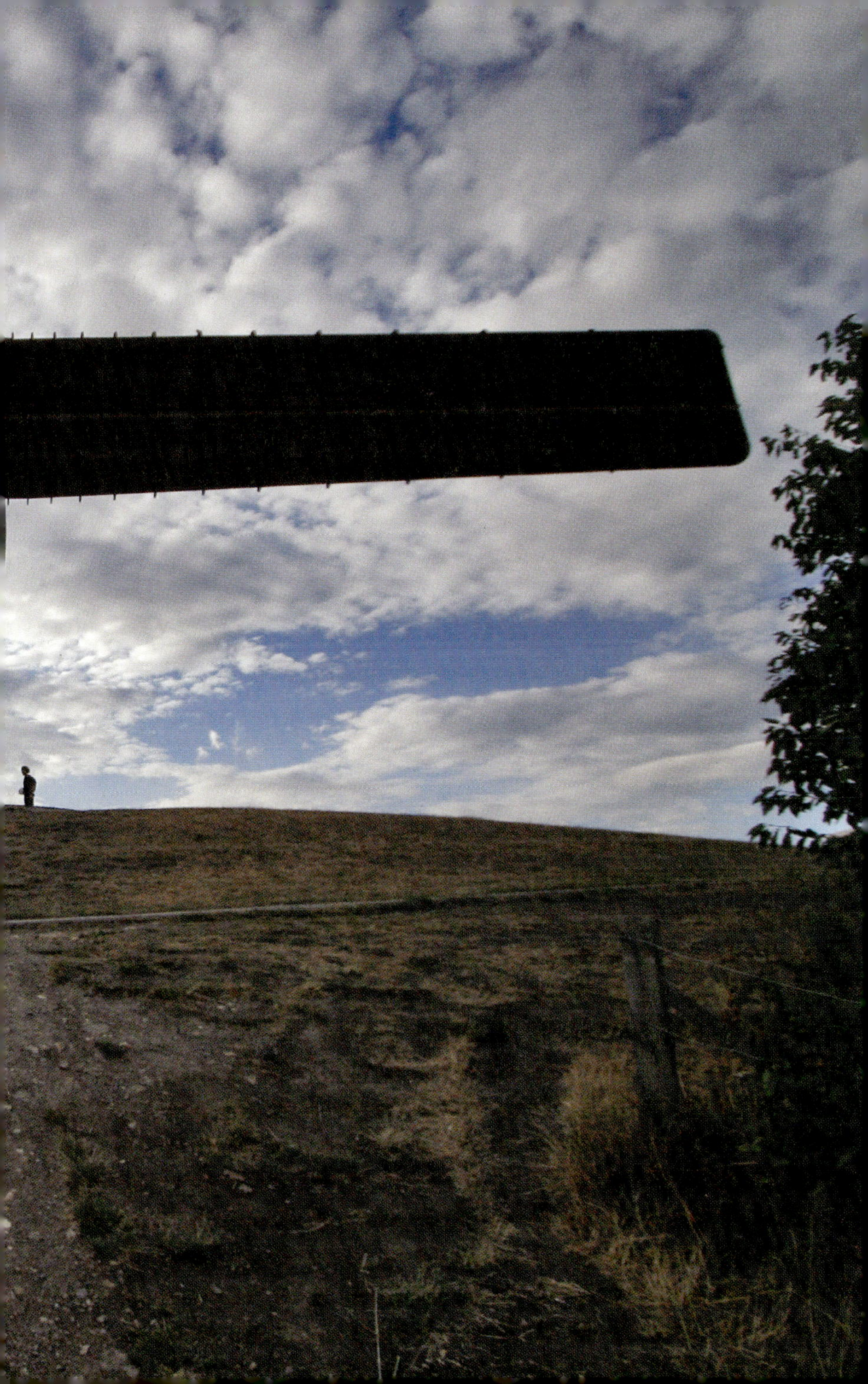

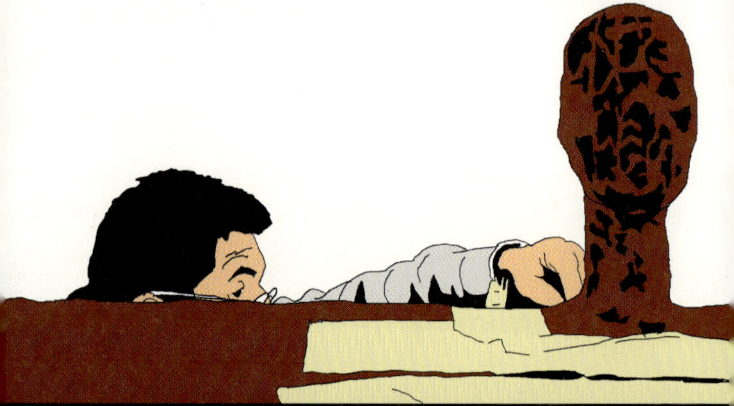

세계적인 아티스트에게 작업을 의뢰하기로 한 게이츠헤드 의회는 이 프로젝트를 위해 테이트 갤러리Tate Gallery, 요크셔 조각 공원Yorkshire Sculpture Park 등 권위 있는 단체에 제안서를 의뢰한다. 이 제안서를 바탕으로 1994년 앤터니 곰리가 제안한 디자인이 게이츠헤드 의회에서 최종안으로 결정된다.

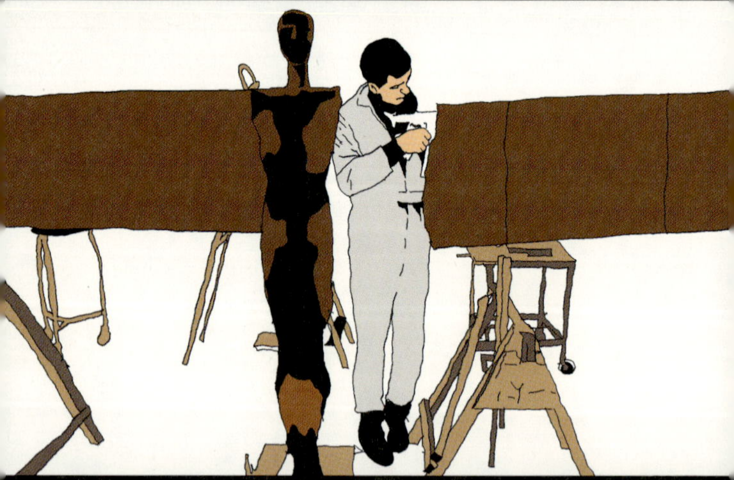

1995년 앤터니 곰리는 자신의 몸을 본떠 만든 천사의 몸과 날개를 단 1:20 크기의 모형을 언론에 공개한 후, 게이츠헤드의 중학교에 재직 중인 미술교사와 교장선생님에게 〈북쪽의 천사〉 작업에 대한 계획을 설명한다.

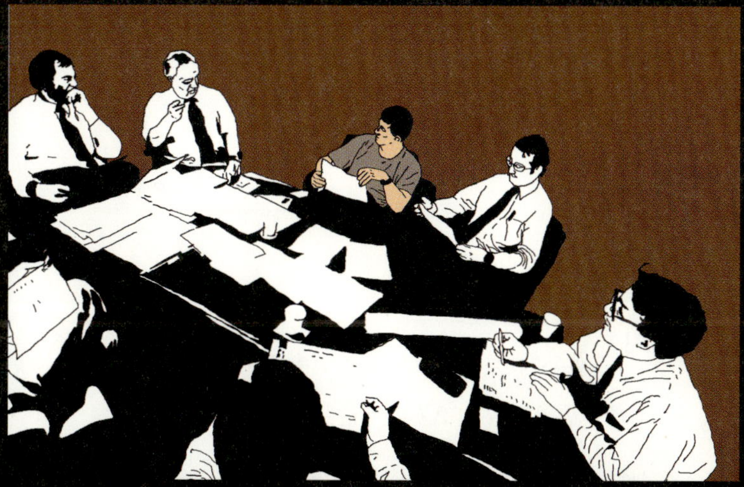

1996년 브론즈로 만든 〈북쪽의 천사〉 모형은 쉬플리 갤러리 Shiply Art Gallery에서 원형에 가깝게 대중에 공개되었다. 또한 이 공사의 기술적인 부분을 해결하는 파트너인 아루프와 의회의 공무원들은 앤터니 곰리와 회의를 통해 뉴캐슬과 영국의 랜드 마크를 건설하는 대형 프로젝트를 시작한다.

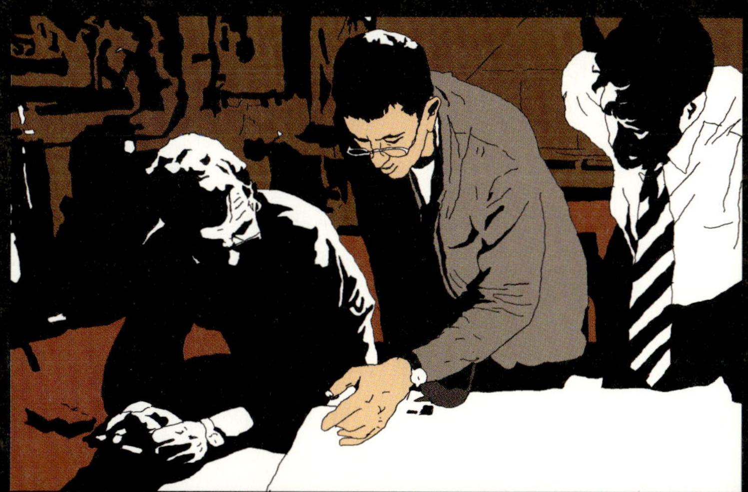

1997년 미들즈브러 부근의 티스사이드 Teesside에 위치한 하틀리풀 페브리케이션 Hartlepool Fabrications Ltd이 제작소로 결정되면서 〈북쪽의 천사〉 제작이 시작되었다. 현장에서의 제작 작업도 앤터니 곰리와 아루프의 엔지니어, 그리고 철공기술자들과의 긴밀한 협의를 통해 진행되었다. 이렇게 하여 1998년 1월에 〈북쪽의 천사〉 작업은 완성된다.

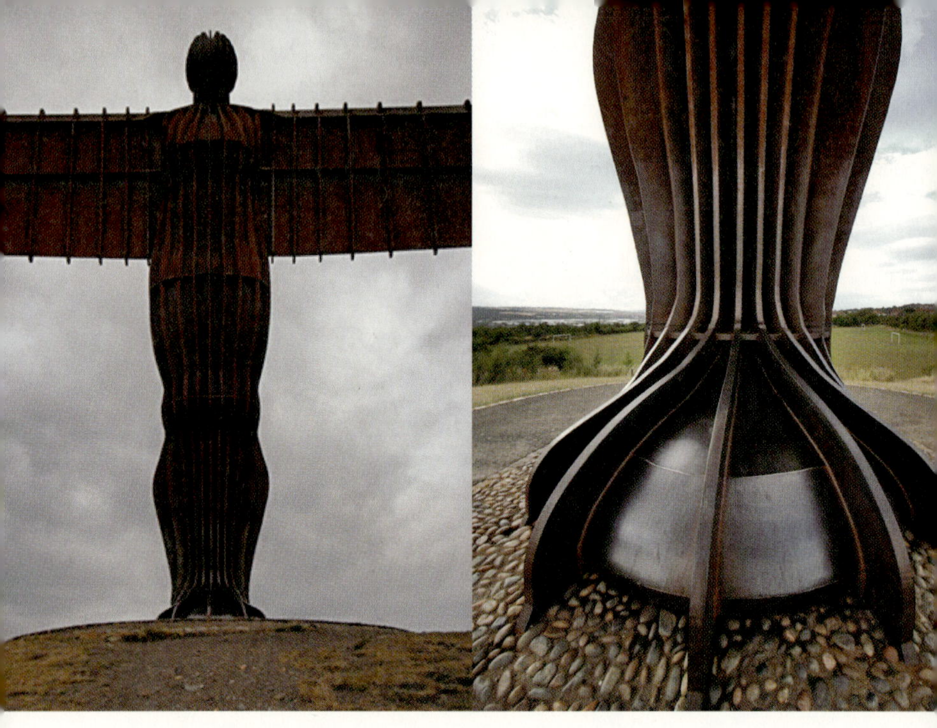

그런데 그는 어떻게 이 거대한 형상을 이처럼 단단하게 세울 수 있었을까? 게다가 천사는 다리의 아주 작은 부분만으로 온몸의 무게를 지탱하고 있다.

그는 효과적인 시공을 위해서 천사를 세 부분(머리, 몸, 날개)으로 분리해서 제작했다. 그리고 땅 밑에 콘크리트를 깔고 그 위에 몸통을 세운 후 양 날개를 부착했다. 시속 160킬로미터의 엄청난 바람을 막아내기 위해서 이 천사의 발밑 땅속에는 165톤의 콘크리트가 20미터 깊이로 먼저 시공되어야 했다. 또한 비나 눈이 내려도 모습이 변하지 않게 하기 위해 특수 제작된 철과 구리 208톤이 사용되었다. 높이는 20미터로 이층버스 네 대를 올려놓은 것과 같고, 54미터의 날개는 점

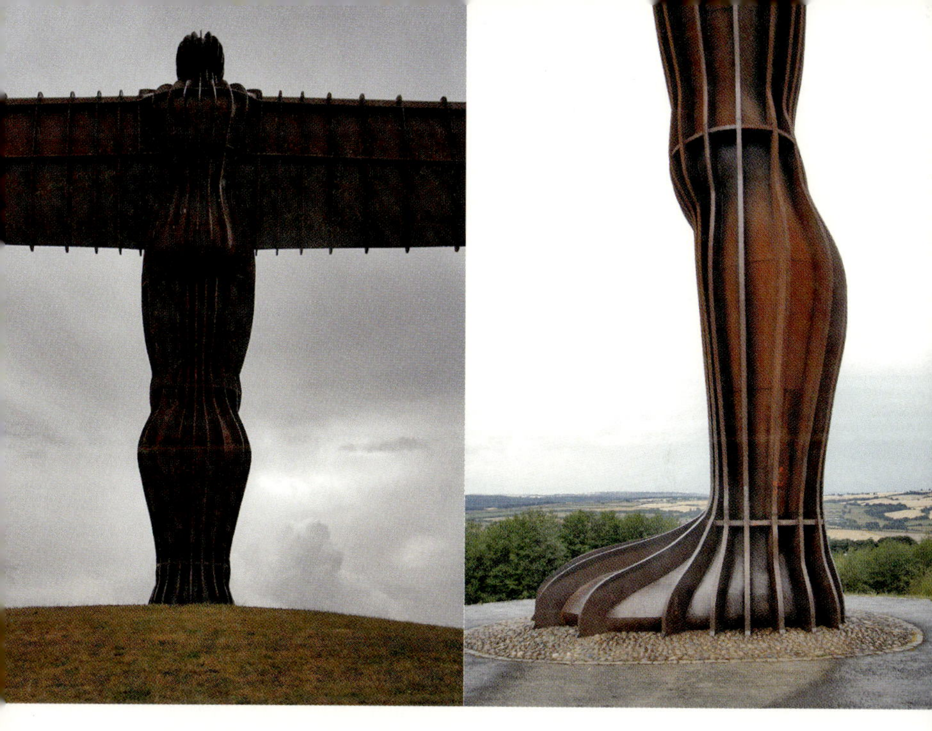

보제트기의 날개와 비슷한 크기다.

이 천사를 건설하기 위해 제작을 맡은 팀은 무려 2만 2천 시간을 할애했고, 디자인과 제도 과정에 2천5백 시간을 소모했으며, 3,153개의 철 조각을 사용해 조립했다.

하지만 이 모든 조형물은 앤터니 곰리 혼자서 디자인, 설계, 시공을 한 것이 아니다. 곰리는 아이디어를 고안하고, 드로잉을 했으며, 자기 몸만 한 작은 천사를 하나 만든 것이 전부였다.

아루프 ARUP

무엇이든 실현하지 못할 것이 없어 보이는 이 놀라운 기술력을 가진 팀과 일을 하게 된다면, 아마 세상에 못할 일이 없을 것 같다. 이미 서양에서는 디자인, 예술, 건축과 과학을 통합적으로 교육하기 시작한 지 오래고, 각 분야 사이에는 긴밀한 네트워크가 형성되어 있다.

통칭 '아루프' 라고 일컬어지는 이 회사는 뉴캐슬어폰타인에서 태어난 오브 아루프 경Sir Ove Arup, 1895~1988이 처음 만든 회사다. 아루프는 덴마크계 엔지니어로, 코펜하겐에서 건축공부를 했고 근대건축의 아버지라 할 만한 르코르뷔지에의 영향을 많이 받았다. 오브 아루프는 런던 건축회사에서 주로 구조공법 자문을 하다가 1946년 아루프 앤 파트너스Arup & Partners를 세운다. 여기서 건축가인 필립 도슨을 만나 둘 사이에 긴밀한 파트너십이 형성되면서, 1963년 이 회사는 아루프 어소시에이트Arup Associates로 발전한다. 이후 회사는 건축과 디자인, 시공법, 측량에 이르기까지 상당히 멀티플한 업무를 수행하면서 단일한 업종으로서의 건축이라는 개념을 파괴하고, 새로운 건축적 시도를 거듭했다. 그 결과물이 바로 호주 시드니 오페라하우스, 더럼의 킹스게이트 브리지 등이다. 그리고 앤터니 곰리의 작품처럼, 구조적으로 실현하기 어려운 꿈의 예술작품을 현실로 실현하는 데 해결사 같은 역할을 했다. 우리나라의 압구정동 갤러리아 백화점의 외관 조명 프로그래밍도 이 팀에서 한 것이다.

그들은 현재 7천 명 이상의 직원과 32개국에 73개의 사무실을 가지고 있으며, 160개국에서 그들의 프로젝트를 진행하고 있다.

"우리의 목적은 거대하고 효율적이면서도 인간적이고 친근한 조직체를 창조하는 것이다. 모든 구성원들의 행복이 모두의 관심사가 될 수 있는 그런 곳 말이다."

―오브 아루프 경의 1970년 연설 중에서

I'll be home by 11 o'clock today unless
I ~~cannot catch~~ miss a bus on my way.

I'll be home by 11 o'clock today
unless there is heavy traffic.

Hartlepool for the site at Gateshead.
Photo: Keith Paisley

...eel by Hartlepool Steel Fabrications
...de. It rises 20 metres (65ft) and has
of 54 metres (175ft) - almost as big

Digital technology was
used to create all the data
needed to make the Angel.
Photo: Mark Pinder

...s asking why an angel? The only response I can give is
...ever seen one and we need to keep imagining them.
...ve functions - firstly a historic one to remind us that below
...rs worked in the dark for two hundred years, secondly to
...e future expressing our transition from the industrial to the
... and lastly to be a focus for our hopes and fears.'
...MLEY, Sculptor

The Angel's body is lifted
into the upright position.
Photo: Keith Paisley

Workers fabricate the
lower leg and feet.
Photo: Keith Paisley

Workers prepare
the concrete plinth.
Photo: Keith Paisley

The Ang...
cut from...
6mm sh...
the body...

Ove Aru...
experts...
the four...
Thomas...

The sit...
were fil...
drilled,...
One hu...
were p...
to form...
into s...

A con...
thick...
8 me...
A pli...
slabs...
thre...
is fix...

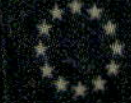
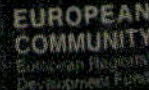
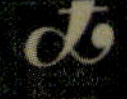
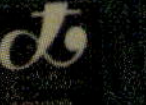
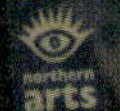

〈북쪽의 천사〉는 원래 뉴캐슬의 게이츠헤드 시의회에서 진두지휘한 프로젝트다. 더럼과 뉴캐슬로 통하는 A1 고속도로 상에서 버스와 열차가 만나는 교통의 요지에 그들의 랜드 마크를 설치하고자 한 것이다. 런던에서 에든버러를 가기 위해 이 지역을 넘어가는 사람들은 모두 이 붉고 거대한 날개를 단 천사를 보고 섬뜩해하며, 이곳이 바로 뉴캐슬이라는 것을 기억하게 될 것이다.

아무런 개성도 없이 소음만 난무하는 고속도로 곁 밋밋하기만 한 평원에 거대한 천사가 세워지면서 아무도 관심을 갖지 않던 이 도로는 생명을 얻었다.

뉴욕의 자유의 여신상과 리오데자네이로의 예수상에 이어 새로운 21세기를 맞이하는 상징적인 조형물로 기록될 이 대형작품은 놀랍게도 뉴캐슬의 작은 지방의회에서 시작되었다.

우리나라에서도 이런 일이 가능할까? 아마 이런 프로젝트는 사회가 성숙하면서 자연스럽게 발전할 부분일 것이다. 영국인들은 예술을 정치적으로 이용하기도 하고, 상업적으로 이용하기도 한다. 하지만 어떤 목적이든지 간에 그들은 예술적인 상징물을 후손들에게 넘겨주는 방법을 잘 알고 있었다.

누구나 주목할 만한 상징적인 예술작품을 만드는 것은 가장 정치적이면서 예술적일 수 밖에 없다. 그것이 국가의 미래를 위한 투자인 것이다.

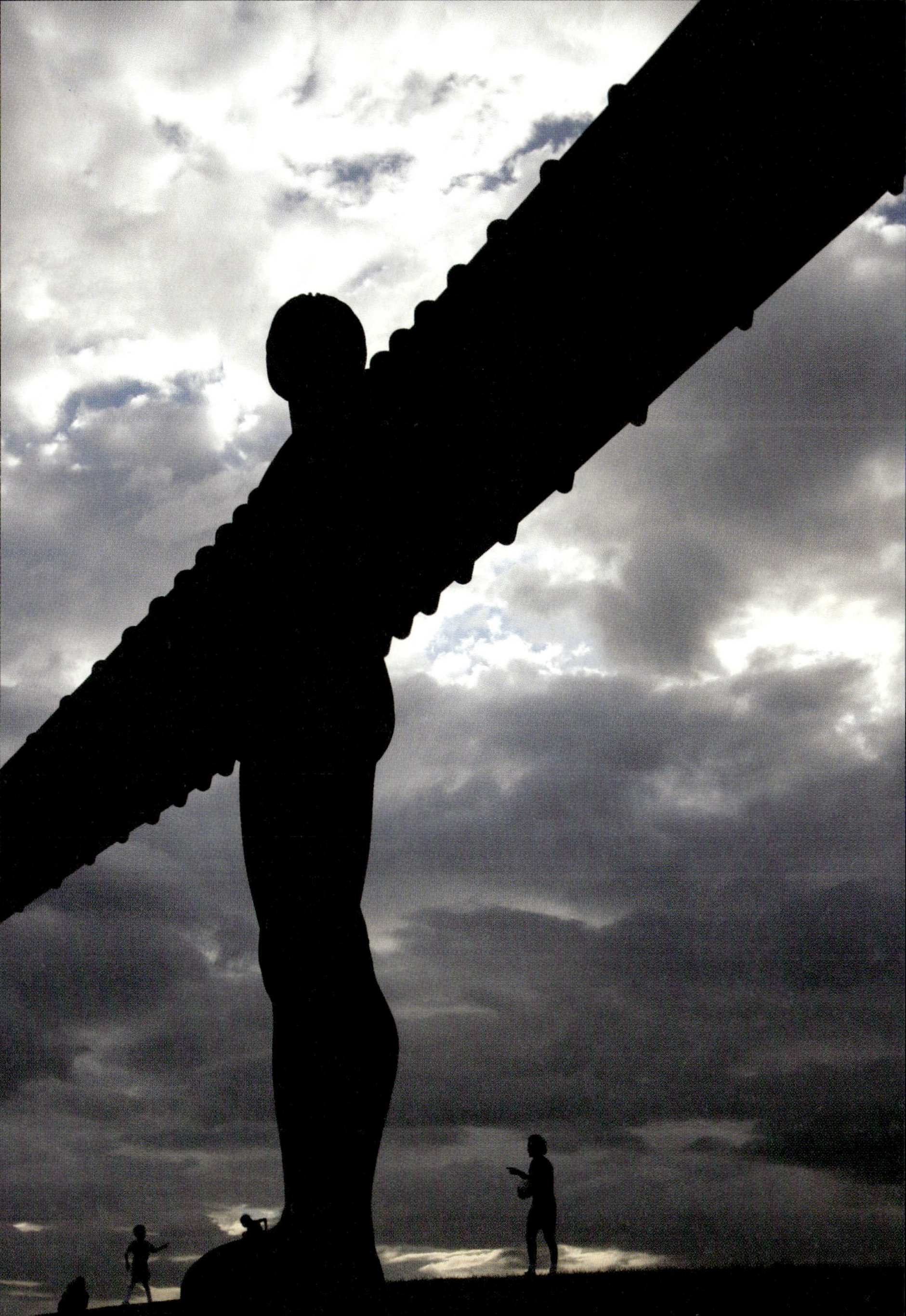

영국 북동부 지역의 문화적 요충지인 뉴캐슬의 타인 강변에 새로운 생명력을 불어넣는 것이 뉴캐슬 밀레니엄 프로젝트의 가장 핵심적인 부분이었다. 그건 도시의 젖줄과도 같은 타인 강의 지리적인 위치 때문이기도 했다.

밀레니엄 브리지는 뉴캐슬의 중심부인 남부 강변의 게이츠헤드와 북부 강변의 뉴캐슬어폰타인을 이어주는 다리로, 런던의 밀레니엄 브리지와 같이 사람만이 다닐 수 있는 다리를 건설하기 위해 게이츠헤드 시의회는 전 세계에 업체 모집 광고를 냈다.

이 다리가 건설되면 타인 강을 사이에 두고 있는 남북의 문화를 연결할 수 있고, 멀리 내려다보이는 타인 브리지의 풍경과 더해져 뉴캐슬의 밀레니엄 도시계획을 완성하게 되는 것이다.

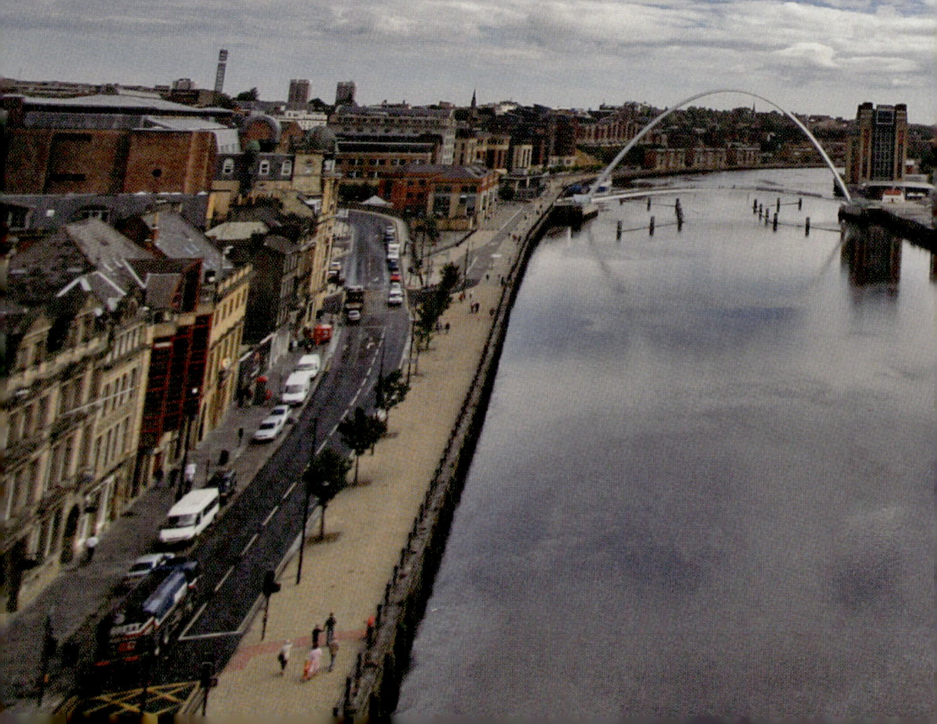

1996년 공개입찰이 시작되고, 세계적인 건축회사와 디자인회사 150개가 입찰해 치열한 경쟁을 벌였는데, 그중에서 '런던 아이'를 설계했던 윌킨슨 에어리 건축회사^{Willkinson & Eyre Architect}의 설계가 당첨되었다. 설계에서 완공까지 6년여의 제작기간이 걸린 이 다리는 게이츠헤드 의회의 까다로운 단서조항을 따라야만 했다. 그 첫 번째는 "타인 강변의 경관을 가로막거나, 세계적으로 유명한 현재 다리들을 가리지 말아야 한다"는 것이고, 두 번째는 "다리 밑으로 배가 지나다닐 수 있어야 한다"는 것이었다.

그러나 생각해보면 그들이 요구한 조건은 의외로 간단하다. 현재 강변의 풍경은 대단히 훌륭하고, 선조들이 만들어놓은 다리들은 문화적 유산이니, 이 둘을 간섭하지 않으면서도 어울릴 수 있는 멋진 디

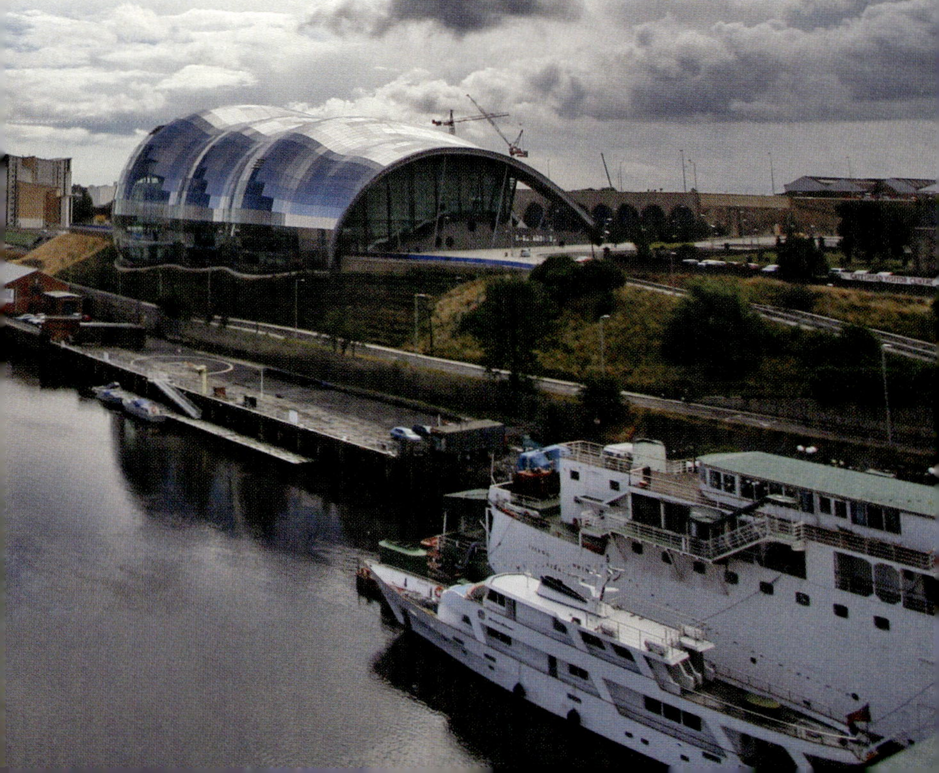

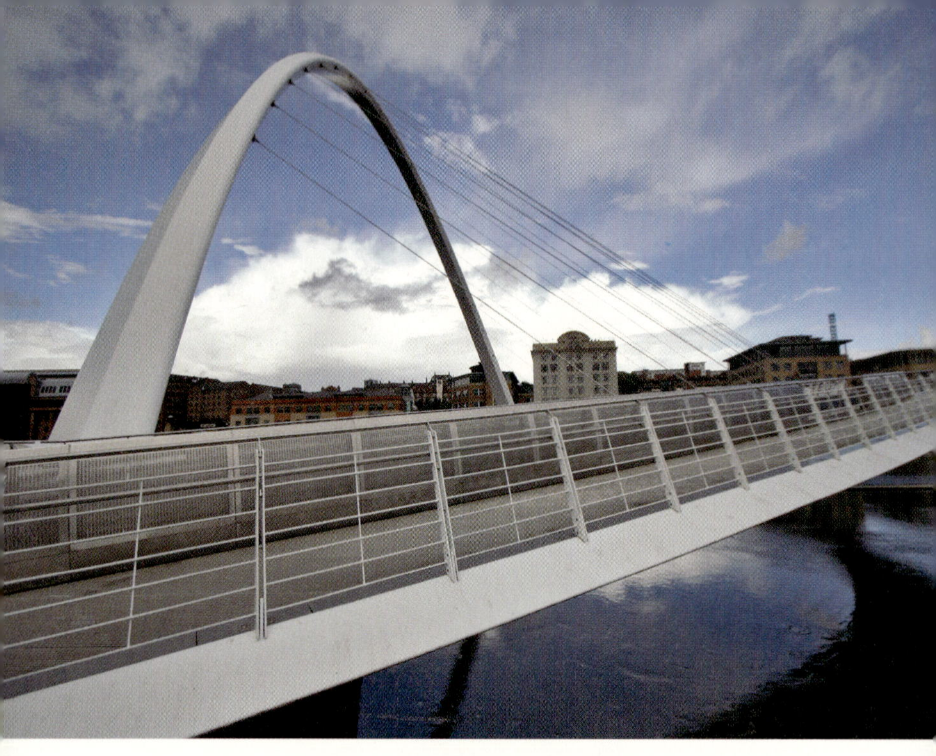

자인을 하라는 것이었다. 입찰에 참여한 150여 개의 건축회사와 디자인회사들은 내심 많은 고민을 하며 아이디어를 냈을 것이다. 위 두 가지 가이드라인을 만족시키고도 가장 높은 점수를 받은 디자인의 가장 중요한 콘셉트는 무엇이었을까?

그것은 인간의 눈동자를 따라 곡선을 그리는 눈꺼풀을 형상화한 디자인이었다. 눈꺼풀처럼 둥그렇게 휘어진 다리는 주변과 멋들어지게 어울리면서도 배가 지나다닐 수 있었다. 아마 이만큼 큰 곡선을 그리는 다리는 세계에서 유례를 찾을 수 없다는 것도, 독특한 랜드마크가 되기에 충분한 이유가 됐다.

다리를 설계하고 시공하는 것도 큰일이었지만, 작업이 끝난 다리를

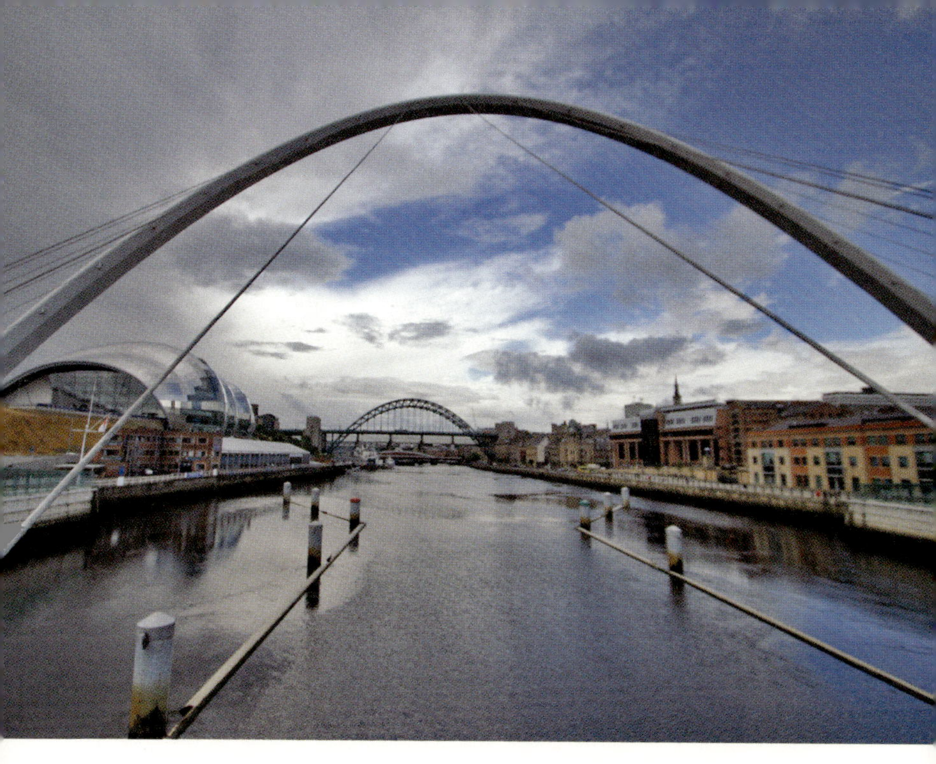

강에 세우는 것도 만만치 않은 일이었다. 2000년 11월 다리를 진수하던 날, 유럽에서 가장 큰 크레인인 아시아 헤라클레스 2가 '런던 아이'와 똑같은 공법으로 다리를 조립해 올렸다. 역사와 전통이 살아있는 타인 브리지와 아름다운 강변에 내린 밀레니엄 선물이었다.

생각해보면, 눈꺼풀이라는 아이디어는 누구나 생각할 수 있을 법한 것이고, 시공할 때 작은 차이만 생겼어도 그다지 특별할 것이 없는 다리로 전락할 수 있었다. 그러나 설계회사와 시공사는 멋지게 이 콘셉트를 소화했다. 그들이 만들어낸 여유 있는 곡선을 그리는 다리는, '강을 가로지르는 다리는 일직선'이라는 일반의 상식을 깨뜨리면서 뉴캐슬 시민들에게 타인 강을 감상하는 새로운 포인트를 제공해주었다.

그건 애벌레가 분명했다. 노먼 포스터와 그의 파트너는 아름다운 타인 강에 거대한 애벌레 한 마리를 던져놓았다. 굴곡진 구조물이 마치 애벌레를 수천만 배 확대한 것 같다.

그들은 멀리서 아이디어를 찾지 않는다. 눈앞에서 늘상 벌어지는 일상이 모두 모티브가 되고 아이디어가 된다. 중요한 것은 대상을 바라보는 진실한 눈을 갖는 것이다.

그들의 콘셉트는 결코 거창하게 치장되는 법이 없다. 모든 것이 너무나 자연스럽게 의미를 설명해주고 있고, 콘셉트가 명확하고 간단해서 누구든지 이해할 수 있다. 그들이 생활 속에서 함께했던 주변의 사물들은 마치 인격을 가진 양 그들의 생각 속으로 스며들고, 자연스럽게 그들의 문화로 표출된다.

진실한 눈으로, 본질을 꿰뚫는 눈으로 사물을 볼 줄 아는 자만이 진정한 디자이너가 될 수 있다. 나 역시 제대로 된 디자이너가 되려면, 내 일상과 주변부터 변화시킬 수 있는 힘을 길러야 할 것이다. 하지만 나는 그것이 쉽지 않다는 것을 안다. 디자인의 힘을 느낄수록 두려움도 커지기 시작한다.

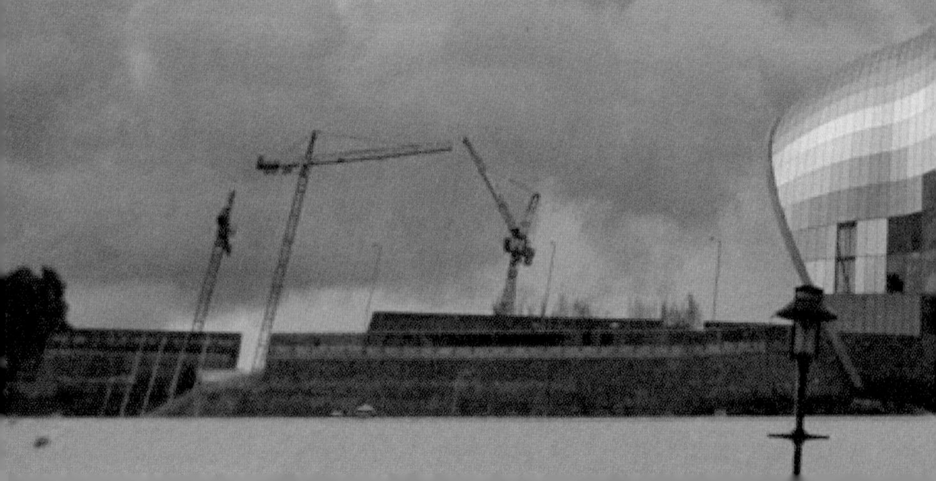

다시 세이지 게이츠헤드를 찬찬히 들여다본다.

이곳은 1,650명이 입장 가능한 콘서트홀로 음악과 문화와 대중이 만나는 공간이다. 휘어진 유리와 스테인리스 스틸로 시공했는데, 이러한 건축 소재는 애벌레처럼 둥글둥글한 모양새를 만들기에 딱 적합한 듯했다. 모난 곳 없이 굴곡진 외양은 악보의 음계처럼 리듬감을 가지고 있어서, 이 공간의 특색을 유감없이 드러내고 있다.

단조로운 내부 통로도 리듬을 타기는 마찬가지다. 특히 건물의 외관을 따라 나 있는 통로가 전망대 구실을 하기도 해, 다양한 각도로 타인 강의 정경을 감상할 수 있다.

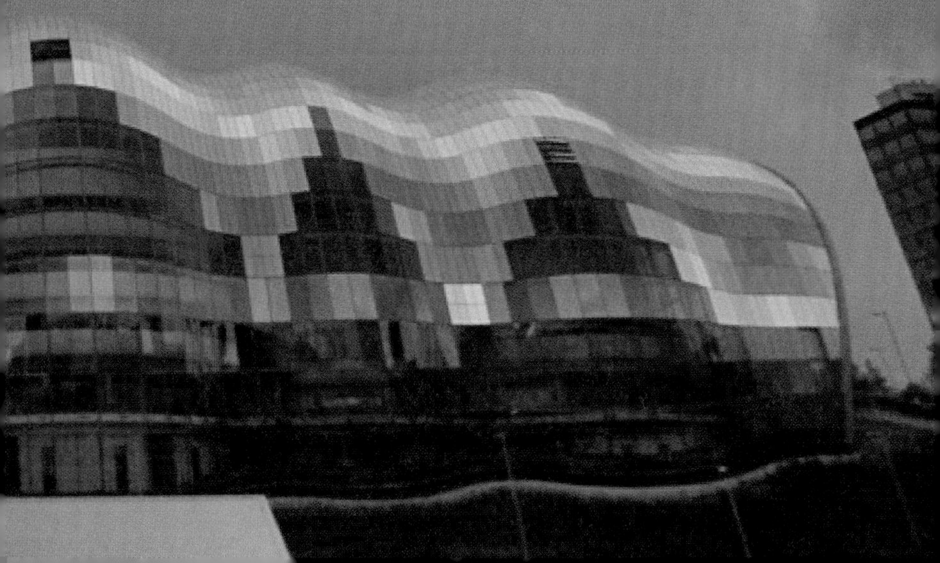

밀레니엄 브리지를 건너면 바로 발틱 현대미술 센터로 이어진다. 내가 방문했을 때는 세계적으로 유명한 중국인 아티스트 '왕두'[Wang Du]의 전시가 한창이었다. 또 센터에 들어가는 입구 앞마당에는 호주 출신의 작가 어윈 웜[Erwin Wurm]의 전시도 열리고 있었다. 그는 마치 비스킷으로 만든 장난감 같은 집을 전시장 입구에 세워놓았는데, 인기가 좋아서 사진 찍는 사람들이 줄을 잇고 있었다.

그러나 나는 다음 전시에 대한 안내에 더 관심이 쏠렸다. 'Spank the Monkey' ('원숭이 후려치기'라는 뜻으로, 같은 이름의 보드게임이 유명하다)라는 전시였는데, '도시[urban]와 교외[suburban]를 연결하는 예술'이 전시의 테마였다. 여기에 포함된 한 아티스트가 유난이 눈길을 끌었는데, 그는 프랑스 출신의 스트리트 아티스트인 '스페이스 인베이더스'[Space Invaders]였다.

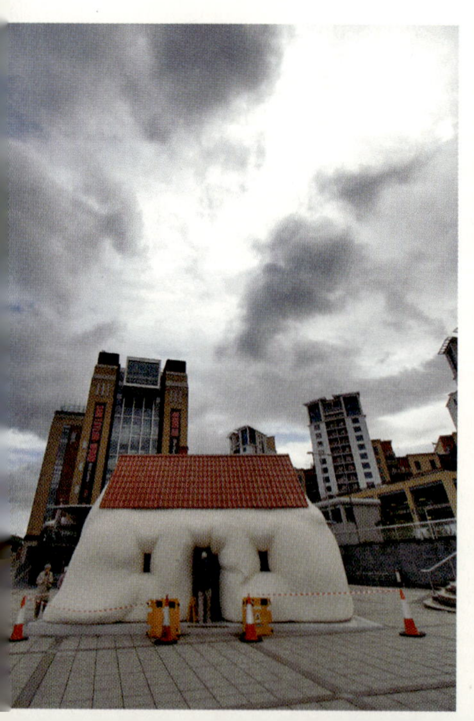

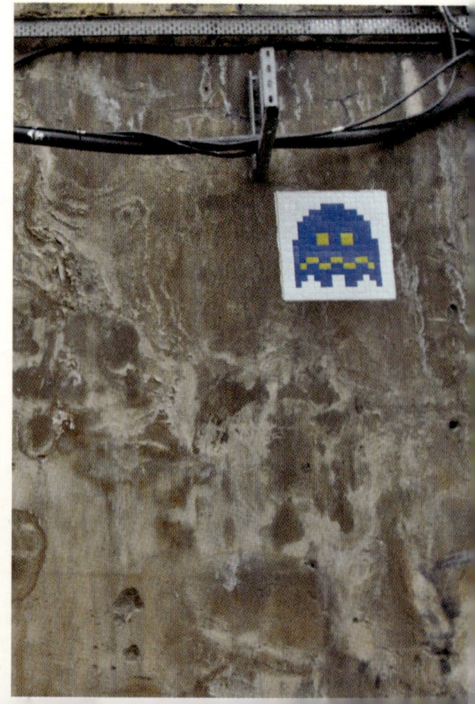

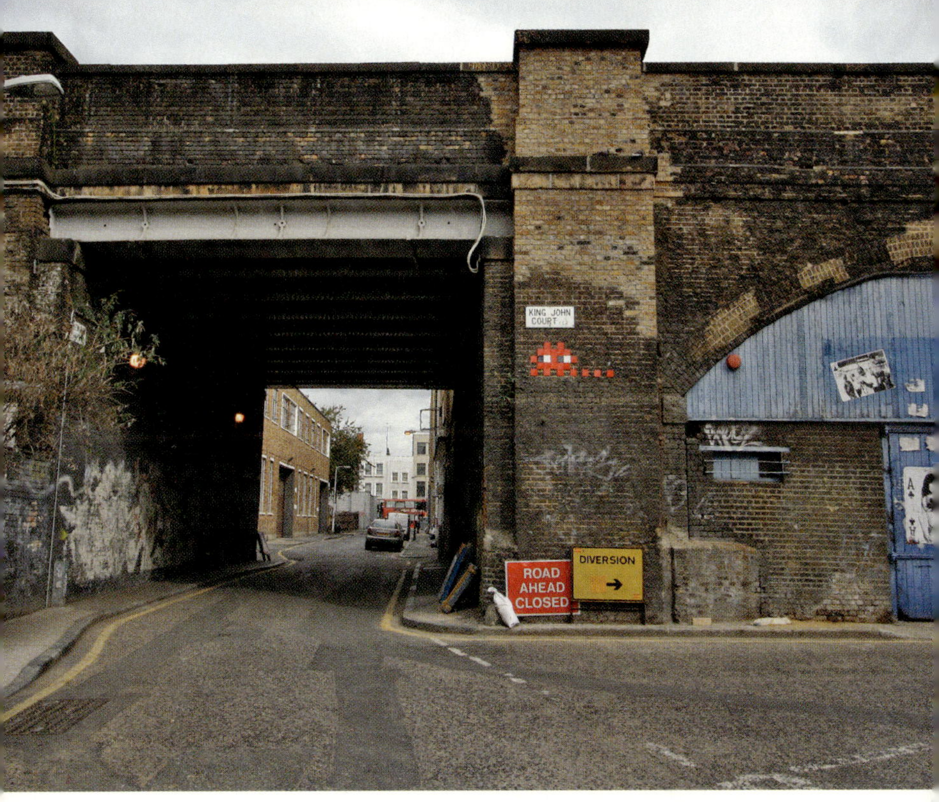

런던 워털루 역 근처에 있던 뱅크시의 작품 중에 마약을 하는 경찰이 그려진 벽의 윗부분에도 스페이스 인베이더스를 볼 수 있었다. 스페이스 인베이더스는 비디오게임에 등장하는 주인공 우주인에서 따온 이름이다. 그의 작업들은 사람의 손이 잘 닿지 않는 곳에 부착되거나, 철거하기 싫지 않은 곳에 감쪽같이 부착되곤 한다. 마치 우주인이 전 세계 벽의 모퉁이를 공략하듯이 말이다.

그의 작업은 일종의 타일 모자이크 그라피티라고 할 수 있는데, 1998년부터 세계 각지에 출몰했다고 한다. 작가도 정체불명으로 베일에 가려져 있어 더욱 궁금증을 자아내는데, 주로 세계적인 명소나 예술적인 건축물에 몰래 작품을 붙여놓고 사라지곤 한다. 그의 베일 전략이 주효한 것인지, 아니면 흔히 다니는 곳에서 발견할 수 있기 때문인지 몰라도 그의 인기는 대단하다. 프랑스 서점에는 세계 각처에 숨겨져 있는 스페이스 인베이더스의 상세지도와 가이드북까지 있을 정도다.

발틱 센터와 타인 강을 지나 돌아오는 길이었다. 정오의 시내는 사람들로 북적이고 있었고, 나는 지하철역을 찾아 걷고 있었다. 시내에서 얼핏 길 건너편을 쳐다보다 스페이스 인베이더스를 발견했다. 발틱 미술관에는 그가 뉴캐슬에서 전시를 하기 위해 영국으로 넘어와 올여름 런던부터 뉴캐슬까지 거리작업을 시작했다는 안내문이 있었다. 런던부터 뉴캐슬까지 그의 작품을 여러 번 마주친 건 우연이 아니었던 셈이다.

스트리트 아티스트답게 그는 자신의 전시를 알리기 위해 거리를 선택했다. 만약 내 눈앞에서 스트리트 아티스트의 작품을 발견하게 된다면, 아마도 그 근처 갤러리에서 그들의 전시가 열리고 있는 건 아닌지 확인해볼 일이다.

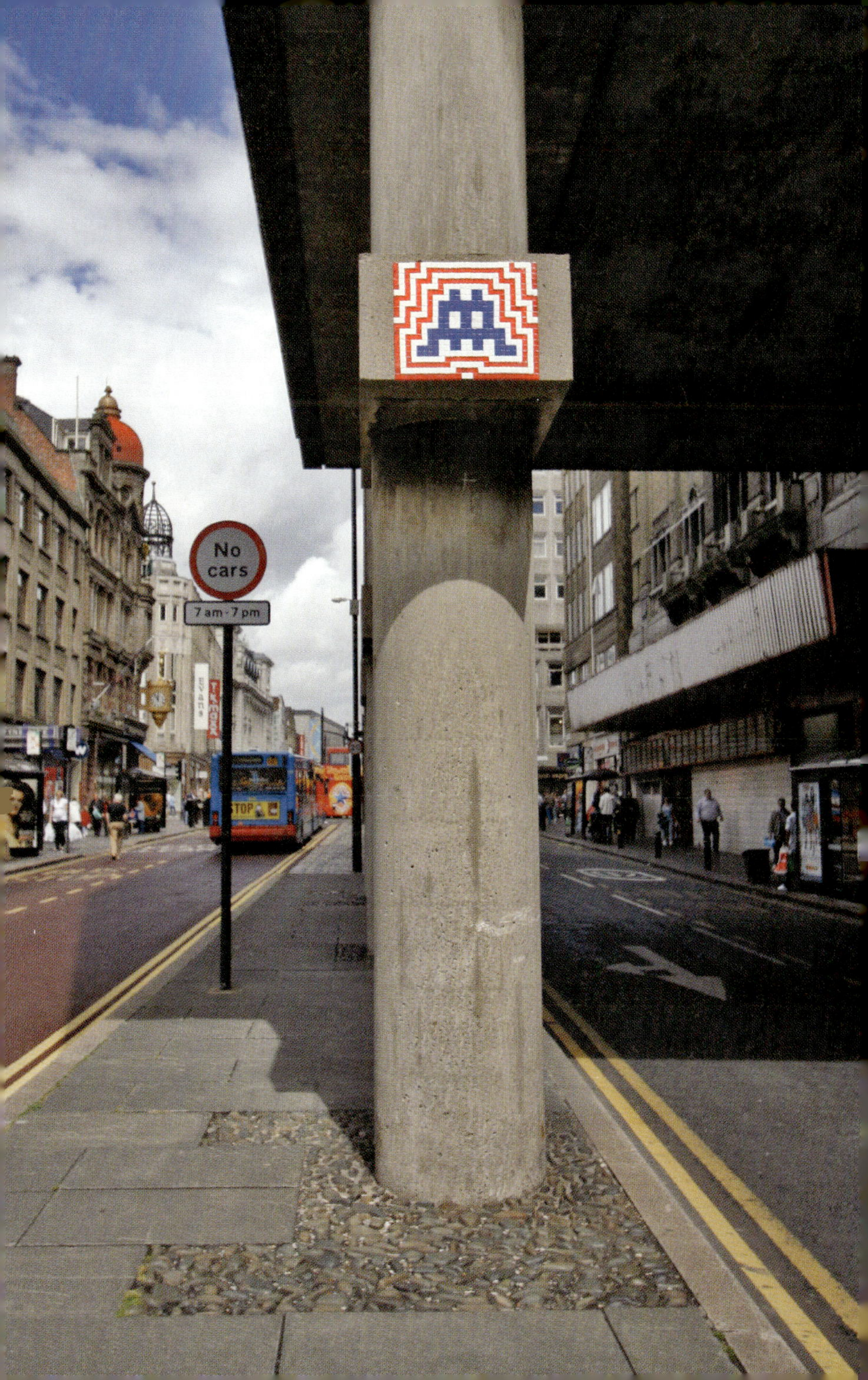

No
cars
7 am - 7 pm

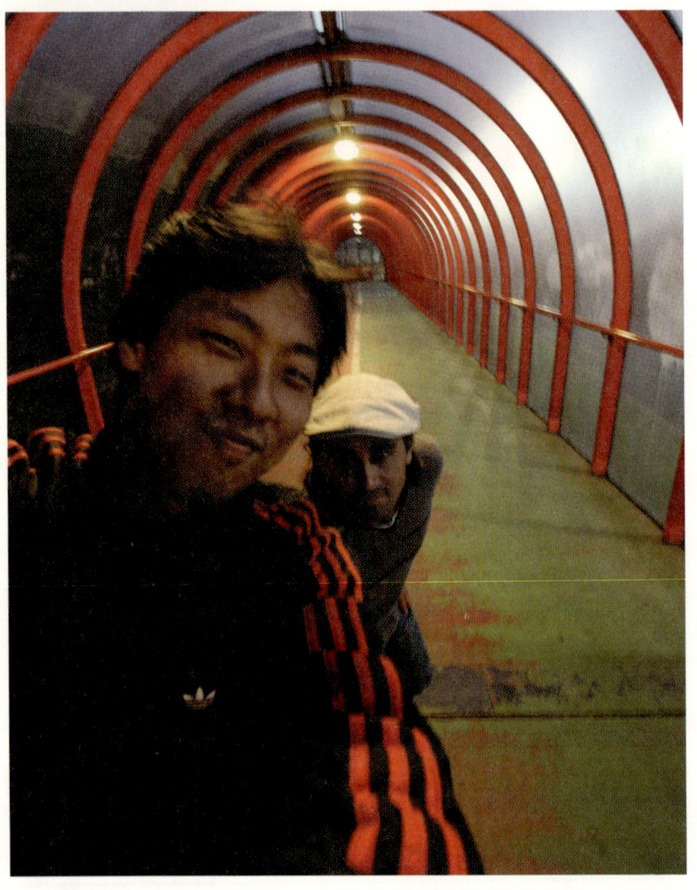

에든버러로 떠나야 할 시간이 다가오고 있었다.

숙소에서 짐을 가져와야 했기 때문에 나는 서둘러 시내에서 돌아왔다. 숙소에 거의 다다랐을 때쯤 어디선가 많이 본 듯한 걸음걸이의 남자를 보았다.

'설마~ 피에르?'

피에르는 시드니에서 처음 만나 초상화를 함께 그렸던 친구다. 당시 우리는 런던과 에든버러까지 초상화 그리는 여행을 떠났었다. 그러나 그를 보았을 때 피에르라고 생각하기 어려웠던 건 그의 뒷머리가 많이 벗겨져 있었기 때문이다. 하지만 그의 걸음걸이는 아름다운 아가씨에게 접근해서 말을 걸던 피에르의 뒷모습과 완벽하게 똑같았다.

"피에르!"

알아듣지 못하면 할 수 없다고 생각하며 힘껏 불러보았다. 그런데 뒤돌아본 그는 바로 피에르였다. 어차피 그를 에든버러에서 만나기로 했기 때문에 좀 더 멋지게 연출해서 만나고 싶었는데, 이렇게 황당하게 만나게 되다니…

피에르는 만나자마자 내게 왜 이메일 체크를 하지 않았냐고 다짜고짜 캐물었다. 그는 뉴캐슬 숙소가 적혀 있는 이메일을 보고, 곧장 이곳으로 달려온 것이다.

피에르와 헤어진 지 6년이 넘어서 우리는 에든버러도, 시드니도, 런던도 아닌 뉴캐슬의 작은 동네에서 우연히 재회하게 되었다. 피에르는 지친 표정으로 떠들다가 뼈 있는 한마디를 내뱉었다.

"훈규! 내가 태어나서 여자가 아닌 남자를 찾아 이렇게 먼 길을 찾아온 건 내 인생에서 처음이야!"

누가 아니래, 이 친구야.

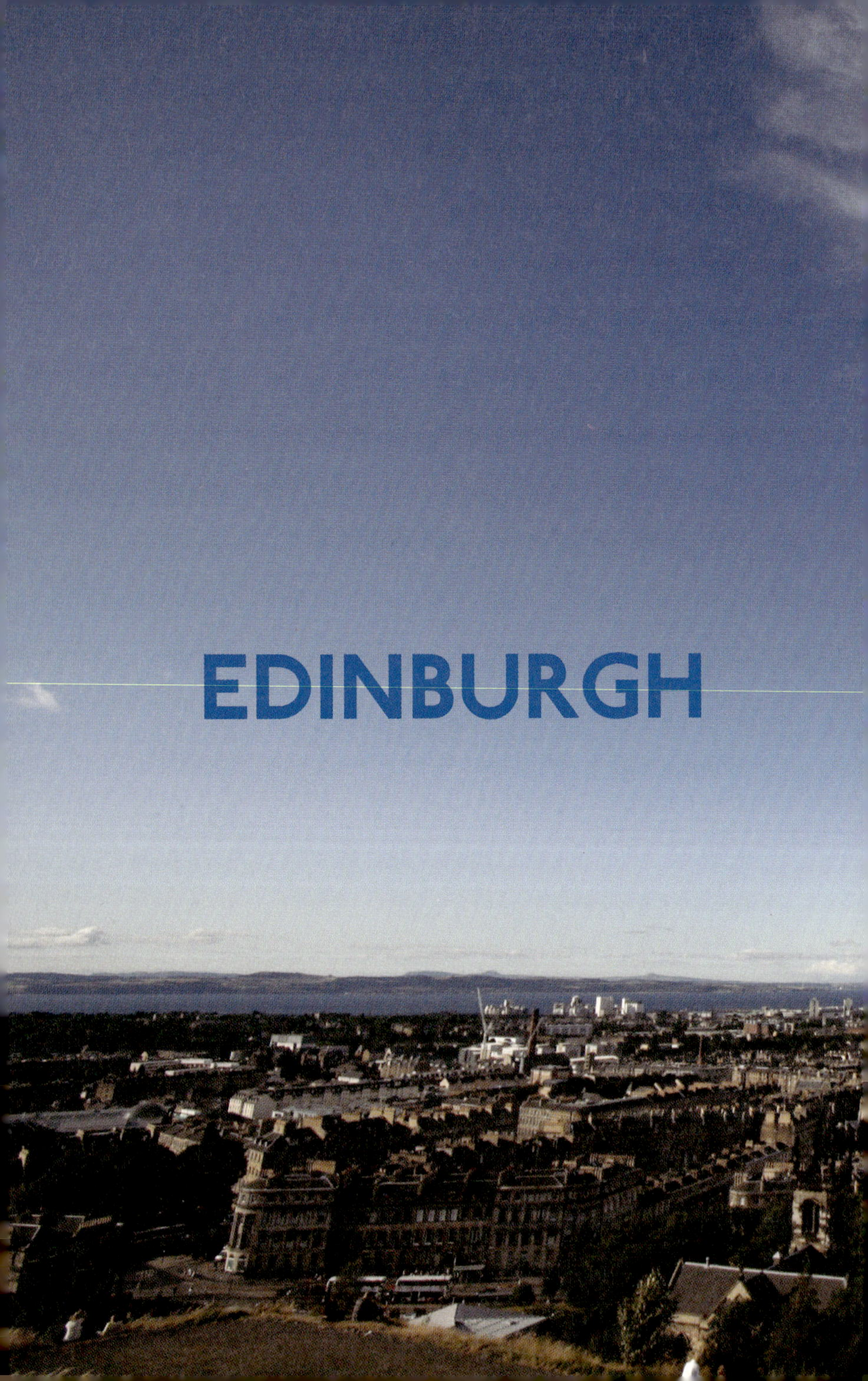
EDINBURGH

버스가 에든버러 시내로 접어들었다. 예전에 피에르와 하루 묵었던 리스 스트리트^{Leith St} 앞에는 에든버러 페스티벌 하우스가 지어져 있었고, 전에 없던 기린상이 서 있었다. 에든버러에서는 좀처럼 보기 힘든 모던한 건물이다. 이것도 밀레니엄의 영향일까.

에든버러 시내 중심가에서 얼마 떨어지지 않은 나지막한 칼튼 힐^{Calton Hill}에 오르면 저 멀리 바다가 보인다. 그곳에서는 아름다운 에든버러의 풍경을 한눈에 굽어볼 수 있다. 나는 7년 만에 다시 이곳에 돌아왔다.

이번에는 축제의 오프닝 시간에 딱 맞춰 이 도시에 도착했다.

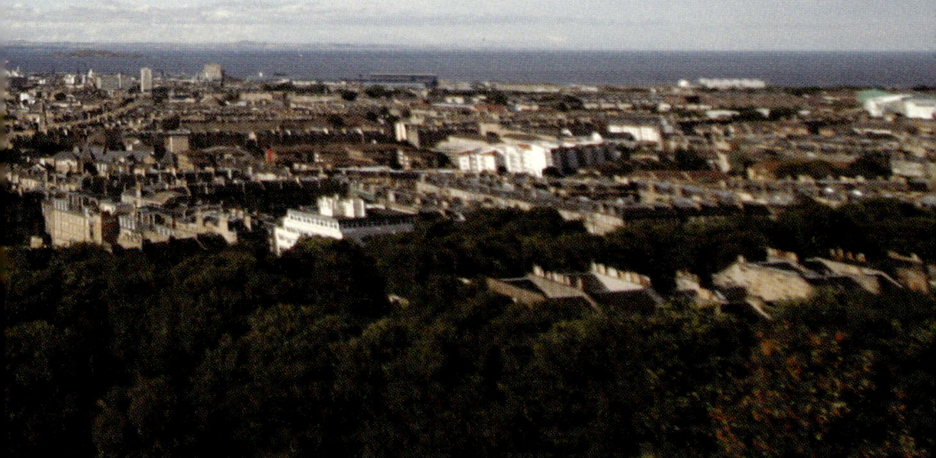

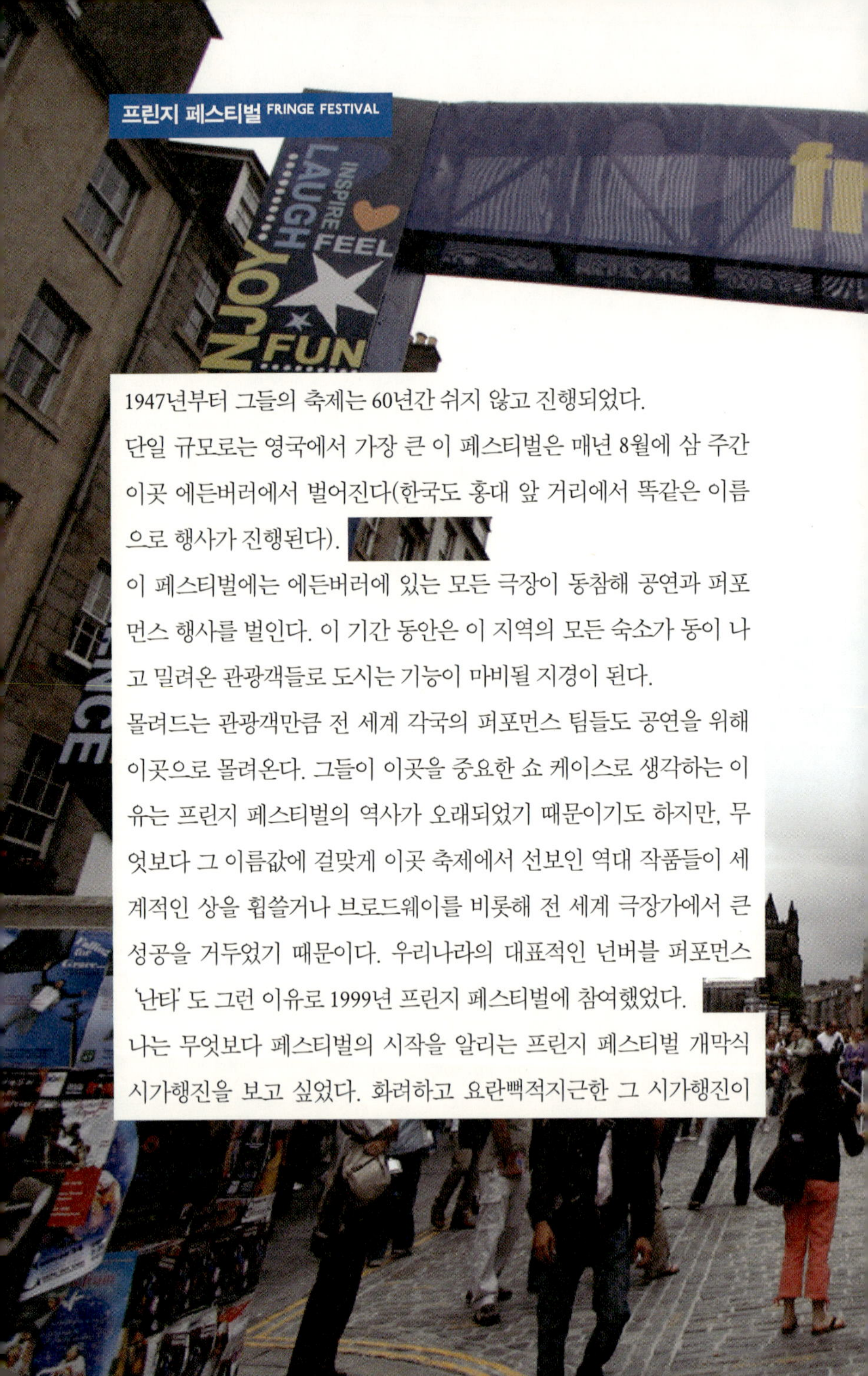

1947년부터 그들의 축제는 60년간 쉬지 않고 진행되었다.

단일 규모로는 영국에서 가장 큰 이 페스티벌은 매년 8월에 삼 주간 이곳 에든버러에서 벌어진다(한국도 홍대 앞 거리에서 똑같은 이름으로 행사가 진행된다).

이 페스티벌에는 에든버러에 있는 모든 극장이 동참해 공연과 퍼포먼스 행사를 벌인다. 이 기간 동안은 이 지역의 모든 숙소가 동이 나고 밀려온 관광객들로 도시는 기능이 마비될 지경이 된다.

몰려드는 관광객만큼 전 세계 각국의 퍼포먼스 팀들도 공연을 위해 이곳으로 몰려온다. 그들이 이곳을 중요한 쇼 케이스로 생각하는 이유는 프린지 페스티벌의 역사가 오래되었기 때문이기도 하지만, 무엇보다 그 이름값에 걸맞게 이곳 축제에서 선보인 역대 작품들이 세계적인 상을 휩쓸거나 브로드웨이를 비롯해 전 세계 극장가에서 큰 성공을 거두었기 때문이다. 우리나라의 대표적인 넌버블 퍼포먼스 '난타'도 그런 이유로 1999년 프린지 페스티벌에 참여했었다.

나는 무엇보다 페스티벌의 시작을 알리는 프린지 페스티벌 개막식 시가행진을 보고 싶었다. 화려하고 요란뻑적지근한 그 시가행진이

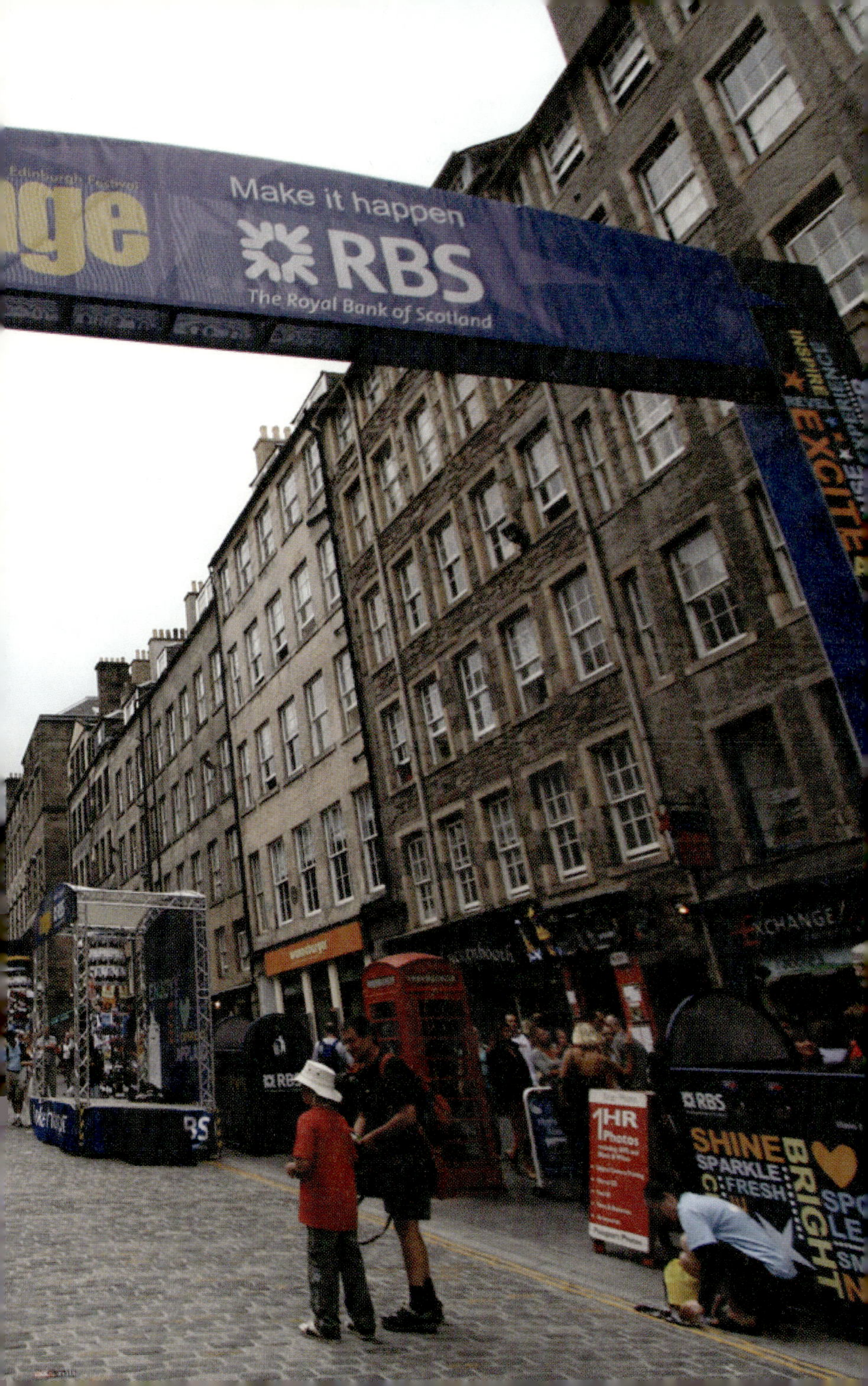
Make it happen
RBS
The Royal Bank of Scotland
Edinburgh
ge
EXCITE
SHINE
SPARKLE
FRESH
BRIGHT
1HR
Photos
XCHANGE

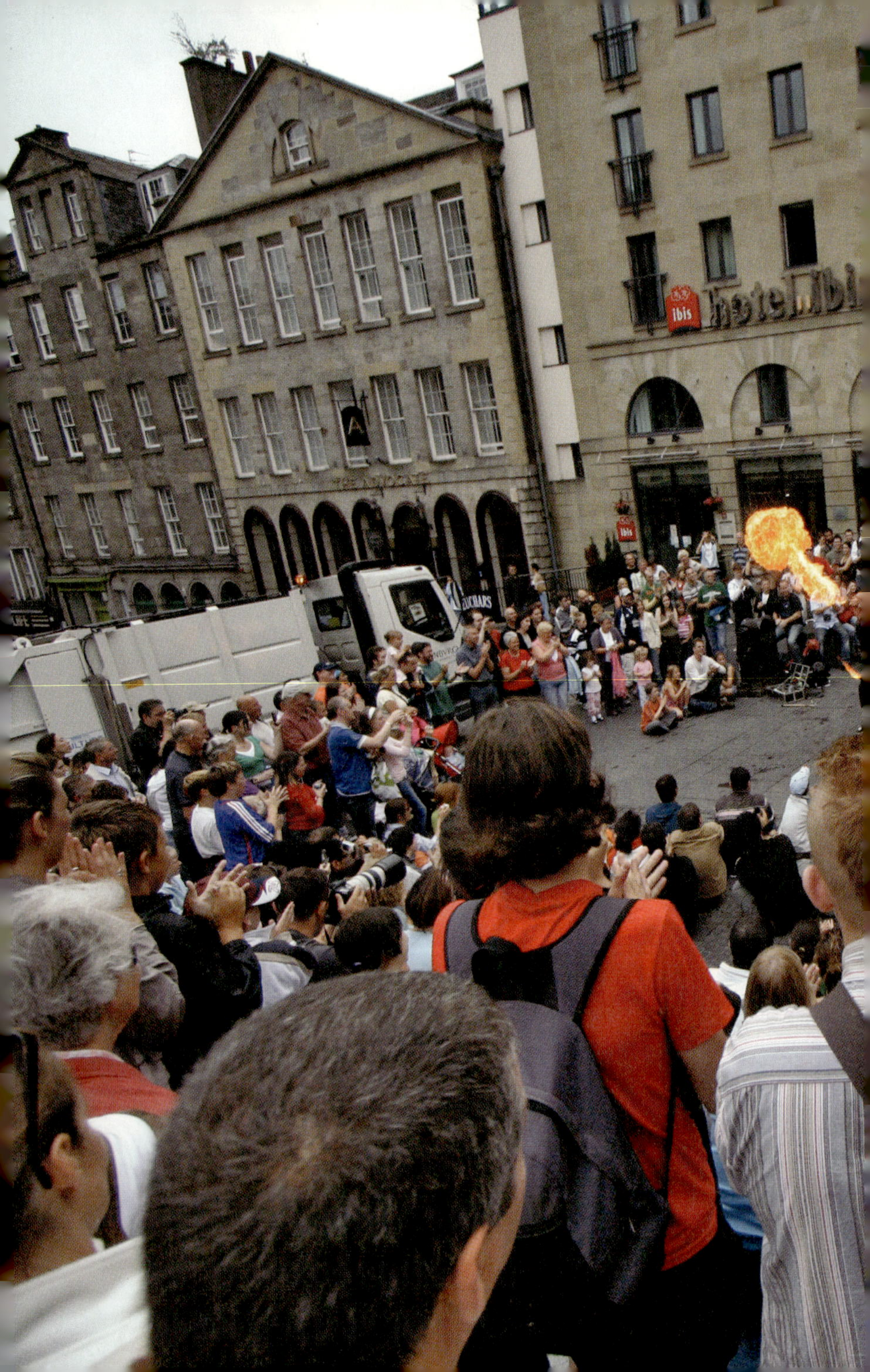

ibis
hotel ibis
ibis
BUCHARS

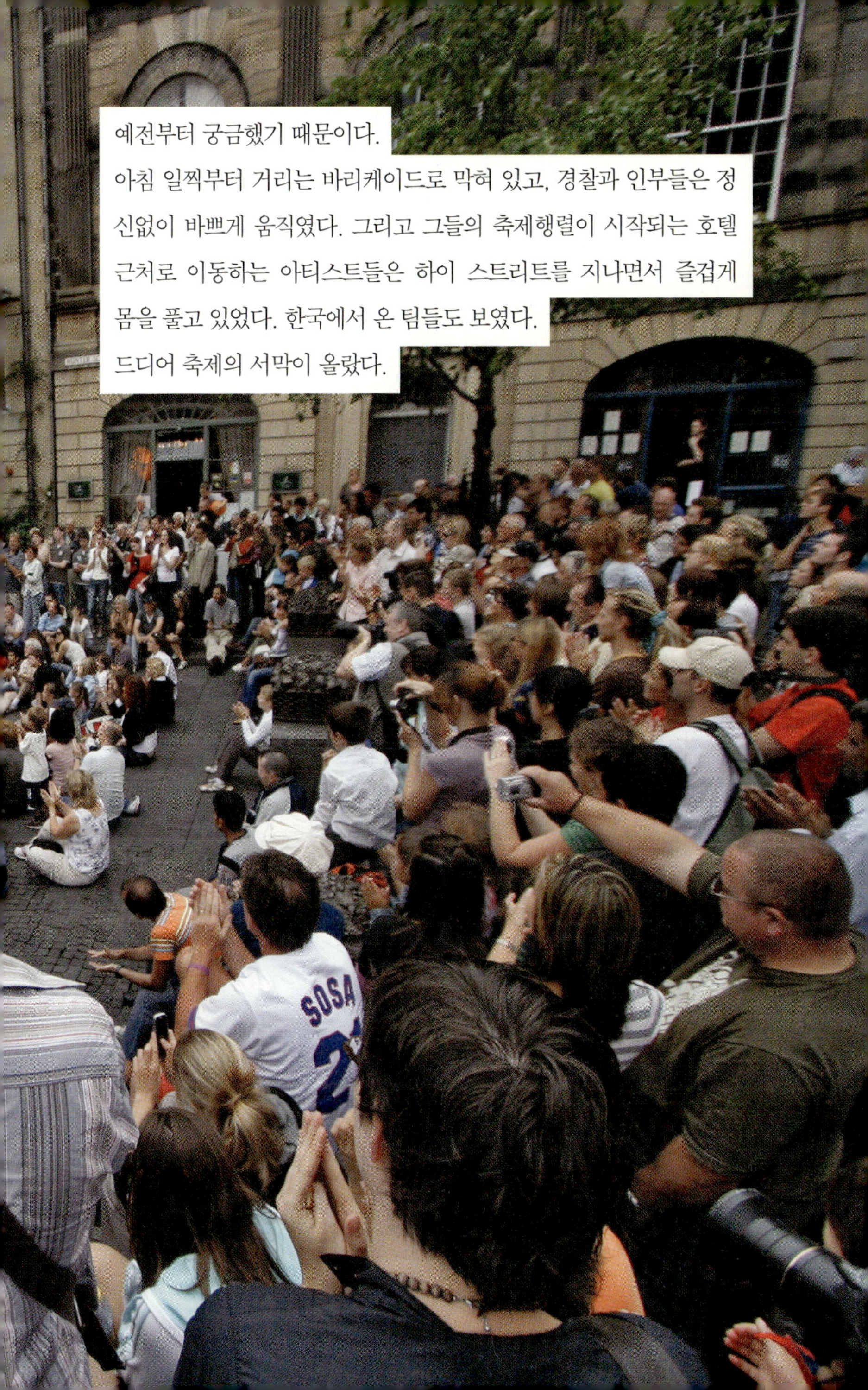

예전부터 궁금했기 때문이다.
아침 일찍부터 거리는 바리케이드로 막혀 있고, 경찰과 인부들은 정신없이 바쁘게 움직였다. 그리고 그들의 축제행렬이 시작되는 호텔 근처로 이동하는 아티스트들은 하이 스트리트를 지나면서 즐겁게 몸을 풀고 있었다. 한국에서 온 팀들도 보였다.
드디어 축제의 서막이 올랐다.

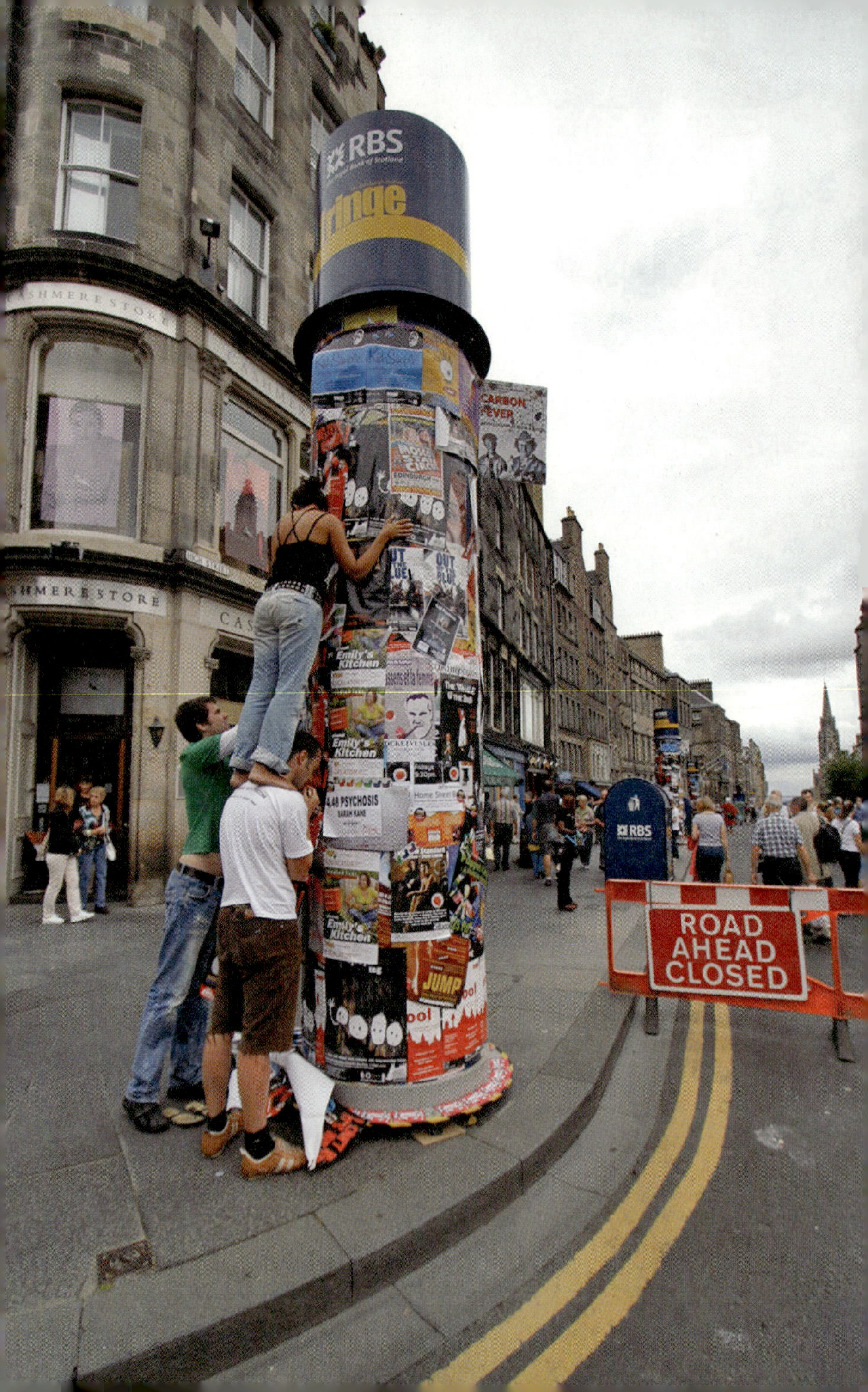

RBS
The Royal Bank of Scotland
fringe
CASHMERE STORE
CARBON FEVER
OUT OF THE BLUE
OUT OF THE BLUE
Emily's Kitchen
Emily's Kitchen
4.48 PSYCHOSIS
SARAH KANE
Home Sweet
Emily's Kitchen
JUMP
RBS
ROAD
AHEAD
CLOSED

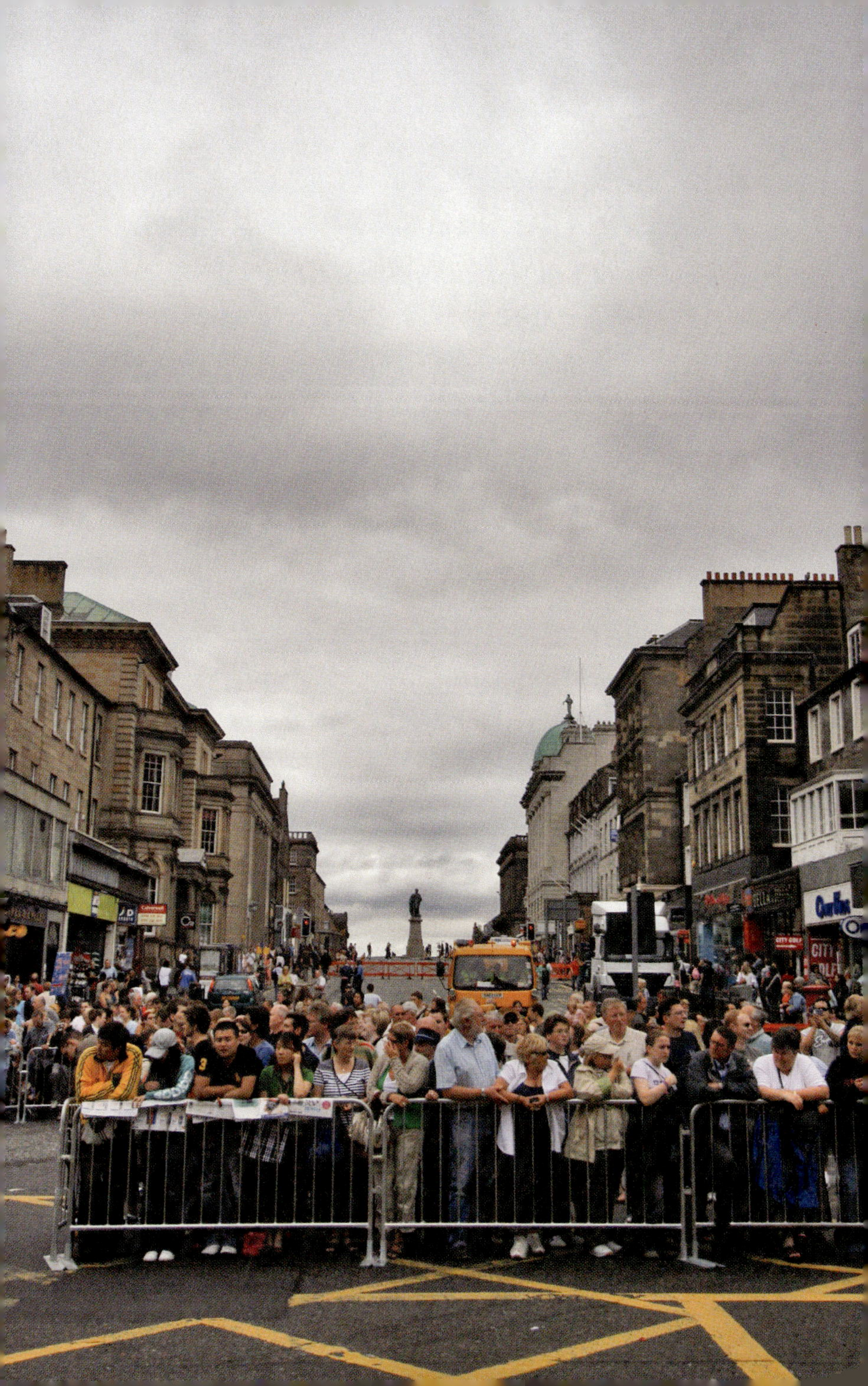

개막식은 마치 올림픽행사와 비슷했다. 각 팀의 이름과 공연명이 적힌 팻말을 도우미가 들고 걸어 나오면, 공연 팀들은 자신들의 장기를 선보이며 행진한다. 참여하는 팀들이 워낙 많기 때문에 행진은 끝도 없이 이어졌다. 공연 팀들은 자기들을 광고하는 이 자리에서 기가 막힌 아이디어들을 총동원하고 있었다. 개조한 이층버스에 배우들이 올라타서 사람들에게 꽃을 나눠주기도 하고, 브라질 팀은 리오의 삼바축제를 재연하기도 했다. 태국에서 온 게이들로 이루어진 팀은, 여장한 모습으로 사람들의 시선을 끌었다. 끝도 없이 이어질 것 같던 행진은 스코틀랜드의 백파이프 연주단의 행진으로 막을 내렸다.

그들은 행진을 하는 사이사이 거리 양쪽에서 구경하는 사람들에게 공연을 알리는 홍보전단을 나눠주며 홍보에도 열을 올렸다. 행진이 끝나자 시내 곳곳에 만들어진 간이무대와 내셔널 갤러리 앞 거리를 비롯한 에든버러 전역에서 거리공연이 이어졌다.

이 거리공연은 퍼포먼스의 성패를 좌우하는 중요한 광고수단인데, 축제가 벌어지는 삼 주 동안 그들은 매일매일 거리에서 대중과 만난다. 행사를 보러 온 사람들은 안내센터에서 자기가 보고 싶은 연극과 공연을 선택해 티켓을 구입한 뒤 축제를 즐긴다.

피에르와 나는 넘쳐나는 관광객들을 피해 에든버러의 공원 잔디밭에서 커피를 마셨다. 후끈한 축제 열기에서 잠시 벗어나, 그와 여유로운 시간을 즐기며 그동안의 회포를 풀었다.

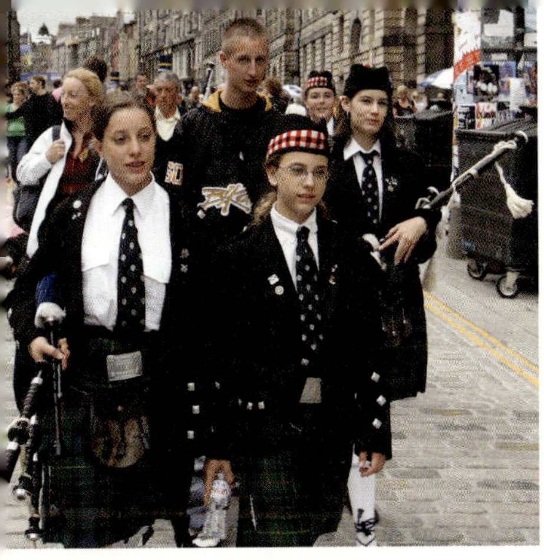
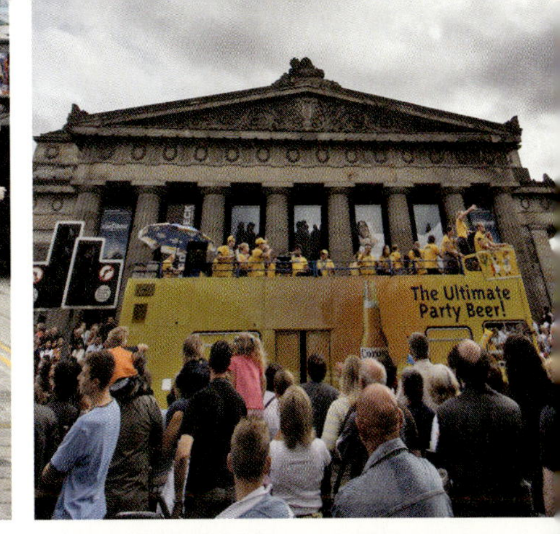
The Ultimate
Party Beer!
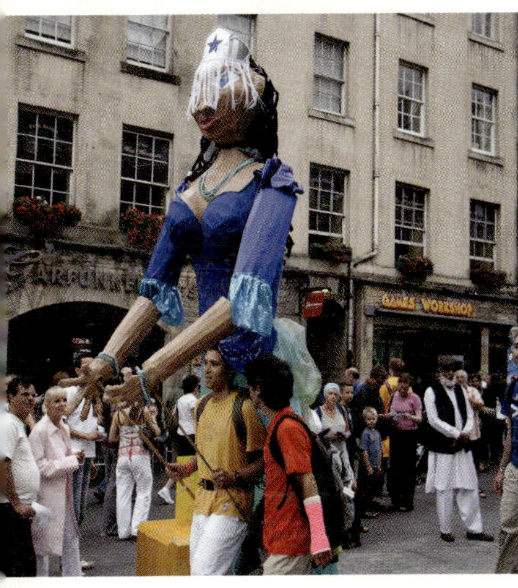
GAMES WORKSHOP
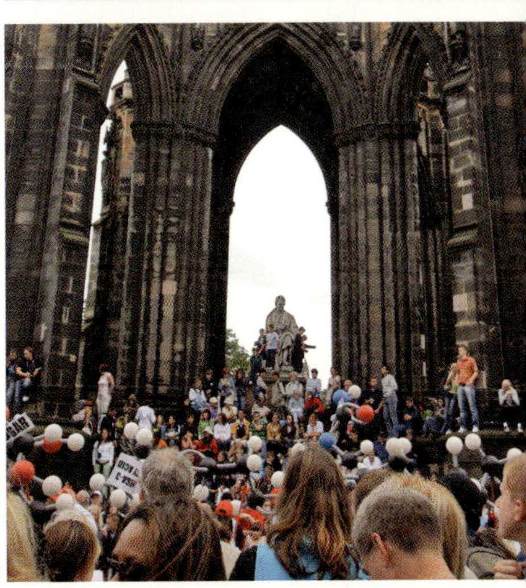
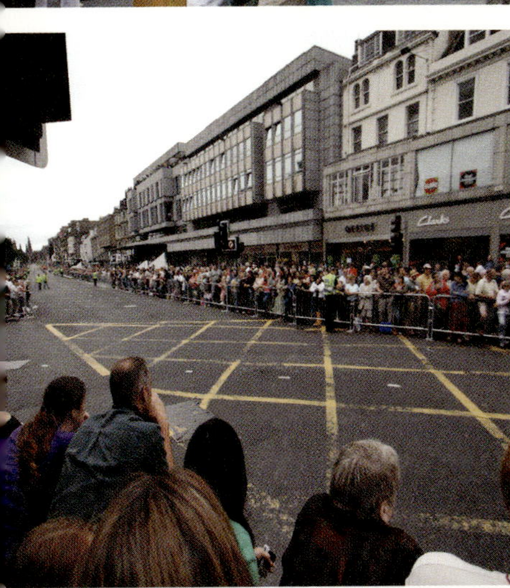
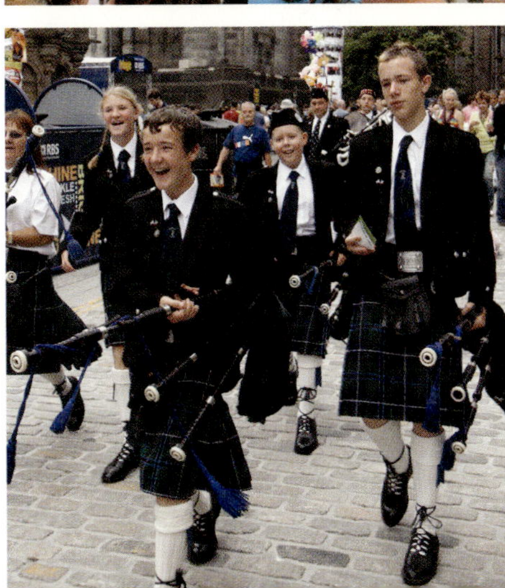

피에르는 내셔널 갤러리처럼 클래식한 명작들을 전시하는 갤러리에 가자고 했다. 하지만 나는 현대미술을 보고 싶었다. 결국 우리는 두 곳 모두 가기로 했다. 둘의 공통 관심사가 그림이기 때문에 피에르와 갤러리에 가는 건 서로 그림에 대한 의견을 나눌 수 있는 좋은 시간이다.

"나는 갤러리에서 하루 종일 시간을 보낼 수 있어."

피에르는 내셔널 갤러리에 들어서자 신이 났다. 렘브란트를 보러 가자고 아이처럼 발길을 재촉했다. 피에르와 나는 서로 좋아하는 작품을 앞에 두고 스케치북에 그림을 옮겨 그렸다. 갤러리에서 작가들의 작품을 그려보는 건 드로잉 실력을 향상시키는 데도 좋은 방법이다. 눈으로는 보이지 않던, 그 작가가 그림을 그렸을 당시의 느낌과 생각, 감성들이 그림을 그리다 보면 진하게 느껴질 때가 많다.

대가들은 이미 세상을 떠났지만 지금 그들이 남긴 그림과 이렇게 교감하다 보면 묘한 공감대가 형성되는 듯하다. 역사를 가로질러온 예술가의 혼 같은 것에 공명한다고나 할까.

피에르는 계속 렘브란트 그림의 선에 감탄했고, 나는 계속 고흐에 감탄했다.

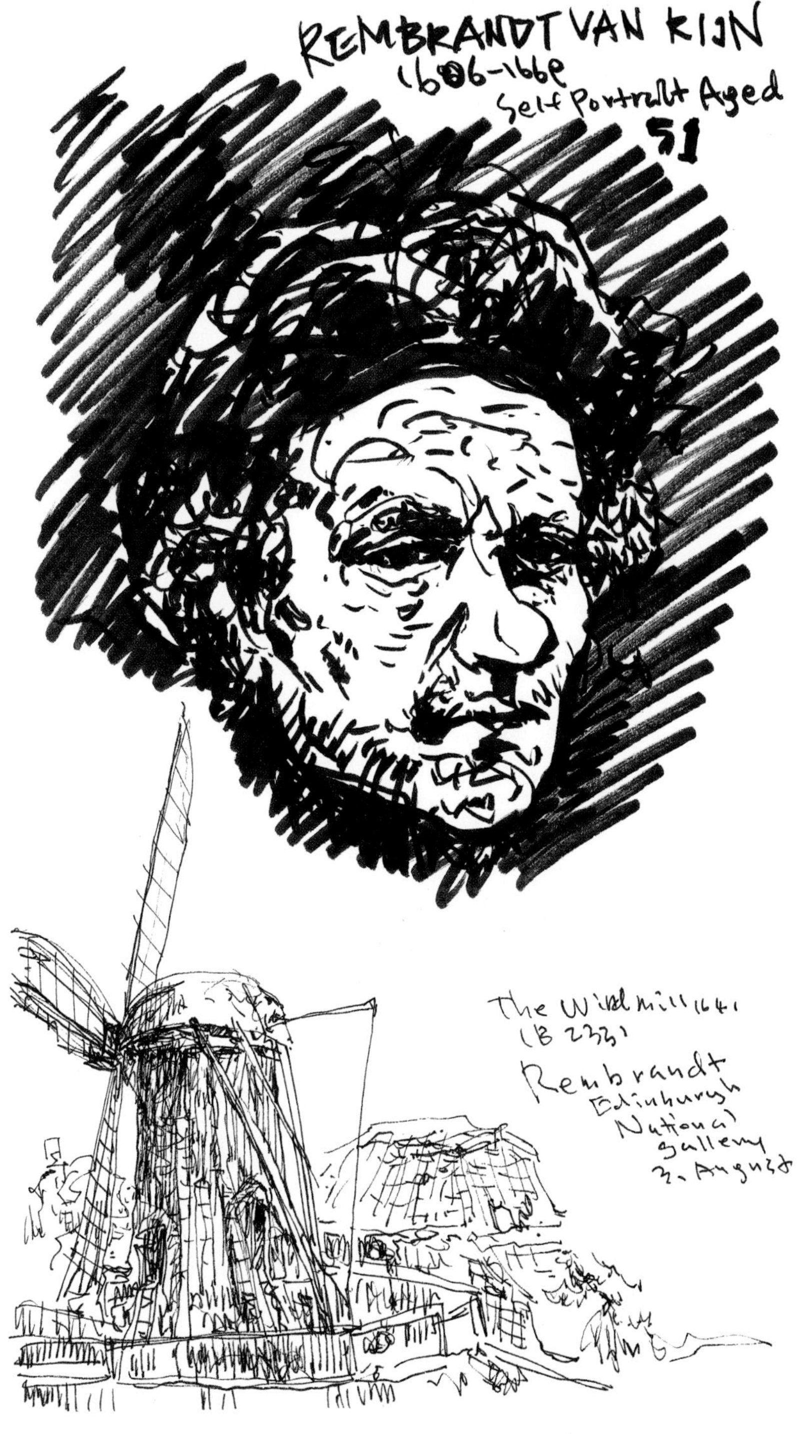

REMBRANDT VAN RIJN
1606-1669
Self Portrait Aged
51

The Windmill 1641
(B 233)
Rembrandt
Edinburgh
National
Gallery
2 August

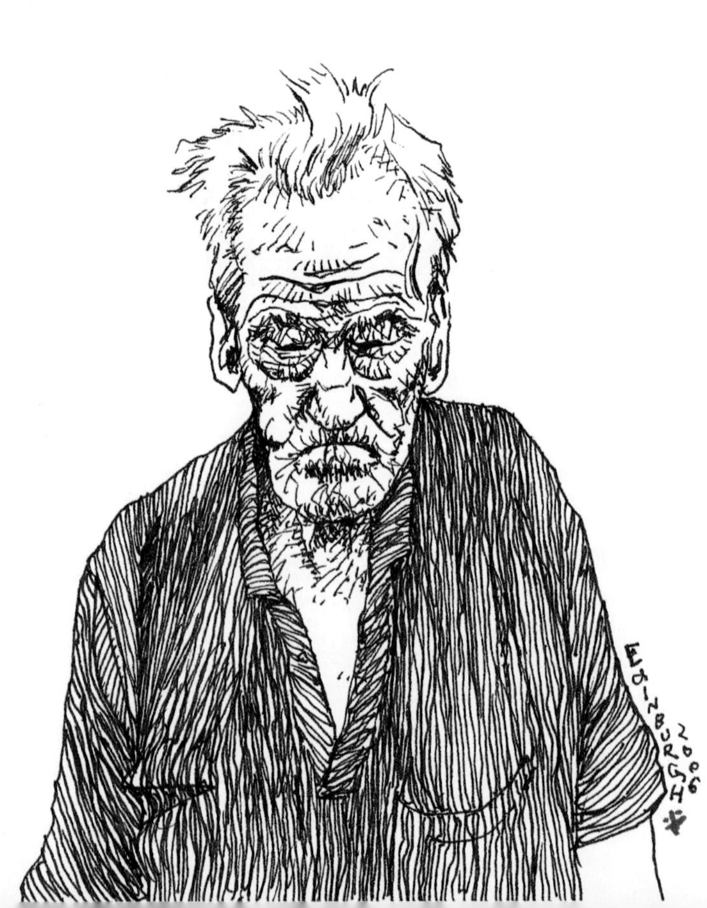

EDINBURGH
2006

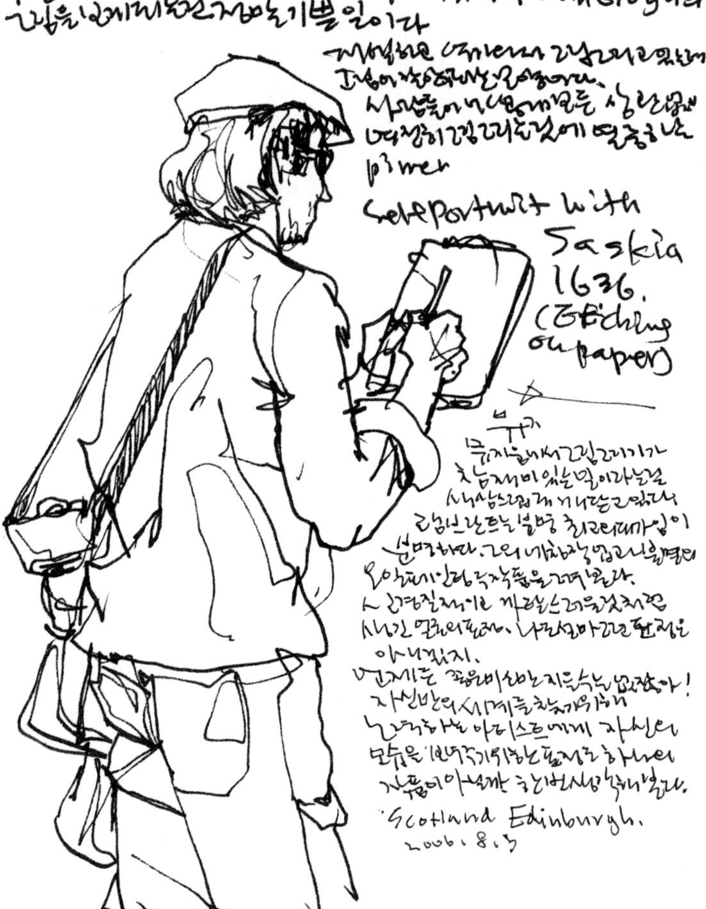

St Edinburgh National Gallery
CLAUDE MONET. EDGAR DEGAS
Van Gogh (Jules Bastien-Lepage
(1848-84)
(Pas Mèche (Nothing Doing) + Title.

1882
Oil on canvas
한국에서 Edinburgh로와서 National Gallery를
제일로 함께가려했었다. 그리고 이곳에서 Van Gogh의
그림을 보게되었으니 거참 놀기쁜 일이다

Self Portrait with
Saskia
1636.
(Etching
on paper)

Scotland Edinburgh.
2006. 8. 3

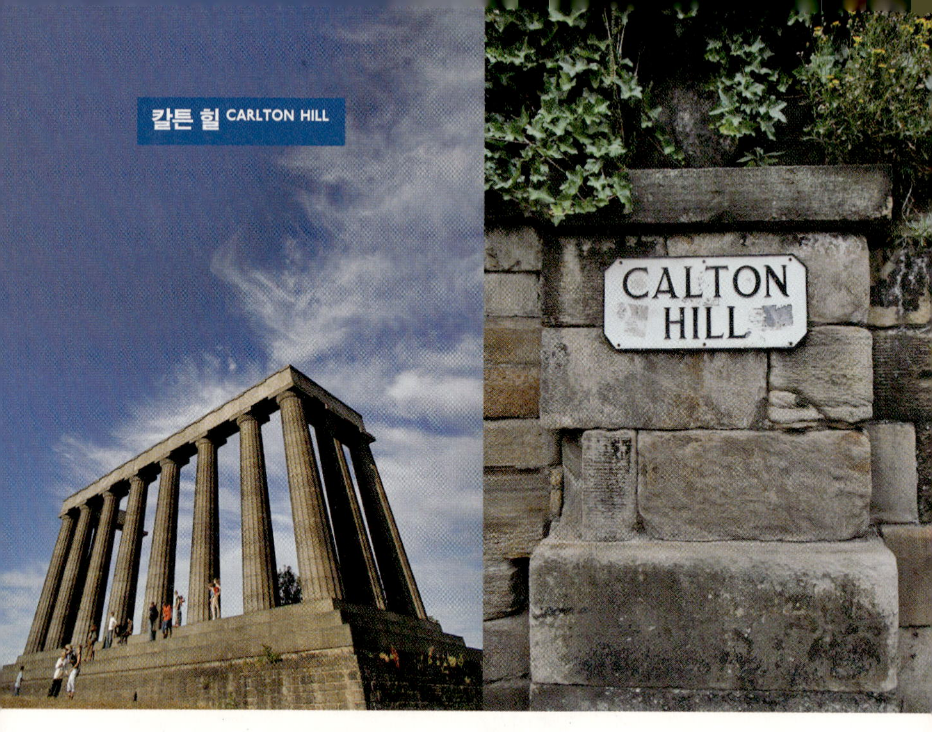

축제가 시작되니, 에든버러는 각국의 관광객들로 터져나갈 듯했다. 나는 과감히 에든버러의 중심지를 떠나 에든버러의 전경은 물론, 포스^{Forth} 강 하구까지 내려다보이는 칼튼 힐로 잠시 피했다.

칼튼 힐은 마치 아테네 같은 느낌이 든다. 군데군데 짓다 만 신전 같은 건축물들이 서 있다. 그중에서도 〈국립기념비〉$^{National Monument}$는 나폴레옹과의 전쟁에서 전사한 스코틀랜드 민족을 기리기 위한 것인데, 찰스 로버트 카커렐$^{Charles Robert Cockerell}$과 윌리엄 헨리 플레이페어$^{William Henry Playfair}$가 아테네의 파르테논 신전을 본떠 디자인한 것이다. 그러나 1822년에 착공에 들어간 이 기념비는 아직도 완성되지 못했다. 글래스고에서 비용을 충당하겠다는 제안을 했지만 자존심 강한 에든버

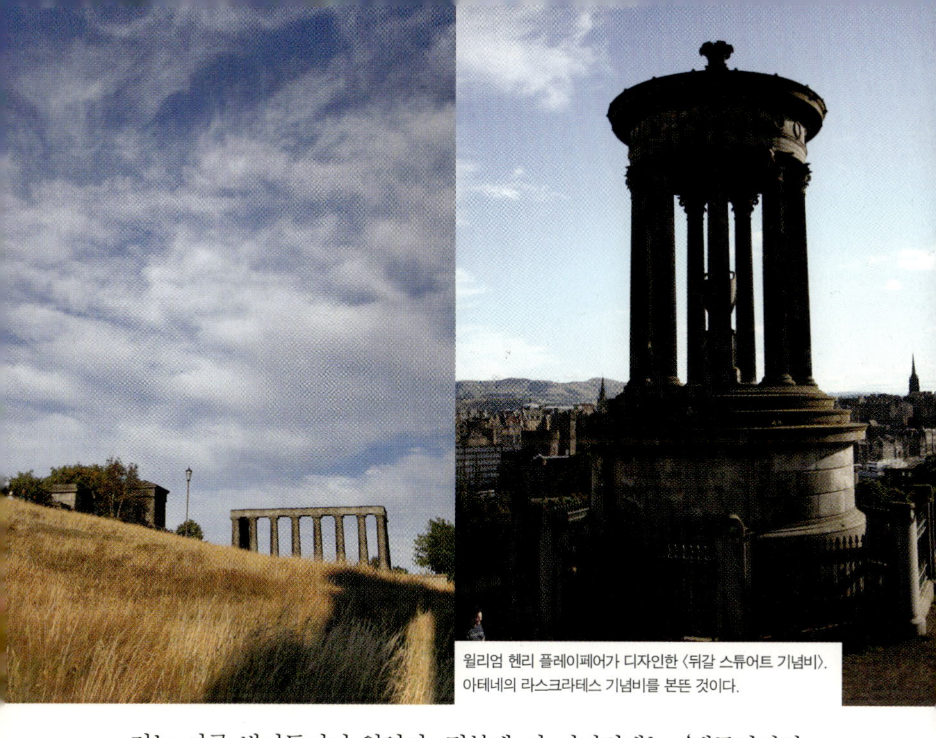

윌리엄 헨리 플레이페어가 디자인한 〈뒤갈 스튜어트 기념비〉.
아테네의 라스크라테스 기념비를 본뜬 것이다.

러는 이를 받아들이지 않았다. 덕분에 이 기념비에는 '에든버러의
불명예'라는 별칭이 붙어 있다.

언덕에 올라와서 에든버러 시내를 굽어보자니 세상엔 이렇게도 많
은 사람들이 살고 있구나 하는 생각이 새삼 든다. 지구촌이라는 말이
나올 만큼 세계는 일일생활권이 되었지만, 내게는 이 지구가 여전히
크게만 느껴진다. 아직 내가 만나지 못한 사람들, 인연이 될 사람들
은 또 얼마나 많을 것인가.

머리카락을 스치고 지나가는 바람이 시원하다. 고요한 적막 사이로
차츰 시내로부터 함성소리가 퍼져오고 있다. 낮게 깔린 어두운 구름
속에서 서서히 태양이 다시 얼굴을 드러내기 시작한다.

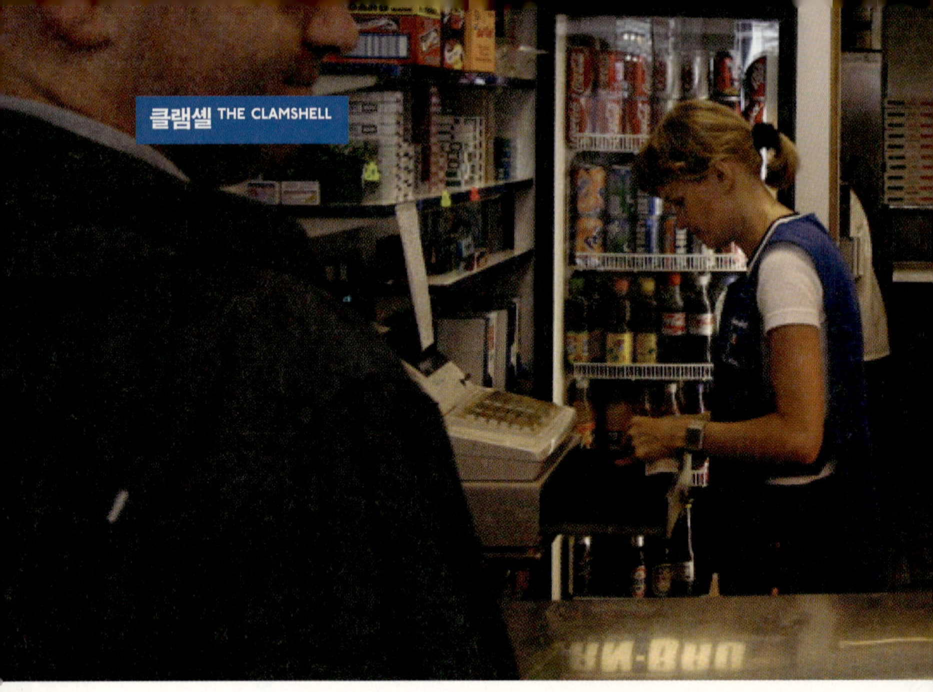

주인장 누나가 나를 기억하고 있을까?

하이스트리트의 수많은 관광객과 거리 아티스트들을 헤치고 나는 클램셸을 찾아갔다. 클램셸은 에든버러에서 가장 맛있는 피시앤칩스를 파는 곳이다. 예전에 내셔널 갤러리에서 함께 그림을 그리던 영국인 아티스트들이 맛있는 집이라고 소개해주었는데, 피에르와 나는 한번 먹어보고는 그 맛에 흠뻑 취해 아예 단골이 되었다.

그러나 맛있는 피시앤칩스도 다시 먹고 싶었지만, 무엇보다 클램셸은 내 기억의 흔적을 간직하고 있는 곳이어서 얼마나 변했는지가 더 궁금했다.

그러나 클램셸의 주인장 누나는 나를 알아보지 못했다. 그때는 그래도 꽤 친하다고 생각했는데… 아무래도 그동안 시간이 꽤 흐른 모양이다.

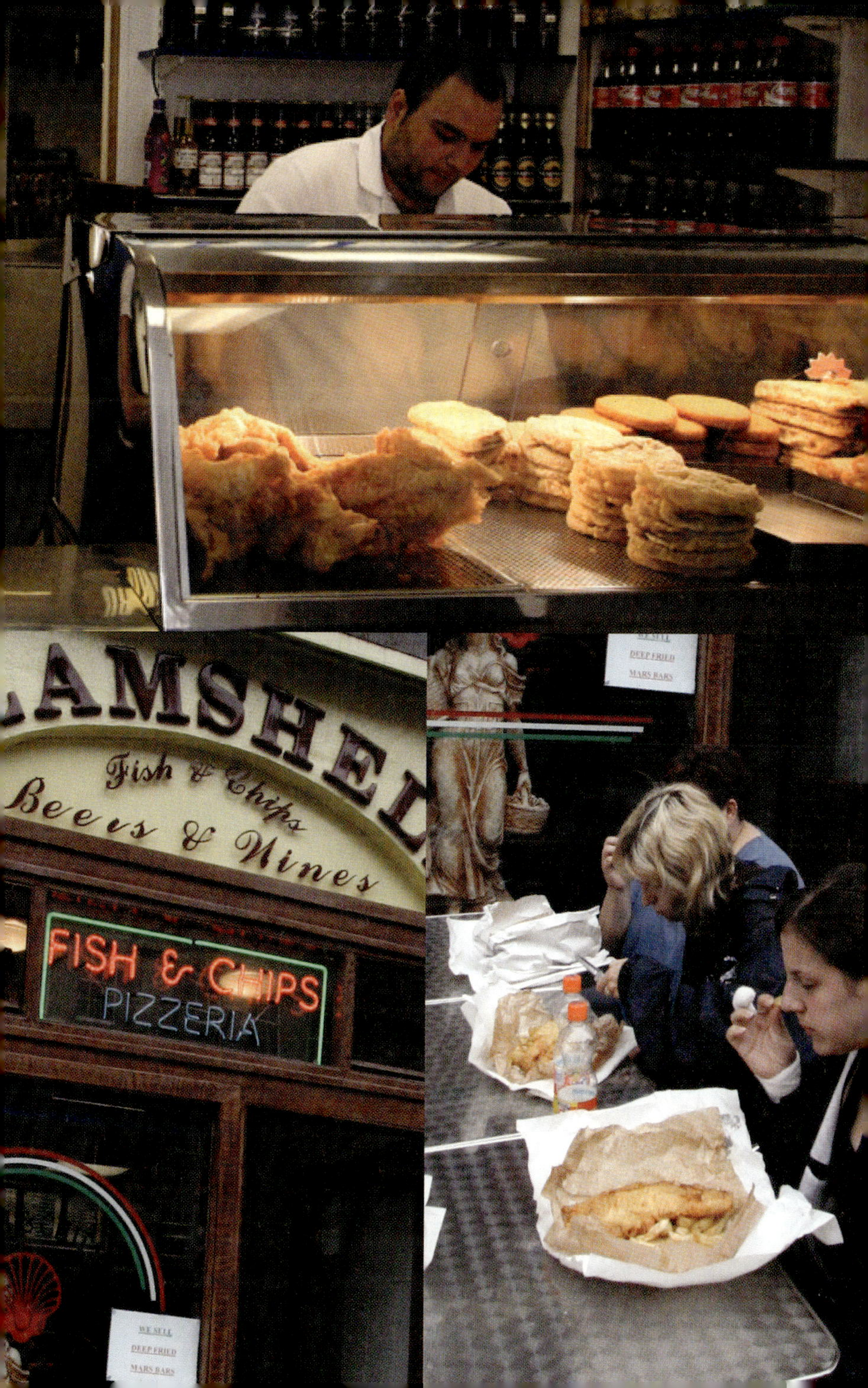
WE SELL
DEEP FRIED
MARS BARS
AMSHEL
Fish & Chips
Beers & Wines
FISH & CHIPS
PIZZERIA
WE SELL
DEEP FRIED
MARS BARS

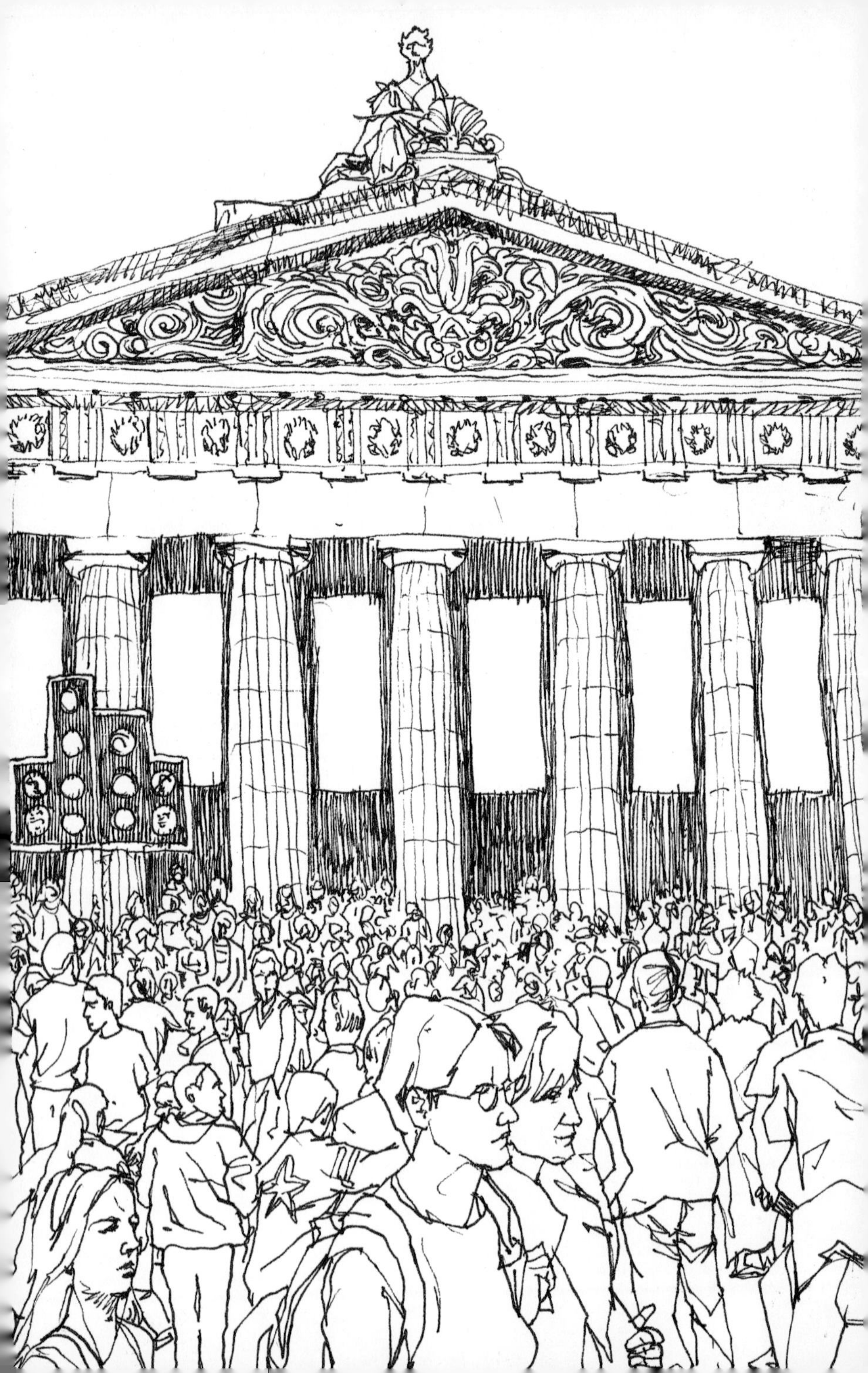

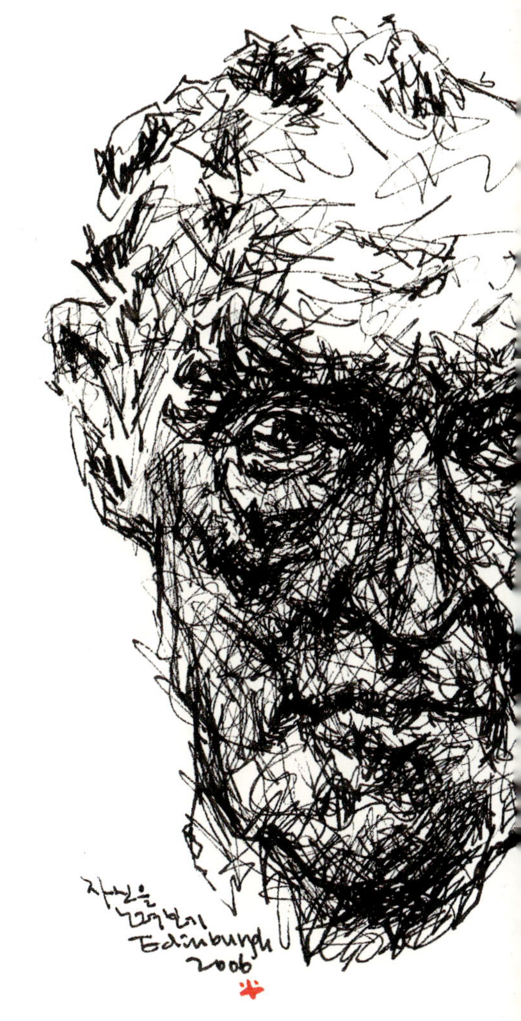

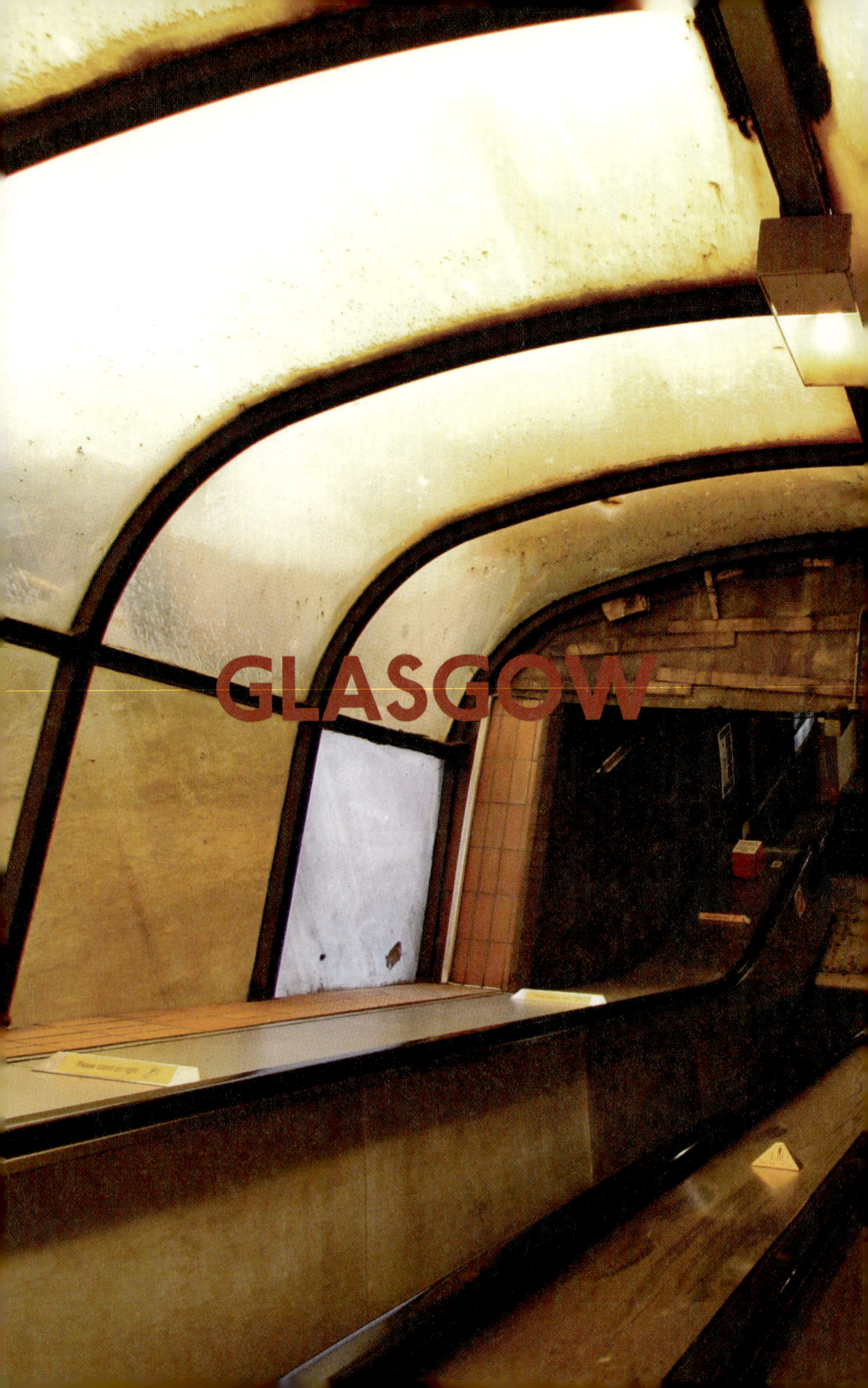
GLASGOW

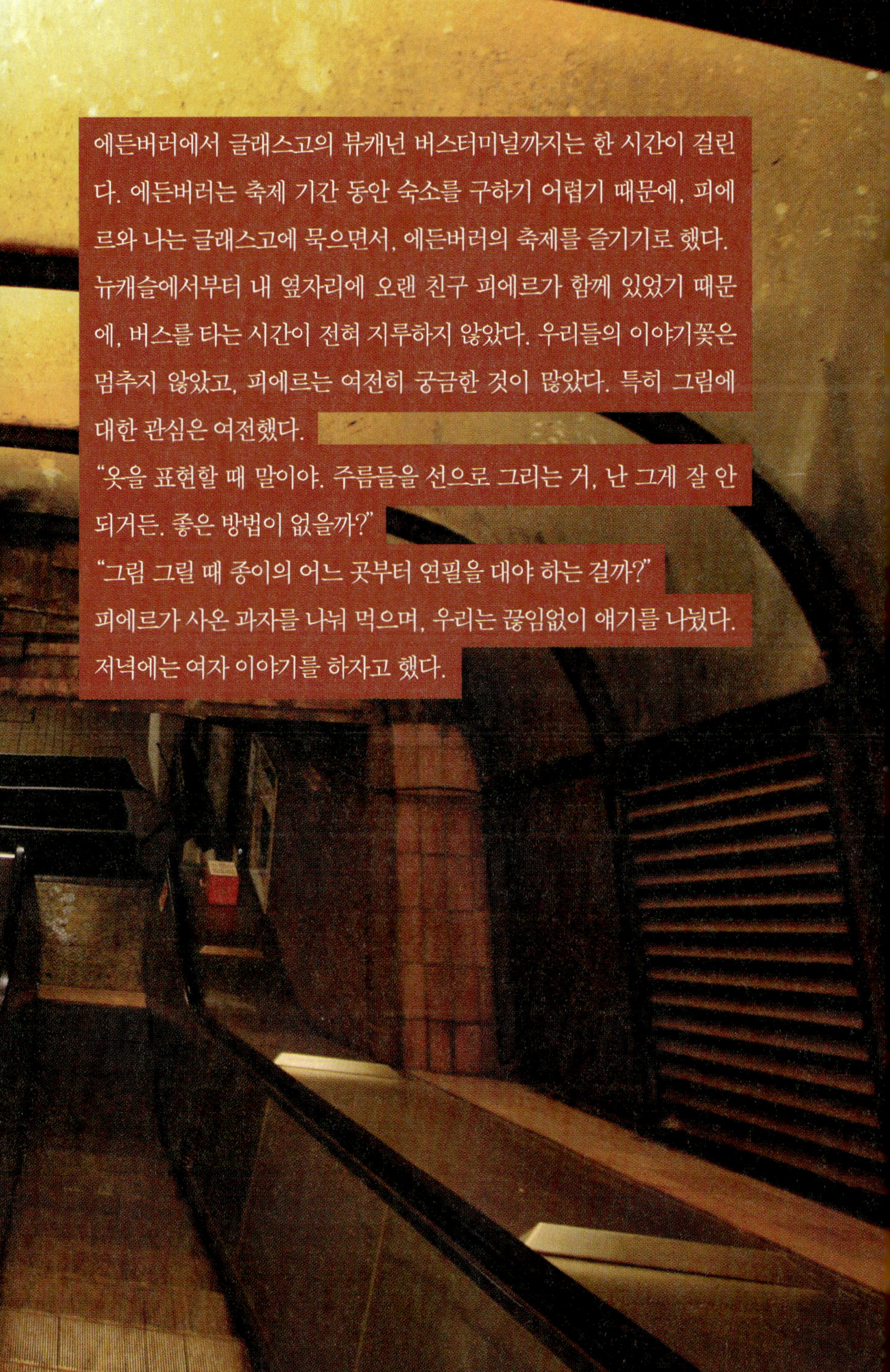

에든버러에서 글래스고의 뷰캐넌 버스터미널까지는 한 시간이 걸린다. 에든버러는 축제 기간 동안 숙소를 구하기 어렵기 때문에, 피에르와 나는 글래스고에 묵으면서, 에든버러의 축제를 즐기기로 했다. 뉴캐슬에서부터 내 옆자리에 오랜 친구 피에르가 함께 있었기 때문에, 버스를 타는 시간이 전혀 지루하지 않았다. 우리들의 이야기꽃은 멈추지 않았고, 피에르는 여전히 궁금한 것이 많았다. 특히 그림에 대한 관심은 여전했다.
"옷을 표현할 때 말이야. 주름들을 선으로 그리는 거, 난 그게 잘 안 되거든. 좋은 방법이 없을까?"
"그림 그릴 때 종이의 어느 곳부터 연필을 대야 하는 걸까?"
피에르가 사온 과자를 나눠 먹으며, 우리는 끊임없이 얘기를 나눴다. 저녁에는 여자 이야기를 하자고 했다.

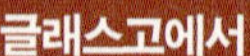

피에르와 함께 인터넷카페를 찾아 거리를 헤맸다.

피에르: "우리 나이 많이 먹었지?"
훈규: "응."
피에르: "우리 내일 또 에든버러 가자! 꼭!"
훈규: (매우 귀찮아하며) "여기도 좋은데, 꼭 가야 되냐?"
피에르: "여기가 좋다고?"

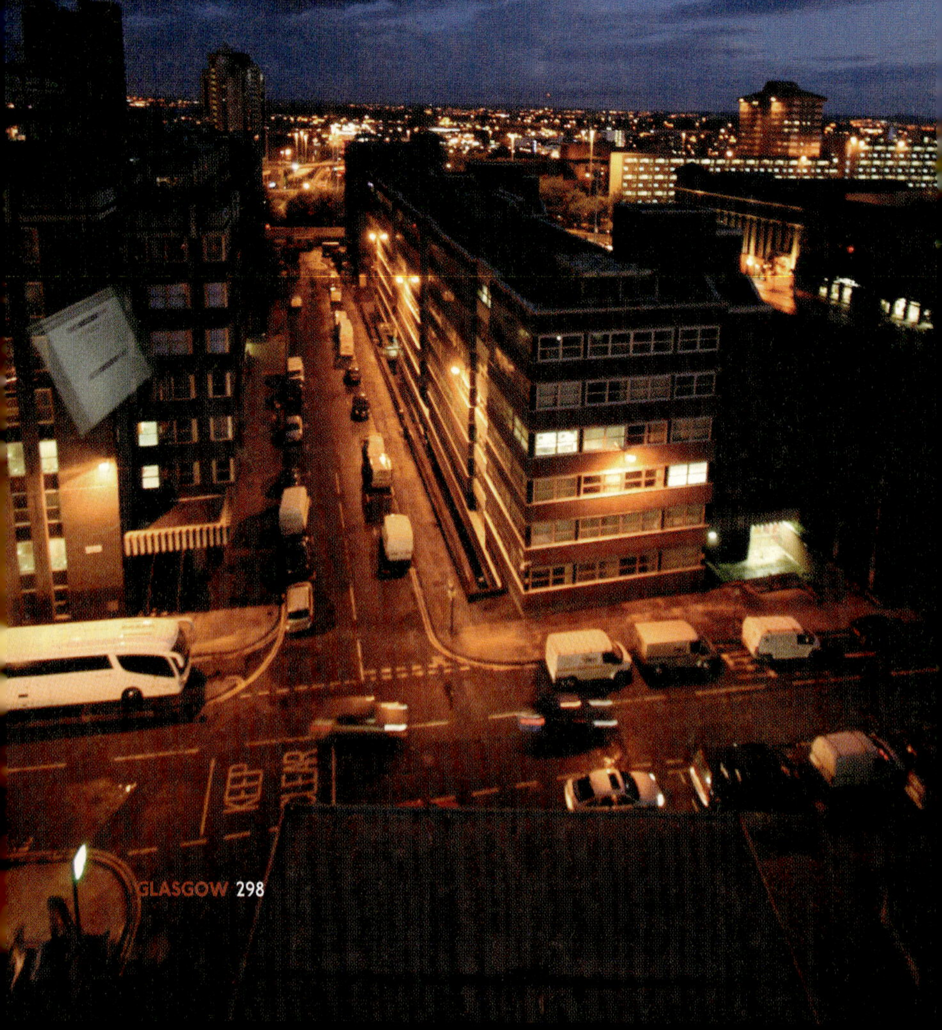

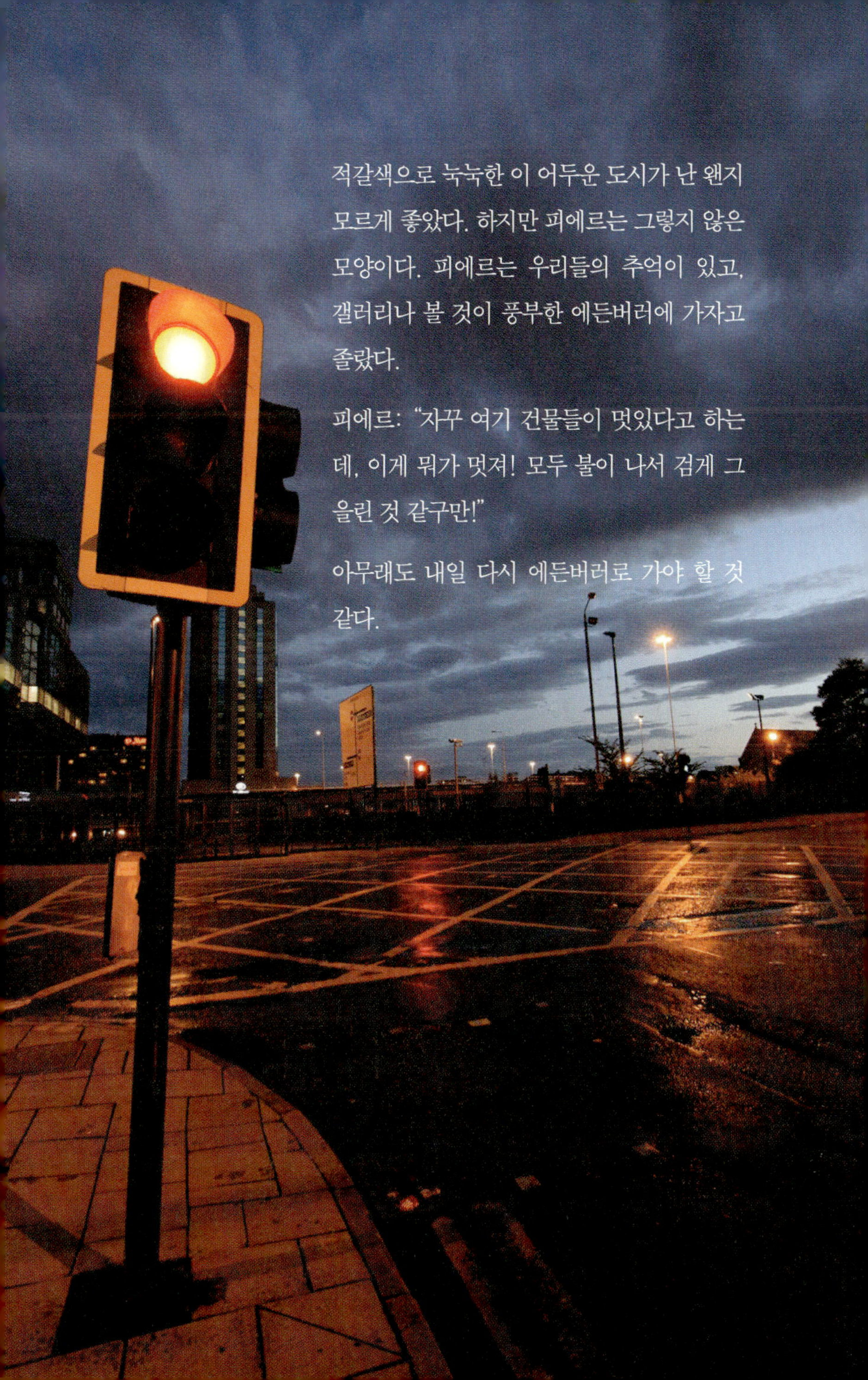

적갈색으로 눅눅한 이 어두운 도시가 난 왠지 모르게 좋았다. 하지만 피에르는 그렇지 않은 모양이다. 피에르는 우리들의 추억이 있고, 갤러리나 볼 것이 풍부한 에든버러에 가자고 졸랐다.

피에르: "자꾸 여기 건물들이 멋있다고 하는 데, 이게 뭐가 멋져! 모두 불이 나서 검게 그을린 것 같구만!"

아무래도 내일 다시 에든버러로 가야 할 것 같다.

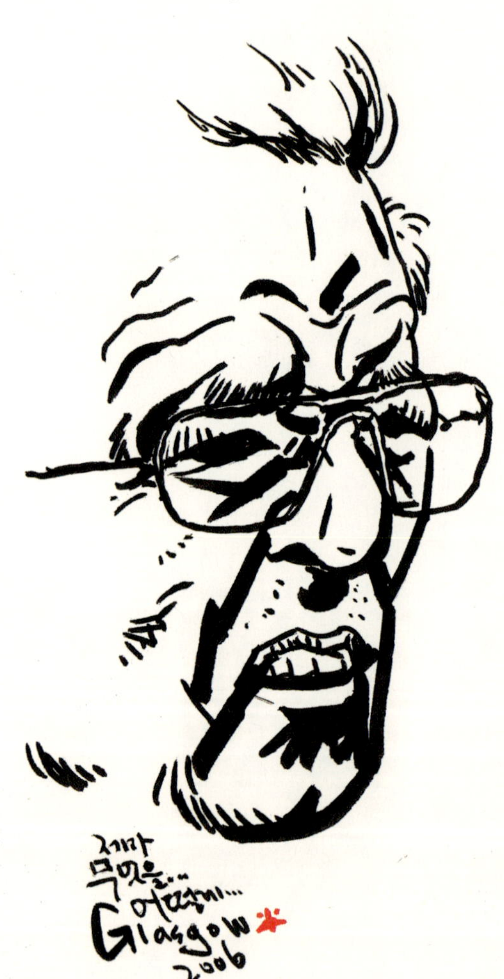
Glasgow
2006

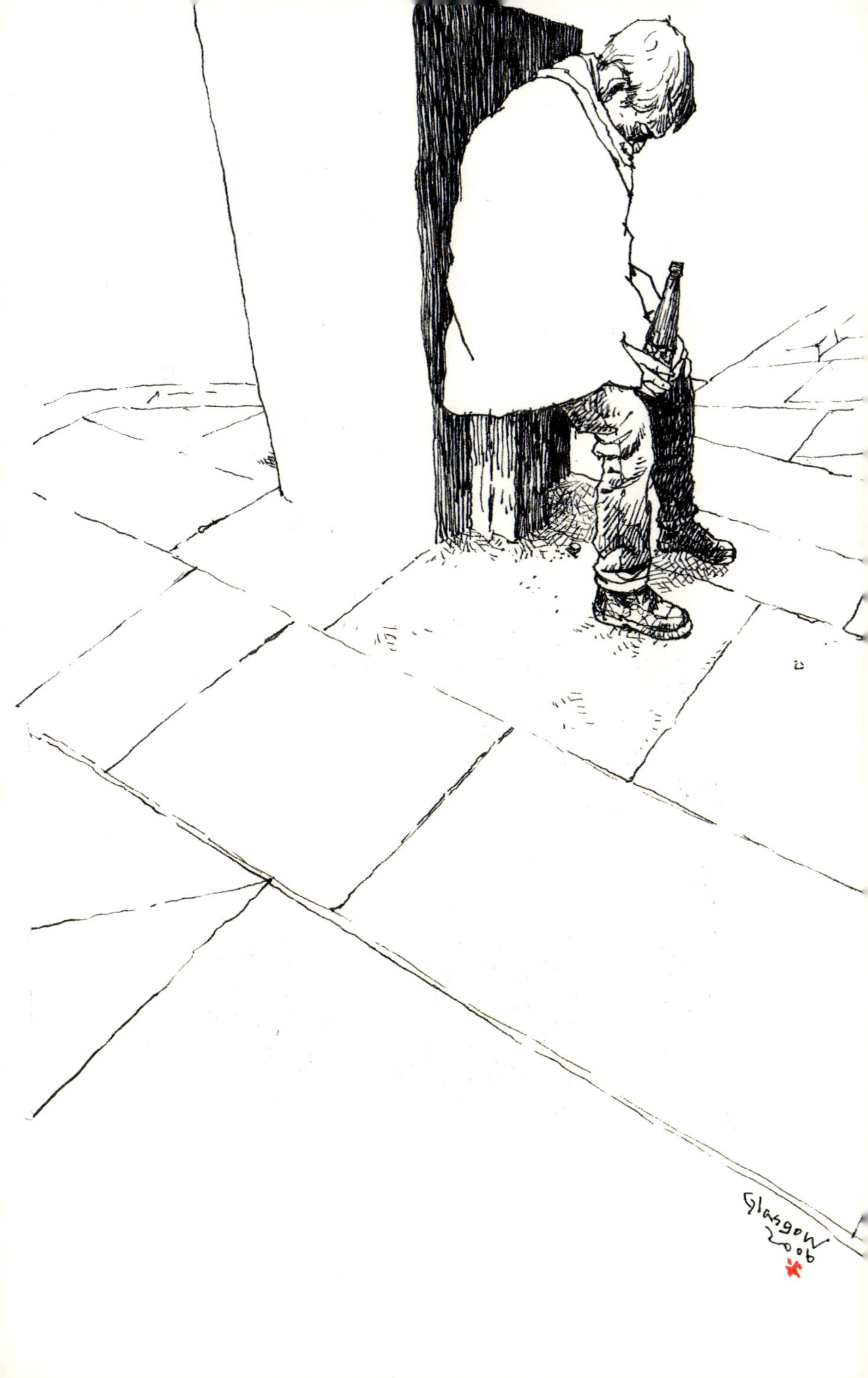

Glasgow
2006

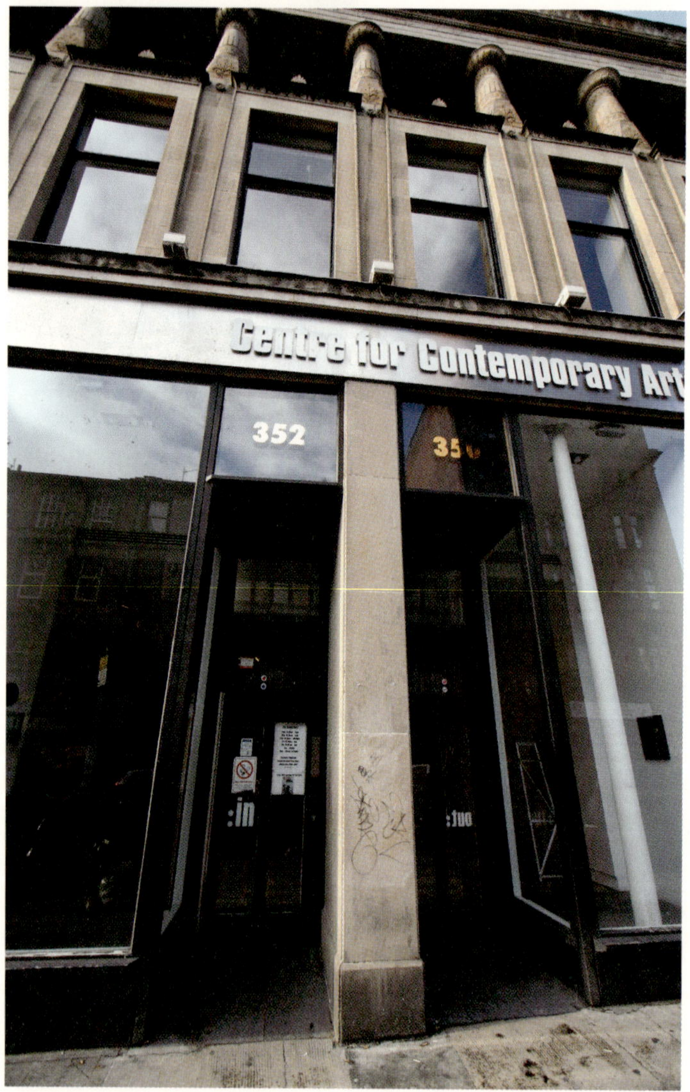
Centre for Contemporary Art
352
35
:in
:tuo

피에르는 CCA 갤러리의 리셉션을 담당하고 있는 스코틀랜드 출신 아가씨에게 수작을 걸고 있다. 나는 글래스고의 미술계를 살펴보기 위해 노트북을 들춰보았다.

"여긴 너무 춥고 비도 많이 와. 내가 있던 LA 바닷가는 얼마나 따뜻하다고. 같이 가지 않을래?"

완전히 능구렁이가 다 된 피에르의 작업용 멘트가 들려왔다. 그녀도, 나도 그가 농담을 하는 줄 알기 때문에 심각하게 받아들이진 않는다.

"실례지만, 마르셀 드자마 Marcel Dzama 전시가 열리는 게 사실인가요?"

나는 다소 상기된 표정으로 아가씨에게 물었다. 그의 전시 포스터가 현관 앞에 붙어 있었기 때문이다.

"이번 주 토요일에 오픈합니다. 그리고 금요일 저녁에는 작가와의 만남이 있으니 놀러 오세요."

마르셀 드자마는 캐나다 출신으로, 주로 뉴욕에서 활동하며 국제적인 명성을 쌓고 있다. 그의 그림은 상상 속의 잡종괴물들을 끄집어낸 것처럼 놀랍도록 잔혹하기도 하고, 한편으로는 천진난만하기도 해서 꽤나 충격적이다. 기존의 팝아트는 단지 카툰을 차용하거나 변형시킨 느낌이 강한데, 그는 오로지 자신의 머릿속에서 튀어나온 듯한 형상을 카툰과 유사한 형태를 취해 독창적으로 그려낸다. 미국의 천재 록 가수 '벡' Beck 의 앨범 재킷에서 그의 일러스트를 한 번 본 뒤로 꼭 한 번 그의 작품을 보고 싶었는데, 이렇게 좋은 기회가 생기다니…

그녀는 우리에게 초대권 두 장을 내밀었다.

오~ 꿈이냐! 생시냐!

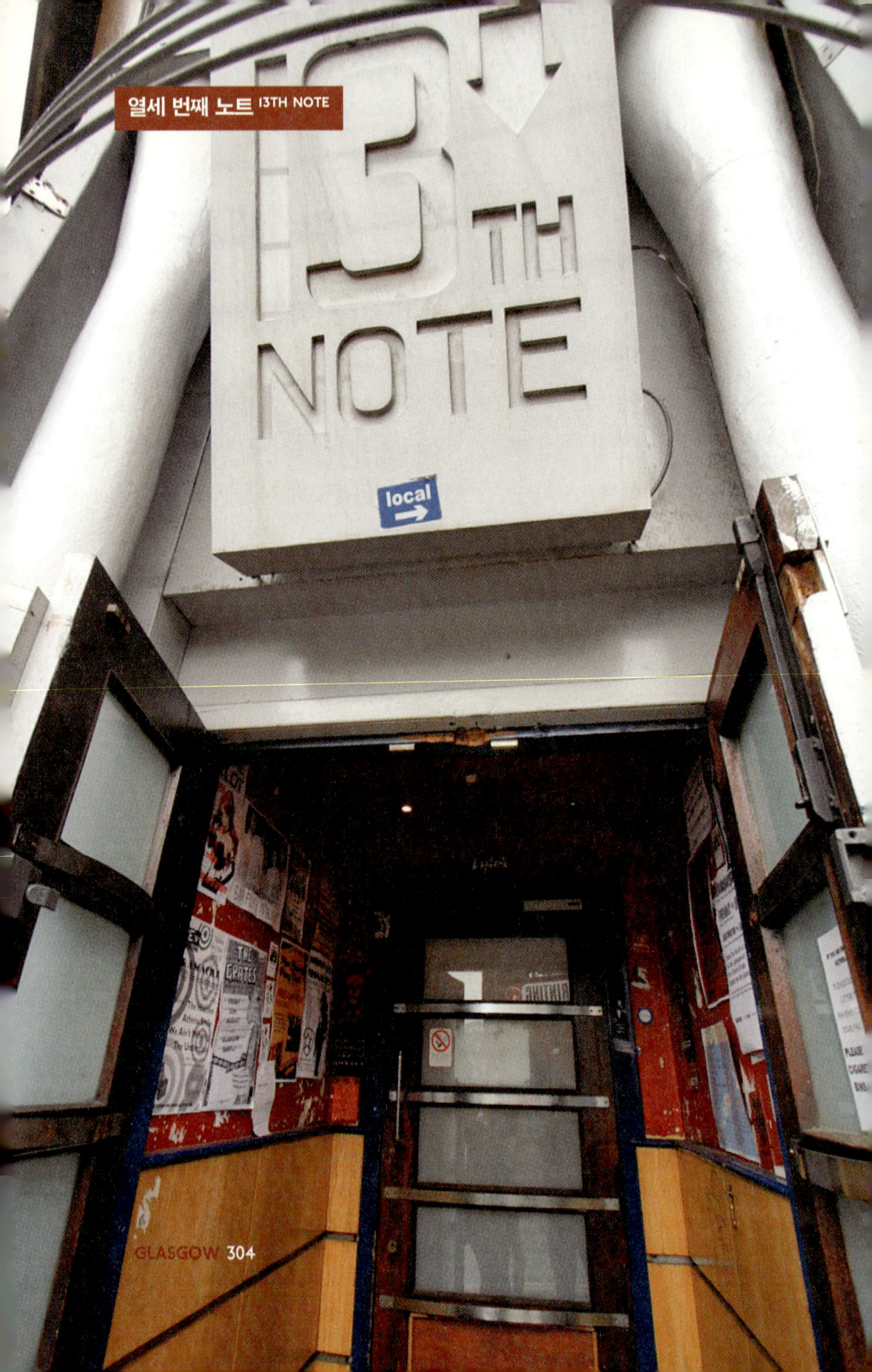
I3TH
NOTE
local

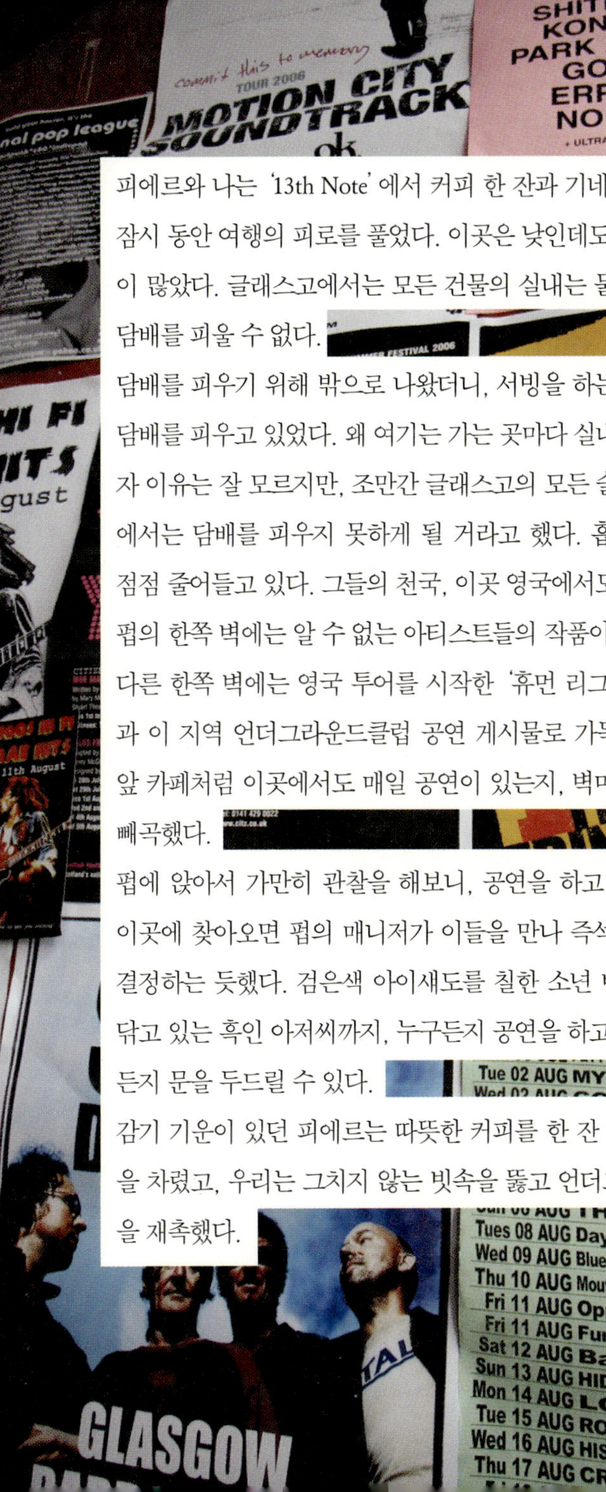

피에르와 나는 '13th Note'에서 커피 한 잔과 기네스 맥주 한 잔으로 잠시 동안 여행의 피로를 풀었다. 이곳은 낮인데도 술 마시는 사람들이 많았다. 글래스고에서는 모든 건물의 실내는 물론 이런 펍에서도 담배를 피울 수 없다.

담배를 피우기 위해 밖으로 나왔더니, 서빙을 하는 아가씨도 나와서 담배를 피우고 있었다. 왜 여기는 가는 곳마다 실내가 금연이냐고 묻자 이유는 잘 모르지만, 조만간 글래스고의 모든 술집을 포함한 실내에서는 담배를 피우지 못하게 될 거라고 했다. 흡연자들이 갈 곳은 점점 줄어들고 있다. 그들의 천국, 이곳 영국에서도 말이다.

펍의 한쪽 벽에는 알 수 없는 아티스트들의 작품이 전시되어 있었고, 다른 한쪽 벽에는 영국 투어를 시작한 '휴먼 리그'Human League의 팸플릿과 이 지역 언더그라운드클럽 공연 게시물로 가득 차 있었다. 홍대 앞 카페처럼 이곳에서도 매일 공연이 있는지, 벽마다 공연 스케줄이 빼곡했다.

펍에 앉아서 가만히 관찰을 해보니, 공연을 하고 싶은 밴드가 일단 이곳에 찾아오면 펍의 매니저가 이들을 만나 즉석에서 공연 여부를 결정하는 듯했다. 검은색 아이새도를 칠한 소년 밴드부터 색소폰을 닦고 있는 흑인 아저씨까지, 누구든지 공연을 하고 싶은 이라면 언제든지 문을 두드릴 수 있다.

감기 기운이 있던 피에르는 따뜻한 커피를 한 잔 마신 뒤 다시 기운을 차렸고, 우리는 그치지 않는 빗속을 뚫고 언더그라운드까지 걸음을 재촉했다.

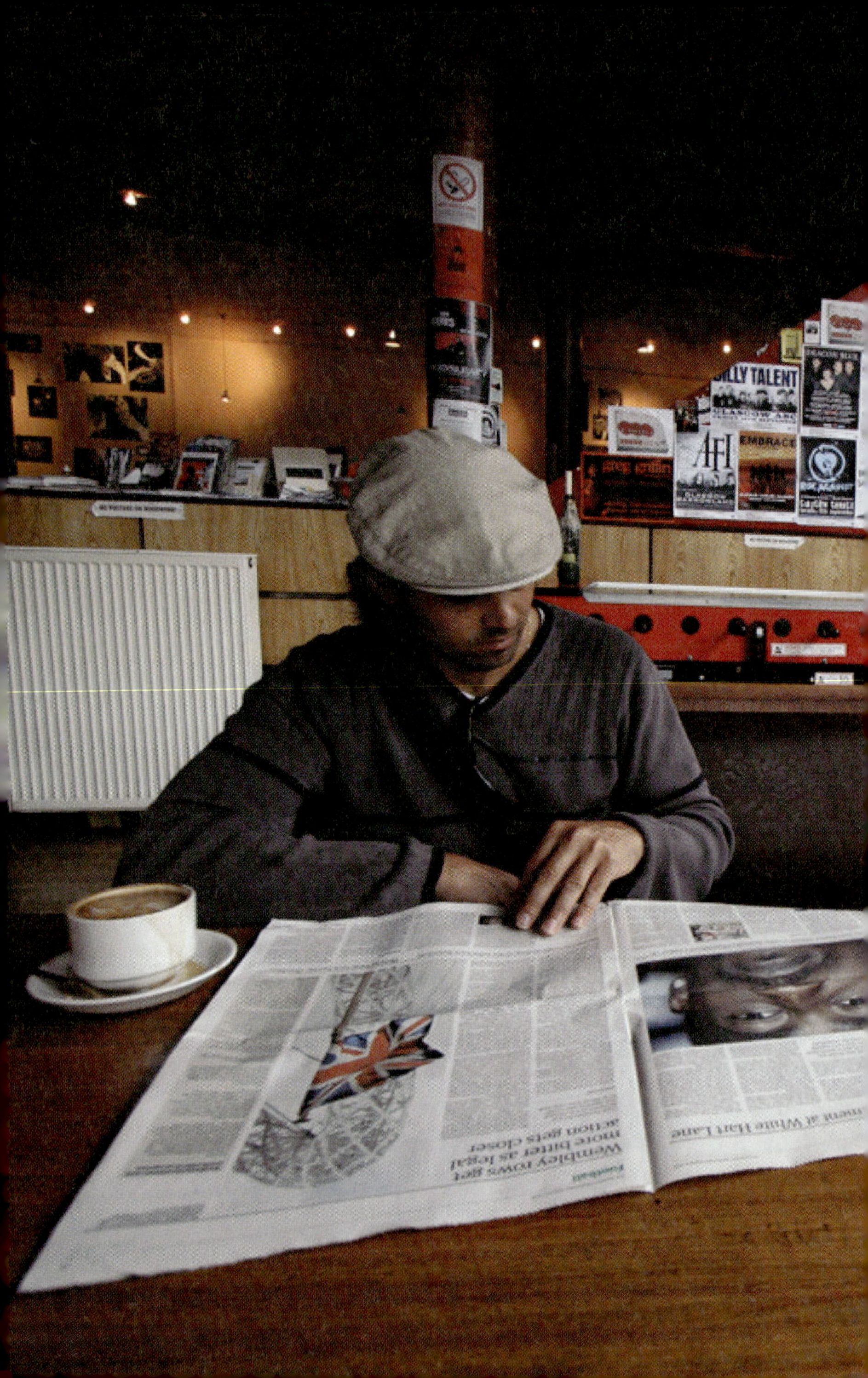
BILLY TALENT
AFI
EMBRACE
Wembley rows get
more bitter as legal
action gets closer
ment at White Hart Lane

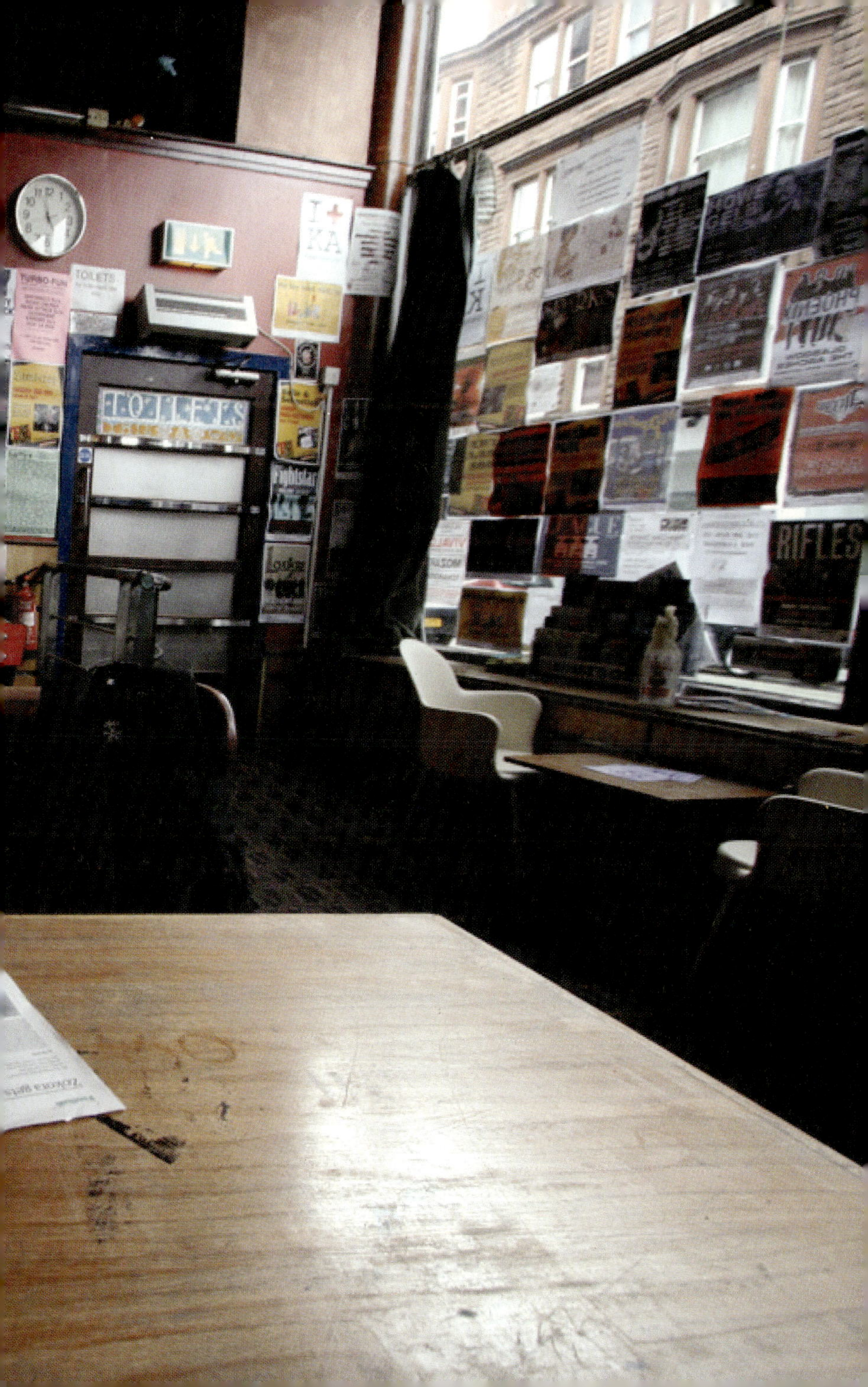
TOILETS
RIFLES

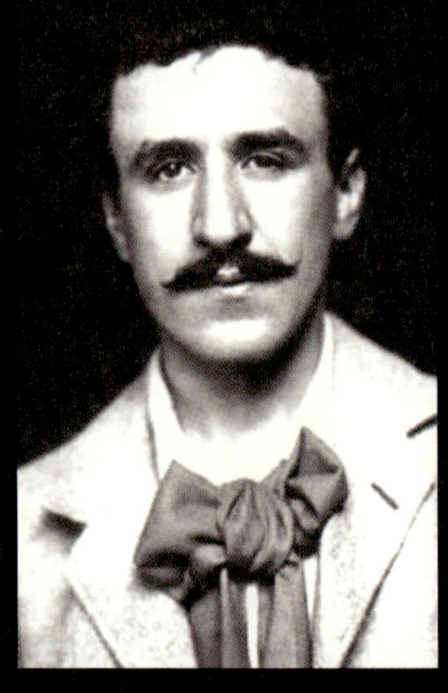

글래스고의 2006년은 '찰스 레니 매킨토시'의 해로 정해진 모양이다. 매킨토시는 현대 디자인에서 그 유례를 찾기 힘들 만큼 독창적인 스타일로 이른바 스코틀랜드 스타일을 정립한 건축가이자 조형디자이너이다. 그는 글래스고에서 태어나 글래스고 예술학교를 다녔고, 이 학교 건물과 도서관 등을 설계했을 뿐만 아니라, 건축학과장으로 이 학교에서 제자들을 양성하기도 했다. 그야말로 매킨토시는 글래스고에서 평생을 보냈다고 해도 과언이 아닌 것이다. 그 덕에 이 작은 글래스고 미술학교는 해마다 매킨토시의 자취를 좇는 이들로 넘쳐난다.

영국을 찾기 전까지 나는 페스티벌이라는 것, 뮤지엄이라는 것이 어떤 건지 잘 모르고 있었던 것 같다. 페스티벌은 몇 가지 거리행사를 벌이는 것이고, 뮤지엄은 유물을 전시하는 곳이라는 아주 상식적인 지식밖에는 없었던 것이다. 그런데 글래스고에서 만난 '찰스 레니 매킨토시 페스티벌'은 '페스티벌이란 이런 것이다'라고 말하는 듯, 나의 얕은 지식을 깨뜨려주었다.

'찰스 레니 페스티벌'은 그가 살아왔고 그의 흔적이 묻어 있는 모든 곳을 두루 소개하고 안내해줄 뿐만 아니라, 그 의미를 살피고 기념할 수 있도록 모든 곳을 전시장화하고 있었다. 마치 그의 집에 초대되어 그가 공부하고 일했던 곳을 구경한 뒤 응접실에서 차를 한잔 마시고, 글래스고의 전경이 한눈에 보이는 꼭대기 층의 라운지에서 그와 정담을 나누는 듯했다. 그의 박물관 역시, 살아생전 입었던 옷 한 벌, 신발, 노트 하나도 생생히 보존하고 있어서, 지금도 그가 살고 있는 것 같았다.

그의 뮤지엄을 보고 나서 든 생각은 뮤지엄은 시간이 지난 후에 만들어지는 것이 아니라, 현재진행형이라는 사실이었다. 그 속에 무엇을 넣을지는 지금의 내가 결정하는 것이다. 내가 무슨 책을 읽고, 어떤 찻잔에 차를 마시는지, 그리고 한 작품을 만들기 위해 어떤 과정을 거쳤는지 하는 그 모든 것들을.

글래스고 예술학교에서 가장 인상 깊었던 것은 백 년 전에 지어진 학교에서 그림을 그리고 책을 읽는 학생들의 모습이었다. 투어 중인 관광객들의 틈 속에서 계단을 스케치하는 어린 학생들, 세월의 흔적이 그대로 묻어 있는 도서관의 책상에는 낙서들이 새겨져 있었다. 이렇게 위대한 아티스트와 건축물, 작품과 함께 공부하는 학생들을 보면서 하이테크 제품들로 채워지는 우리들의 학교를 떠올려보았다. 첨단기술이 새로운 창의력과 상상력을 키워주는 건 아니다. 그 바탕은 문화적 전통이 남겨준 '감각'에서 싹튼다.

이곳에서 공부하는 학생들의 모습 속에서 사라지지 않는 찰스 레니 매킨토시의 모습을 떠올렸다. 내가 생각해왔던 예술학교의 대안은 이곳에서 그 단초를 찾은 듯했다.

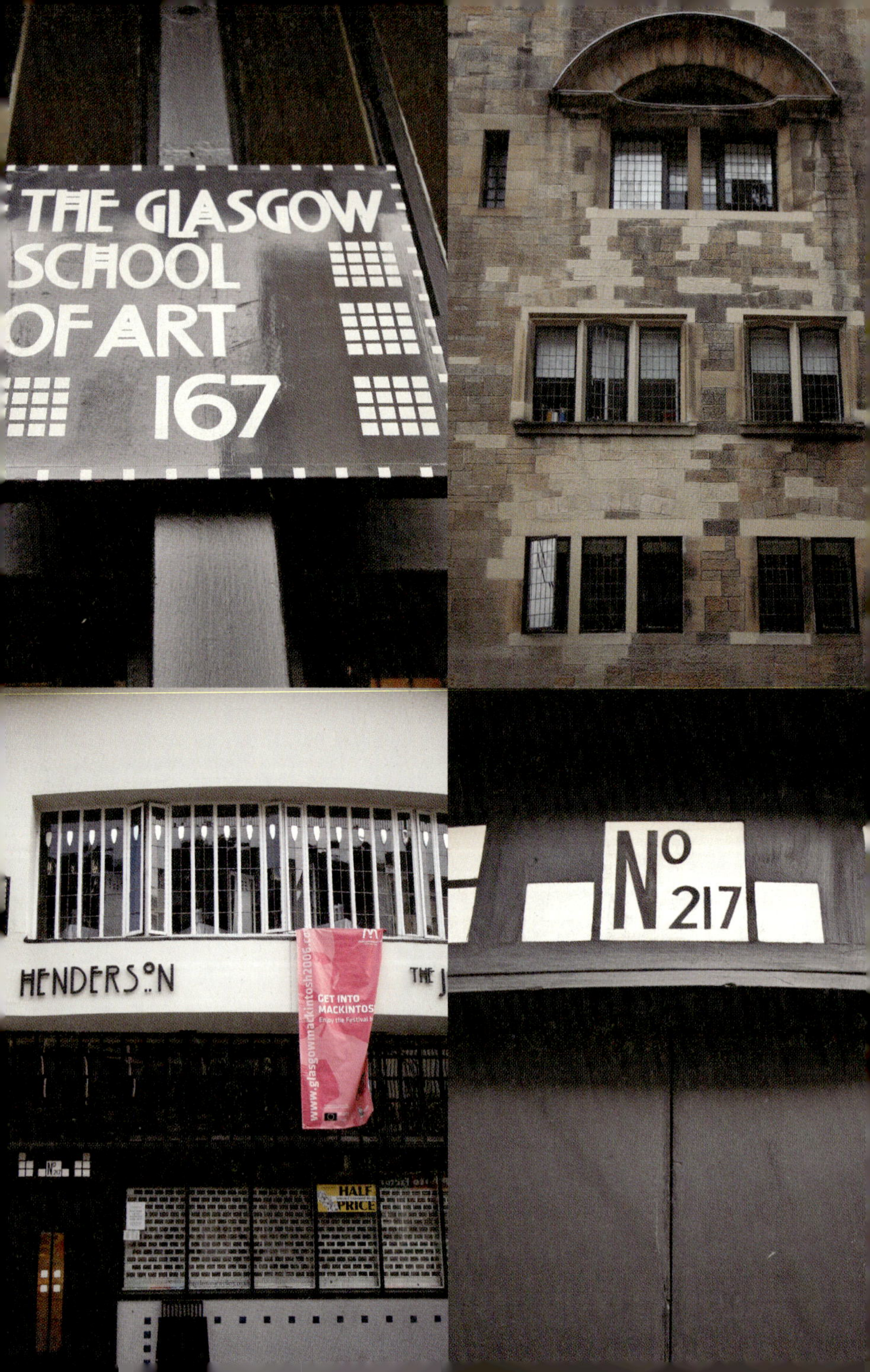
THE GLASGOW
SCHOOL
OF ART
167
HENDERSON
GET INTO
MACKINTOS
www.glasgowmackintosh2006.c
No 217
HALF
PRICE

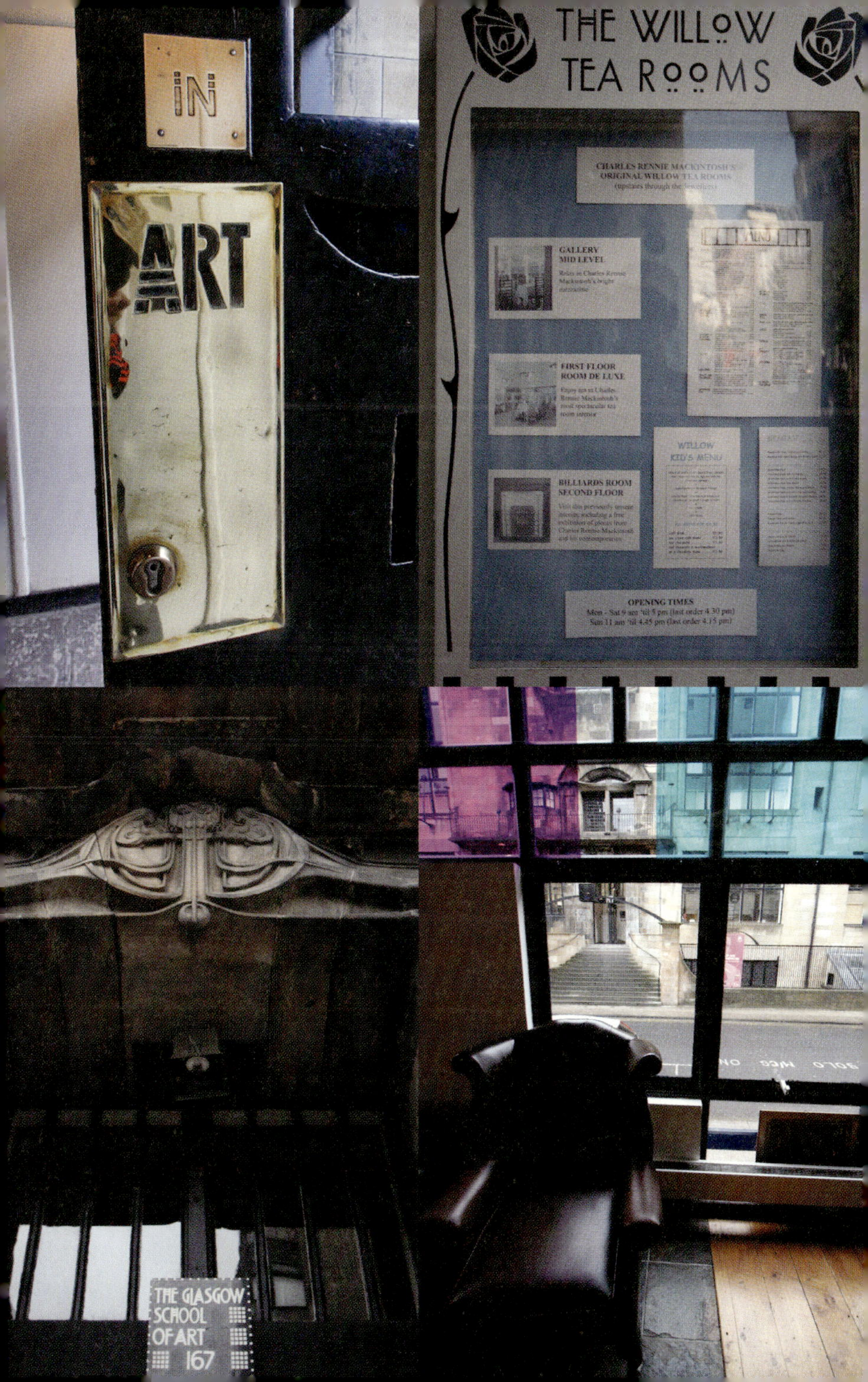
IN
ART
THE WILLOW
TEA ROOMS
CHARLES RENNIE MACKINTOSH'S
ORIGINAL WILLOW TEA ROOMS
(upstairs through the Jewellers)
GALLERY
MID LEVEL
FIRST FLOOR
ROOM DE LUXE
BILLIARDS ROOM
SECOND FLOOR
WILLOW
KID'S MENU
OPENING TIMES
Mon - Sat 9 am 'til 5 pm (last order 4.30 pm)
Sun 11 am 'til 4.45 pm (last order 4.15 pm)
THE GLASGOW
SCHOOL
OF ART
167

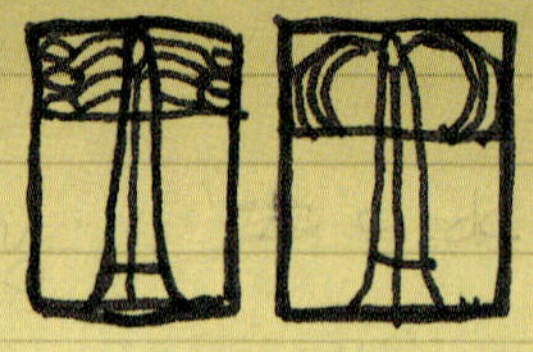

찰스 레니 매킨토시는 건축가이기도 하면서, 가구나 조명, 직물까지 직접 디자인했을 정도로 뛰어난 조형감각을 지닌 공예 디자이너이기도 했다. 건물 건축에 식물의 모티브를 도입했다고 하여, 아르누보 계열로 그의 작품을 평가하기도 하지만 그의 건축은 이탈리아의 가우디만큼이나 한마디로 정의하기 어려운 흐름을 형성한다. 게다가 그는 건축에 입문하여 스물여덟이라는 젊은 나이에 글래스고 예술학교 건축을 맡아 20세기 현대 건축의 새로운 장을 연 뒤 20여 년이라는 짧은 세월 동안 주택 2개와 교회 1개, 그리고 몇 개의 티룸을 만든 것이 고작이라는 사실도 그가 평범한 건축가는 아니라는 사실을 입증한다. 건축가로 세계적인 명성을 얻었지만 이른 나이에 미련 없이 건축계를 떠난 뒤로, 그는 런던에 정착해 수채화나 유화를 그리면서 살았다고 한다.

글래스고 예술학교 건축은 그가 재학 시절 마가렛과 프란시스 맥도널드 자매, 그리고 허버트 맥네어와 의기투합하여 '맥 그룹'The Mac Group을 결성한 뒤 글래스고 예술학교 건축 공모에 당선되어 맡게 된 것이다. 이들은 학교의 예산 부족 문제로 난황을 겪으면서 10년 가까이 지속된 건축 과정에서 스코틀랜드 스타일의 새로운 건축 장르를 개척한다. 그 와중에 마가렛과 결혼한 그는 건축뿐만 아니라, 인테리어나 가구, 대문 장식, 손잡이, 타일, 유리, 간판에 이르기까지 건물의 거의 모든 장식들을 그녀와 함께 직접 디자인했다. 이후 그들의 집도 둘이서 직접 장식하고 디자인했는데, 그들의 드로잉룸은 현대 디자인사에서 가장 중요한 인테리어로 손꼽힌다. 가죽을 덧댄 의자라든지, 유리의 두께와 투명도를 조절하여 빛을 조절하는 방식의 조명은 지금 우리에겐 익숙하지만, 당시에는 상당히 획기적인 디자인이었다.

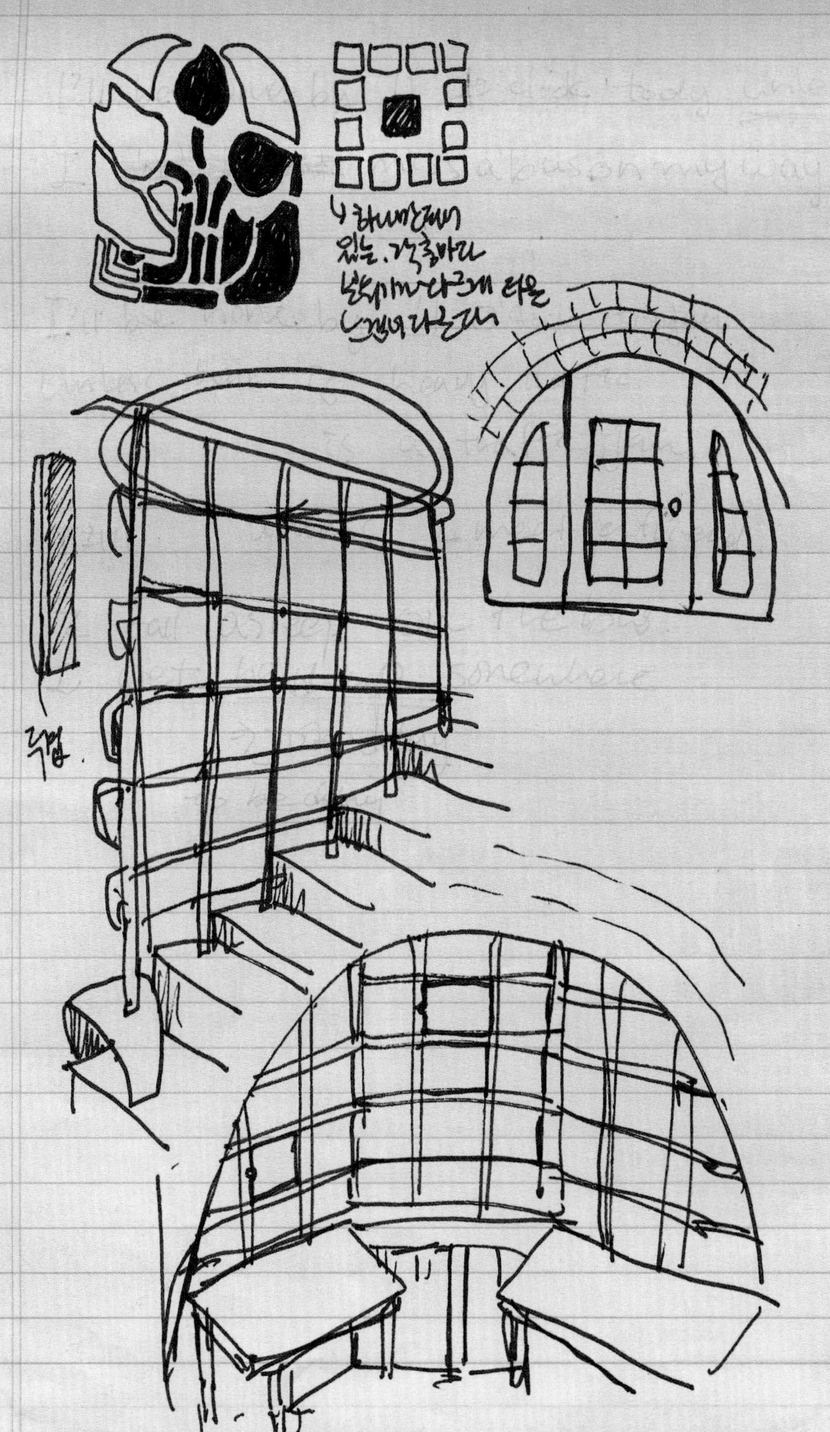

마르셀 드자마의 오픈 파티

숙소에서 잠시 누워 있는다는 것이, 눈을 떠보니 저녁 9시였다. 정신이 번쩍 들었다. 마르셀 드자마의 전시 오프닝에 가려고 글래스고에 사흘을 더 머무르기로 했건만, 지금 오프닝 파티가 시작된 지 두 시간이 넘어가고 있었다.

허탈해서 어쩔 줄을 모르다가, 배도 고프고 CCA 갤러리도 그리 멀지 않아 밥이나 먹을 생각으로 초대권을 들고 거리로 나섰다. CCA 갤러리의 윈도에는 마르셀 드자마의 설치작업이 전시되고 있었고, 다행히 파티도 계속되고 있었다.

그의 얼굴을 보긴 했지만, 작가의 모습은 안 보는 게 더 좋을 뻔했다는 생각이 들었다. 그를 보기 전에는 그와 악수라도 나눠야지 하고 결심을 했지만, 그를 보고 나니 너무 평범한 모습이라 신비감이 사라졌다. 물론 악수를 하고 싶은 마음도 없어졌다. 그래서인지 그를 만난 것보다 더 좋았던 건 CCA 카페의 파티였다. 사람도 그리 많지 않았고, 맥주와 와인을 마시며, 전시를 축하하고 그림에 대해 이런저런 감상을 얘기하는 즐거운 파티에 나도 잠시 끼었다는 그 느낌이 좋았다.

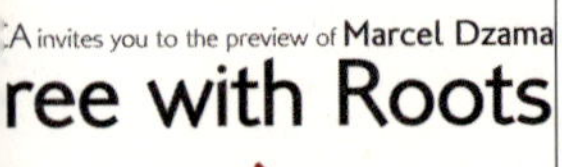

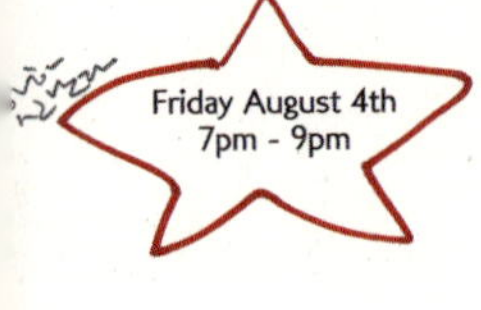

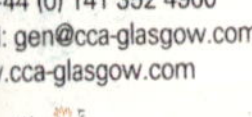

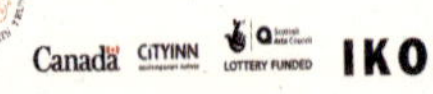

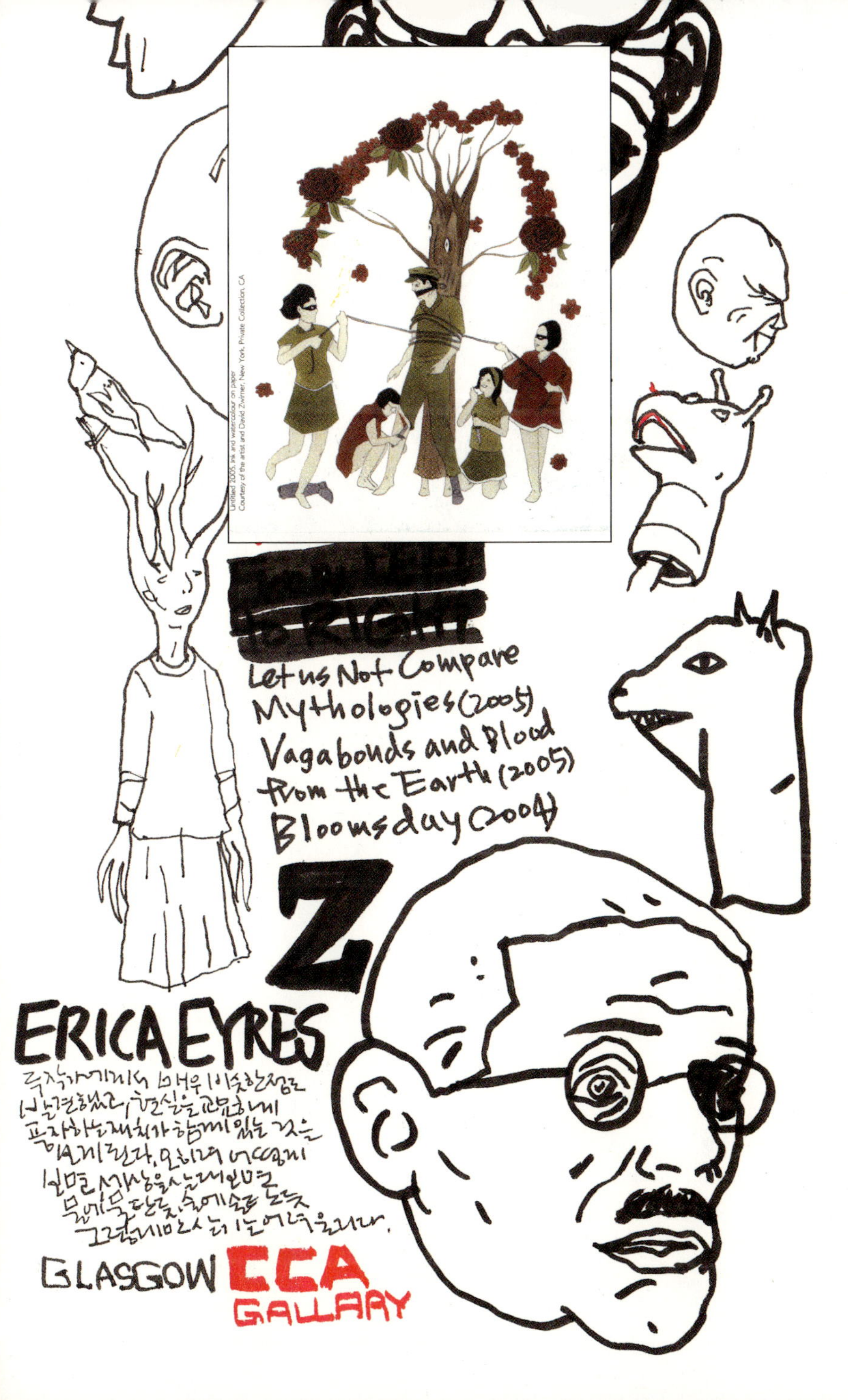

Untitled 2005, ink and watercolour on paper
Courtesy of the artist and David Zwirner, New York, Private Collection, CA
IS RIGHT
Let us Not Compare
Mythologies (2005)
Vagabonds and Blood
From the Earth (2005)
Bloomsday (2004)
ERICA EYRES
GLASGOW CCA GALLARY

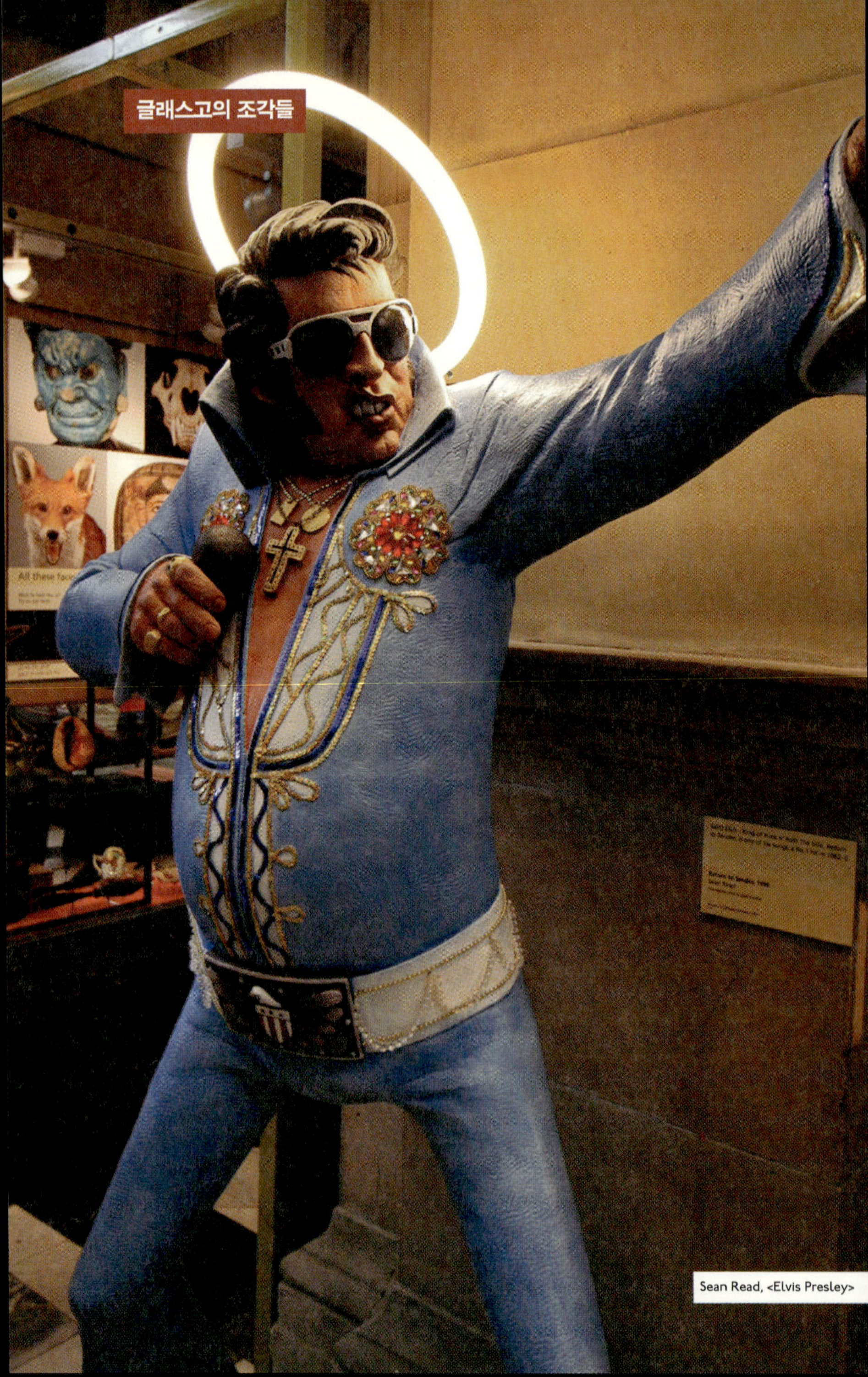

Sean Read, <Elvis Presley>

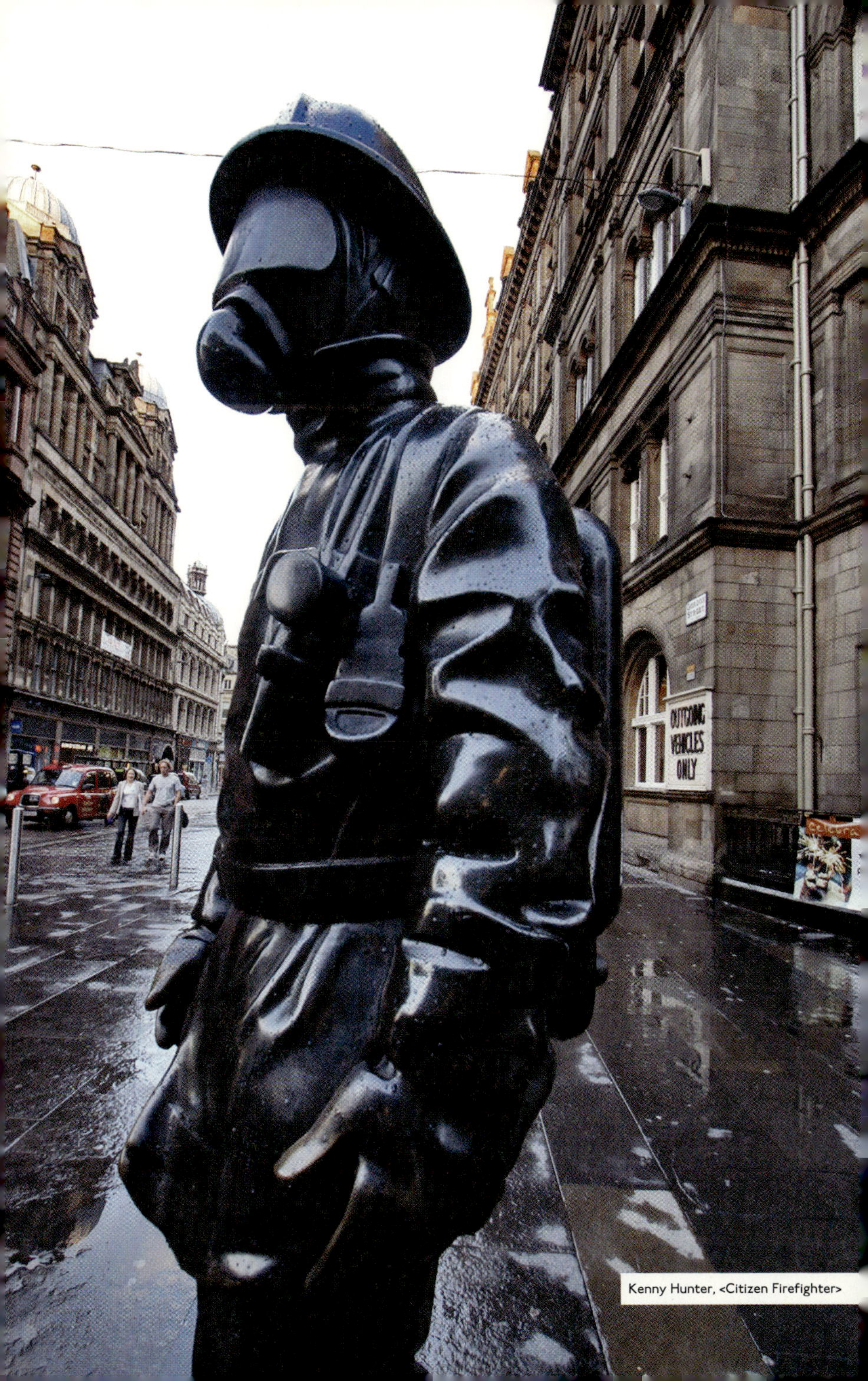

Kenny Hunter, <Citizen Firefighter>

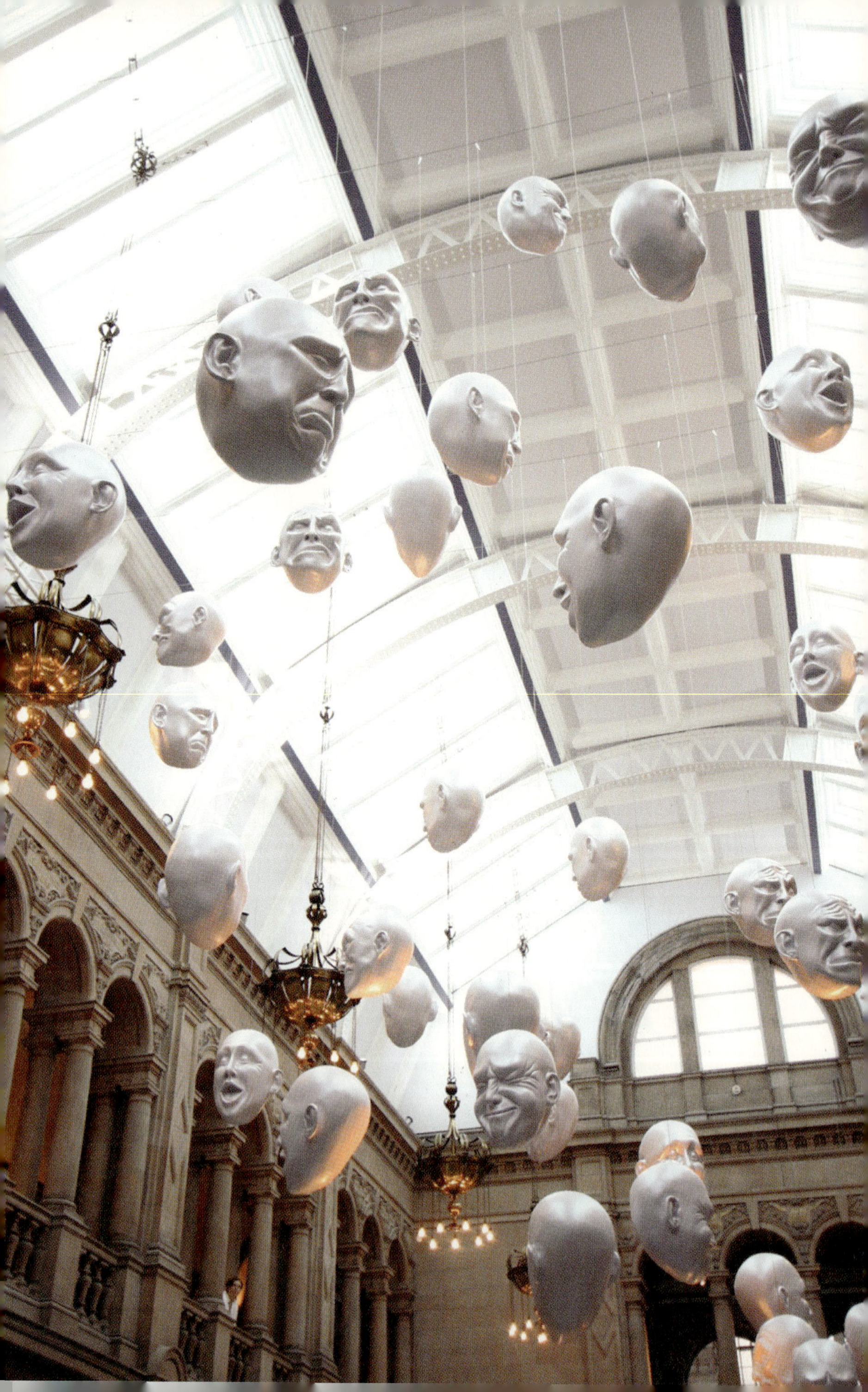

글래스고의 거리는 다른 도시들보다 위트가 넘친다.

거리를 걷다가, 보기만 해도 웃음이 나오고 왠지 사진이라도 함께 찍고 싶은 재미있는 작품을 발견했다. 바로 팝의 제왕 엘비스 프레슬리의 조각이다.

말년의 엘비스를 연상하게 하는 이 웃기고 뚱뚱한 프레슬리는 켈빈그로브 아트 갤러리 앤드 뮤지엄 Kelvingrove Art Gallery and Museum 1층 통로에 자리 잡고 있었고, 수많은 관광객들과 사진을 찍느라 정신이 없었다. 엘비스를 너무 천박하게 묘사한 게 아닌가 하는 생각이 들긴 했지만, 비틀스의 나라에서 당대에 함께 팝계를 호령하던 엘비스를 이 정도로 야유하는 게 영국식 시니컬함이 아닐까 하는 생각이 들기도 했다. 엘비스의 머리에 네온 빛이 나는 후광을 두른 것이 압권이었다. 마치 팬시용 장난감을 보는 듯했다.

이제 돌아가야 하는 피에르를 바래다주기 위해 빅토리아 기차역으로 가다가 시민소방관 조각을 발견했다. 그는 방독면과 산소통을 짊어진 채 사람들과 대면하고 있었다. 조각은 그야말로 거리 한가운데서 있었고, 주변에는 조각상을 보호해주는 울타리조차 없었다. 길을 가다가 갑자기 소방관을 만난 듯, 그는 우리의 일상 속에 들어와 있었다.

켈빈그로브 아트 갤러리에서는 하얀색 대머리 아저씨의 두상이 천장에 대롱대롱 매달려 있었다. 교수형을 당한 시체처럼 끔찍하게 목이 매달려 있긴 하지만 얼굴 표정은 매우 다양했다. 웃기도 하고, 울기도 하고, 찡그리기도 하고, 놀라기도 한 모습이다. 매우 감성적이고 익살 맞은 글래스고의 예술을 느낄 수 있는 작품이다.

내가 지금 듣고 있는 건 런던에서 산 프란츠 퍼디난드 Franz Ferdinand 의 싱글 앨범 〈Eleanor Put Your Boots On〉이다. 그들의 고향인 글래스고에서 이걸 들으니 전에는 몰랐던 사실들이 눈에 띄기 시작한다.

그들의 앨범 표지에는 글래스고의 SECC 안에 있는 클라이드 오디토리엄 Clyde Auditorium 의 모습과 롤러코스터 그림이 디자인되어 있는데, 전에는 왜 그것이 이들의 앨범 재킷에 등장했는지 맥락을 알 수 없었다. 그런데 이렇게 클라이드 강가를 걷다 보니, 그 이유를 알 수 있을 것 같다.

클라이드 오디토리엄은 전시는 물론이고 각종 이벤트와 공연을 할 수 있는 복합적인 공간이다. 이 건물의 디자인을 담당한 노먼 포스터와 그의 파트너는 남미에서 서식하는 야행성 포유류인 아르마딜로에게서 이 건물의 아이디어를 얻었다. 그래서 글래스고 사람들은 이 건물을 '더 아르마딜로' The Armadillo 라고 부른다. 글래스고 사람들에게 이 건물은 그들의 현재를 대표하는 아이콘으로 자리 잡은 듯했다. 이제 글래스고 하면 이 건물이 먼저 떠오르는 것이다.

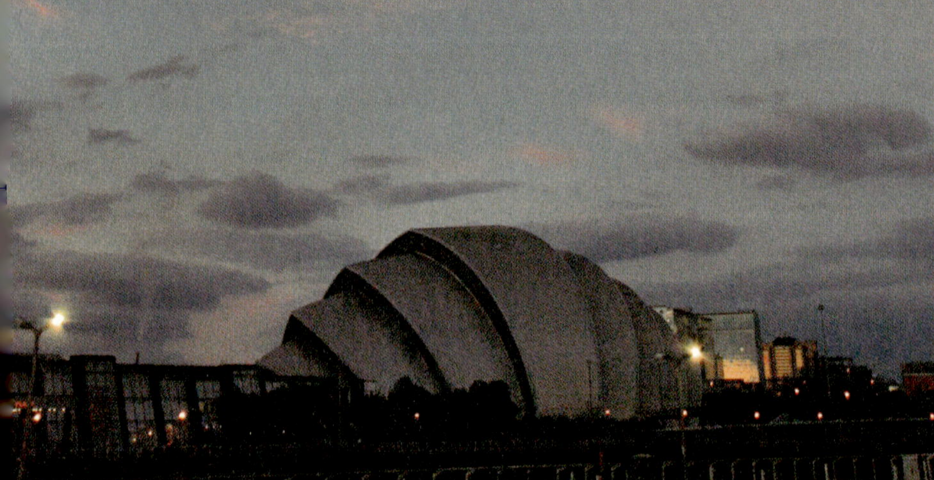

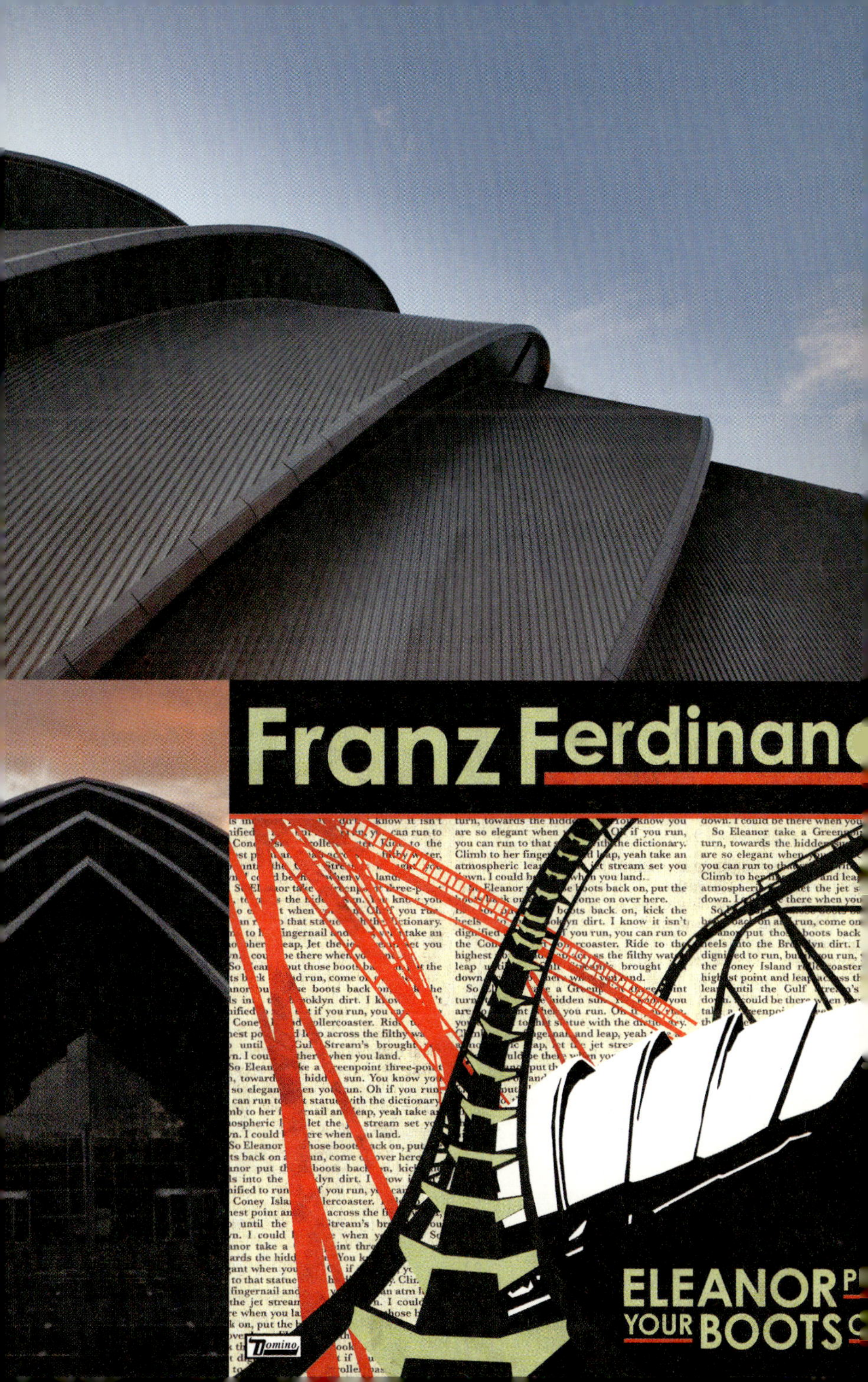

Franz Ferdinand
ELEANOR PUT
YOUR BOOTS ON
Domino

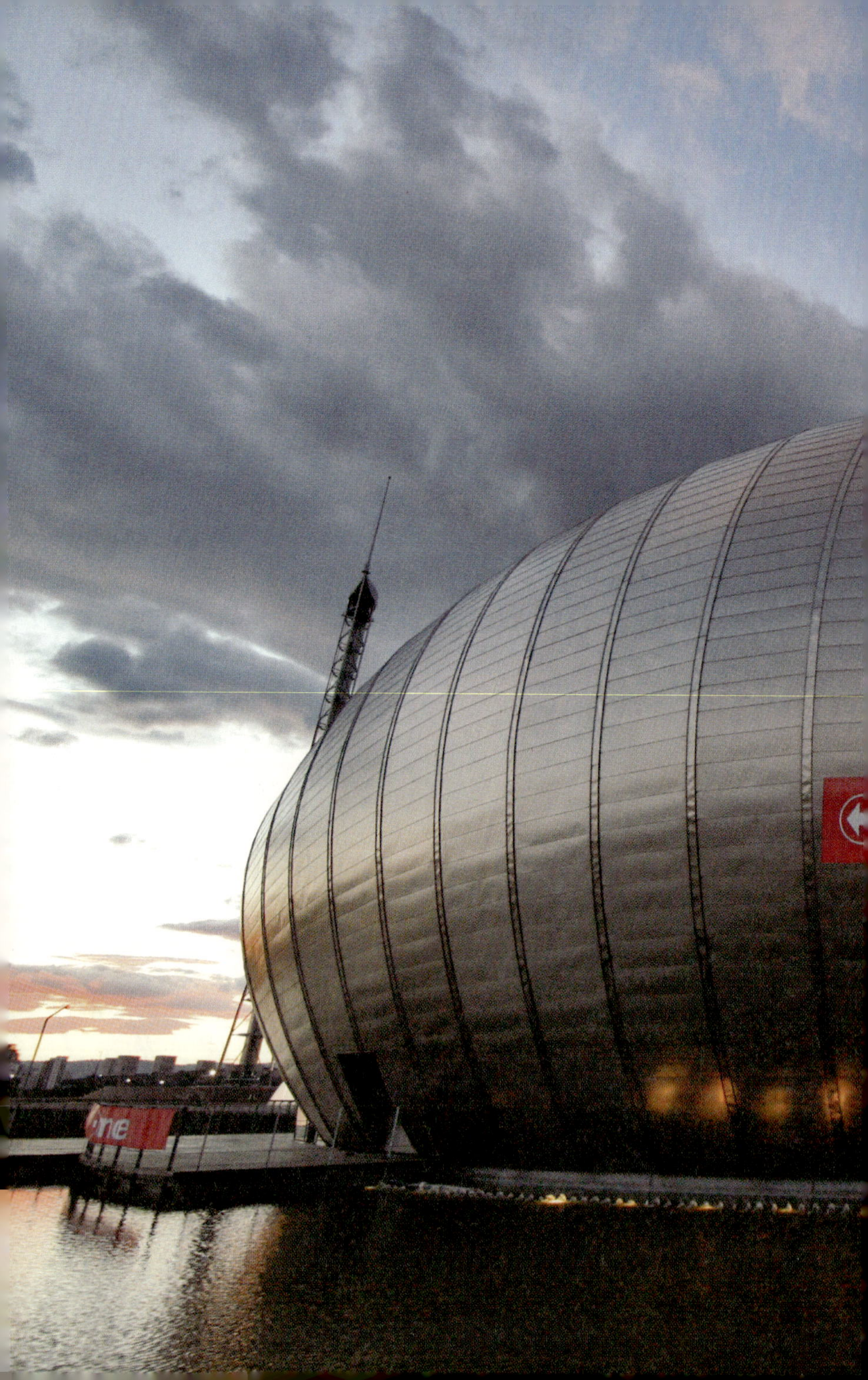

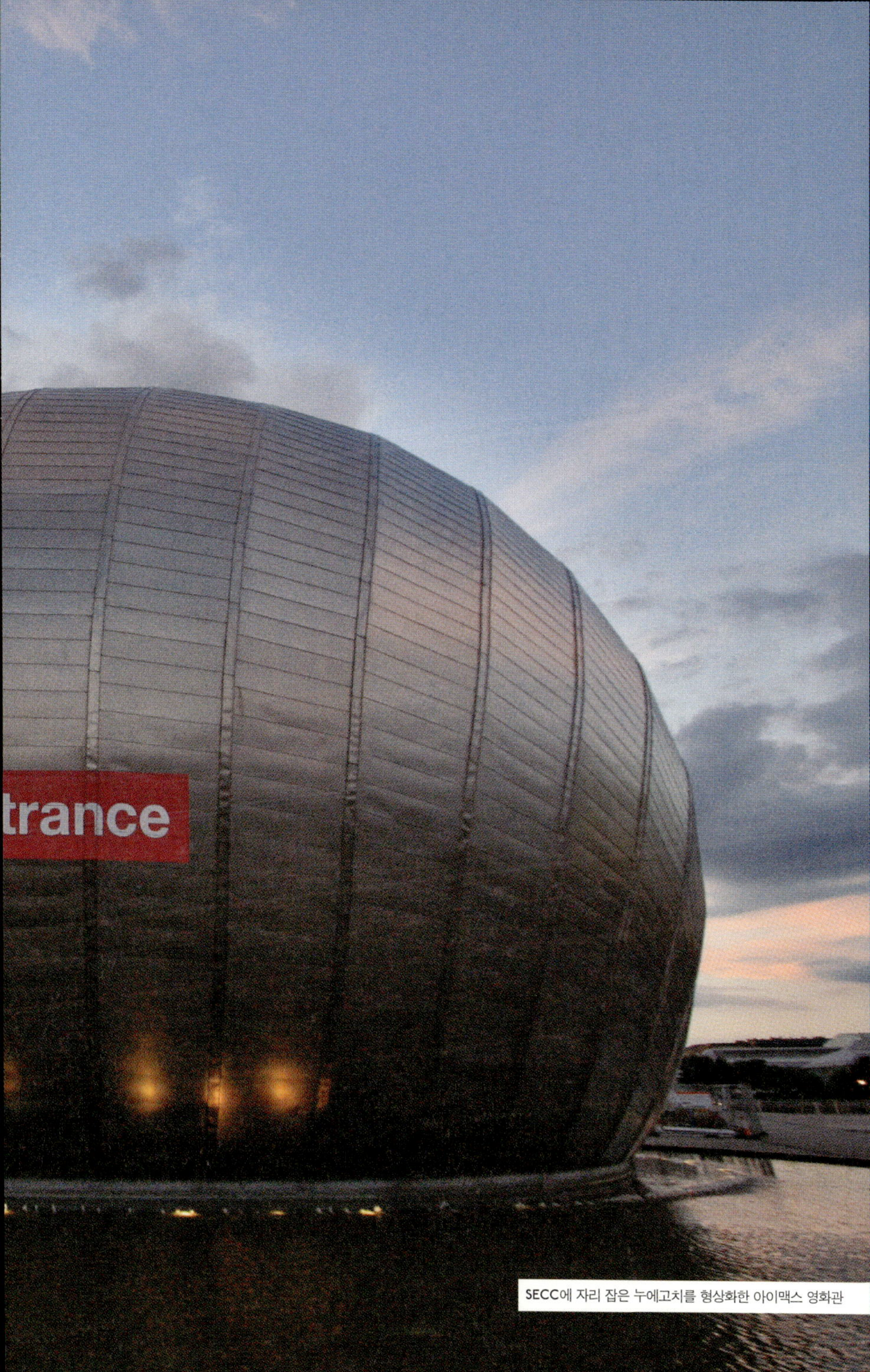

SECC에 자리 잡은 누에고치를 형상화한 아이맥스 영화관

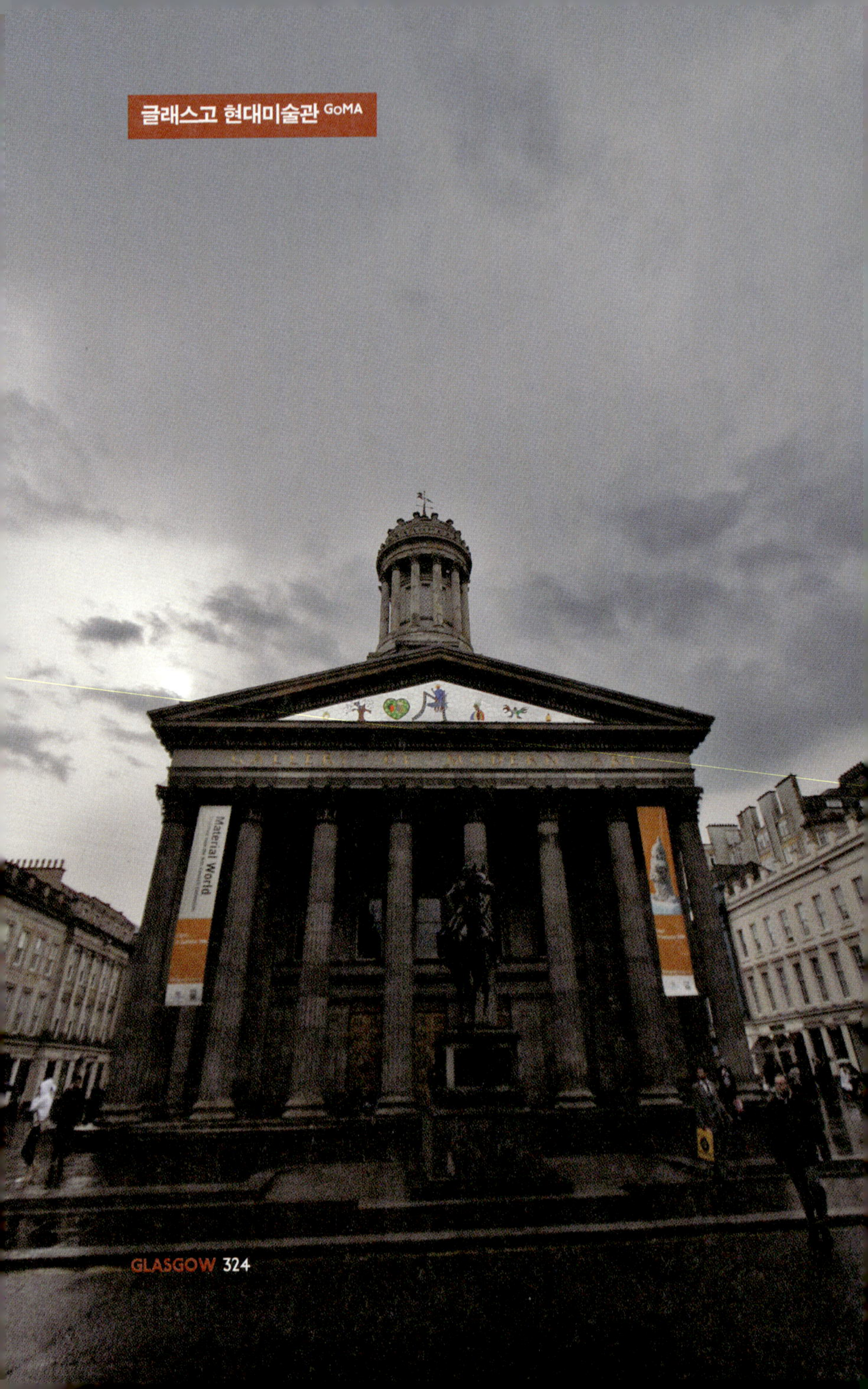

한차례 쏟아지던 비가 그치자, 젖어 있는 길 건너편에 GoMA가 나타났다. 건물의 중앙에 삼각형 구도로 설치된 모자이크 작업이 너무나 모던해서 건물의 나이를 잊게 만든다.

GoMA라는 이름은 1970년대 언더그라운드 문화인 '고스'Goth라고 불리던 반항적인 문화와 통하는 데가 있어서 이곳은 젊고 반항적인 세대들의 집결지가 되었다. 그래서 이곳에 오면 늘 이들을 쫓아내는 경찰들도 함께 볼 수 있다.

GoMA는 1990년대 새로운 영국 미술의 주역이었던 YBA 작가들의 작품을 한눈에 볼 수 있는 곳이다. 데미언 허스트, 사라 루카스, 그레이슨 페리, 레이첼 화이트레드, 리처드 디콘 등의 작품들이 전시되어 있다. 갤러리는 모두 3층인데, 규모가 그리 크지 않아서 지루하지 않게 작품을 관람할 수 있다.

다시 크로키 북을 꺼내어 그림을 그리기 시작했다. 그리다 보니 그들의 아이디어와 재료들이 무척 다양하다는 것을 새삼 느낄 수 있었다. 나처럼 펜으로 그림을 그리거나 컴퓨터를 사용하는 사람은 조각품을 만들어보는 게 도움이 될 것 같다는 생각이 들기도 했다. 영국 작가들의 작품들을 모사해본다.

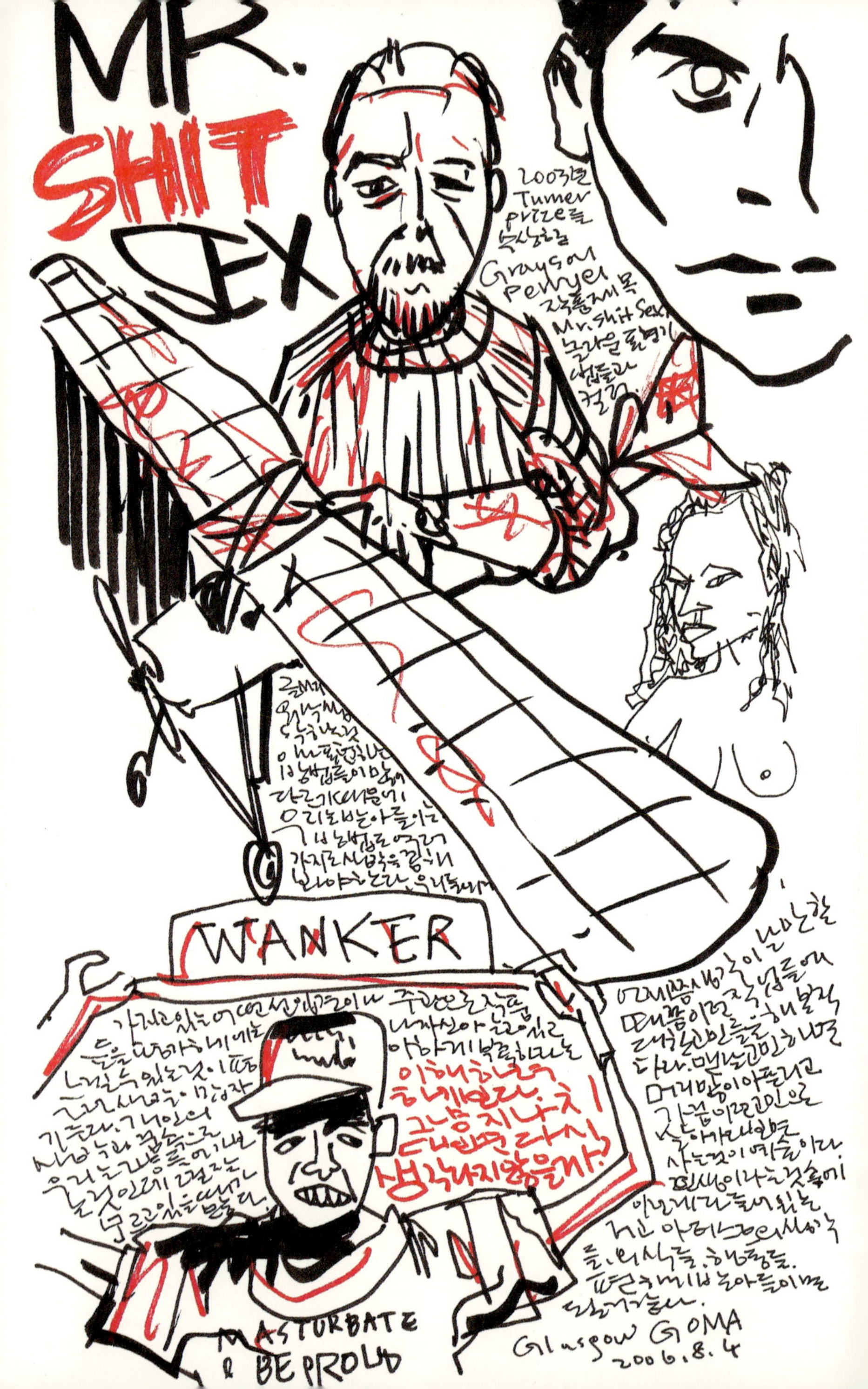

MR. SHIT SEX
Grayson Perry
Mr. Shit Sex
2003년 Turner prize를
WANKER
MASTURBATE & BE PROUD
Glasgow GOMA
2006.8.4

Grayson Perry b.1960   GOMA
① Spirit Jar. 1994   Glasgow,
earthenware   Scotland.

I Dunno   Rachel Whiteread b.1963
1999   Untitled Six Spaces. 1994.
3F   resin

2003
Turner
Prize   그의 첫
                 지푸줌은 먼게
                 만들고.
KERRY STEWART.   resin으로
b.1965   마느로 결정으로 만들고 마다 정성을.
                 무엇일까? 고요하게 내리지만은
This Girl Bends 그것으로 그려있던 방식
                 9.1996   즉흑한 모양과 아이 큰임은
                             마 놓게함.

fibre slate and enamel paint.

바깥의
드름서.때일은
거비있는 것 점블
마감세 하늘을 걸어있는
두루이거꺼미있는 즐거운 지수업.
있고 있다라면 우리들의 편평범한 일상을
무표하버리고 발날지라 있는 우리들을
먼게만드다.

3F
GOBSTOPPER 1999
Roderick Buchanan.(b.1965)
Video Installation.
14m/s

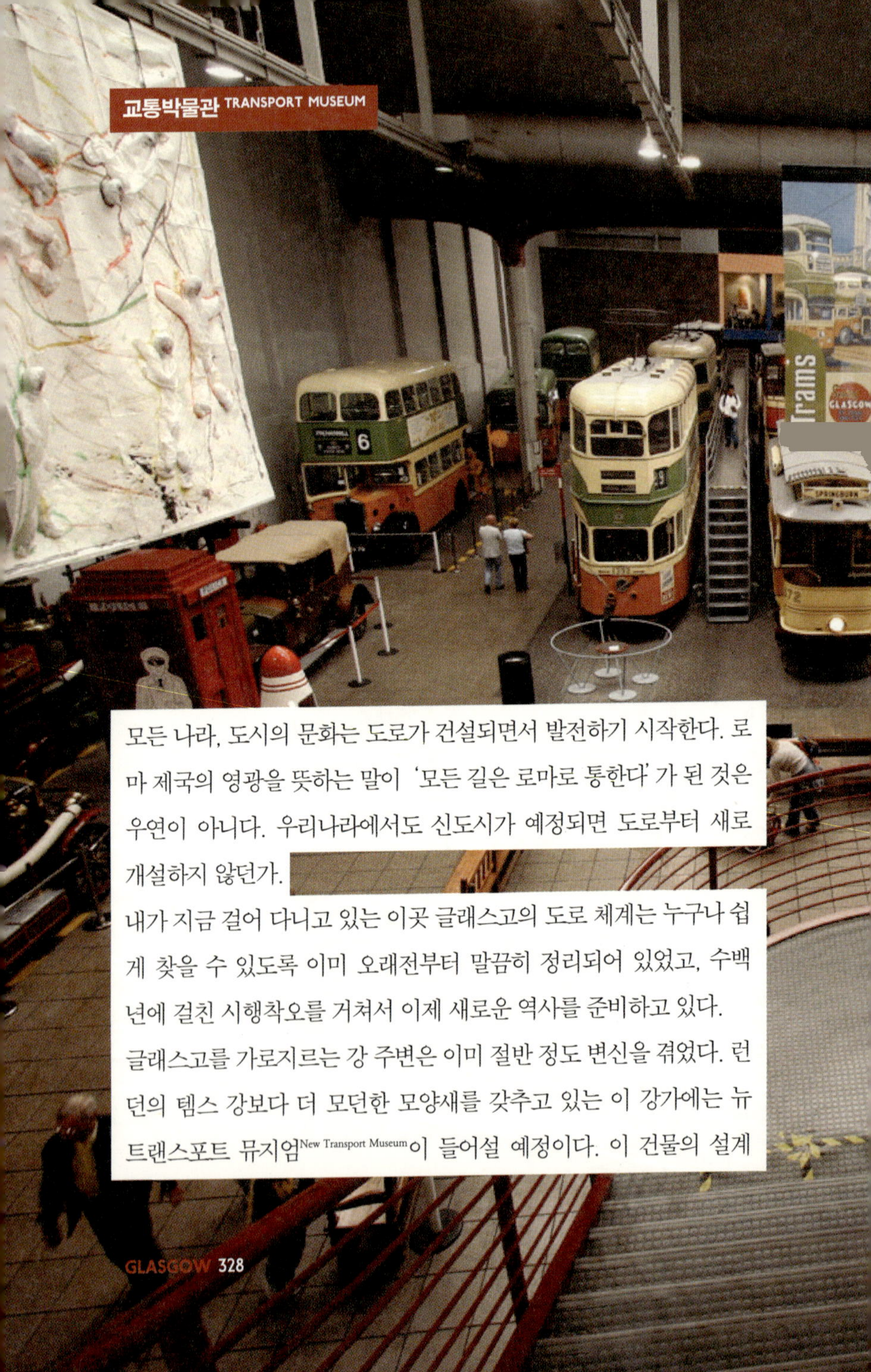

모든 나라, 도시의 문화는 도로가 건설되면서 발전하기 시작한다. 로마 제국의 영광을 뜻하는 말이 '모든 길은 로마로 통한다'가 된 것은 우연이 아니다. 우리나라에서도 신도시가 예정되면 도로부터 새로 개설하지 않던가.

내가 지금 걸어 다니고 있는 이곳 글래스고의 도로 체계는 누구나 쉽게 찾을 수 있도록 이미 오래전부터 말끔히 정리되어 있었고, 수백 년에 걸친 시행착오를 거쳐서 이제 새로운 역사를 준비하고 있다.

글래스고를 가로지르는 강 주변은 이미 절반 정도 변신을 겪었다. 런던의 템스 강보다 더 모던한 모양새를 갖추고 있는 이 강가에는 뉴 트랜스포트 뮤지엄New Transport Museum이 들어설 예정이다. 이 건물의 설계

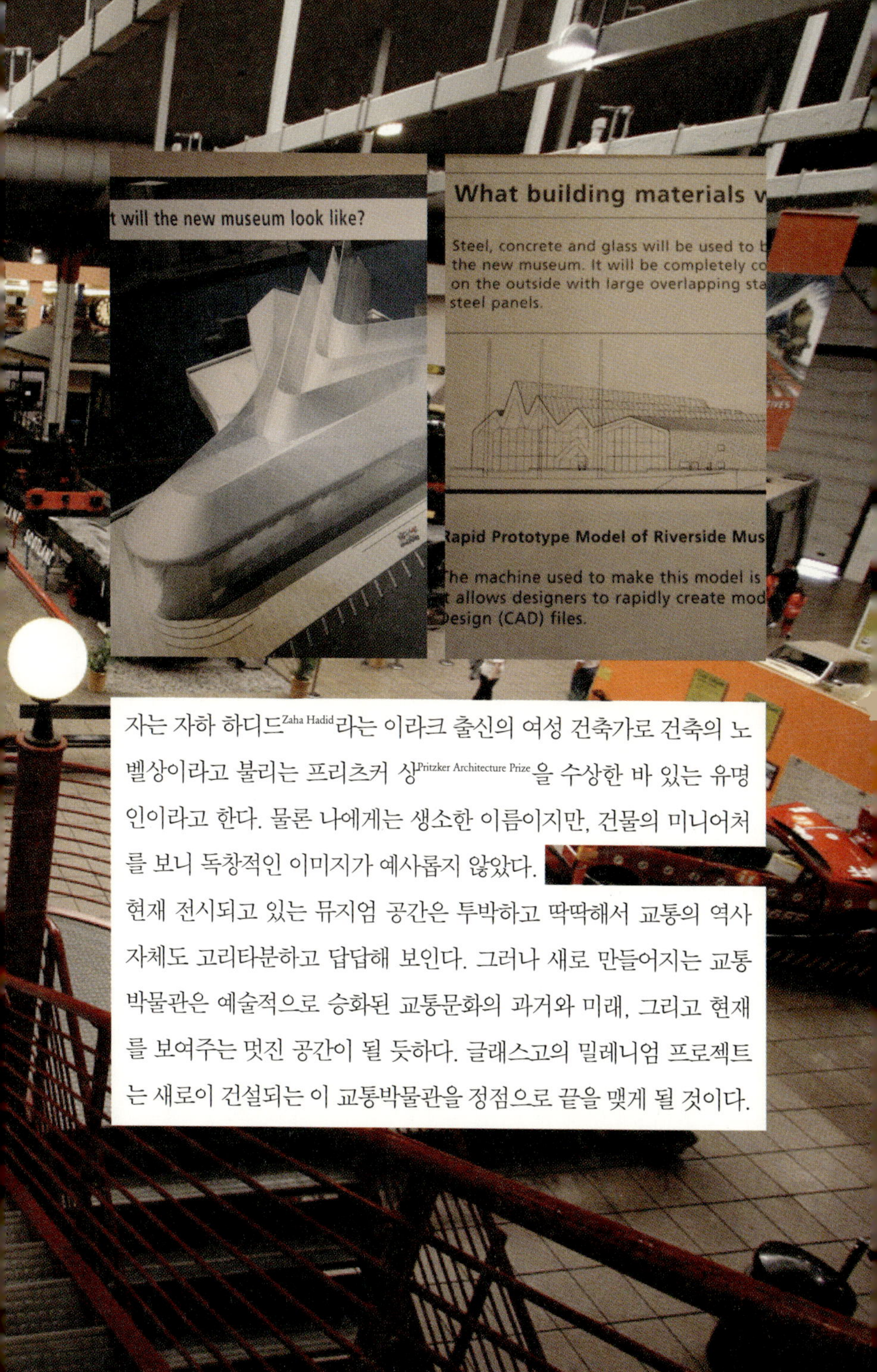

자는 자하 하디드 Zaha Hadid 라는 이라크 출신의 여성 건축가로 건축의 노벨상이라고 불리는 프리츠커 상 Pritzker Architecture Prize 을 수상한 바 있는 유명인이라고 한다. 물론 나에게는 생소한 이름이지만, 건물의 미니어처를 보니 독창적인 이미지가 예사롭지 않았다.

현재 전시되고 있는 뮤지엄 공간은 투박하고 딱딱해서 교통의 역사 자체도 고리타분하고 답답해 보인다. 그러나 새로 만들어지는 교통박물관은 예술적으로 승화된 교통문화의 과거와 미래, 그리고 현재를 보여주는 멋진 공간이 될 듯하다. 글래스고의 밀레니엄 프로젝트는 새로이 건설되는 이 교통박물관을 정점으로 끝을 맺게 될 것이다.

이곳의 언더그라운드는 무척 어두웠다. 영국의 그 어느 곳에서도 볼 수 없었던 깊은 어둠이 깔려 있다.

글래스고의 '차링 크로스' Charing X 역(런던, 맨체스터, 글래스고 모두 동일한 이름의 전철역이 있다)에서 처음 지하 역사로 발을 내딛었을 때 어두운 터널 속에 앉아 있는 시민들의 모습을 보고 나는 깜짝 놀랐다.

거대한 돌과 쇠로 만든 도시가 녹아내려 모두 쇳물로 얼룩진 듯한 형

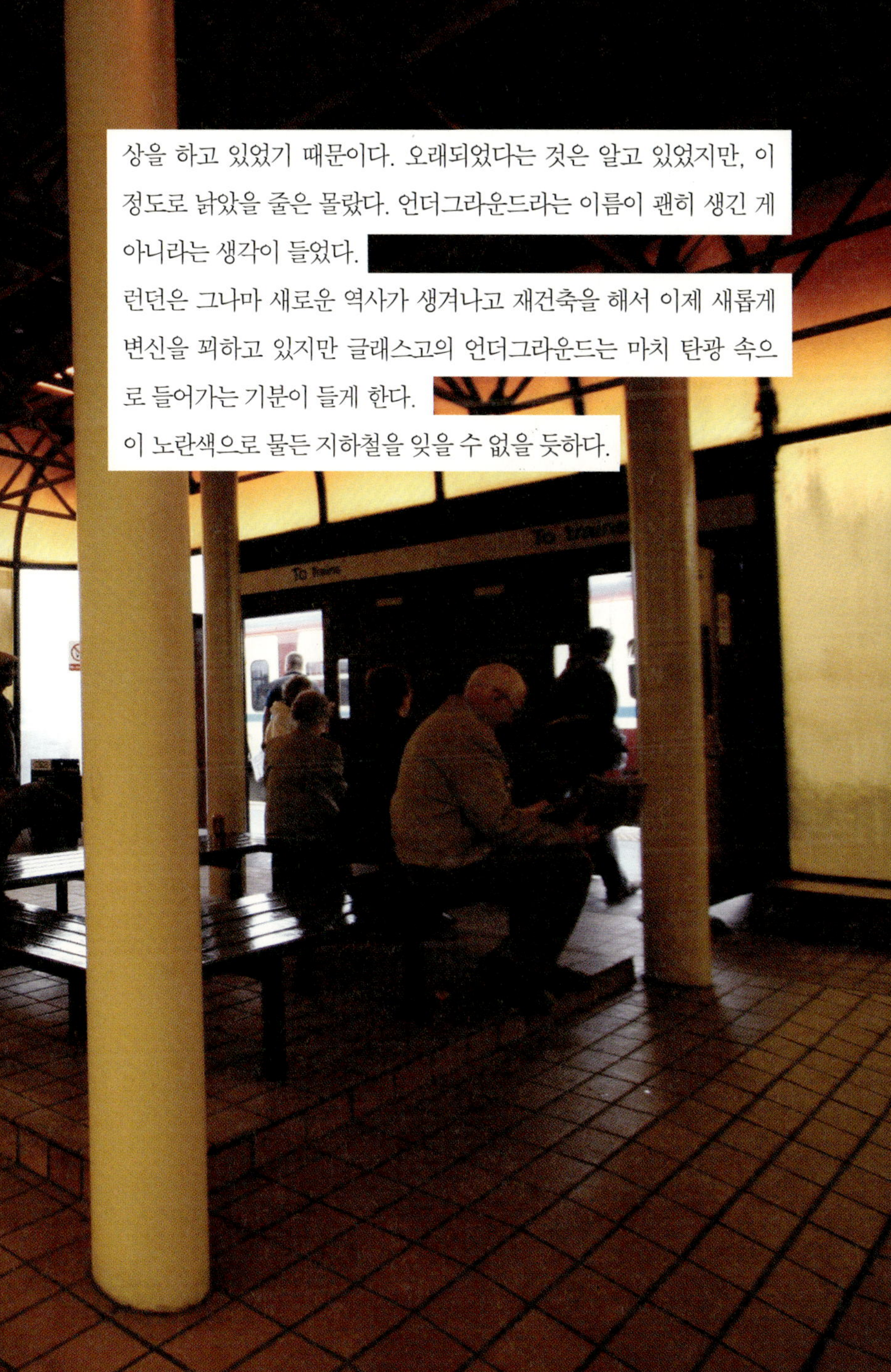

상을 하고 있었기 때문이다. 오래되었다는 것은 알고 있었지만, 이 정도로 낡았을 줄은 몰랐다. 언더그라운드라는 이름이 괜히 생긴 게 아니라는 생각이 들었다.

런던은 그나마 새로운 역사가 생겨나고 재건축을 해서 이제 새롭게 변신을 꾀하고 있지만 글래스고의 언더그라운드는 마치 탄광 속으로 들어가는 기분이 들게 한다.

이 노란색으로 물든 지하철을 잊을 수 없을 듯하다.

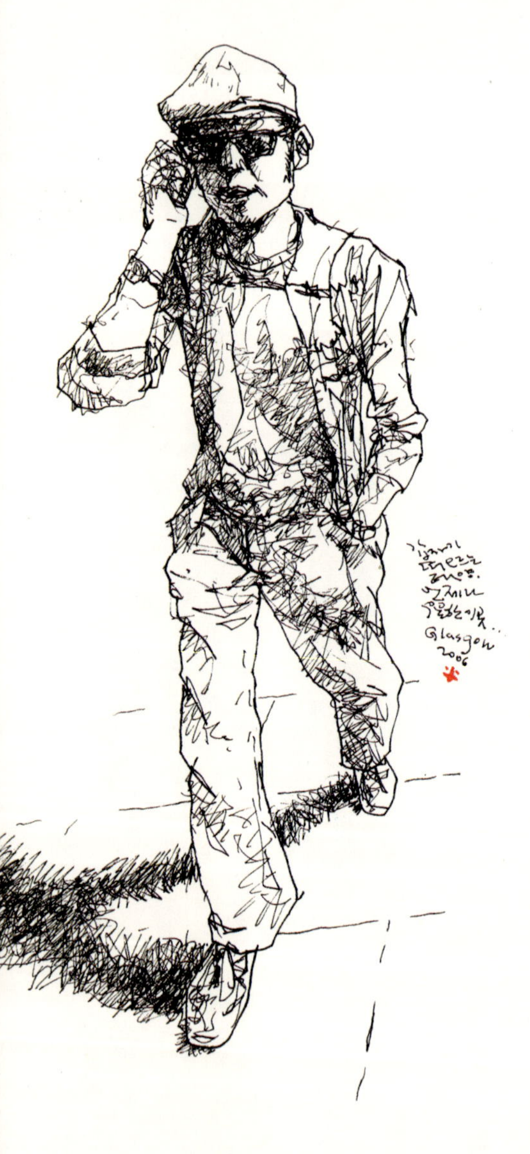

Glasgow
2006

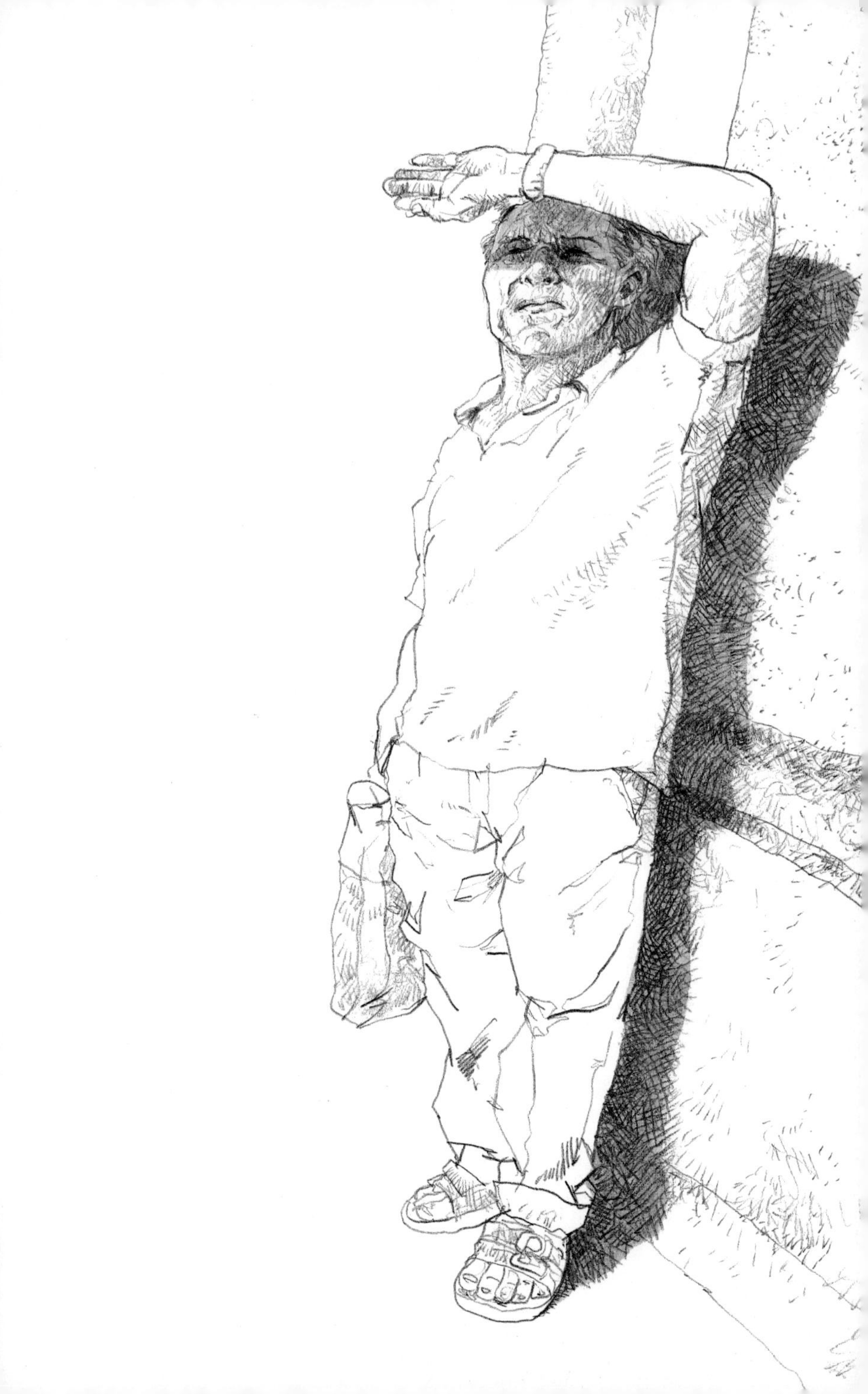

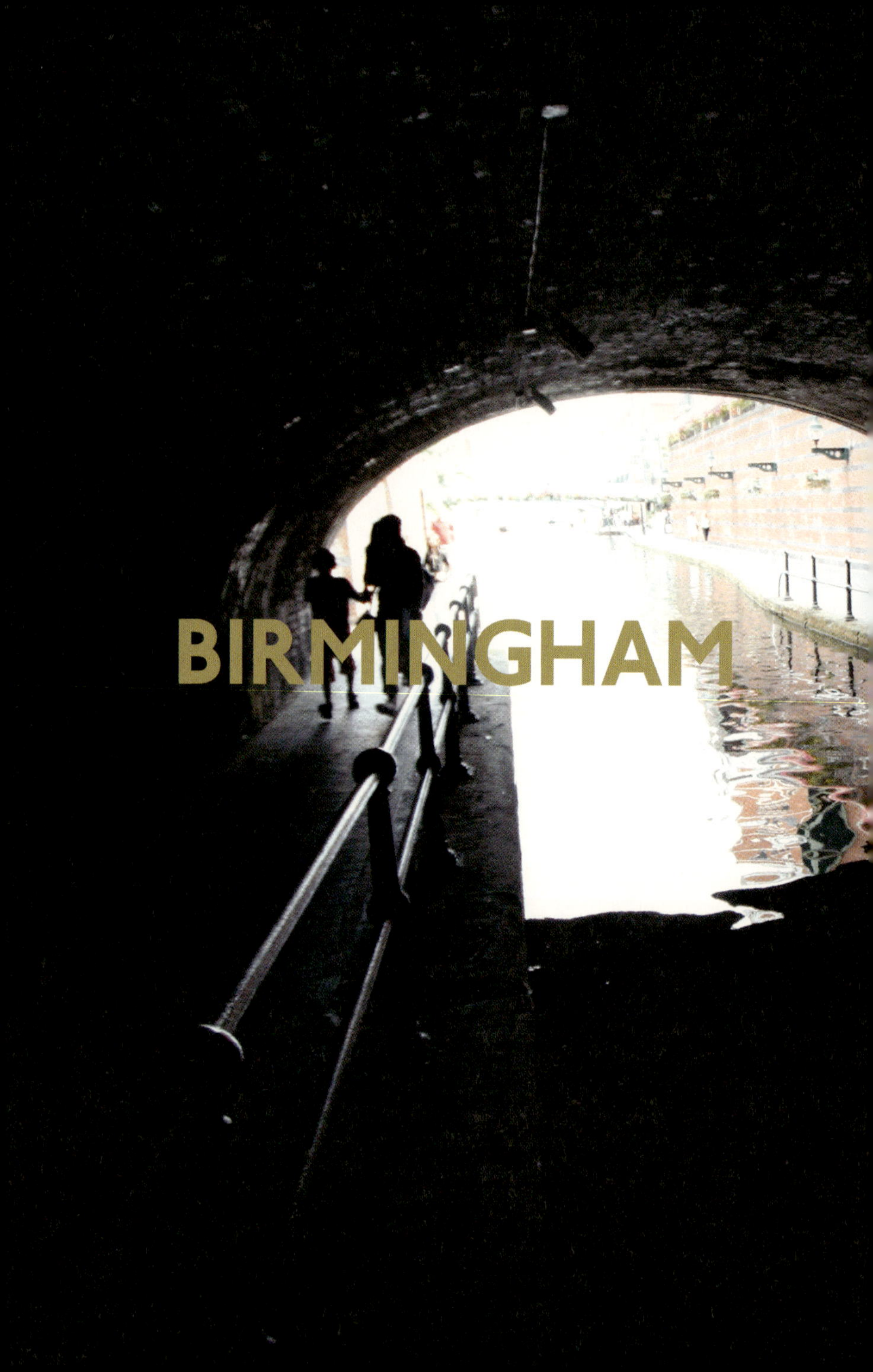

BIRMINGHAM

여행 중에 "위험한 상황이 닥치면 어떻게 할 건데?" 하는 주위 사람들의 걱정을 많이 들었다.

"돈을 요구하면 돈을 다 줘."

"항상 조심해라."

머릿속에서 그런 말들이 떠나지 않았다. 여행을 하는 동안에는 수많은 사람들을 만나게 되지만 그들이 어떤 사람인지 파악하기는 쉽지 않다. 가끔 섬뜩한 외모를 한 사람들과 겁 없는 아이들 때문에 당황스러운데, 그들도 나를 피하기는 마찬가지였다. 내 정겨운 미소와 눈매가 그들에게는 거리를 두게 하는 요인이 되는 듯했다. 영국에서 뉴스나 영화를 보면 범죄를 저지르는 사람들은 거의 유색인종이다. 나도 유색인종인데, 어느 순간 나 역시 유색인종들을 경계하고 있다는 것을 발견하고 깜짝 놀란 적이 있다. 내가 경계하던 그들도 나를 경계하고 있었겠지…

상대가 어떤 사람인지도 모른 채 경계하고 의심하는 마음부터 품게 되다니, 이런 나 자신이 실망스럽다.

내 머릿속에 뿌리 깊게 자리 잡고 있는 인간에 대한 차별의식을 이번 여행을 통해 멀리 떨쳐버리고 싶다. 흑인이건 영국인이건 아시아인이건 간에 최대한 인간에 대한 예의는 지키고 싶다.

원래 버밍엄에 갈 계획은 없었다. 그러나 글래스고에서 찾은 자료 중
에 버밍엄의 셀프리지 백화점이 눈에 들어왔고, 기왕 런던으로 가는
중간 기착지인 터라 이곳을 둘러 보기로 했다. 다른 도시에 갈 때와
마찬가지로 야간버스를 타고 오전 7시에 코치 스테이션에 도착했다.
거대한 도시지만 꽤 썰렁했다. 상점들만 무성할 뿐 인적이 드물고 그
나마 보이는 사람들도 하나같이 무표정했다.
무료하게 시내를 거니는데, 주변 사람들이 점점 늘어났다. 뭔가 목표
물에 한 발 한 발 다가가고 있다는 느낌이 들었다. 어느덧 주변에 사

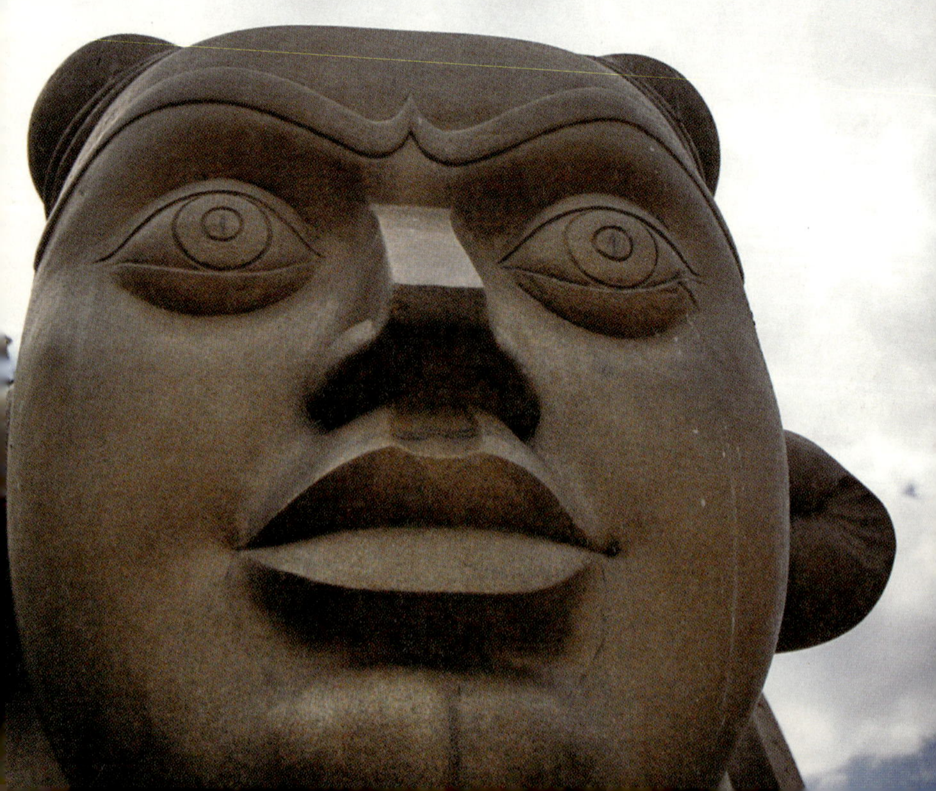

람들이 가득하다고 느낀 순간, 거대한 쇼핑센터가 눈에 띄었다.
지금까지 봐오던 것과는 차원이 다른 쇼핑센터였다. 주위를 360도
둘러봐도 모두 쇼핑센터다. 길에는 시카고 불스의 상징처럼 생긴 황
소 한 마리가 어린이들을 태우고 서 있었다.
이곳이 버밍엄의 상징이 되다시피 한 쇼핑센터 불링Bullring이다.
표정을 읽을 수 없던 내성적인 도시가 이제야 본모습을 드러내는 듯,
불링의 중심부로 들어갈수록 인파들이 넘쳐나기 시작했다.

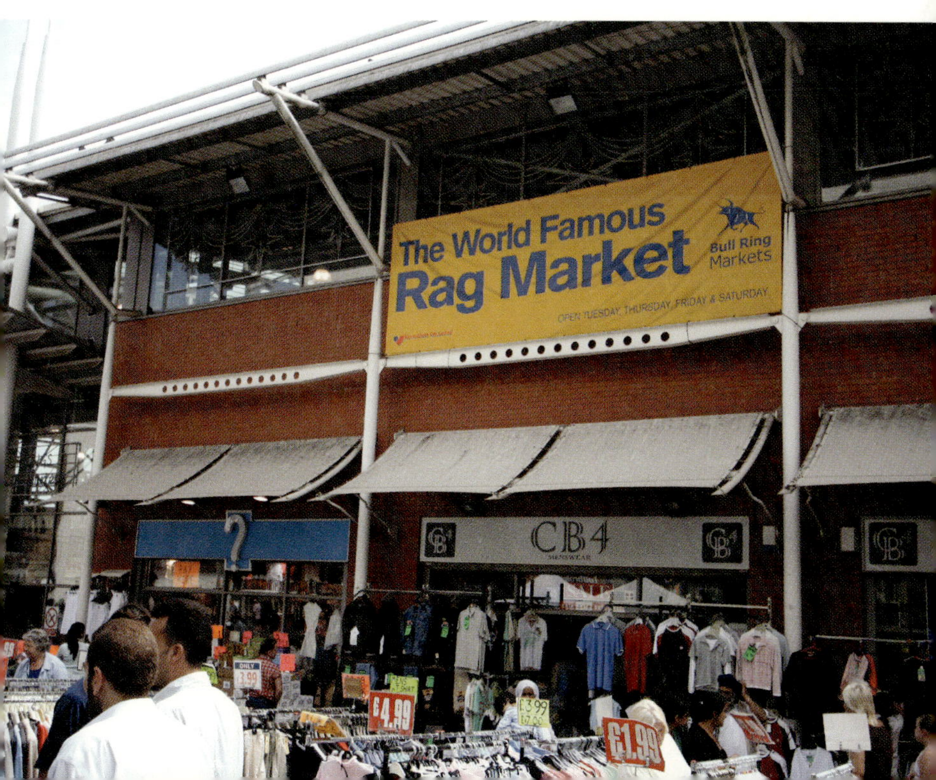

조각가 로렌스 브로데릭Laurence Broderick이 만들었다는 5톤짜리 황소동상은 버밍엄과 불링의 상징이다. 거대한 황소가 방향을 틀려는 자세로 서 있는데 실제 황소 크기의 두 배로, 로툰다 스퀘어Rotunda Square 앞에서 불링으로 들어가는 입구에서 손님들을 맞이한다.

영국에서 동으로 만들어진 동물조각 중에서는 가장 크다고 한다. 버밍엄의 상징동물인 헤어포드 황소가 모델이 되었다.

황소의 발에 위치한 각판에는 이렇게 새겨져 있다.

"2003년 9월 4일에 불링에서 공개된 황소동상은 로렌스 브로데릭에 의해 조각되었다. 불링과 버밍엄의 과거와 미래를 축하하기 위해 선정된 황소는 시민들에 의해 채택된 마스코트이자 도시의 상징으로 인식될 것이다."

거대한 브론즈가 상당히 위압적이어서 당장이라도 식식대며 달려올 것 같다. 그러나 브론즈의 색상이 무척 고급스럽기 때문에 가까이 다가가서 볼수록 탐스럽게 느껴진다. 주변에는 늘 황소와 사진 한 장 찍으려는 관광객들과 시민들이 장사진을 치고 있으므로, 사진을 찍으려면 줄을 좀 서야 한다.

로렌스 브로데릭은 스카이 섬에 근거지를 둔, 국제수달보호기금의 의장이다. 이런 독특한 이력을 갖게 된 건 그가 멸종 위기의 동물에게 영감을 받아 조각을 하기 때문이다. 거북이, 북극곰, 코뿔소와 코끼리 그리고 특히 수달을 형상화한 작품들을 보면, 동물들의 움직임과 표정을 기가 막히게 포착하고 있다. 작가의 시선은 멸종해가는 동

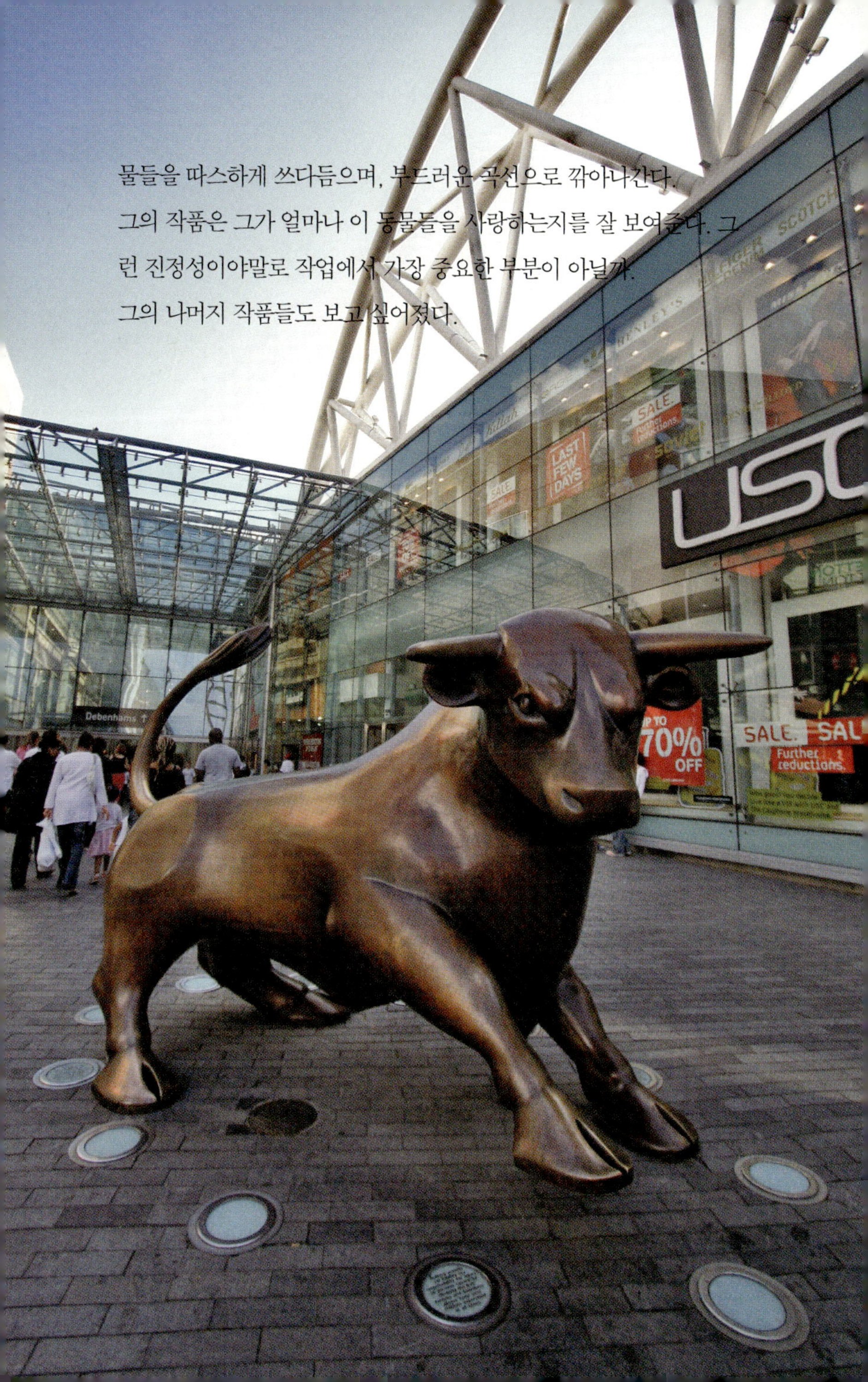
물들을 따스하게 쓰다듬으며, 부드러운 곡선으로 깎아나간다.
그의 작품은 그가 얼마나 이 동물들을 사랑하는지를 잘 보여준다. 그
런 진정성이야말로 작업에서 가장 중요한 부분이 아닐까.
그의 나머지 작품들도 보고 싶어졌다.

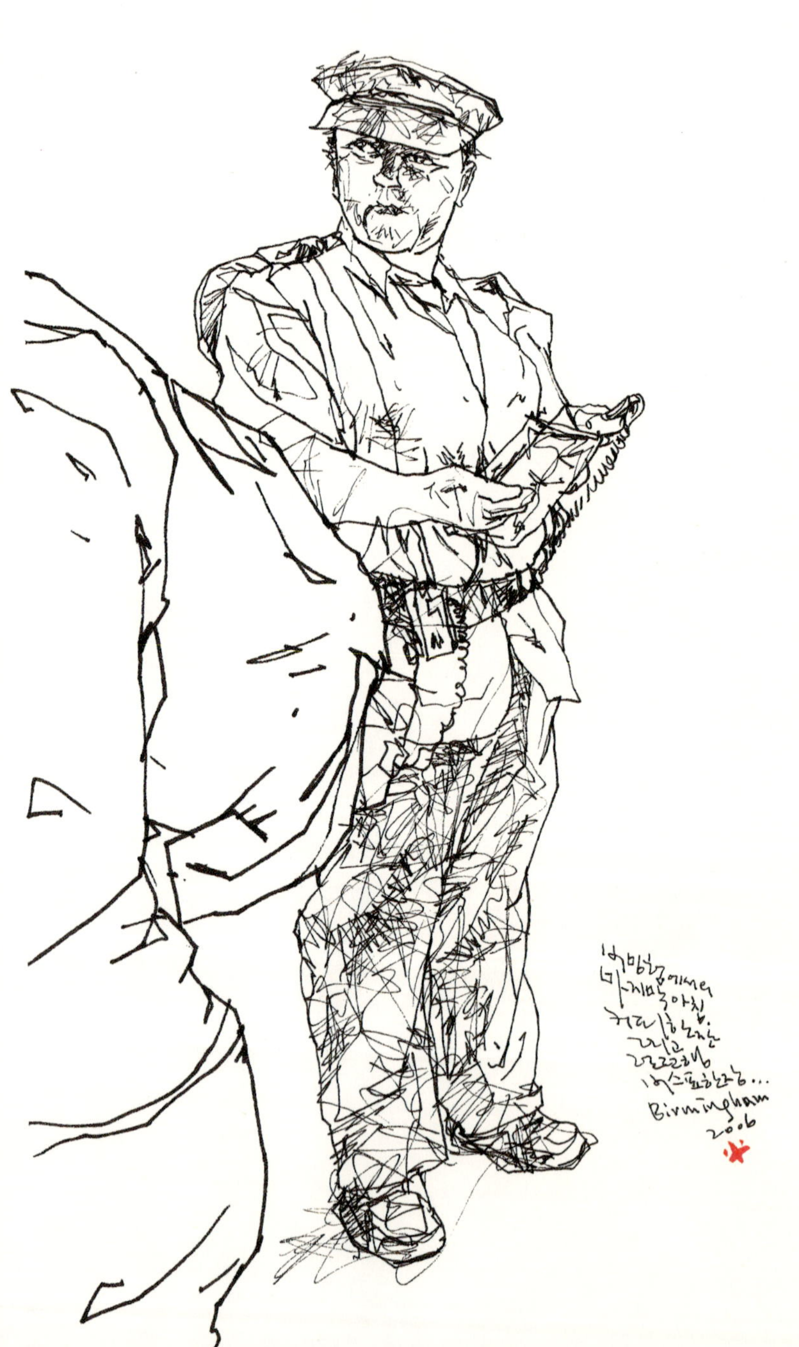

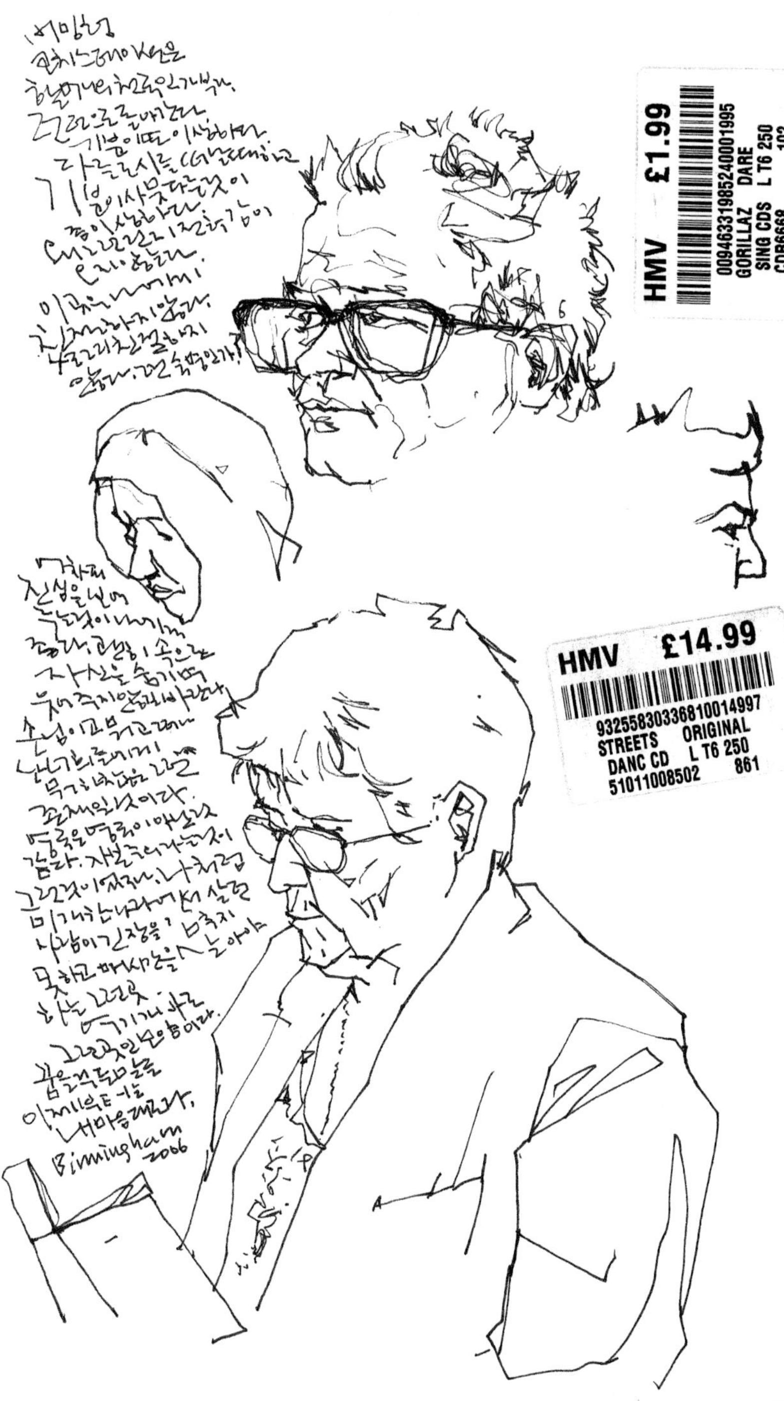

HMV 13.99
GORILLAZ DARE
SING CDS L T6 250
CDR6668 102
0094633198524000195
HMV £14.99
STREETS ORIGINAL
DANC CD L T6 250
51011008502 861
9325583033681001497
Birmingham 2006

황소를 만난 후부터 버밍엄은 활기를 띠기 시작했다. 거리에서 연주를 하는 사람들도 보이고, 사람들의 표정도 꽤 부드러워 보인다. 레스토랑과 카페들이 즐비한 거리를 걷다 보니 드디어 찾던 것이 나타났다.

구름 한 점 없이 맑은데, 한쪽 구석에서 보석처럼 빛을 반사하는 건물이 눈에 들어온다. 가까이 다가갈수록 보석이 박힌 알라딘의 요술램프처럼 빛이 점점 강렬해지는 이 건물은 불링 마켓에서 가장 큰 규모를 자랑하는 셀프리지 백화점이다. 동그란 모양의 알루미늄판을 붙였지만 멀리서 보면 착시효과 때문에 신기하게도 육각형의 벌집 모양으로 보인다. 이 특이한 건물을 한 바퀴 빙 돌아 구경해보니 거대한 코끼리의 형상을 하고 있다.

코끼리의 코처럼 생긴 주차장 건물과 연결되는 공중다리도 볼만했는데, 무엇보다 신선한 소재를 이용한 건물의 데코레이션이 훌륭했다.

어찌 보면 수천 개의 다이아몬드가 박힌 거대한 왕관 같기도 한 이 쇼핑센터는 영국의 백화점 건축이 어떻게 변해가고 있는지를 알 수 있는 좋은 모델이다. 도대체 창문이 없는데, 내부는 어떨지 궁금했다. 안으로 들어가 보니, 의외로 소비자들이 쇼핑에 집중할 수 있도록 백화점의 용도를 잘 살려 공간을 디자인했다.

셀프리지 백화점은 낮에도 빛을 반사하며 외관을 뽐내지만 저녁에는 자체 조명으로 빛을 발해 더욱 신비로워 보인다. 건물 자체가 거대한 조명기구가 되어 밤의 도시를 밝히는 것이다. 도시에서 조명의 역할이 무엇인지를 묻는다면 이보다 더 명쾌한 해답은 없을 듯싶다.

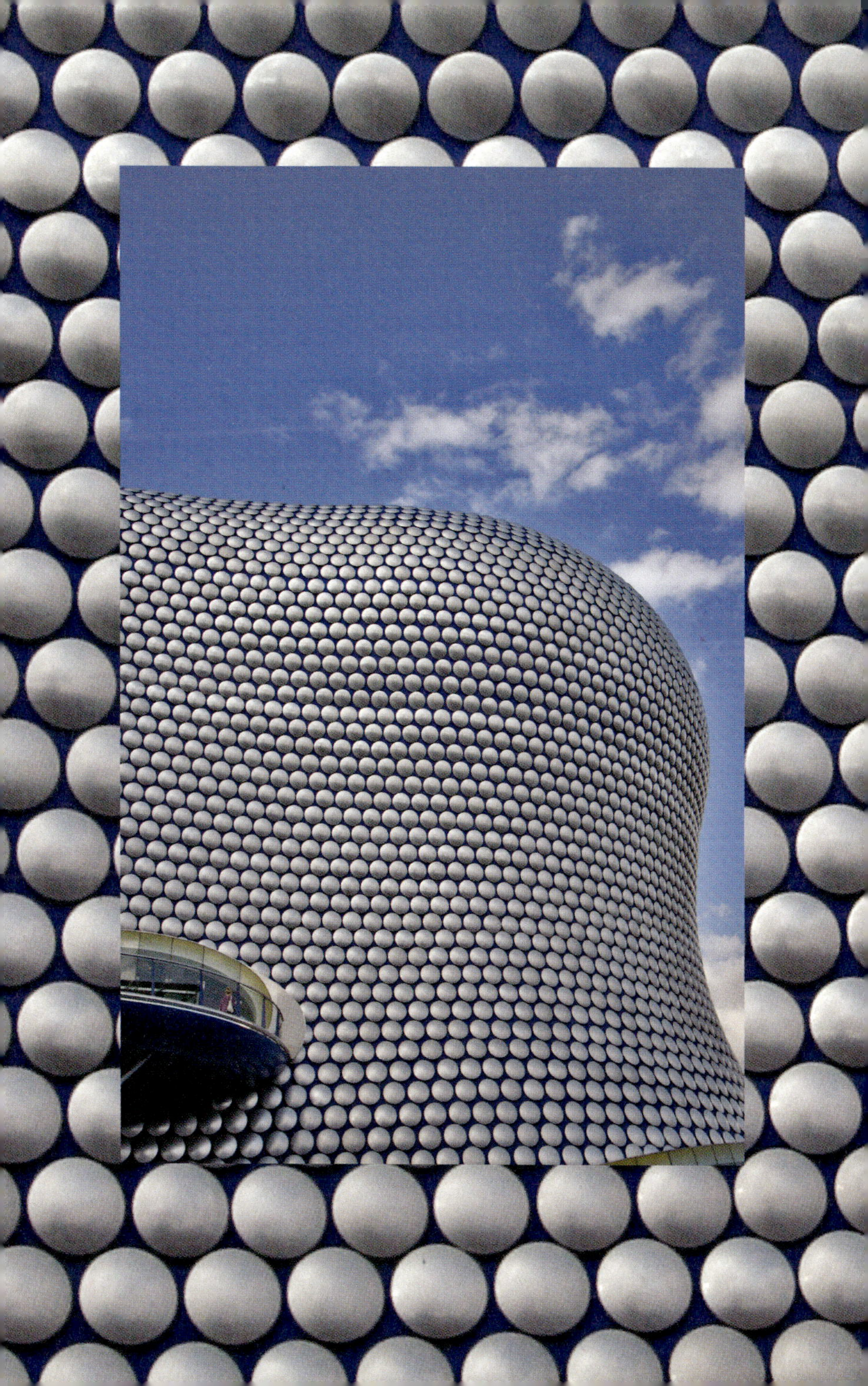

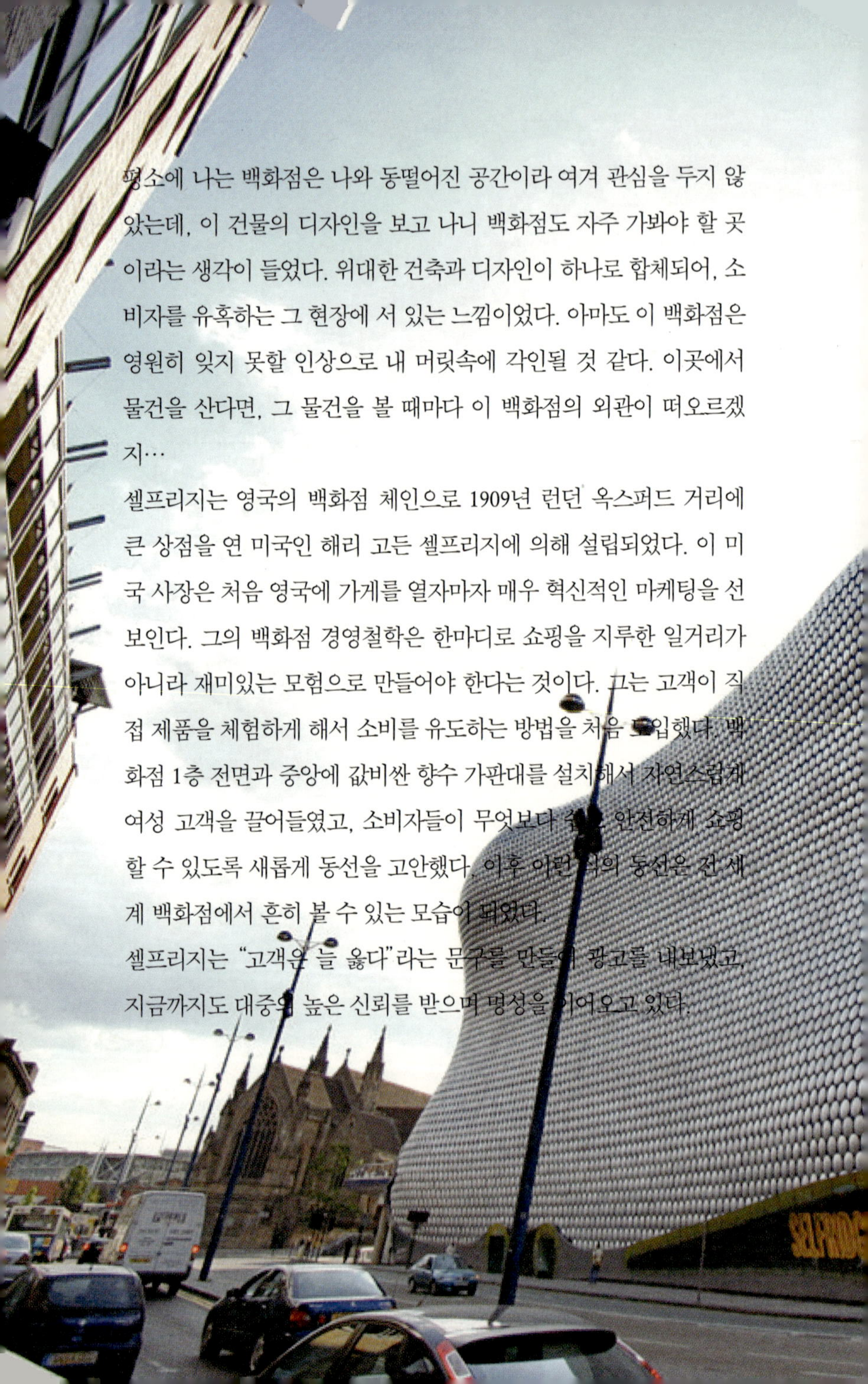

평소에 나는 백화점은 나와 동떨어진 공간이라 여겨 관심을 두지 않 았는데, 이 건물의 디자인을 보고 나니 백화점도 자주 가봐야 할 곳 이라는 생각이 들었다. 위대한 건축과 디자인이 하나로 합체되어, 소 비자를 유혹하는 그 현장에 서 있는 느낌이었다. 아마도 이 백화점은 영원히 잊지 못할 인상으로 내 머릿속에 각인될 것 같다. 이곳에서 물건을 산다면, 그 물건을 볼 때마다 이 백화점의 외관이 떠오르겠 지…

셀프리지는 영국의 백화점 체인으로 1909년 런던 옥스퍼드 거리에 큰 상점을 연 미국인 해리 고든 셀프리지에 의해 설립되었다. 이 미 국 사장은 처음 영국에 가게를 열자마자 매우 혁신적인 마케팅을 선 보인다. 그의 백화점 경영철학은 한마디로 쇼핑을 지루한 일거리가 아니라 재미있는 모험으로 만들어야 한다는 것이다. 그는 고객이 직 접 제품을 체험하게 해서 소비를 유도하는 방법을 처음 도입했다. 백 화점 1층 전면과 중앙에 값비싼 향수 가판대를 설치해서 자연스럽게 여성 고객을 끌어들였고, 소비자들이 무엇보다 쉽고 안전하게 쇼핑 할 수 있도록 새롭게 동선을 고안했다. 이후 이런 식의 동선은 전 세 계 백화점에서 흔히 볼 수 있는 모습이 되었다. 셀프리지는 "고객은 늘 옳다"라는 문구를 만들어 광고를 내보냈고, 지금까지도 대중의 높은 신뢰를 받으며 명성을 이어오고 있다.

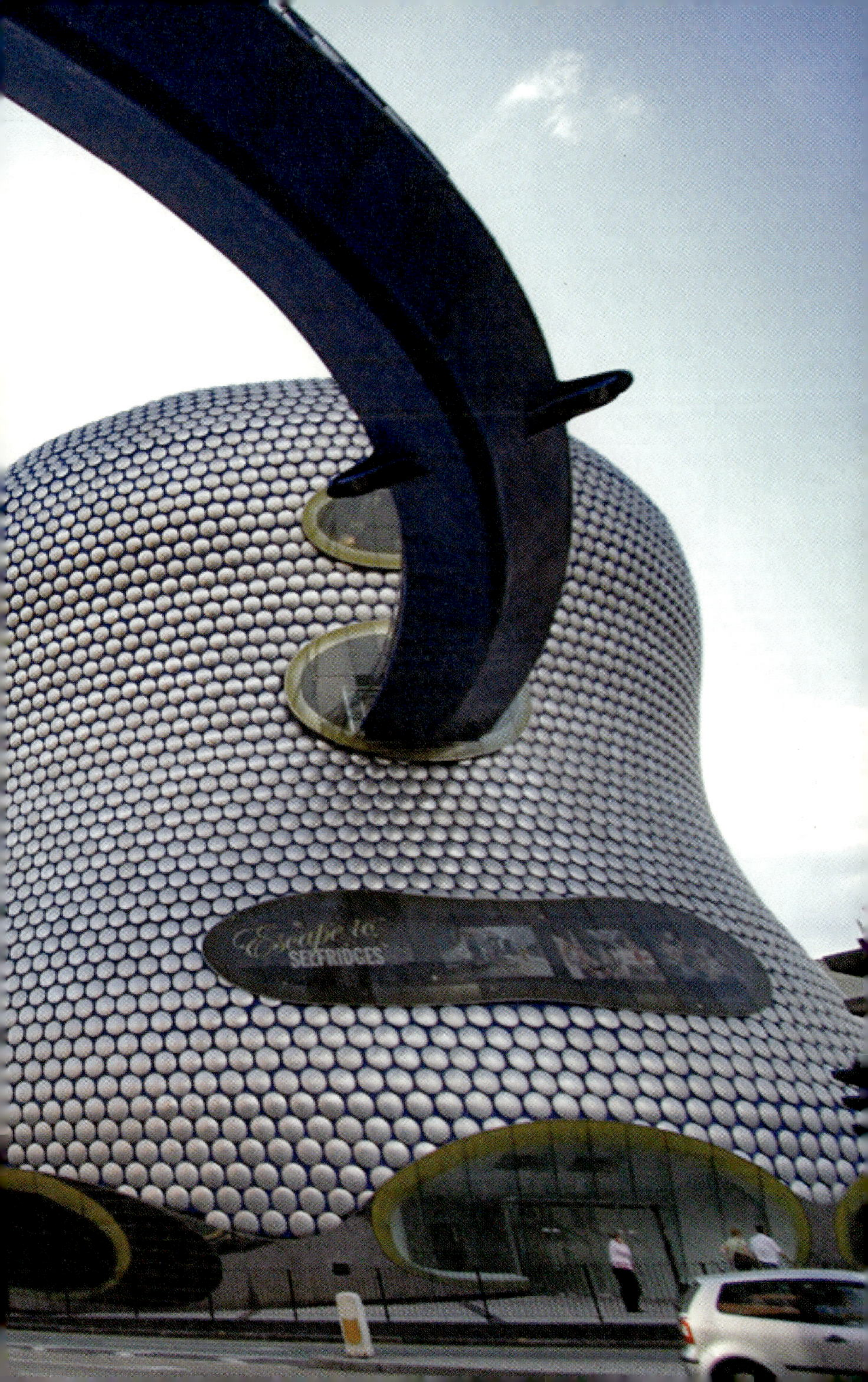
Escape to
SELFRIDGES

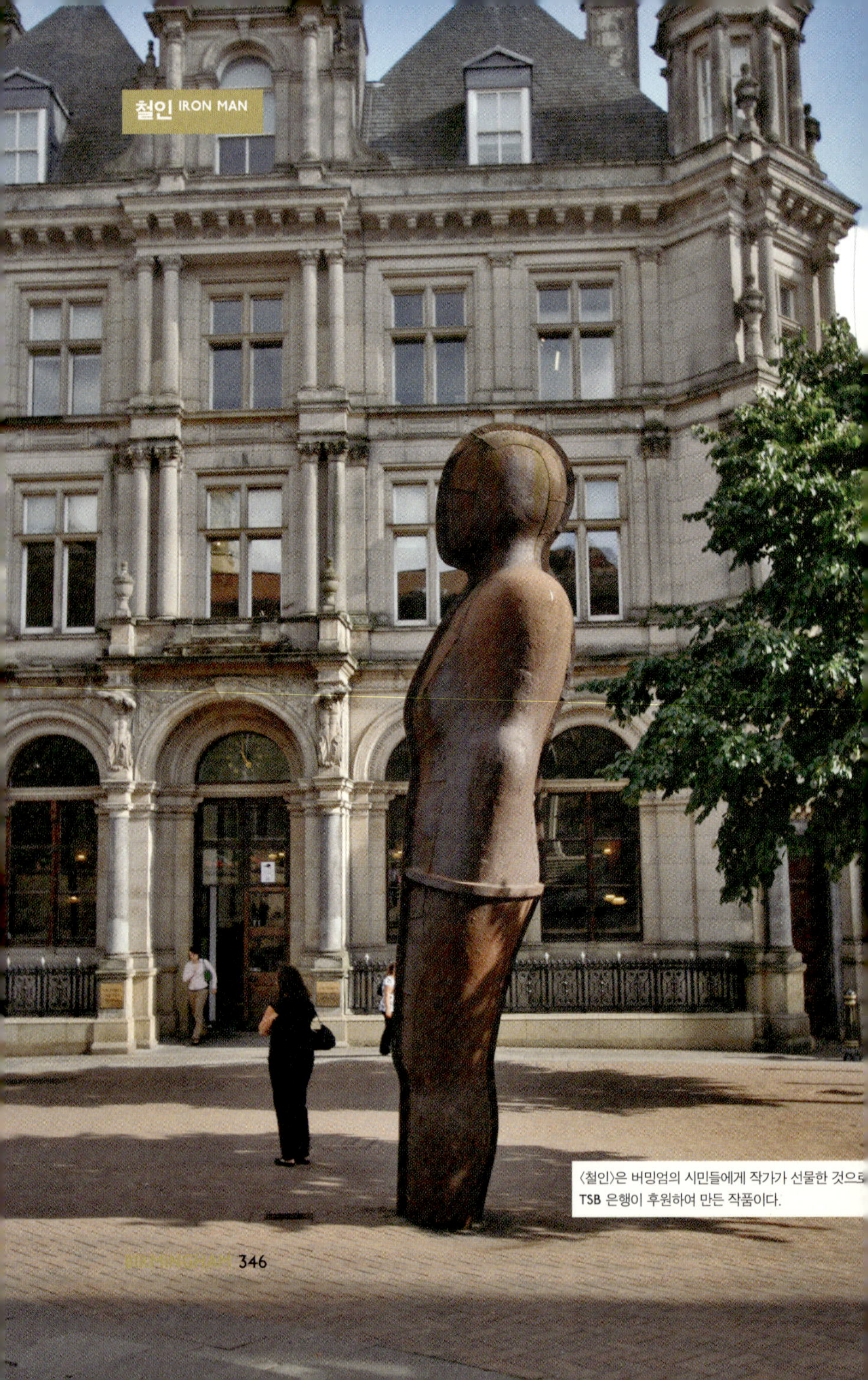

〈철인〉은 버밍엄의 시민들에게 작가가 선물한 것으로
TSB 은행이 후원하여 만든 작품이다.

윌렌 홀^{Willen Hall}이라는 영국의 작은 중부도시가 있는데 이곳에서 앤터니 곰리의 〈철인〉이 제작되었다. 이곳은 버밍엄과도 가깝고, 열쇠 주조로도 유명하다. 국립열쇠박물관^{National Lock Museum}도 이곳에 있다. 그만큼 이 고장은 무엇인가 보관하는 장치를 개발하고 만드는 데 능한 기술자들이 많고, 유명한 주물공장들도 많다.

처음 앤터니 곰리가 만든 〈철인〉과 대면했을 때, 이것은 무엇인가를 감추고 있는 인간의 관처럼 보였다. 십자가 모양으로 용접된 그 안쪽에 분명 뭔가가 있을 것 같은 여운이 있었다.

빅토리아 광장에 도착했을 때 〈철인〉은 나를 등지고 있었다. 사진에서 본 것보다 훨씬 커서 듬직했지만, 어디선가 날아와 땅에 박혀 있는 것 같은 모습이 우습기도 했다. 그는 약간은 기우뚱하게 땅바닥에 박혀 있었다. 왜 정면으로 곧게 서 있지 않을까. 작가의 의도가 궁금했다.

앤터니 곰리는 자기 몸에 직접 석고붕대를 둘러서 작품을 완성한다. 직접 자기가 동작을 연출한 후 정지한 자기 몸에 석고붕대를 붙여 틀을 만드는 것이다. 그렇게 완성한 틀은 마치 새가 알을 부화하듯 계속해서 자기 자신을 찍어낼 수 있는 원본이 된다. 그렇게 만든 틀의 '내부와 외부', 특히 인간의 겉과 속의 양면을 표현하는 건 그의 작업에서 매우 두드러지는 컨셉트다.

가장 최근에 제작한 〈양자 구름〉과 비교해 보면, 그의 작업이 비워두었던 내부를 채워가며 오히려 외형을 제거하는 과정으로 진화해갔음을 알 수 있다.

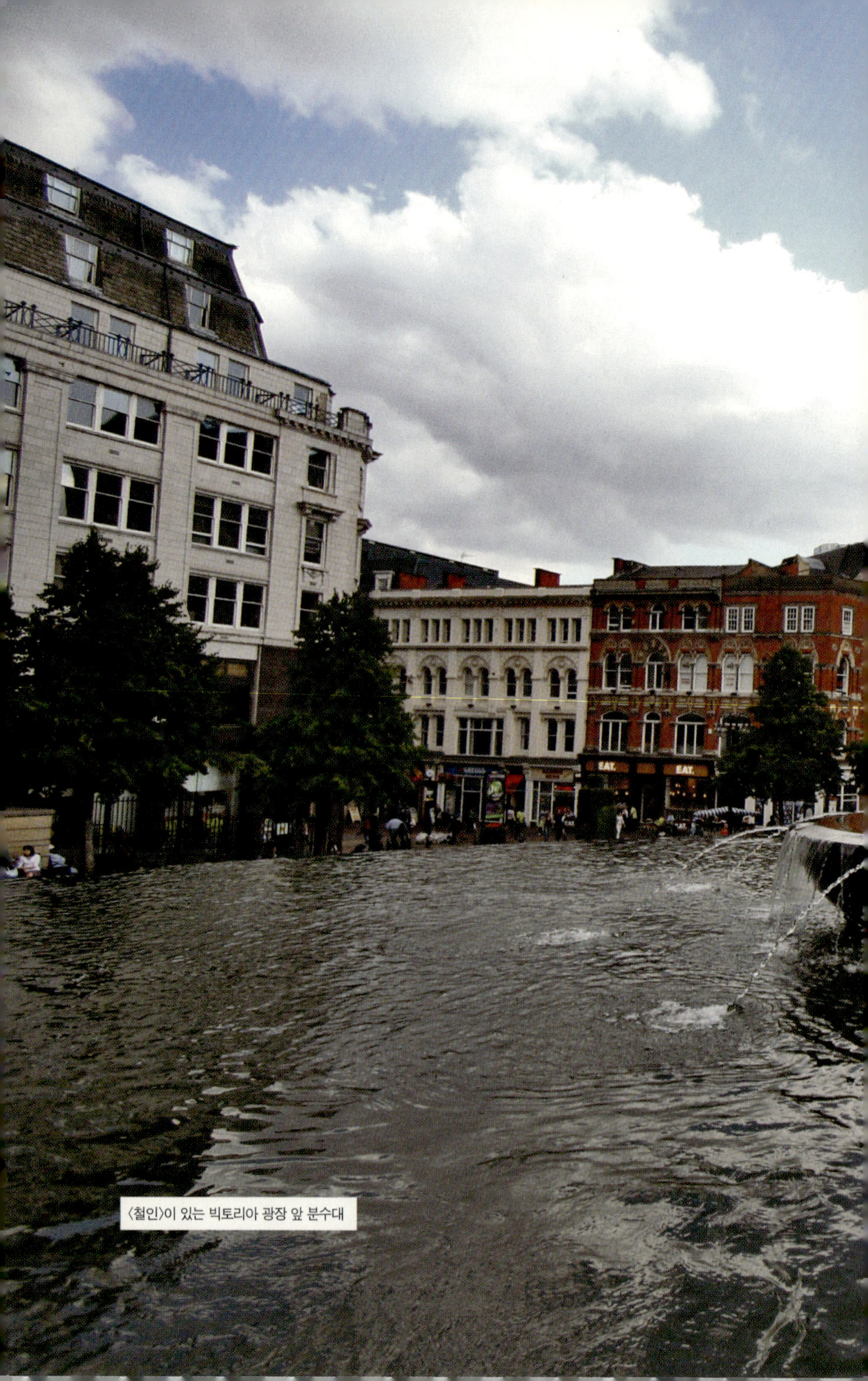

〈철인〉이 있는 빅토리아 광장 앞 분수대

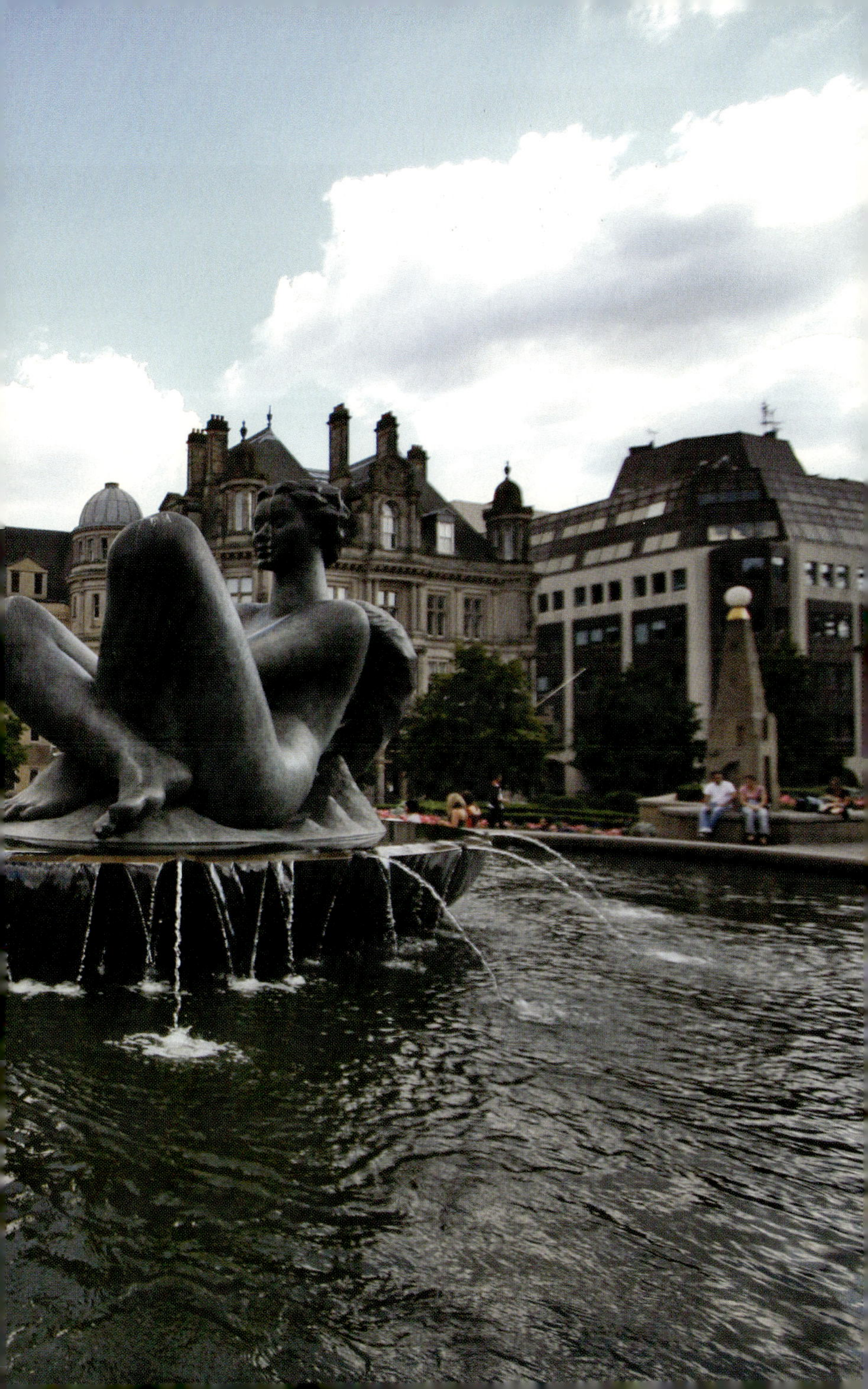

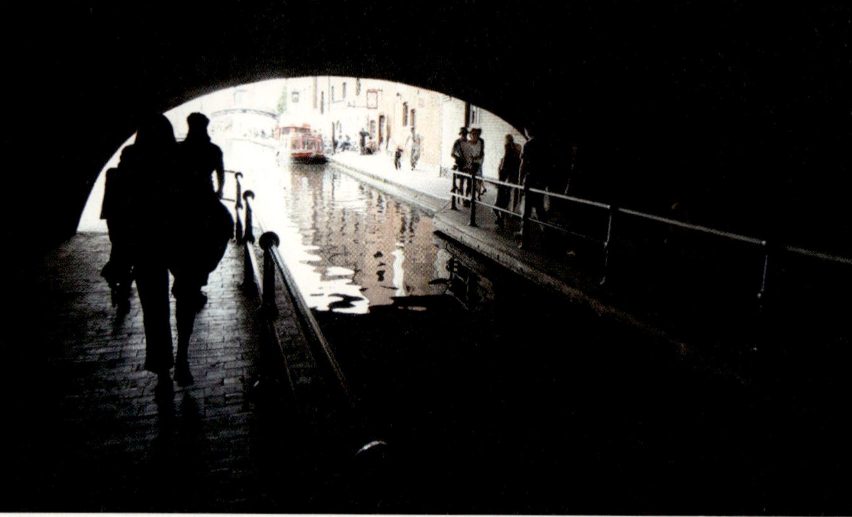

노먼 포스터가 디자인한 '국립 바다생물 센터' National Sea Life Centre 가 버밍엄 운하의 중심부인 개스 스트리트 항구에 자리 잡고 있다.

이 운하를 가로질러 놓인 다리는 머리를 숙이고 지나야 할 정도로 낮고 어둡다. 그래서 지나다니는 보트들도 길쭉하고 높지 않다. 버밍엄이 영국에서 두 번째로 큰 도시인 걸 감안하면, 예전에 이곳은 해상 상인들로 들끓었을 것이다.

지금은 이 운하에서 무역이 이루어지거나 하지는 않지만, 아마 역사적으로는 매우 중요한 중계무역의 요충지였으리라 짐작되고도 남는다.

이곳에 간 날이 평일이라 그런지 거리는 한가롭고 쾌적했다. 거리의 아티스트들도 보이지 않았다. 이곳의 공원들은 꽤 널찍하고 사람들

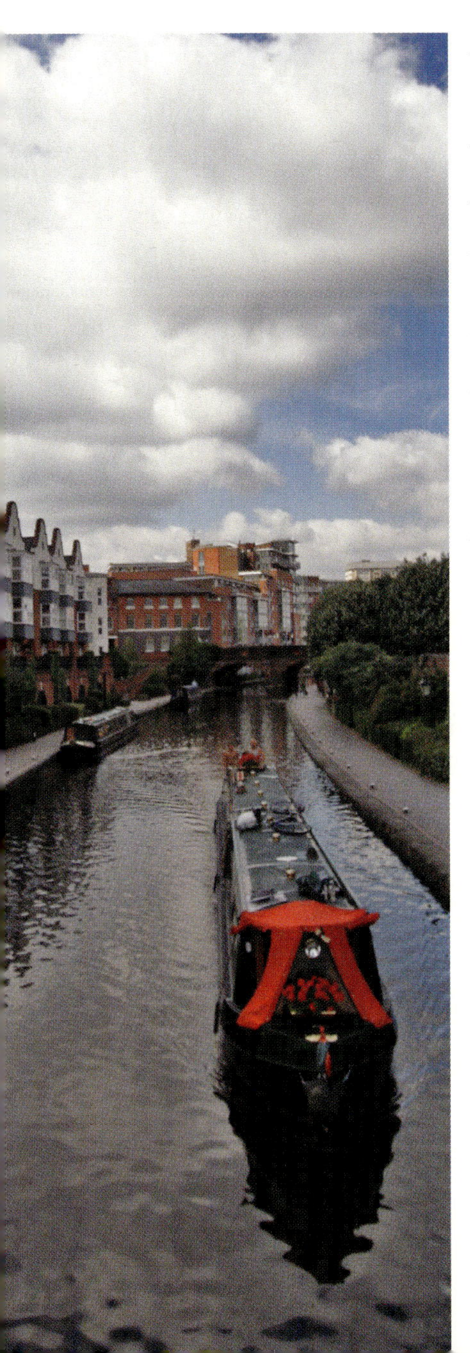

도 여유로워 보였다. 영국에서 이런 도시를 보기는 쉽지 않을 듯 싶다.

도시는 대부분 강이나 하천이 흐르는 곳에 형성된다. 세계 어느 곳을 가도 거의 비슷하다. 그렇기 때문에 이 도시의 젖줄을 어떻게 꾸미고 가꾸느냐가 도시환경의 여건을 결정하는 가장 중요한 요소가 된다.

내가 가본 도시들은 거의 모두 강이나 하천의 주변과 경관에 매우 고심한 흔적이 보였다. 서울의 청계천을 복원한 것도 이와 비슷한 맥락이 아닐까…

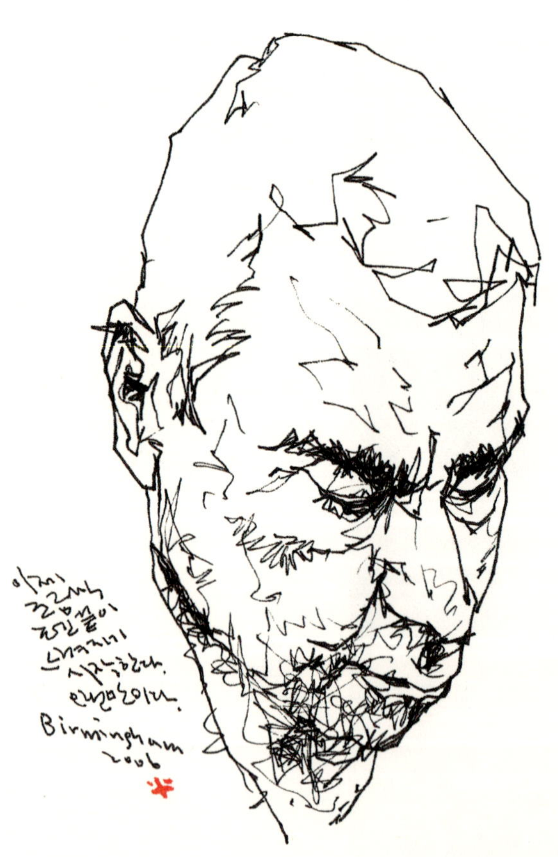

Birmingham
2006

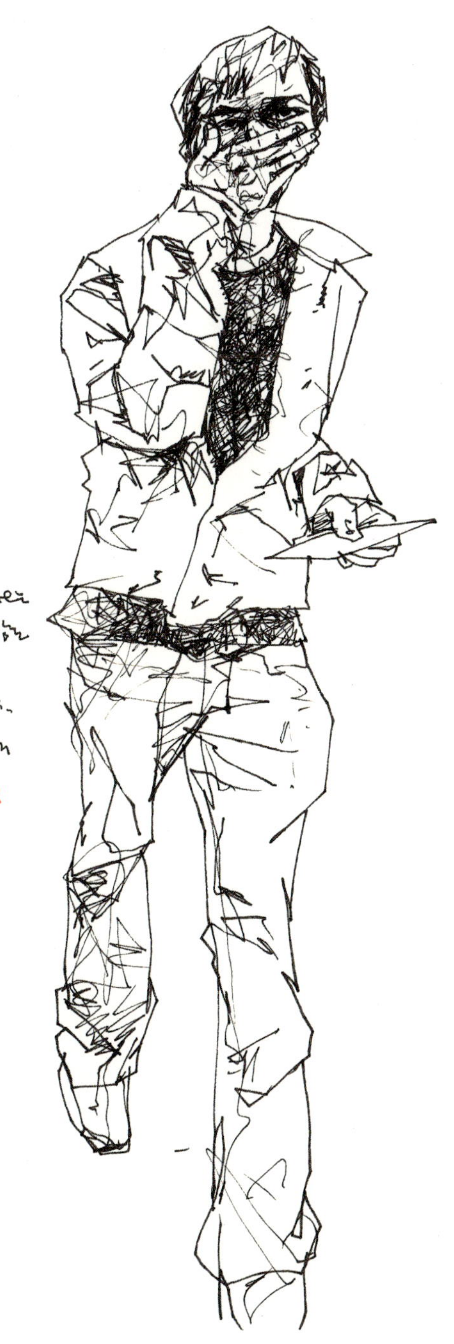
Birmigham
2006

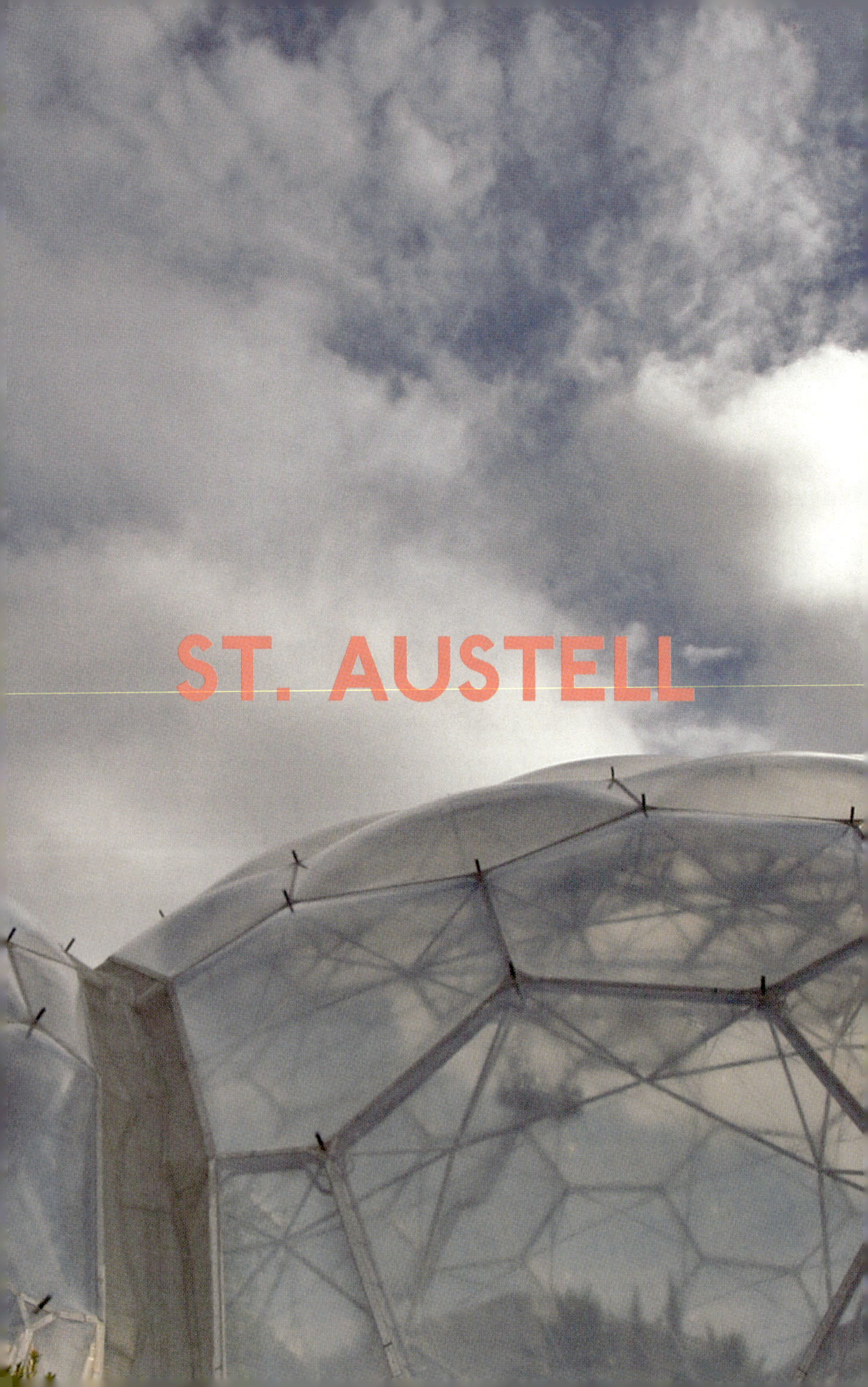
ST. AUSTELL

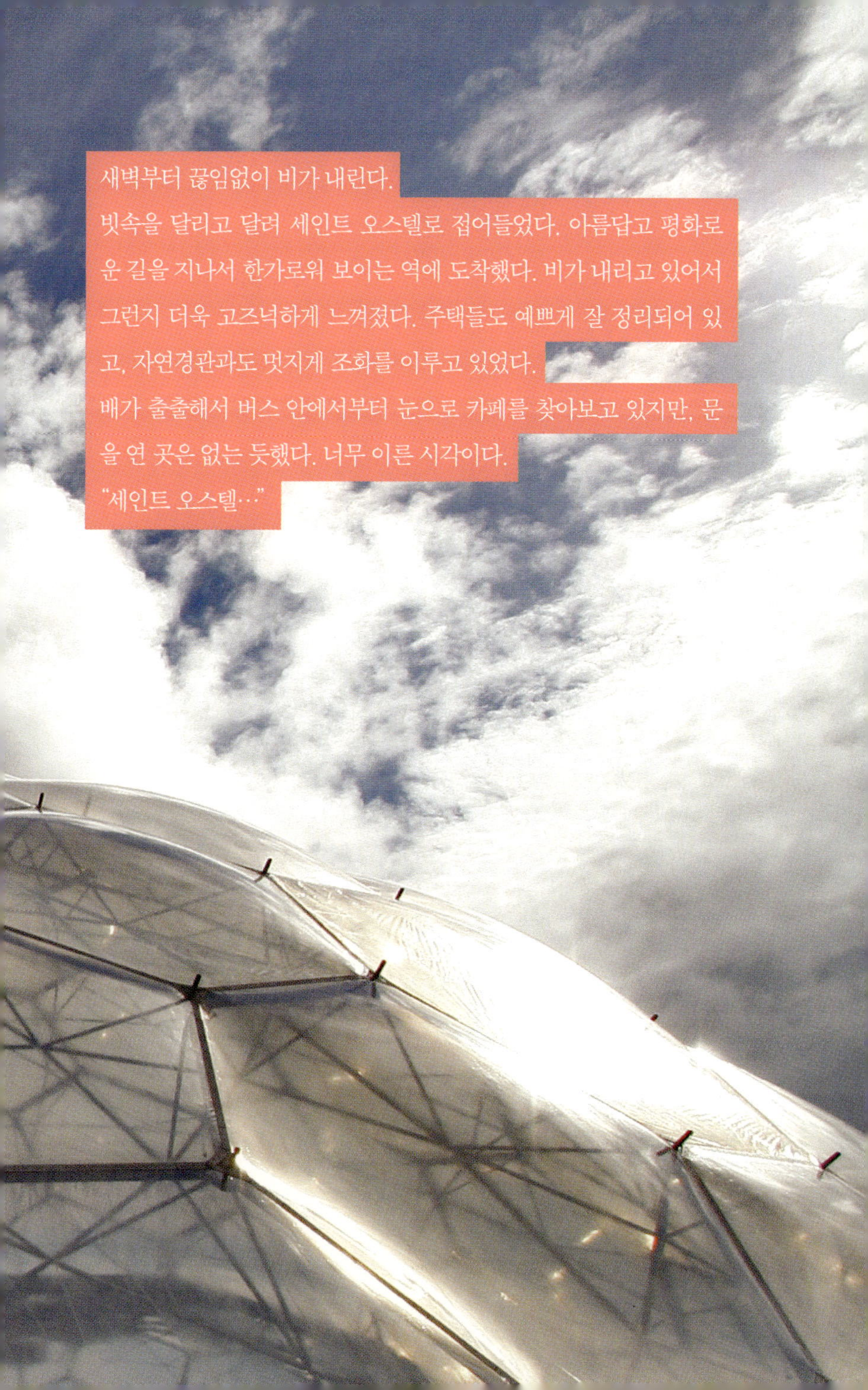

새벽부터 끊임없이 비가 내린다.
빗속을 달리고 달려 세인트 오스텔로 접어들었다. 아름답고 평화로운 길을 지나서 한가로워 보이는 역에 도착했다. 비가 내리고 있어서 그런지 더욱 고즈넉하게 느껴졌다. 주택들도 예쁘게 잘 정리되어 있고, 자연경관과도 멋지게 조화를 이루고 있었다.
배가 출출해서 버스 안에서부터 눈으로 카페를 찾아보고 있지만, 문을 연 곳은 없는 듯했다. 너무 이른 시각이다.
"세인트 오스텔…"

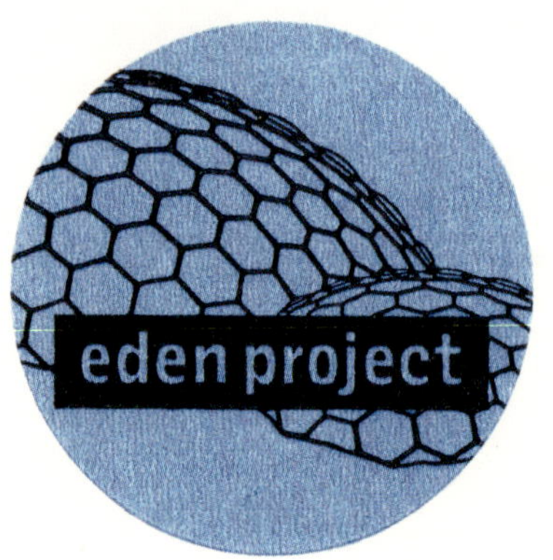

eden project

조수석에 앉아서 짐을 내려주는 조수가 정차 역을 외치며, 먼저 내리더니 내 짐 가방을 내려준다. 배낭만이 빗속에서 나를 기다리고 있다. 시간을 보니, 오전 7시 30분이다.

시외버스, 시내버스, 열차역이 함께 있는 간이역에서 홀로 맑은 공기를 마시며, 버스 시간을 알아보고 주변을 살펴보았다. '에덴 프로젝트' Eden Project 로 가는 그린버스 Greenbus 는 8시 20분부터 30분 간격으로 이 역에서 출발한다.

대기실에서 잠시 정신을 추슬러야 할 것 같다.

8시가 넘자 언제 비가 왔냐는 듯 해가 둥실 떠올랐다. 버스에서 내리며 오늘은 분명 하루 종일 우울한 날씨가 계속될 거라 생각했는데 이번에도 내 예상은 보기 좋게 빗나갔다. 대기실에 하나둘씩 사람들이 늘어났다. 어떤 이들은 등에 '에덴 프로젝트'라는 로고가 새겨진 제복을 입고 있었다.

지렁이처럼 기다란 그린버스가 도착했다. 버스운전사 할아버지가 에덴 프로젝트로 가는 사람은 입장료에 버스비가 포함되어 있으니, 돈을 내지 않아도 된다고 했다.

비가 멈추고 해가 뜨더니, 피곤함을 잊게 해줄 즐거운 일들이 줄줄이 이어졌다. 기대도 하지 않았던 버스가 나를 에덴 프로젝트까지 모셔 가다니…

버스의 유리창 너머로 바다가 보였다. 저 바닷가 해안이 바로 콘월이다. 코번트 가든에 있는 몬머스에서 서빙을 하던 독일계 한국 아가씨가 영국에서 가장 인상적인 여행지라고 내게 얘기해준 바로 그곳을 달리고 있다.

콘월이 내려다보이는 높은 언덕 너머로 버스가 질주했다. 좁은 2차선 길과 콘월의 아름다운 바다 풍경이 절묘하게 어우러진 동네를 지나면서 이곳에 살면 어떨까 하는 상상을 해보았다.

이제 주위는 모두 숲이다. 건물은 하나도 보이지 않고, 숲으로 둘러싸인 완벽한 산 속으로 접어들었다. 에덴 프로젝트가 모습을 드러내기 시작했다. 내가 지금까지 봤던 그 어떤 비닐하우스보다 더 큰 비닐하우스가 등장했다.

축구공 같기도 하고, 우주정거장 같기도 한 에덴 프로젝트의 신비로운 모습이 오른쪽에 보이기 시작하자 버스는 에덴의 우측도로를 달려 에덴의 심장으로 들어가는 입구에 나를 내려놓았다.

주변에는 사람들이 별로 없었다. 평일이기도 했고, 내가 도착한 시간이 너무 이르기 때문이기도 했다. 에덴 프로젝트는 오전 10시에 개장했다. 나는 14파운드짜리 성인 티켓을 샀다. 그런데 입장권 스티커를 가슴에 붙이라는 말을 이해하지 못해서 어리둥절하고 있었더니, 표를 파는 친구가 웃으며 나를 쳐다보았다.

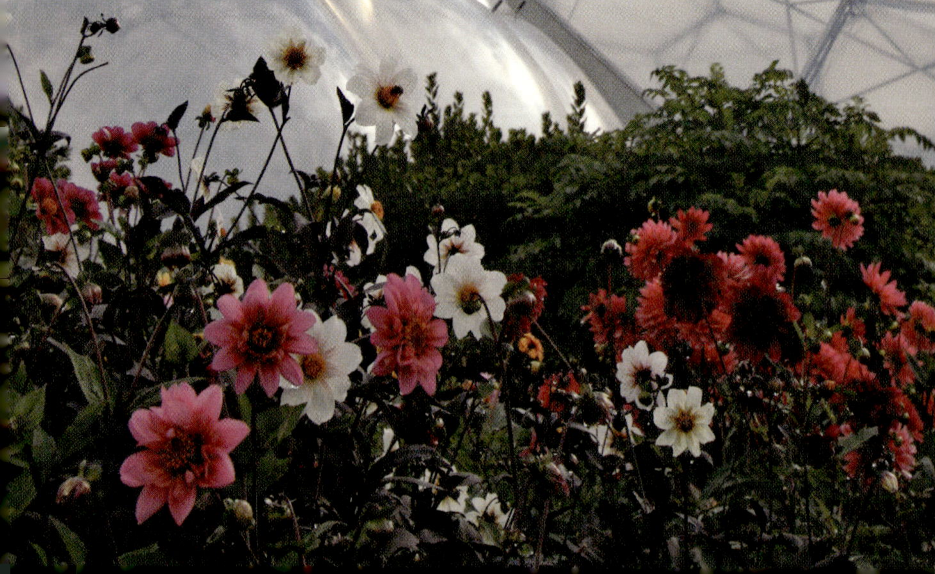

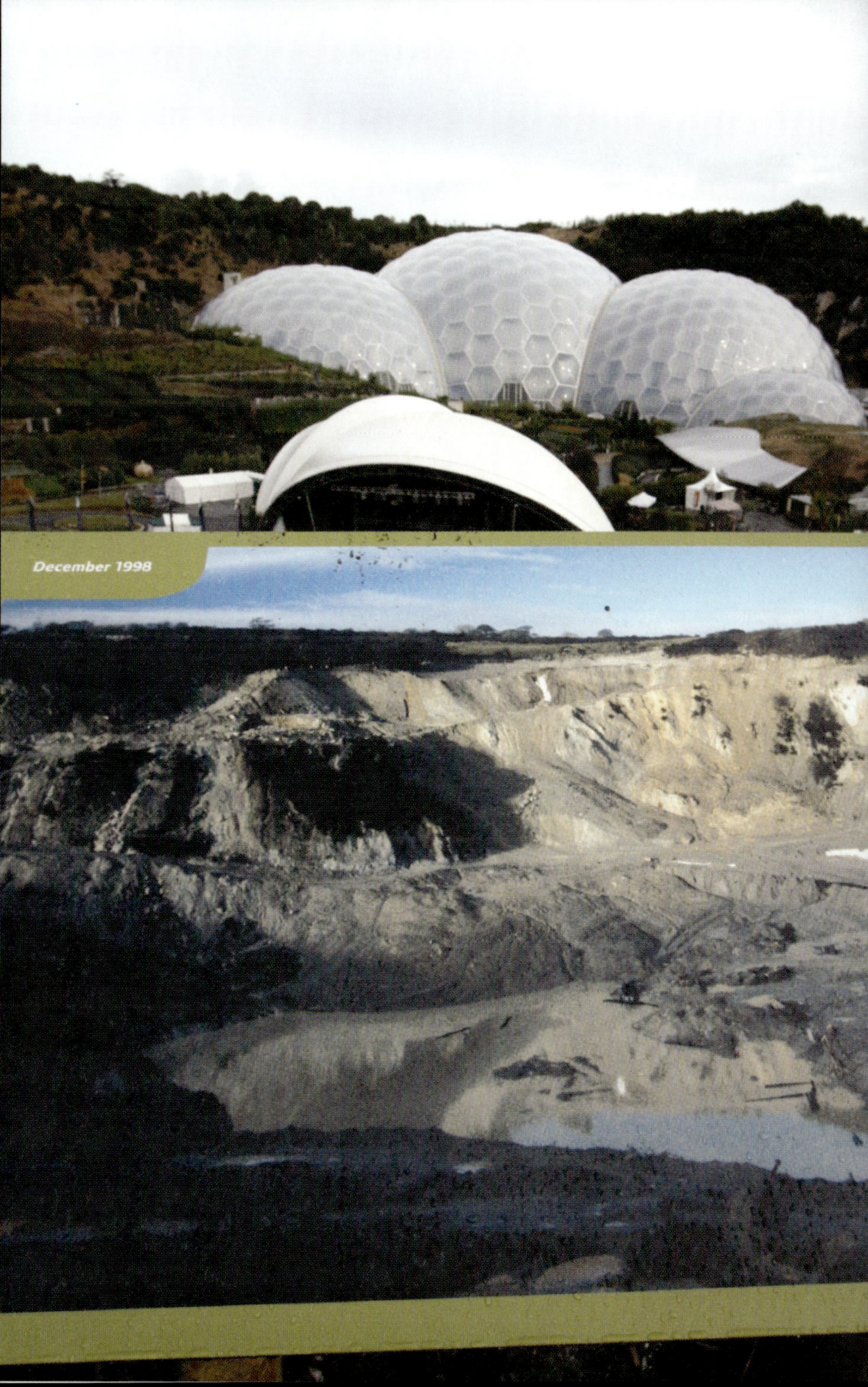
December 1998

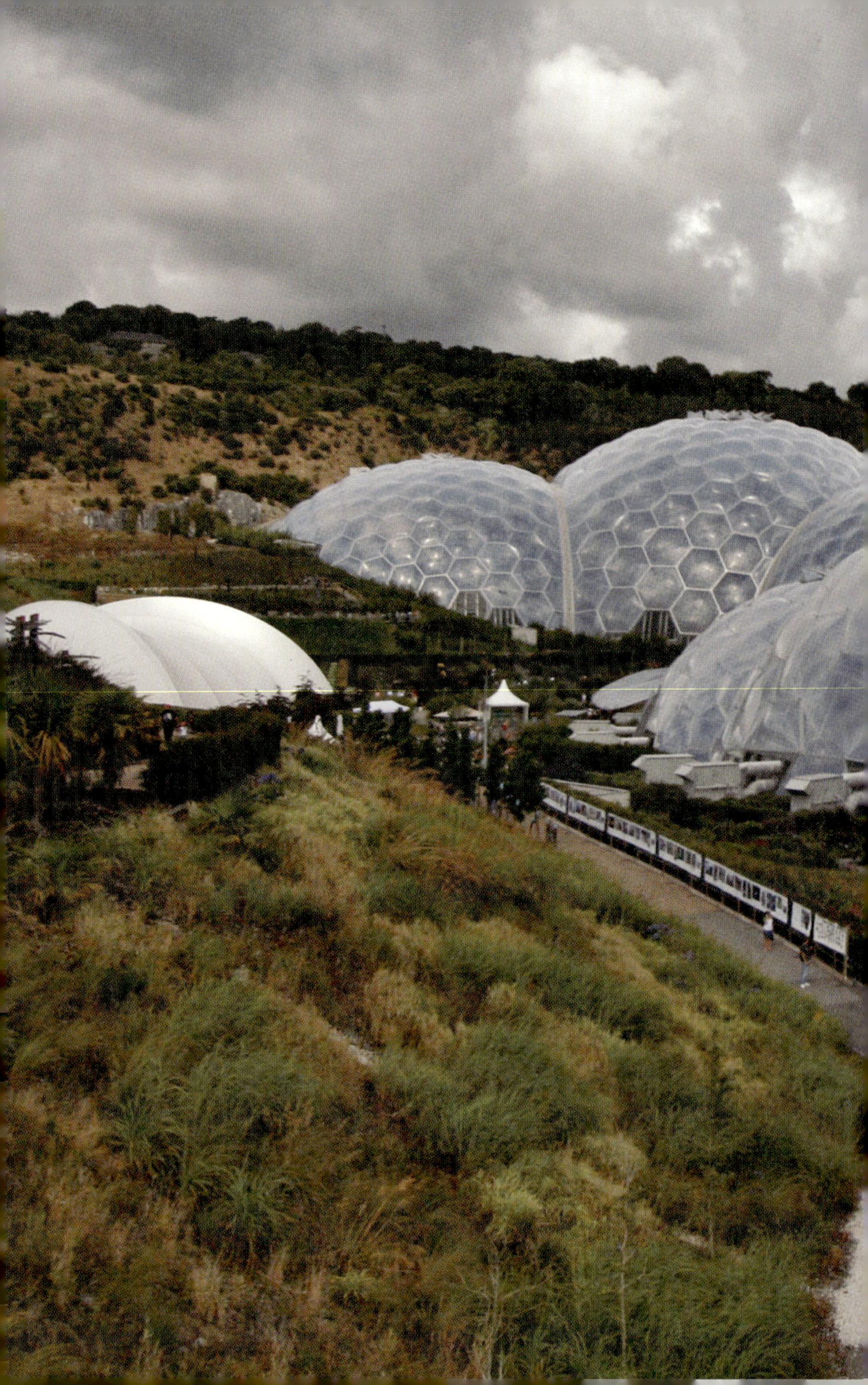

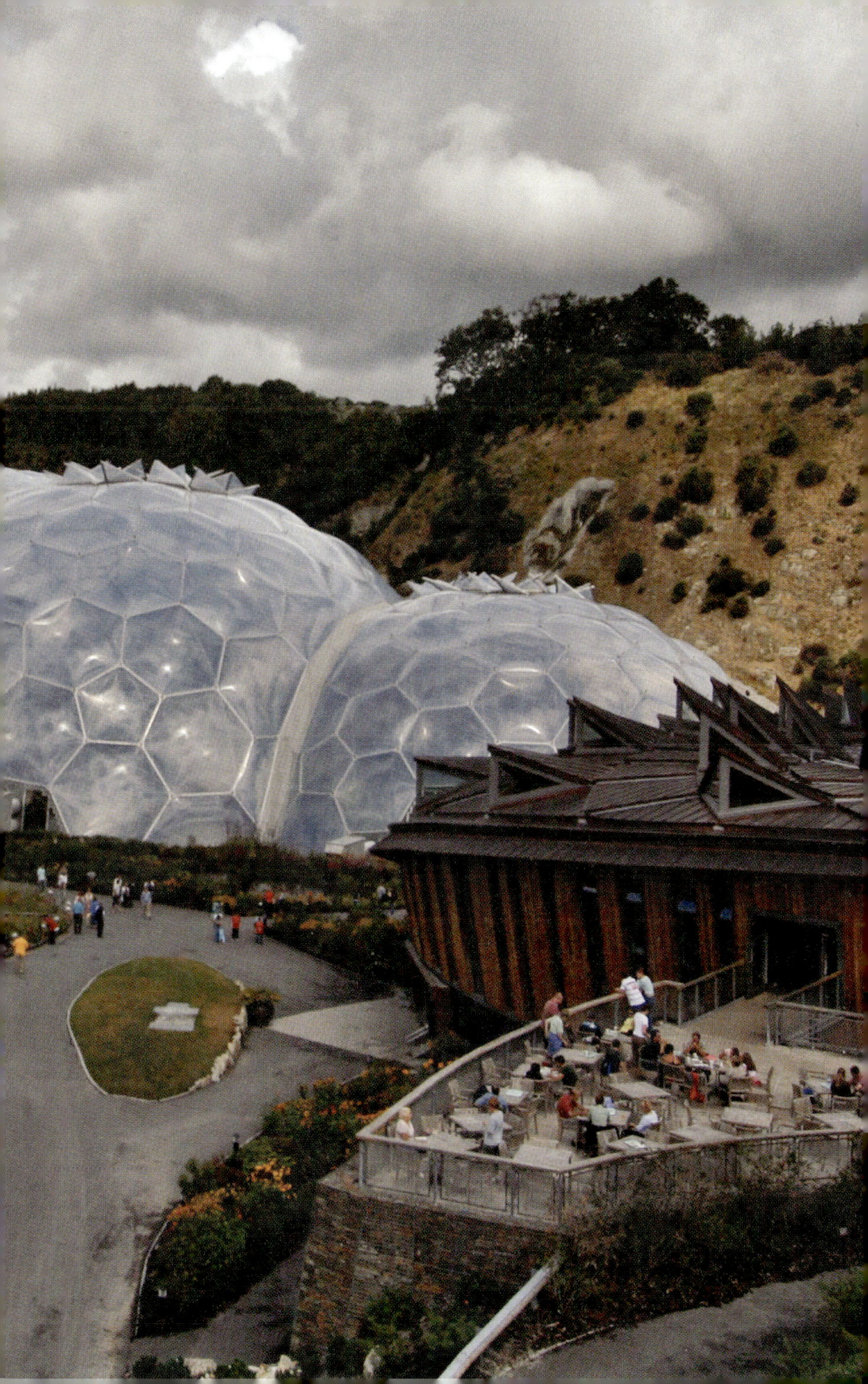

에덴에 들어섰다. 넓은 산골짜기에 만들어진 이 자연공원은 왜 이곳을 에덴이라고 이름 붙였는지 알 수 있게 만들어져 있다. 이 식물원은 전 세계의 식물들이 자라는 고유한 자연환경을 그대로 재창조하여 그야말로 작은 세계 식물원을 방불케 했다. 뿐만 아니라 이곳은 원예, 환경, 과학, 교육, 건축, 예술, 음악, 휴식이 함께 있는 복합문화공간으로 기능하고 있었다. 아담과 이브의 보금자리이자 풍요의 상징인 에덴동산을 그대로 재창조한 것이다.

이 프로젝트는 팀 스미트^{Tim Smit}가 착안해서 건축가 그림쇼^{Nicholas Grimshow}가 디자인하고 앤터니 헌트^{Anthony Hunt}와 그의 동료들이 공사를 맡았다.

에덴 프로젝트에서 가장 눈에 띄는 건축방식은 지오데식 바이오 돔^{geodesic biome domes}인데, 지오데식 돔이란 '최단선의 돔' 이라는 뜻으로, 가장 적은 재료로 가장 많은 공간을 활용할 수 있게 한 건축적 발명이라 할 수 있다.

거대한 바이오 돔들의 철골 프레임은 헥스트리헥스^{hex-tri-hex} 방식으로 육각형을 이루고, 여기에 투광도가 높은 투명막재인 ETFE^{Ethylene Tetrafluoro Ethylene}로 만든 패널을 덮었다. 덮개 패널의 가장자리는 밀봉되어 커다란 쿠션을 만들면서 부풀어 오른다. 부풀어 오른 쿠션은 열 담요와 같은 역할을 하며, 온도에 따라 부피가 달라진다. 전면에 보이는 두 개의 거대한 돔에는 전 세계의 식물 종들이 자라고 있다. 큰 돔은 습한 열대 생태계를 유지하며 바나나무, 커피, 고무, 커다란 대나무 같은 열대식물을 볼 수 있다. 작은 돔은 따뜻한 지중해성 기후를 유지하고 있으며, 올리브, 포도와 같은 식물들과 다양한 토양을 볼 수 있다. 이 두 개 돔의 일부에는 애리조나 사막과 남미의 기후와 토양을 재현한 곳도 있다. 바이오 돔의 외부는 차, 라벤더, 홉, 대마 같은

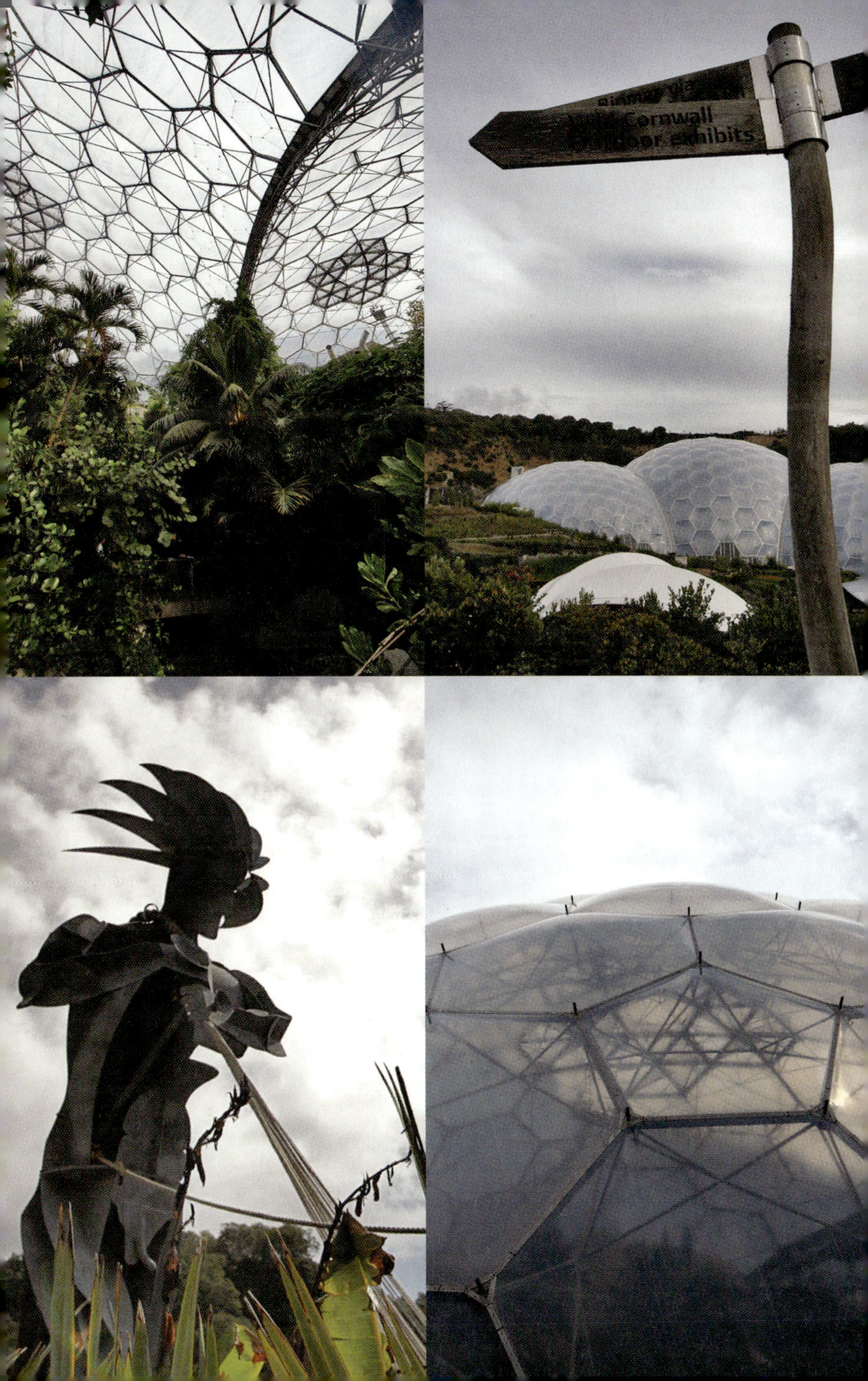
Cornwall
Outdoor exhibits

식물이 자라는 세계의 온대지역을 나타낸다. 이 두 개의 돔으로 구성
된 식물원과 야외 식물원에는 전 세계 식물 5천 종 100만 그루 이상
이 심어져 있다. 세 번째 돔인 열대건조 기후로 조성될 돔은 지구의
미래환경을 위해 계획되었다.

두 개의 돔은 건설하는 데만 2년 반이 걸렸고, 2001년 3월
에 대중에게 처음 공개되었다. 런던에서 기차로 5시간이
나 걸리는 이 외지는 이제 연간 125만 명의 유료관람객
이 몰리는 영국의 5대 관광지 중 하나가 되었다.

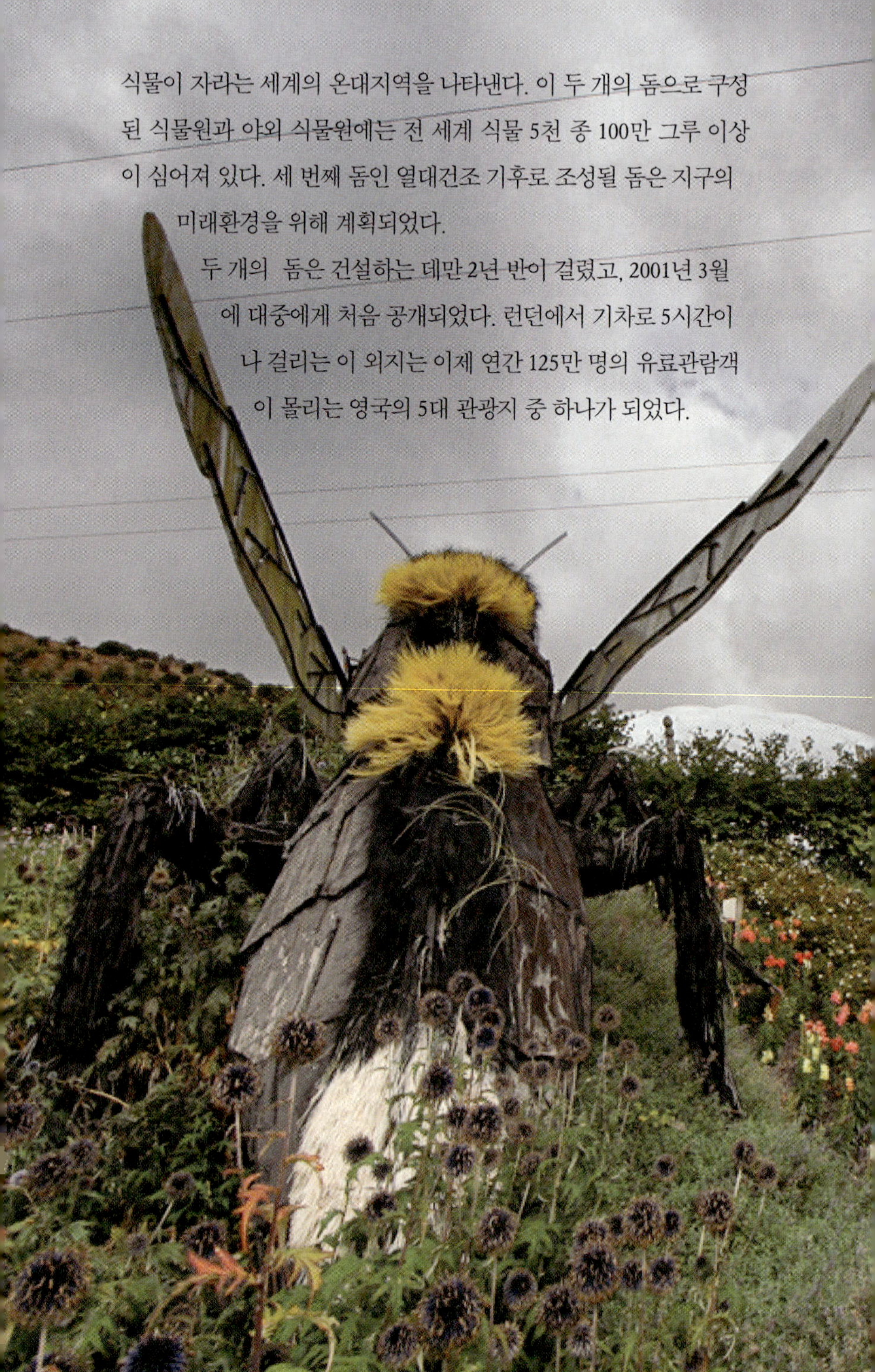

에덴 프로젝트는 지구를 안전하게 지키면서 인간과 식물이 공생하는 모델을 그려 보이며, 자연이 제공한 이익을 인류가 파괴하지 않고 함께 누리기 위한 진지한 환경적, 교육적 연구를 담았다.

에덴 프로젝트는 환경에 대해 다시 한 번 인식하게 하는 프로젝트로 교육적인 메시지가 강하다. 이를테면 식물이 우리 삶에 왜 중요한지를 애니메이션으로 보여주기도 하고, 현재 지구의 가장 중요한 과제 중 하나인 지구 온난화에 대해서도 흥미로운 볼거리와 여러 가지 읽을거리를 영상, 전시 등 다양한 방법으로 구성해놓았다.

에덴 프로젝트의 화장실과 열대 바이오 돔을 유지하는 데 필요한 대량의 물은 채석장 바닥에서 모은 완전히 정수된 빗물을 사용한다. 또한 에덴 프로젝트에 필요한 전력은 콘월에 있는 많은 풍력발전소의 에너지를 이용한다.

기념품을 파는 '에덴 숍'에서는 회로보드와 오래된 타이어로 만든 마우스패드, 플라스틱 자판기 컵으로 만든 연필과 같은 재활용 폐품들로 만든 상품을 판다. 에덴 프로젝트의 미래 자연을 생각하는 일관

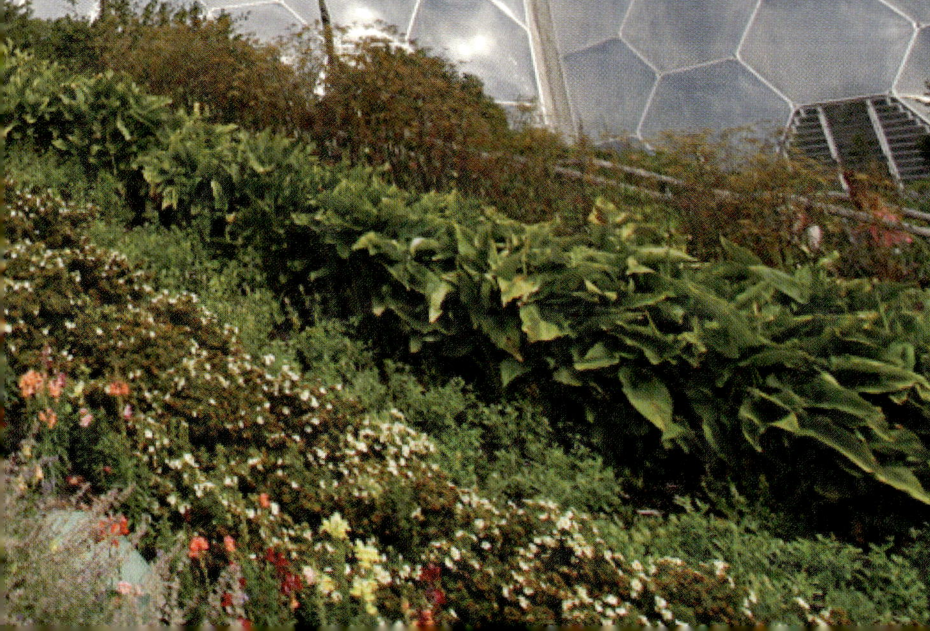

된 문제의식이 곳곳에서 확인되었다. 그들은 이곳이 단순한 위락시설로 끝나는 걸 원치 않는다. 만약 이곳을 방문한 관람객들이 그렇게 생각한다면 그들은 정말 실패한 프로젝트를 수년간 해온 것이나 다름없기 때문이다.

'Education for All.'

눈에 확 들어오는 카피였다. '모두를 위한 교육'이라니, 이런 문구를 슬로건으로 걸 수 있는 발상과 자신감이 놀라웠다.

내 주위는 어느새 인파로 가득했다. 한 사람도 보이지 않던 몇 분 전과는 달리 지금 내 주변에는 영국인 남녀노소들로 가득했다. 이 시골 촌구석까지 언제 이리도 많은 사람들이 몰려든 것일까? 표를 사면서 오늘은 매우 한가로운 하루를 보낼 거라고 확신했건만 예상은 또다시 빗나갔다. 그들은 모두 가족 단위로 이곳을 방문했다. 아이들과 부모들, 그야말로 생생한 자연과학 교육의 현장인 이곳을 그들이 놓칠 리가 있겠는가…

태평양의 섬에서 서식하는 식물들 앞에서 열심히 뭔가를 적고 있는 아이들, 그 위를 가로지르는 폭포에서 아이들에게 또 뭔가를 열심히 설명해주는 부모들, 걷기 어려운 할머니를 휠체어에 태우고 함께 구경하는 아들 등.

이곳에 오기 전까지 나는 전 세계 식물들에 대해 전혀 관심도 없었는데 이렇게 많은 사람들이 식물을 주제로 이야기꽃을 피울 수 있다는 사실이 새삼 놀라웠다.

이 프로젝트에는 필시 과학자와 디자이너, 그리고 식물학자들이 참여했을 텐데 그들은 과연 어떻게 커뮤니케이션하면서 이 엄청난 프로젝트를 완성했을까? 나는 길을 잃고 헤매는 어린아이처럼 거대한 디자인의 숲속을 휘청거리며 거닐었다.

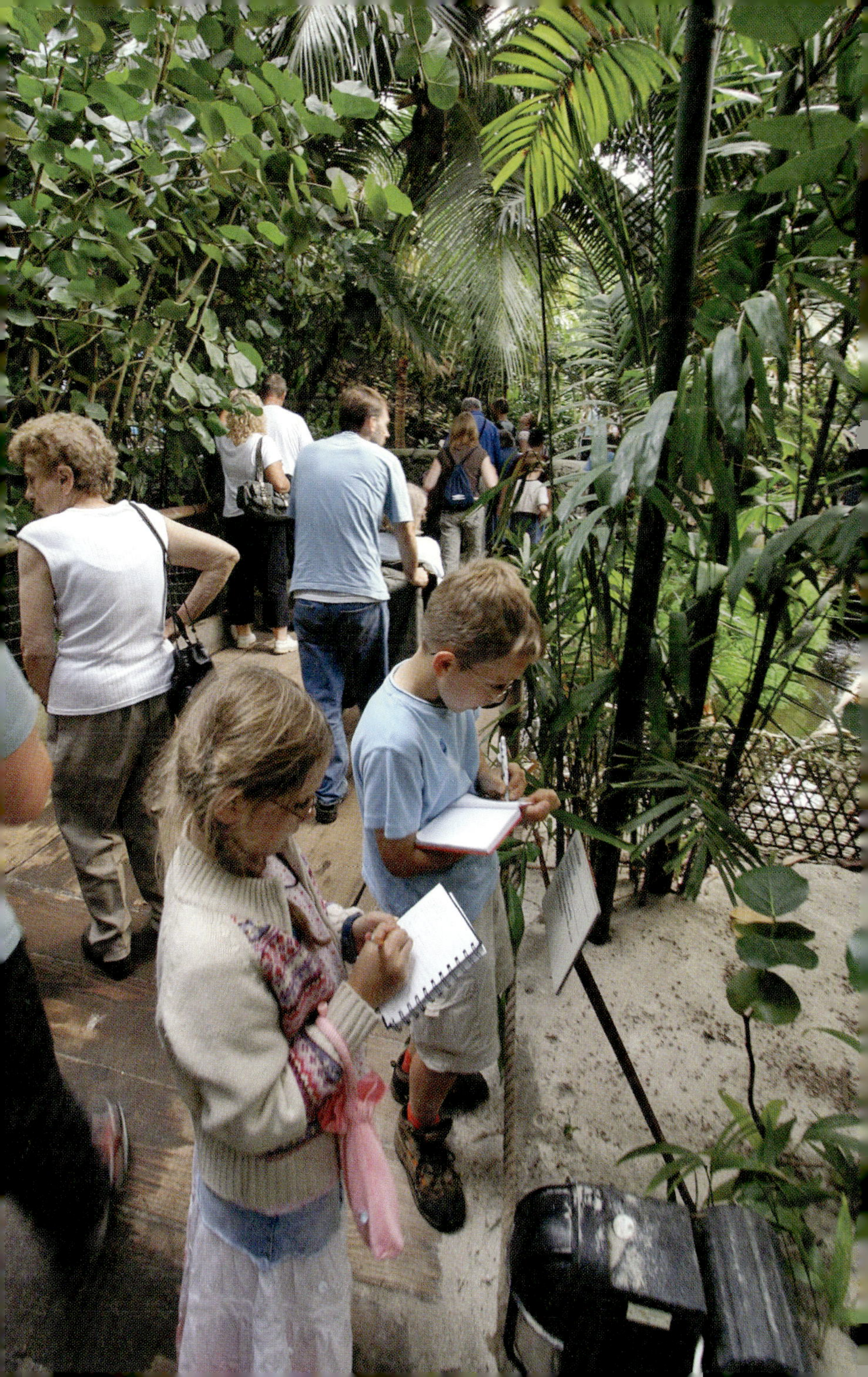

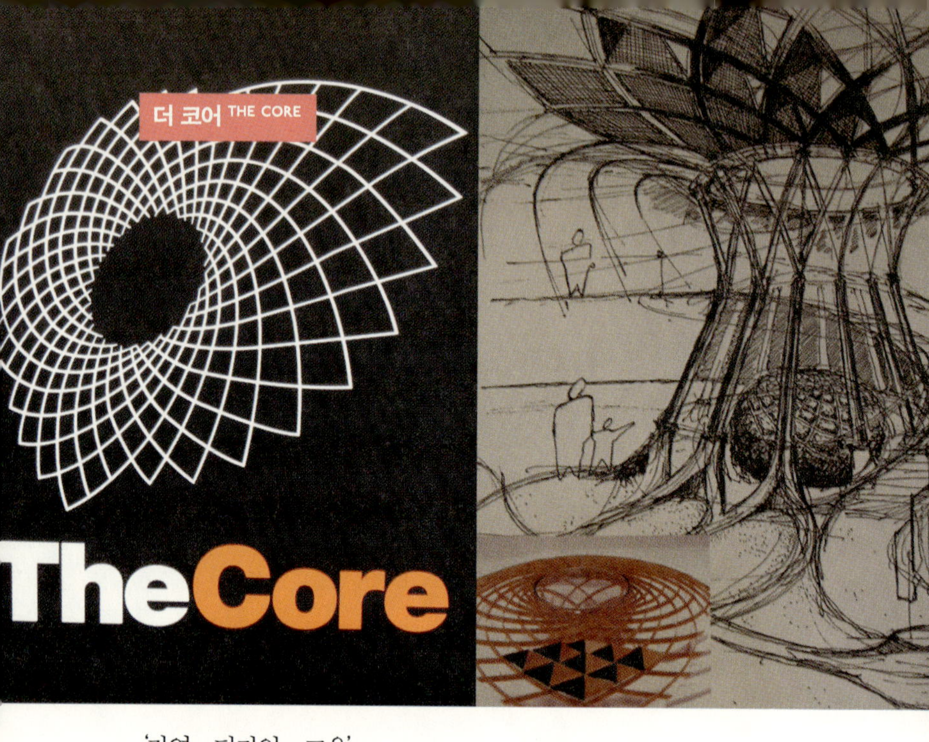

'자연＝디자인＝교육'

이 세 가지가 소통할 수 있는 핵심적인 공통점을 찾는다는 건 쉬운 일이 아니다. 에덴 프로젝트를 만들어낸 이들도 그 핵심 콘셉트를 잡기 위해 많은 고민을 했을 것이다. 날카로운 가시가 잔뜩 박힌 성게 모양을 하고 있는 이곳 코어는 그 자체가 완벽한 디자인 콘셉트의 결정체였다. 소라고둥과 솔방울 같은 자연물에서 가져온 요소들이 이 거대한 건축물들의 시작을 알리는 아이디어들이었다.

코어는 2005년 9월에 개장했으니 에덴 프로젝트에서는 가장 늦게 문을 연 곳이다. 이곳은 인간과 식물 사이의 관계에 대한 메시지를 전달할 수 있도록 디자인된 교실과 전시공간을 포함한 교육 설비를 갖

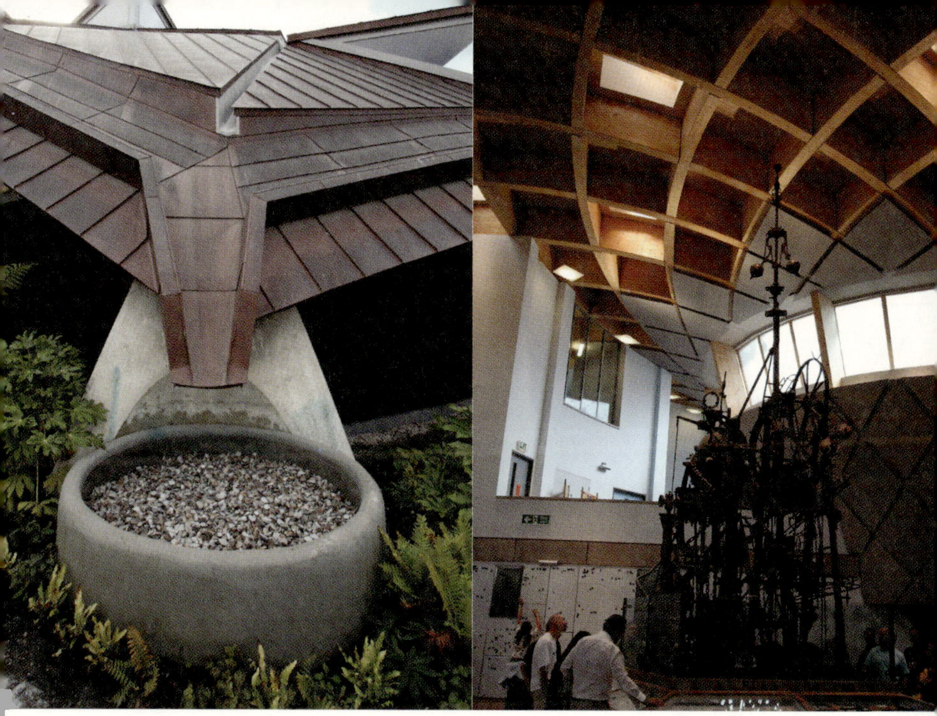

추고 있다.

건물 자체가 자연에서 영감을 얻었기 때문에 건물의 외형 가운데 지붕의 형태는 매우 독특한 모양을 하고 있다. 그림쇼는 조각가 피터 랜덜페이지Peter Randall-Page와 앤터니 헌트의 구조 엔지니어인 마이크 퍼비스Mike Purvis와 협력하여 구리를 덧씌운 지붕의 기하학적 구조를 발전시켰다. 그것은 잎의 배열방식에서 착안한 것인데, 이는 거의 모든 식물이 생장하는 수학적인 기반을 이룬다.

새로운 것을 찾기 위해 오로지 컴퓨터에 매달리며, 새롭지도 않은 새로운 것에 목말라하는 우리와는 달리 이들은 평소 우리가 관심을 갖지 않는 아주 사소한 것들을 더 세부적으로 파고들어 본질에 다가간다.

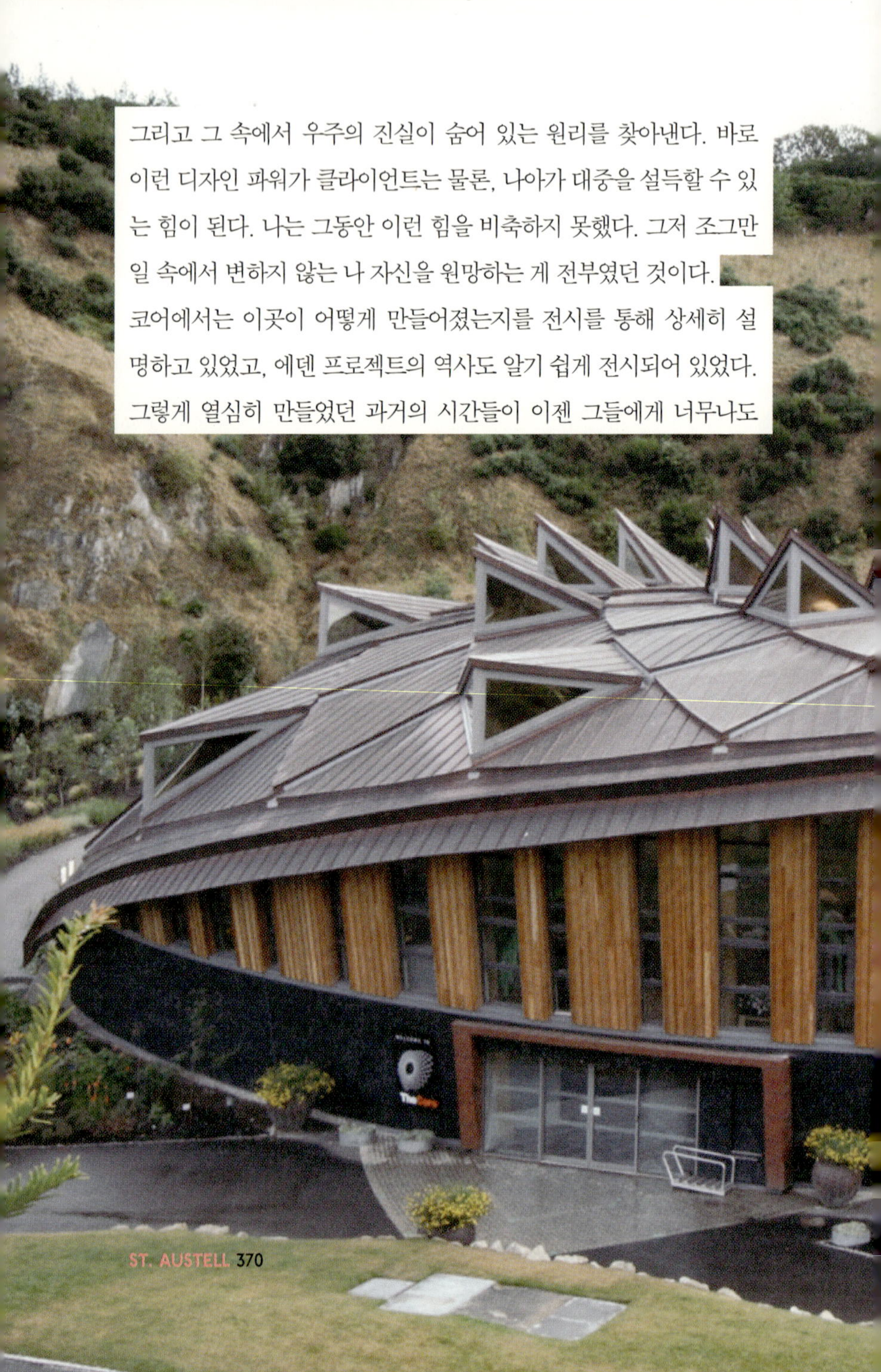

그리고 그 속에서 우주의 진실이 숨어 있는 원리를 찾아낸다. 바로 이런 디자인 파워가 클라이언트는 물론, 나아가 대중을 설득할 수 있는 힘이 된다. 나는 그동안 이런 힘을 비축하지 못했다. 그저 조그만 일 속에서 변하지 않는 나 자신을 원망하는 게 전부였던 것이다.

코어에서는 이곳이 어떻게 만들어졌는지를 전시를 통해 상세히 설명하고 있었고, 에덴 프로젝트의 역사도 알기 쉽게 전시되어 있었다. 그렇게 열심히 만들었던 과거의 시간들이 이젠 그들에게 너무나도 중요한 역사가 되었다.

코어의 2층에는 야외 카페가 있는데, 식물원의 거대한 카페보다 훨씬 한적하고 경치도 좋다. 커피 한잔을 마시며 360도로 이곳의 전경을 즐기다 보면, 한꺼번에 수많은 식물들이 몰려드는 듯한 착각을 일으키게 된다. 나에게는 너무 벅찬 자연 지식을 담은 탓인지, 머리가 아파온다.

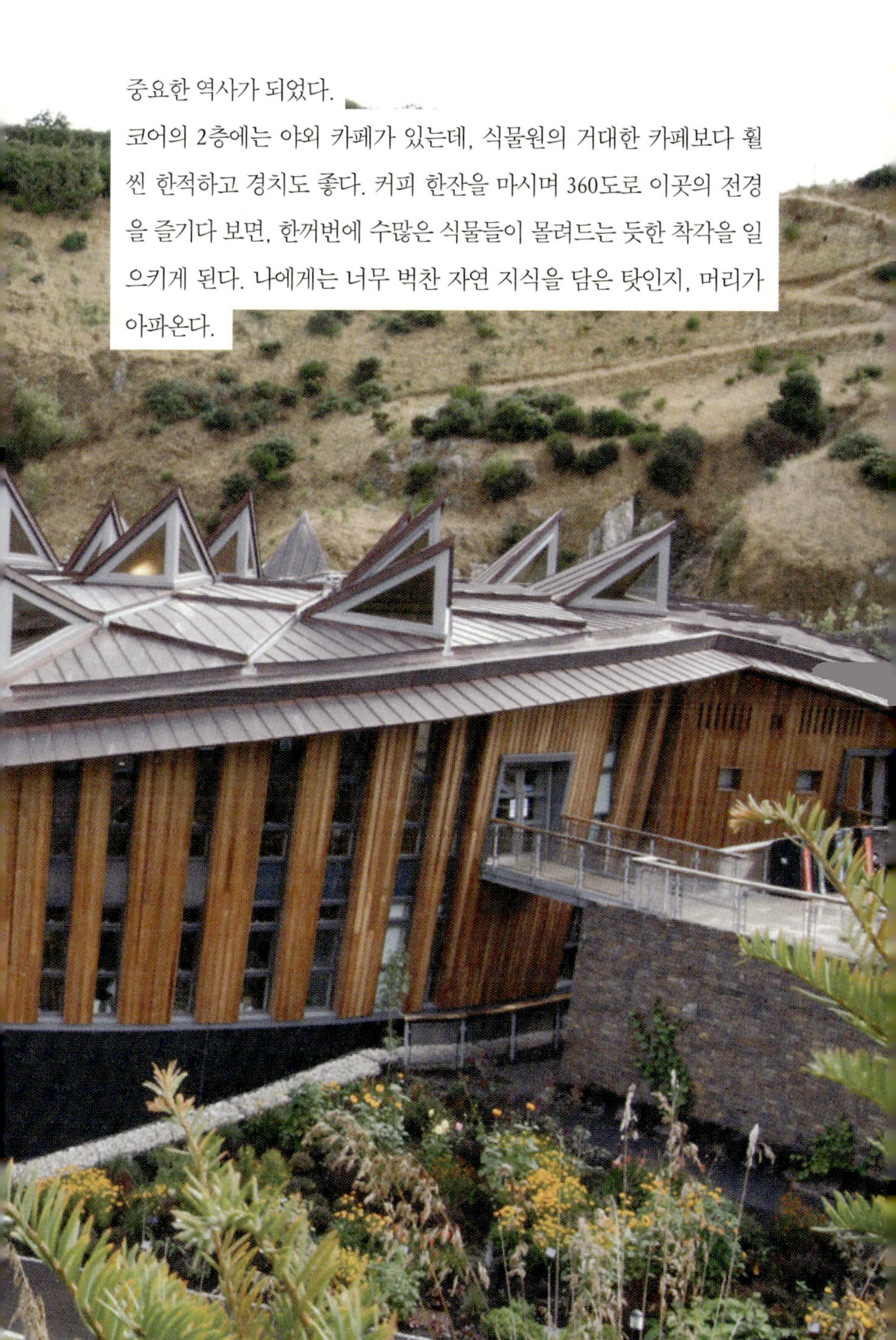

에덴 프로젝트의 해바라기 밭은 선명한 노란색 때문에 내 눈길을 사로잡았다. 그 해바라기들은 한결같이 태양을 바라보느라 나와는 시선이 어긋나 있었다.

나는 그중에서 태양을 향해 고개를 돌릴 수 없는 해바라기를 발견하고, 다가갔다.

그건 진짜 해바라기가 아니었다. 마이크 채킨^{Mike Chaikin}의 작품인 〈Penryn〉(2001)이라는 이름이 붙은 가짜 해바라기였다. 그는 전직이 의사인 독특한 이력을 가진 아티스트로, 취미생활로 시작한 그림 그리기와 조각이 현재는 그의 직업이 되었다. 그리고 이 작품 하나로 프랑스와 스웨덴 등에서 전시회를 열었다.

에덴동산의 야외공원에서 한참 맑은 공기에 취해 있다가 이 작품을 찾아내면, 마치 숨은 그림을 찾아낸 것처럼 웃음이 절로 날 것이다. 사진에서 보듯이 태양은 9시 방향에 떠 있지만, 이 가짜 해바라기는 홀로 나를 보고 있다. 이런 가짜가 또 있을까.

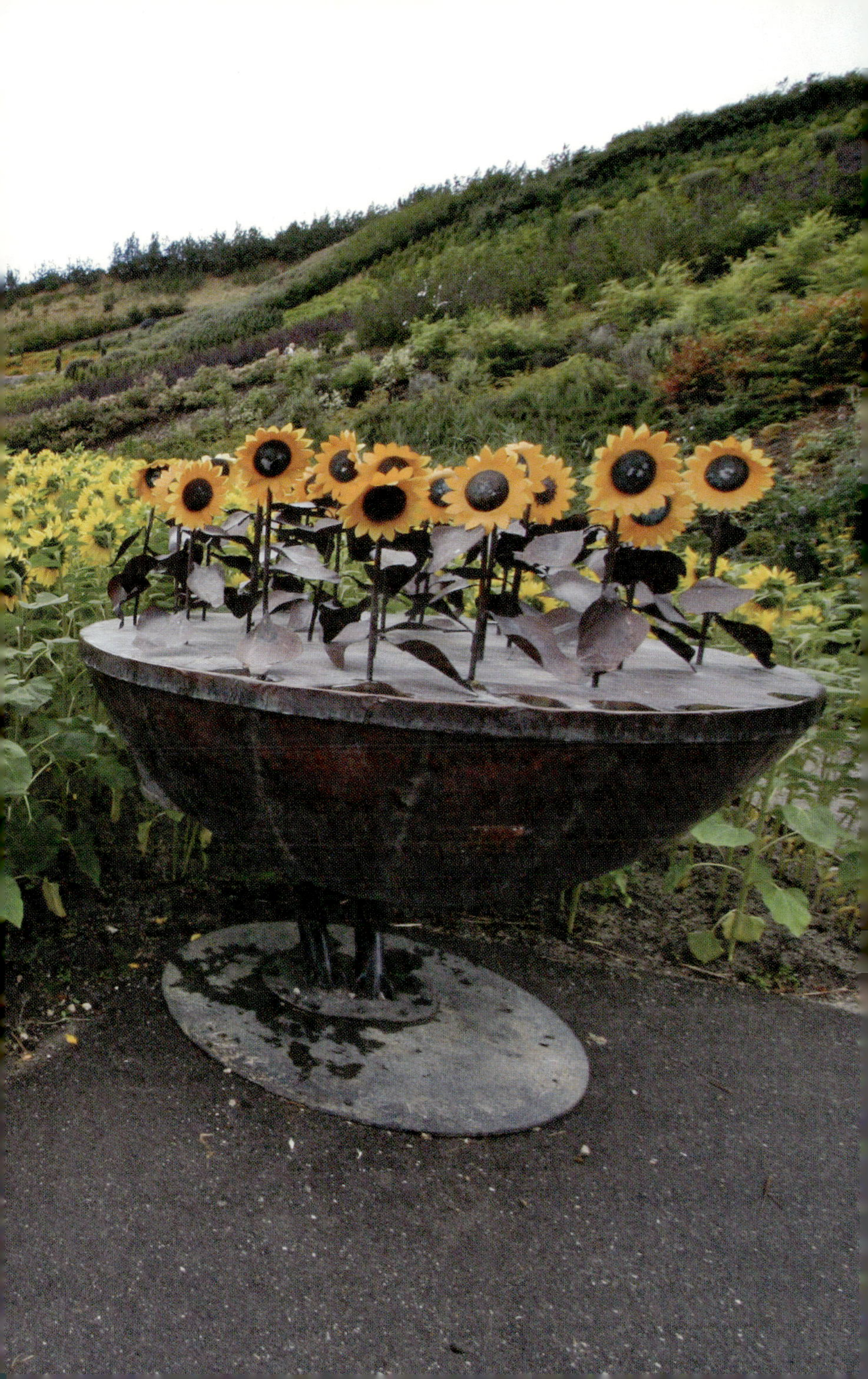

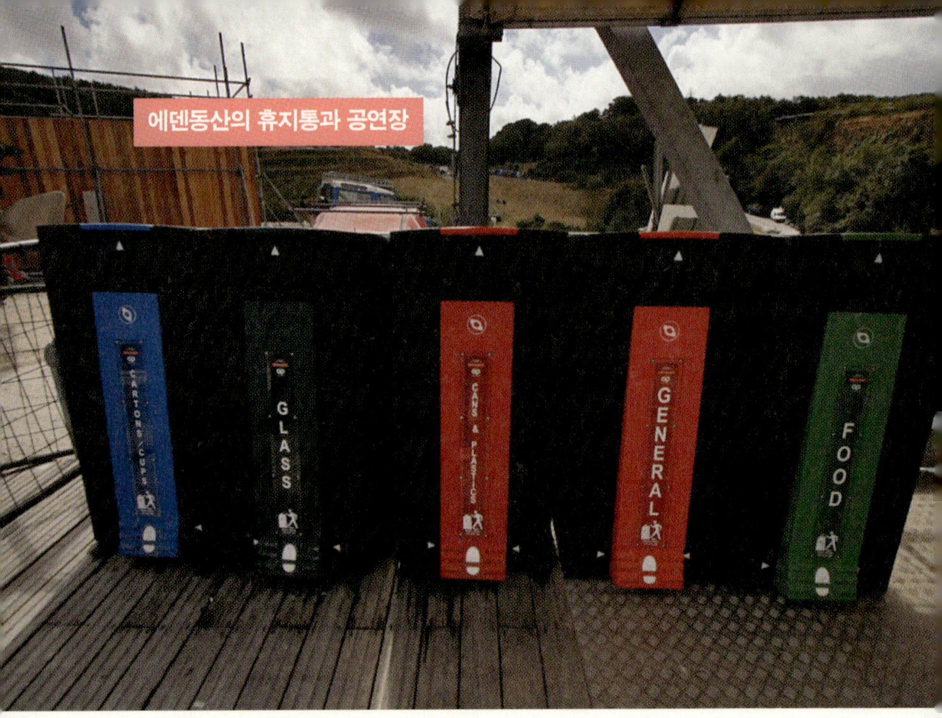

자연환경과 생명사랑을 보여주는 이런 교육적인 장소에서 중요한 디자인 중 하나가 휴지통이다. 이곳의 휴지통은 컬러로 구분되어 누구나 쉽게 재활용품을 분리할 수 있도록 디자인되어 있다. 이 휴지통은 모두 재활용을 위해 제작된 것으로 에덴동산의 친환경보호 정책에도 매우 중요하다.

대자연의 교육장에는 오락을 위한 장도 따로 마련되어 있었다. 에덴의 건축물들과 자연스럽게 조화를 이루고 있는 야외공연장이 히든 카드처럼 숨어 있다. 이곳에는 세계적으로 유명한 밴드의 공연도 열리며, 다양한 장르의 음악공연들이 펼쳐진다. 언뜻 보니 볼만한 공연들은 이미 매진되었다는 친절한 안내 표지판이 붙어 있다. 이런 시골 산골짜기에서 하는 공연이 어떻게 매진이 될 수 있는지 내 머리로는

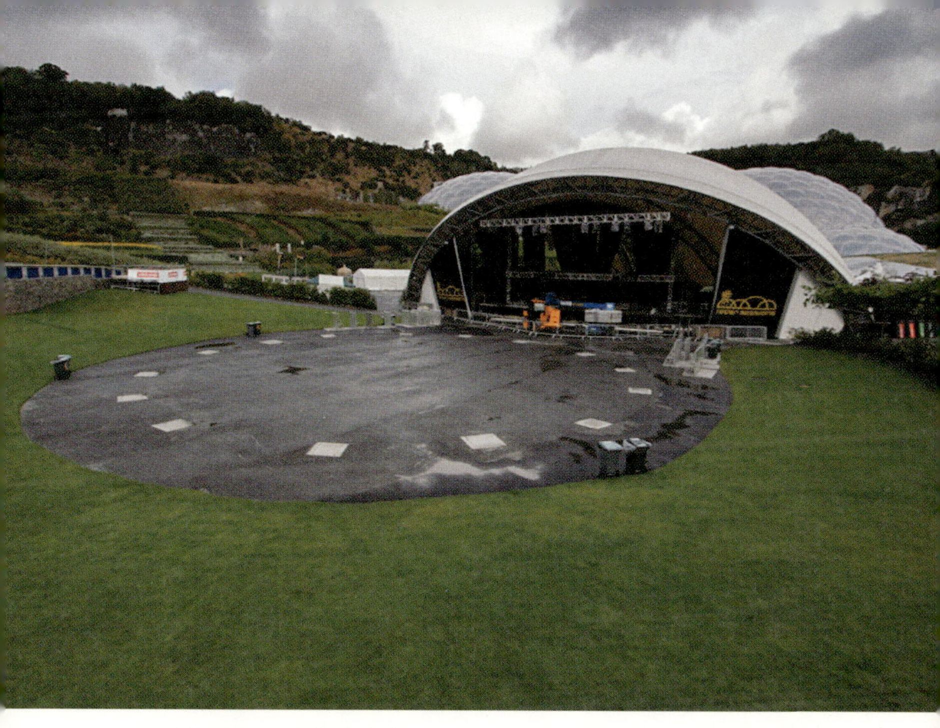

도무지 이해가 되지 않았다.

내가 간 날은 공연이 없는 날이어서 공연장 주변이 한산했지만 '공연문화'와 떼려야 뗄 수 없는 관계인 나로서는 이곳을 주의 깊게 관찰하지 않을 수 없었다. 공연장은 비가 와도 전혀 공연에 문제가 없도록 천장 시설이 되어 있었고, 스태프들이 조명과 사운드, 영상을 조절할 수 있는 부스도 잘 만들어져 있었다. 궁금한 건 사운드였는데, 공연을 볼 수 없으니 아쉽기만 했다. 잔디밭으로 가꿔진 객석은 자연스럽게 산등성이에 앉아 공연을 볼 수 있게 조성되어 있었다. 모든 것이 자연과 순응하며 자연스러운 조화를 이루고 있었다.

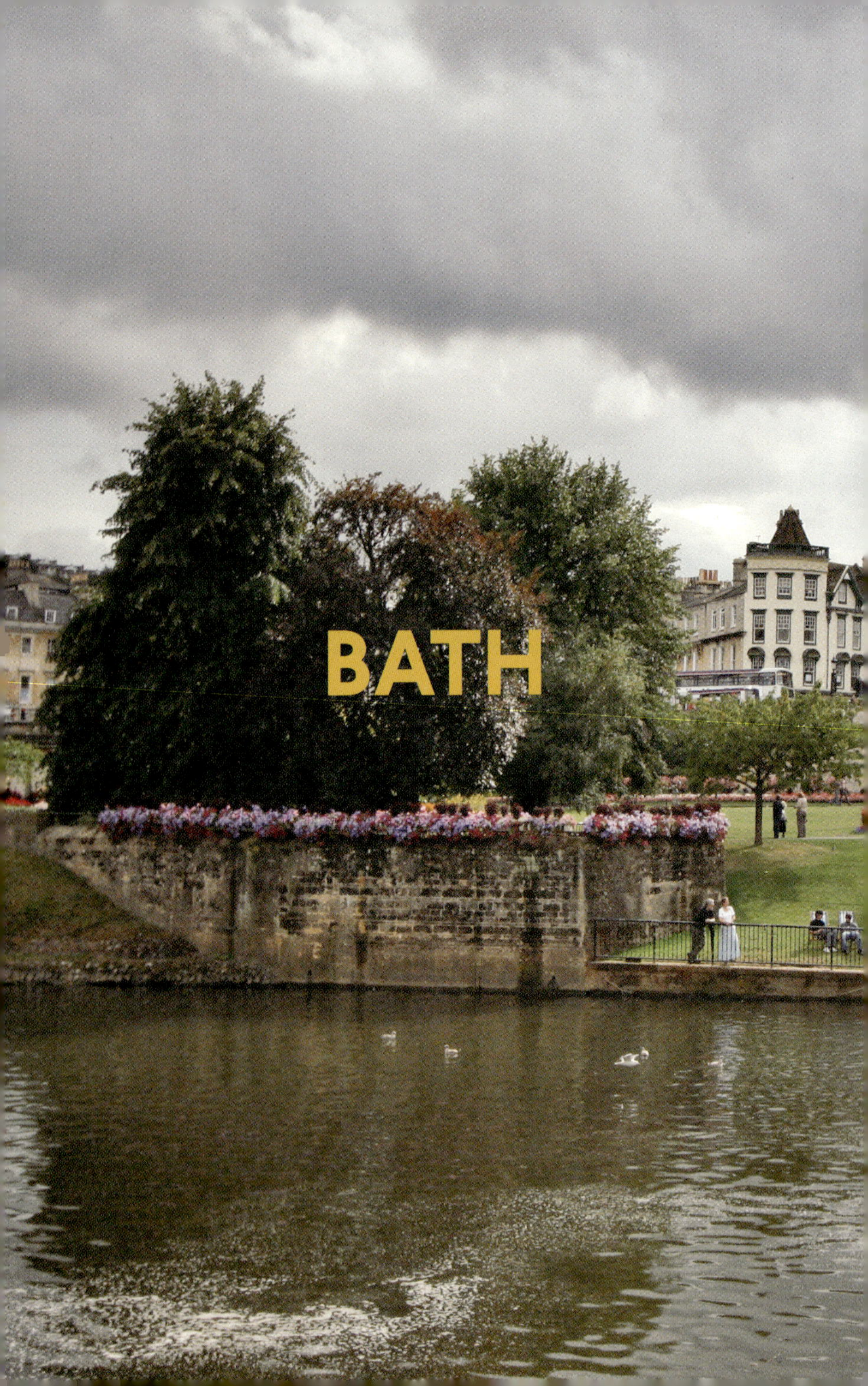
BATH

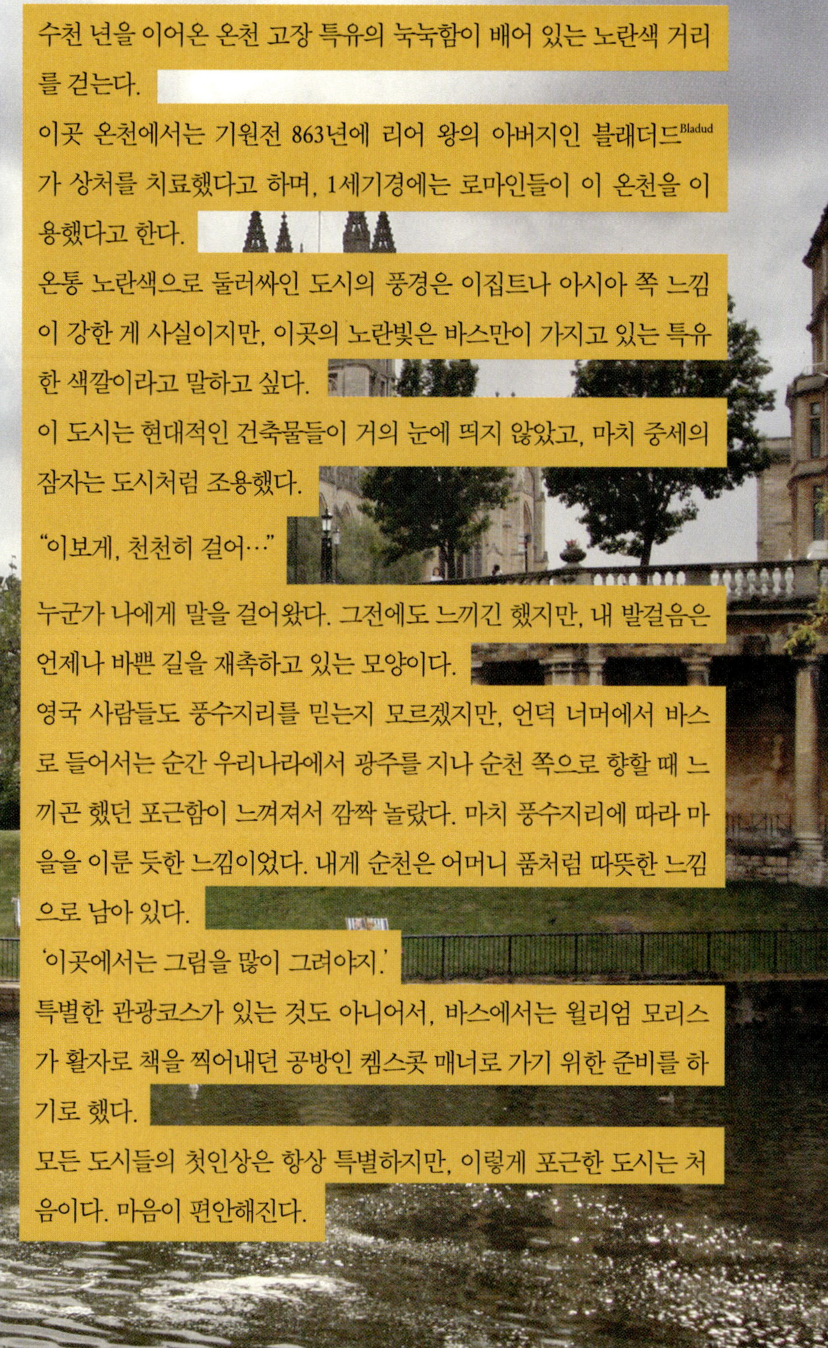

수천 년을 이어온 온천 고장 특유의 눅눅함이 배어 있는 노란색 거리를 걷는다.

이곳 온천에서는 기원전 863년에 리어 왕의 아버지인 블래더드^{Bladud}가 상처를 치료했다고 하며, 1세기경에는 로마인들이 이 온천을 이용했다고 한다.

온통 노란색으로 둘러싸인 도시의 풍경은 이집트나 아시아 쪽 느낌이 강한 게 사실이지만, 이곳의 노란빛은 바스만이 가지고 있는 특유한 색깔이라고 말하고 싶다.

이 도시는 현대적인 건축물들이 거의 눈에 띄지 않았고, 마치 중세의 잠자는 도시처럼 조용했다.

"이보게, 천천히 걸어…"

누군가 나에게 말을 걸어왔다. 그전에도 느끼긴 했지만, 내 발걸음은 언제나 바쁜 길을 재촉하고 있는 모양이다.

영국 사람들도 풍수지리를 믿는지 모르겠지만, 언덕 너머에서 바스로 들어서는 순간 우리나라에서 광주를 지나 순천 쪽으로 향할 때 느끼곤 했던 포근함이 느껴져서 깜짝 놀랐다. 마치 풍수지리에 따라 마을을 이룬 듯한 느낌이었다. 내게 순천은 어머니 품처럼 따뜻한 느낌으로 남아 있다.

'이곳에서는 그림을 많이 그려야지.'

특별한 관광코스가 있는 것도 아니어서, 바스에서는 윌리엄 모리스가 활자로 책을 찍어내던 공방인 켐스콧 매너로 가기 위한 준비를 하기로 했다.

모든 도시들의 첫인상은 항상 특별하지만, 이렇게 포근한 도시는 처음이다. 마음이 편안해진다.

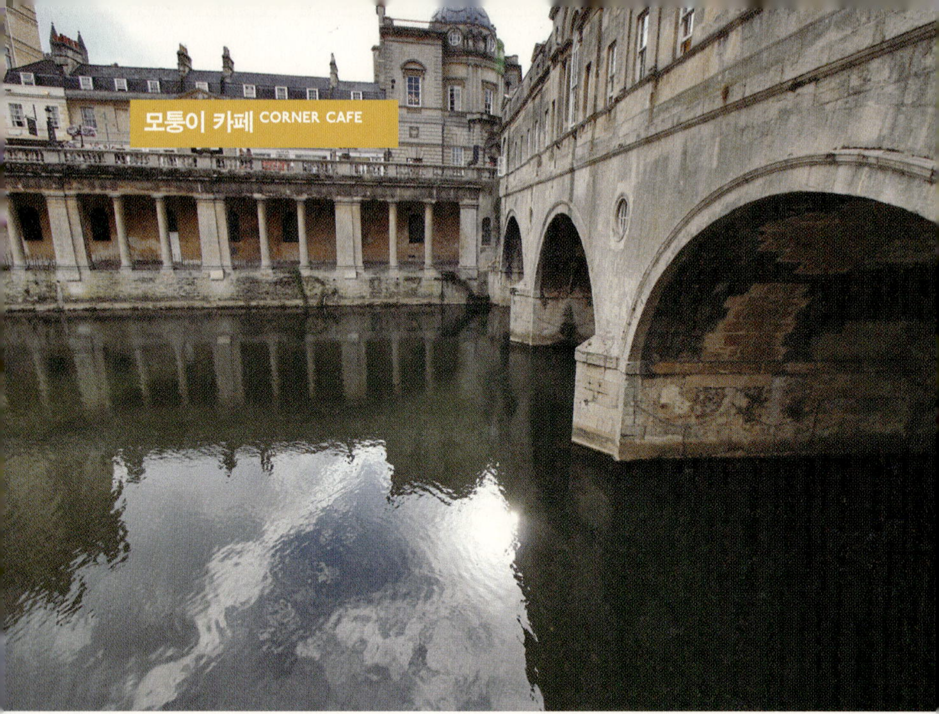

바스의 심장부인 아본^{Avon} 강의 펄트니 다리^{Pulteney Bridge}를 건넜다. 예쁜 가게들이 양쪽으로 자리 잡고 관광객들을 사로잡는다. 가게들을 따라가다 보니 다리 밑으로 내려가는 좁은 층계가 나왔다. 두 명이면 꽉 차는 가파른 계단을 내려가서 빛이 통하는 작은 통로를 지나니 아본 강의 물소리와 사람들 소리가 들린다.

그런데 그곳에서 '모퉁이 카페'^{Corner cafe}라는 환상적인 카페를 만났다. 그 카페는 정말 절묘한 자리에 있었다. 강과 하늘이 만나는 다리 밑에 동굴 같이 파인 곳이었다. 만사를 제쳐두고 그곳에서 잠시 휴식을 취했다.

바스는 이상할 정도로 정적인 도시다. 심지어 뛰어다니는 사람도 거

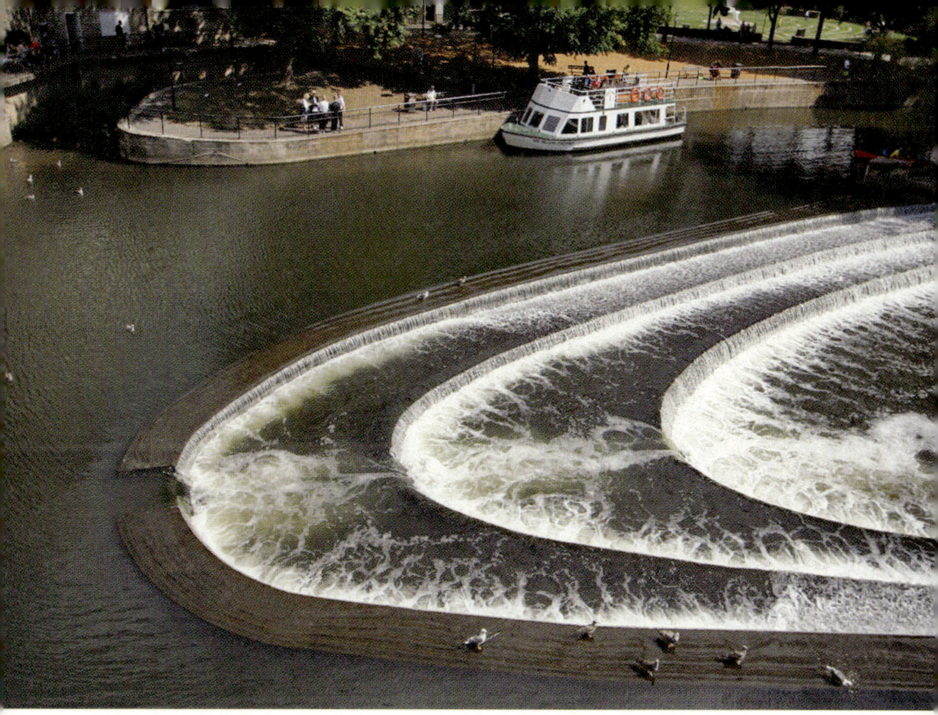

의 없을 정도로 도시 전체에 움직임이 없다. 이곳에 도착하면서 내 안의 모든 것이 진정되기 시작했다. 바쁘게 서두르던 생각도 잠시 접고, 일단 커피나 한잔하며 쉬어 가자 하는 심정으로 변했다.

나는 부담스러운 인테리어나 격식을 따지는 카페가 싫다. 다행히 이곳은 도시 자체의 풍경과 완벽하게 어우러져 편안한 자연 카페 분위기를 연출하고 있었다.

나처럼 그림을 그리는 사람한테는 이런 분위기에서 커피 한잔 마시는 게 가장 행복한 시간이다.

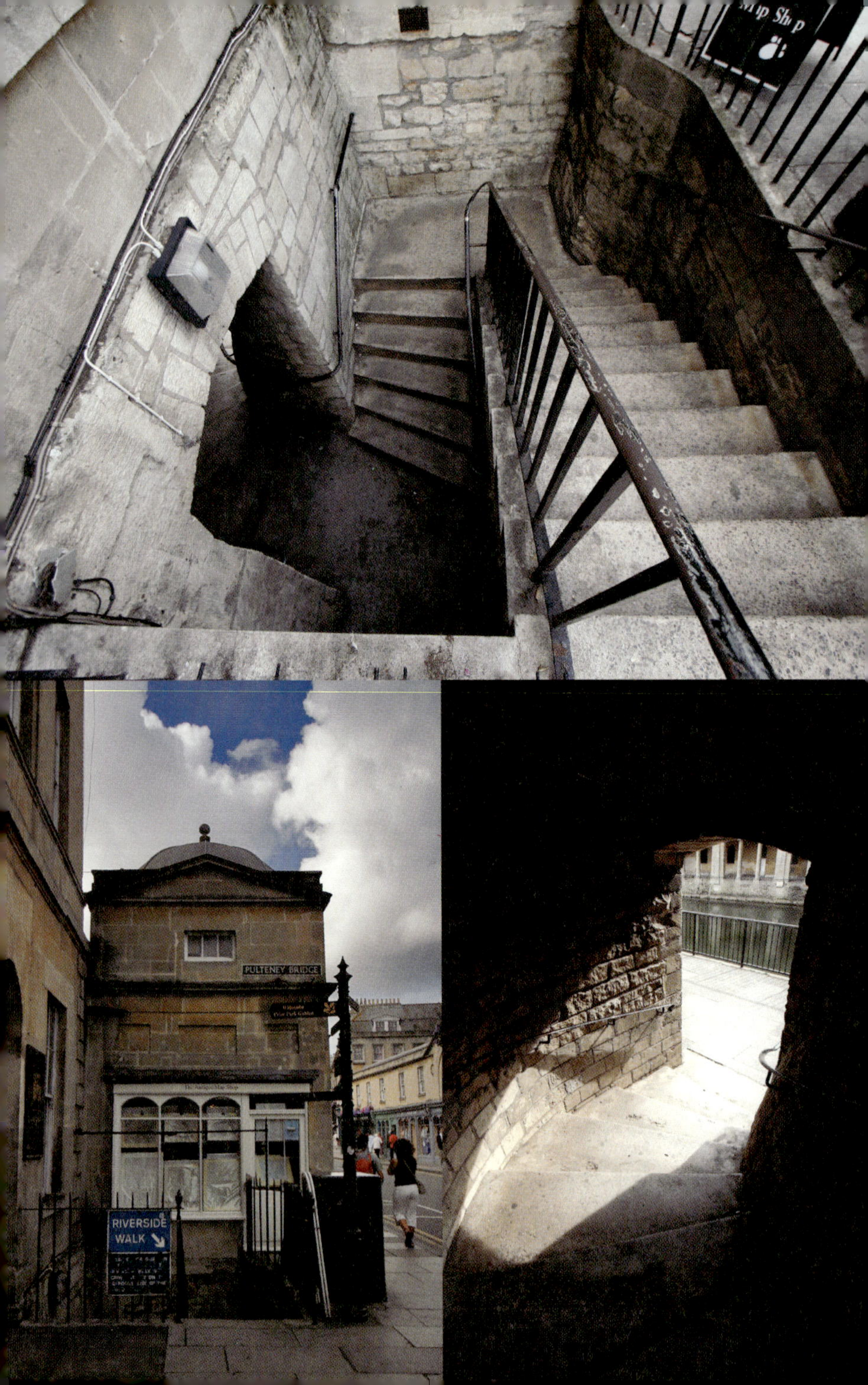
PULTENEY BRIDGE
RIVERSIDE WALK
The Antique Map Shop

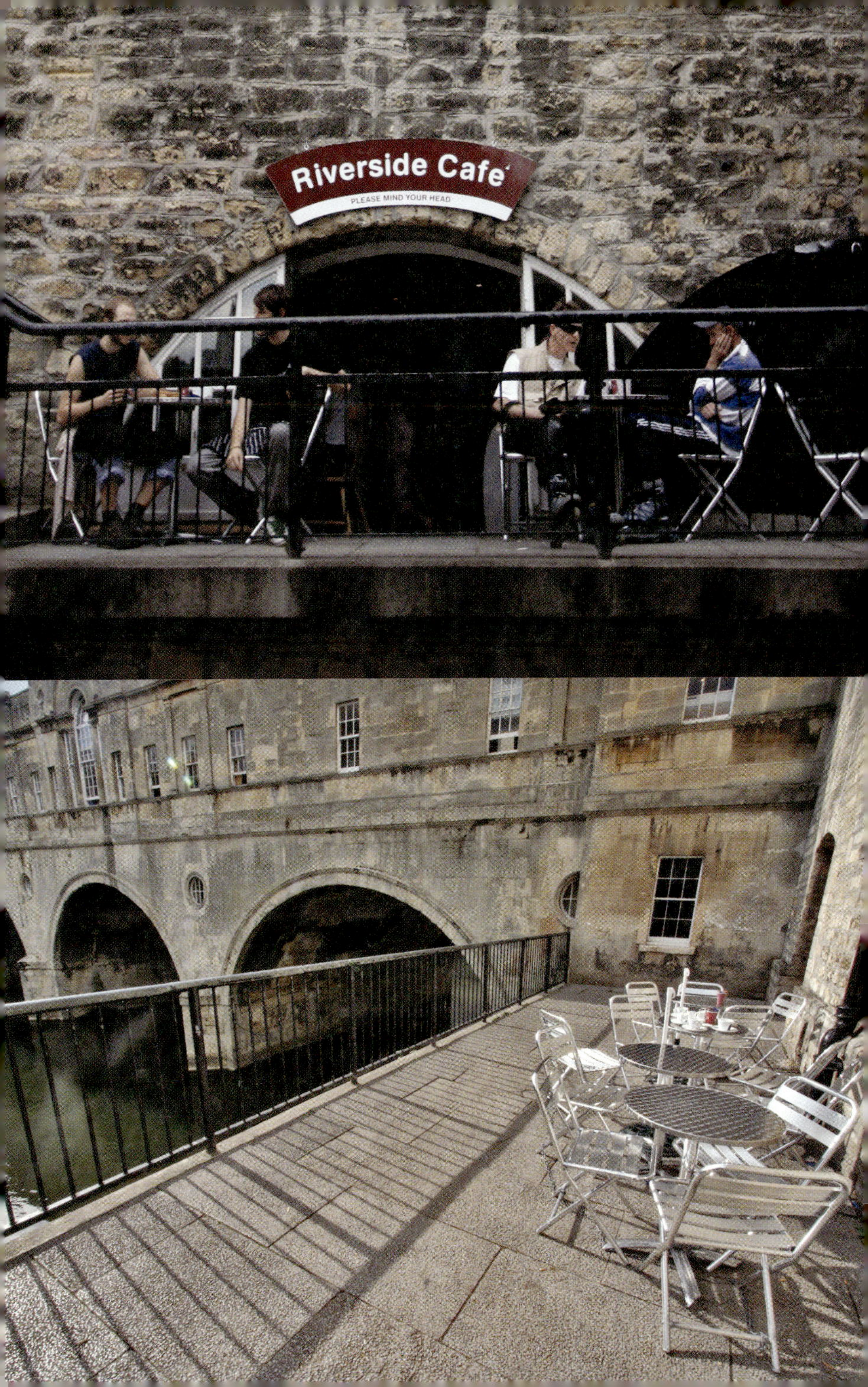

Riverside Cafe
PLEASE MIND YOUR HEAD

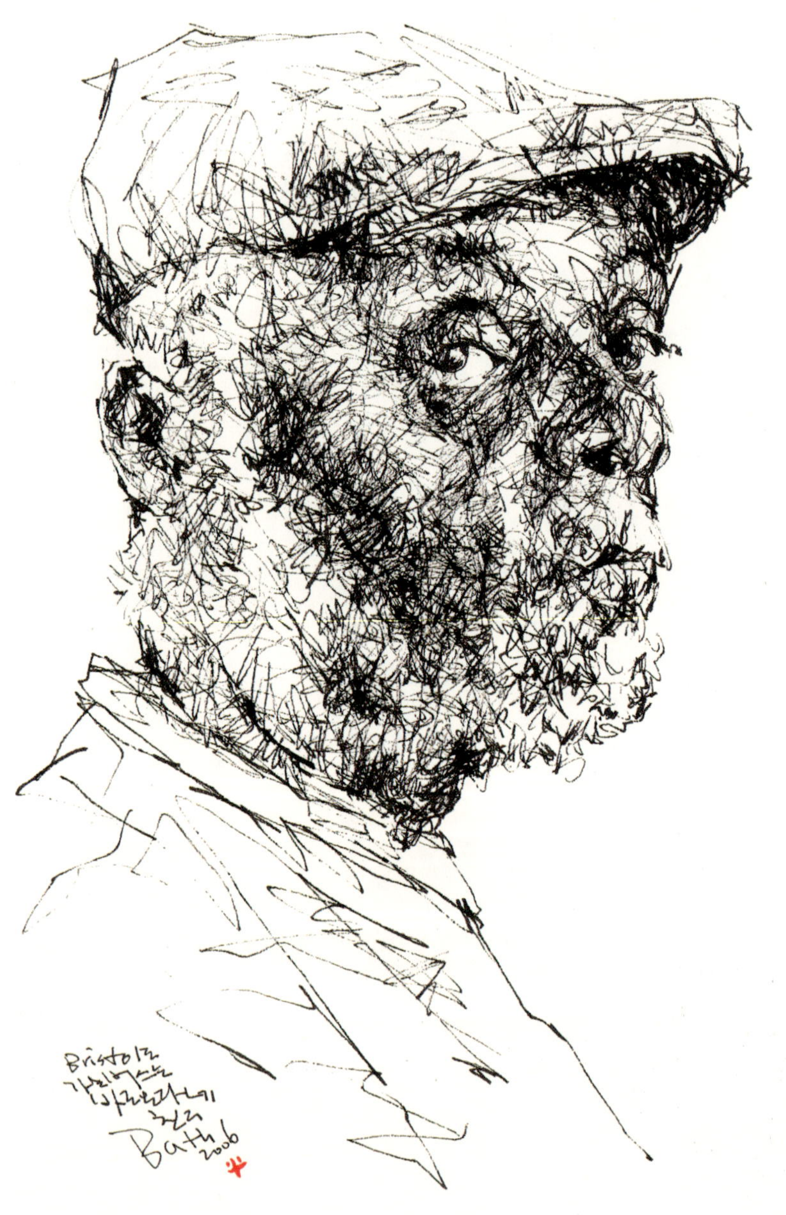

Bristol에
가보면 사람들
나가버리게
그림
Bath
2006

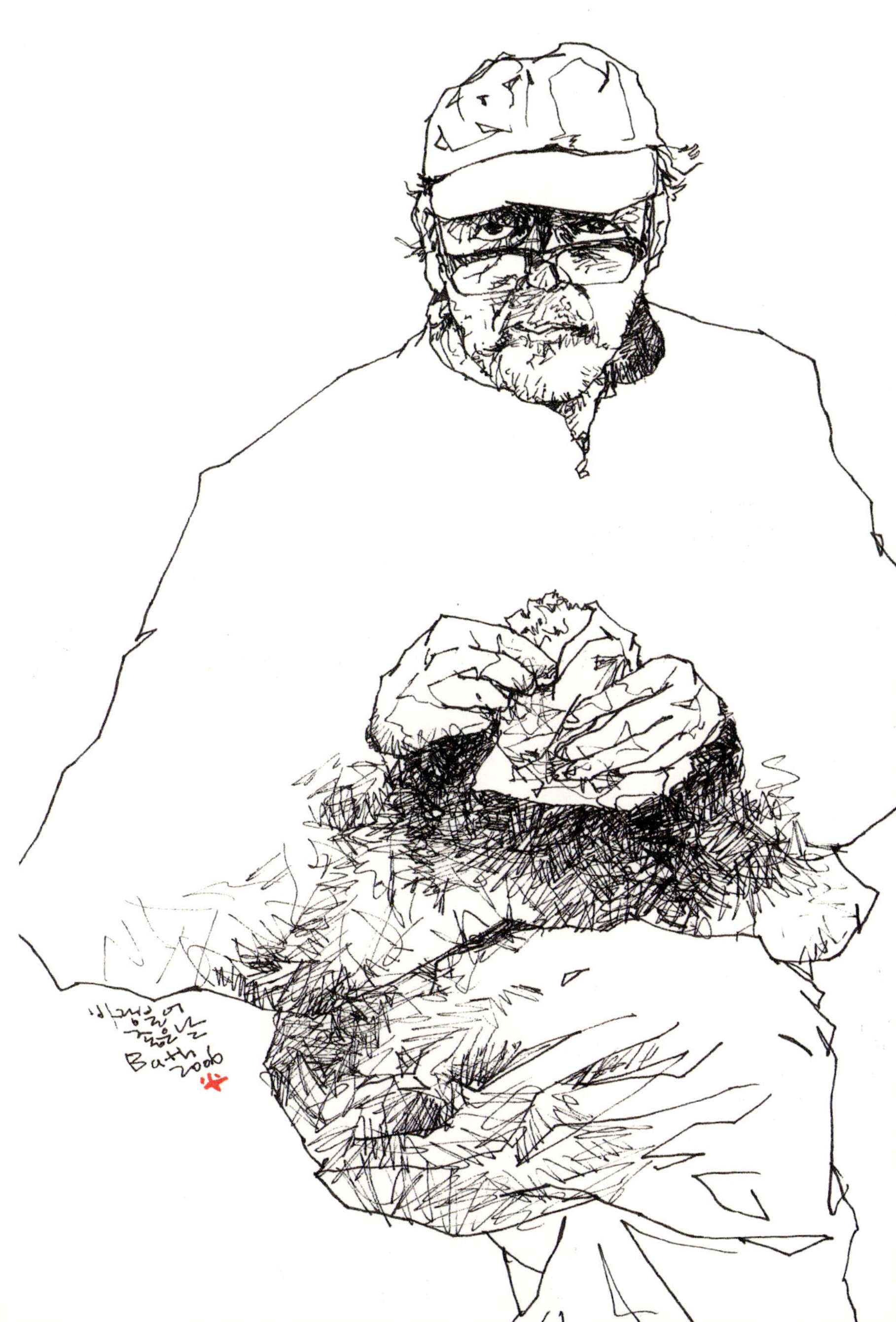

이곳은 골목골목 돌아다니는 재미가 쏠쏠하다. 가끔 뜻하지 않은 곳에 너무 예쁜 상점들이 즐비하거나, 갑자기 골목 안에 거대한 나무가 등장해서 놀라기도 했다.

골목 안에는 서울의 부자동네에서나 볼 수 있는 수많은 앤티크 숍과 공예품 가게들이 눈길을 끌었다. 골목을 돌아다니는 게 이렇게 재미있을 줄이야. 바스에서 내가 누린 가장 큰 즐거움이었다.

이곳에서 제일 유명한 거리는 바스 애비Bath Abbey와 로만 바스Roman Bath인데, 그 앞은 관광객들로 초만원을 이룬다. 특히 로만 바스는 들어가기조차 어려울 정도로 사람들이 많은데, 나이 지긋한 분들이 줄줄이 서 있는 게 이채로웠다.

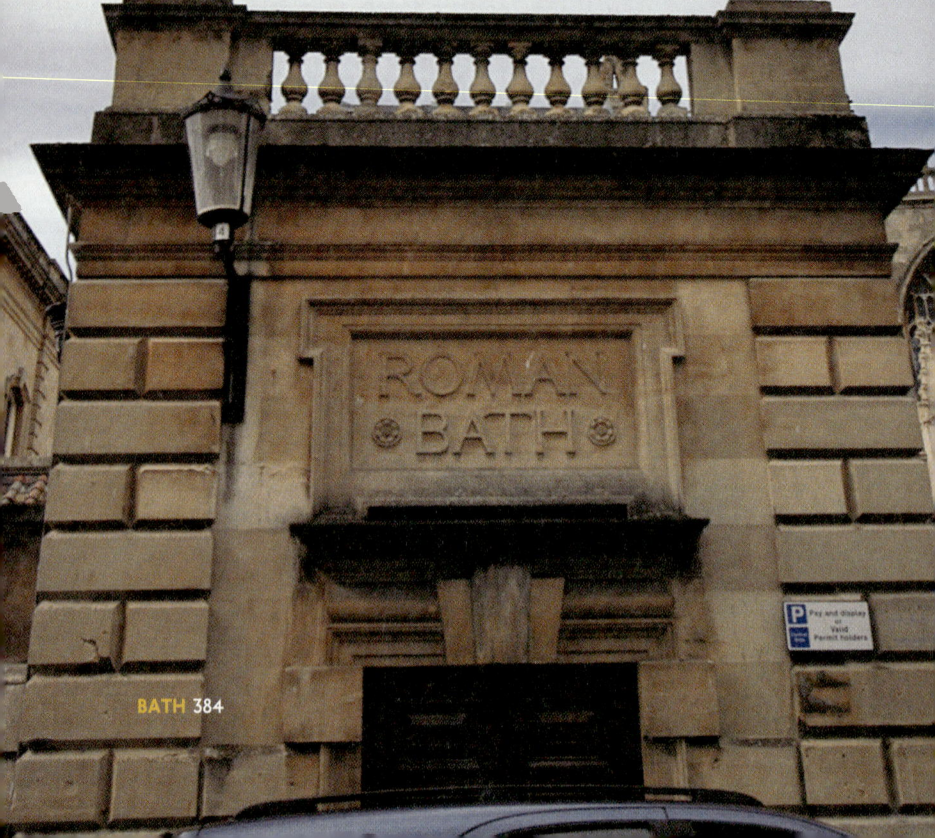

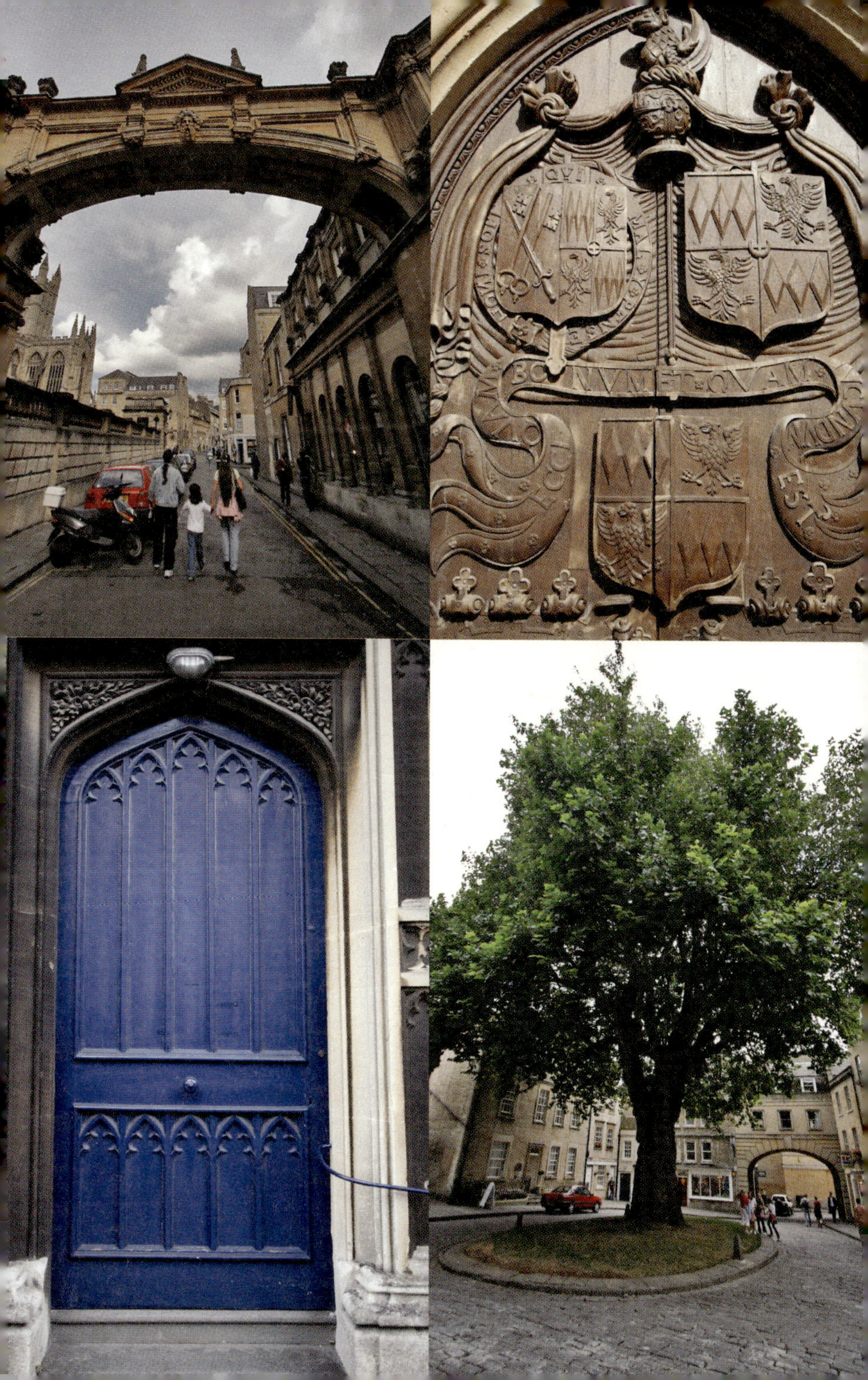

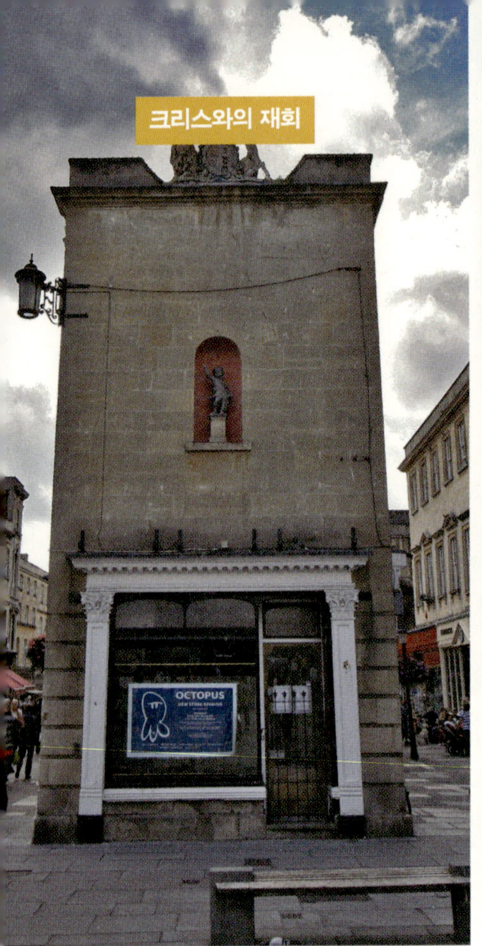

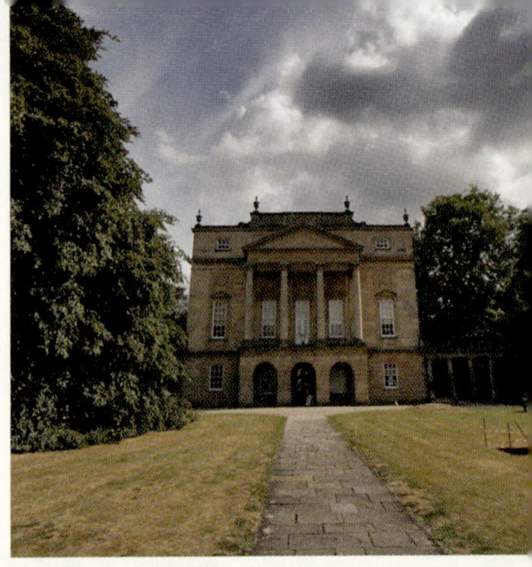

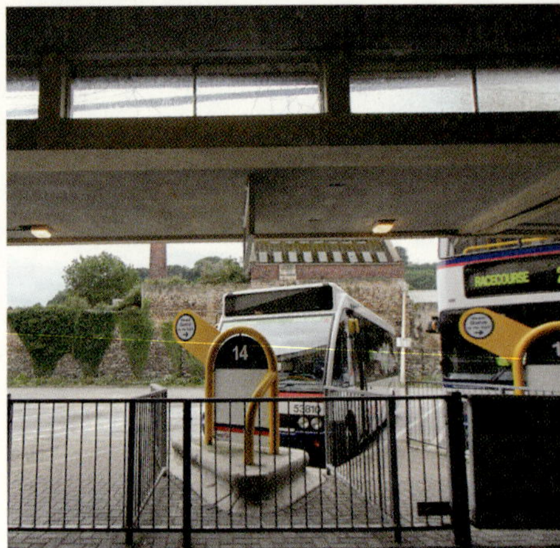

로만 바스를 지나 거리를 걷다가 거리의 화가를 발견했다. 그런데 얼굴이 낯이 익었다. 혹시 크리스가 아닐까? 그는 호주에서 피에르와 함께 그림을 그리던 친구다. 유심히 그를 바라보았다. 아무래도 크리스가 맞는 듯했다. 그 친구를 7년이 지나 이곳 바스에서 만나게 되다니…

어렴풋이 기억나는 건, 크리스가 자기 옆집에 라디오헤드^{Radio Head}의 리더인 톰 요크가 살고 있다고 했다는 거다. 호주에서 그를 처음 만났을 때만 해도 나는 영국 친구들에게 어떤 환상 같은 게 있었던 것 같다. 영국에 가본 적이 없었기 때문에 모든 이야기를 믿을 수밖에 없었다.

나는 관광객들을 상대로 캐리커처를 그려주고 있는 크리스의 뒤로 가서 그가 그림 그리는 모습을 지켜보았다. 호주의 오페라하우스 앞에서 처음 그를 만났을 때 그의 그림 솜씨는 초보자 수준이었다. 그 뒤로 시간도 많이 지났고, 꾸준히 노력했다면 그림 실력도 많이 늘었으리라. 과연 크리스의 그림은 상당히 좋아졌다. 게다가 그는 워낙 잘생겼기 때문에 여자 손님들에게 아주 인기가 많았다. 그 앞에 앉은 여자 손님도 꽤 즐거운 표정이었다.

내 앞 손님들의 순서가 끝나자, 내가 손님 좌석에 앉았다. 처음에 그는 나를 기억하지 못했다. 하지만 크리스는 곧 나를 알아보았고, 내 손의 두 배나 되는 커다란 손을 들어 올리며 내 손바닥과 맞장구를 쳤다.

나는 손님으로, 크리스는 화가로 마주 앉아 대화를 나누니 기분이 정말 묘했다. 이렇게 만나게 될 거라는 건 예상도 못한 일이다. 세상은 정말 생각보다 좁다. 이미 크리스는 두 아이의 아버지가 되어 있었다. 그는 이곳 바스에 정착해 살고 있다며, 명함을 내밀었다. 서로에게 앞날의 행운을 빌어주는 우리의 모습은 이미 그 옛날의 순수한 열정과는 거리가 먼 이미 어른들의 모습으로 변해 있었다.

갑자기 쓸쓸한 느낌이 들었다.

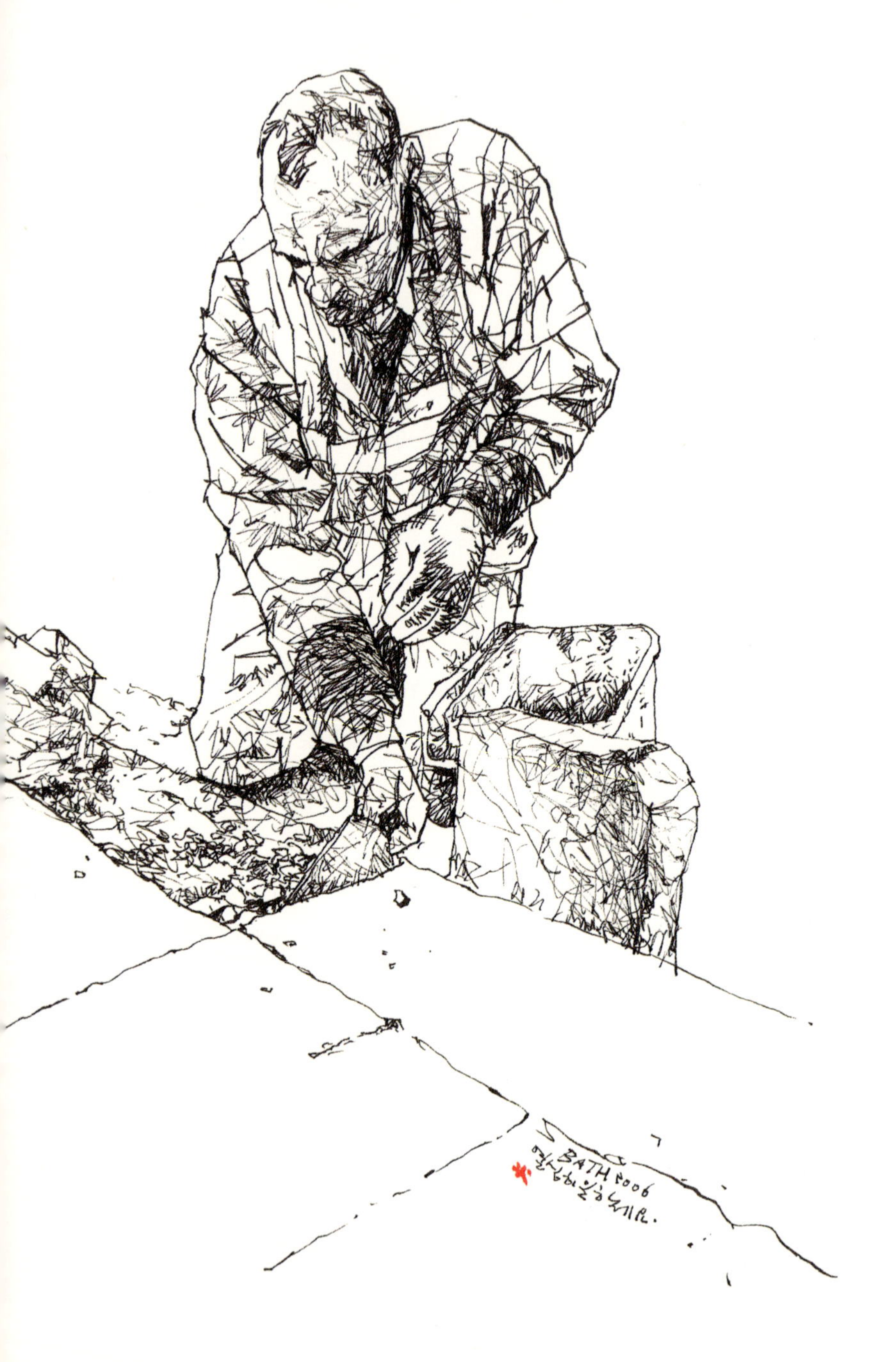
BATH 2006

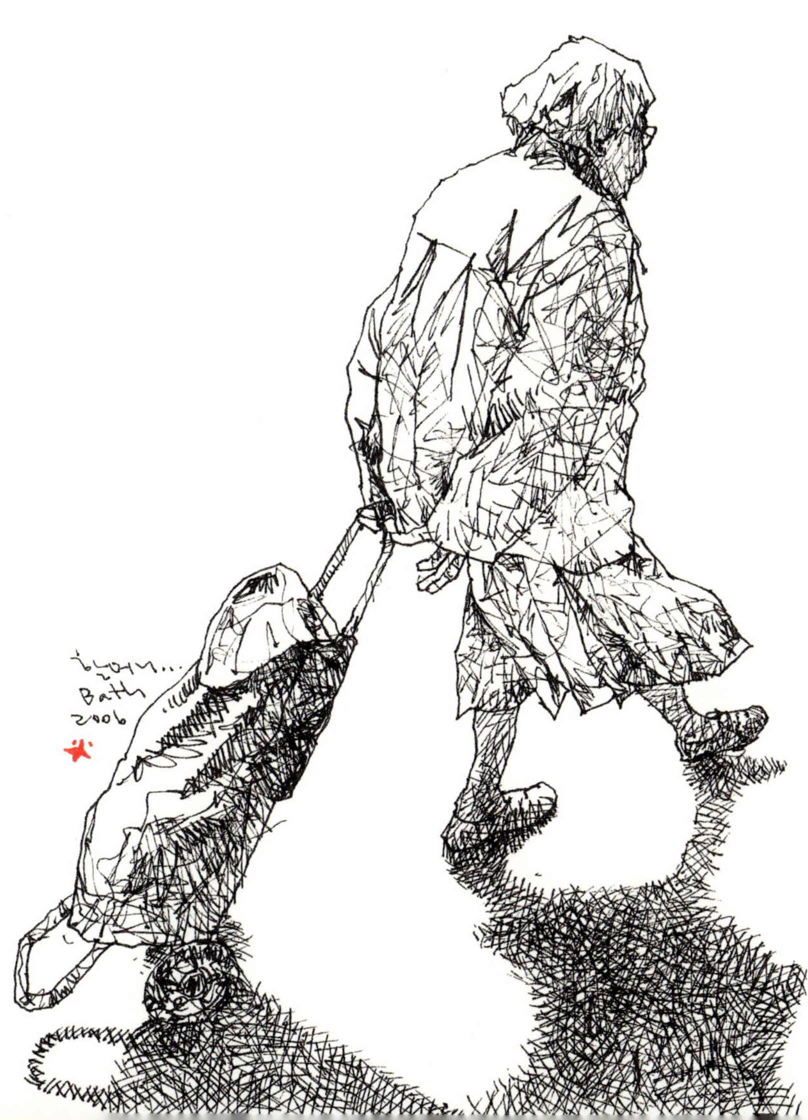

bloom...
Bath
2006

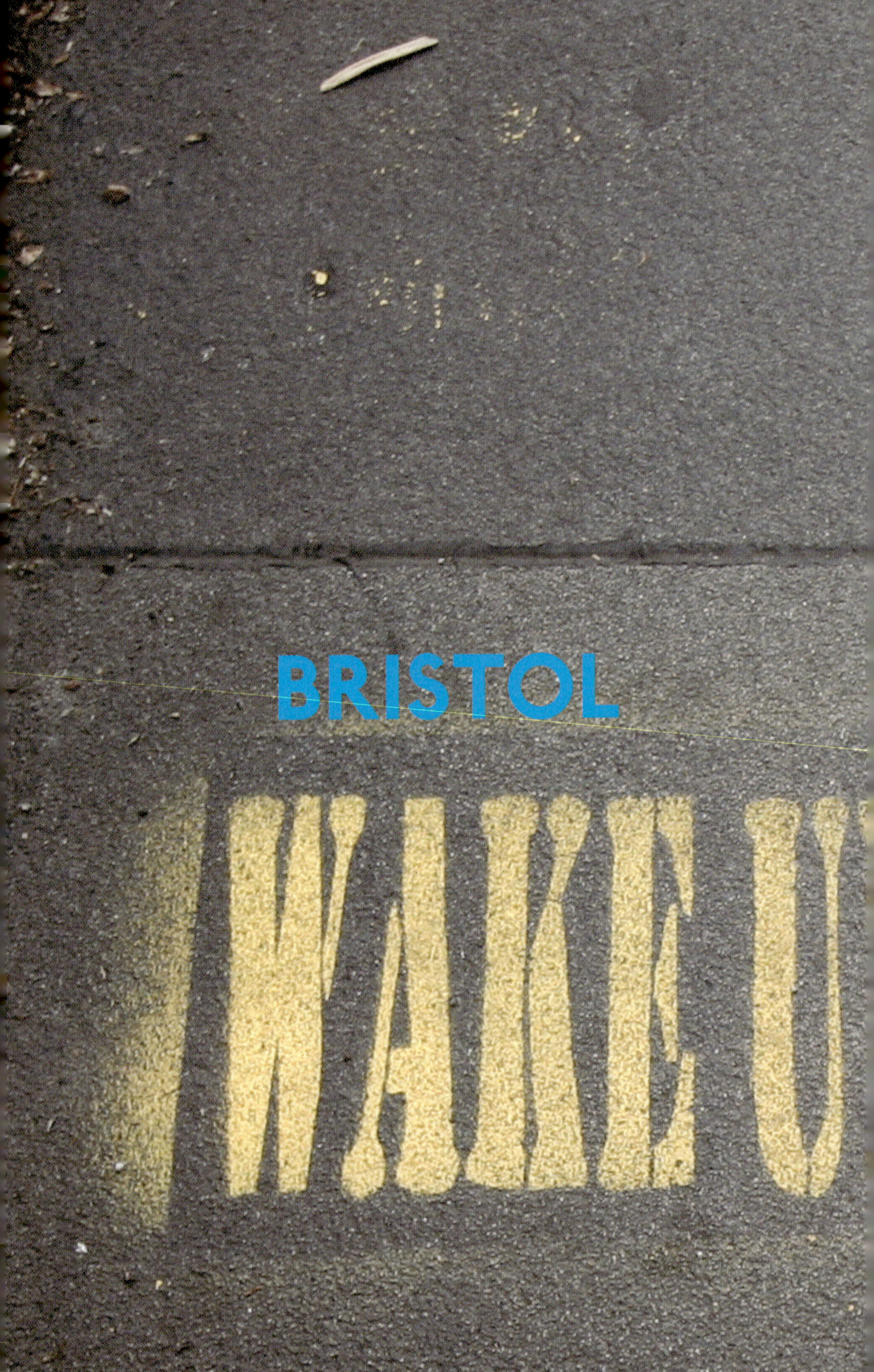

BRISTOL
WAKE U

브리스틀로 가는 버스는 한산했다. 이렇게 텅 빈 버스를 타고 고속도로를 달려본 적은 없었던 것 같다.

이번 여행에서 나는 한 도시를 거쳐 갈 때마다 감정의 기복이 심했다. 대체로 어떤 도시에 처음 도착할 때는 매우 긴장한다. 처음 가는 곳이기에 실수도 많고, 어떻게 해야 내가 원하는 곳에 갈 수 있는지 몰라서 온몸이 경직되기도 했다. 그러다가 이곳저곳 홀린 듯이 돌아다니다 보면 하루가 저물고, 그때쯤 되면 마치 거대한 해일이 지나간 뒤 고요해진 바다처럼 나도 긴장을 풀기 시작한다. 그 다음부터는 모든 곳이 내가 살고 있는 홍대 앞처럼 느껴진다. 어디쯤 가면 커피향이 나고, 어디쯤에 중국식당이 있고, 어디쯤 멋진 갤러리가 있는지 눈을 감고도 훤히 떠오른다.

비가 오다 해가 뜨다를 반복하는 영화 세트장 같은 고속도로를 계속 달렸다.

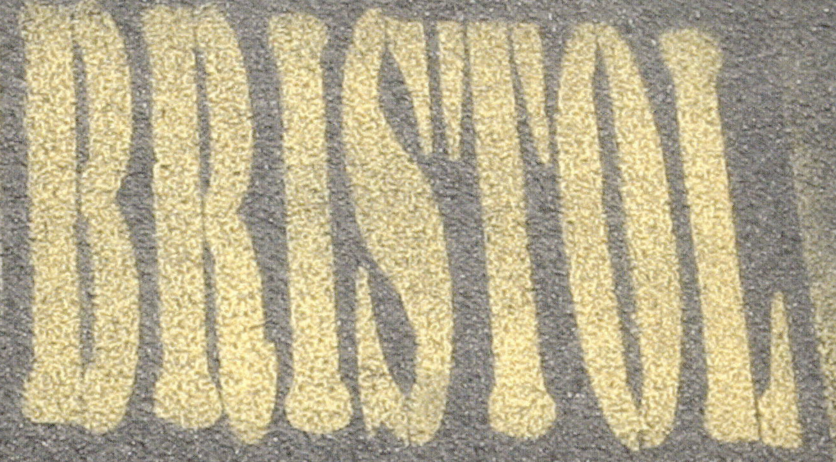

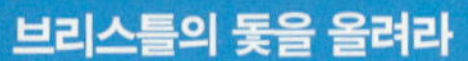

브리스틀에 도착한 것은 일요일 저녁의 한가한 시간이었다. 브리스틀은 예전부터 항구도시로 유명한 곳이라 꽤 투박하고 거칠 것으로 생각했지만, 생각과는 달리 조용하고 문화적인 곳이었다. 거리를 걷다가 멀리서 들려오는 드럼소리에 이끌려 그곳을 찾아갔다. 다른 악기 없이 드럼으로만 이루어진 독특한 팀이 거리공연을 벌이고 있었다. 그들이 연주하는 음악이 마치 나를 환영하는 소리 같아서 잠시 짐을 내려놓고 공연을 지켜보았다.

공연이 벌어지고 있는 이 공원에는 돛을 형상화한 거대한 조형물이 서 있었다. 브리스틀이 한때 무역항으로 번성했던 곳이라 그런지, 벌써 비슷한 조형물을 두 번이나 보았다. 브리스틀은 한때 항구도시로 유명했지만, 항구가 브리스틀 해협 쪽으로 옮겨간 뒤로는 항공산업이 중심 산업이 되었다. 그래도 브리스틀의 예술작품에는 항구 콘셉트가 여전히 남아 있는 듯했다.

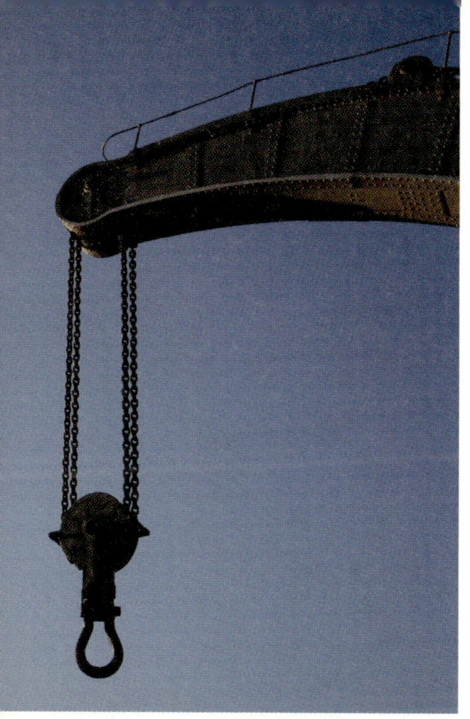

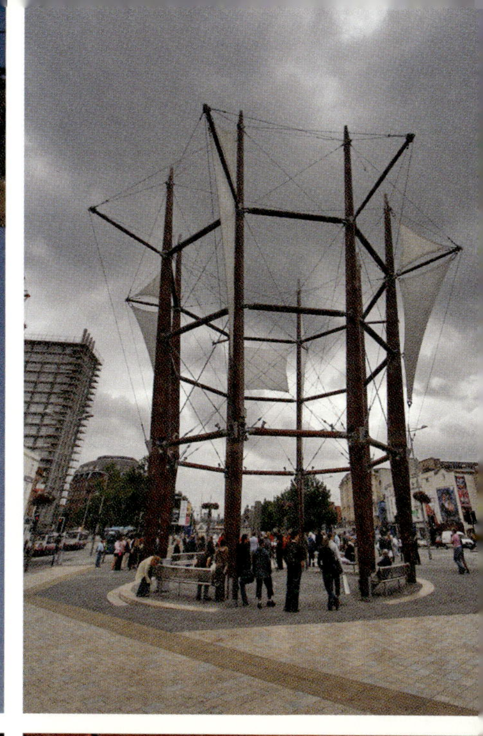

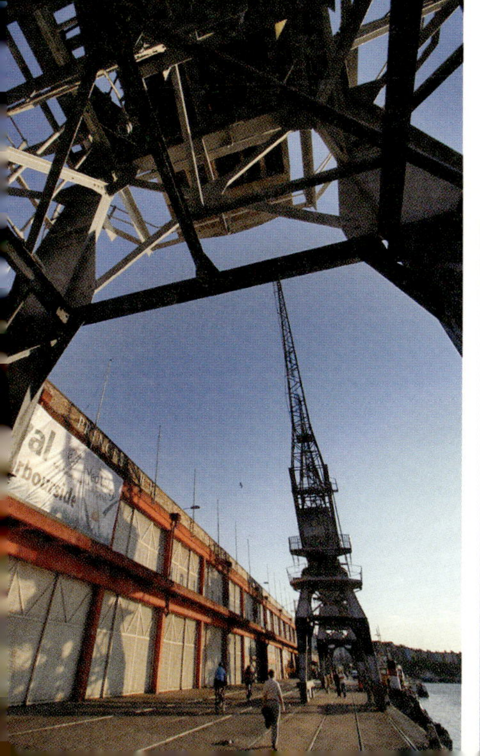
rbourside

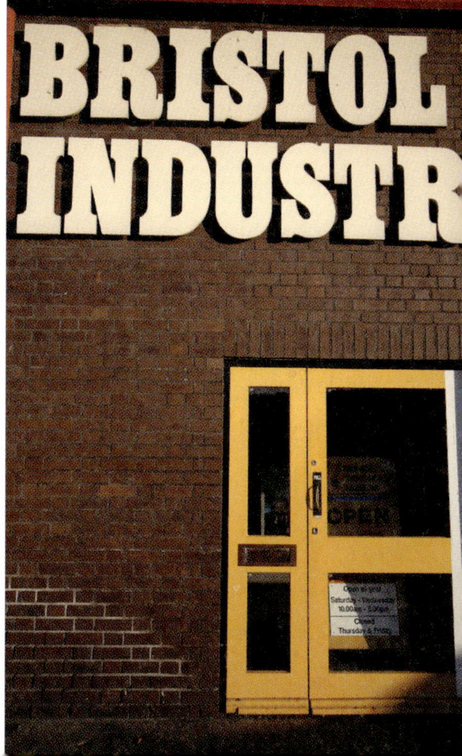
BRISTOL
INDUSTR
OPEN
Open to public
Saturday - Wednesday
10.00am - 5.00pm
Closed
Thursday & Friday

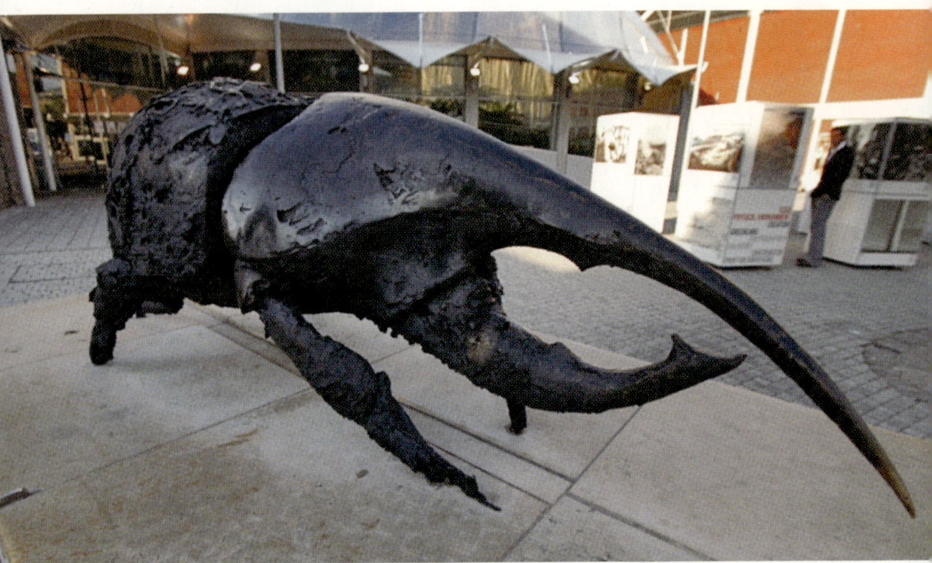

브리스틀 하면, 나는 '매시브 어택' Massive Attack이 먼저 떠오른다. 이 도시에 대해 어떠한 정보도 지식도 없던 시절, 그리고 지금 이곳에 도착하기 전까지 브리스틀은 이 그룹 이름 하나로만 기억되었다.

더 이상 우울할 수도 스산할 수도 없을뿐더러 고통스럽기까지 한 이들의 음악을 흔히 '트립합' Trip-hop이라고 부르는데, 이 장르는 재즈와 힙합, 그리고 흑인들의 비트인 덥Dub이 결합된 음악이다. 트립합은 매시브 어택과 마찬가지로 브리스틀 출신인 포티셰드Portishead가 활동했던 1990년대 중반부터 전 세계적으로 유행했다. 그래서 트립합은 '브리스틀 사운드'라고 불릴 만큼 브리스틀과 아주 밀접한 장르가 되었다.

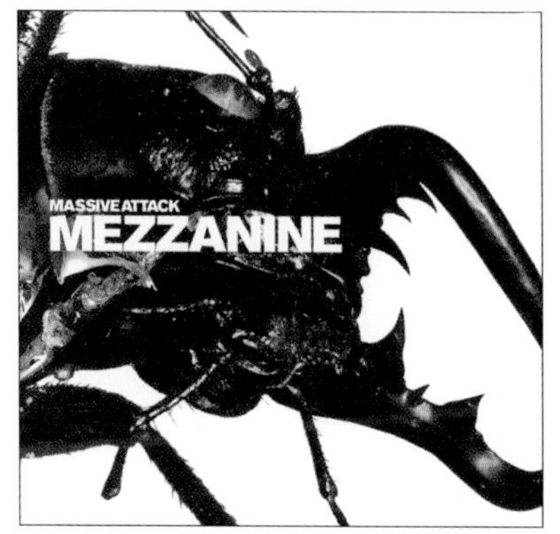

매시브 어택은 미국의 이라크 침공을 반대하는 반전 활동으로도 유명하고 다양한 뮤지션이나 아티스트들과의 활발한 협력 작업으로도 유명하다. 이 그룹의 1998년도 앨범인 〈메자닌〉은 지금의 내 아내를 처음 만났을 즈음에 발매되었는데, 당시 우리는 만나기만 하면 이 음악을 즐겨 듣곤 했기 때문에 더 기억이 남는다.

숙소를 찾아가다 앳브리스틀@Bristol 앞을 지나는데 내 몸뚱어리만 한 거대한 투구벌레가 나타났다. 이것을 보는 순간 매시브 어택의 인상적인 〈메자닌〉 앨범 재킷이 떠올랐다. 작가는 니콜라 힉스Nicola Hicks이고 제작연도를 보니 2000년이다. 그렇다면 〈메자닌〉 앨범이 나온 다음에 이 작품이 만들어졌다는 애긴데…

앳브리스틀이 대대적인 공공 미술 프로젝트를 진행하면서 내건 테마는 '탐구' Explore 와 '야생의 길' Wildwalk' 이었다. 그래서 브리스틀에는 유난히 자연과 생명을 주제로 한 작품들이 많다.

자신의 몸보다 더 큰 먹이를 들어 올리는 힘을 가진 이 투구벌레는 브리스틀의 내재된 힘처럼 느껴진다. 브리스틀은 자연을 바라보는 새로운 시각을 제시하며, 미래를 준비하고 있다.

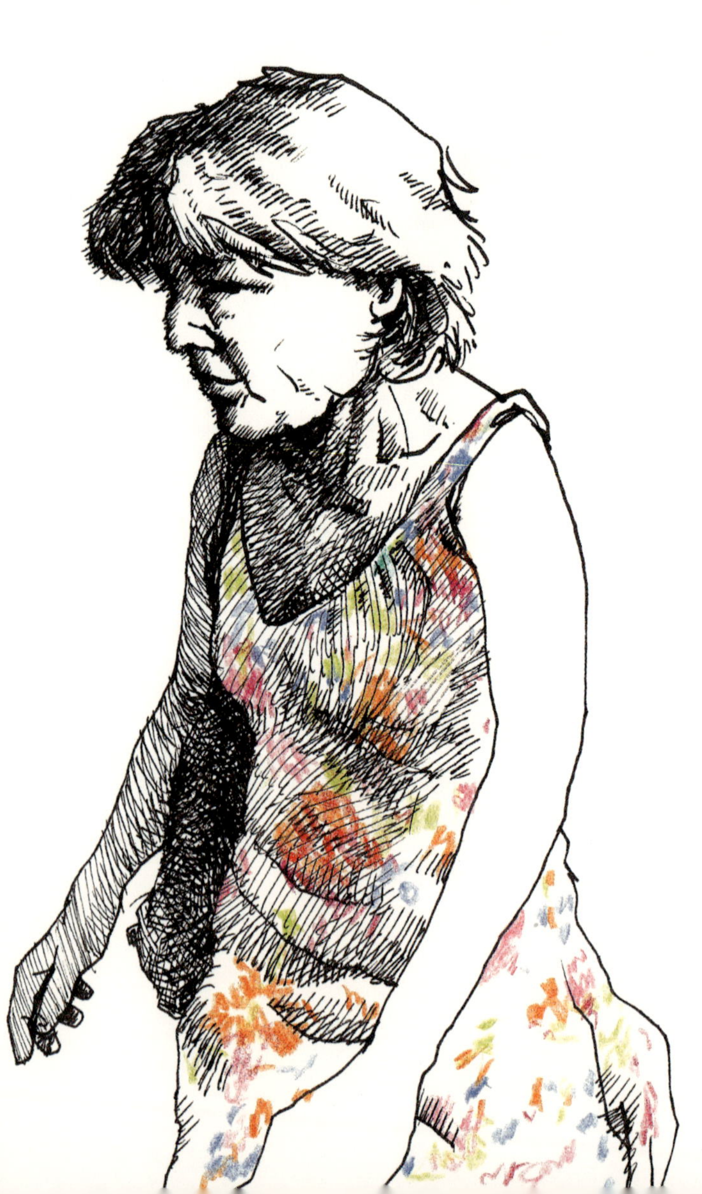

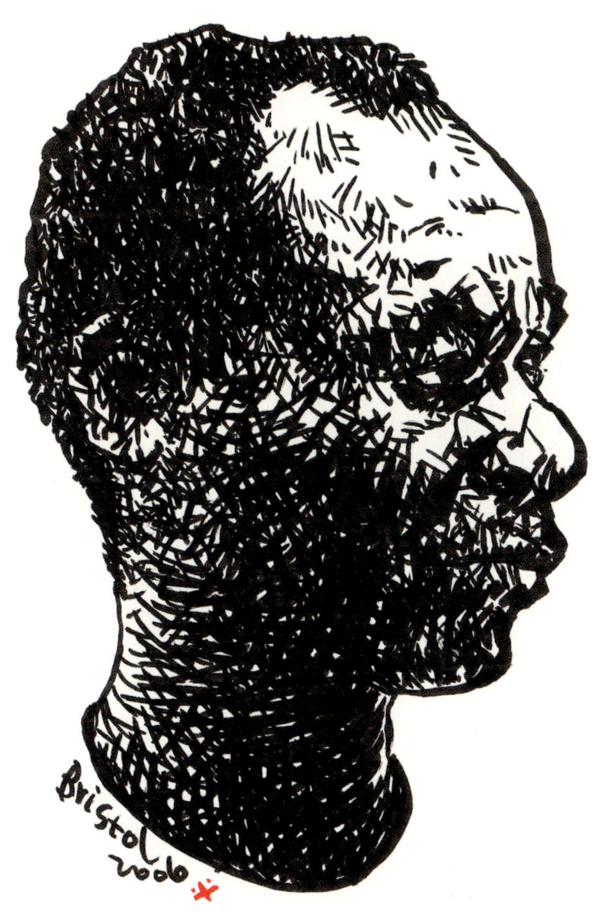

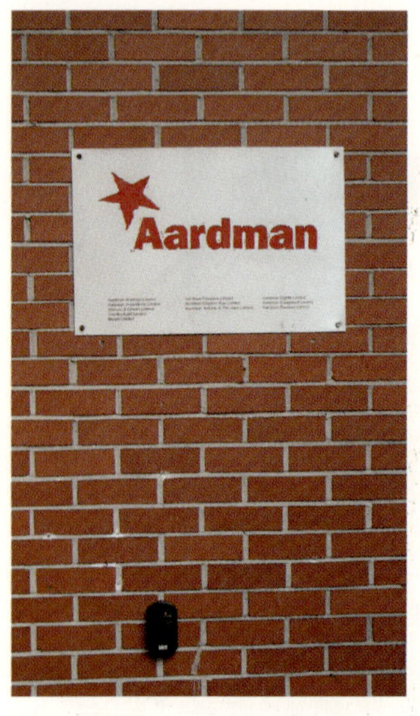

며칠간 쌀로 된 음식을 먹지 못해서 그런지 체력이 현저히 떨어졌다. 거리를 헤매며, 중국 음식점과 아시아 음식점을 찾아보았다.

이제 더 이상 피시앤칩스와 빵으로 견디기에는 한계를 넘어선 듯하다. 평소에 음식을 가리는 편은 아닌데, 나도 한국 사람인지 밥과 김치가 그립다.

허기진 배를 움켜쥐고 영국 애니메이션의 상징인 월리스 앤드 그로밋 Wallace and Gromit의 탄생지인 아드먼 스튜디오 Aardman Studio 를 찾아갔다. 아드먼 스튜디오를 찾기 위해 네 시간 정도를 거리에서 허비했다. 지도를 보고 아무리 찾아봐도 제자리만 빙빙 돌고 있었다. 그러다가 결국 아드먼 스튜디오를 찾았을 때 스튜디오가 세 군데로 나뉘어 있다는 것을 알게 되었다. 내가 찾은 스튜디오는 소수의 애니메이터들이 일하고 있는 곳이라 그다지 볼만한 것이 없었다. 게다가 더욱 우울했던 건 아드먼 스튜디오의 월리스 앤드 그로밋의 촬영세트는 몇 년 전 화재로 잿더미가 되었다는 얘기였다.

고픈 배를 주려잡고 찾아 헤맨 끝이 고작 이런 결과라니…

허탈한 마음을 뒤로 하고 뱅크시가 최근에 그렸다고 하는 대형 스텐실 작품을 찾아 나섰다. 이 작업은 처음 발표되었을 때 신문의 한 면을

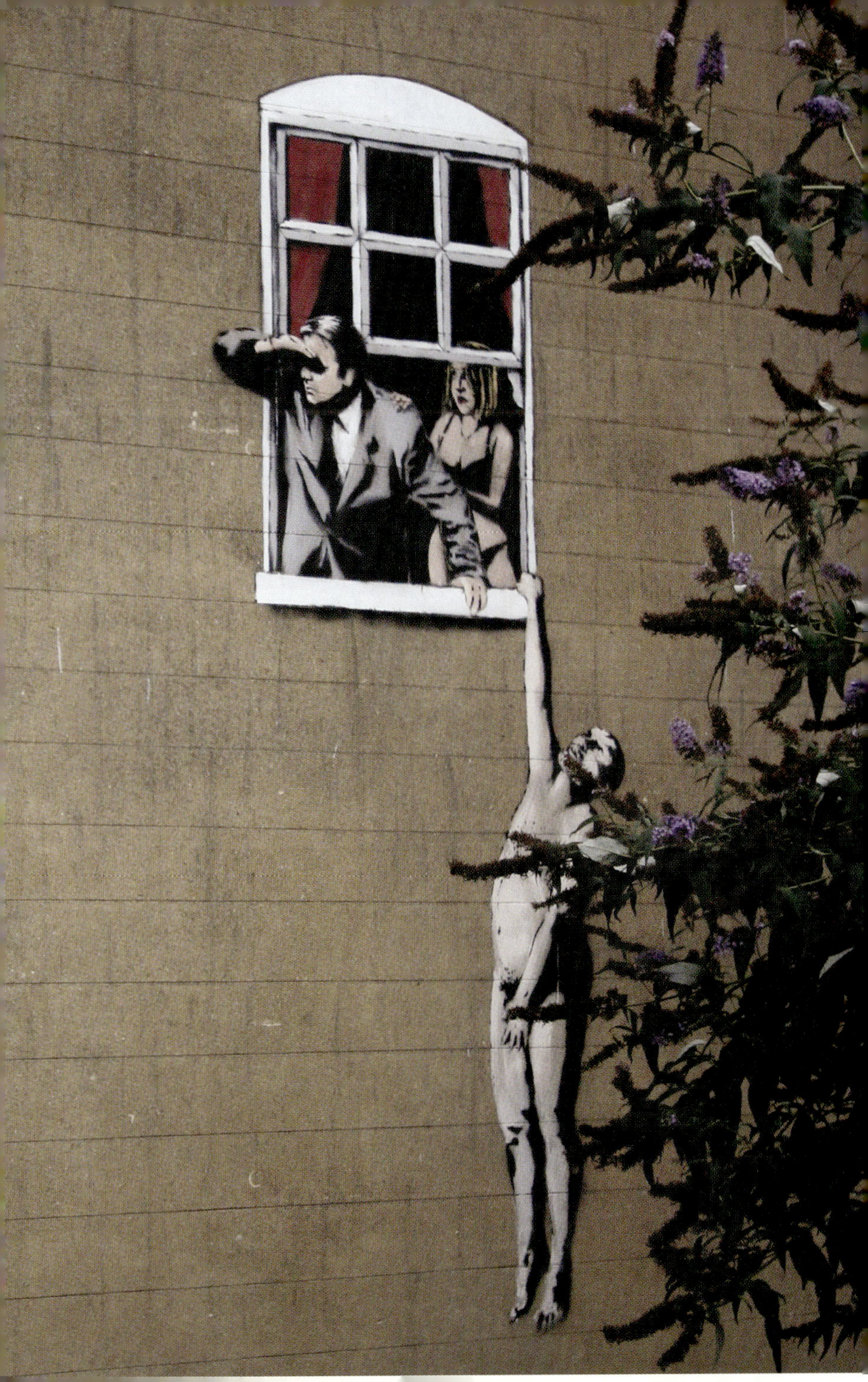

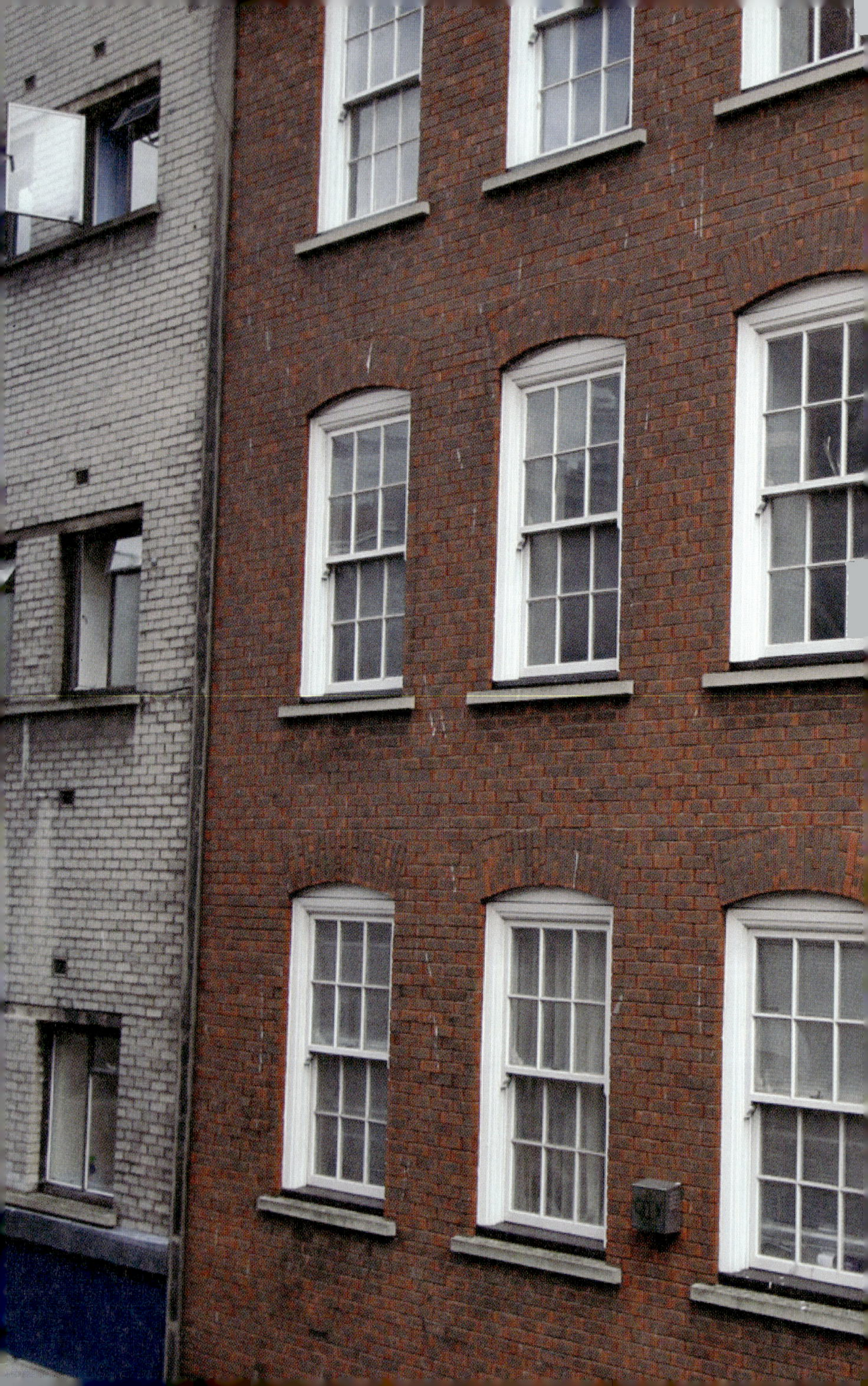

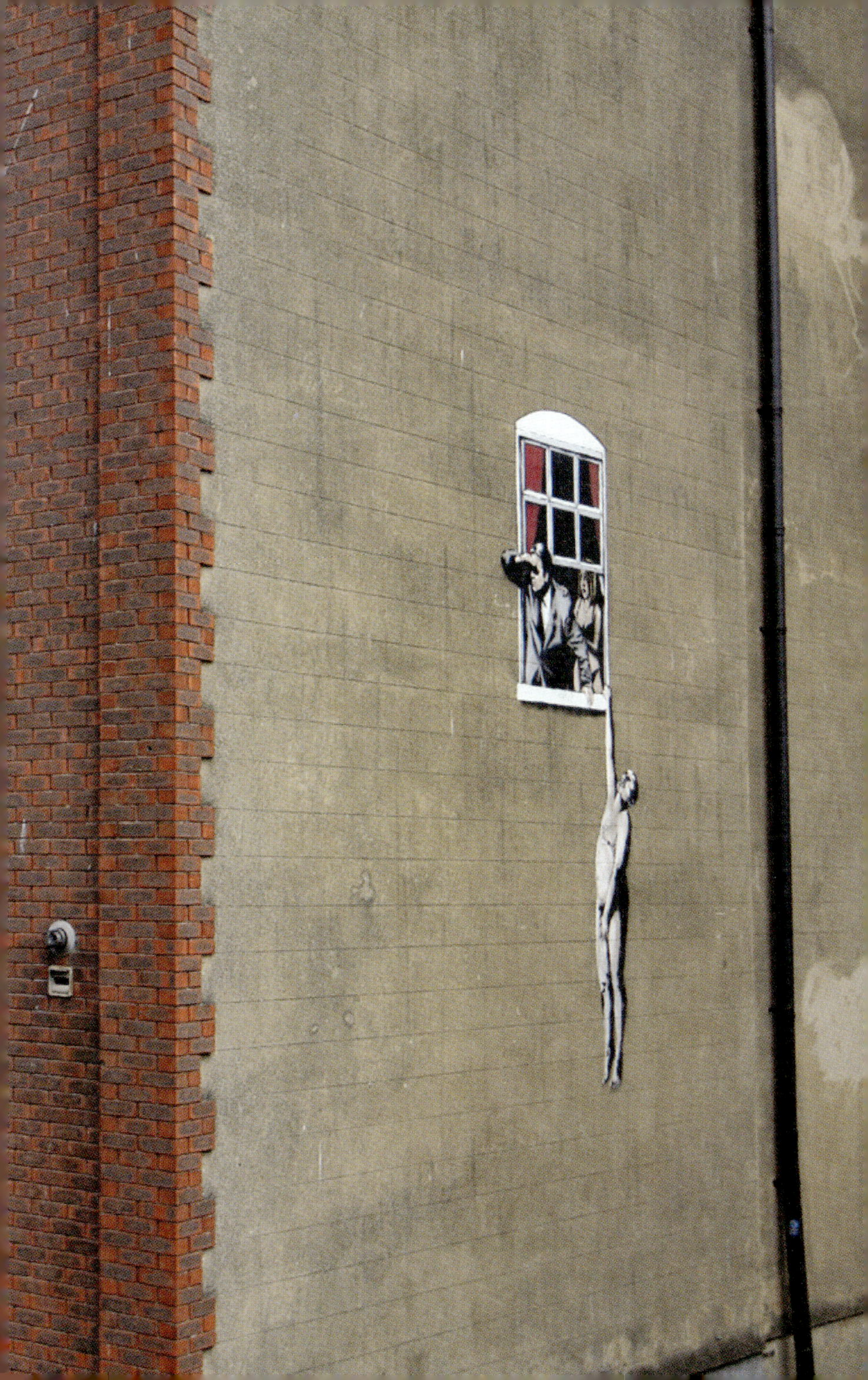

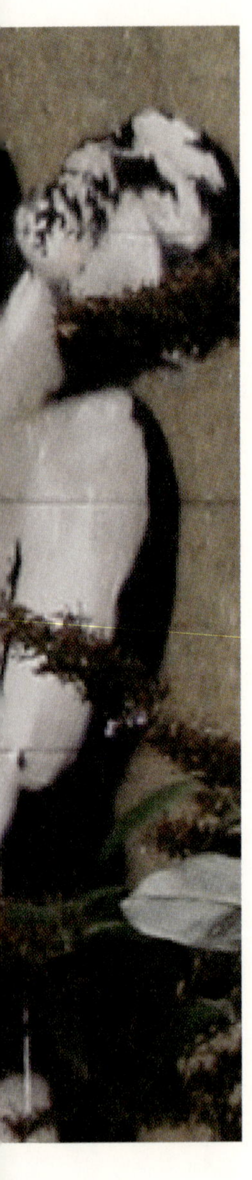

장식하기도 했고, 시의회에서도 영구보존하기로 결정
했기 때문에 분명히 볼 수 있으리라는 확신이 섰다.

빅토리아 스퀘어를 지나 파크 스트리트까지 내리막길
이 이어졌다. 그 끝에 식당가가 나타났다. 타이 음식,
중국 음식, 일본 음식, 케밥 등 내 눈에는 그야말로 아
름다운 음식들의 향연이 펼쳐졌다.

일단 일식집에 들러 밥과 함께 생선요리를 먹었다. 내
평생 이렇게 맛있는 밥과 생선을 먹어본 적이 있었던
가? 확실히 아시아 음식은 우리와 동향의 미각을 공유
한다는 생각이 새삼 든다. 어느 정도 배를 채우고 나서
다시 걷기 시작했다.

조지안 하우스Georgian House의 건너편 횡단보도를 지나면 뱅
크시의 작품이 나타날 것이다. 그의 작품은 아드먼 스
튜디오의 그 허탈한 경험을 보상하고도 남을 것이다.

드디어 맞닥뜨린 뱅크시의 작업은 더 이상 나를 실망시
키지 않았다. 강렬하고 대담했다. 그의 이 작업은 사전
에 치밀하게 조사하고 준비한 흔적이 엿보였다. 그건
건물의 창들을 보면 알 수 있는데, 뱅크시의 그림 속 창
과 건물의 창은 크기부터 똑같다. 그리고 자세히 들여
다보면 옷을 벗고 중요한 부분만 가린 채, 떨어지기 일
보직전의 불쌍한 대머리 아저씨가 낯이 익다.

바로 코카인을 흡입하던 런던의 그 경찰 아저씨다. 런
던에서도 악역을 맡았던 경찰 아저씨는 이번에도 체면

이 말이 아니다. 남편이 있는 여자와 관계를 갖다가 남편이 들이닥치자 황급히 도망치는 불륜의 남자.

회사일로 머리가 지끈거리는 브리스틀 사람들이라도 이 작품을 보면 절로 웃음이 날 것 같다. 물론 아이들에게는 이 작품을 설명할 수 있는 준비된 대답이 하나쯤 필요하리라.

뱅크시가 브리스틀 출신이라는 걸 알게 된 건 이 작업을 본 직후였다. 내 머릿속에서는 뱅크시와 매시브 어택이 브리스틀이라는 커다란 테두리 안에서 오버랩되었다. 브리스틀의 환경이 그들의 예술을 이어주는 끈처럼 느껴지기도 했다.

뱅크시는 앤디 워홀이 실크스크린으로 작업한 마릴린 먼로를 그대로 차용해 그녀의 얼굴을 영국의 세계적인 모델 케이트 모스^{Kate Moss}로 바꾼 작업을 하기도 했는데, 그 작품은 소더비 경매에서 5만 4백 파운드(약 9천 2백 만 원)에 낙찰되는 인기를 누렸다. 이처럼 뱅크시는 유명한 작가들의 작업을 자기 식으로 해석해 특유의 유머와 풍자를 곁들여 재창조했다.

그의 본명은 로버트 뱅크스^{Robert Banks}, 로빈 뱅크스^{Robin Banks} 등으로 불리며, 이름조차 확실한지를 두고 논란이 일 정도로 정체불명의 아티스트이다.

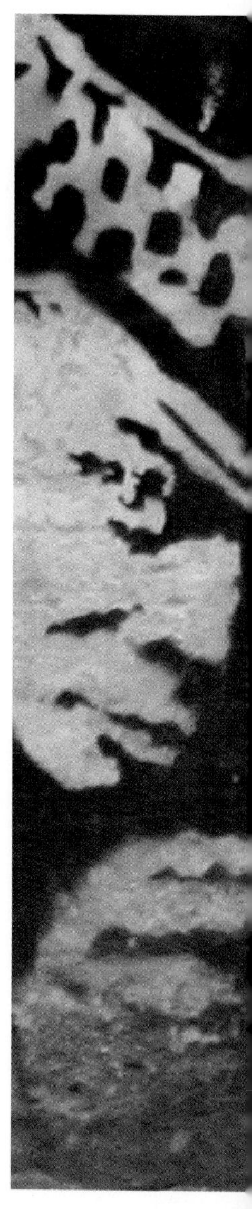

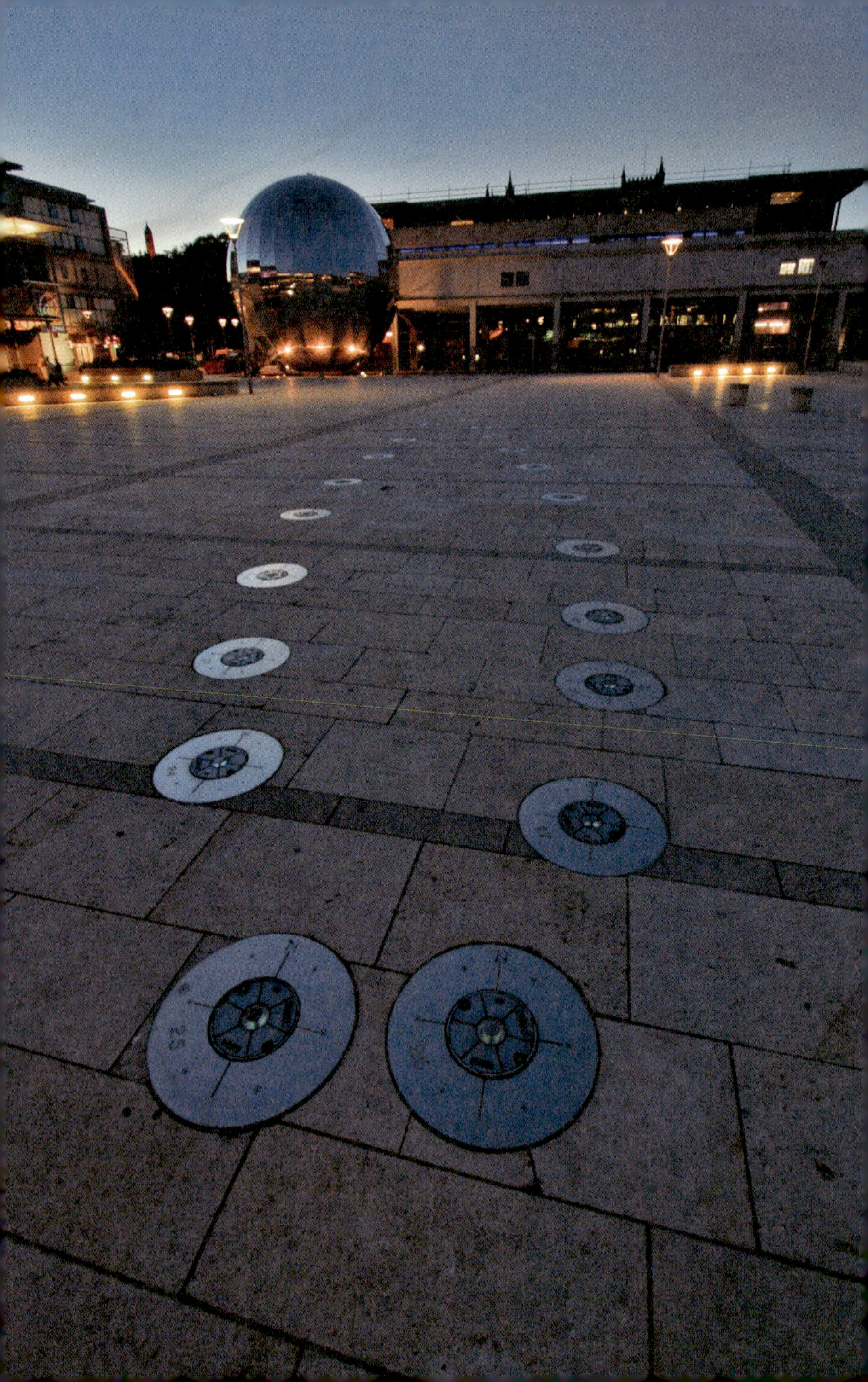

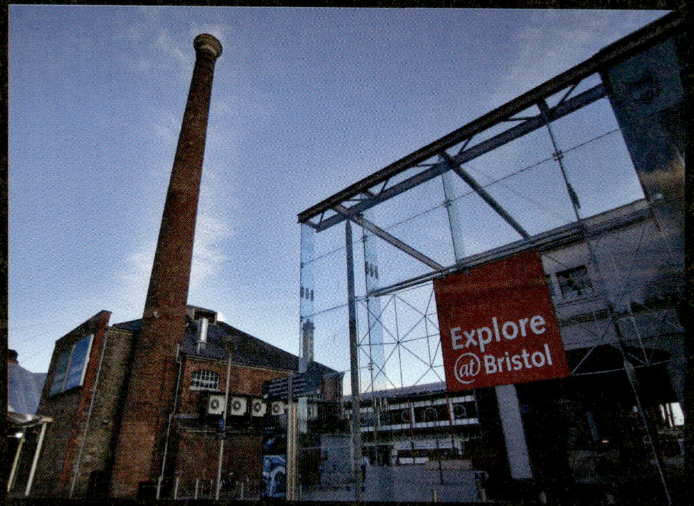

웨일스와 잉글랜드의 접점인 이곳에도 밀레니엄 프로젝트가 진행되었다. 앳브리스틀은 브리스틀의 항구를 리노베이션한 곳으로, 새로운 항구의 모델이 될 만한 곳이다. 영국에서 진행된 밀레니엄 프로젝트가 각 도시의 성격에 맞춰 변화하되, 절묘하게 미래지향적인 모델을 제시하는 것이 놀랍다. 철지난 옛 항구가 첨단 과학과 교육을 위한 현장으로 변신해 가족 단위의 관객들을 끌어 모으고 있으니 말이다. 앳브리스틀은 브리스틀의 심장부인 밀레니엄 광장과 캐논^{Canon} 강을 중심으로 건설되었다. 이곳은 이를테면 과학기술의 탐구와 교육을 목적으로 만든 일종의 작은 공공센터다. 역학, 소리, 빛, 컴퓨터과학, 우주, 인간의 뇌를 주제로 하는 다양한 체험관이 준비되어 있고, 아이맥스 영화관과 천문관측대도 있다. 여기서 진행되는 모든 교육 프로그램은 마치 놀이기구처럼 잘 디자인되어 있는 게 인상적이다.

앳브리스틀은 모두 네 부분으로 구성되어 있다. 각각은 Explore@Bristol, IMAX@Bristol, WildWalk@Bristol, Learning@Bristol 라는 이름이 붙어 있다. 모든 부분은 이곳의 심장부인 밀레니엄 광장으로 연결된다.

WildWalk@Bristol은 19세기에 지어진 납세공 건물을 새로 고쳐서 건축한 것이고, Explore@Bristol은 1906년에 지어진 철도 물품창고를 재건축한 것이다. 이 건물들은 낡았지만 모두 브리스틀의 건축과 역사, 문화에서 중요한 가치가 있는 건축물들이다.

앳브리스틀은 밀레니엄 광장과 아르놀피니 아트갤러리, 브리스틀 산업박물관, 그리고 퀸 스퀘어를 이어주는 요지에 위치해 있다. 예전에는 수출입의 중심지였던 이곳이 새로운 밀레니엄을 맞아 우주와 미래의 시간을 오가는 문화적인 항구로 거듭나고 있는 것이다.

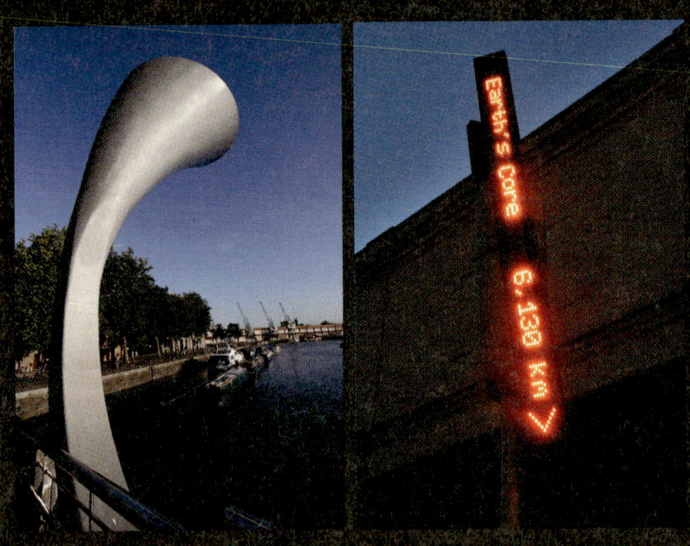

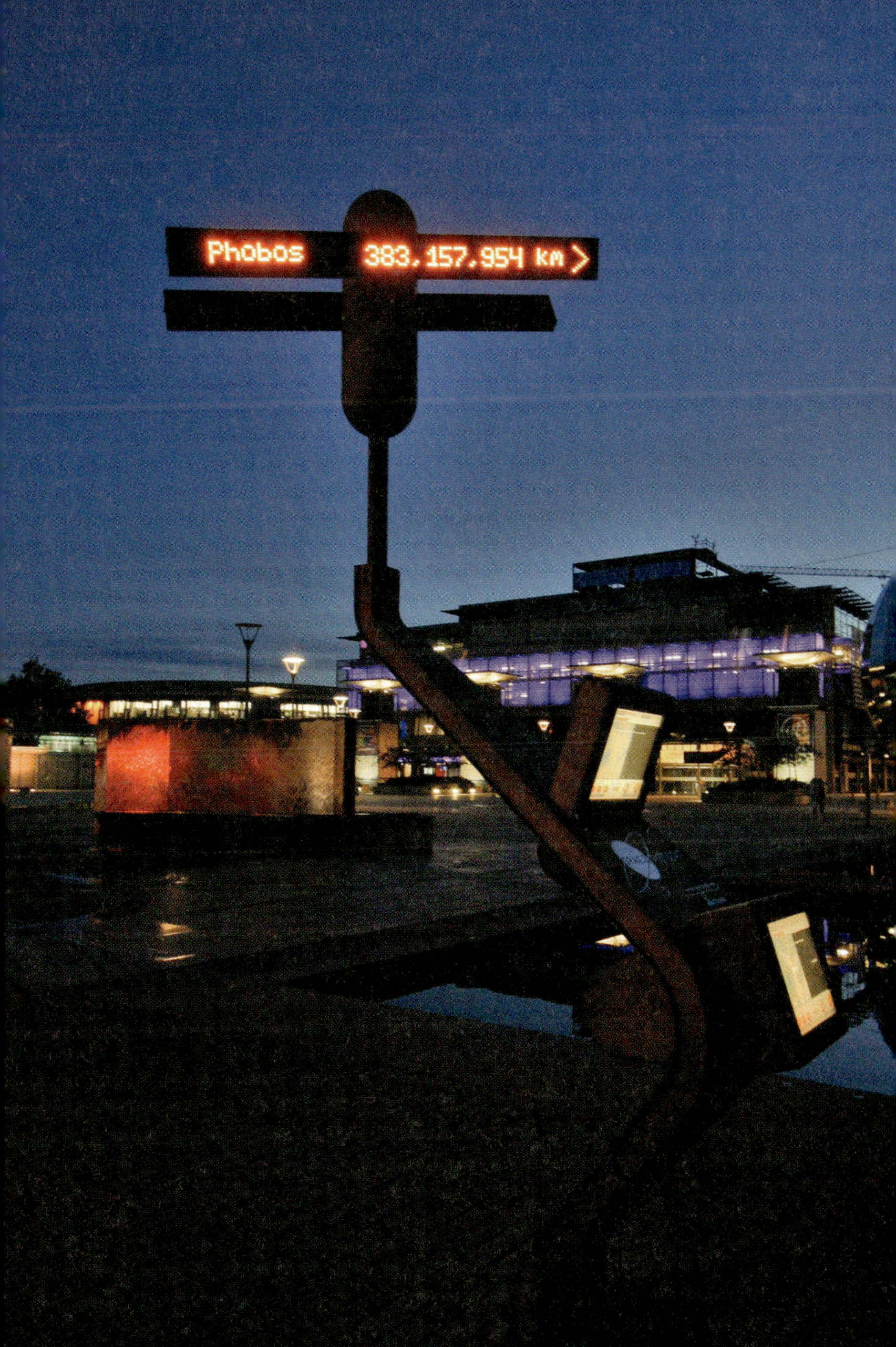

Phobos   383.157.954 km ›

밀레니엄 스퀘어에서 프린세스 항구 방향으로 걷다보면 〈2000 AD〉라는 조형물이 도로의 지상에 솟아 있다.

멸종된 공룡의 꼬리 화석이 솟아오른 것 같은 모습을 하고 있는 이것은 흡사 하늘로 올라가는 사다리 같다. 그 생긴 모양대로 오르자면 이리저리 비틀거리며 오를 수밖에 없는데, 마치 우리가 걸어가야 할 험난한 현실을 예고하는 듯하다.

앳브리스틀에 자리 잡고 있어서 미래지향적인 조형물로 보이긴 하지만, 만약 자연사박물관 앞에 세워졌다면 동물의 화석을 형상화한 것으로 보였을 것이다. 그래도 곰곰이 살펴보면, 이 조형물은 유난히 다리와 항구, 배가 많은 이 도시의 모습과 많이 닮아 있다.

도시의 고유한 콘셉트에 너무나도 충실한 작품들을 보고 있자니, 아티스트들이 너무 콘셉트에 얽매여 지나친 일관성을 보이는 게 아닐까 하는 생각이 들기도 했다. 그게 지나치면 예술 고유의 크리에이티브를 놓치기 쉬운 법이다. 하지만 한편으로는 여러 분야의 작업자들이 공동으로 참여하여 작업한 이 거대한 프로젝트(밀레니엄 프로젝트)에서 이 정도의 정형화는 양반이지 싶다.

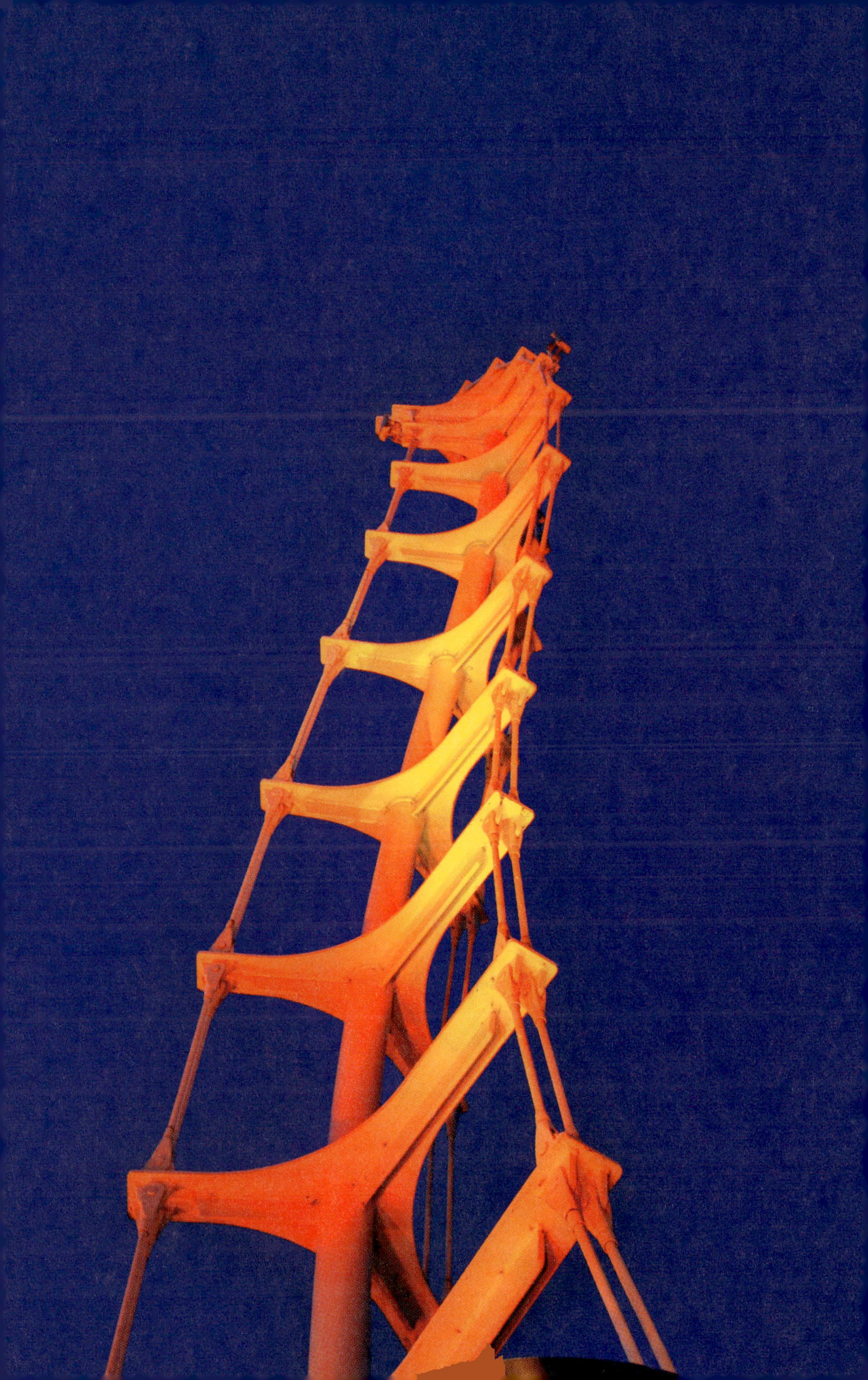

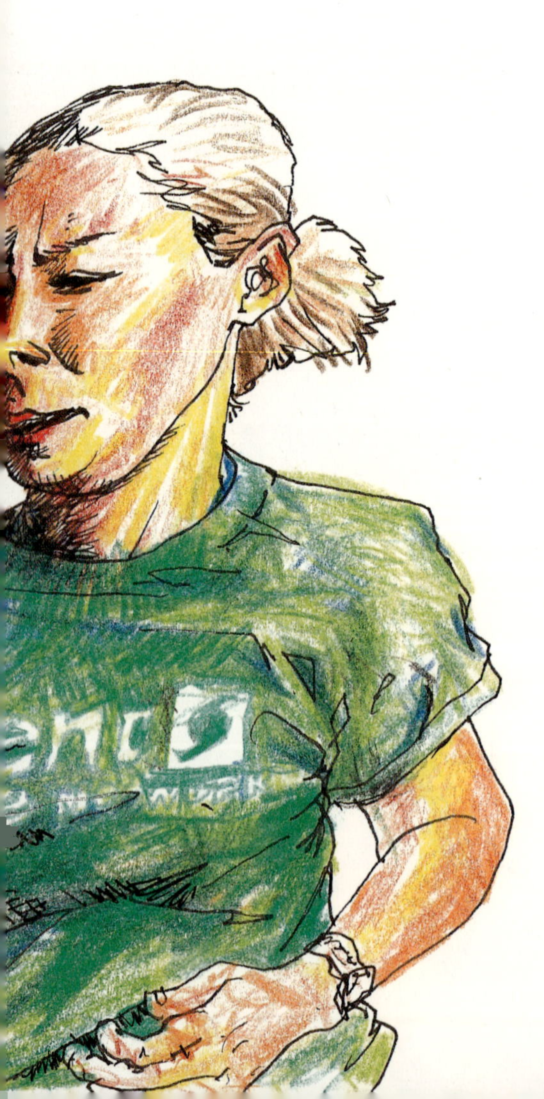

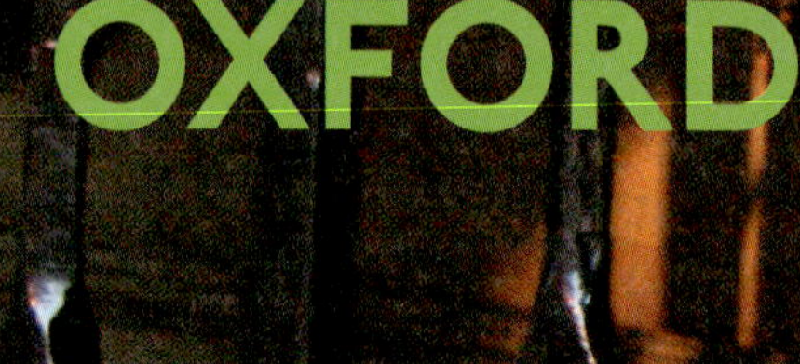
OXFORD

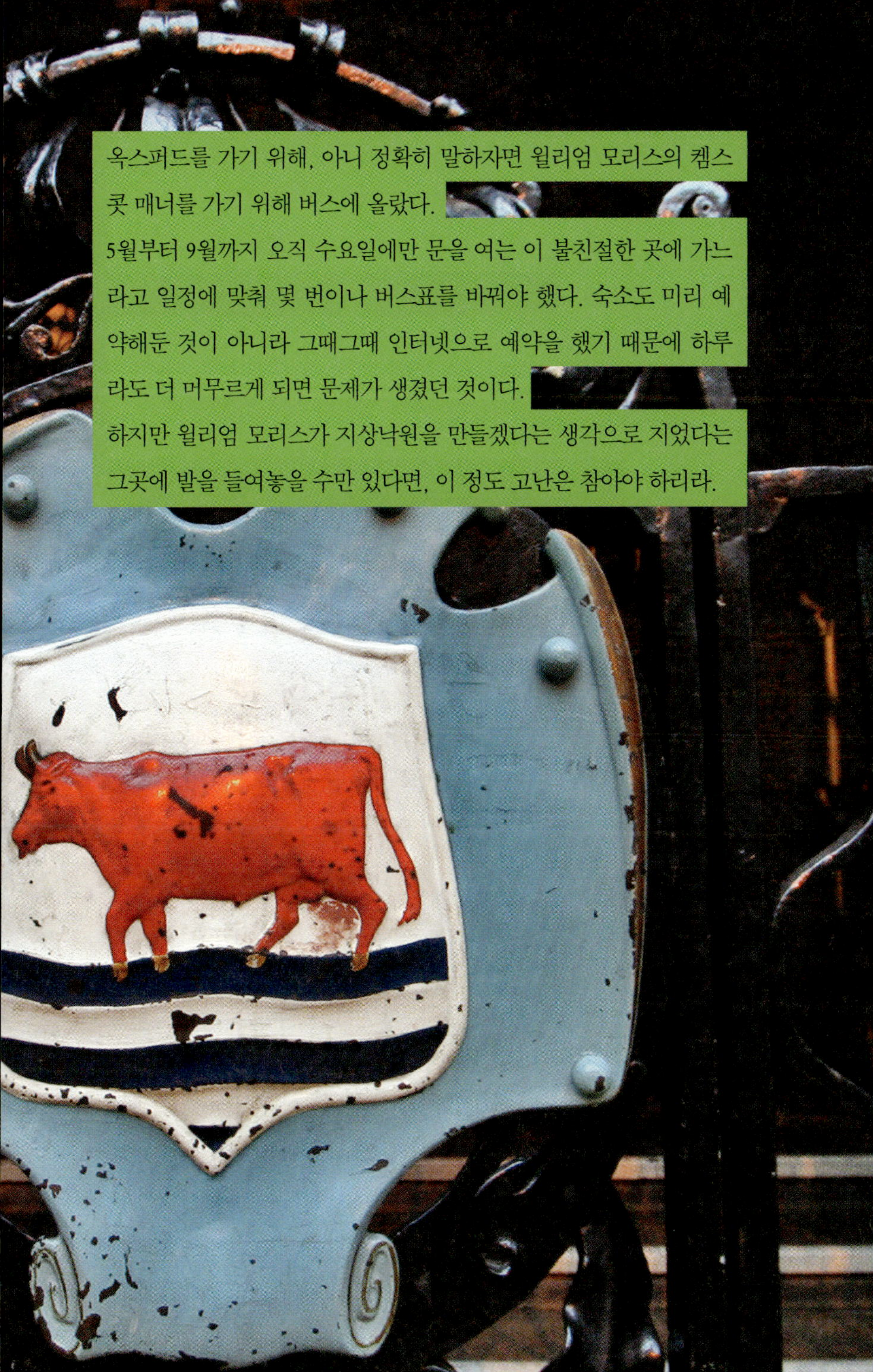

옥스퍼드를 가기 위해, 아니 정확히 말하자면 윌리엄 모리스의 켐스콧 매너를 가기 위해 버스에 올랐다.

5월부터 9월까지 오직 수요일에만 문을 여는 이 불친절한 곳에 가느라고 일정에 맞춰 몇 번이나 버스표를 바꿔야 했다. 숙소도 미리 예약해둔 것이 아니라 그때그때 인터넷으로 예약을 했기 때문에 하루라도 더 머무르게 되면 문제가 생겼던 것이다.

하지만 윌리엄 모리스가 지상낙원을 만들겠다는 생각으로 지었다는 그곳에 발을 들여놓을 수만 있다면, 이 정도 고난은 참아야 하리라.

캠스콧 매너로 가려면 M45국도가 지나는 패링던^{Faringdon}으로 먼저 가야 한다. 그곳에서 10마일 정도 떨어진 곳에 캠스콧 매너가 있기 때문이다. 또 거기까지는 대중교통수단도 없다. 버스나 열차 모두 그곳까지는 가지 않는다.

이곳을 가는 가장 좋은 방법은 승용차를 타고 가는 것이다. 하지만 내게는 차도 없고, 운전을 못하니 렌트를 할 수도 없다. 옥스퍼드에서 코앞의 캠스콧 매너까지 어떻게 가느냐 하는 문제가 어려운 숙제로 떨어졌다.

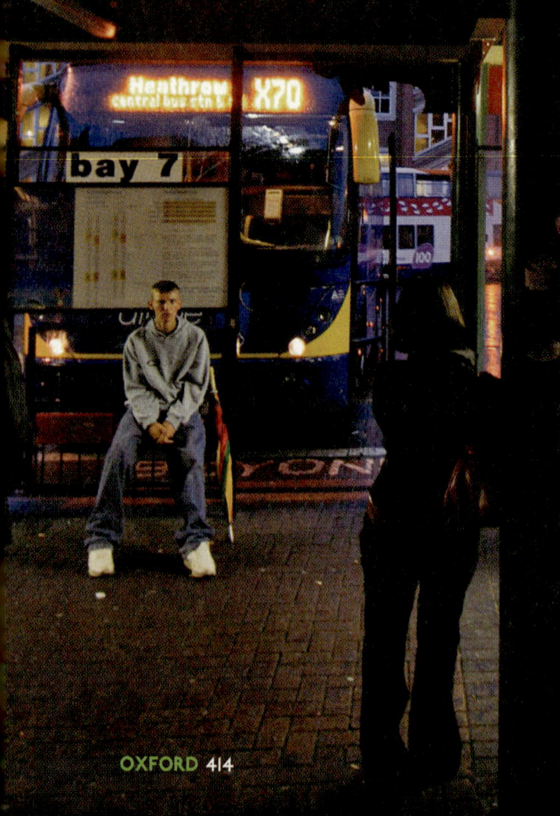

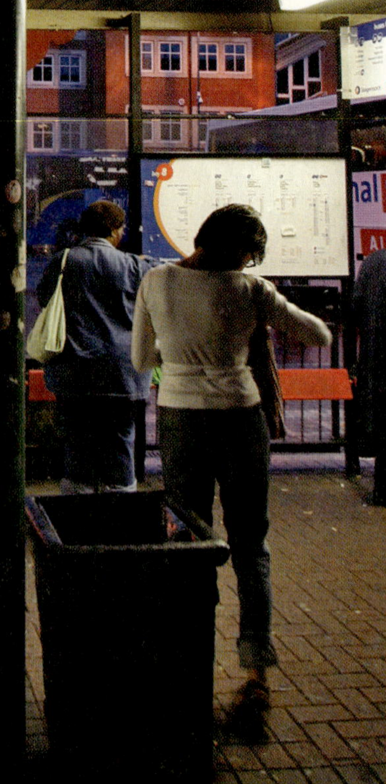

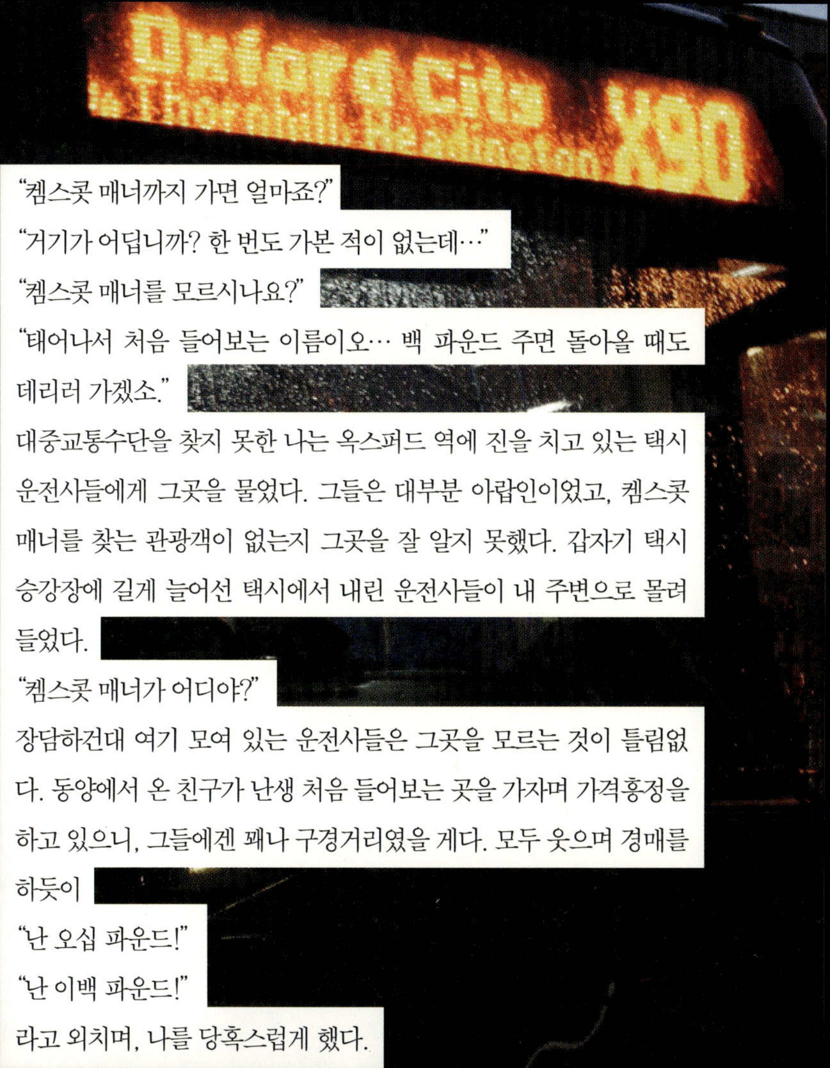

"켐스콧 매너까지 가면 얼마죠?"

"거기가 어딥니까? 한 번도 가본 적이 없는데…"

"켐스콧 매너를 모르시나요?"

"태어나서 처음 들어보는 이름이오… 백 파운드 주면 돌아올 때도 데리러 가겠소."

대중교통수단을 찾지 못한 나는 옥스퍼드 역에 진을 치고 있는 택시 운전사들에게 그곳을 물었다. 그들은 대부분 아랍인이었고, 켐스콧 매너를 찾는 관광객이 없는지 그곳을 잘 알지 못했다. 갑자기 택시 승강장에 길게 늘어선 택시에서 내린 운전사들이 내 주변으로 몰려들었다.

"켐스콧 매너가 어디야?"

장담하건대 여기 모여 있는 운전사들은 그곳을 모르는 것이 틀림없다. 동양에서 온 친구가 난생 처음 들어보는 곳을 가자며 가격흥정을 하고 있으니, 그들에겐 꽤나 구경거리였을 게다. 모두 웃으며 경매를 하듯이

"난 오십 파운드!"

"난 이백 파운드!"

라고 외치며, 나를 당혹스럽게 했다.

옥스퍼드에서 한 시간 가량 스윈던Swindon 행 버스를 타고 가다가 중간 역인 패링던에 내렸다. 여기서부터가 문제인데… 택시 운전사들의 말대로 택시를 타고 올 걸 그랬나… 슬며시 후회가 되기 시작했다. 동네는 한없이 조용했다. 지나다니는 차도 거의 눈에 띄지 않았다. 머리가 복잡해졌다. 어떻게 가야 할지 도무지 아이디어가 떠오르지 않았다.

그런데 'Tourist Information Centre' (여행 안내소)라고 씌어 있는 곳이 눈에 띄었다. 설마 이 작은 동네에 이런 것이 있으려고… 처음에는 내 눈을 의심하기까지 했다. 그러나 가까이 다가가서 눈을 비비고 살펴봐도 사실이었다.

아마 내가 여러 도시를 돌면서 본 것들 중에서 최고로 작을 법한 이 여행 안내소에 들어가니, 나이 지긋한 할머니 한 분이 안경 너머로 나를 쳐다보았다.

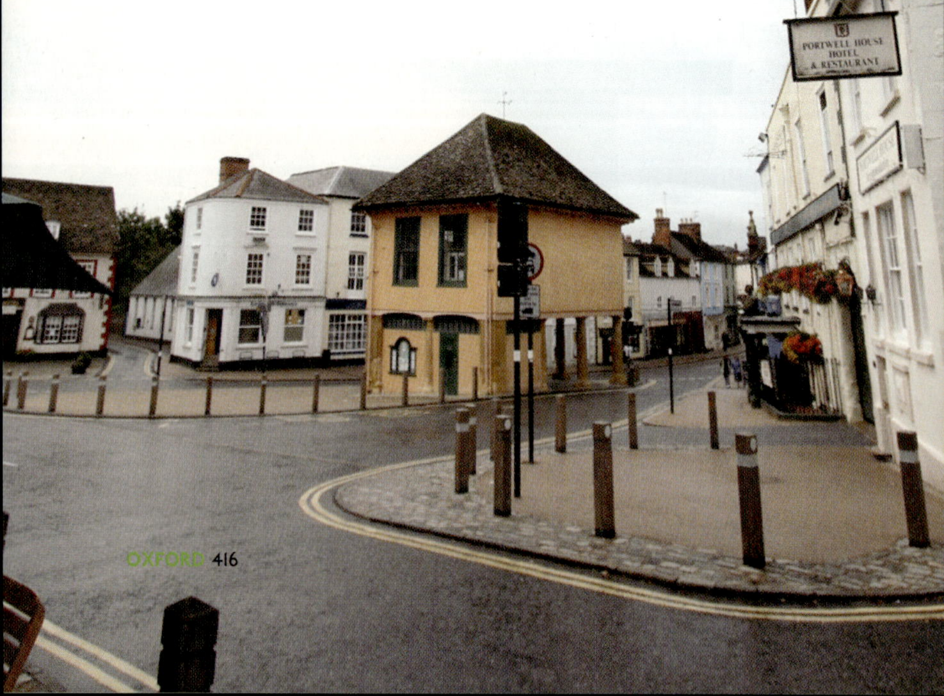

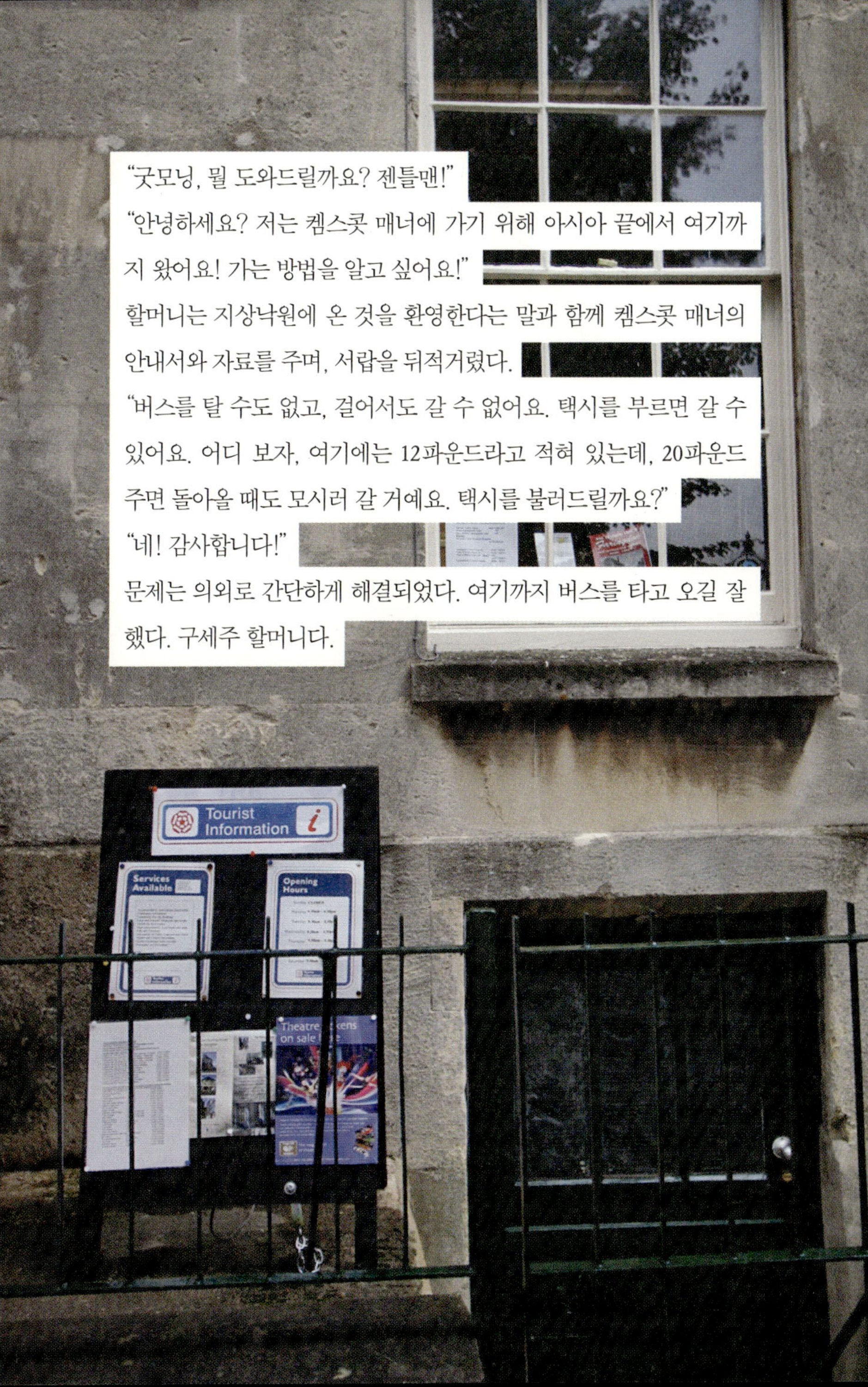

"굿모닝, 뭘 도와드릴까요? 젠틀맨!"
"안녕하세요? 저는 켐스콧 매너에 가기 위해 아시아 끝에서 여기까지 왔어요! 가는 방법을 알고 싶어요!"
할머니는 지상낙원에 온 것을 환영한다는 말과 함께 켐스콧 매너의 안내서와 자료를 주며, 서랍을 뒤적거렸다.
"버스를 탈 수도 없고, 걸어서도 갈 수 없어요. 택시를 부르면 갈 수 있어요. 어디 보자, 여기에는 12파운드라고 적혀 있는데, 20파운드 주면 돌아올 때도 모시러 갈 거예요. 택시를 불러드릴까요?"
"네! 감사합니다!"
문제는 의외로 간단하게 해결되었다. 여기까지 버스를 타고 오길 잘했다. 구세주 할머니다.

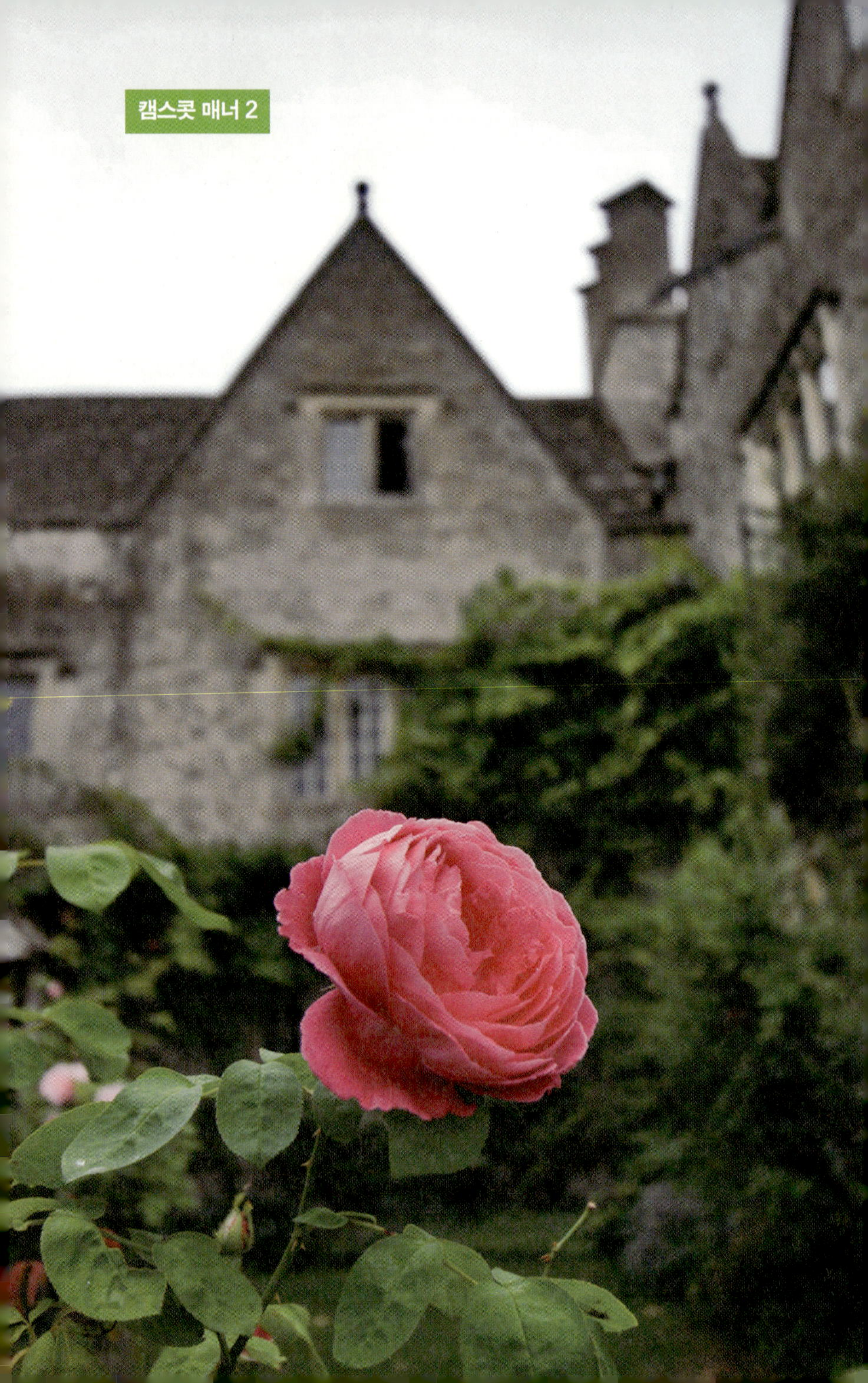
캠스콧 매너 2

택시 운전사들의 야유를 받으며, 내가 켐스콧 매너를 찾아가보려 했던 게 괜한 오기가 아닐까 하는 생각이 들기도 했다. 정말 이곳은 아무도 찾는 이 없는 잊혀진 지상낙원이 돼버린 건 아닐까.

하지만 택시를 타고 이삼십 분이 지나 켐스콧 매너에 거의 다다르니, 거기에는 짐작하지도 못했던 세계 각지의 사람들이 오글오글 모여 있었다. 갑자기 엘리자베스 영국 여왕이 한국을 방문했을 때 왜 안동 하회마을을 방문했는지, 그 이유를 알 것 같았다. 나도 우리나라의 하회마을처럼 영국의 상류층 지식인의 생활전통이 그대로 스며 있는 곳은 어떤 모습일지 궁금했다.

이곳을 방문하는 많은 사람들은 세계 각지에서 활동하는 윌리엄 모리스 커뮤니티의 회원들이었고, 나처럼 이곳을 보기 위해서 고생하며 찾아온 사람들이었다.

'내셔널 트러스트' National Trust 표찰을 단 스태프 아주머니가 친절하게 나를 맞아주었고, 매표소의 할아버지는 내가 한국에서 이곳까지 찾아왔다고 말하자, 감동한 얼굴로 반겨주었다.

그러고 보니 어디를 봐도 동양인은 나 혼자인 듯싶었다. 9파운드를 주고 켐스콧 매너의 가이드 투어를 신청해 오전에 하는 첫 투어에 참여했다.

그런데 투어라는 것이 직접 가이드가 나서서 함께 건물을 돌며 설명해주는 것이 아니라, 각 층과 중요 부분에 가이드 할머니들이 배치되어 성심성의껏 설명해주는 방식이었다. 가이드 할머니들은 모두 자원봉사자들이었고, 일 년 중 켐스콧 매너가 개방되는 일정 기간 동안

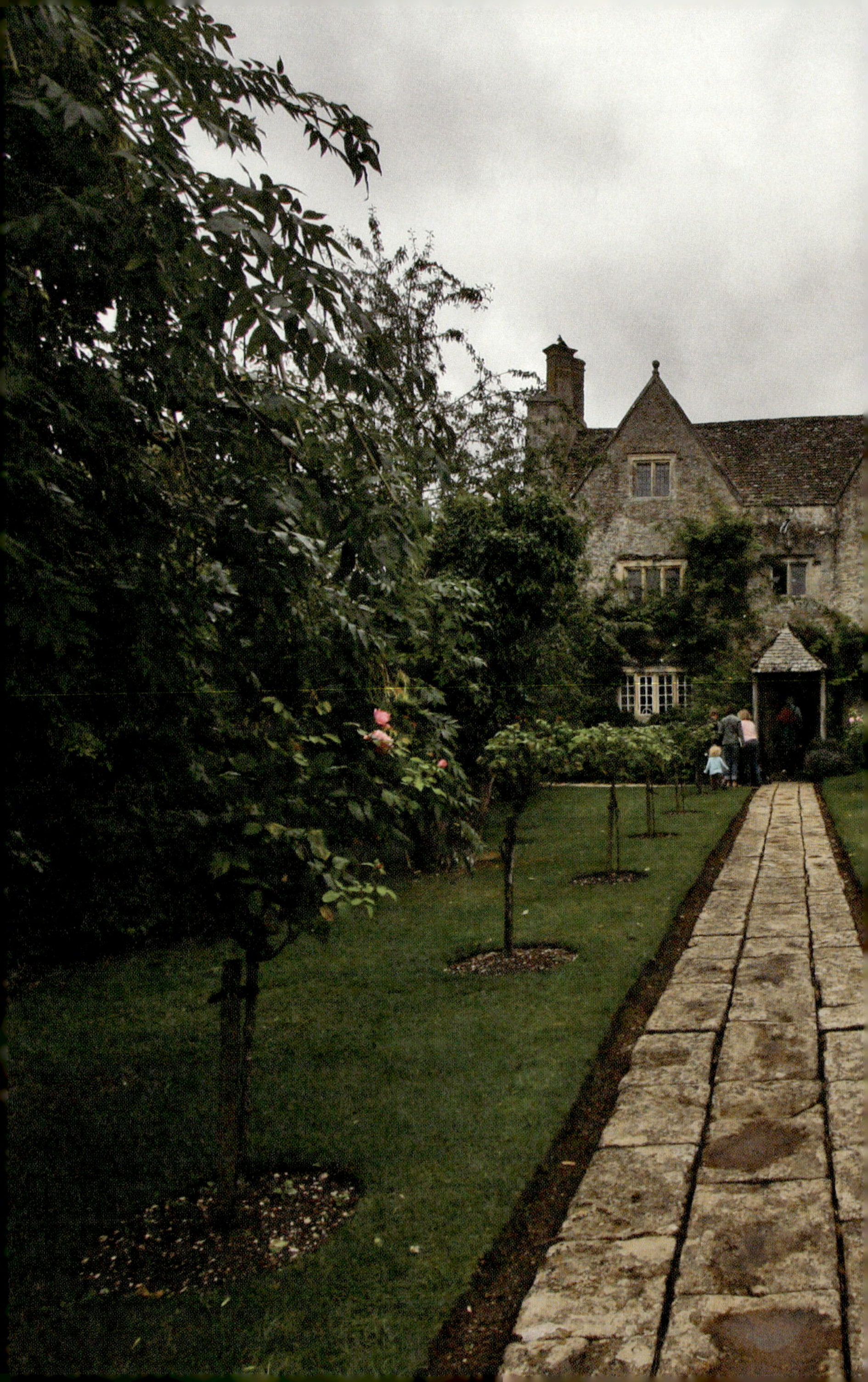

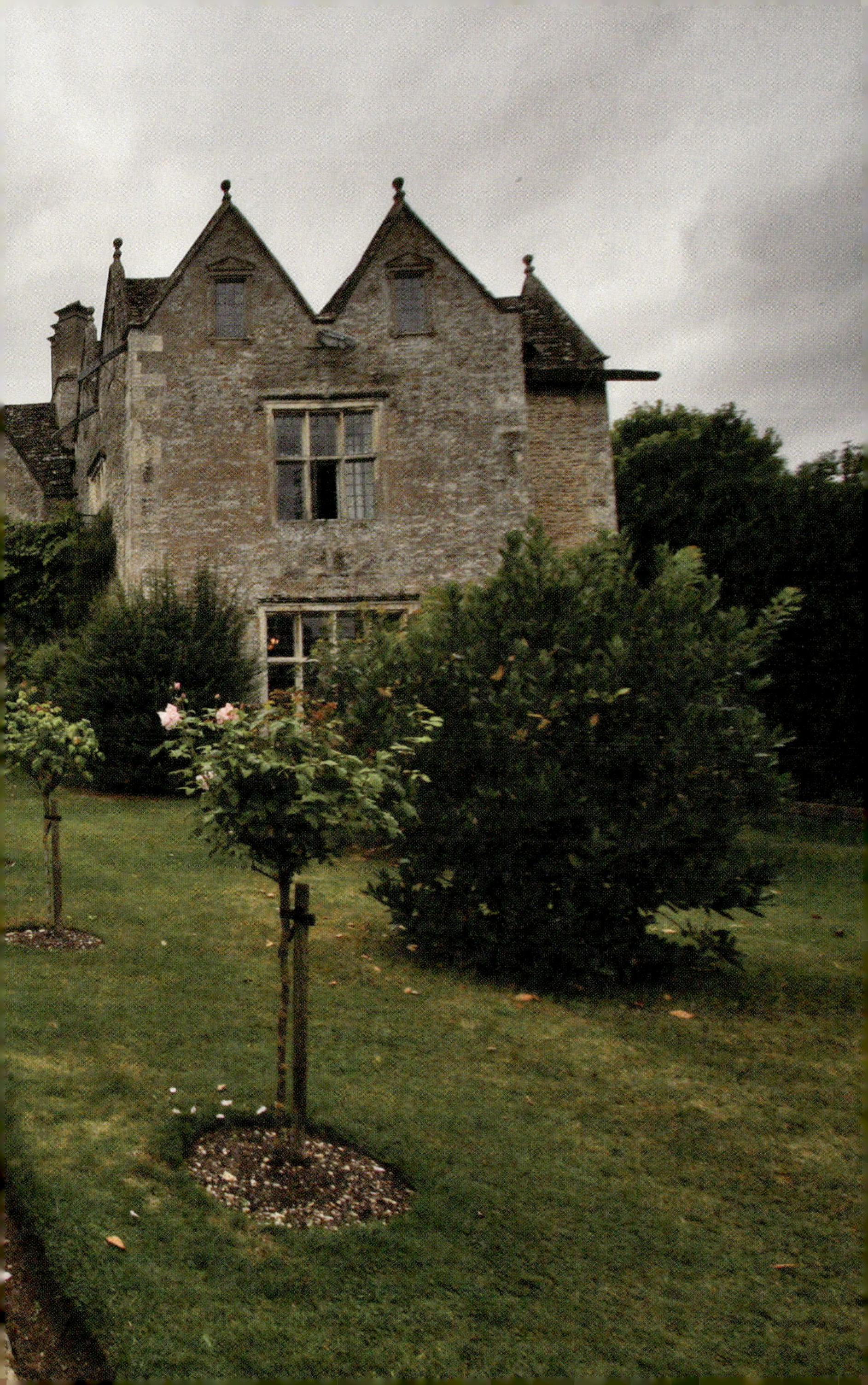

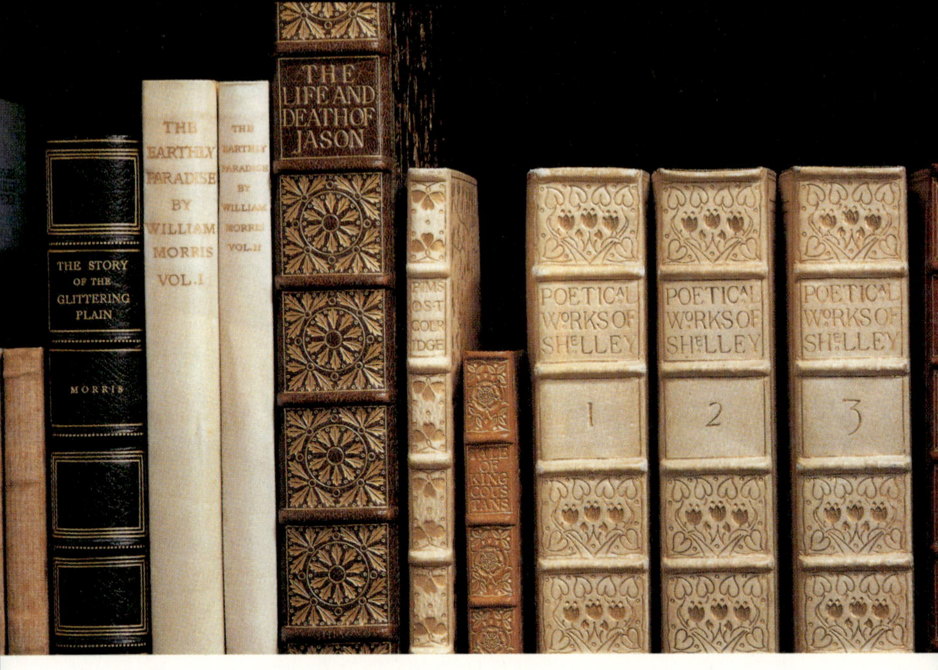

이곳 숙소에 머무르면서 봉사활동을 했다. 봉사를 하는 대가로 이 멋진 저택에 묵을 수 있는 행운을 얻는 것이다.

이곳에는 1층 거실부터 윌리엄 모리스의 유물들로 방방이 가득했다. 의자와 테이블, 벽지, 그가 직접 그린 그림, 공예품 등이 레드하우스와는 달리 빈틈없이 빼곡하게 채워져 있다. 인도, 일본, 유럽, 이란 등 다양한 나라로부터 문화재에 가까운 앤티크들을 수집해놓았고, 의자부터 벽지까지 인테리어의 거의 모든 부분을 직접 디자인했다. 디자인한 걸 보아하니, 그가 얼마나 까다로운 남자였을지 짐작이 가고도 남았다. 아마 살아생전에 대충 만든 제품은 쳐다보지도 않았을 테지…

거실의 중앙은 모두 앞뒤로 정원이 펼쳐져 있어서 창문을 통해 내다볼 수 있게 되어 있다. 정원과 실내가 멋진 앙상블을 이루고 있다.

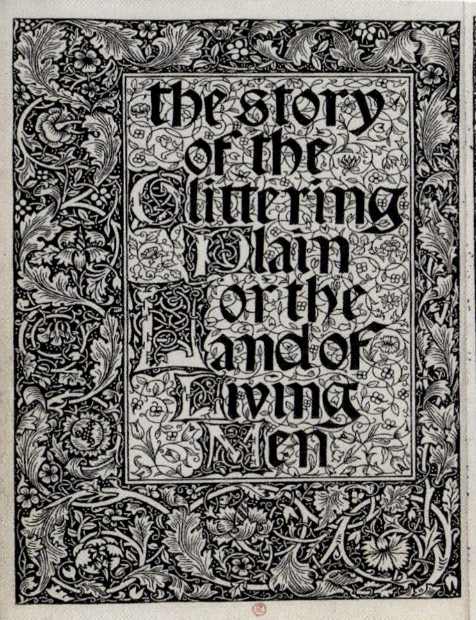

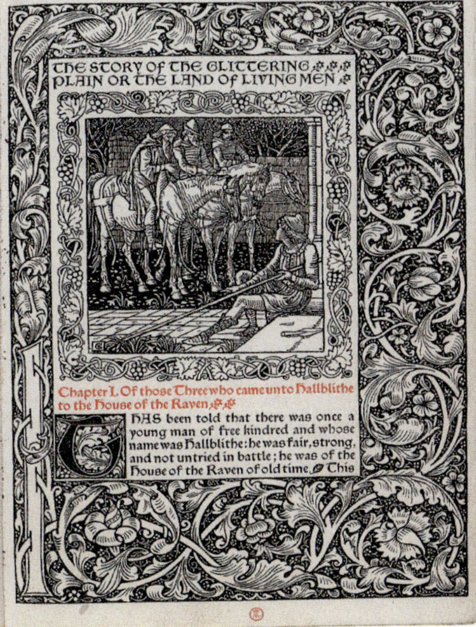

윌리엄 모리스가 그린 그림들과, 그의 동료 화가들의 그림 중에는 평범한 드로잉들이 많았다. 대단한 필력의 소유자라는 느낌보다는 그림 그리는 것을 평생 취미로 여기며, 자유롭게 즐겼던 사람이라는 생각이 들었다.

그가 입던 외투가 그대로 걸려 있고 그가 영면한 침대가 그대로 놓여 있는 방에 들어서자, 잠시 윌리엄 모리스의 숨결이 느껴지는 듯한 기묘한 느낌으로 멈칫 했다. 모든 것이 그대로 남아 있는데, 정작 주인은 사라져버린 집에 들어온 느낌이었다. 켐스콧 매너에서 무엇보다 인상적인 곳은 그가 남긴 출판물들이 쌓여 있고, 예전에 하인들이 머물던 다락방이었는데, 이상하게도 그 다락방은 다른 어떤 방보다 아늑했다. 나는 다락방의 창문 너머로 한참 동안 밖을 내다보았다. 이곳이 그가 꿈꾸었던 지상낙원일까…

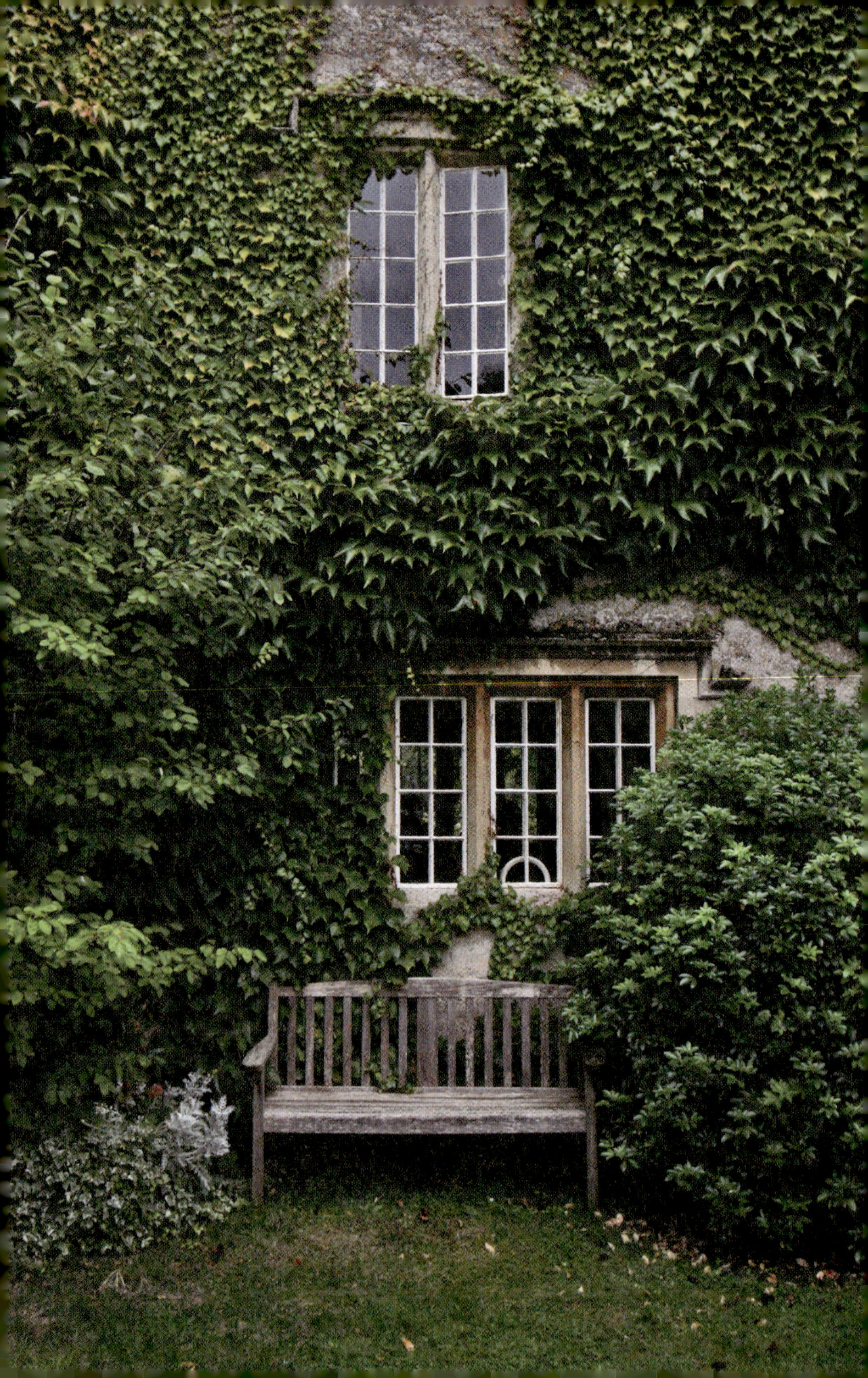

그는 이곳에서 젊은 시절부터 그를 매료시켰던 중세 채색사본들을 모범으로 삼아 사가본 책 공방인 켐스콧 프레스를 창립하고 53종 66권의 아름다운 책을 만들었다. 뒷뜰에 놓인 벤치에 앉아 그가 책을 읽던 모습을 회상하니 진한 책의 향기가 전달되는 기분이었다.

한편 집 안 곳곳에 놓여 있는 일본풍의 장식들은 그가 활동하던 시기 일본풍이 상당히 유행했다는 것을 짐작케 했다. 당시 서양 사람들에게 일본은 우키요에 판화나 수준 높은 도자기, 호화로운 칠기 등으로 꽤 이국취미를 자극하는 나라였다. 영국의 진보적인 아티스트라 할 수 있는 윌리엄 모리스도 일본에 흠뻑 매료되어 있었다는 것은 당시의 지식인 사회가 얼마나 동양 사회에 매료되어 있었는지를 단적으로 보여준다. 그러나 그와 반대로 당시 동양 또한 서양 문물을 받아들이는 데 바빴다. 서양은 또 하나의 새로운 세계였고, 우리가 한 번도 꿈꿔보지 못한 신문물의 제공자였다.

지금은 전 세계가 거의 동시에 유행을 만들고 나름의 흐름을 만들어가긴 하지만, 서양과 동양의 감성이 똑같을 수는 없다. 같은 것을 보더라도 느끼는 것이 다르고 반응하는 방식이 다르다. 그러니 동양과 서양이 서로 교류하며 더 복잡하고 독특한 감성을 만들어가는 방식은 여전히 예술에서 유효한 것이 아닐까. 내가 영국에 온 이유도 다르지 않다.

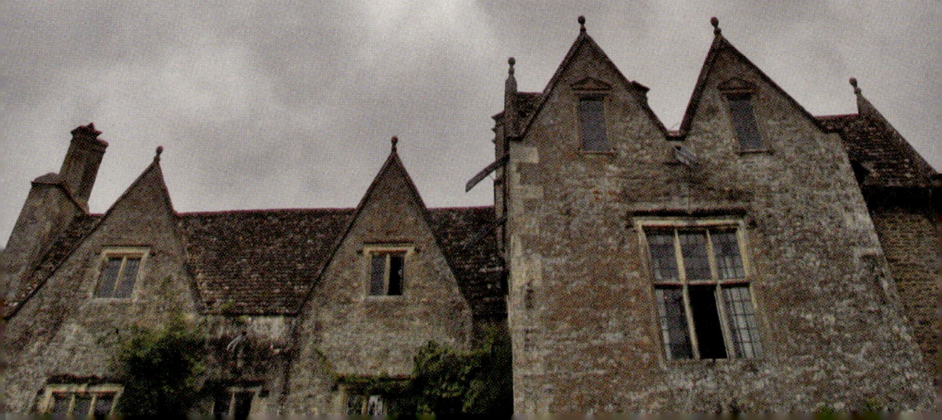

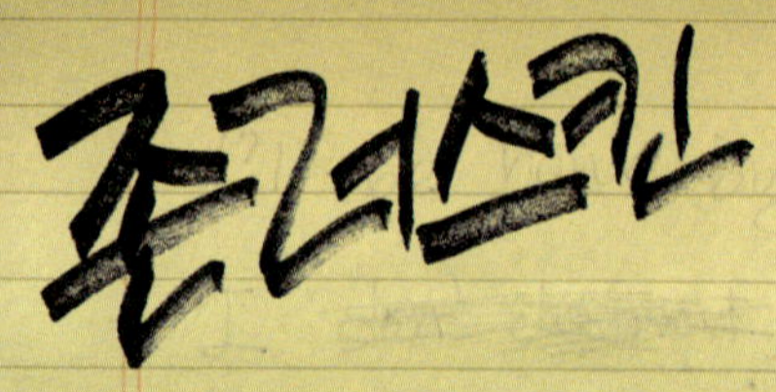

윌리엄 모리스의 생애를 더듬다보면 존 러스킨이라는 인물을 만나게 된다. 그는 윌리엄 모리스의 미술에 대한 철학과 세계관에 가장 많은 영향을 끼친 인물로, 기계보다는 손의 우수성을 강조하여 새로운 미술공예 운동을 이끌기도 했고, 중세와 고딕 미학의 리바이벌 운동을 주도하기도 했다. 윌리엄 모리스의 복잡하고 반복적인 벽지 문양이나, 그가 말년에 켐스콧 매너에 머무르면서 중세의 필사본을 옛 방식대로 재현한 것도 러스킨의 영향에서 크게 벗어나지 않는다.

"예술의 기초는 민족 및 개인의 성실성과 도의에 있다"는 러스킨의 말은 예술가로서의 자세를 다시 한 번 가다듬게 한다. 그는 『근대 화가론』^{Modern Painters}에서 위대한 미술작품을 학습하는 것은 위대한 사상과 접촉하는 것이라고 쓰고 있다. "하나의 고상한 정신은 또 다른 비슷한 혹은 같은 고결함에 의해 창조되거나 나타나는 것"이라고 말이다.

러스킨이 생각한 미술교육의 기능은 우주에서 신이 만든 작품의 아름다움을 각 개인들이 지각할 수 있도록 돕기 위한 것이다. 그는 미술교육을 통해 모든 것을 가르칠 수 있다고 생각했다. 그야말로 근대적인 의미에서 미술 지상주의자였던 것이다. 그의 이러한 노력이 있었기에, 오늘날의 디자이너들이 천대받지 않고 살 수 있는 게 아닐까.

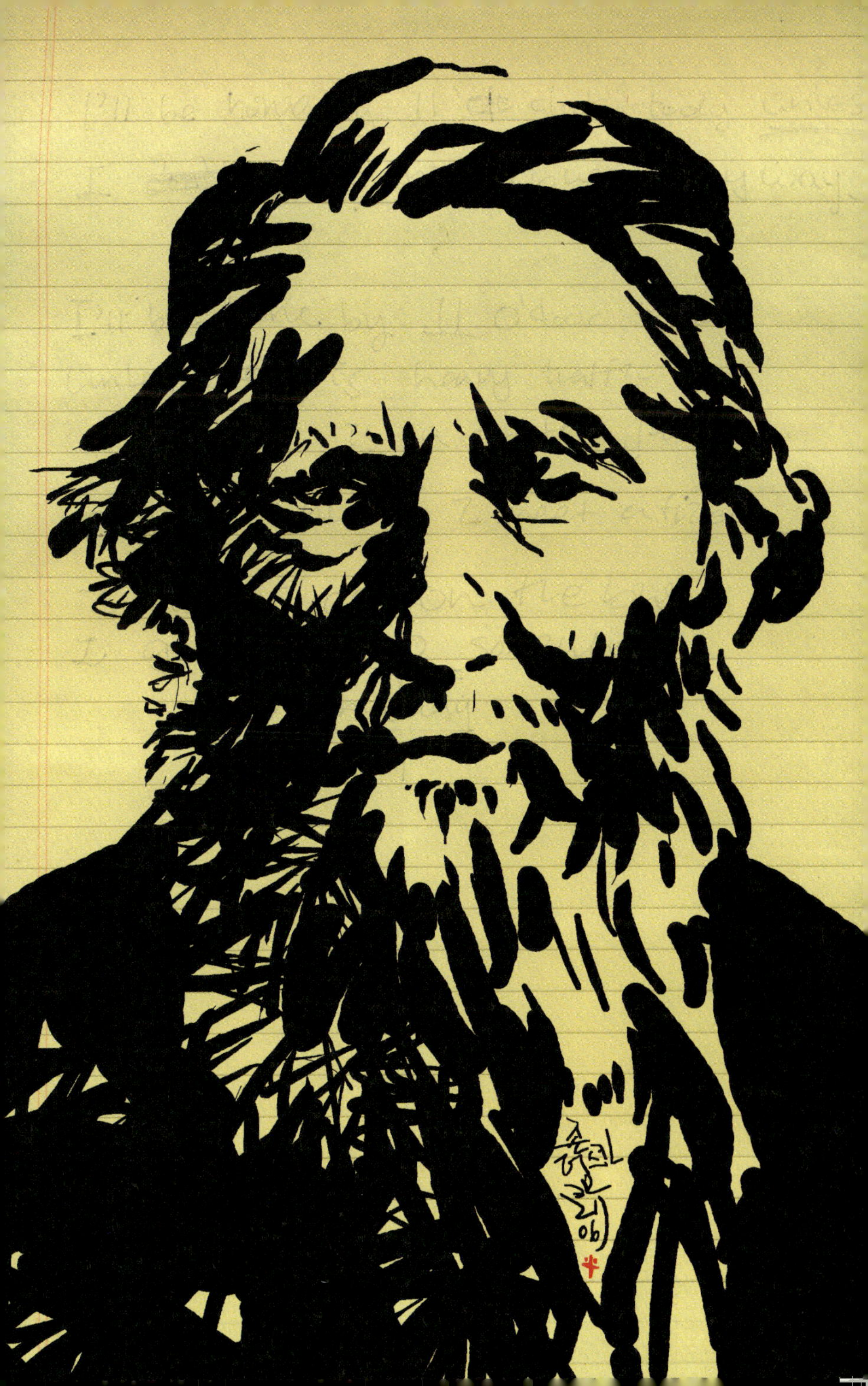

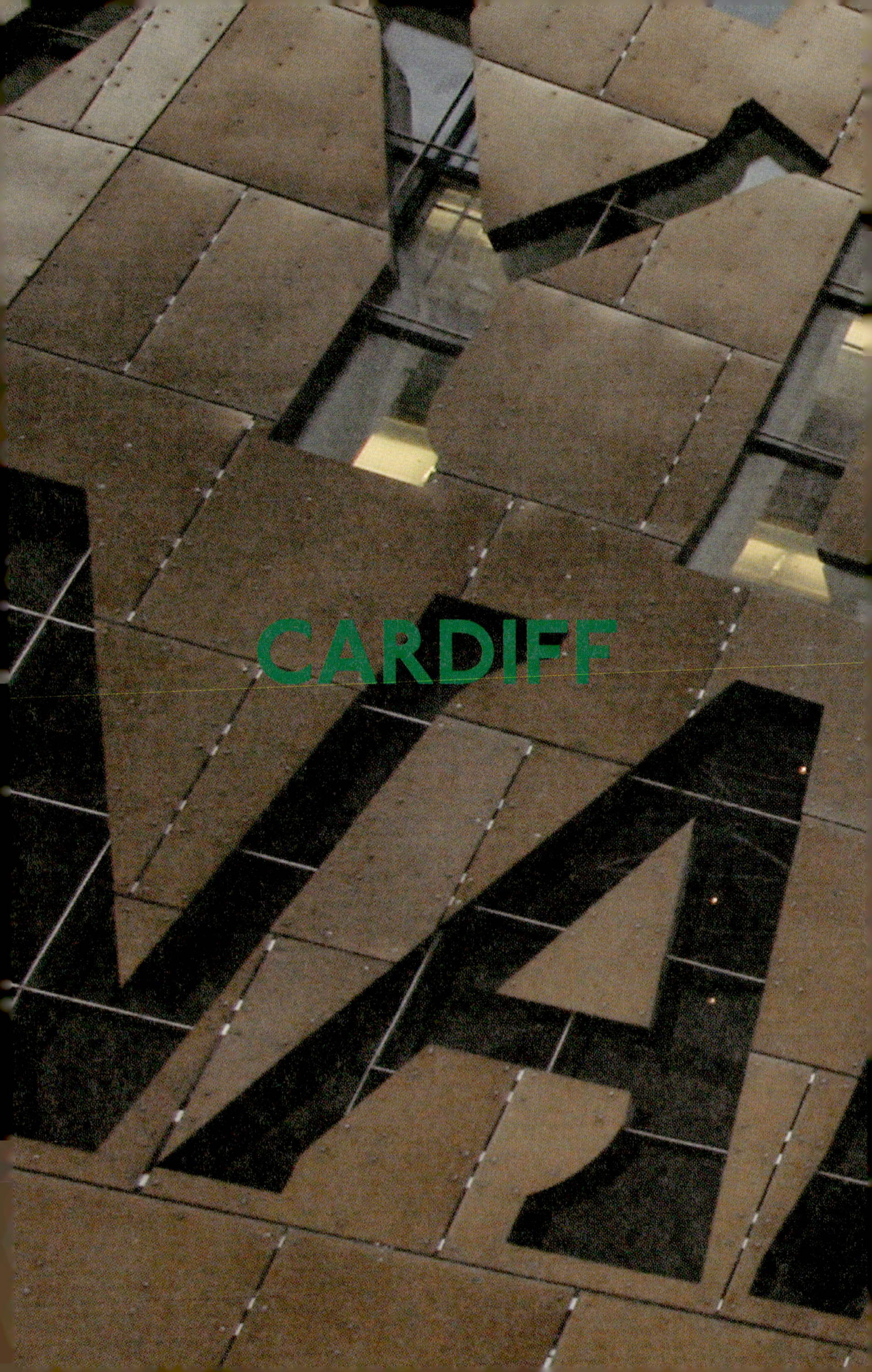
CARDIFF

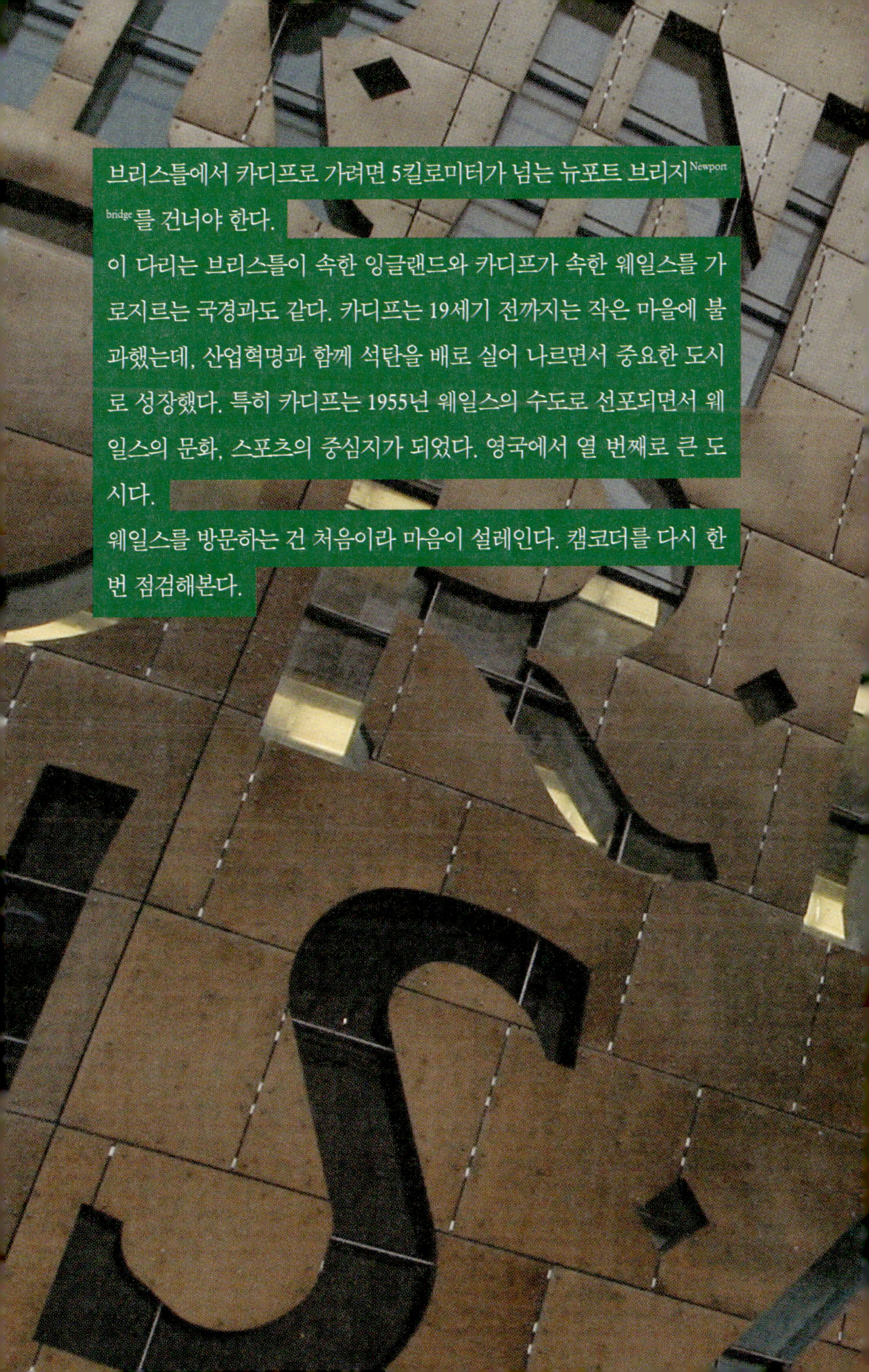

브리스틀에서 카디프로 가려면 5킬로미터가 넘는 뉴포트 브리지Newport bridge를 건너야 한다.

이 다리는 브리스틀이 속한 잉글랜드와 카디프가 속한 웨일스를 가로지르는 국경과도 같다. 카디프는 19세기 전까지는 작은 마을에 불과했는데, 산업혁명과 함께 석탄을 배로 실어 나르면서 중요한 도시로 성장했다. 특히 카디프는 1955년 웨일스의 수도로 선포되면서 웨일스의 문화, 스포츠의 중심지가 되었다. 영국에서 열 번째로 큰 도시다.

웨일스를 방문하는 건 처음이라 마음이 설레인다. 캠코더를 다시 한 번 점검해본다.

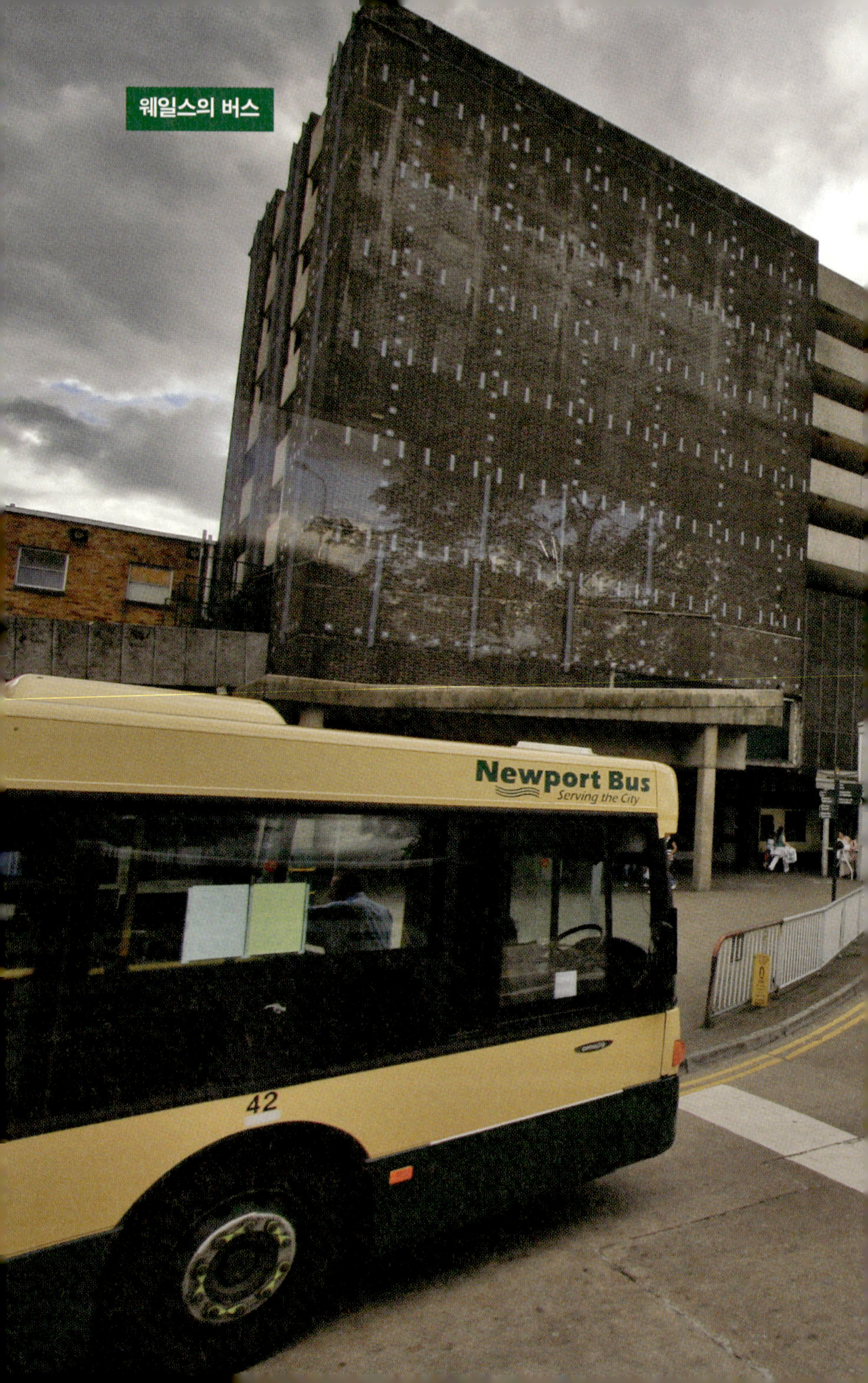
웨일스의 버스
Newport Bus
Serving the City
42

새로운 손님들로 가득 찬 버스가 뉴포트 브리지를 지난다. 마치 인천에서 국제공항으로 가는 느낌과 비슷했다. 모처럼 왁자지껄한 버스다. 버스 안은 한 영국인 가족의 딸이 시작한 퍼즐 맞추기로 승객들 전체가 퀴즈쇼에 동참하고 있는 분위기다. 영국의 가수 이름을 맞추는 것부터 시작하더니, 거의 전 좌석의 사람들이 한마디씩 거들기 시작했다.

어린 소녀의 질문이 한 신사에게 전해지고, 다시 젊은 친구들에게, 그리고 나이든 할아버지에게 옮겨가면서 모두들 처음 보는 사람들과 웃으며 대화를 나눴다.

영국인들끼리는 이렇게 허물없이 친할 수 있는 모양이다. 아이들에게는 믿을 수 없을 정도의 친절을 베푼다.

어느새 도착한 카디프의 버스정류장은 여느 버스정류장과 마찬가지로 남녀노소를 불문하고 담배 피우는 사람들이 눈에 띄게 많다. 버스를 기다리는 사람들에게는 담배가 가장 유용한 친구인 모양이다.

빛바랜 노란색과 녹색의 버스들이 눈에 들어왔다. 각 도시마다 버스의 색상들이 다르다. 아마도 이곳 웨일스의 버스는 웨일스 깃발의 바탕이 되는 녹색이 주를 이룰 것이다.

햇살이 눈부시고, 구름 한 점 없이 좋은 날씨다.

고속버스터미널의 건너편 쪽 길이 타프^{Taff} 강으로 향해 있었다. 나는 그 길을 따라 바로 밀레니엄 경기장으로 향했다. 밀레니엄 경기장은 2006년 칼링컵 결승전에서 한국인 최초로 칼링컵을 손에 쥔 박지성이 뛴 경기장이다.

축구보다 럭비가 더 인기 있는 웨일스에서는 밀레니엄 경기장을 럭비 경기장으로 만들었다. 그러나 영국클럽축구연맹은 FA컵의 결승전이 열리던 웸블리 경기장이 2000년부터 공사 중이라 공사가 끝날 때까지 2001년에서 2006년까지 이곳에서 FA컵의 결승전을 치뤘다. 그런데 얼마전 뉴 웸블리 경기장이 9만 석의 위용을 자랑하며 재개장하면서, FA컵 결승전은 다시 웸블리 경기장으로 옮겨갔다.

밀레니엄 경기장에 대해서는 여기저기 쓴 소리를 하는 사람이 많은 모양이다. 볼품없는 범선이 시내 한복판에 불시착한 모습이 너무 위압적이라는 것이다. 워낙 크고 강렬한 외형을 하고 있어서 그런 느낌을 주긴 하지만, 한편으로는 웨일스인들의 터프한 기풍이 살아 있는 건축물이기도 하다.

이 경기장은 럭비나 축구 외에도 매닉 스트리트 프리처스^{Maniac Street Prechers} 같은 웨일스 출신의 밴드나 세계적인 슈퍼스타들이 공연을 하기도 한다. 이곳은 공연을 할 때 그라운드가 모두 분리되어 객석으로 변하는 최첨단 조립식 그라운드 시스템을 갖추고 있다.

불시착한 거대한 범선의 주위에는 나지막한 강이 흐르고, 그 주변에 카디프 성을 비롯한 오래된 유적들이 있다.

투박하면서도 소박한 카디프의 첫인상이 내게는 정겹게 느껴졌다.

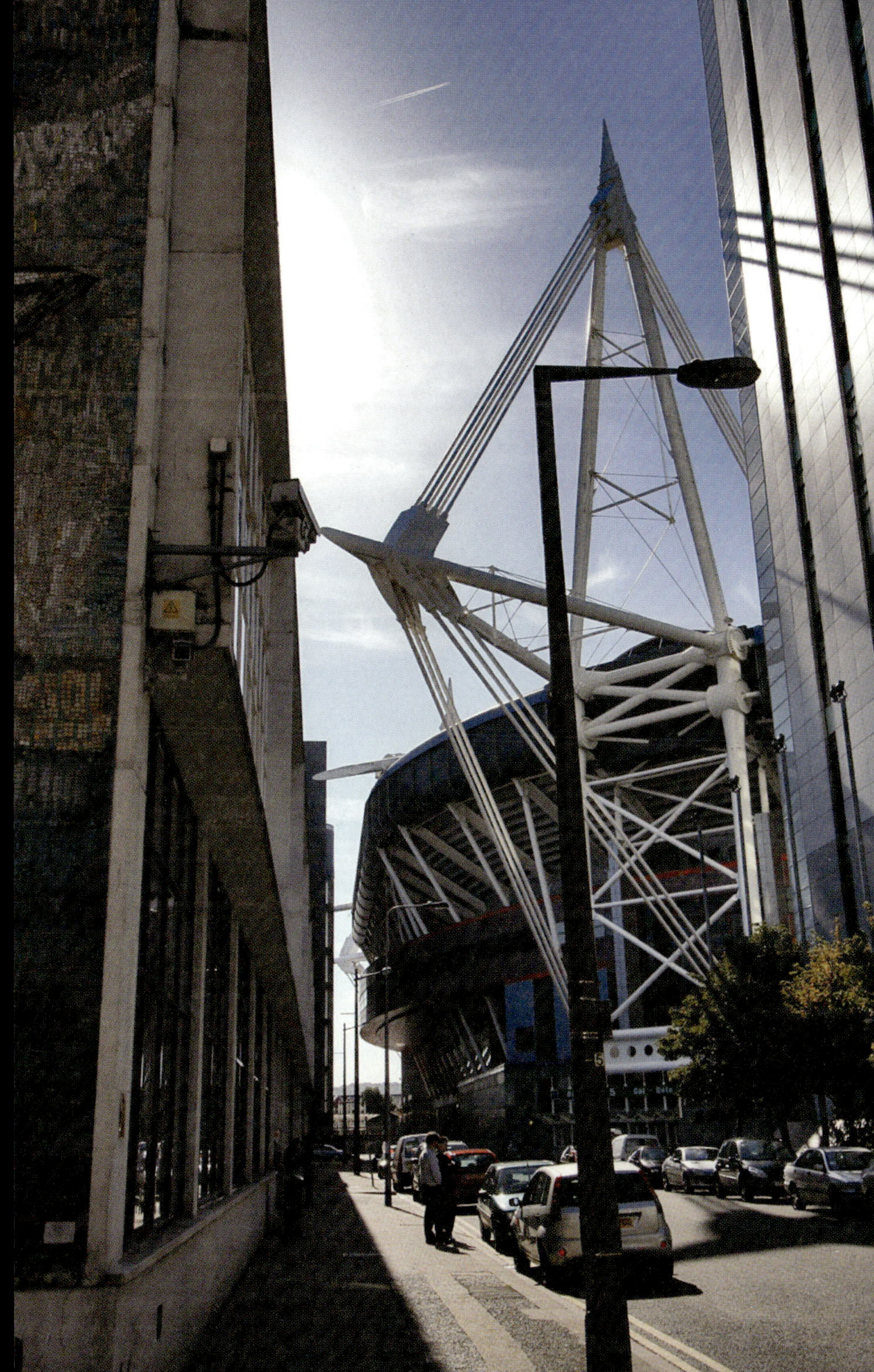

카디프 성에 도착했을 때는 마지막 가이드 투어를 남겨놓고 있었다. 런던이나 에든버러의 성들은 그다지 보고 싶다는 생각을 못했는데, 이곳 카디프의 성은 제대로 한번 보고 싶어서 투어에 서둘러 참여했다. 웨일스가 처음이기도 했지만, 그들의 역사가 궁금하기도 했다. 체코에서 단체로 온 관광객들과 스코틀랜드에서 온 십대 커플, 아랍에서 온 커플 그리고 혼자 온 내가 마지막 관광객이었다.

3개 국어를 하는 투어 가이드는 또박또박하게 그들 문화의 우수성과 역사를 말했다. 그 모습이 어찌나 인상적이던지 나는 아직도 그녀의 얼굴을 생생하게 떠올릴 수 있다.

"자, 지금부터 웨일스의 강인한 역사와 민족성을 보게 될 것입니다!" 그녀의 말이 투어를 하는 내내 계속 머릿속을 맴돌았다.

왕족들의 생활을 들여다보는 것이 지루해질 즈음 가이드는 카디프 성을 디자인한 백작을 소개했다. 설명을 듣다보니 이 성에 대한 이야기는 거의 건축가나 예술가들에 대한 것이었다. 왕족들만큼 예술에 욕심이 많고, 허영이 많은 사람들이 또 있을까 싶었다.

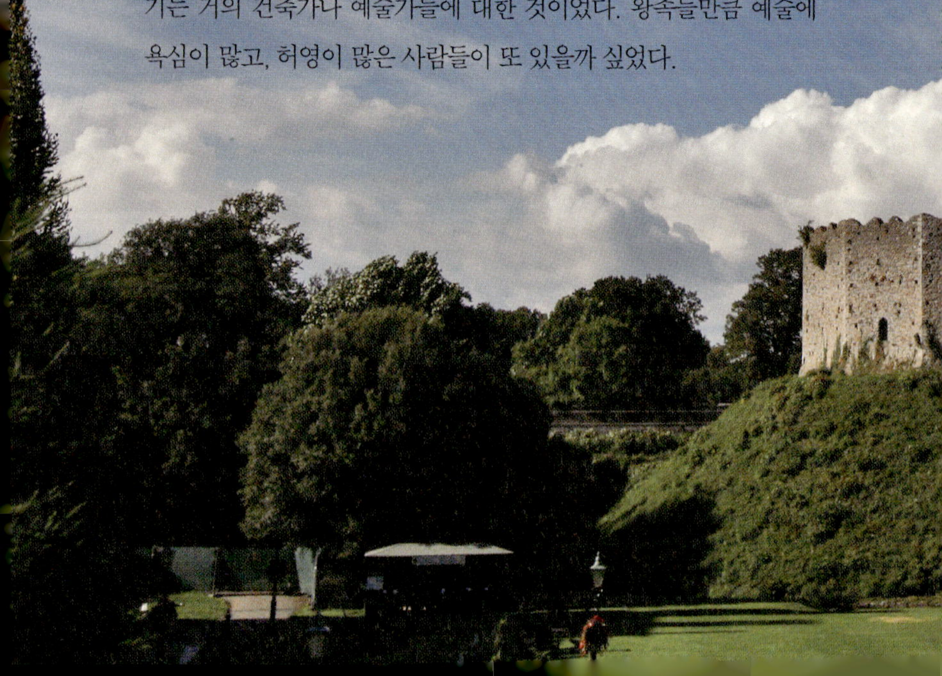

"덕수궁을 디자인한 사람은 누굴까?"
"서울 시청을 디자인한 일본 사람은?"
"서울역은 누가 디자인했을까?"
"홍대 지하철역을 디자인한 팀은?"
갑자기 나는 이런 질문들을 나에게 해대기 시작했다. 한 번도 진지하게 고민해보지 않았던 문제들인데, 갑자기 심각한 문제로 다가왔다. 그러고 보니 한 번도 고민해보지 않은 게 더 이상했다. 우리나라에서도 창덕궁 투어를 하는데, 거기서도 건축가 이야기를 하는지 궁금해졌다.

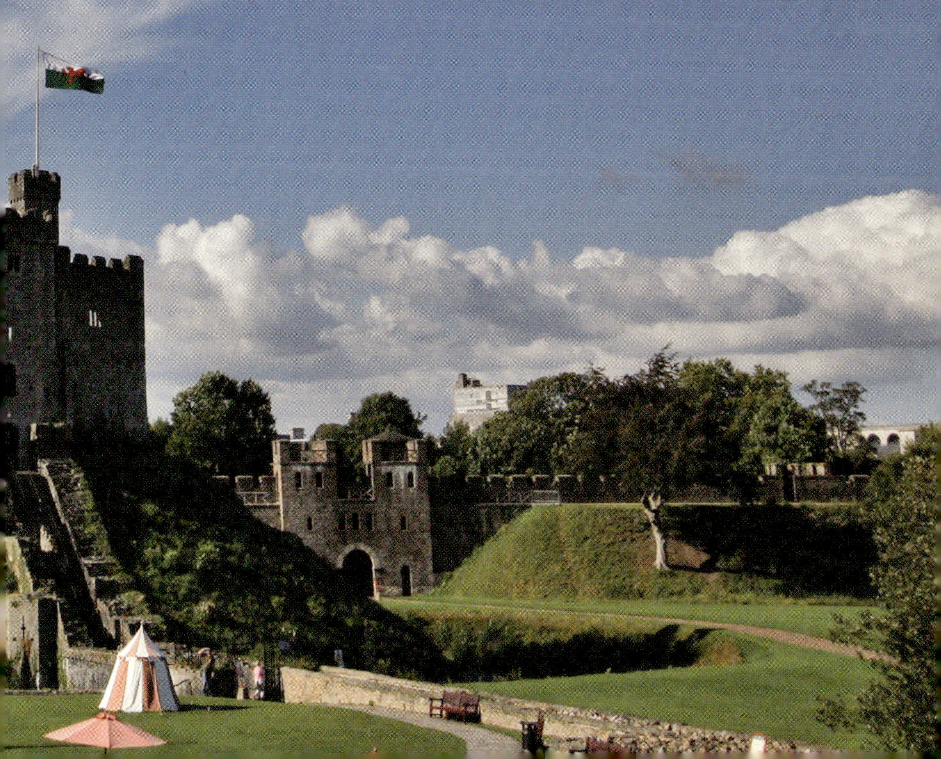

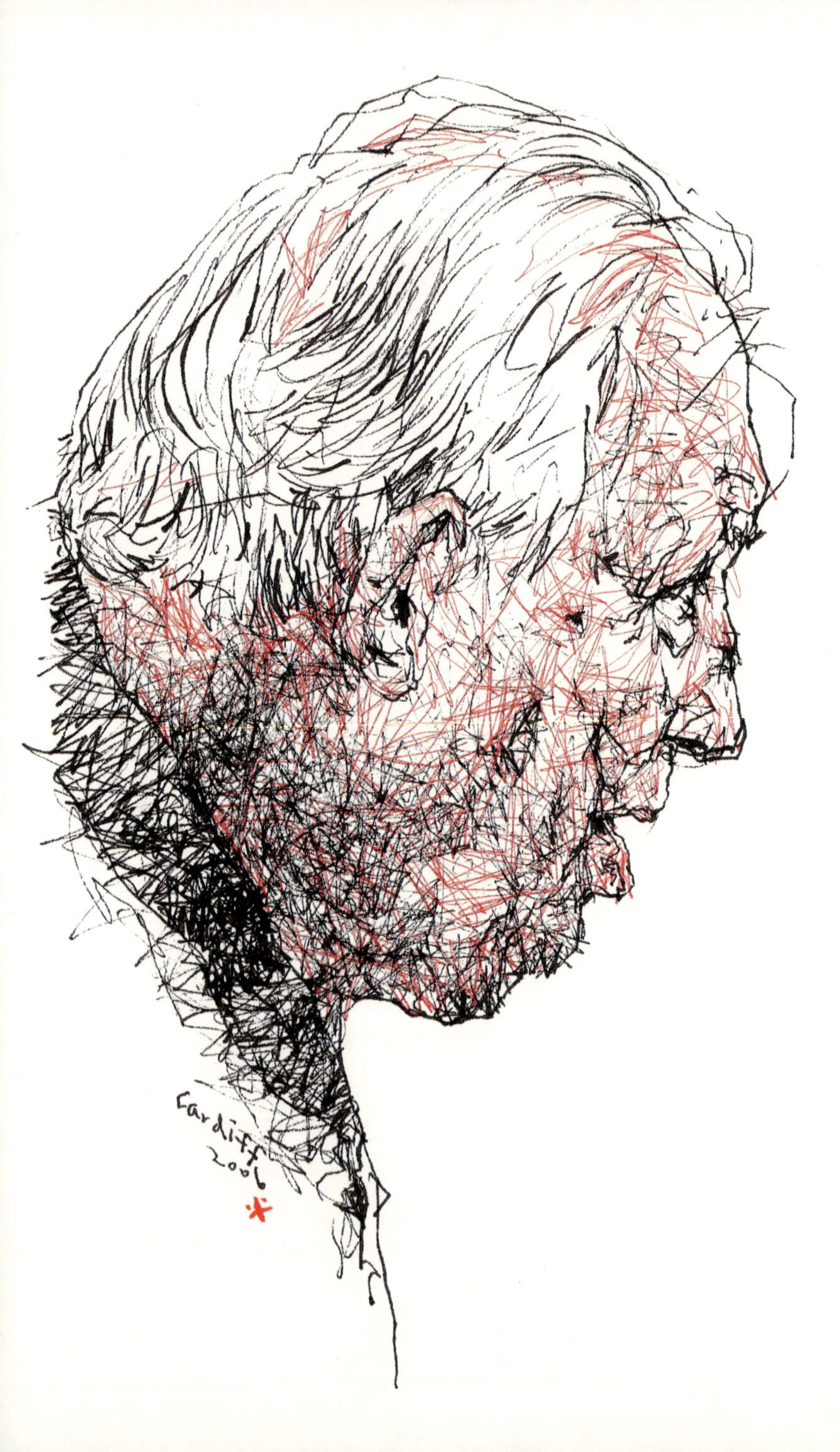

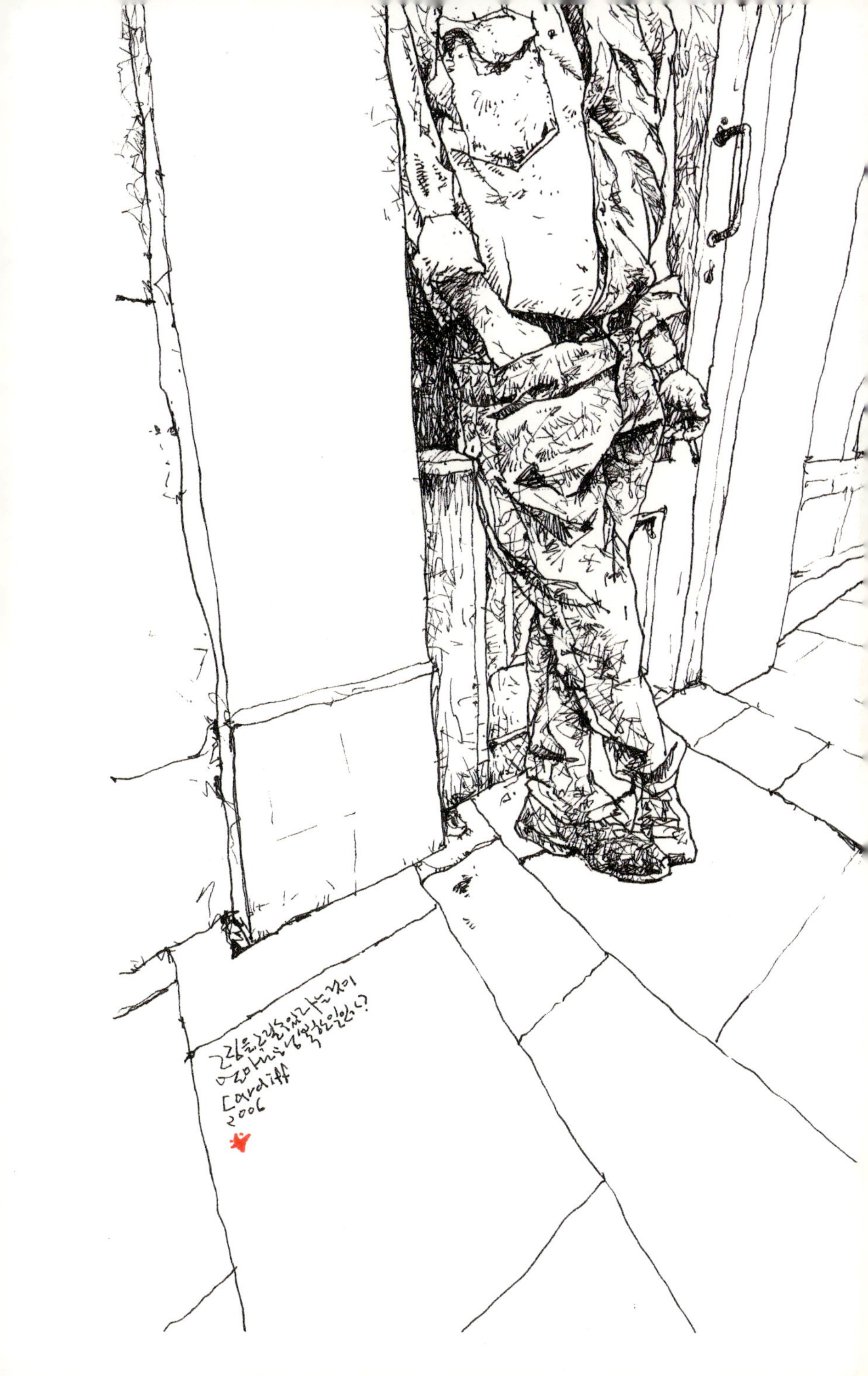
Cardiff
2006

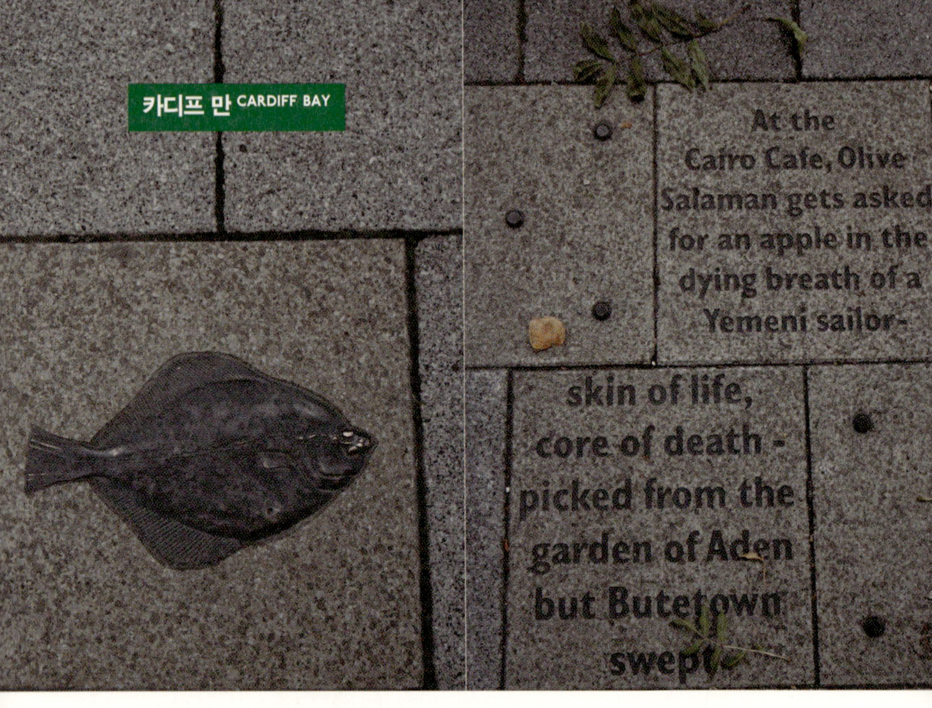

카디프 만으로 가는 일직선 길을 걷고 있다. 시티 센터^{City Centre}에서 걸어서 30분은 걸리는데도 나는 걸어서 가는 길을 택했다.

어제 텔레비전에서 보았던 저스틴 팀버레이크^{Justin Timberake}의 UK 투어를 알리는 대형 포스터들이 여기 저기 붙어 있었다. 그가 오늘 이곳에서 공연을 하는 모양이다. 카디프 만을 향해 가는 인도 위에는 글자들과 문양들이 새겨져 있었다. 이곳에는 아프리칸 무슬림들이 사는 동네가 근처에 있고, 열차가 다니는 철로나 차들이 다니는 도로가 일직선으로 뻗어 있다.

현재 카디프 만은 새로운 국제도시로 각광받고 있지만 그건 불과 얼마되지 않은 일이다. 한때는 세계 제일의 석탄 수출항으로 호황을 누렸으나 석탄산업이 사양길을 걸으면서 카디프는 버려진 빌딩만이

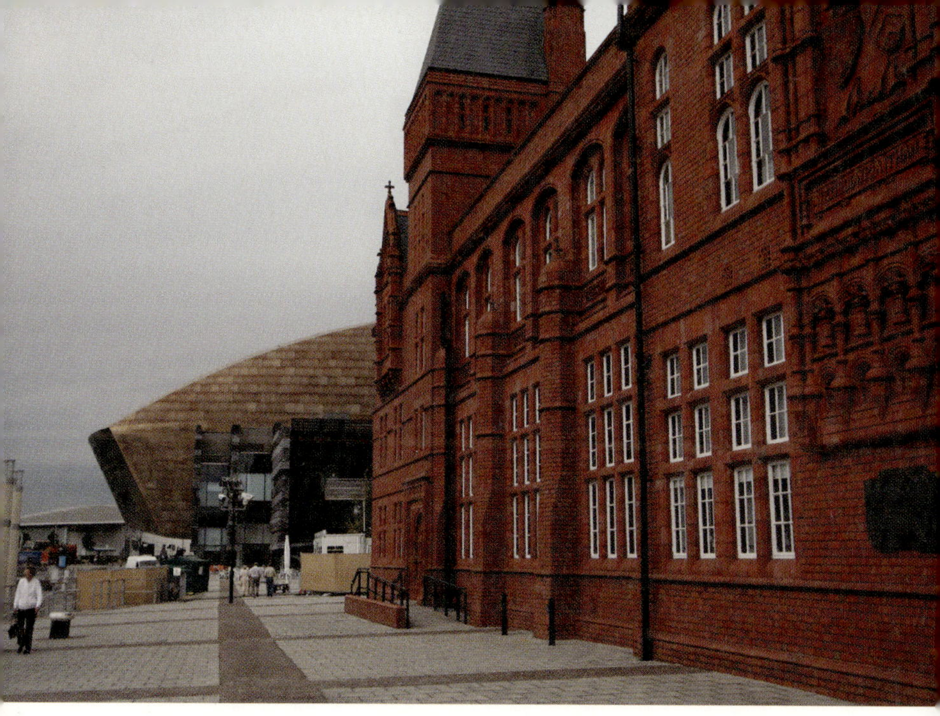

즐비한 쇠락한 도시로 뒤쳐졌다. 그러던 것이 1980년대 말 카디프 개발청이 만들어지면서 개인기업들의 자본을 유치하기 시작했고, 도시는 몰라보게 달라졌다. 새로운 아파트가 들어서고 일거리는 넘쳐났다.

멀리 금색 건물이 눈에 들어왔다. 그 건물에는 큰 글자들이 적혀 있었는데, 멀리서도 식별이 될 만큼 거대한 글자였다.

'Millenium Theatre.'

웨일스의 밀레니엄 프로젝트였다. 거북이처럼 생긴 건물에 대형 글씨가 씌어 있다. 지금까지 이렇게 큰 현판 글씨는 처음 보았다. 정면으로 보이는 건물 앞부분이 모두 글로 채워져 있다.

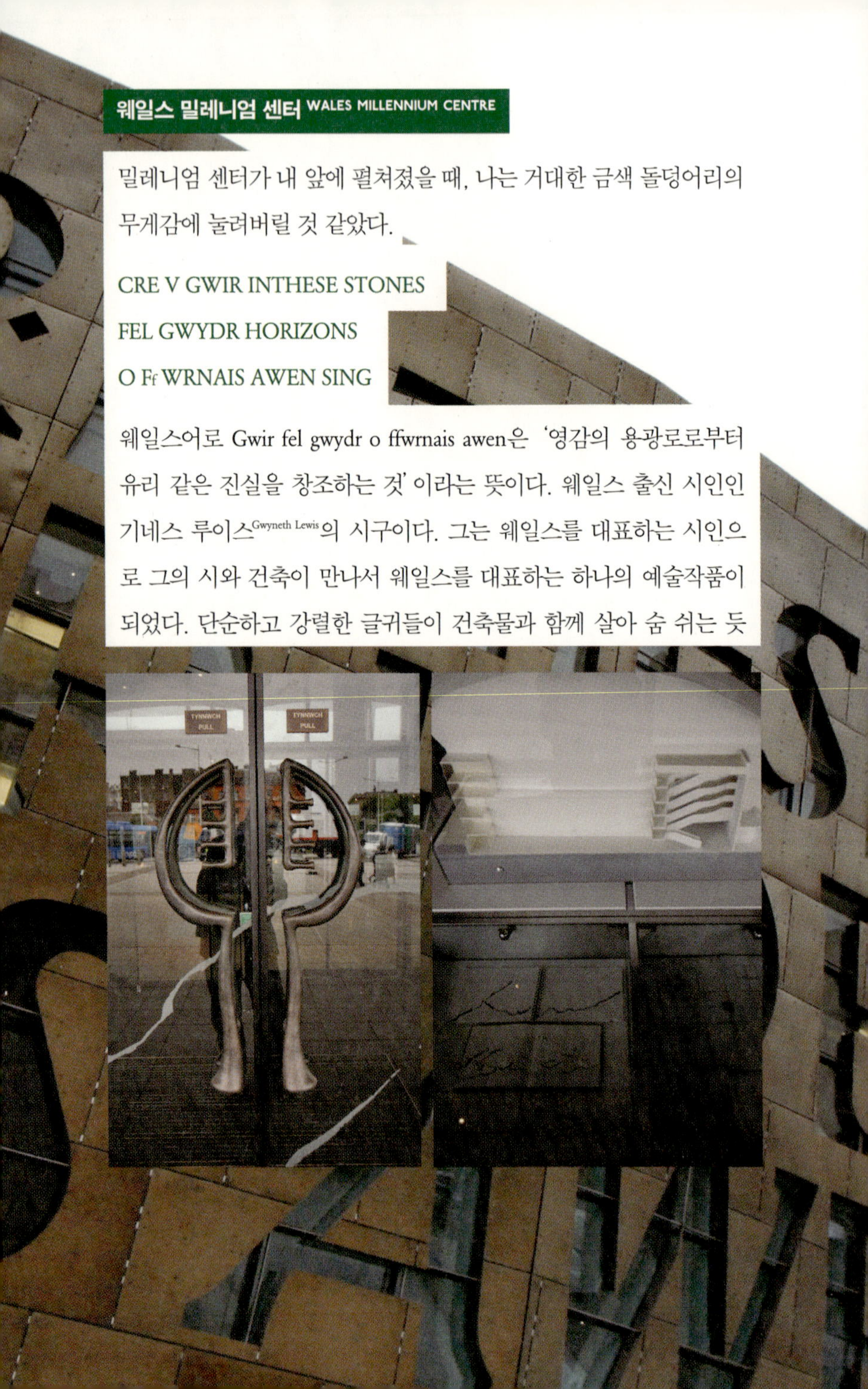

밀레니엄 센터가 내 앞에 펼쳐졌을 때, 나는 거대한 금색 돌덩어리의 무게감에 눌려버릴 것 같았다.

CRE V GWIR INTHESE STONES

FEL GWYDR HORIZONS

O Ff WRNAIS AWEN SING

웨일스어로 Gwir fel gwydr o ffwrnais awen은 '영감의 용광로로부터 유리 같은 진실을 창조하는 것'이라는 뜻이다. 웨일스 출신 시인인 기네스 루이스^{Gwyneth Lewis}의 시구이다. 그는 웨일스를 대표하는 시인으로 그의 시와 건축이 만나서 웨일스를 대표하는 하나의 예술작품이 되었다. 단순하고 강렬한 글귀들이 건축물과 함께 살아 숨 쉬는 듯

느껴졌다. 시어가 주는 느낌을 최대한 살린 타이포와 그 타이포와 절묘하게 어우러진 건축물. 이 독특한 외관과 개성은 다른 도시의 건축물에서는 볼 수 없는 방식이었다.

밀레니엄 프로젝트라고 하기에는 다소 늦은 2004년 11월에 처음 문을 연 이곳은 오페라, 발레, 댄스, 뮤지컬 공연이 주로 열린다. 이 센터는 이 지역의 건축가인 조나단 애덤스^{Jonathan Adams}와 캐피타 퍼시 토머스^{Capita-Percy Thomas}가 디자인했고, 아루프가 음향 디자인을 맡았다. 이 건물의 외관은 구릿빛을 내기 위해 산화구리 처리를 한 철강을 덮어 거대한 돔을 만들었는데, 이 재질들은 해안지방의 거친 기후 조건을 견딜 수 있으며, 세월이 지날수록 더 자연스러운 색을 낼 수 있다고 한다.

건물의 2층과 3층에 걸쳐 글이 새겨진 부분은 카페와 레스토랑이다. 밤이면 멀리서도 시구를 읽을 수 있도록 글씨가 새겨진 부분으로 내부의 불빛이 새어나오며, 카페의 창문으로도 사용된다. 이 건물은 그 자체로 한 편의 시이고, 노래하는 구릿빛 쇳덩어리였다.

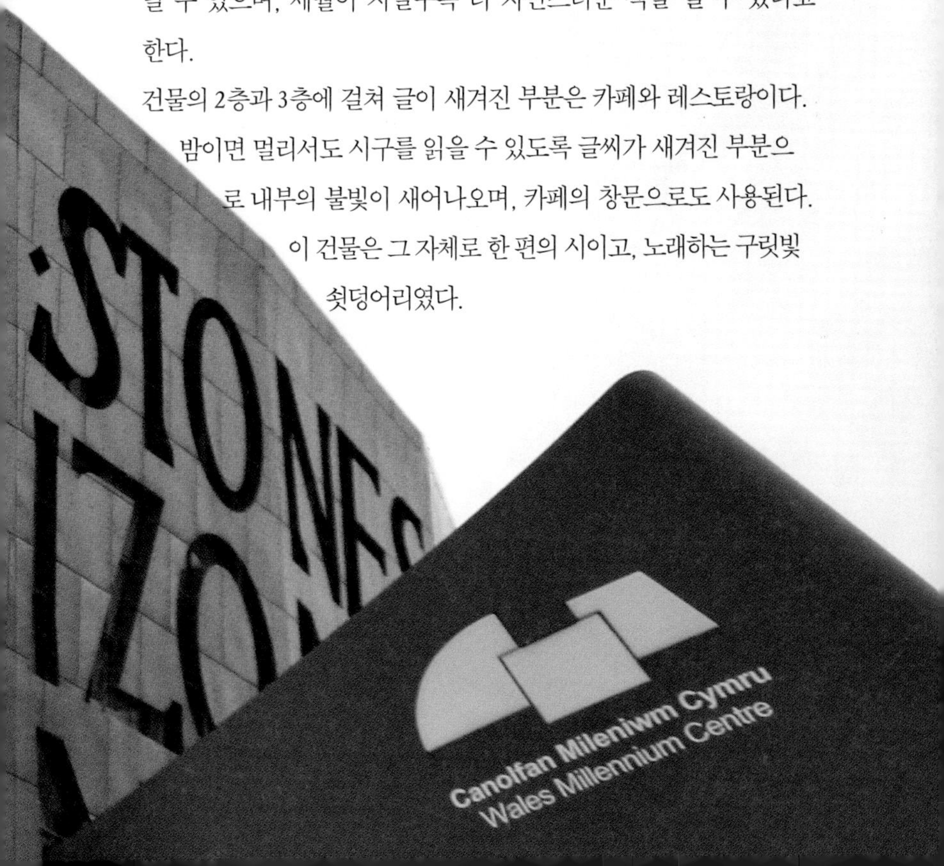

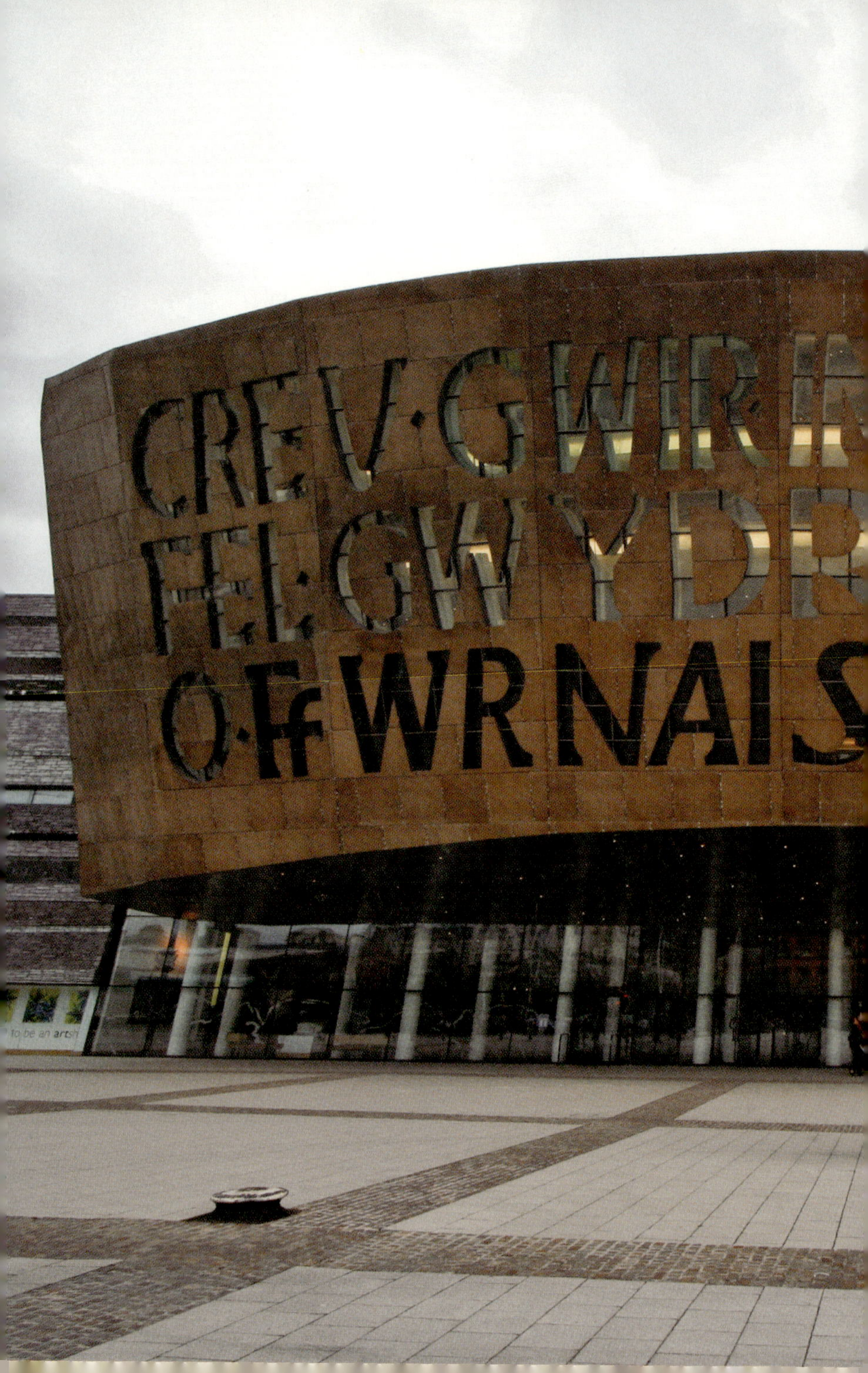
CRE V·G WIR
FF GWYD
O·Ff WR NAIS
to be an artsh

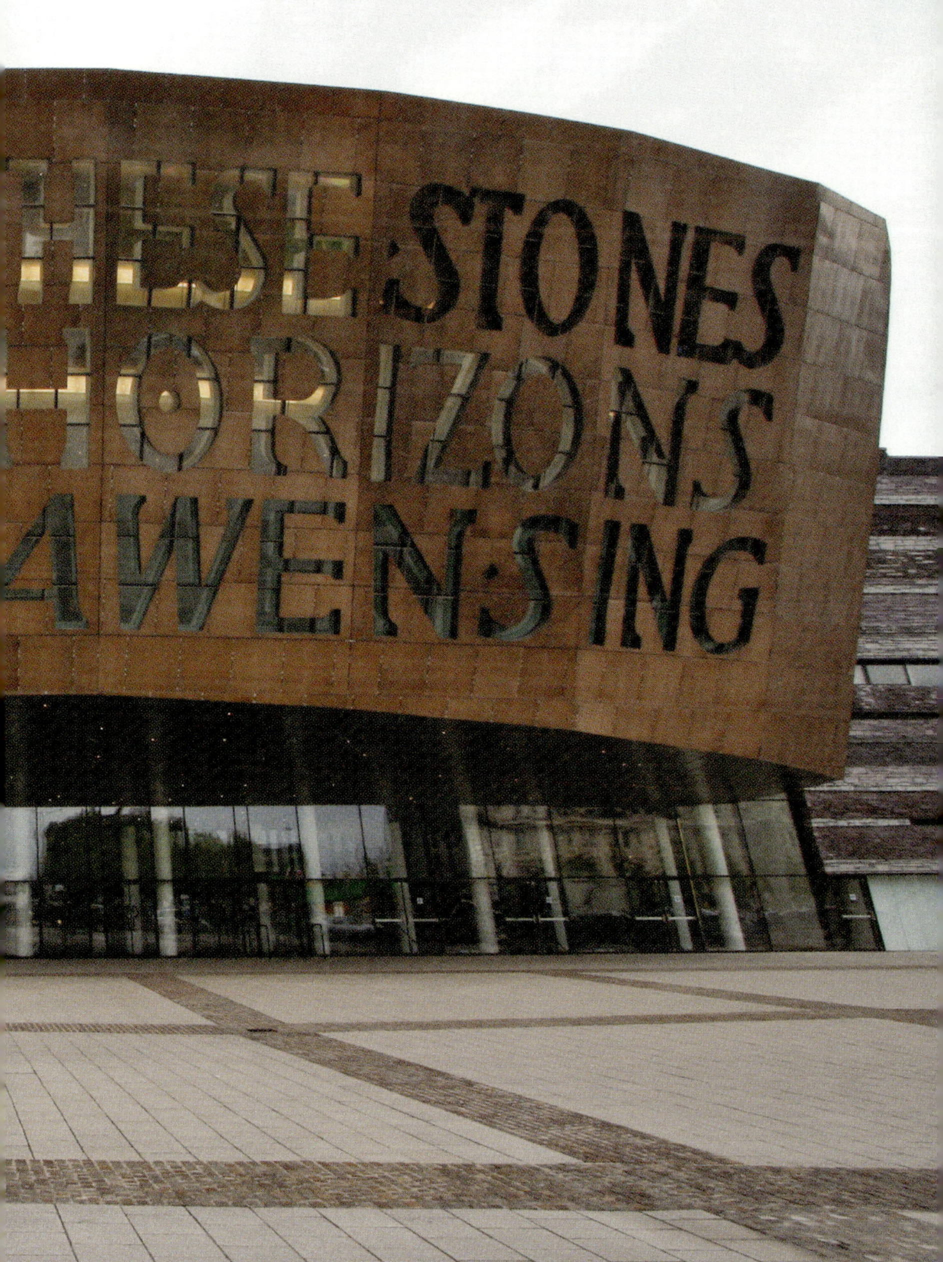
HESE STONES
HORIZONS
AWEN SING

멀리 카디프 만의 바닷가에서 난파된 배의 파편이 해안에 밀려왔다. 이 파편의 밑 부분에는 한 여자가 눈을 감고 있다. 모두 바다 속으로 사라져버리고, 자기만 홀로 남은 것이 서글픈 것인지, 부끄러운 것인지 눈을 감고 있다. 하지만 눈물을 보이지는 않는다.

조각난 파편이 되어 카디프 만으로 흘러들어온 그녀는 파도에 휩쓸려 모래사장에 내동댕이쳐졌다. 그녀는 슬펐다. 그녀와 함께했던 영혼들이 모두 사라지고 없었기 때문이다. 그리고 더욱 슬픈 것은 그녀의 얼굴만 이렇게 덩그마니 남았기 때문이었다.

그녀는 바닥에 볼을 대고 잠이 들었지만 계속 꿈을 꾸고 있는 듯했다. 그리고 주변은 전쟁의 환영으로 물들었다. 제2차 세계대전에서 사라져간 영혼들의 이름이 타일로 바닥에 새겨져 있다.

Merchant Seafarers's War Memorial(1997)
Artist : Brian Fell
Mosaic : Louise Shenstone and Adrian Butler

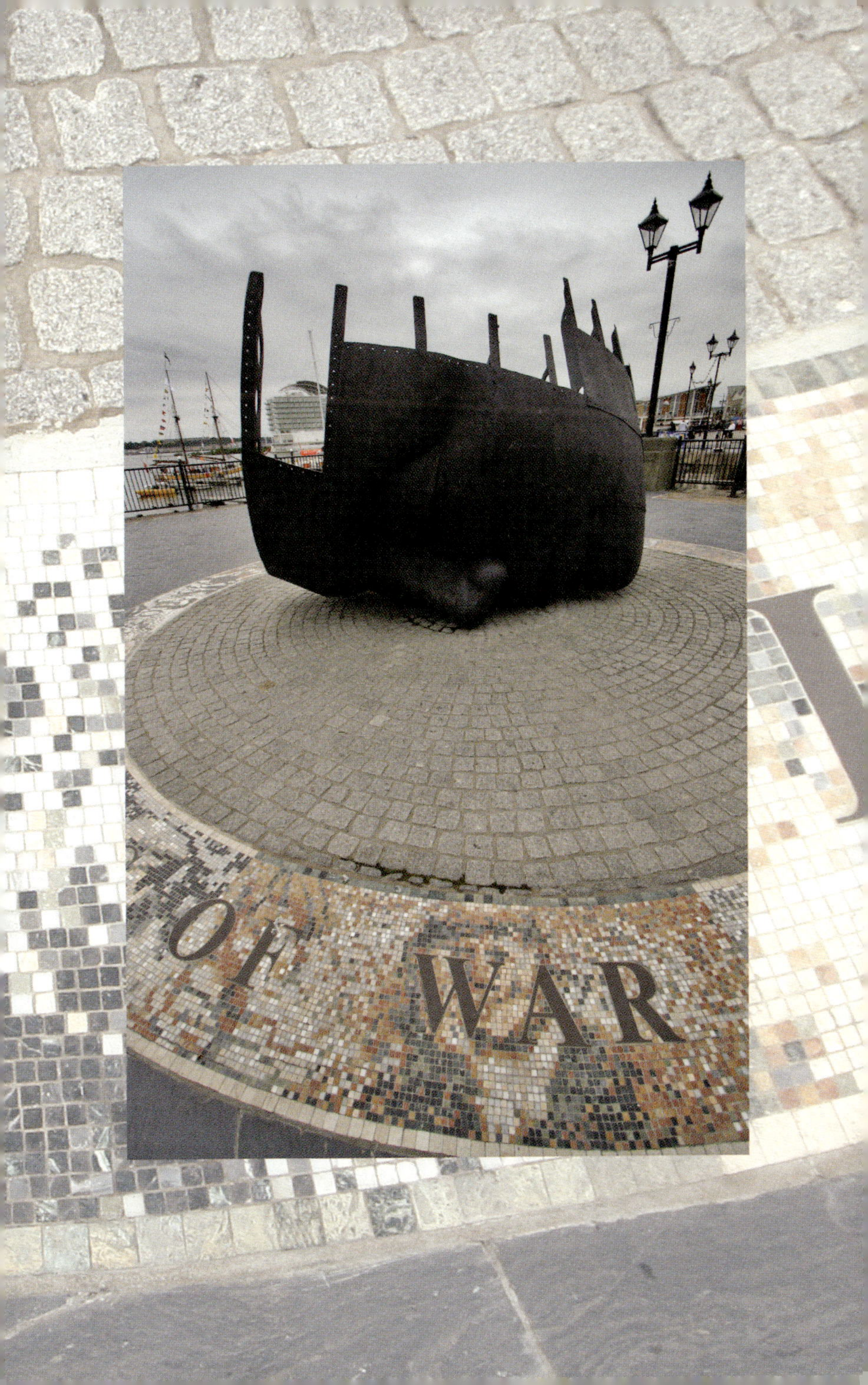
OF WAR

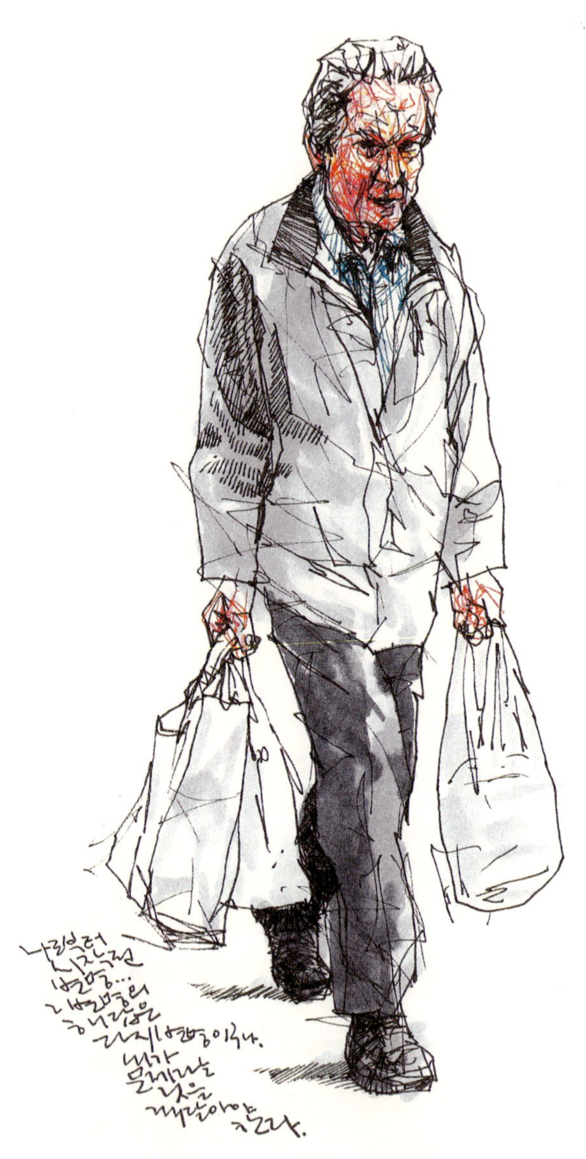
나랑서
넌지느껴
방향…
그방향의
나장덩
다시방향이다.
빠가
목해서는
낫는
빠라이야는
그라다.

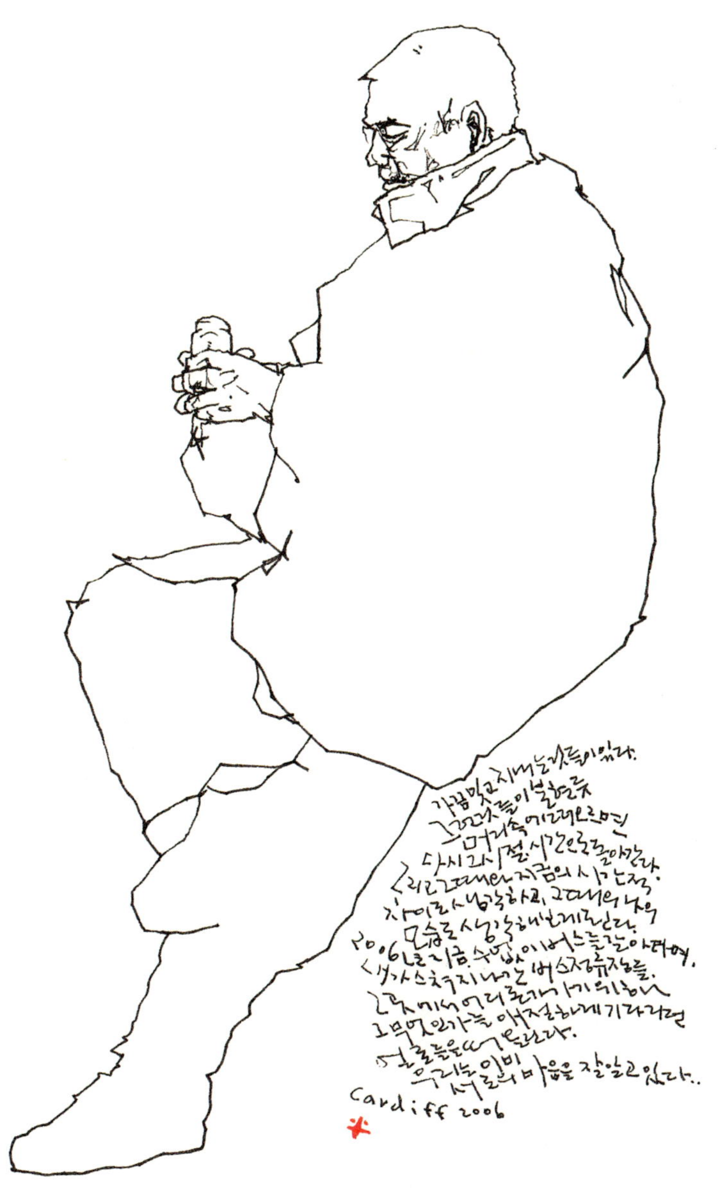

Cardiff 2006

전쟁에 과연 승자가 있을까? 전쟁은 인간이 만든 가장 큰 비극이다. 이런 비극을 한 번쯤 겪지 않은 나라가 어디 있을까. 카디프 만의 청춘들도 제2차 세계대전 때 카디프 해안에서 독일군과 전쟁을 치르며 허망하게 바다 속으로 사라졌다.

지금 이곳에 온 나는 낭만과 꿈을 찾고 있는지 모르지만, 이곳의 주민들은 전쟁의 상처로 얼룩진 과거와 아픔을 잊지 않으려 한다. 고통이든 기쁨이든 그것을 잊지 않는 방법으로 기념비를 세우는 것만큼 좋은 방법은 없을 것이다. 이곳에도 여러 예술가들이 함께 작업한 기념비적인 작품들이 카디프 만의 비극을 추억하고 있었다.

모자이크로 조각한 또 한 작품은 남극 탐사에 나섰다가 돌아오는 길에 사망한 영국인들을 형상화했다. 썰매를 끌고가는 힘겨운 모습을

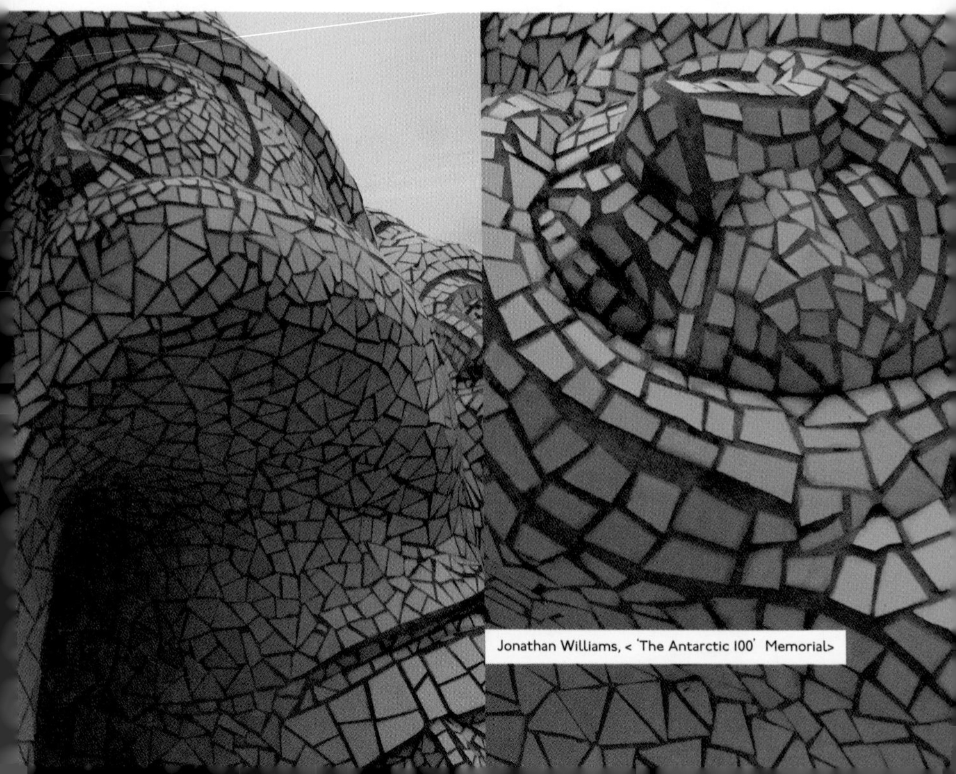

Jonathan Williams, < ˙The Antarctic 100˙ Memorial>

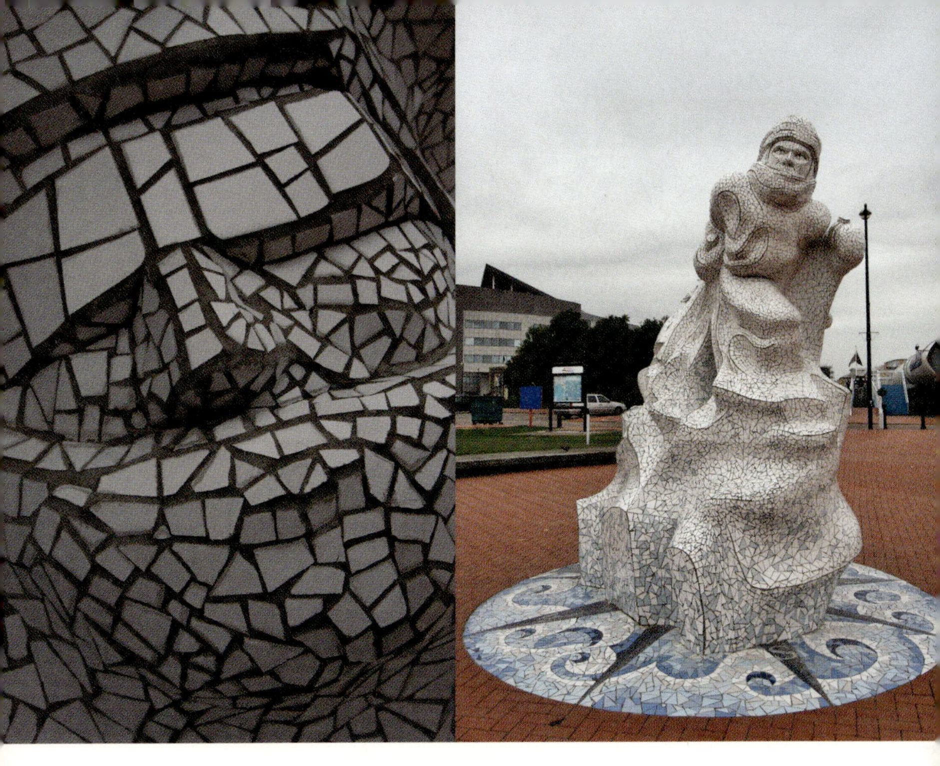

눈처럼 하얀 세라믹 조각들로 표현했는데 마치 얼음 조각들이 부서지는 듯이 고통을 잘 표현해냈다.

이 작업을 보면서 생과 사를 생각했다. 혹한의 고통에 몸부림치는 사람들의 모습이 모두 뒤엉켜 있다. 얼굴 표정이 하나같이 차갑고 슬프고 고통스럽다. 작가는 가우디로부터 영감을 받았다고 한다.

작품은 직접적으로 과거를 전달하지 않았다. 각각의 얼굴은 무표정했지만, 그 속에는 깊이를 알 수 없는 아픔과 슬픔이 교차되어 있었다.

작품은 작품 이상으로 내게 다가와 말없이 죽어간 영혼들을 되살려냈다.

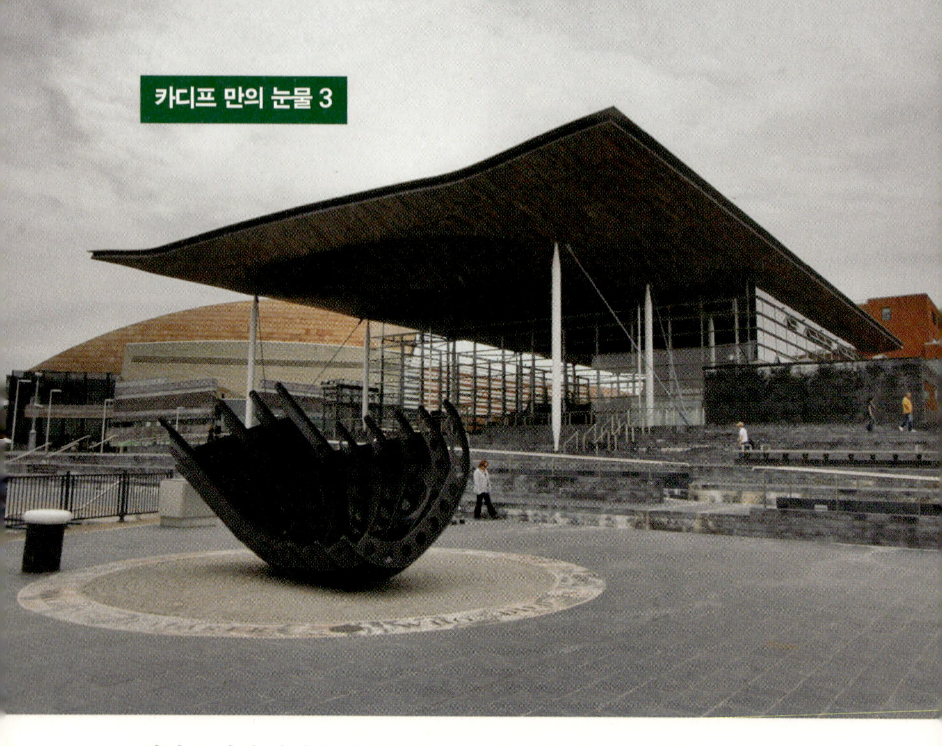

카디프 만의 마지막 작품 앞에 우뚝 섰다. 버섯구름이 솟아오르고 있는 형상을 한 이 건물은, 핵폭발의 끔찍한 기억을 되살리며 처연하게 서 있었다.

웨일스 의회 National Assembly for Wales, . 이 건물은 흔히 '세네드' Senedd 라고 불리는데, 도대체 어떤 관점으로 어떻게 봐야 할지 난감했다. 건물 앞으로 뻗어 있는 처마 부분이 지나치다 싶을 정도로 길었고, 이 처마가 건물 안쪽까지 이어져 있었다.

건물로 들어서기 위해서는 금속 탐지기를 거쳐야 했다. 이 건물이 의회 건물로 사용되기 때문에 출입이 엄격하게 통제되고 있는 것이다. 하지만 이 건물로 들어서기 전까지는 이곳이 어떤 용도로 쓰이고 있

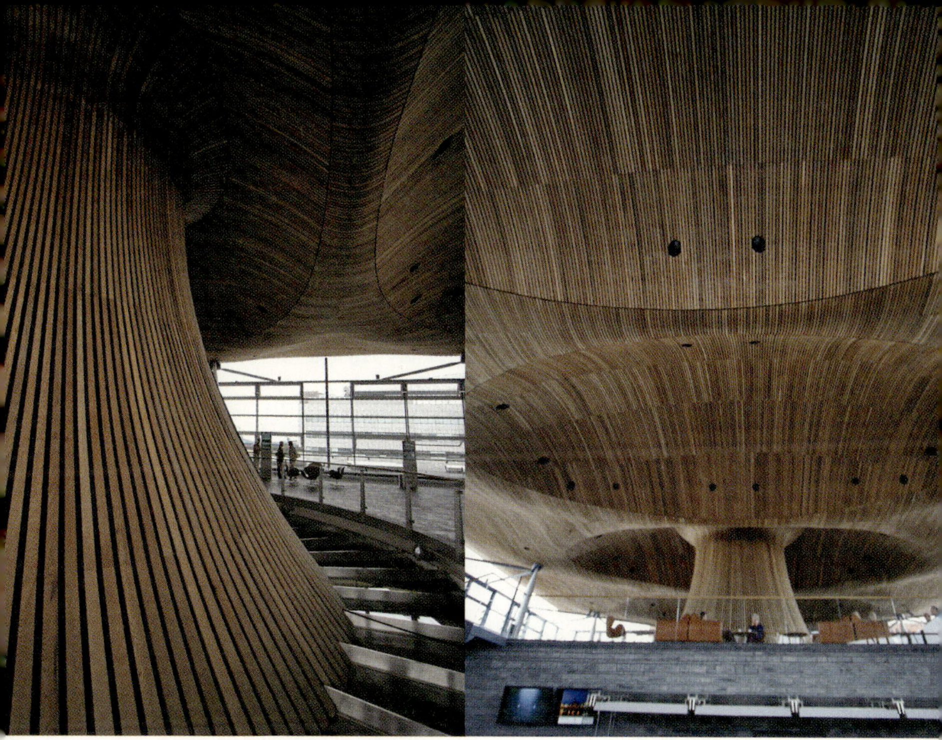

는지 짐작하기 어려웠다. 의회 건물이니, 여기서 회의를 하는 것일까? 아니면 단지 기념비적인 건물로, 카디프의 역사나 전쟁의 상처를 기리는 곳일까.

건물의 중앙부가 지하로 이어지는 게 특이했다. 이곳에는 국제회의장으로 사용되는 회의장이 있고, 이곳을 기점으로 버섯처럼 나무줄기가 솟아올라 있다. 이 나무줄기는 파장처럼 뻗어나가 건물 밖으로 이어져 바다를 향해 선착장처럼 둥실 떠 있다.

전체적인 외양을 보면 폭탄이 폭발하면서 버섯구름이 솟아오르는 모습으로 디자인되어 있다. 전쟁을 떠올리게 하겠다는 아이디어는 쉽게 생각해낼 수 있을지 몰라도, 이런 아이디어 자체를 어떻게 설득

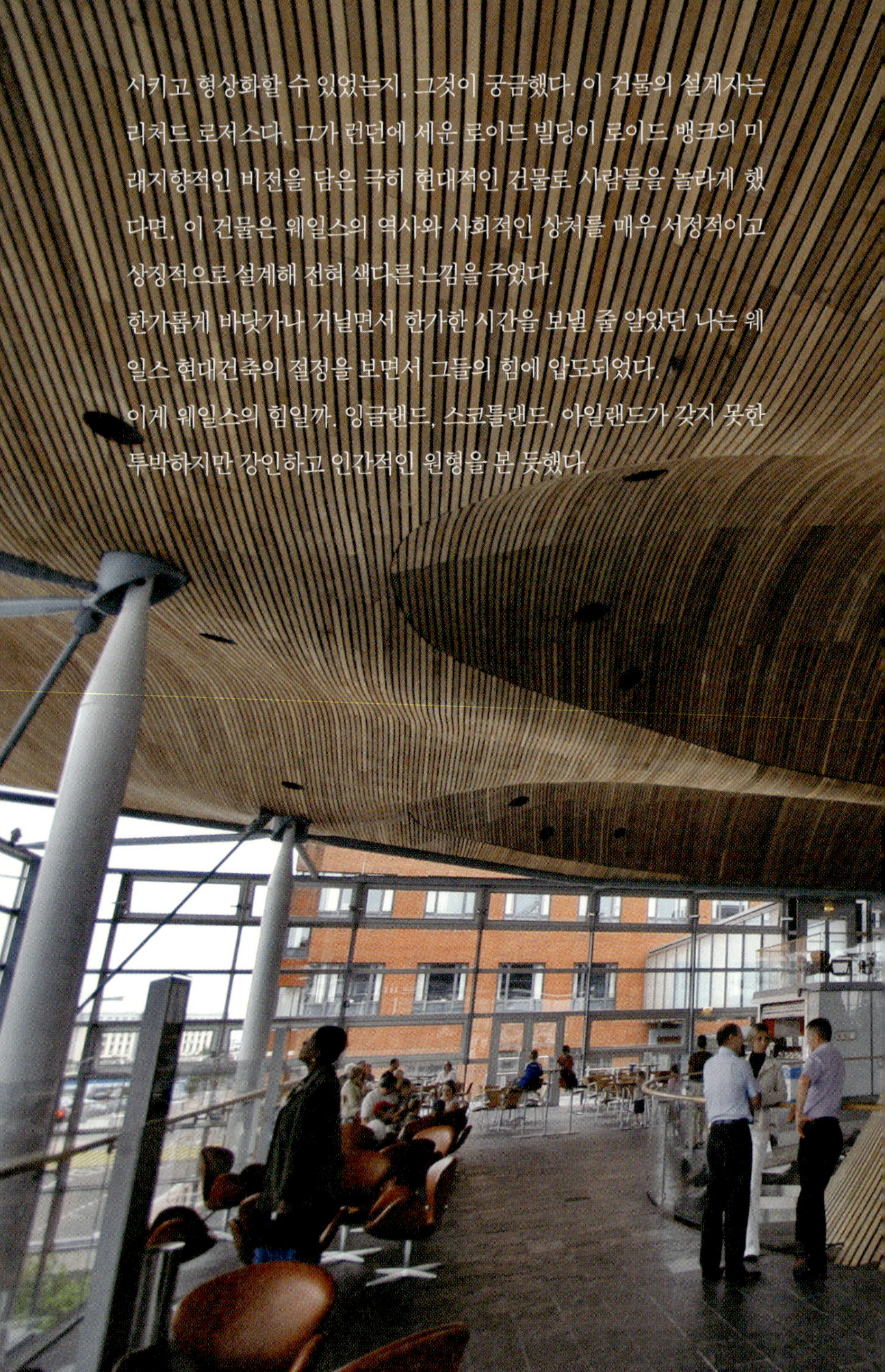

시키고 형상화할 수 있었는지, 그것이 궁금했다. 이 건물의 설계자는 리처드 로저스다. 그가 런던에 세운 로이드 빌딩이 로이드 뱅크의 미래지향적인 비전을 담은 극히 현대적인 건물로 사람들을 놀라게 했다면, 이 건물은 웨일스의 역사와 사회적인 상처를 매우 서정적이고 상징적으로 설계해 전혀 색다른 느낌을 주었다.

한가롭게 바닷가나 거닐면서 한가한 시간을 보낼 줄 알았던 나는 웨일스 현대건축의 절정을 보면서 그들의 힘에 압도되었다.

이게 웨일스의 힘일까. 잉글랜드, 스코틀랜드, 아일랜드가 갖지 못한 투박하지만 강인하고 인간적인 원형을 본 듯했다.

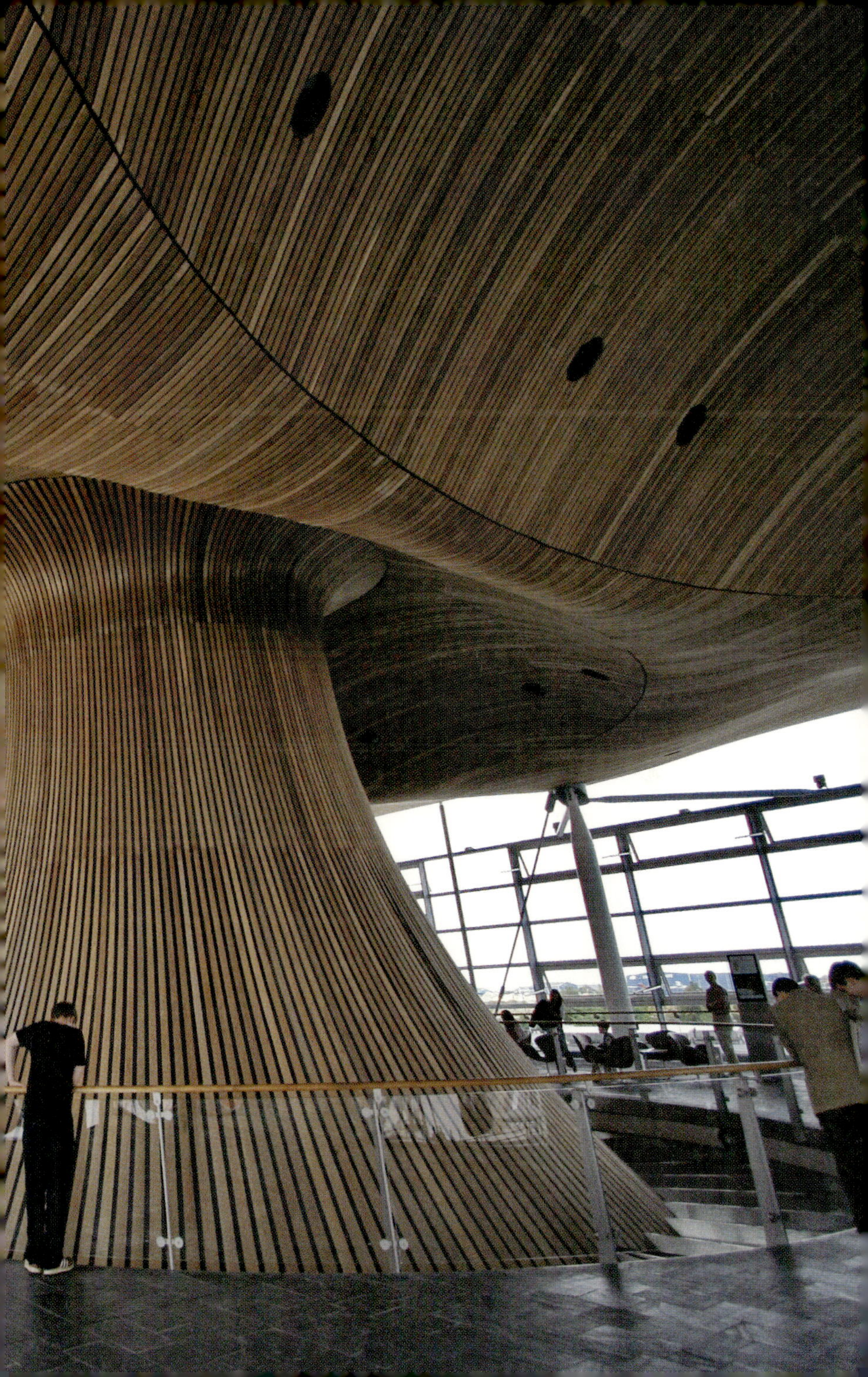

카디프 곳곳에서 볼 수 있는 조형물들 역시 그들의 건축물만큼이나 투박하면서도 인간적인 일상이 잘 드러나 있었다.

시내에서 카디프 만으로 접어드는 교차로에서 만난 조각 중 하나는 두 주먹으로 로프를 불끈 쥐고 있는 형상이었다. 흔히 손 모양을 조각한 작품들은 많지만, 카디프 만에서 만난 이 손 조각에서는 바다 사나이들의 생명에 대한 집념과 거친 숨결이 살아 있었다. 손 하나만으로도 인간사의 미묘한 감정들을 담아낼 수 있다는 것이 놀랍다.

쇼핑센터가 밀집되어 있는 퀸 스트리트의 시작과 끝에 위치한 〈어머니와 아들〉 Mother and Son 이라는 작품은 아이의 손을 잡고 묵묵히 서 있는 어머니의 모습이 인상적이었다. 어떤 특별한 의미를 담고 있거나 새로운 조형 테크닉을 사용한 건 아니지만, 일상적인 모습 그 자체를 소박하게 담아낸 조형물에서 웨일스 사람들의 문화적 성향을 뚜렷하게 느낄 수 있었다.

또 카디프 만의 바닷가에는 강아지를 데리고 온 한 청춘남녀를 형상화한 조각과 석탄을 캐는 노동자의 조각상이 서 있었다. 이 역시도

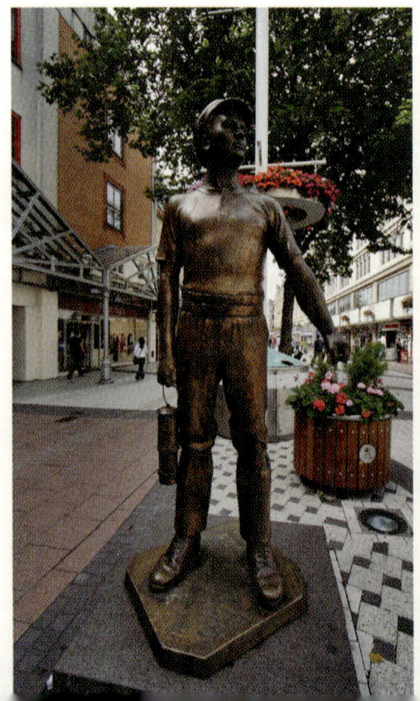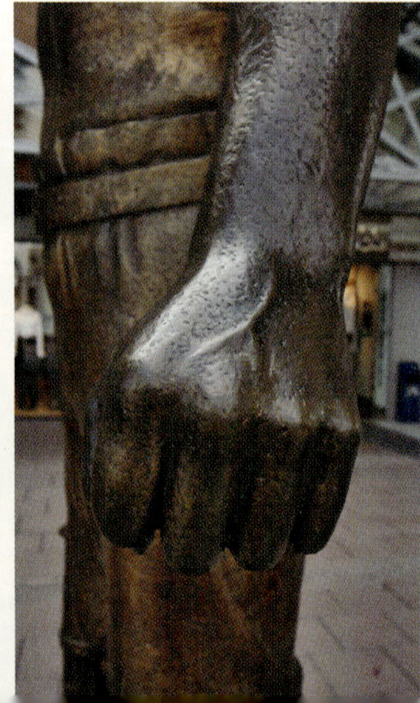

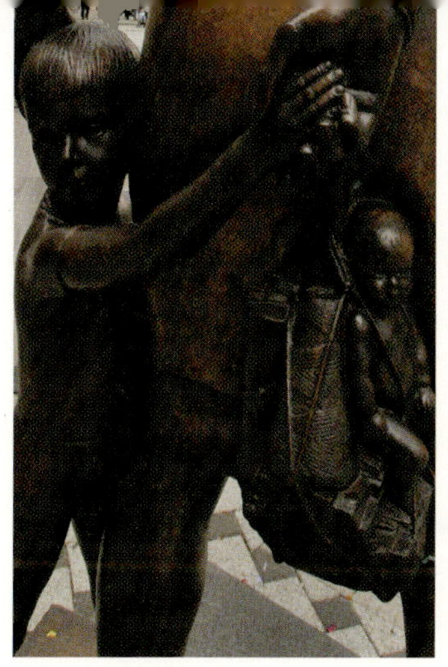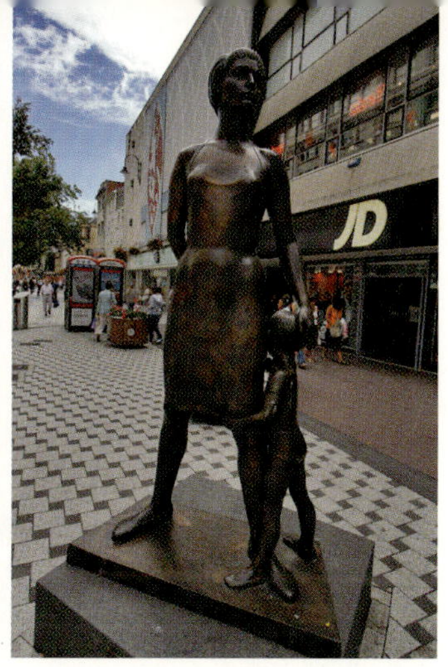

웨일스 시민들의 일과 일상에서 얻은 모티브를 형상화한 소박한 작품들이다.

나도 무명의 거리 사람들을 관찰하고 그걸 스케치북에 담아내는 작업을 하고 있어서인지, 이런 웨일스의 작품들이 친근하게 느껴졌다. 어떤 이는 이런 것이 진부한 소재라고 생각할 수도 있지만, 평범한 소재를 하나의 예술품으로 당당히 재현해낸 이 작품들은 나의 일상과 내가 지향하는 예술, 디자인에 대해 많은 생각거리를 주었다.

일상이 모여 역사가 되고 평범한 아이디어가 모여 새로운 디자인의 근원을 만들어내는 법이다. 웨일스의 예술에는 누군가에게 보여주기 위한 어떠한 허위의식도 없었고, 모든 작품들은 그들의 삶과 밀접한 공감대를 형성하고 있었다.

카디프에서 묵었던 B & B^{Bed & Breakfast}에서 아침식사를 서빙해주던 아가씨가 떠올랐다. 항상 밝게 웃으며, 노래를 흥얼거리면서 식사를 준비하던 그녀는 나에게 꼭 카디프 만을 가보라고 권했었다. 그녀가 사랑하는 아버지의 모습인 광부의 조각이 있다고 말이다.

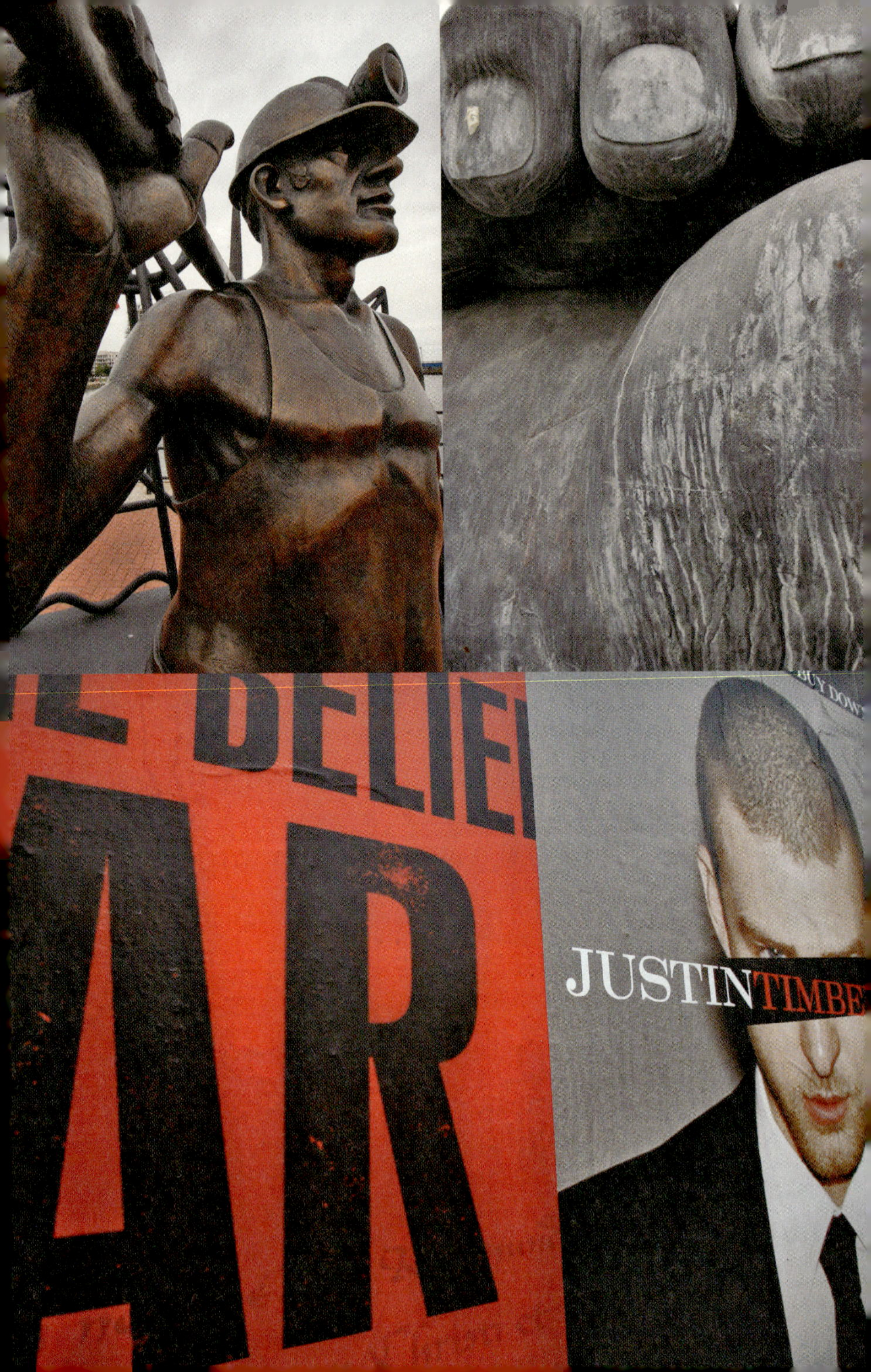
BELIE
AR
BUY DOW
JUSTIN TIMBE

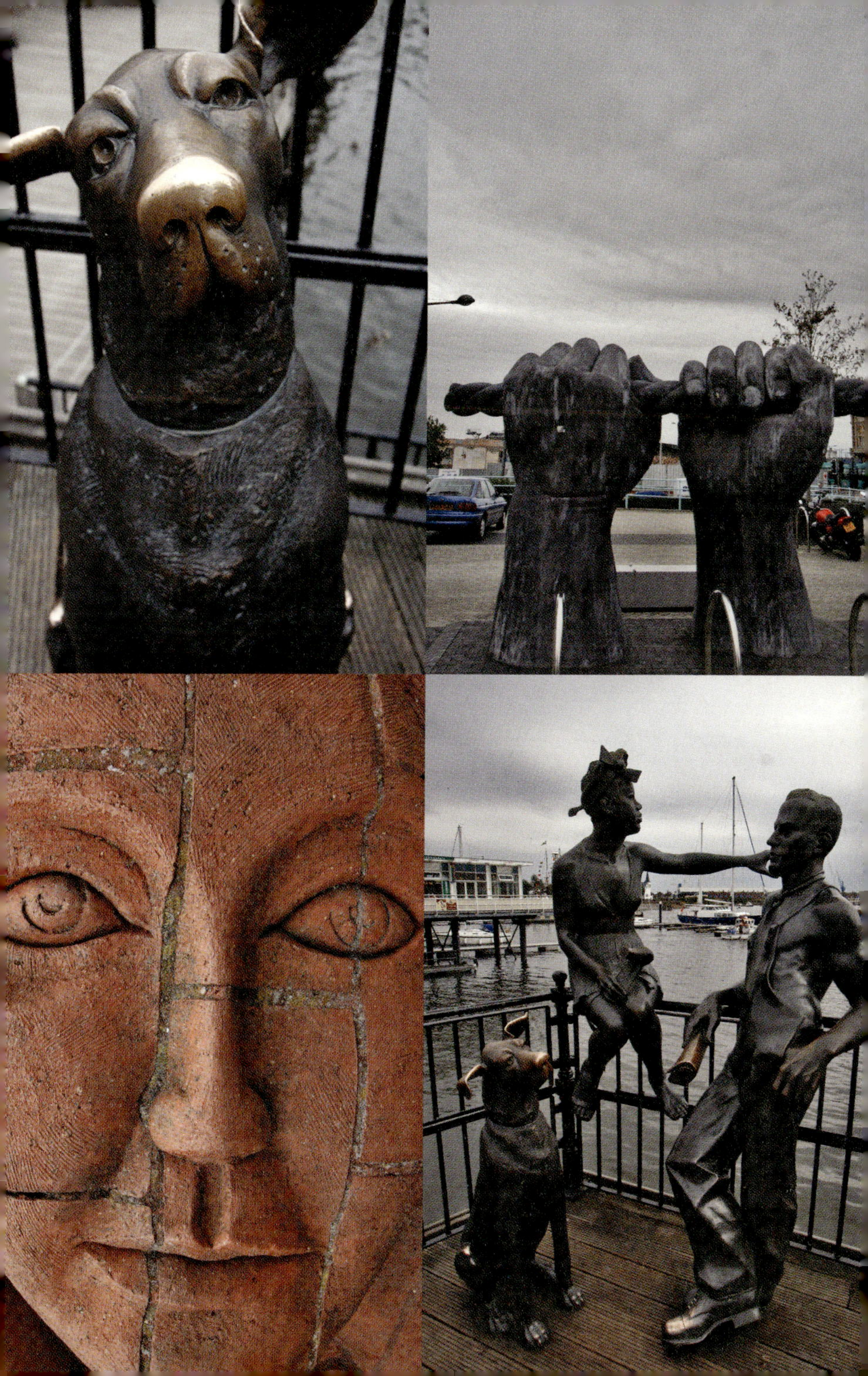

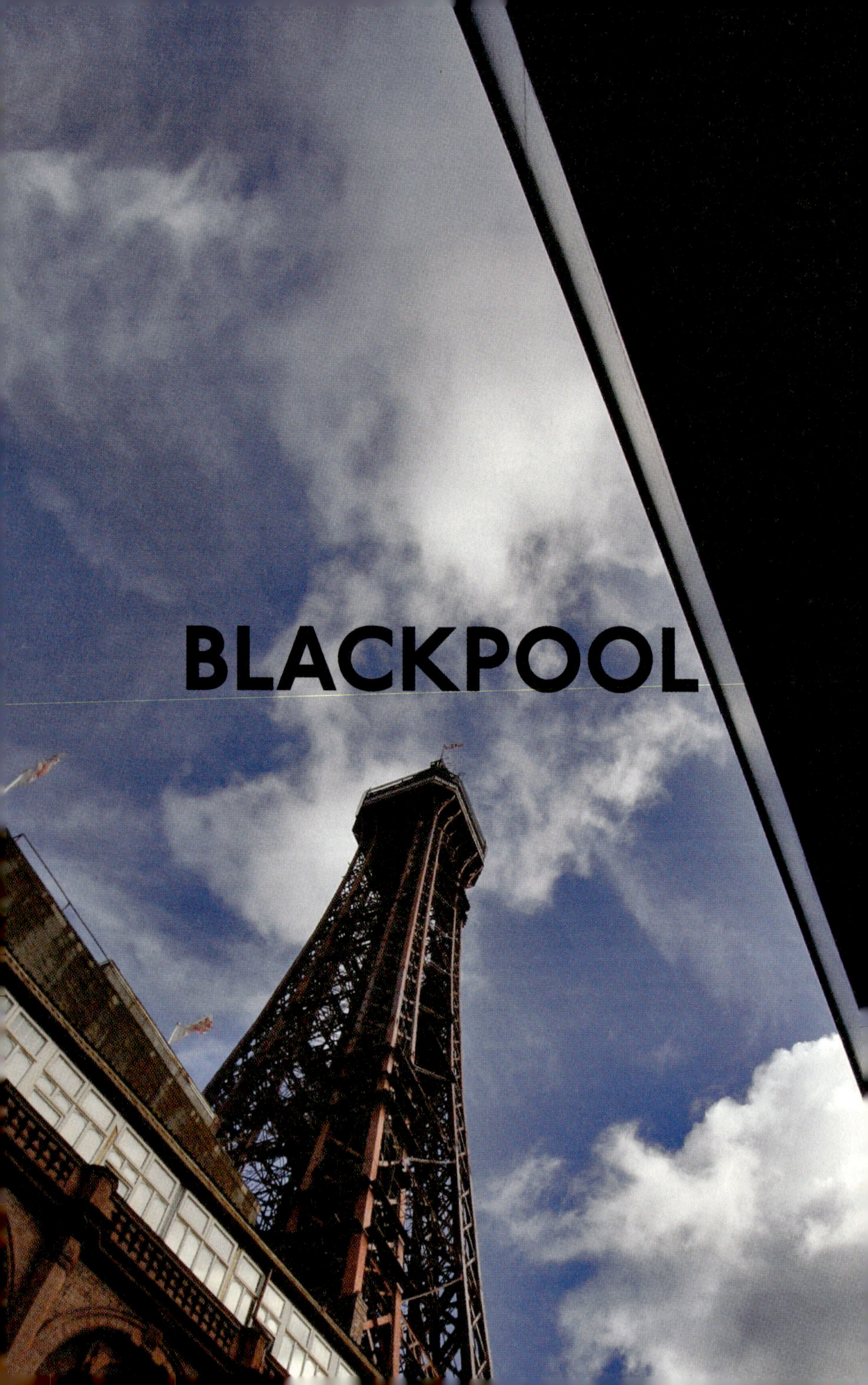
BLACKPOOL

잉글랜드와 스코틀랜드의 국경 근처인 모어캠에 도착한 시간은 오후 8시 30분이었다.

도착할 때쯤 내리던 비가 그치고, 모어캠의 아름다운 바닷가에는 구름 너머로 쏟아지는 햇살이 무지개를 만들어 나를 환영하고 있었다.

모어캠에는 따로 버스터미널이라 할 만한 것이 없었다. 나는 바닷가 외딴 곳에 그냥 던져지듯 내렸고, 시내버스 정류장 표시만 하나 덜렁 있는 곳에 홀로 남겨졌다. 나를 내려놓은 버스는 지체 없이 떠나버렸다. 언제나 그렇듯이 나는 또 혼자 무엇인가에 이끌려 걷기 시작했다.

바닷가로 이르는 길을 따라 해안가를 걷다 보니, 저 멀리 바닷가 너머 섬들이 보였다. 나는 무지개를 향해 걷다 보면 숙소가 나올 거라고 생각했다. 그러나 정처 없이 걷는데, 무지개는 어느새 사라지고 숙소는 나오지 않았다. 조금 이상했다. 주위에는 건물도 보이지 않았다. 뭔가 문제가 있다는 걸 직감한 건 바로 그때였다.

자전거를 타고 지나가는 동네 청년에게 지도를 보여주며, 내가 가려는 숙소를 물어보았다.

"여기는 모어캠이고 당신이 보여준 숙소는 블랙풀에 있어요. 잘못 온 거 같은데…"

카디프에서 예약한 숙소는 모어캠이 아니라 블랙풀에 있는 숙소였다. 그런데도 나는 그곳이 모어캠에 있다고 계속 착각하고 있었던 것이다.

"블랙풀은 여기서 얼마나 걸리나요?"

"걸어서는 내일 오전이나 돼야 도착할걸요. 열차를 타면 두 시간 정도 걸리고."

이런… 긴장을 늦추면 꼭 찾아오는 손님이 방문하셨다. 실수라는 손님.

모어캠에서 블랙풀로 가는 차비로 차라리 싸구려 숙소를 구해야겠
다는 생각을 하고 바닷가 주변을 돌아보았다. 그런데 이렇게 외진 바
닷가 모텔에도 빈방이 없었다. 믿어지지 않았다. 밖에는 지나다니는
사람이 거의 없을 정도로 한적한 곳인데, 주변 레스토랑과 맥주 집에
는 사람들로 넘쳐났다. 방이 있냐고 물어보는 나를 모텔 직원이 어이
없는 표정으로 바라보았다. 주말(내가 도착한 날은 금요일 저녁이었
다)에 이곳에 머무르려면 꼭 예약을 해야 한다고 일러준다. 세상에,
이렇게 어이없을 수가…
그래서 하는 수없이 블랙풀로 예정에 없는 여행을 떠나기로 했다.

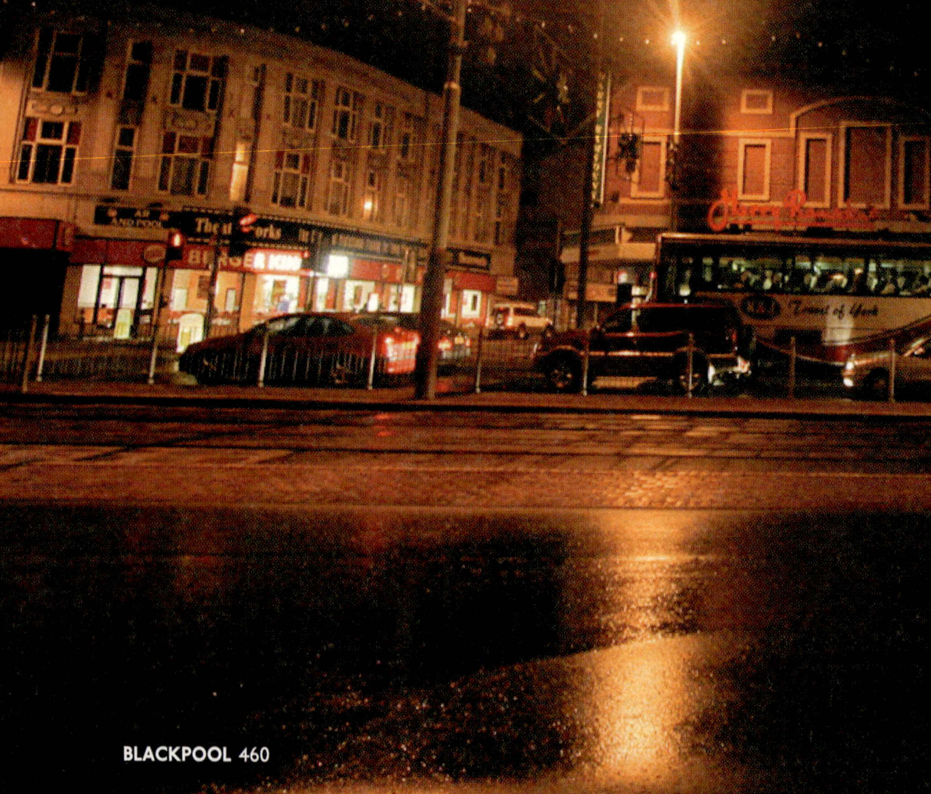

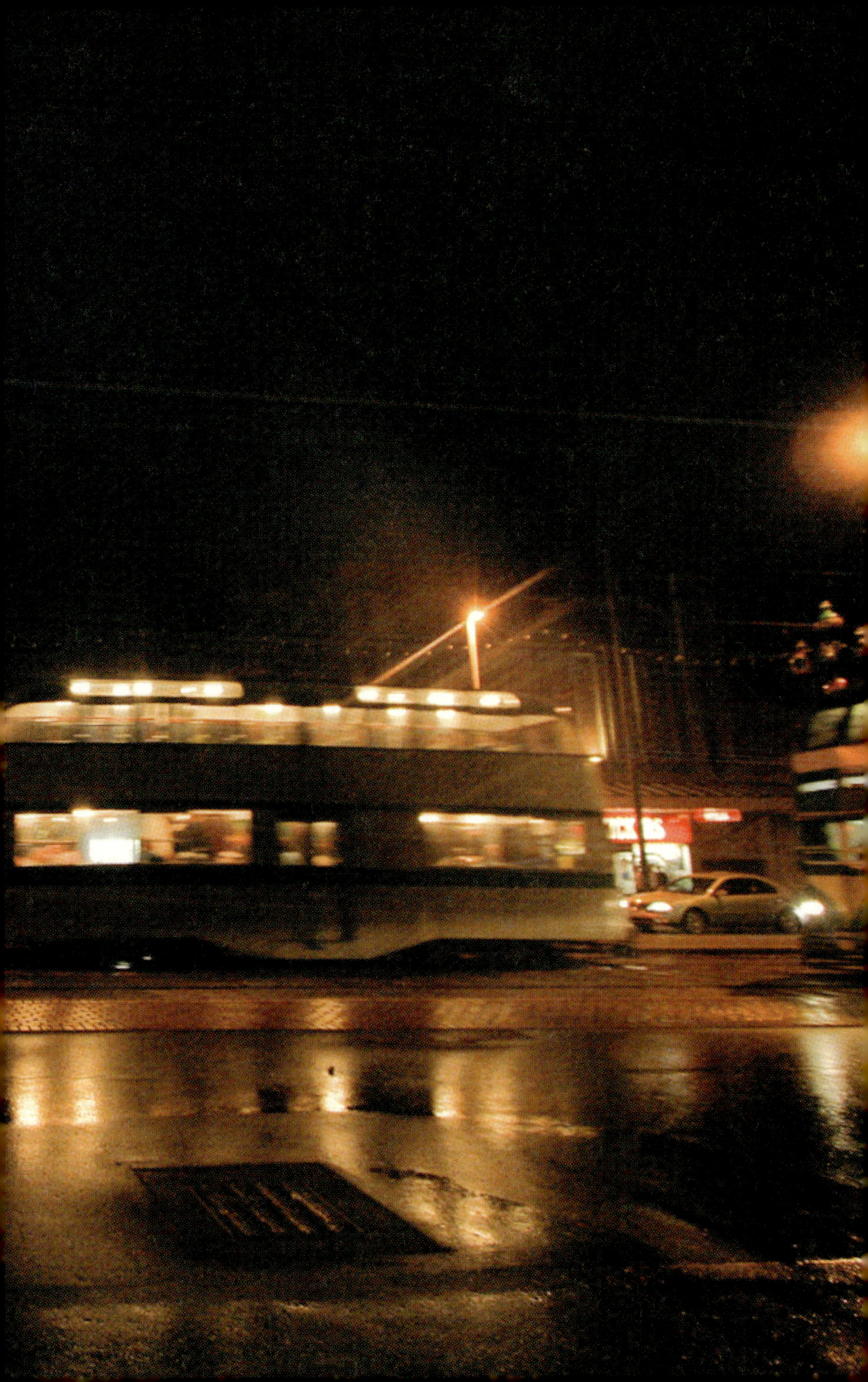

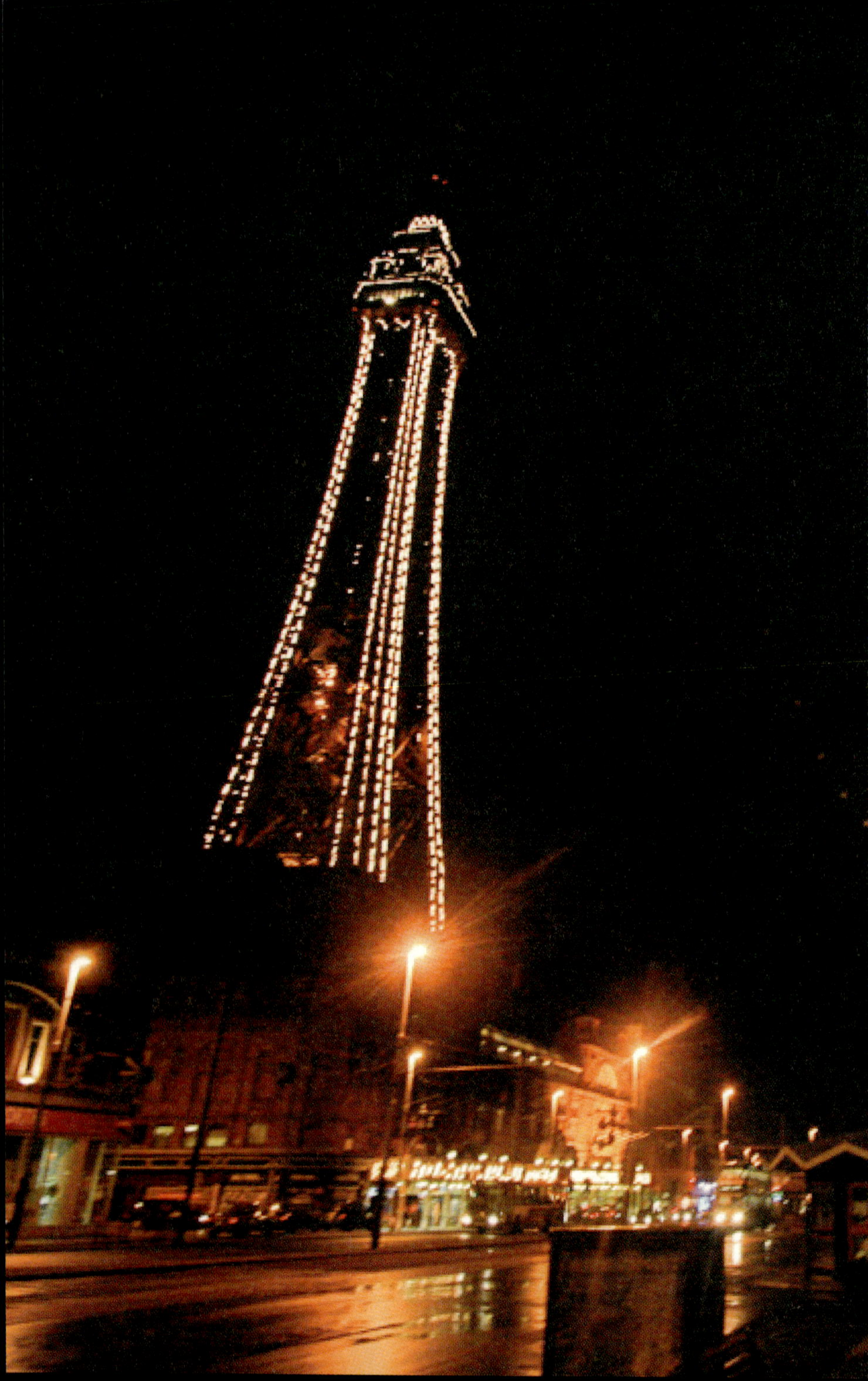

저녁 10시 30분.

나는 모어캠을 지나 블랙풀로 이어지는 간선도로를 달렸다. 정확히 말하자면 모어캠에서 택시를 타고 블랙풀로 가고 있는 것이다.

온몸에 문신을 한 훌리건 같은 택시운전사와 심심한 대화를 나누며 달리는 동안 어느새 새카만 밤이 찾아왔다. 영국의 8월은 저녁 9시가 넘어야 해가 지기 시작한다. 밤이 우리나라보다 훨씬 더 천천히 찾아오는 것이다.

나는 지금 우리나라로 치면 서울의 고속버스터미널에서 대전 정도까지 택시를 타고 가는 셈이다. 이런 호사를 누리다니… 한국에서라면 있을 수도 없는 일이다. 하지만 이미 날은 저물고, 숙소는 없었기 때문에 다른 대안이 없었다.

여행을 다니면 이렇게 예상치 못한 일들이 자주 벌어지지만 그 당시 상황을 인식하는 데는 꽤 시간이 걸린다. 도대체 왜 이런 일이 벌어지는 걸까? 답은 간단하다. 내가 모르는 부주의의 신이 가끔 찾아오는 것일 뿐.

생돈이 날아가는 것도 속이 쓰리지만, 내가 어떻게 지역도 구분하지 못하고 숙소를 잡았는지 도무지 이해되지 않았다. 아마 두 도시가 비슷한 해안도시라서 한 지역으로 착각한 듯하다.

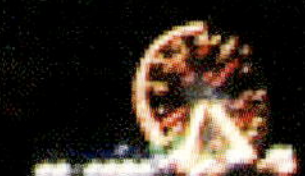

택시 운전사와 나는 둘 다 블랙풀이 처음이었다. 우리는 파티 복장을 한 사람들을 불러 세워 내가 예약한 숙소의 주소를 물어보았다. 그러나 그 숙소를 아는 사람은 쉽게 나타나지 않았다.

밤의 블랙풀 시내는 거의 물랭루주 극장을 떠올리게 할 만큼 낡은 환락가 분위기를 풍기고 있었다. 짙은 화장에 여장을 한 남자들이 거리를 활보하고 있었고, 머리를 삭발한 기도 같은 체격의 건장한 남자들이 술 취한 사람들을 끌고 가고 있었다. 또 눈에 보이는 가게들은 촌스러운 점멸전구를 밝히고 손님들을 유혹했다.

슬쩍 들여다보이는 펍 안에서는 왁자지껄하게 퀴즈쇼를 벌이고 있었다. 영국 사람들은 주말 저녁이면 이렇게 펍에 모여서 퀴즈쇼를 하며 맥주를 마시고 즐긴다. 런던에서는 보통 보기 어려운 풍경이다. 아마 런던에서도 예전에는 이렇게 하루 일과를 마친 사람들이 펍에 모여 퀴즈쇼를 즐겼을 것이다.

'이거 지금까지 봐오던 영국의 도시랑 많이 다르네…'

이름에서 풍기는 칙칙하고 음울한 느낌이 현실로 펼쳐지고 있었다. 택시는 골목골목을 헤매면서 다녔는데, 숙소를 찾기는 쉽지 않았다. 영국에서도 아주 낙후한 도시에 온 것인지, 생소하고 거친 풍경에 살짝 겁이 나기도 했다.

"저게 블랙풀 타워입니다." 택시 운전사가 나지막이 말했다.

창밖으로 제법 큰 타워가 보였다. 타워 라인을 따라 무대전구 같은 것이 촘촘히 박혀 있는 정말 촌스러운 타워가 나타났다. 웬만한 유명 도시들의 타워는 어둠 속에서도 환한 빛을 발하며, 도시의 밤의 랜드 마크로 하늘을 수놓기 마련인데, 이건 밝지도 아름답지도 않아서 타워에 대한 상식을 무자비하게 깨뜨려놓았다. 특히 에펠 타워의 윗부분만 가져다놓은 듯 아무런 개성도 없는 이 타워를 보고 있자니 절로 웃음이 나왔다. 158미터나 되는 블랙풀의 기둥이라 할 만한 대표적인 조형물이니, 블랙풀을 가장 잘 설명해줄 수 있는 아이콘임에는 틀림이 없다. 이 건축물을 보니, 블랙풀이라는 도시가 어떤 풍경일지 능히 짐작이 갔다. 결국 택시 운전사와 나는 한참을 헤매고도 숙소를 찾지 못했다. 이대로 포기해야 할지 난감해하던 중, 다행히 내가 찾는 숙소를 알고 있는 중년 부부를 만났다. 남편이 택시 운전사의 어깨를 감싸며 친절하게 그곳을 설명했고, 결국 아내를 먼저 보내고, 택시 앞좌석에 앉아 그곳까지 길안내를 해주었다. 블랙풀 타워에는 실망했으나, 블랙풀 주민의 친절함에는 감동할 수밖에 없었다.

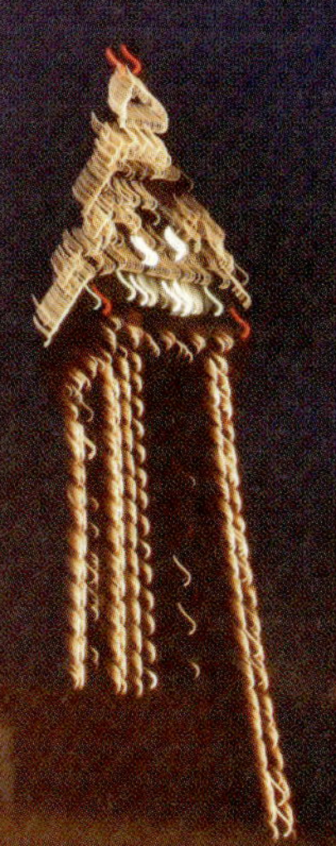

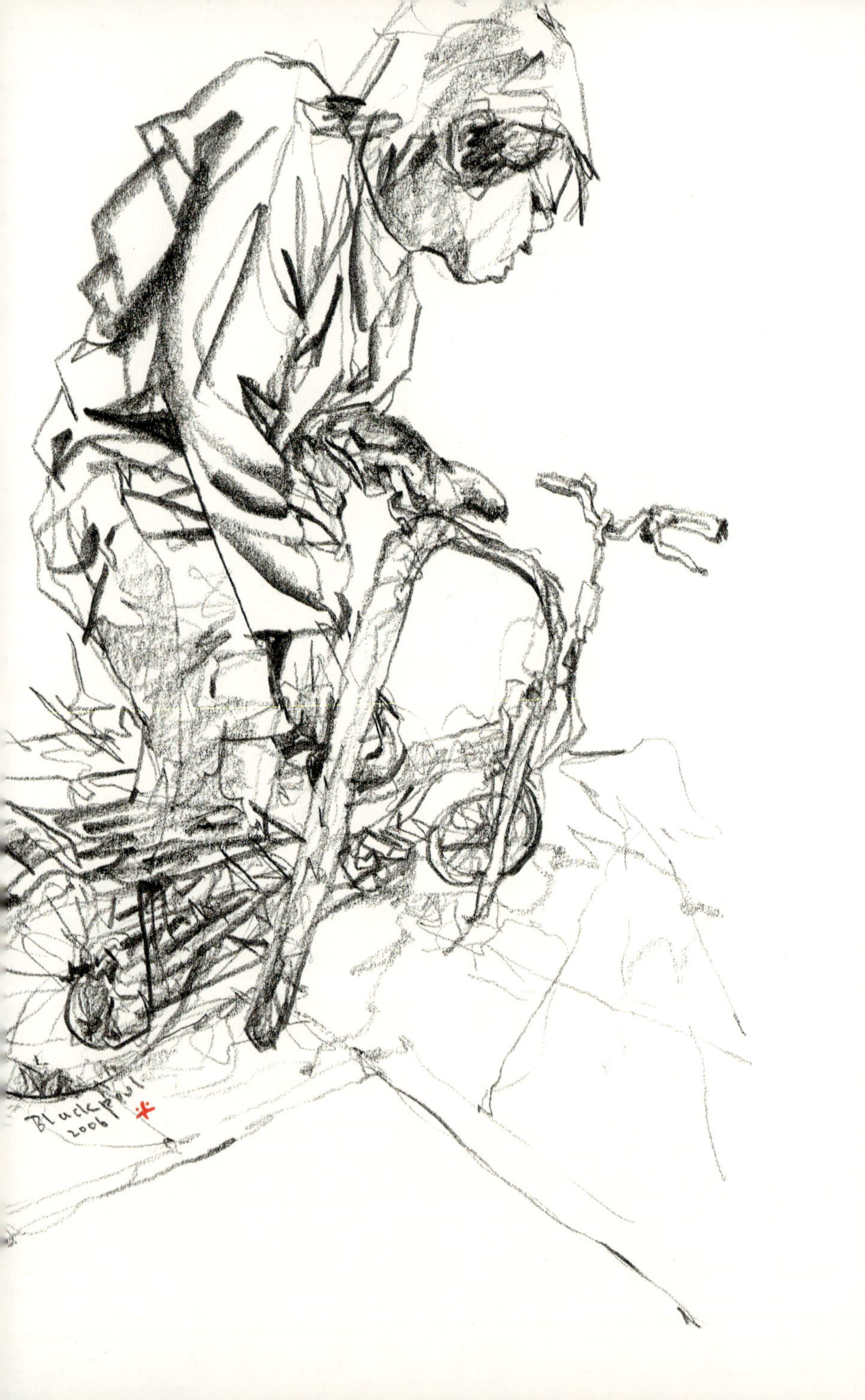
Blackpool
2006

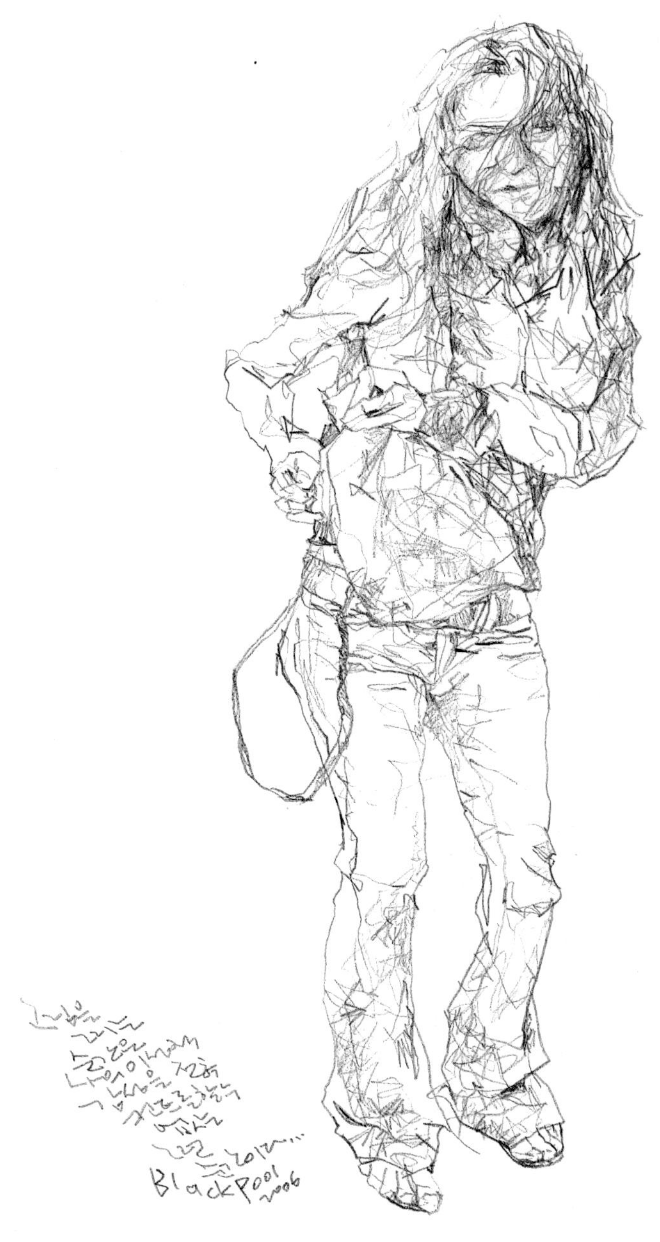
Blackpool 2006

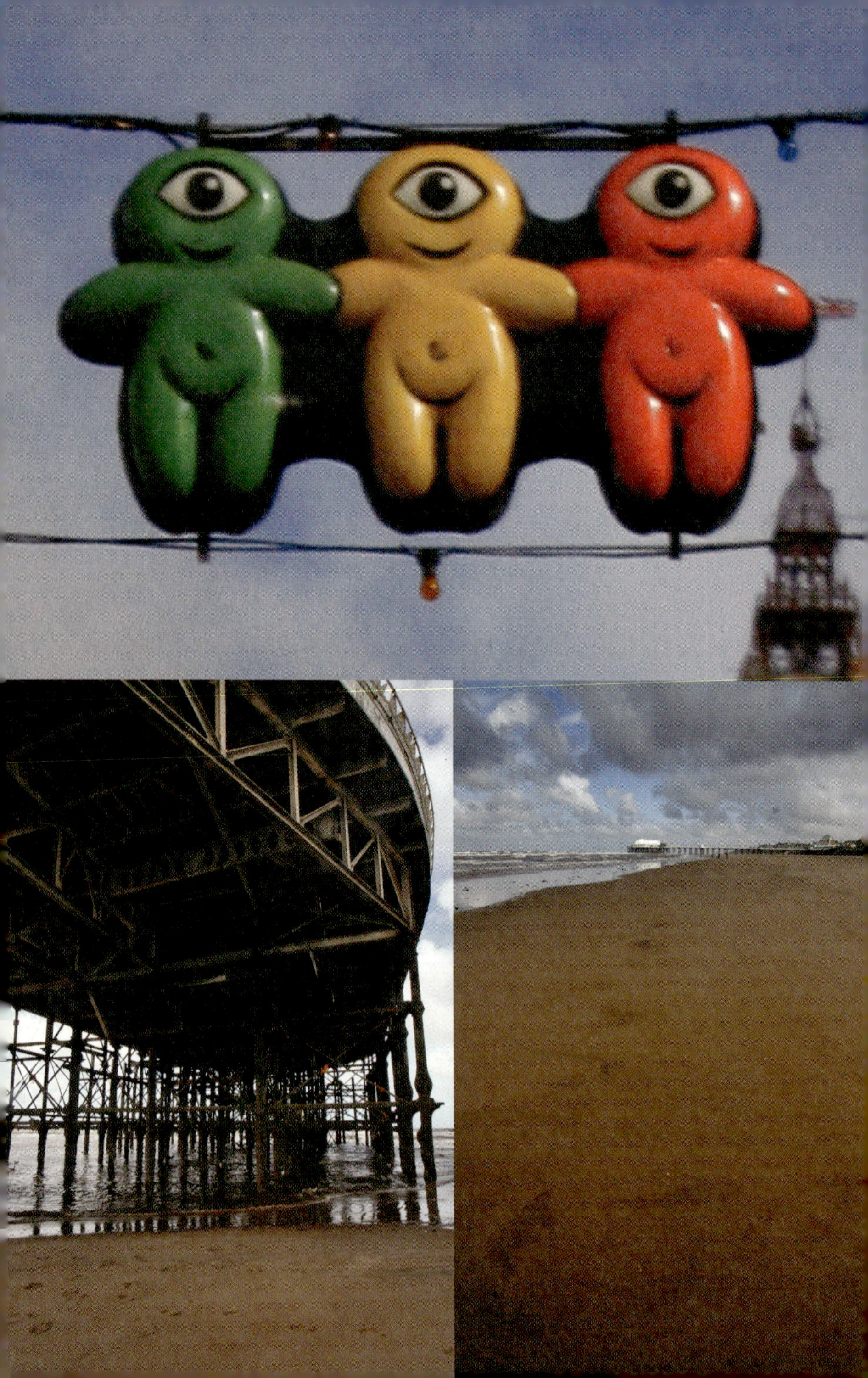

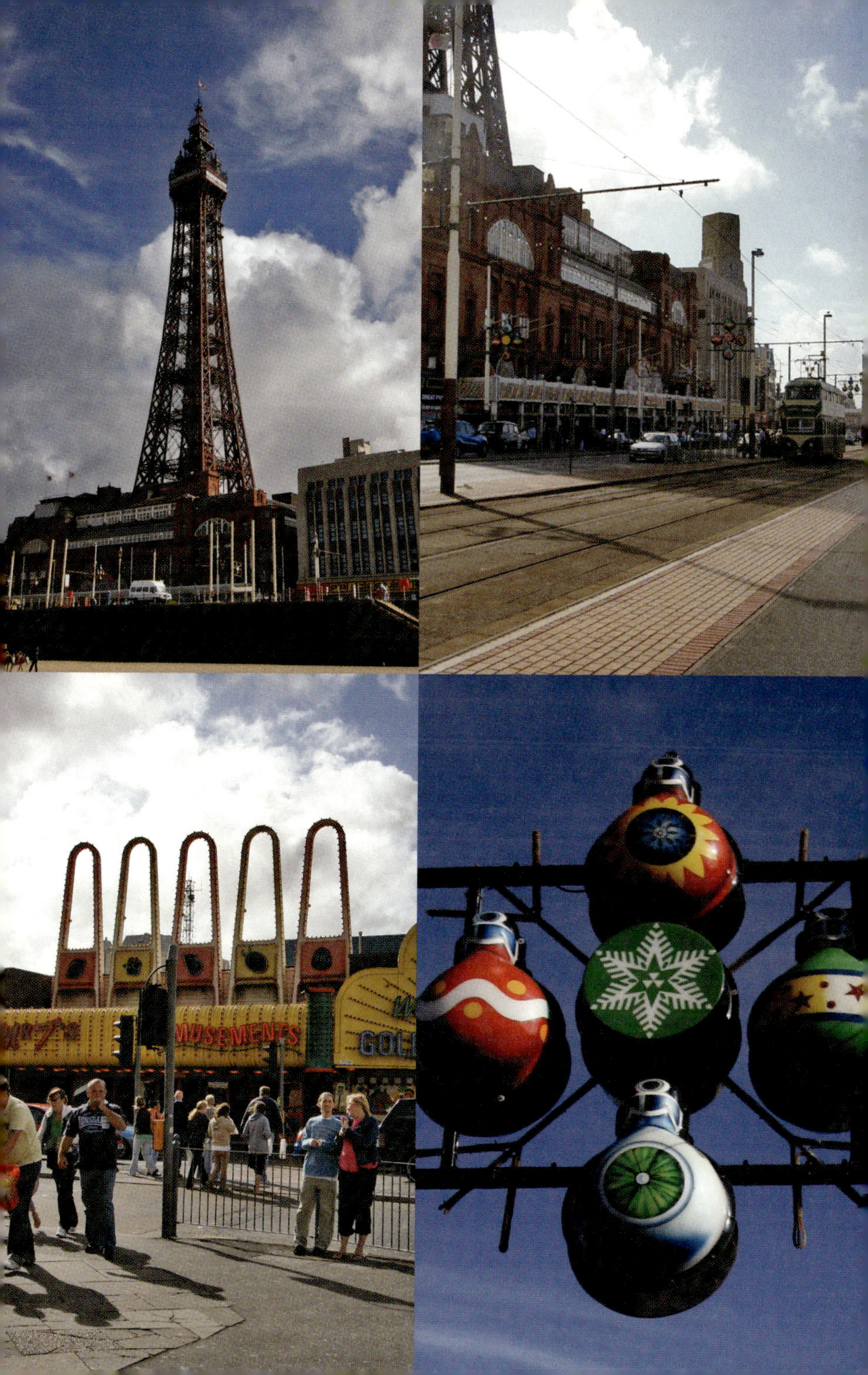

블랙풀은 영국에서는 유일하게 이층 트램을 볼 수 있는 곳이다. 특히 이곳은 이층버스가 생기기 전 이층 트램이 아주 번성했던 모습을 고스란히 간직하고 있었다.

동서남북 네 곳의 선착장이 있는 바닷가는 검디검은 아일랜드 바다와 맞닿아 있었다. 이곳의 모래사장을 걸어 다니는 건 바닷물이 빠지는 썰물 시간에만 가능하다. 밀물 때는 선착장 바로 앞까지 물이 차오른다. 썰물 때는 모래사장에서 당나귀를 타는 투어를 할 수도 있고 축구도 할 수 있다.

모래사장이 드러난 북쪽 선착장은 매우 평화로워 보였지만, 밀물 시간이 되어 거의 내 키에 육박하는 파도가 밀려오는 모습은 꽤 공포를 안겨주었다. 지면보다 높은 바다가 밀려오는 모습은 어느 해안가에서도 겪어보지 못한 독특한 경험이었다. 집어삼킬 듯한 파도가 밀려온다는 말이 실감이 났다.

다시 모어캠을 방문하기 위해 노스 블랙풀 역으로 향했다. 나는 모어캠에서 그래픽디자인 회사 '와이 낫 어소시에이트' Why Not Associates 의 〈글자들의 거리〉A Flock of Words 와 에릭 모어캠 Eric Morecambe 의 추모공원을 볼 것이다. 슬슬 기대가 되기 시작했다.

'와이 낫 어소시에이트'는 한마디로 설명하기 어려운 팀이다. 원래 이 팀은 왕립예술학교 출신의 두 아티스트가 결합해서 만든 일종의 디자인 프로젝트 팀이다. 이들이 주로 하는 일은 도시의 문화적 환경을 조성하거나 공공미술과 관련된 복합적인 예술작업이다. 이를테면 세익스피어 같은 영국 유명 문인들의 텍스트를 타이포그래피로

디자인하여 거리의 바닥을 포장하거나('Pavement Art'라고 할 만한
새로운 형태의 예술이다), '센세이션'전의 포스터를 디자인하기도
했다. 텔레비전 광고를 만들기도 하고, 디자인 뮤지엄에서 열렸던
'The Power of Erotic Design'이라는 전시를 디자인하기도 했다.
디자이너이면서도 하나의 정형적인 틀에 매이지 않는 다양한 방식
의 활동이 나를 자극한다. 어떻게 보면, 다양한 디자인 커뮤니케이션
을 추구하는 그들의 작업이 내가 추구하는 예술의 방향과 맞닿아 있
기 때문인지도 모른다.

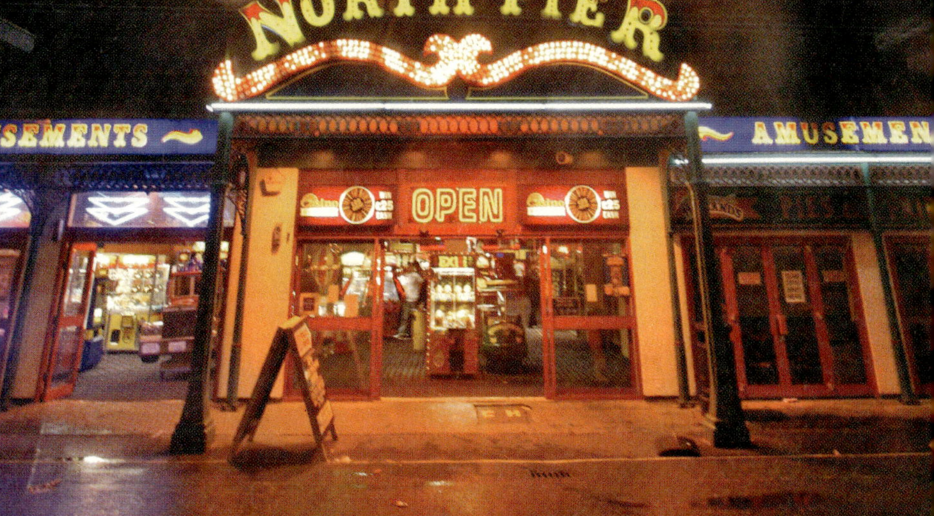

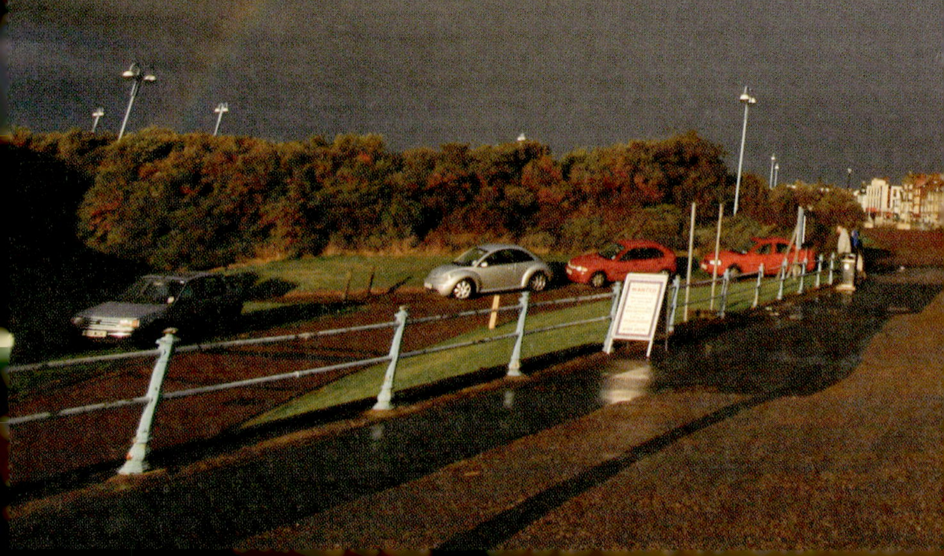
MORECAMBE

모어캠에서의 실수는 와이 낫 어소시에이트의 작품을 찾을 수 없을
지도 모른다는 불안감으로 이어졌다.
모어캠을 가기 위해서는 랭커셔에 먼저 가야 했고, 그곳에서 한 시간
에 한 번 모어캠으로 출발하는 간이열차를 타야 했다. 다시 택시를
탈 수는 없는 노릇이었다.
랭커셔 역에서 열차를 타자, 처음에는 한산했으나 점차 열차 안은 록
콘서트를 보러 가는 십대 청소년들로 가득 차기 시작했다. 주로 검은
색이 주류를 이루는 펑크패션의 청소년들은 휴대폰의 벨소리를 서
로 들려주며 휴대폰 사진 찍기에 열을 올렸다. 열차 안은 순식간에
콘서트장을 방불케 하는 소음으로 가득 찼다.
공연을 보기 전, 흥분과 기대로 가득 찬 소년소녀들은 큰 소리로 노
래를 부르며 즐거워했다. 이 열차 안에서 노래를 따라 부를 수 없는
사람은 나뿐인 듯했다.

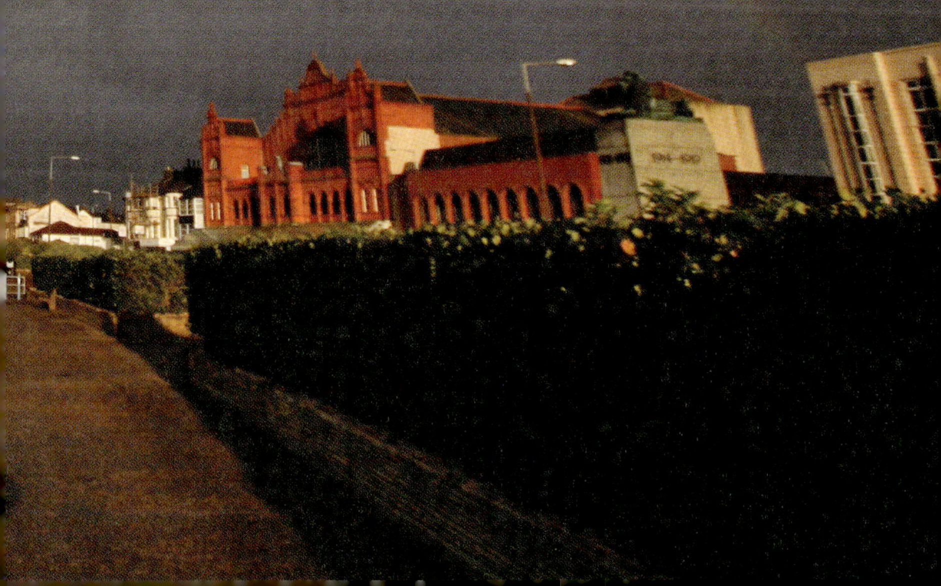

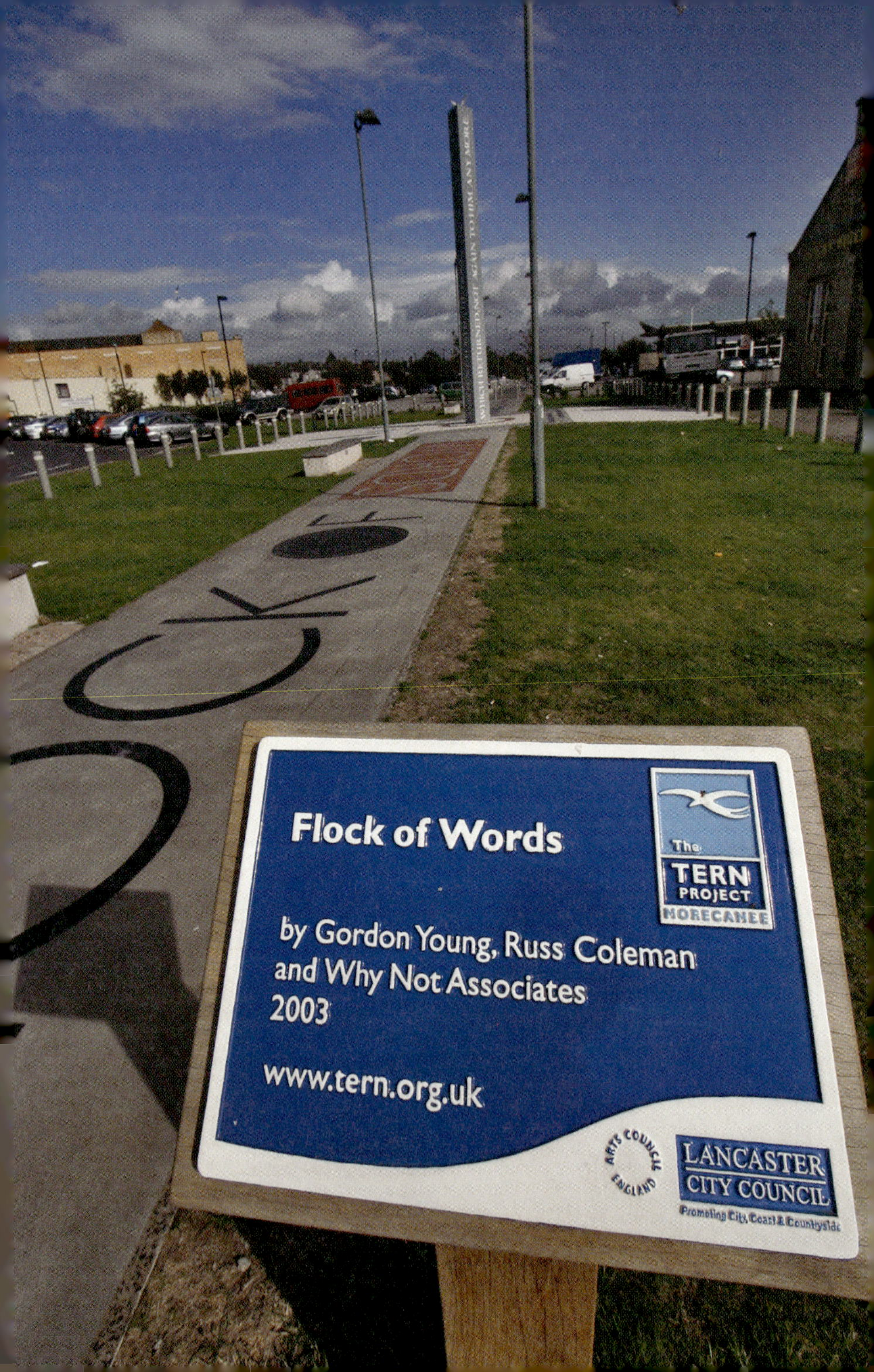
Flock of Words
The
TERN
PROJECT
MORECAMBE
by Gordon Young, Russ Coleman
and Why Not Associates
2003
www.tern.org.uk
ARTS COUNCIL
ENGLAND
LANCASTER
CITY COUNCIL
Promoting City, Coast & Countryside

모어캠에 내리자마자 지나가는 젊은 친구에게 〈글자들의 거리〉 사진을 보여주었다.

"이 작품이 있는 곳을 아시나요?"

"태어나서 처음 보는 곳인데…"

한국이라는 멋 곳에서 이곳까지 와이 낫 어소시에이트의 작품을 보기 위해 달려왔건만, 이곳 사람들은 정작 그들의 작품에 관심이 없는 듯했다. 만나는 사람들은 대부분 이름을 들어본 적도 없다고 했다. 그들의 작업이 주로 텍스트와 타이포그래피로 되어 있어서 눈에 확 띄지 않기 때문인지도 모른다며 나는 스스로를 위로했다. 하지만 이런 상태라면 그들의 작품을 찾을 수 없을지도 모른다는 생각이 들었다. 만약 찾지 못하더라도 실망은 하지 말자고 마음을 다잡았다.

어느 정도는 체념한 채 모어캠의 해안가로 나서니 관광안내소가 보였다. 일요일인데도 안내소를 운영하다니, 다행이다.

다시 한 번 〈글자들의 거리〉 사진을 보여주며 직원에게 물었다.

"이 건물을 나가서 바로 옆 골목으로 가면 됩니다!"

"진짜요?"

관광안내소를 나서서 바로 옆 골목으로 접어들 즈음 와이 낫 어소시에이트의 작업이 눈에 들어왔다. 그들의 거리가 시작된다는 것을 알리는 타이포로 된 탑이 서 있었다.

인구 4만 5천 명이 거주하는 휴양도시 모어캠은 제비갈매기의 고향으로 유명하다. 모어캠의 해변에서는 이 새떼의 자유로운 군무를 맘껏 즐길 수 있다.

그리고 〈글자들의 거리〉 역시 제목에서 새들의 무리를 연상하게 한다. 시어를 이루는 단어들의 무리가 마치 제비갈매기들이 떼 지어 노니는 모습과 비슷했다.

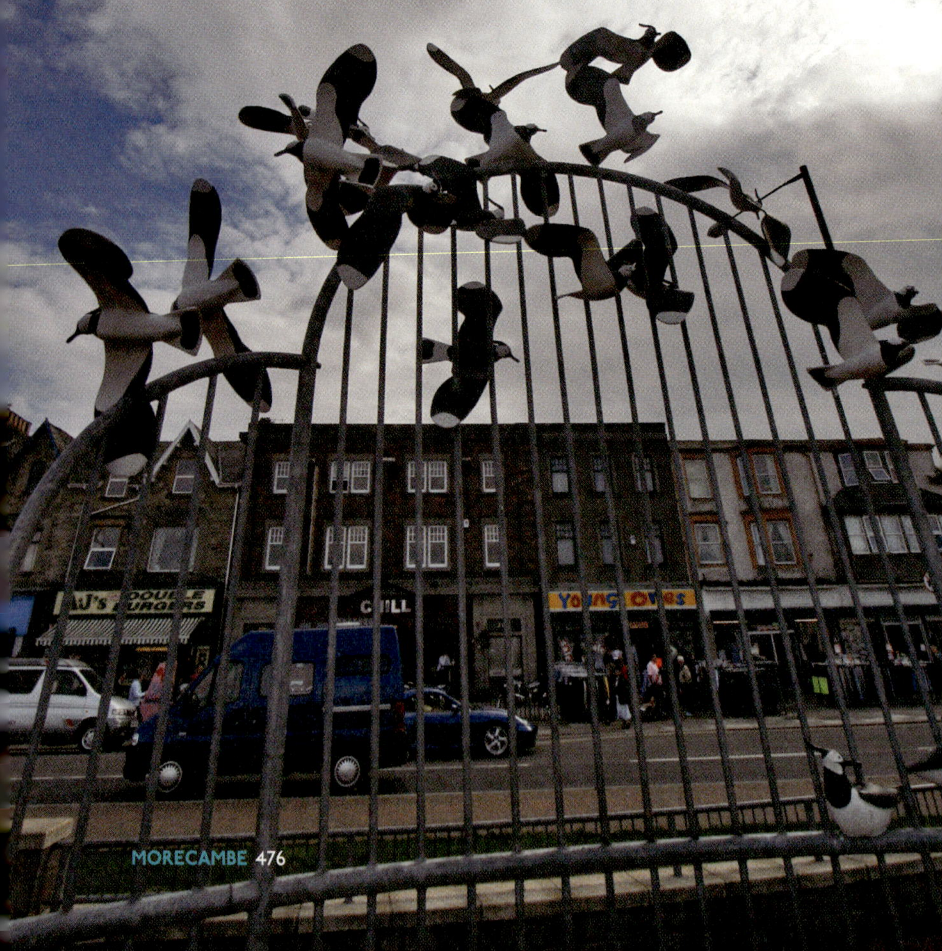

모어캠 지역의 고유한 생태와 지역적인 특색을 살리되, 그것을 예술적으로 되살리는 방법으로 와이 낫 어소시에이트는 영국 예술가들의 금언을 글의 리드미컬한 구조에 따라 다양한 타이포그래피로 바닥에 새겨 넣었다.

이 작업은 모어캠 시의회가 이 도시의 미래 비전을 담아 추진한 밀레니엄 프로젝트의 일환으로, 대도시가 아닌 해안에 위치한 작은 소도시의 규모와 자연환경에 걸맞게 연출되어 보다 전통적인 영국적 감수성을 느낄 수 있었다.

성서의 창세기에서 시작되는 이 단어들의 무리는 영국의 대문호인 윌리엄 셰익스피어, 음악가이자 코미디언인 스파이크 밀리건, 스코틀랜드의 시인인 로버트 번스, 시인 존 밀턴에 이르기까지 영국을 대

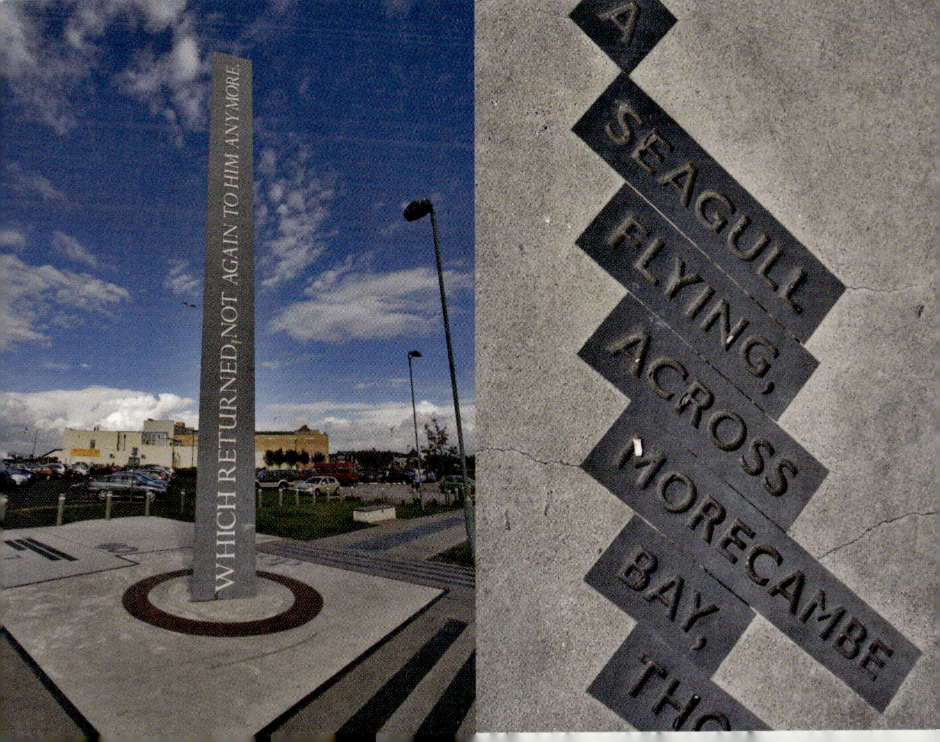

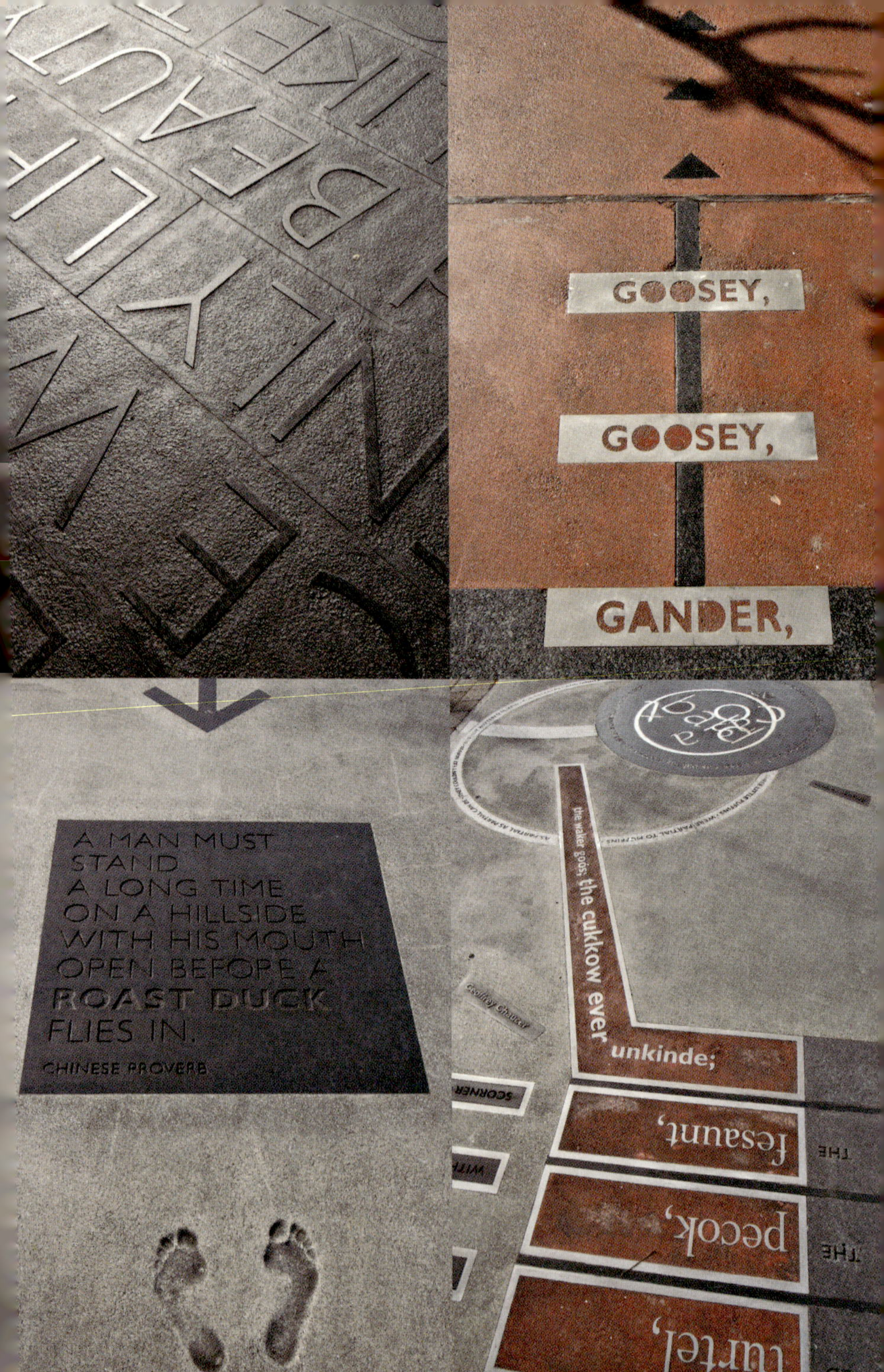
BEAUTY
GOOSEY,
GOOSEY,
GANDER,
A MAN MUST
STAND
A LONG TIME
ON A HILLSIDE
WITH HIS MOUTH
OPEN BEFORE A
ROAST DUCK
FLIES IN.
CHINESE PROVERB
Geoffrey Chaucer
the water goes, the cukkow ever
unkinde;
fesaunt.
pecok,
turtel,
THE
THE
SCORNER

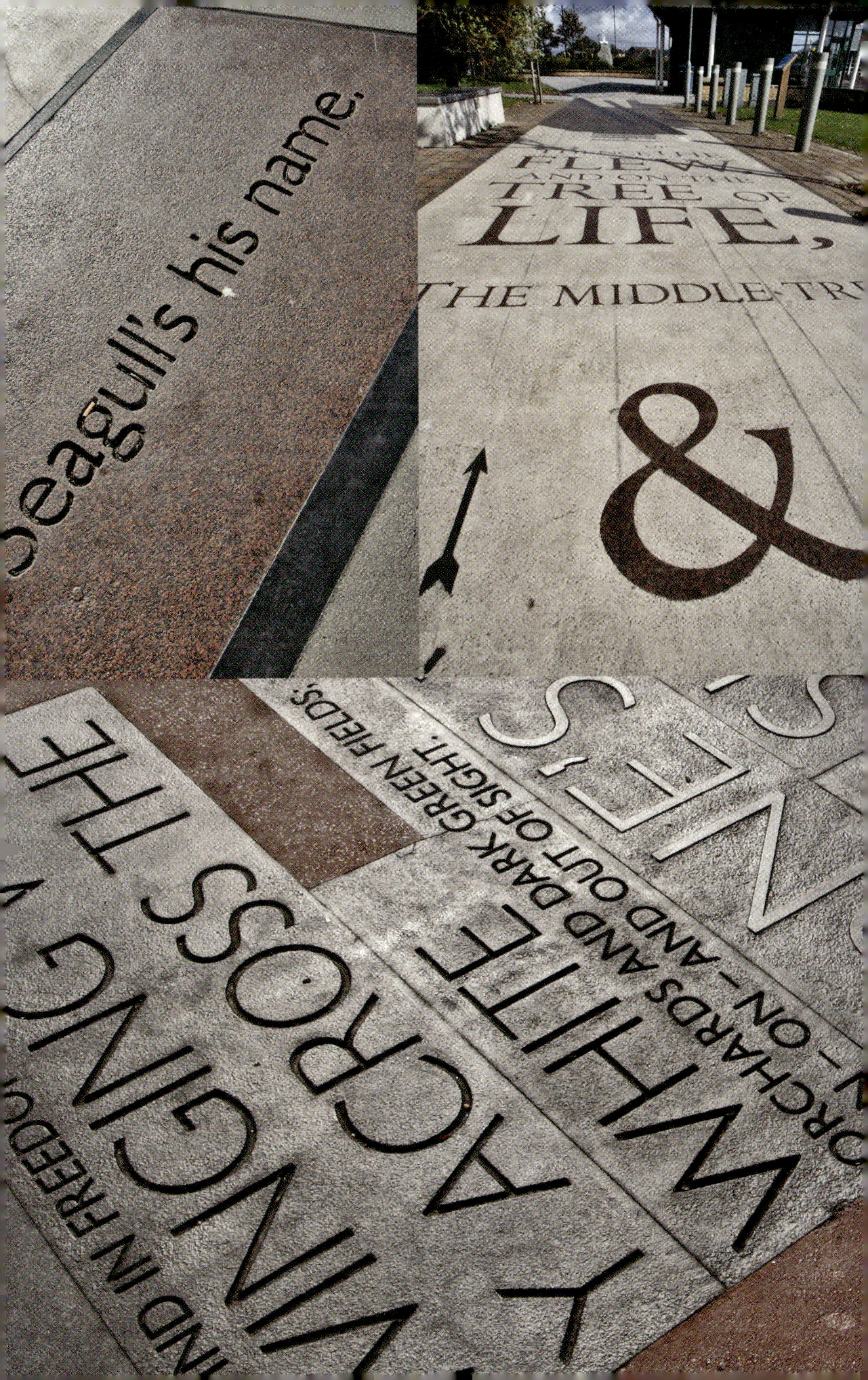
Seagull's his name,
FLEW
AND ON THE
TREE OF
LIFE,
THE MIDDLE-TRE
&
WHITE
ACROSS THE
WINGING
AND IN FREEDOM
RCHARDS AND DARK GREEN FIELDS,
ON — AND OUT OF SIGHT.

표하는 예술가들의 시, 노래, 대화 내용들이 모여서 시공을 초월하여 예술적인 교감을 나누는 거리가 되었다.

문학과 시, 노래처럼 영원한 것이 또 있을까?

〈글자들의 거리〉를 걷는 건 마치 그들의 문학과 예술작품 위를 걷는 것과 같았다. 이미 길처럼 붙박인 이 작품이 그들의 예술과 더불어 이곳 시민들의 삶과 함께하기를 기원해본다.

이 작업을 의뢰받고 콘셉트를 풀어나간 와이 낫 어소시에이트는 과연 어떻게 이 보도 위를 문자들로 채울 생각을 했을까? 브론즈와 녹슬지 않는 합금으로 꼼꼼하게 채워 넣은 글자들을 보면 크리에이티브한 예술에 앞서 그들의 장인정신이 정말 대단하다는 생각이 든다.

영국의 지방 시의회는 그 지역 출신의 예술가들을 위해 박물관이나 갤러리처럼 닫힌 공간이 아니라, 시민들이 자주 걸어 다니는 도로까지 개방하여 그들의 작품이 가장 친근한 곳에서 보일 수 있도록 배려했다.

우리에게도 주옥 같은 우리의 문학이나 현자들의 금언이 한글로 아름답게 디자인된 거리가 하나쯤 생긴다면 좋겠다.

공공예술은 시민들에게 친근한 장소를 더욱 아름답고 의미 있는 곳으로 만들어줌으로써 예술적인 감수성 외에도 교육적인 역할을 한다. 나는 이곳에서, 그러한 예술의 좋은 본보기를 보았다.

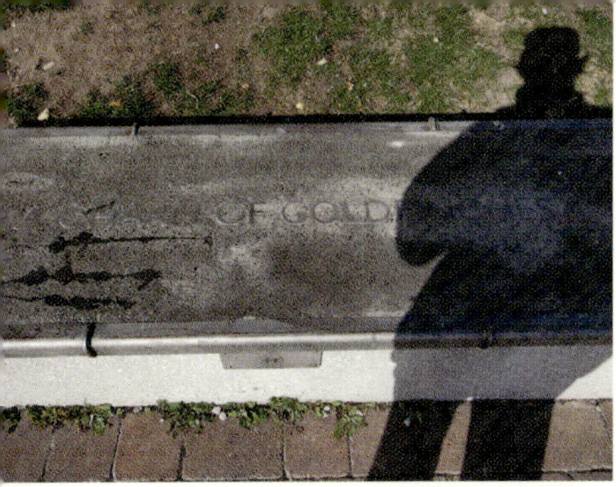

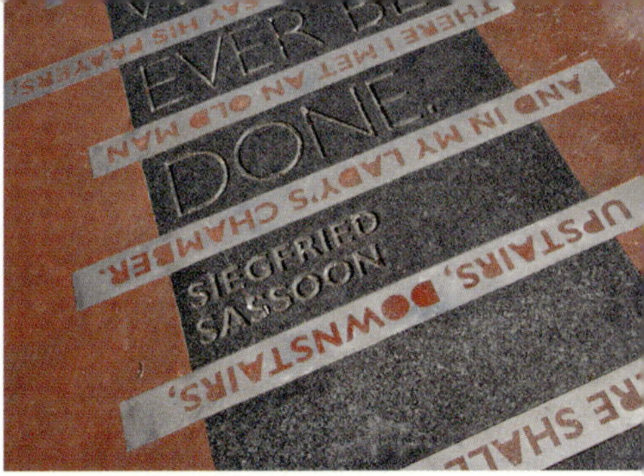

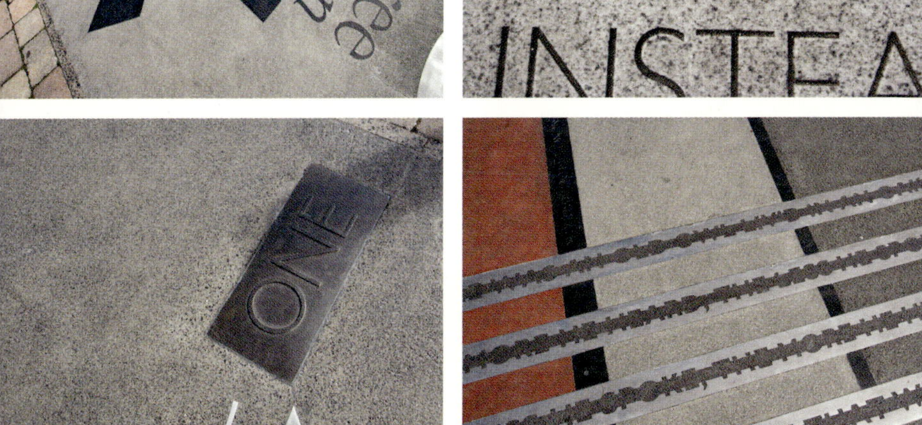
OF GOLD
EVER B
DONE.
AND IN MY LADY'S CHAMBER.
THERE I MET AN OLD MAN
SAY HIS PRAYERS
SIEGFRIED SASSOON
UPSTAIRS, DOWNSTAIRS, 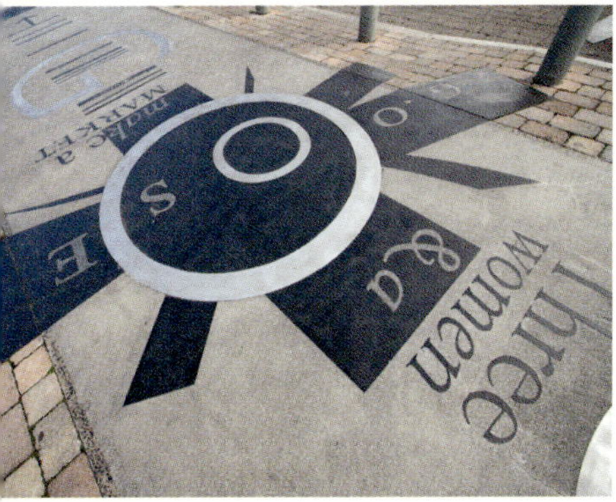
RE SHALL
make a market
three
women 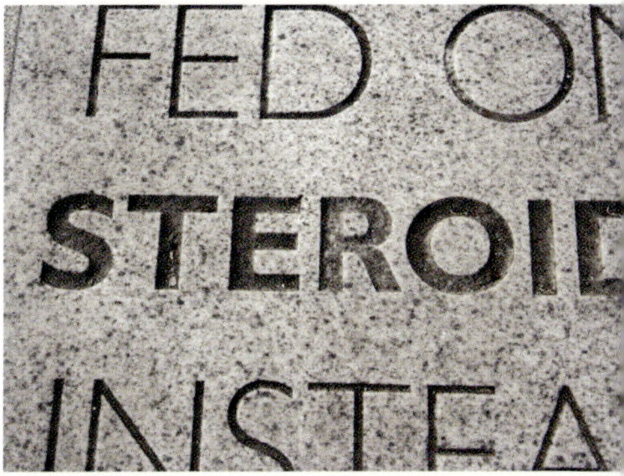
& a
FED ON
STEROID
INSTEA
ONE

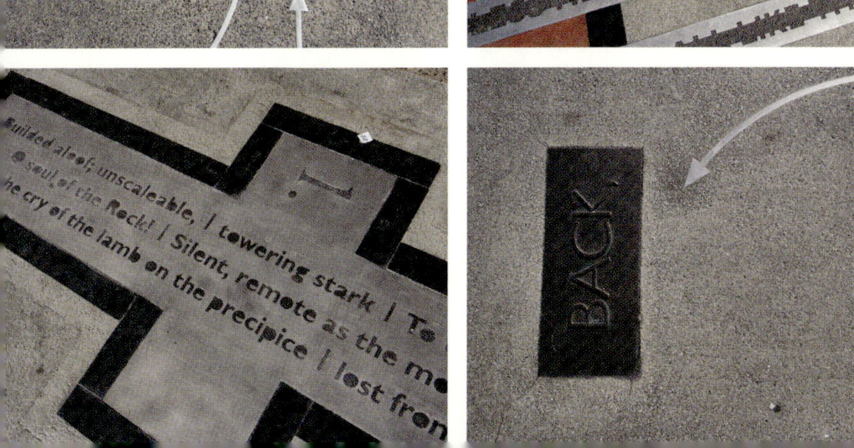
Builded aloof, unscaleable, | towering stark | To
soul of the Rock! | Silent, remote as the mo
the cry of the lamb on the precipice | lost fron
BACK.

1999년 영국의 한 인터넷 사이트에서는 투표가 진행되고 있었다. 그것은 20세기 영국 코미디언 중 가장 웃기는 사람을 뽑는 투표였다. 전체에서 26퍼센트를 얻어 1위를 차지한 이 코미디언은 모어캠의 지명과 동일한 이름을 가진 에릭 모어캠이었다.

에릭 모어캠이라는 이미 전설이 된 코미디언을 추모하는 공원이 그의 고향인 모어캠의 해변에 예쁘게 자리 잡고 있다. 1978년 크리스마스이브 때 BBC에서 방송한 그의 프로그램은 무려 2천만 명이 시청했다고 하니, 전성기에 그의 인기를 짐작케 한다.

그의 영혼이 머무는 아름다운 바닷가에서 제비갈매기가 이끄는 대로 그의 추모공원 앞에 섰다. 에릭 모어캠의 동상이 바라보이는 곳에 일단 자리를 잡고 주변을 살펴보니, 수많은 관광객들이 눈에 들어온

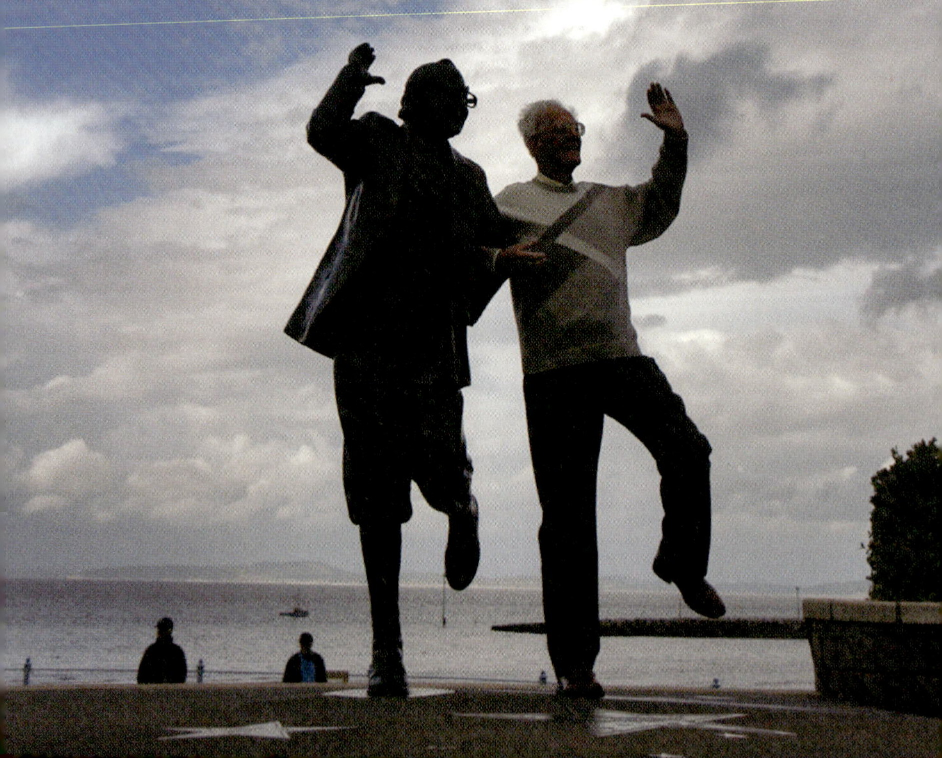

다. 그런데 가만히 귀를 기울리니 사방에서 웃음소리가 들려온다. 웃음소리가 퍼지는 근원지는 그의 동상이 있는 곳이다. 목에는 망원경을 걸고, 다리를 하나 들고, 손을 위로 치켜들어 누군가 아는 사람을 방금 만난 듯 즐겁게 웃고 있다. 그의 동상을 보고 있으면, 얼굴을 붉히고 시무룩한 사람도 이 동상과 똑같은 포즈를 취하며 하이파이브를 하게 된다.

보통 누군가를 추모하는 동상들은 대체로 근엄한 모습으로 무표정하기 마련인데, 그의 동상은 너무나 유쾌하고 활기찬 모습이다. 이렇게 즐거운 동상이 많았으면 좋겠다.

이 위대한 코미디언을 위한 작업에도 와이 낫 어소시에이트가 참여했다. 이들이 중앙에 만든 무대 같은 공간 구성은 에릭 모어캠의 유쾌한 생애를 충분히 추억하게 하면서도, 놀이터처럼 친근하게 조성해 시민들이 즐기고 쉴 수 있도록 했다.

한 사람의 코미디언을 위대한 예술가와 동급으로 상승시킨 와이 낫 어소시에이트의 작업은 대중문화를 바라보는 영국인들의 시각을 대변한다. 2000년에 영국디자인상British Design Award 시상식에서 이 작품이 대

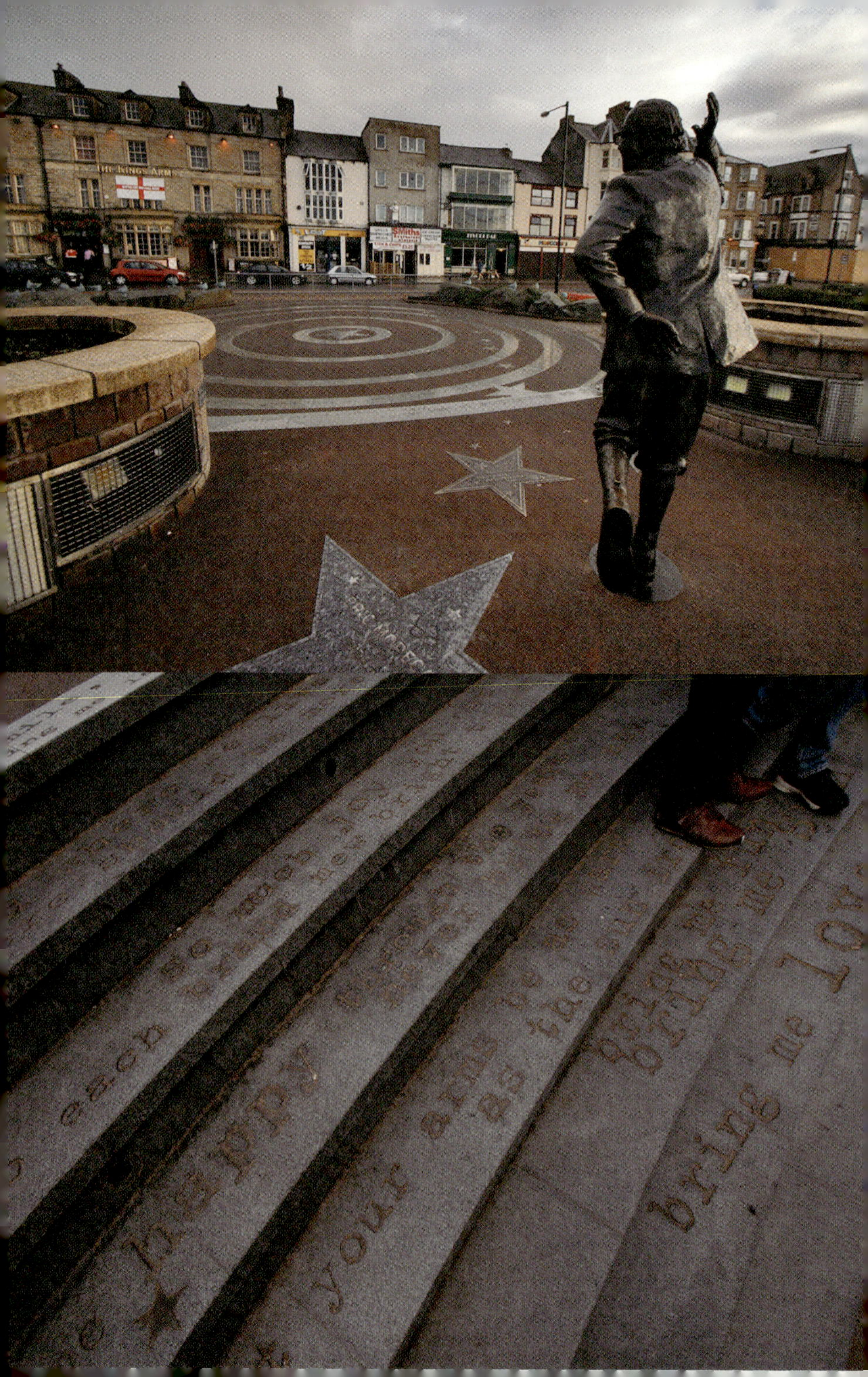
THE KINGS ARMS
SMiths
bring me love
happy
your arms

상을 받는 영예를 안은 것은, 바로 코미디라는 장르를 예술적으로 승화시켜 문화의 폭넓은 다양성을 보여주었기 때문일 것이다.
현대예술에서는 이미 대중문화와 예술 사이의 견고한 벽이 무너진지 오래다. 이 둘은 서로가 서로를 섭취하면서 현재의 문화를 활기차게 한다. 에릭 모어캠의 추모공원은 코미디조차 예술의 크리에이티브가 될 수 있다는 것을 너무나 잘 보여주었다.

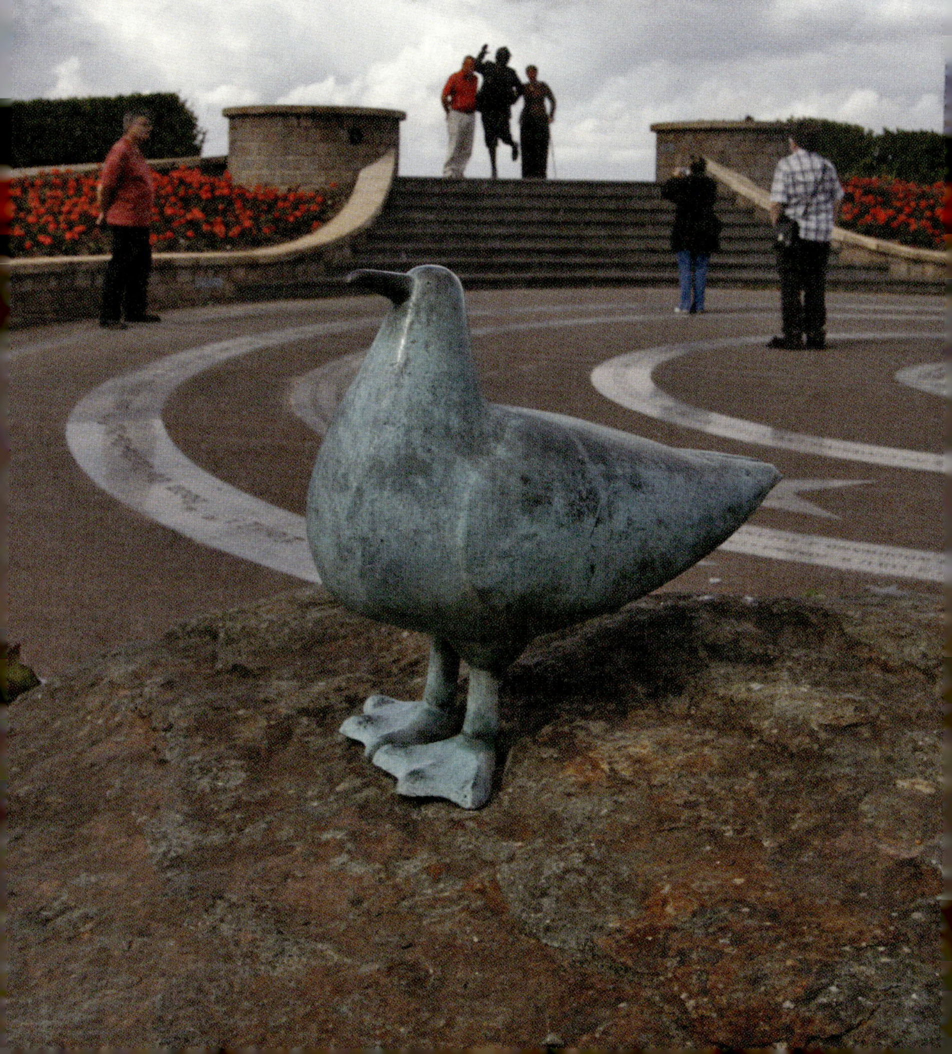

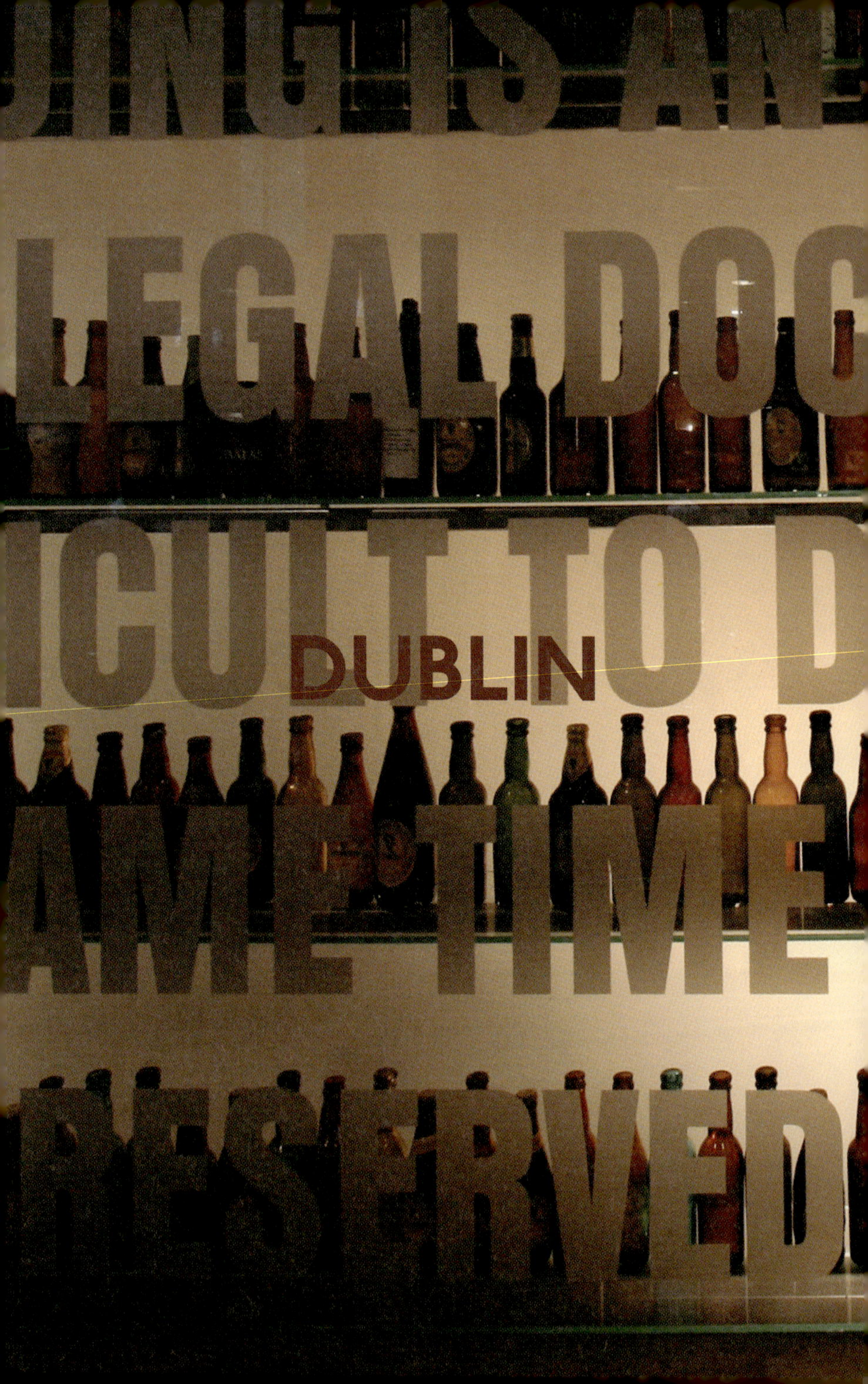

DUBLIN

모어캠을 떠나 나는 이제 마지막 여행지인 아일랜드의 더블린으로 가기 위해 런던으로 향했다. 런던에서 12시간 동안 버스와 페리를 갈아타야 하는 기나긴 이 여행 코스는, 14개 도시를 도느라 지친 내 다리와 부르튼 엉덩이에게는 미안한 일이지만, 마지막으로 한 번 더 고난을 감수하기로 했다.

아일랜드 해를 건너서 런던을 떠나 웨일스의 북쪽 항구를 향해 달리는 버스는 초만원이었고, 마지막 여행길임을 안 듯 백 킬로그램이 넘는 거구가 내 옆자리를 차지했다. 그의 흘러넘치는 살들은 내 의자까지 넘어와 오랜 시간 동안 식은땀이 흐를 만큼 나를 고통스럽게 했다.

더블린으로 가기 위해서는 버스를 탄 채 배를 타고 아일랜드 해를 건너야 한다. 버스가 배에 오르는 순간, 금방이라도 도착할 것 같은 기대로 가득 찼지만, 배에 오르기 위해 검역을 하느라 기다리는 시간만 한 시간이 넘었다. 일종의 보안검사와도 같은 그 절차는 버스에서 내려, 준비된 방에 들어가 한 바퀴 돌고 나오면 어디선가 사진촬영을 하는 것이다. 특별한 검사 과정 없이 그냥 한 바퀴 돌면 끝나는 것이다. 별건 아니지만, 마치 범죄인이 되어 용의자 선상에 오른 것처럼 기분 나쁜 과정이었다. 오랜 기다림으로 지쳐갈 무렵, 내 주변에는 오토바이와 승용차, 대형 트레일러들이 가득 찼다.

이 많은 차들이 한 배에 탄다고 생각하니, 나름대로 긴장이 되기도 했다. 부두에 정박해 있던 모든 종류의 차들이 대형 페리에 오르고, 버스에 탔던 승객들도 하차하여 자유롭게 페리를 오간다. 어떤 이는 페리의 바^{bar}로 직행하기도 하고, 식당에서 요기를 하기도 한다. 피곤한 이는 페리에 있는 객실에서 잠을 청하기도 하는데, 객실을 이용하려면 따로 돈을 내야 한다. 페리가 출발하기 시작할 때는 이미 해가 뉘엿뉘엿 지고 있었다. 이제 잠시 후면 검붉게 타오르는 아일랜드 해를 건널 것이다.

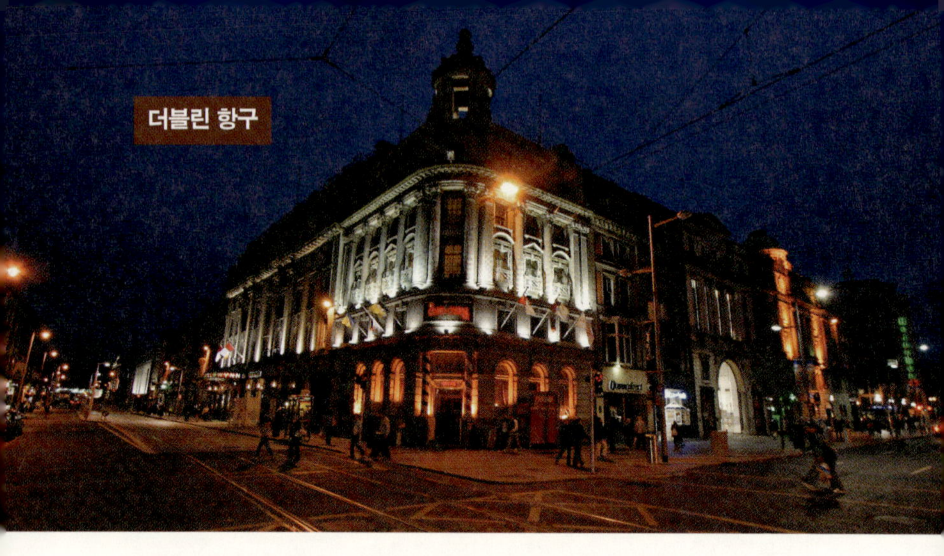

잉글랜드, 스코틀랜드, 웨일스에서는 모두 파운드를 사용하지만, 아일랜드에서는 유로를 사용한다. 하지만 나는 런던을 떠나기 전에 그 사실을 알지 못했다. 그리고 그것이 나의 고단한 하루를 만들게 될지는 꿈에도 예상하지 못했다. 여행 중에 처음으로 배를 타서 흥분한 때문인지 뭔가 문제가 꼬여가고 있다는 것도 전혀 느끼지 못했다.

더블린을 향한 유람선은 석양 속을 달리고 있었다. 이 모습을 지켜보는 사람들 속에서 나는 계속 사진을 찍어댔고, 마치 신비의 섬으로 가고 있는 착각이 들었다.

지금까지 배를 탔던 여행들이 생각나고, 바다의 울렁거림이 배를 통해 전달되면서 한동안 느껴보지 못했던 바다의 울림에 놀라고 있었다. 배가 더블린 항구에 도착한 시간은 저녁 10시!

나는 여전히 중요한 일은 잊은 채(환전 말이다!) 즐거워하고 있었다. 도착하자마자 곧바로 버스 안에서의 입국수속이 있었다. 역시 이번에도 나와 앞자리에 앉은 중국 아가씨만 검문 대상이었다. 많은 유럽인들 사이에서 왠지 차별을 당하는 듯해 기분이 좋지 않았다.

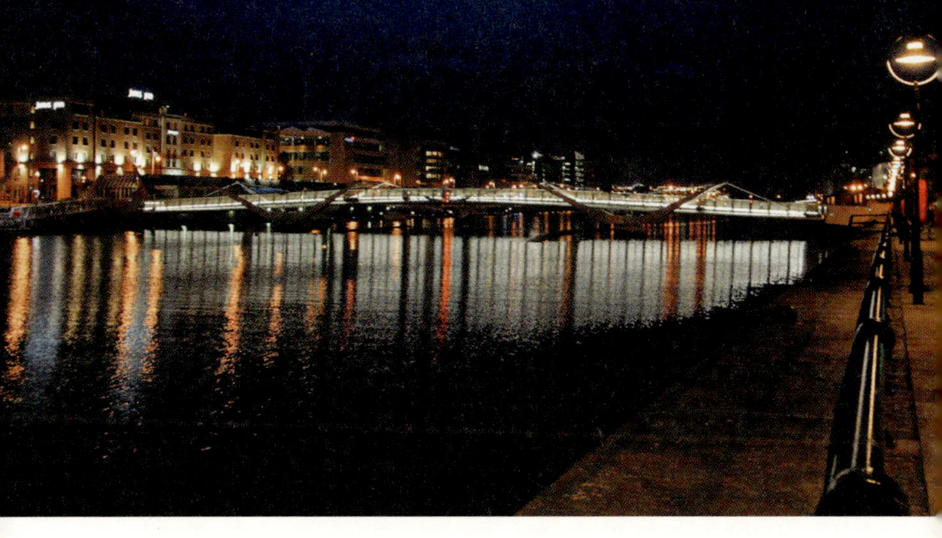

배에서 내려 숙소까지 버스를 갈아타야 했지만, 내겐 단 한푼의 유로화도 없었다. 10시가 넘어서 도착했으니, 이제 환전을 할 수 있는 곳도 없었다. 문제는 생각보다 심각했다. 유일하게 24시간 환전을 할 수 있는 호텔의 로비에서도 호텔 투숙객이 아니면 환전이 불가능하다고 했다. 꼭 이럴 때면 비까지 내린다.

아무런 대안도 없었던 나는 새벽녘까지 더블린의 밤거리를 걸어 숙소인 더블린 시립대학의 기숙사에 도착했다. 버스를 타면 30분이면 가는 거리를 거의 네 시간을 헤매며 걸었던 것이다. 이 밤에 길을 물어볼 사람도 없었기에 길을 헤매야 했고, 시간은 끝없이 지체되었다. 숙소에 도착했을 때는 완전히 파김치가 돼버렸다. 그러나 불행 중 다행인지 내가 머물기로 한 숙소는 여행 기간 중에 묵었던 곳 중에서 최고로 안락한 곳이었다.

여름방학 기간에 유럽을 여행한다면, 꼭 대학 기숙사에 묵으라고 권하고 싶다. 콘도처럼 쾌적하고 가격도 저렴할뿐더러 무엇보다 맛있는 아침식사를 충분히 즐길 수 있다.

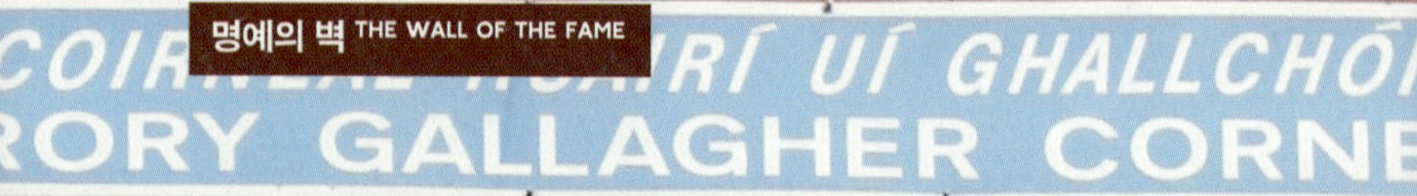

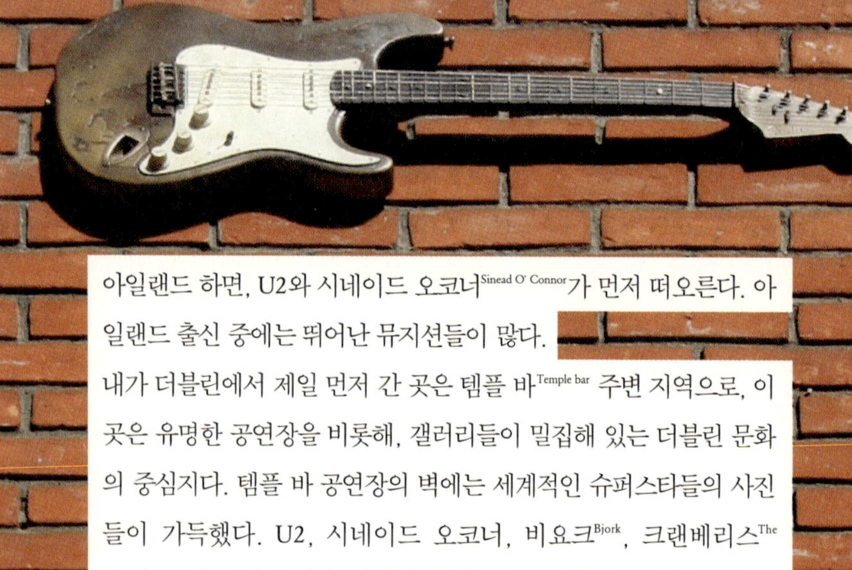

아일랜드 하면, U2와 시네이드 오코너^{Sinead O' Connor}가 먼저 떠오른다. 아일랜드 출신 중에는 뛰어난 뮤지션들이 많다.

내가 더블린에서 제일 먼저 간 곳은 템플 바^{Temple bar} 주변 지역으로, 이곳은 유명한 공연장을 비롯해, 갤러리들이 밀집해 있는 더블린 문화의 중심지다. 템플 바 공연장의 벽에는 세계적인 슈퍼스타들의 사진들이 가득했다. U2, 시네이드 오코너, 비요크^{Bjork}, 크랜베리스^{The Cranberries}… 템플 바 지역은 거리에 뮤지션들로 넘쳐나고 있었고, 아일랜드가 기네스라는 맥주로 유명한 만큼 바도 많았다. 흥겨운 음악과 맥주의 기운이 어우러져, 왁자지껄 떠들고 대화하는 분위기에서 더블린 사람들의 인간적인 분위기를 느낄 수 있다.

공연장에서는 한창 공연이 진행되고 있었고, 건물 밖까지 요란한 사운드가 울려 퍼지고 있었다. 더블린을 흔히 문학의 도시라고 말하는데 아마도 그들의 문학은 그들 노래의 밑거름이 되어 아일랜드의 특별한 음악을 낳은 듯했다.

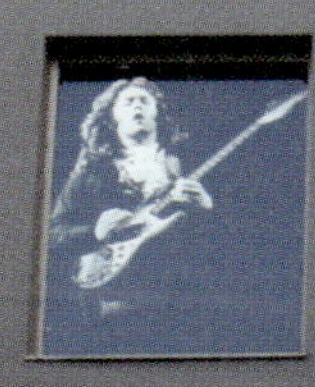
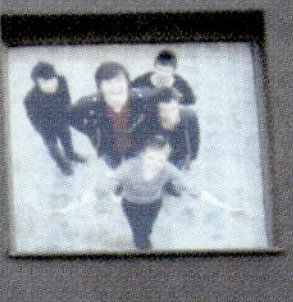
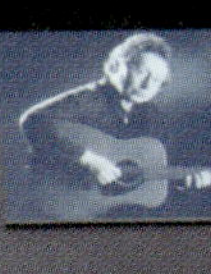
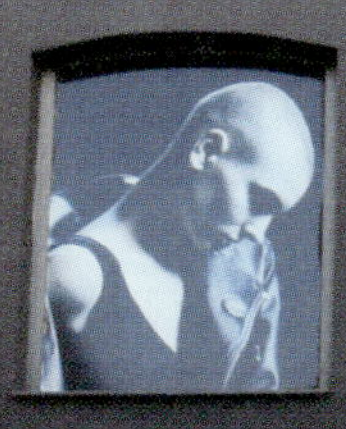
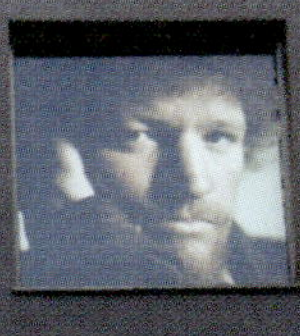
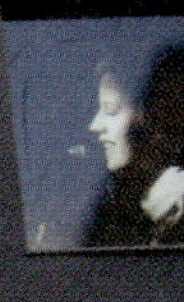
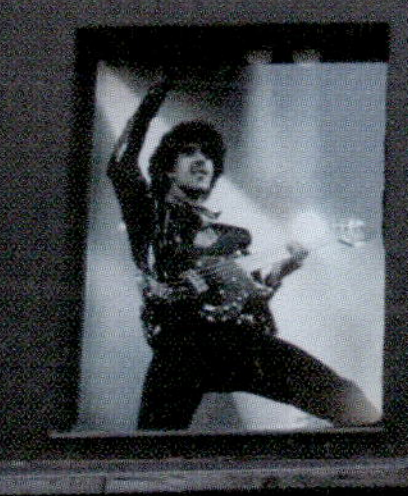
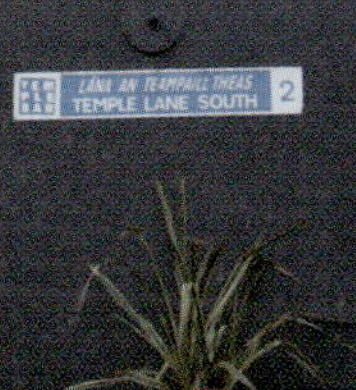
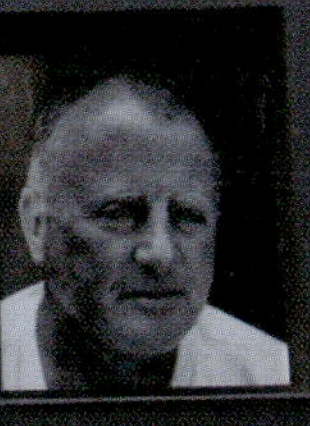
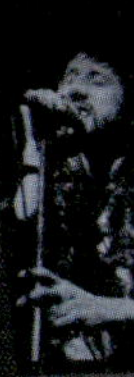

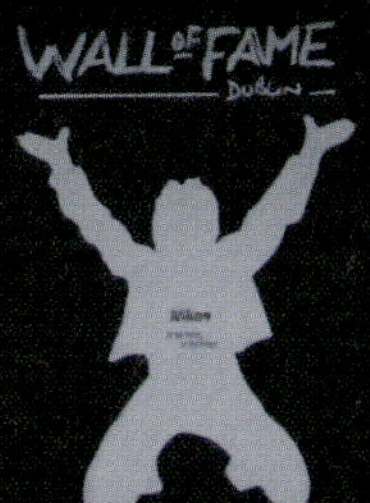

WALL OF FAME
DUBLIN
LÁNA AN TEAMPAILL THEAS
TEMPLE LANE SOUTH
2
WALL OF FAME
DUBLIN
ASSOCIATES
ckarchive.com
Nikon
PRINT & DISPLAY
exclusive blinds
www.walloffame.ie

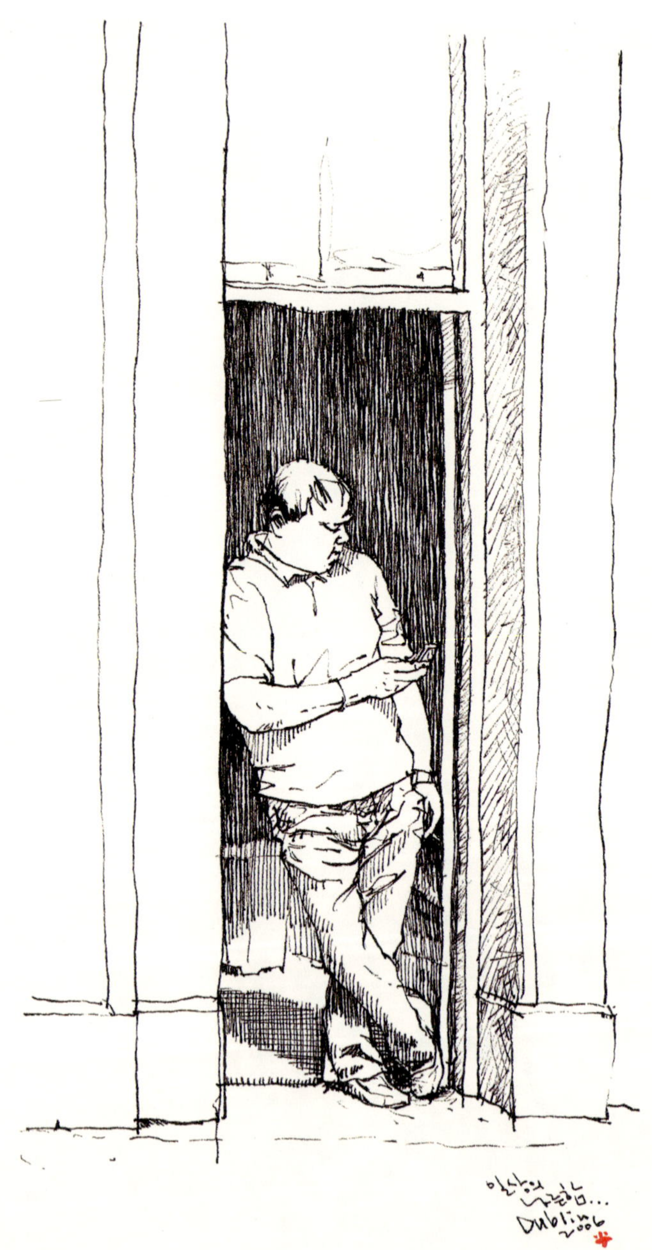
Dublin
2006

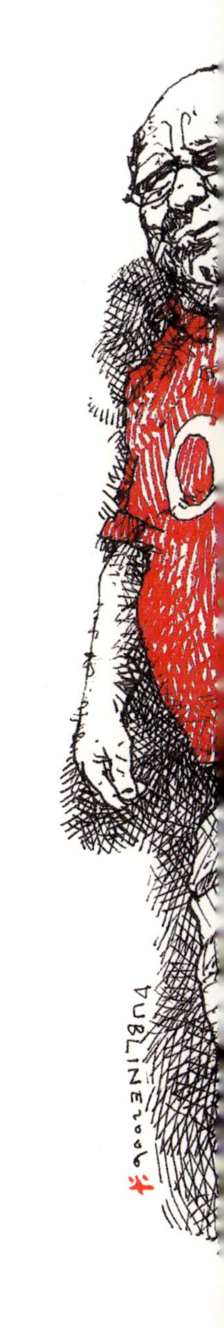

DUBLINE 2006

더블린의 오커널 스트리트는 유난히 도로에 비해 인도의 높이가 낮다. 그리고 인도가 도로보다 폭이 넓다. 그래서 이곳을 지나는 차들은 서행할 수밖에 없으므로, 구역 자체가 거대한 광장으로 느껴진다. 이곳에서는 하늘을 향해 두 팔을 벌린 동상을 만날 수 있다. 더블린에 도착한 첫날 비를 맞으며, 이 이상한 동상을 쳐다보았을 때 나는 이 동상이 마치 나의 괴로운 상황을 대변해주는 것 같은 느낌을 받았다.

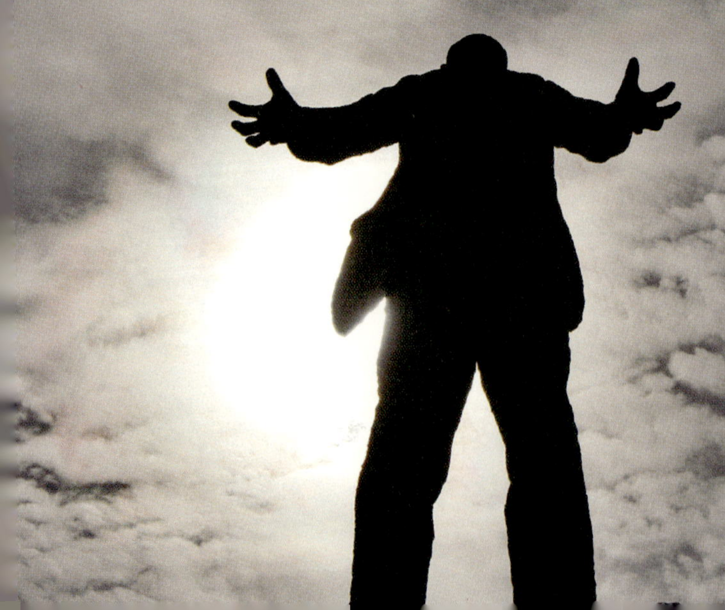

그의 이름은 제임스 라킨!

하지만 더블린 사람들은 그를 빅 짐^{Big Jim}이라고 부른다.

아일랜드 출신의 부모에게서 태어나 영국 리버풀에서 자란 그는 아일랜드의 급진적인 행동주의자였으며, 사회주의자였다. 그는 아일랜드운송총노동자연합^{Irish Transport and General Workers' Union}과 아일랜드노동당^{The Irish Labour Party}, 그리고 아일랜드노동자연합^{Workers' Union of Ireland}을 조직한 노동계급을 대표하는 행동가였다. 특히 1913년 '더블린 공장폐쇄'^{Dublin Lockout}라고 불리는 거대한 노동계급의 투쟁을 이끌었던 만큼 그는 더블린 노동자들의 상징적인 인물이다.

당시 오커널 거리는 아일랜드를 식민지화한 잉글랜드 통치자들에 대항하여, 노동계급의 해방뿐만 아니라 아일랜드의 정치적 독립을 위해 투쟁한 저항의 거리였다. 더블린의 역사를 모른 채 이곳에 오면, 하늘을 찌를 듯이 서 있는 첨탑^{The Spire}과 쭉 뻗은 거리가 아름답다는 생각밖에는 들지 않을 것이다.

하지만 이곳은 피비린내 나는 아일랜드의 현대사를 증거하는 역사적인 장소이다. 이런 사실을 알게 되면 이 거리의 중앙에서 양손을 치켜들고 투쟁을 호소하는 듯한 제임스 라킨의 모습에 불현듯 전율을 느끼게 될 것이다.

아일랜드와 더블린을 상징하는 인물 중에 록그룹 U2를 빼놓을 수 없을 것이다. 1983년 그들의 세 번째 정규 앨범의 첫 싱글인 〈일요일, 피의 일요일〉은 U2와 아일랜드를 알리는 서곡이 되었고, 그들의 심장인 오커널 거리를 떠올리게 하는 평화의 찬가가 되었다.

그 노래를 처음 들었을 때는 영국 팝의 또 다른 버전으로 생각해 신선하다고만 느꼈을 뿐 노래의 가사까지 음미해볼 생각은 하지 못했다. 그런데 아일랜드인들이 피 흘린 이 거리에 서서 다시 들으니, 왜 그들이 그런 가사를 쓰고 그런 곡을 썼는지 알 수 있을 것 같았다. 그들의 음악이 새로운 느낌으로 다가온다.

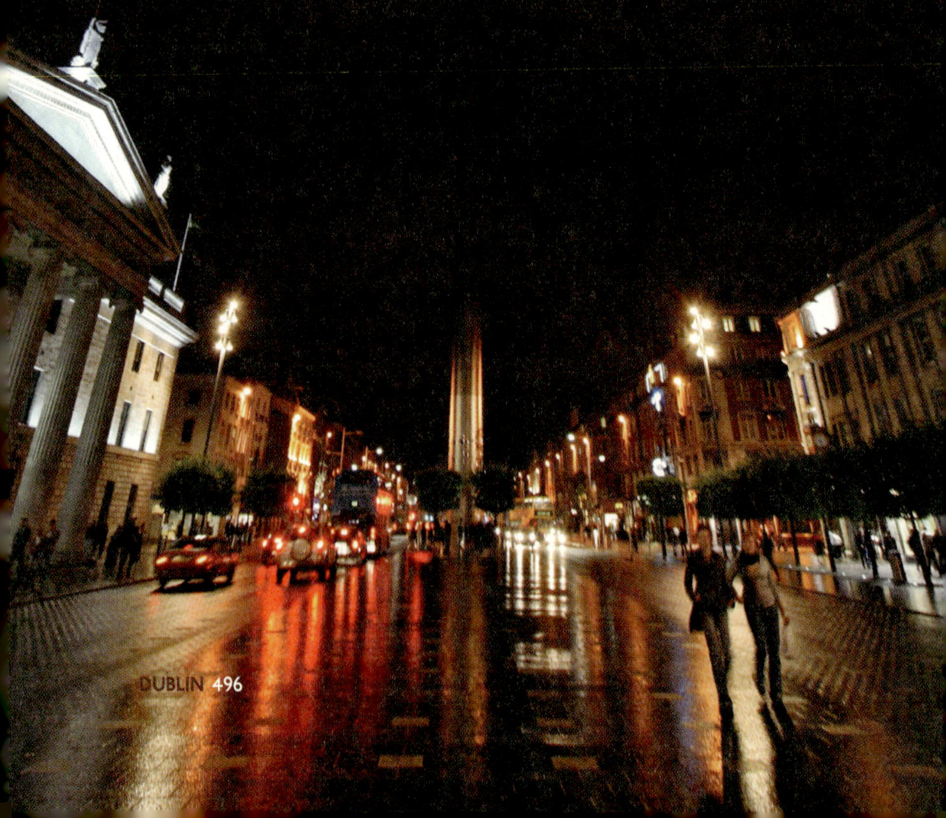

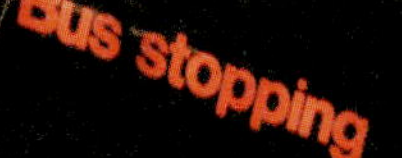

일요일, 피의 일요일 Sunday, Bloody Sunday

아이들의 발아래 깨진 병조각들
막다른 거리 곳곳에 흩뿌려진 시신들
그러나 나는 그 전투 신호는 관심이 없을 거예요.
그것은 나를 벽으로 밀고 또 밀어낼 뿐이에요.

그리고 그 전투가 막 시작되었죠.
많은 사람들이 죽었지만
누가 승자인지 내게 말해 봐요.
우리 가슴속에 깊이 파인 골과
어머니, 아이, 형제, 자매들이
서로 찢어졌죠.

일요일, 피의 일요일
일요일, 피의 일요일.

...

1966년 오커널 거리의 중앙부에 위치한 거대한 화강암 탑인 넬슨 장군의 탑이 완전 쑥대밭이 되어버렸다. 그 탑은 영국의 식민 지배를 받아오던 아일랜드인들에게는 언제나 논쟁거리가 될 수밖에 없었다. 마치 일제 강점기에 서울의 한복판에 도요토미 히데요시의 동상을 세워놓은 것과 다를 바가 없기 때문이다. 그 탑의 전망대는 더블린 시내를 한눈에 내려다볼 수 있는 관광명소였고, 탑을 볼 때마다 더블린 시민들은 자존심에 상처를 받아야 했다.

그런데 영국 제국의 압제와 식민지의 상징물인 그 탑을 IRA가 폭탄으로 날려버렸다. 영국의 관점에서 보면 폭탄테러이고, 아일랜드의 관점에서 보면 독립운동이었다. 그 자리에 새로운 첨탑이 세워졌다. 그리고 그것은 아일랜드의 자긍심을 대변하는 정신적인 상징으로 자리 잡았다.

제임스 라킨의 동상 너머로 우뚝 솟은 첨탑을 바라보았다. 이 첨탑은 밤이면 상단부의 3미터 정도 되는 곳에서 비추는 작은 불빛으로 더블린의 밤을 밝힌다. 슬픈 영혼들의 거리인 이곳 오커널 거리를 매일 밤 밝혀주는 첨탑의 불빛은 영원히 꺼지지 않는 더블린의 불꽃이었다.

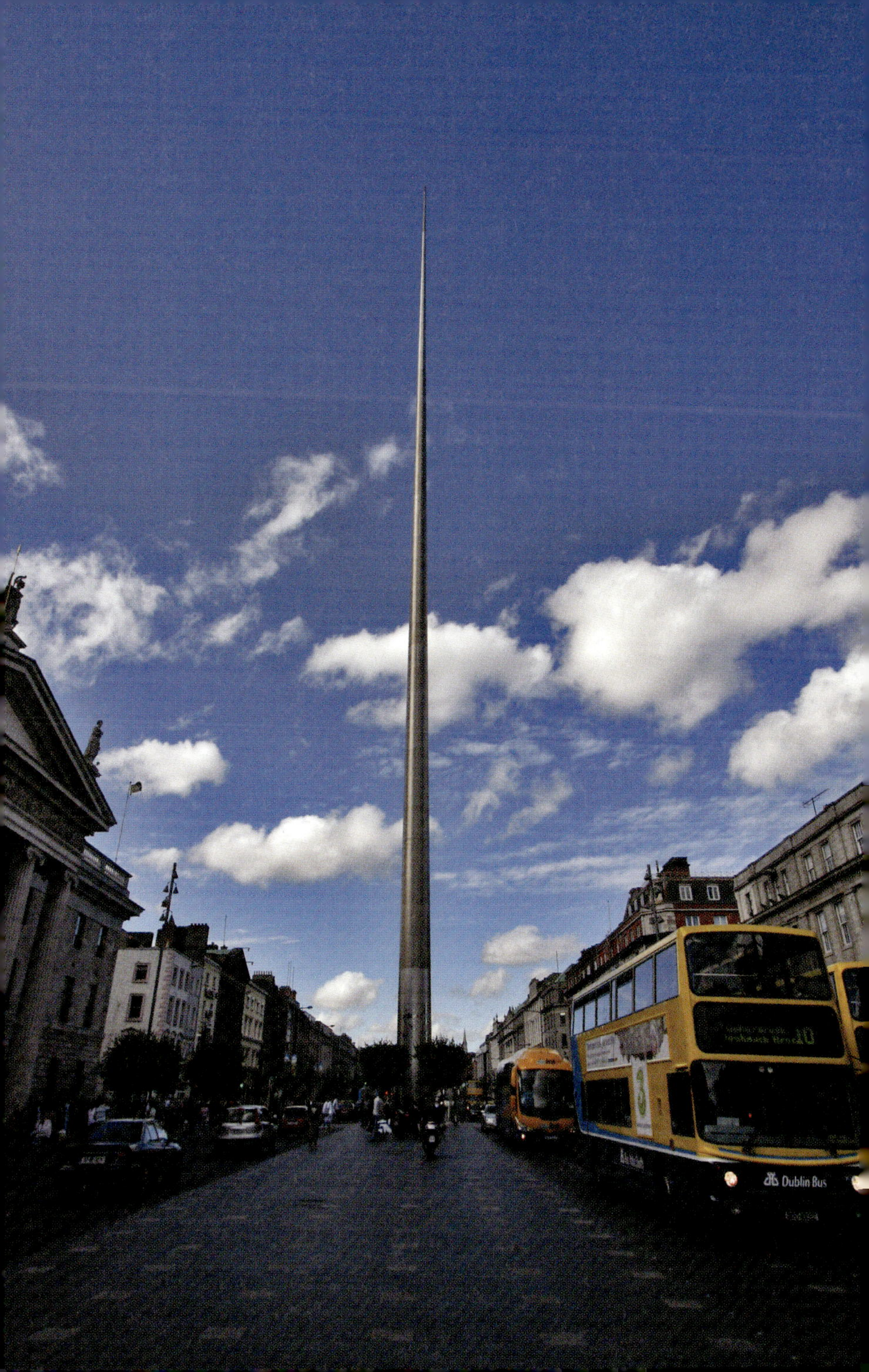

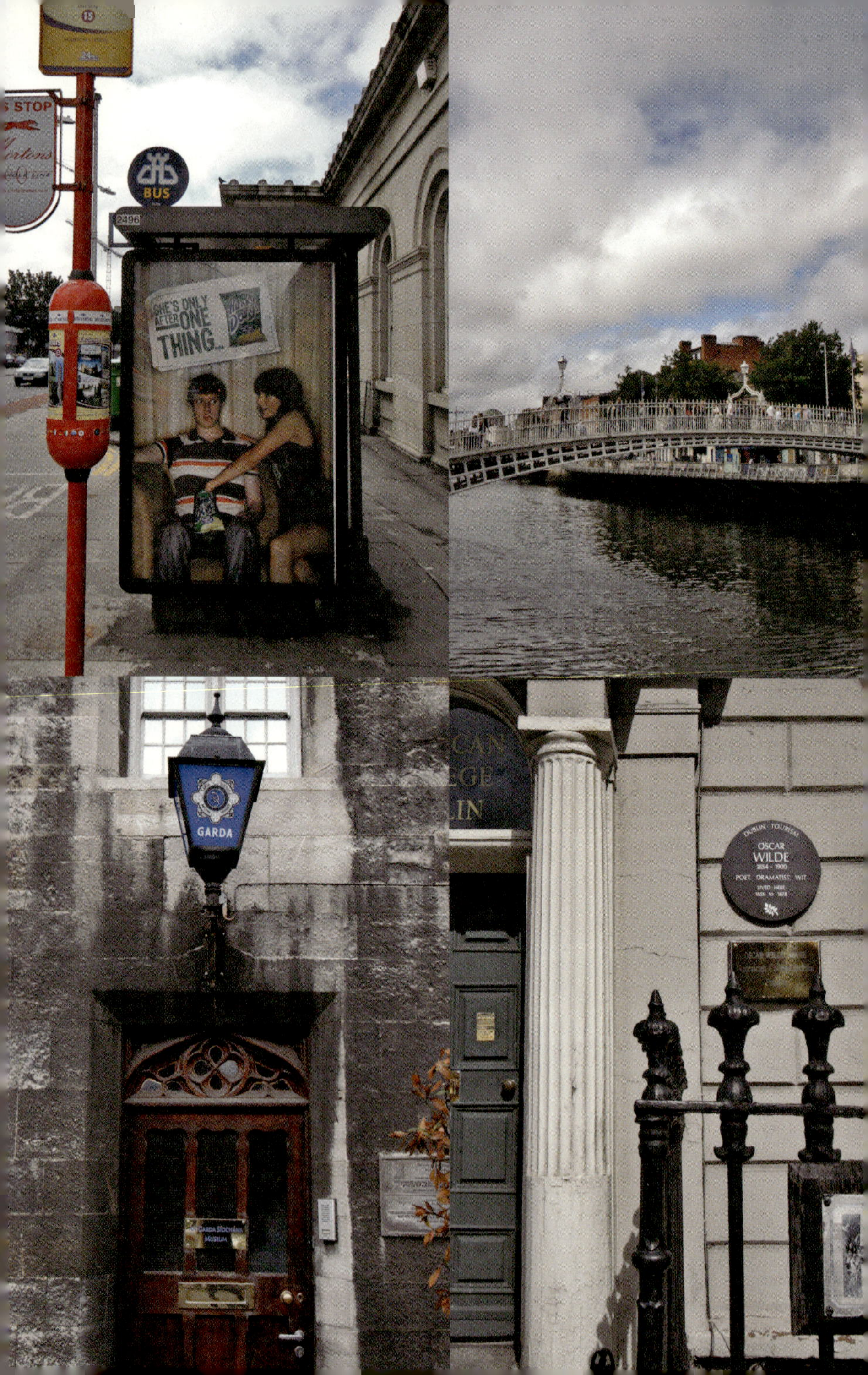
BUS
2496
SHE'S ONLY AFTER ONE THING...
GARDA
GARDA SÍOCHÁNA MUSEUM
DUBLIN TOURISM
OSCAR WILDE
1854 - 1900
POET, DRAMATIST, WIT
LIVED HERE

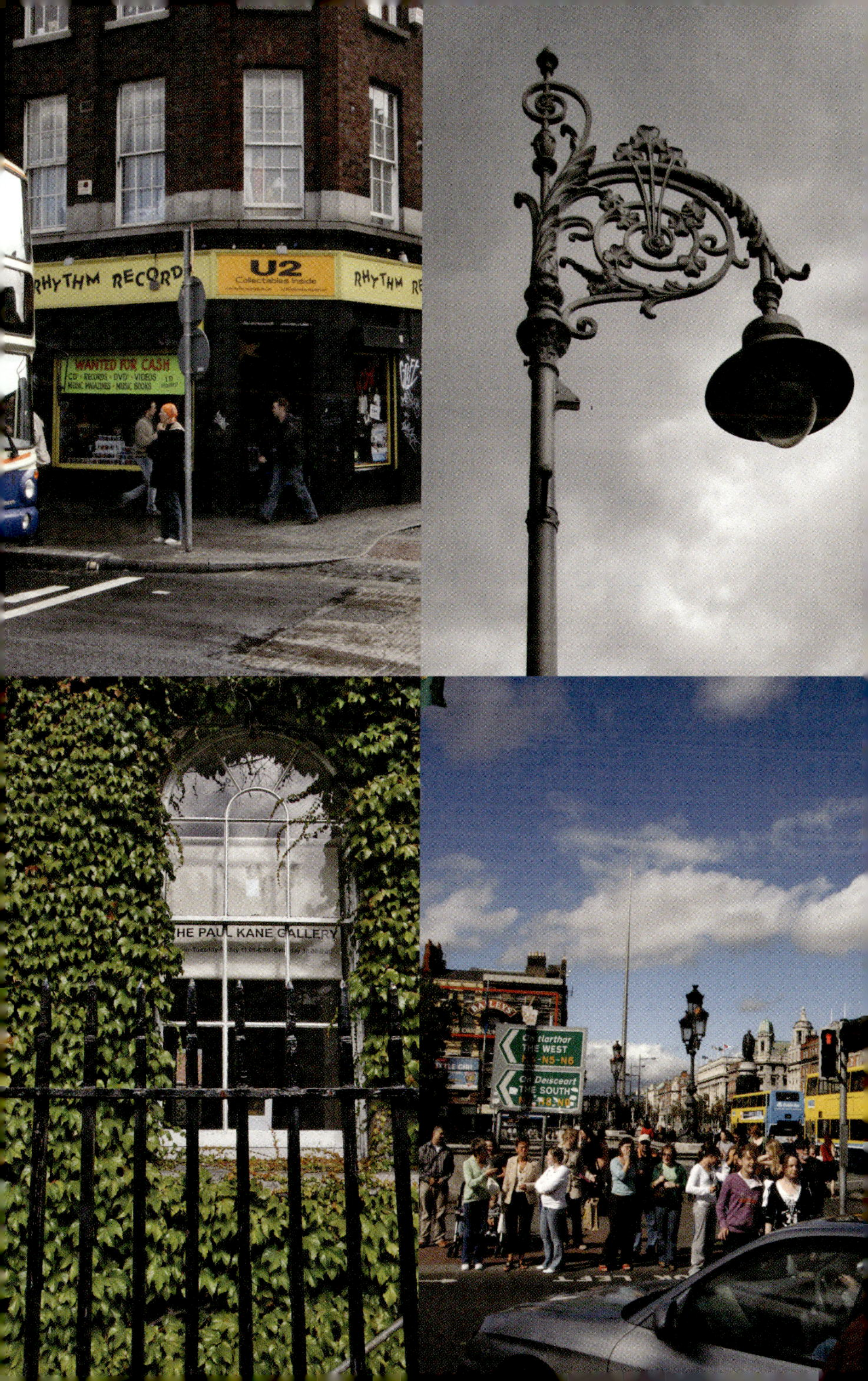
RHYTHM RECORDS
U2
Collectables Inside
WANTED FOR CASH
CD · RECORDS · DVD · VIDEOS
MUSIC MAGAZINES · MUSIC BOOKS
THE PAUL KANE GALLERY
An Iarthar
THE WEST
N4-N5-N6
An Deisceart
THE SOUTH
N7-N8-N9

기네스 맥주와 하프 GUINESS & HARF

세계에서 두 번째로 큰 맥주공장에 왔다. 미국의 밀워키에 있는 밀러 맥주공장 다음으로 큰 이 맥주공장은 기네스북으로 더 유명한 기네스 맥주공장이다. 시원하게 들이킬 맥주 한잔을 생각하며 먼 길을 걸어왔다.

영국에서 아일랜드 해를 지날 때도, 그리고 더블린을 가로지르는 리피Liffey 강가를 걸을 때도, 그 물색이 기네스 맥주를 닮았다는 생각을 했다. 텁텁하고 걸쭉한 이 흑맥주의 컬러와 맛은 더블린을 연상시킨다.

기네스 맥주의 로고에는 특이하게 금색의 하프가 새겨져 있다. 나는 평소 왜 기네스 맥주에 생뚱한 하프가 새겨져 있는지 궁금했다. 그런데 여기서 기네스 맥주를 마시면서 알게 된 사실은 아일랜드가 유럽의 고대 하프를 현대 하프로 변형시킨 곳이라는 거다. 그래서 아일랜드에서 하프는 대중적으로 사랑받는 악기라는 것이었다. 기네스 맥주가 그들의 민속주에 가깝다면, 하프는 그들의 민속악기와 다름없는 것이다.

기네스 맥주의 둔탁하지만 고소한 맛과 바다에서 들려오는 소리인 듯 신비로운 하프의 선율은 그들이 음악과 술에 취해 노래하던 과거의 모습을 연상시킨다. 술을 마시려면 아름다운 음악도 필요한 법이니, 맥주병에 하프가 디자인되어 있는 게 이상할 게 없었던 것이다. 템플 바를 지날 즈음에 한 여성이 하프를 연주하고 있었다. 기네스에 선명하게 새겨진 그 하프였다.

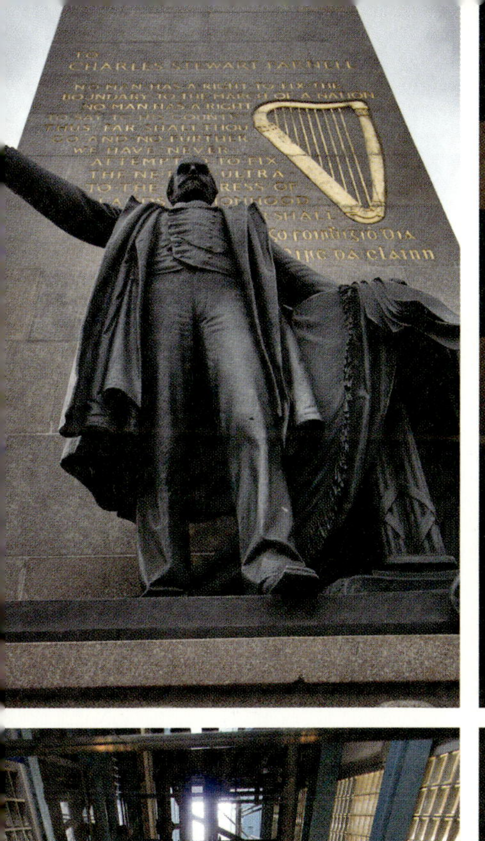
TO
CHARLES STEWART PARNELL
NO MAN HAS A RIGHT TO FIX THE
BOUNDARY TO THE MARCH OF A NATION
NO MAN HAS A RIGHT
THUS FAR SHALT THOU
GO AND NO FURTHER
WE HAVE NEVER
ATTEMPTED TO FIX
THE NE PLUS ULTRA
TO THE PROGRESS OF
IRELANDS NATIONHOOD
AND WE NEVER SHALL
Go rombrigio Dia
nie na clann

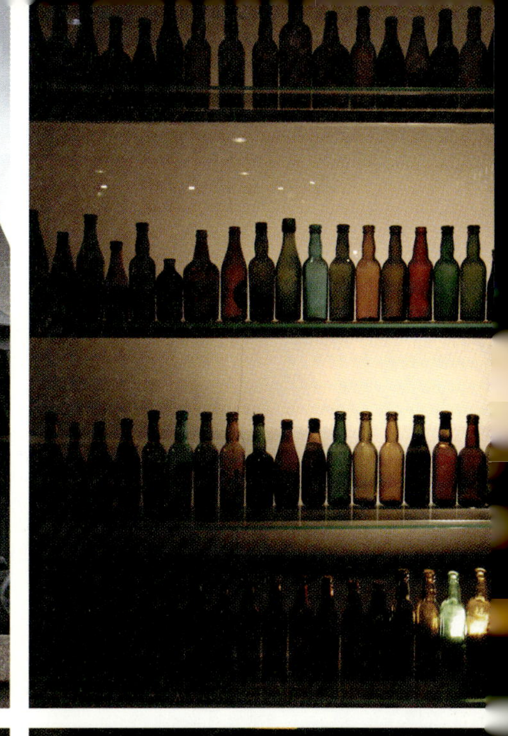

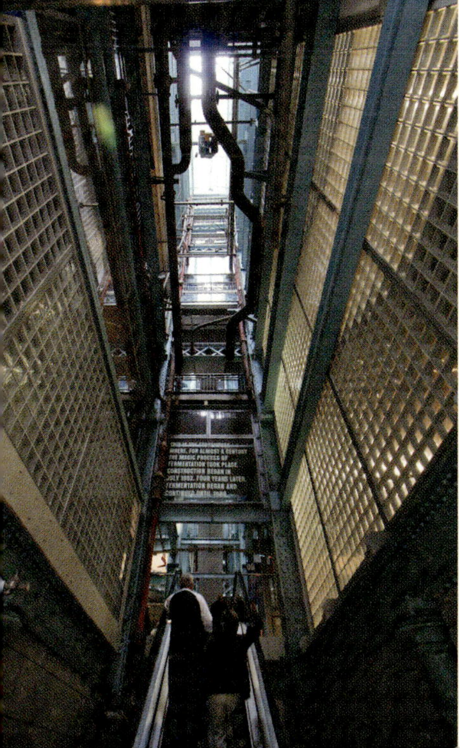

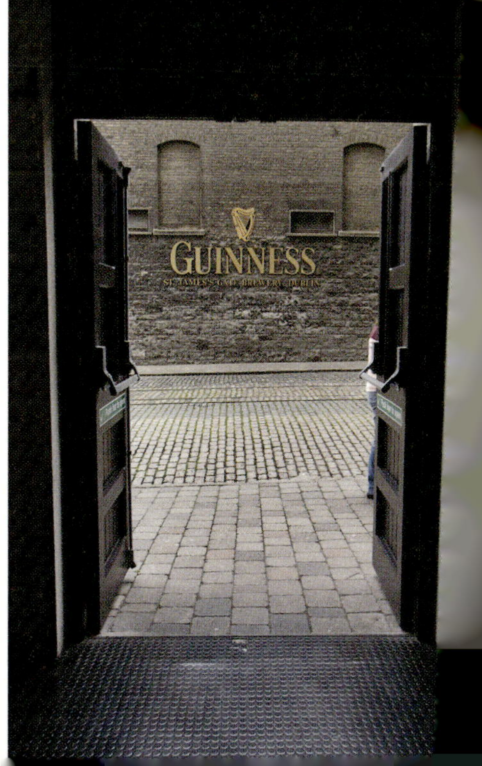
GUINNESS
ST. JAMES'S GATE BREWERY DUBLIN

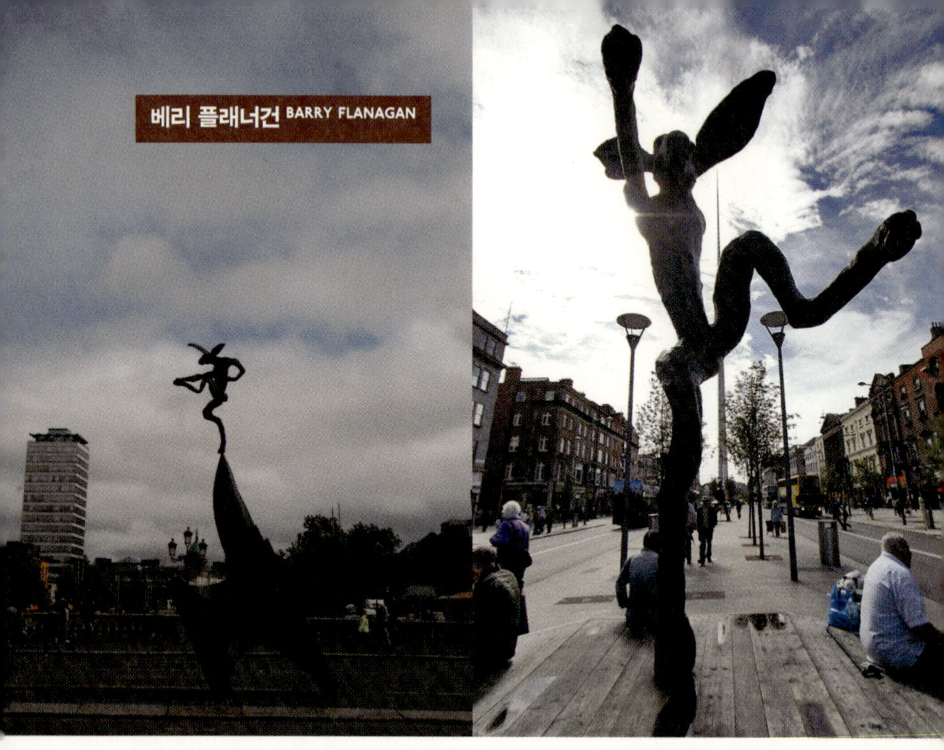

더블린에서 앤터니 곰리의 〈Close IV〉를 보기 위해 IMA[Irish Museum of Modern Art]를 찾았다. 하지만 그곳에는 그의 작업이 더 이상 없었다. 대신 그 자리에는 토끼들이 있었다. 하얗고 귀여운 토끼가 아니라 나보다 훨씬 크고 검으며, 주먹을 날리기도 하고, 하늘을 향해 뛰어오르기도 하는 그로테스크한 토끼였다.

이상한 나라에서 갑자기 이곳으로 넘어온 것인지, 베리 플래너건이 조각한 이 토끼들은 오커널 거리에도 전시되어 있었다. 그러고 보니 내가 다녀본 더블린은 완전히 토끼 판이었다.

고민하는 토끼, 날아올라 주먹을 날리는 토끼, 곡예라도 하듯이 파트너를 하늘 높이 날려 보내는 토끼, 연주하는 토끼 등등.

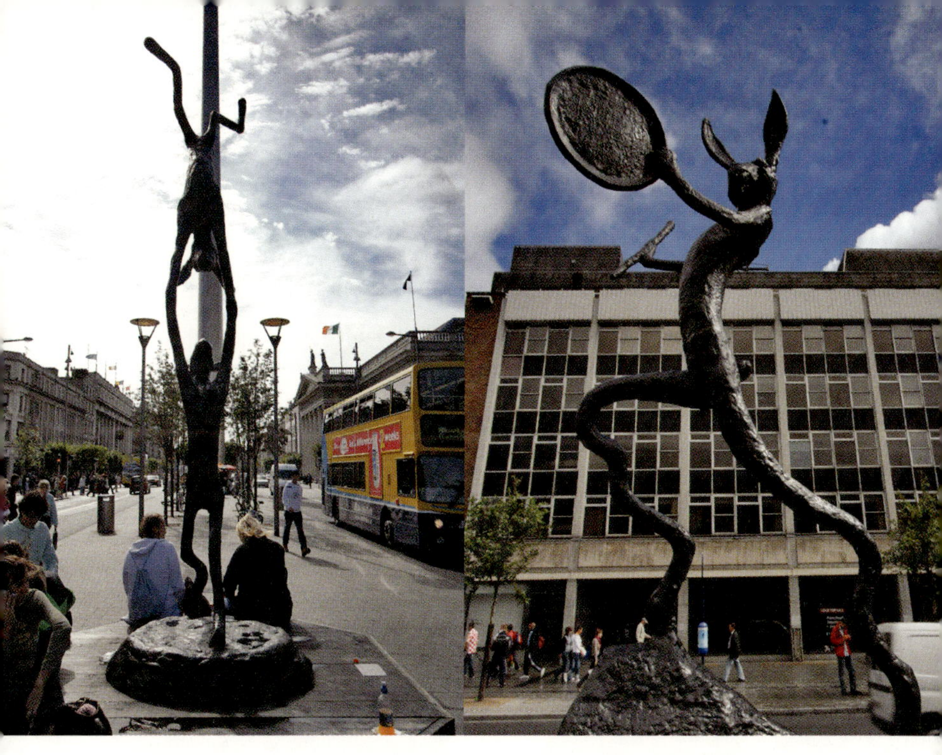

토끼의 모습은 천차만별이었다. 사이즈가 실제 토끼보다 수십 배는 더 큰 이 토끼들은 인간보다 힘차고 강해 보였다. 게다가 팀워크도 뛰어나서 사람을 넘고 뛰어오른다. 인간의 자존심을 건드리기라도 하려는 듯, 무표정한 토끼들이 공포스럽게 다가왔다. 내가 더블린을 방문한 그때, 이 수상한 토끼들은 그들의 이상한 나라로 더블린을 택한 모양이다.

더블린 강가를 거닐던 한밤중에 나는 한 무리의 조각을 만났다. 이 무리를 처음 봤을 때의 느낌은 뭔가 공포감이 몰려온다는 것이었다. 이 작품에는 〈거지상〉^{Femin}이라는 이름이 붙어 있었고, 시내 한복판에 누추한 모습으로 섬뜩한 분위기를 자아내고 있었다. 캄캄한 밤에는 조명이 한 사람씩 비춰져서, 마치 무대에 정렬해 있는 유령을 보는 듯했다. 이번 여행에서 더블린만큼 예술작품들이 기괴할 정도로 강

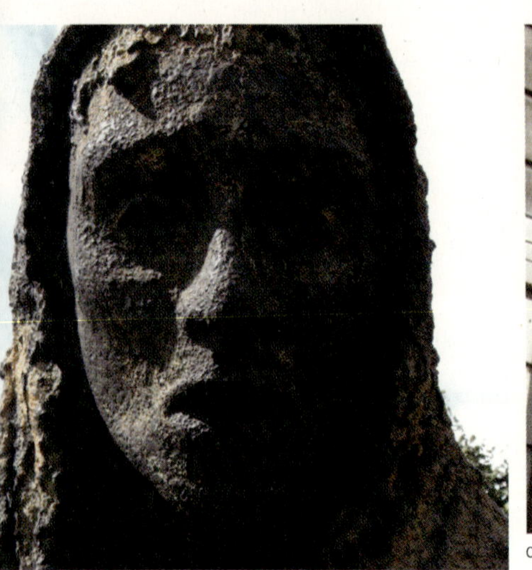
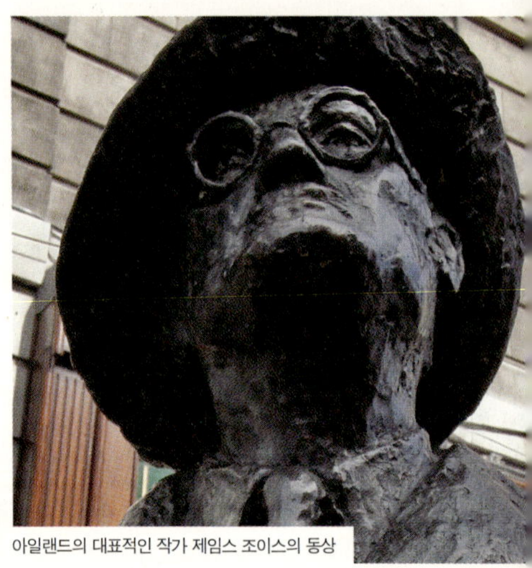

아일랜드의 대표적인 작가 제임스 조이스의 동상

하고 센 곳은 없었던 것 같다.

강가를 걷다 보면 누군가 배를 정박시키기 위해서 로프를 열심히 끌어당기는 모습을 보게 된다. 건장한 청년의 팔뚝과 그 힘을 지탱하는 다리가 힘겨워 보인다. 〈로프맨〉^{The Linesman}이라는 작품이다.

더블린의 밤거리를 헤매고 다녔다. 더블린의 밤은 낮에는 잘 보이지

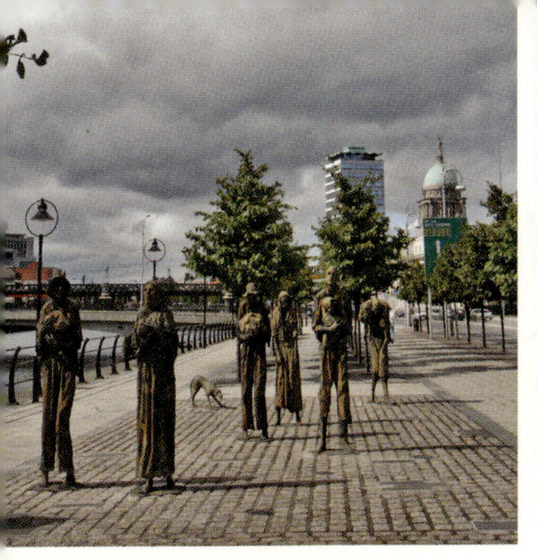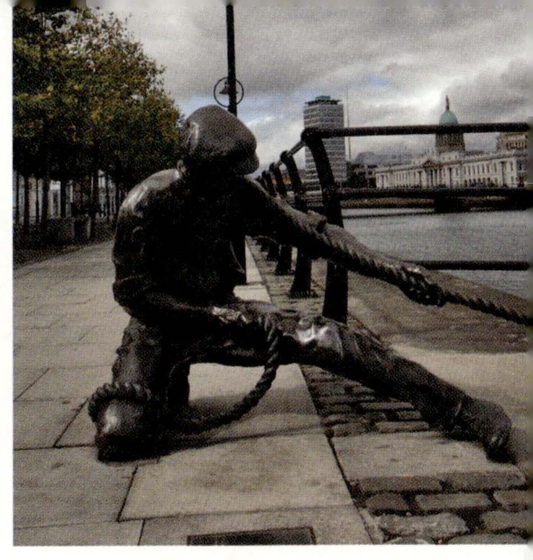

않는 작품들의 새로운 모습들이 빛을 발한다. 걷다 보니 또 하나의 불빛이 나를 유혹했다. 다가가서 살펴보니 〈인권을 위한 범우주적 연대〉Universal Links for Human Rights 라는 복잡한 이름이 붙은 작품이 빛을 뿜어내고 있다. 지구의 형상과 그 지구를 휘감은 쇠사슬들, 그리고 그 안에서 꺼지지 않는 불꽃이 타오르고 있었다.

꺼지지 않는 불꽃. 이 도시는 나지막이 미래를 향해 불을 밝히고 있다. 인류를 넘어서 우주까지 다다를 수 있는 사랑과 평화의 불꽃이었다.

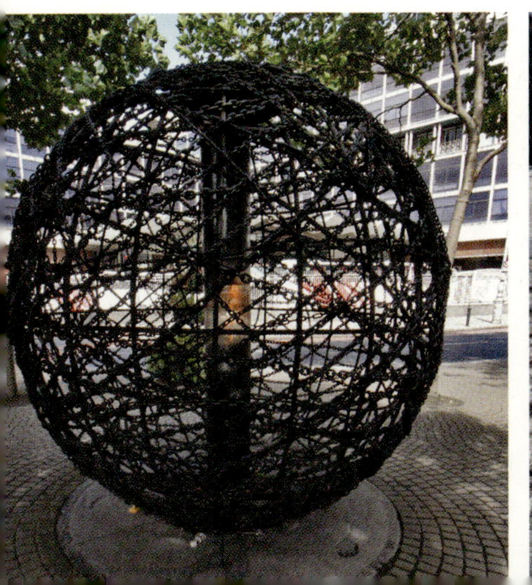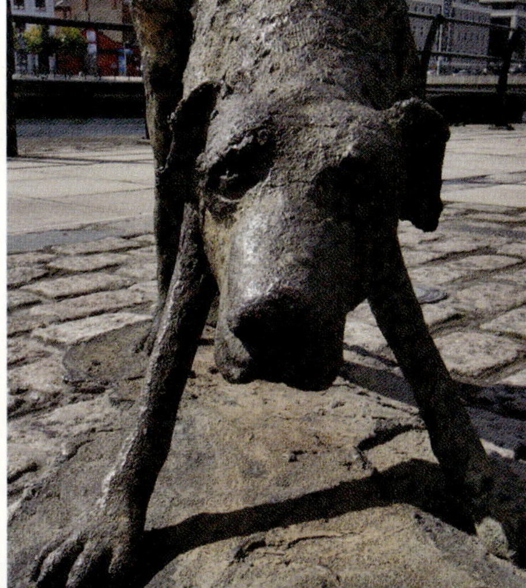

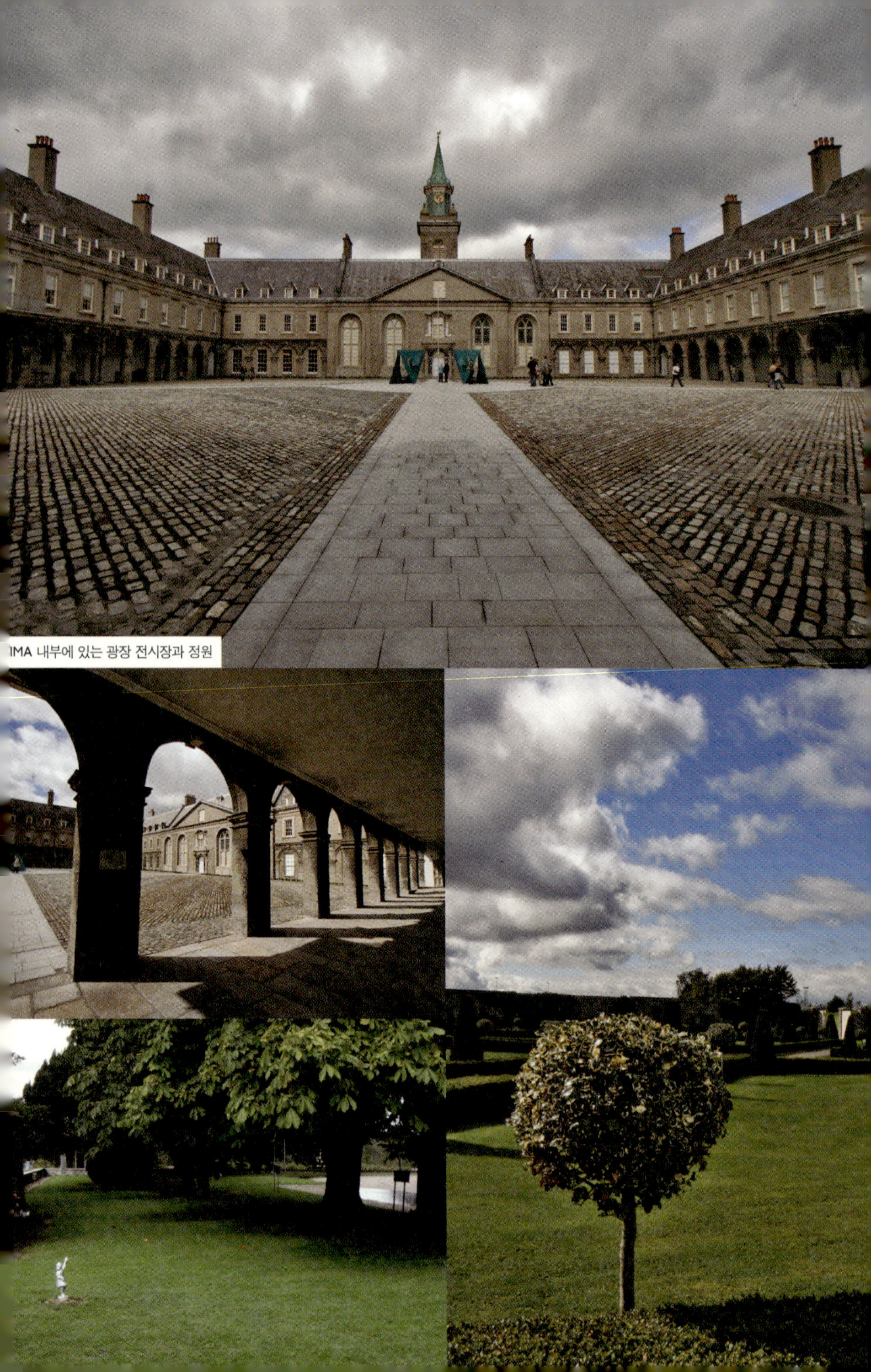

IMA 내부에 있는 광장 전시장과 정원

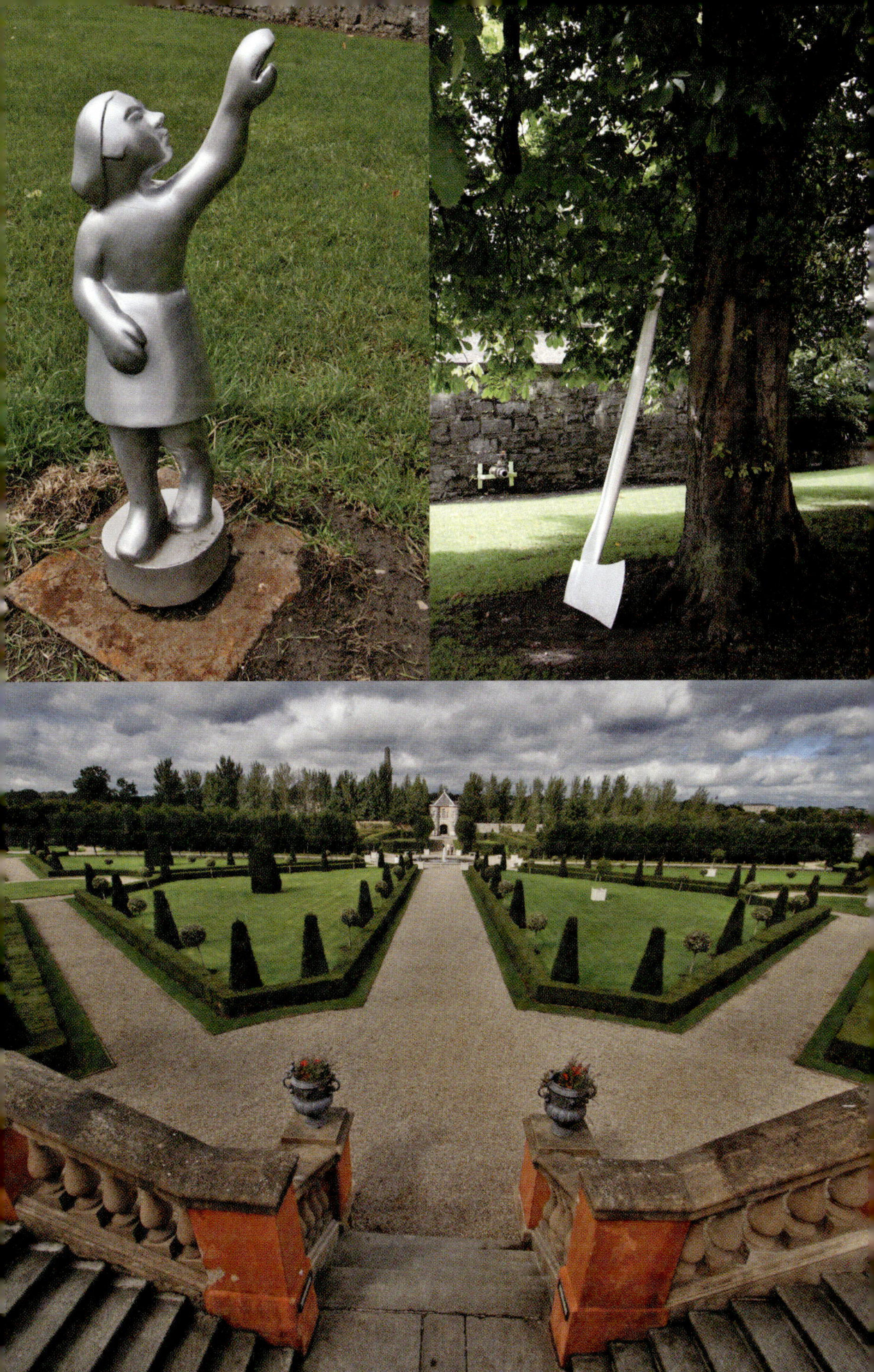

여행을 다니면서 가장 많이 거쳐 가는 곳이 정거장이다. 버스가 되었든 열차가 되었든 공항이든 지하철이든 간에 정거장을 수도 없이 지났다. 그때마다 떠오른 노래는 심수봉의 〈남자는 배 여자는 항구〉였다. 나도 여자친구를 두고 떠나서 그런 것일까. 아니면 홀로 공항을 떠나던 추억들이 자꾸 떠올라서일까. 정거장에 혼자 있는 것은 그 어떤 기분에도 비유할 수 없는 미묘한 심리적 긴장을 유발시킨다.

사랑하는 가족, 연인, 친구…

나와 가까운 그 누군가와 잠시 떨어져 있든, 오랜 시간 이별을 하든, 홀로 낯선 곳에 남겨진다는 것은 외롭고 쓸쓸한 일이다. 인류의 역사에는 여행을 떠난 현자들의 이야기가 많다. 그리고 그들은 이 쓸쓸함과 외로움 속에서, 자기의 길을 찾고 역사를 만들었다. 나는 이번 여행을 통해, 내 작업을 반성하고, 또한 새로운 활력을 얻었다. 여행을 떠나지 않았다면, 이런 에너지를 얻을 수 없었을 것이다.

이번 여행에서 이 같은 여행자의 감성을 가장 잘 표현한 작품은 글래스고의 뷰캐넌 스테이션에서 보았던 작품이다. 수없이 많이 만난 작품 중에서 서울에 남겨두고 온 여자친구를 생각나게 해서 눈시울을 적신 작품이다. 사랑한다면 떠나보낼 수 있다. 그리고 돌아와서 그 빈자리를 더 아름답게 채울 수 있다.

이번 여행 기간 중 단 한순간도 잊어본 적 없는 나의 여자친구, 지금 나의 아내에게 사랑한다는 말을 전하며, 가슴으로 믿어준 영혼에 감사한다.

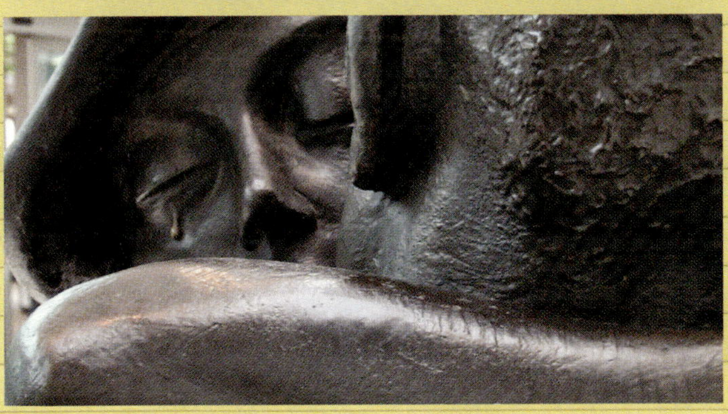

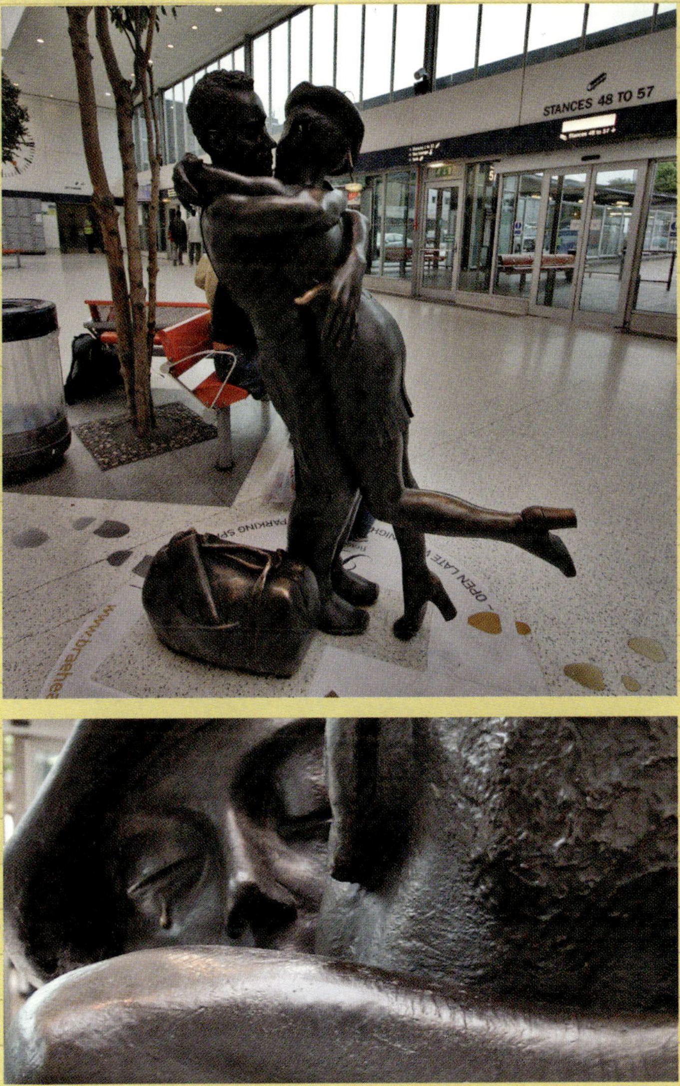

존 클린치, ⟨Wincher's Stance⟩

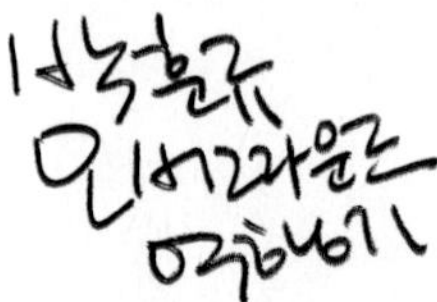

ⓒ 박훈규 2007

지은이 • 박훈규
펴낸이 • 김언호
펴낸곳 • 한길아트
등록 • 1998년 5월 20일 제75호

제1판 제1쇄 2007년 6월 1일
제1판 제3쇄 2009년 10월 15일

주소 • 413-756 경기도 파주시 교하읍 문발리 520-11
전화 • 031-955-2000
팩스 • 031-955-2005
홈페이지 • www.hangilart.co.kr
전자우편 • hangilart@hangilsa.co.kr

북디자인 • 박훈규
홈페이지 • www.parpunk.com

출력 • 상지피앤아이
인쇄 • 중앙문화인쇄
제본 • 일광 문화사

ISBN 978-89-91636-33-0 03980

* 잘못 만들어진 책은 구입하신 서점에서 바꿔드립니다.

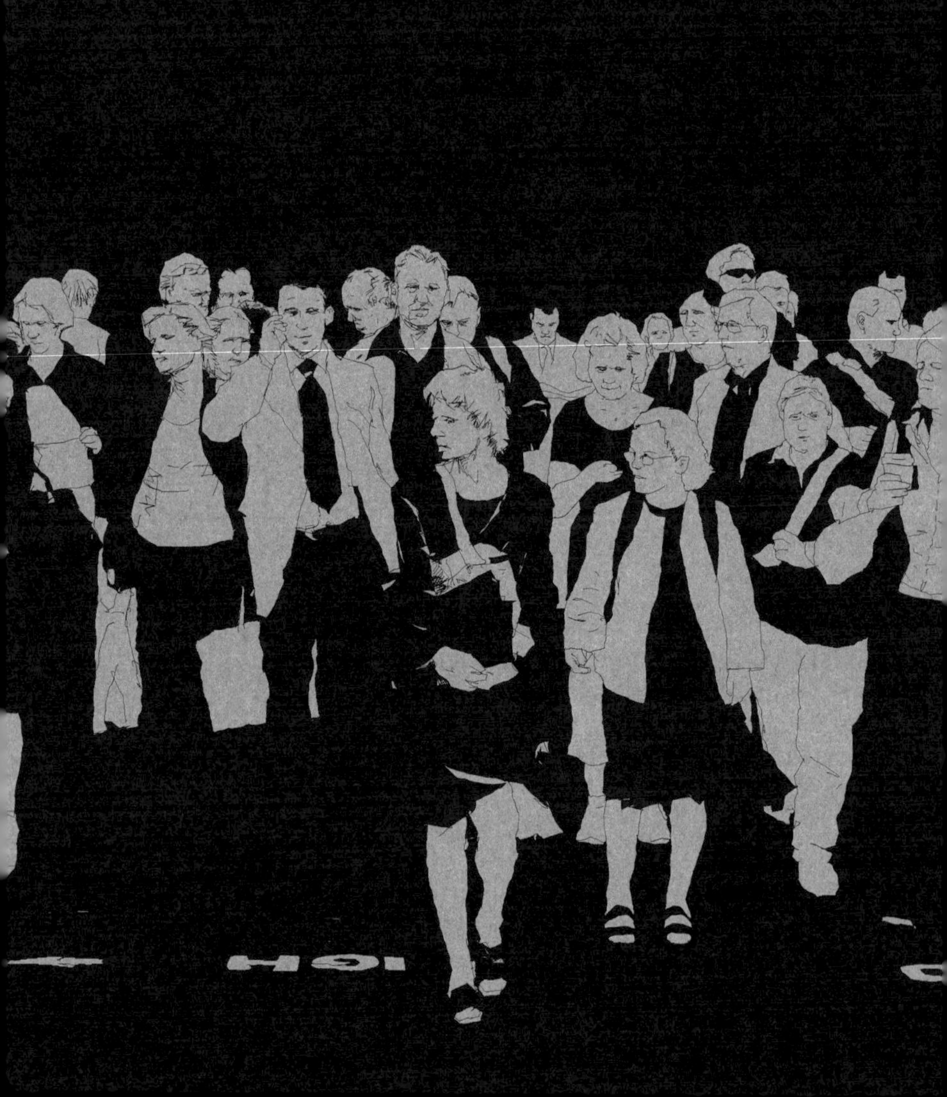

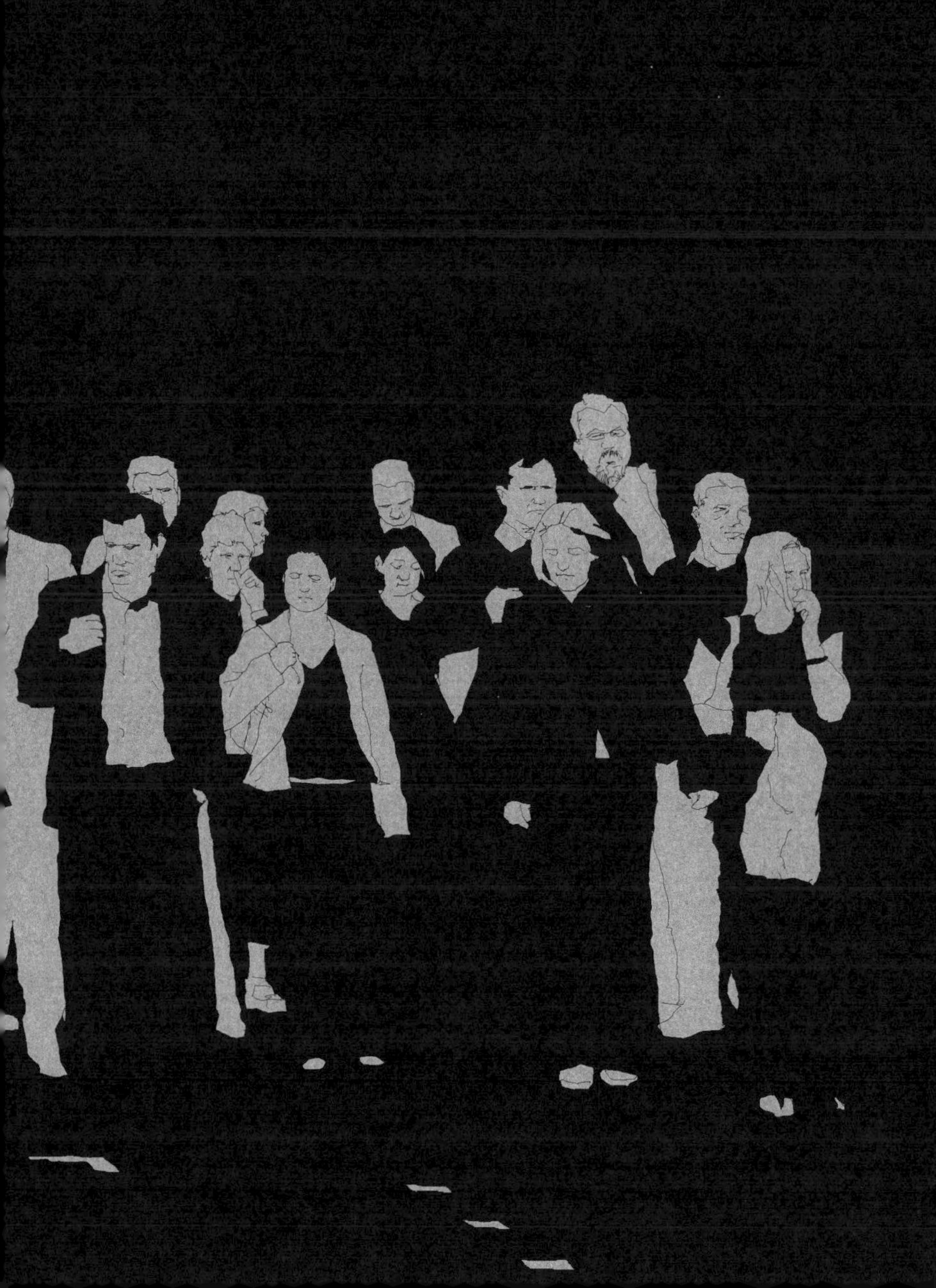